Kresse
Die neue Schule des Bilanzbuchhalters
Band 1

Prof. Dr. Werner Kresse

# Die neue Schule des Bilanzbuchhalters

Praktikum des kaufmännischen Rechnungswesens
mit Aufgaben und Lösungen

Band 1

5., völlig neu bearbeitete Auflage

Herausgegeben von Dipl. oec. Norbert Leuz

Bearbeitet von
Dr. Reinhard Heyd
StB Dr. Lieselotte Kotsch-Faßhauer
Dipl. oec. Norbert Leuz

 **Taylorix Fachverlag Stuttgart**

5., völlig neu bearbeitete Auflage 1990

© Heckners Verlag, Wolfenbüttel

Satz und Druck: Heckners Verlag, Wolfenbüttel
ISBN 3-7992-0560-8 (Gesamtausgabe) Taylorix Fachverlag
ISBN 3-7992-0561-6 (Band 1) Taylorix Fachverlag

Taylorix-Bestellzeichen: 702044.6

# Vorwort

Die fünfte Auflage der „Neuen Schule des Bilanzbuchhalters" präsentiert sich in neuem Gewand. Nach dem Tod von Professor Dr. Werner Kresse, der diesem Werk den Duktus seines umfassenden betriebswirtschaftlichen Wissens und seiner hervorragenden Methodik aufgeprägt hat, hat ein erfahrenes Verfasserteam eine grundlegende Neubearbeitung vorgenommen. Die Reform des Bilanzrechts durch das Bilanzrichtlinien-Gesetz (BiRiLiG), die das ganze Buchführungs- und Bilanzwesen tiefgreifend umgestaltet hat, umfangreiche Änderungen im Steuerrecht und die Neufassung des DIHT-Rahmenstoffplans für die Fortbildung zum Bilanzbuchhalter machten wesentliche Erweiterungen notwendig.

Als Maximen der Neubearbeitung sind in methodischer und sachlicher Hinsicht vor allem zu nennen:

— konsequente Ausrichtung auf den neuen DIHT-Rahmenstoffplan,

— Verstärkung des Lehrbuchcharakters,

— vertiefter Praxisbezug.

Dies bedeutet im einzelnen beispielsweise

— praxisorientierte Darstellung aller Änderungen des Buchführungs- und Bilanzrechts aufgrund des Bilanzrichtlinien-Gesetzes, z. B. der latenten Steuern einschließlich Differenzenspiegel, der Ableitung der GuV-Rechnung nach dem Umsatzkostenverfahren und vieles mehr,

— ständige parallele Bezugnahme auf handels- u n d steuerrechtliche Rechnungslegungsvorschriften,

— konkrete Veranschaulichung des Wissensstoffes anhand von Beispielen, Übersichten, Tabellen,

— umfassende inhaltliche Beschreibung der Einzelposten von Bilanz und GuV-Rechnung und ihrer gegenseitigen Abgrenzung,

— Abdruck von Checklisten für die Erstellung des Anhangs,

— Berücksichtigung der Belange einer EDV-gerechten und umsatzsteuergerechten Buchungsweise,

— Darstellung moderner EDV-Anwendung,

— Verwendung der neuesten, an das Bilanzrichtlinien-Gesetz angepaßten Kontenrahmen (Kontenrahmen für den Groß- und Außenhandel 1988, Kontenrahmen für das deutsche Handwerk 1988, IKR '86, EDV-Kontenrahmen KR 13).

Zu allen wichtigen Fragestellungen wurden zum besseren Verständnis und zur Vertiefung des Wissens Aufgaben entwickelt, auf die an den entsprechenden Stellen im Text verwiesen wird. Kontrollfragen zu jedem Abschnitt erleichtern die Rekapitulation des Stoffgebiets.

Damit präsentiert sich die „Neue Schule des Bilanzbuchhalters" als ein Lehr- und Nachschlagewerk für den gesamten Bereich des kaufmännischen Rechnungswesens. Sie wendet sich nicht nur an diejenigen, die sich auf die Bilanzbuchhalterprüfung vorbereiten sowie an Studierende, sondern dient auch dem kaufmännischen Nachwuchs allgemein zur systematischen Weiterbildung und hilft den erfahrenen Praktikern in Betrieben und Steuerberatungen bei der Lösung von Zweifelsfragen.

Unser Dank gilt Herrn Diplom-Betriebswirt Günter Weyrauther, der verschiedene Aufgaben zur Verfügung stellte, sowie Herrn Diplom-Volkswirt Walter Alt für seine konzeptionellen Anregungen und die kritische Durchsicht.

Herausgeber und Verlag

# Zur Einführung

„Die neue Schule des Bilanzbuchhalters" setzt mit der vorliegenden Neuauflage eine 50jährige Lehrbuchtradtion fort mit dem Ziel, dem Nachwuchs der Buchsachverständigen, aber auch dem erfahrenen Praktiker systematische Anleitungen zum Verständnis der Aufgaben des Rechnungswesens und zu ihrer Bewältigung zu vermitteln. Diese Neuauflage des „Kresse", über Jahrzehnte hinweg ein Standardwerk zur Vorbereitung auf die Bilanzbuchhalterprüfung, gibt Anlaß, die Entwicklung der ältesten kaufmännischen IHK-Weiterbildungsprüfung einmal nachzuzeichnen und den neuesten Stand darzustellen.

Erste Prüfungen der Industrie- und Handelskammern fanden bereits in den zwanziger Jahren statt. Lange Zeit war die Bilanzbuchhalterprüfung die einzige qualifizierte Weiterbildungsprüfung für Kaufleute. Bis 1988 sind von den Industrie- und Handelskammern rund 75 000 angehende Bilanzbuchhalter geprüft worden. 1988 wurde mit 4 561 Teilnehmern die höchste bisher erreichte Teilnehmerzahl an dieser Prüfung verzeichnet, ein Indiz dafür, daß die Qualifikation des Bilanzbuchhalters auf große Nachfrage in der Wirtschaft stößt.

In ihren Anfängen entsprachen die Bilanzbuchalterprüfungen der einzelnen Kammern mit ihren unterschiedlichen Anforderungen dem Qualifikationsbedarf der Unternehmen des jeweiligen Kammerbezirks. Mit zunehmender Mobilität der Arbeitskräfte und der Ausdehnung landesweit operierender Unternehmen wurden qualitative Unterschiede zwischen den einzelnen IHK-Prüfungen deutlich, die vor mehr als 30 Jahren zu einer ersten Empfehlung des Deutschen Industrie- und Handelstages (DIHT) für eine einheitliche Bilanzbuchhalterprüfung führten. Die heutige Bilanzbuchhalterprüfung basiert auf überarbeiteten Prüfungsrichtlinien von 1975. Zur Absicherung eines bundeseinheitlichen Qualifikationsniveaus für den Bilanzbuchhalter gab der DIHT erstmals 1975 einen Rahmenstoffplan heraus, mit dem insbesondere die bis dahin sehr unterschiedliche Qualität und Dauer der Lehrgänge verbessert und eine erfolgreiche Vorbereitung auf die Prüfung ermöglicht werden sollte. 1988 fand die letzte Revision dieses Rahmenstoffplans statt.

Hierbei wurde im Hinblick auf das Bilanzrichtliniengesetz von 1985 das Fach „Buchführung einschließlich Abschluß und Buchhaltungsorganisation" neu bearbeitet und die Gesamtstundenzahl auf 630 erhöht. Dem gleichen Ziel der Qualitätssicherung galt 1985 auch die Veröffentlichung von Musterprüfungsaufgaben mit Lösungshinweisen.

Diese Maßnahmen zur Aktualisierung von Prüfungsrichtlinien und Stoffplänen haben die Weiterbildung zum Bilanzbuchhalter nie „altbacken" werden lassen. Sie erfüllt heute zeitnah und anforderungsgerecht die Ansprüche, die an die verantwortungsvolle Tätigkeit der Bilanzbuchhalter als Führungsgehilfen der mittelständischen Wirtschaft gestellt werden. Berufserfolgsumfragen des DIHT bescheinigen den Bilanzbuchhalterprüfungen eine herausragende Stellung unter den kaufmännischen Weiterbildungsprüfungen der Industrie- und Handelskammern.

Die Neuauflage der „Neuen Schule des Bilanzbuchhalters" fällt mit einer grundlegenden Neugestaltung der Bilanzbuchhalterprüfung zusammen. Die bisher von den Industrie- und Handelskammern geregelten und vom DIHT koordinierten Prüfungsbestimmungen der einzelnen Industrie- und Handelskammern werden 1990 durch eine Rechtsverordnung des Bundesministers für Bildung und Wissenschaft abgelöst. Die Industrie- und Handelskammern werden auch für diese neu gestaltete Prüfung die zuständige Stelle nach § 46 Abs. 2 des Berufsbildungsgesetzes sein und die lange Tradition ihrer Bilanzbuchhalterprüfungen fortsetzen, allerdings unter der Abschlußbezeichnung „Geprüfter Bilanzbuchhalter".

Der Kern der Bilanzbuchhalterqualifikation wurde in Anbetracht der verschiedenen Überarbeitungen durch die Kammerorganisation nicht wesentlich verändert. Den Schwerpunkt der Prüfung bilden nach wie vor die Fächer **„Buchführung", „Steuerrecht" und „Kosten- und Leistungsrechnung"**, wobei neben der fachlichen Aktualisierung nur Umschichtungen der Prüfungsinhalte vorgenommen wurden. Die bislang nur mündlich geprüften Fächer **„Auswertung der Rechnungslegung"** und **„Finanzwirtschaft"** müssen nach der Rechtsverordnung nun auch schriftlich geprüft werden. Dies kommt nicht nur einer besseren Objektivierung der Prüfungsleistungen in diesen früher nur mündlich geprüften Fächern zugute, sondern trägt im Hinblick auf das Fach „Finanzwirtschaft" auch den erhöhten Anforderungen an die finanzwirtschaftliche Kompetenz des Bilanzbuchhalters in Klein- und Mittelbetrieben Rechnung. Die fünf genannten Prüfungsfächer faßt die Rechtsverordnung im „Funktionsspezifischen Prüfungsteil" zusammen.

In einem ersten „Funktionsübergreifenden Prüfungsteil" führt die neue Prüfungsordnung die Fächer „Volks- und betriebswirtschaftliche Grundlagen", „Recht" und „Elektronische Datenverarbeitung" ein, die alle schriftlich zu prüfen sind. Die gesonderte Aufnahme von EDV-Wissen in die Prüfung erscheint in Anbetracht des Stellenwertes der Datenverarbeitung im gesamten betrieblichen Rechnungswesen als schlüssig. Darüber hinaus ist im Prüfungsfach „Buchführung" im Zuge einer Fallstudie ein obligatorisches „Fachgespräch" zu führen, in dem der künftige Bilanzbuchhalter sein Berufswissen unter Fachkollegen unter Beweis stellen muß. Die neue Form der Bilanzbuchhalterprüfung wird die Dauer der schriftlichen Prüfung auf insgesamt 16 Stunden und die der mündlichen Prüfung bis zu einer Stunde ausdehnen.

Mehr denn je wird der angehende Bilanzbuchhalter Ausdauer und Belastbarkeit unter Beweis stellen müssen, um an das begehrte Prüfungszeugnis zu kommen. Die strenge Bestehensregelung wird in der Rechtsverordnung zwar etwas gemildert, aber durch den Umfang der schriftlichen Prüfungsleistungen muß der erfolgreiche Prüfungsteilnehmer ein Wissen und Leistungsvermögen nachweisen, das voll in der Tradition der IHK-Bilanzbuchhalterprüfungen steht und die Gewähr dafür bietet, daß auch der „Geprüfte Bilanzbuchhalter" den Anforderungen der betrieblichen Praxis entspricht.

Dipl.-Volksw. Dieter Klause
Deutscher Industrie- und Handelstag (DIHT)

# Verzeichnis der Bearbeiter des Gesamtwerkes

Prof. Dr. Dr. Ekbert Hering, Fachhochschule Aalen

Dr. Reinhard Heyd, Schwäbisch Gmünd

Prof. Dr. Hans-Peter Kicherer, Berufsakademie Heidenheim

StB Dr. Lieselotte Kotsch-Faßhauer, Stuttgart

Dipl. oec. Norbert Leuz, Stuttgart

StB Erich A. Reinert, Stuttgart

Prof. Eberhard Rick, Fachhochschule für Finanzen Baden-Württemberg

Prof. Dr. Werner Rössle, Berufsakademie Stuttgart

Prof. Peter H. Steinmüller, Fachhochschule Karlsruhe

# Überblick über das Gesamtwerk

Das Werk ist in 13 Hauptteile gegliedert und umfaßt drei Bände. Jeder Band besteht aus einem Textteil (ergänzt durch Abbildungen und Übersichten) sowie einem Aufgaben- und einem Lösungsteil.

Im **1. Band** werden behandelt:

1. Hauptteil: Grundlagen der Buchführung

2. Hauptteil: Allgemeine rechtliche Vorschriften und Grundsätze ordnungsmäßiger Buchführung (GoB)

3. Hauptteil: Organisation der Buchführung und EDV

4. Hauptteil: Abschlüsse nach Handels- und Steuerrecht (Bilanz, GuV-Rechnung, Anhang, Lagebericht, Prüfung, Offenlegung, Straf- und Bußgeldvorschriften u. a.)

Im **2. Band** werden behandelt:

5. Hauptteil: Besondere Buchungsvorgänge (Wechselgeschäfte, Leasing, Kommissions- und Partizipationsgeschäfte u. a.)

6. Hauptteil: Abschlußbesonderheiten bei den verschiedenen Unternehmensformen (stille Gesellschaft, OHG, KG u. a.)

7. Hauptteil: Konzernrechnungslegung

8. Hauptteil: Sonderbilanzen (Gründung, Umwandlung, Auseinandersetzung, Sanierung u. a.)

9. Hauptteil: Auswertung der Rechnungslegung (Bilanzanalyse)

10. Hauptteil: Betriebsstatistik

Im **3. Band** werden behandelt:

11. Hauptteil: Kosten- und Leistungsrechnung (Kostenarten-, Kostenstellenrechnung, Kalkulationsmethoden, Teilkostenrechnung, Plankostenrechnung u. a.)

12. Hauptteil: Finanzwirtschaft und Planungsrechnung

13. Hauptteil: Steuern (AO, EStG, KStG, GewStG, UStG, BewG, VStG u. a.)

# Inhaltsverzeichnis

## 2. HAUPTTEIL: ALLGEMEINE RECHTLICHE VORSCHRIFTEN UND GRUNDSÄTZE ORDNUNGSMÄSSIGER BUCHFÜHRUNG

## 3. HAUPTTEIL: ORGANISATION DER BUCHFÜHRUNG UND EDV

13

16

# AUFGABEN

2 *

# LÖSUNGEN

# ANHANG

# 1. HAUPTTEIL: GRUNDLAGEN DER BUCHFÜHRUNG

**Bearbeitet von:** Dipl. oec. Norbert Leuz

## 1 Aufgaben und Gliederung des kaufmännischen Rechnungswesens

### 1.1 Begriff und Aufgaben

Das betriebliche Rechnungswesen umschließt alle Maßnahmen und Verfahren zur systematischen zahlenmäßigen Erfassung, Darstellung und Abrechnung des betrieblichen Geschehens, soweit dies zahlenmäßig (mengen- und wertmäßig) erfaßbar ist. Es spiegelt den Aufbau und den Ablauf der betrieblichen Prozesse wider und will dadurch den Betrieb insbesondere zwecks Verbesserung von Wirtschaftlichkeit und Rentabilität durchleuchten, sowohl nach geplantem als auch nach tatsächlichem Ablauf.

Das Rechnungswesen hat eine zentrale Stellung im Unternehmen. Es ist Sammelpunkt von Daten, die im Verkehr mit der betrieblichen Umwelt entstehen, und dient als interne Informationsquelle, die wesentliche Beiträge zur Entscheidungsfindung liefert, vor allem, wenn beim Einsatz der EDV Daten nach den verschiedensten Gesichtspunkten aufbereitet werden. Für den Kaufmann hat das Rechnungswesen folgende Hauptaufgaben zu erfüllen. Es

— dient der Vermögens- und Erfolgsermittlung einer Unternehmung,

— ermittelt die Kosten und wird damit zum Kontrollmittel für die Preisgestaltung,

— prüft die Wirtschaftlichkeit des Unternehmens und wird damit zu einem wichtigen Mittel der Betriebskontrolle,

— ermöglicht Planungen für die Zukunft.

Die organisatorische Verankerung des Rechnungswesens in einem Unternehmen ist abhängig von der Unternehmensstruktur und vom Informationsbedarf der anderen betrieblichen Funktionsbereiche.

### 1.2 Gliederung

Die Organisation des Teilbereichs Rechnungswesen selbst ist an die vier Gebiete des Rechnungswesens geknüpft,

— Buchführung,

— Kostenrechnung,

— Betriebsstatistik und

— Betriebsplanung.

Die einzelnen Gebiete sind eng miteinander verzahnt, sie bedingen und ergänzen einander. Sie müssen so organisiert sein, daß sie mit möglichst geringem Aufwand möglichst aussagefähige Kennzahlen als Hilfsmittel zur Unternehmensführung entwickeln. Dabei muß mit dem Einsatz moderner Arbeitsmittel eine zweckmäßige Abrechnungsorganisation verbunden sein. Ziel muß sein, nicht nur die Kosten der Abrechnung zu senken, sondern deren Aussagewerte zu erhöhen und die Abrechnungsdauer zwecks schneller Auswertung zu verkürzen.

21

### 1.2.1 Buchführung

Die Buchführung nimmt eine Zentralstellung ein, weil ihr Zahlenmaterial eine wichtige Grundlage bildet für alle übrigen Zweige des Rechnungswesens. Sie hat die Aufgabe, alle Geschäftsfälle planmäßig, der Zeitfolge nach aufzuzeichnen und in gewissen Zeitabschnitten (Jahre, Monate) die Vermögenslage, vor allem aber den Geschäftserfolg festzustellen. Sie ist eine **Zeitrechnung.**

### 1.2.2 Kostenrechnung

Die Kostenrechnung arbeitet weitgehend mit dem Zahlenwerk der Buchführung, um die Selbstkosten für die betrieblichen Leistungen zu ermitteln. Sie errechnet also die Kosten der einzelnen Produkte bzw. Waren und sonstigen Leistungen, ist somit in ihrem Ziele **primär** eine **Stückrechnung.** Gleichzeitig dient sie der Kostenkontrolle in allen Bereichen der Unternehmung.

Die Abrechnung vollzieht sich nach Leistungseinheiten oder Leistungsgruppen (Einheit des Kostenträgers oder der Kostenträgergruppe). Neben der Kostenträgerstückrechnung besteht auch eine Kostenträger**zeitrechnung.**

### 1.2.3 Betriebsstatistik

Die Statistik wertet das Zahlenwerk von Buchführung und Kostenrechnung aus, stützt sich aber auch auf eigene Erhebungen. Sie verarbeitet die Zahlen zu Tabellen, graphischen Darstellungen u. a., um durch Vergleich wichtige Zusammenhänge und Beziehungen aufzuzeigen (Beispiel: Entwicklung des Umsatzes und der Kosten, Vergleich zwischen Kosten- und Umsatzentwicklung). Sie ist eine **Vergleichsrechnung,** die der Betriebskontrolle dient und die Wirtschaftlichkeit prüft.

### 1.2.4 Planungsrechnung

Die Planungsrechnung ist eine **Vorschaurechnung.** Sie bestimmt auf Grund der Verhältnisse der Vergangenheit und der erwarteten Entwicklung, wie das Unternehmen in Zukunft arbeiten soll (Produktions-, Umsatz-, Kostenpläne), wie es zu finanzieren ist u. a. Man spricht auch von Etataufstellung oder vom Betriebsbudget.

Die Wirtschaftsplanung ist nur dann verläßlich, wenn sie von Buchführung, Kalkulation und Statistik einwandfreie Unterlagen über die Verhältnisse der Vergangenheit erhält, die einen Schluß auf die Zukunft gestatten, und wenn die erwartete Entwicklung sorgfältig abgeschätzt wurde.

## 1.3 Erfüllung gesetzlicher Vorschriften

Während Kostenrechnung, Betriebsstatistik und Planungsrechnung rein innerbetriebliche Instrumentarien darstellen, nimmt die Buchführung eine Zwitterstellung ein. Neben der Versorgung des Kaufmanns mit Informationen fällt der Buchführung auch die Aufgabe zu, externe Adressaten, z. B. den Fiskus und im Falle der Offenlegungspflicht die interessierte Öffentlichkeit, über das Unternehmensgeschehen zu informieren. Die durch gesetzliche Rechnungslegungsvorschriften geforderte Information hat **Dokumentationscharakter** und ist auf periodische Datenzusammenstellungen in Form von Bilanz- und Gewinn- und Verlustrechnung beschränkt, die im Handelsrecht von bestimmten Unternehmen durch zusätzliche Angaben in Anhang und Lagebericht ergänzt werden.

Handels- und steuerrechtliche Vorschriften haben aber unterschiedliche Zielsetzungen. Die mit Buchführung und Abschluß verfolgten kaufmännischen Ziele sind, über Erfolg, Vermögen und Schulden zu informieren, steuerrechtliche Vorschriften dagegen sind auf die Ermittlung der Steuerbemessungsgrundlage ausgerichtet.

Während die Aufgabe der Steuerbilanz für alle Unternehmensformen gleich bleibt, gewinnt bei den Handelsbilanzen der **Gläubigerschutz** an Bedeutung, wenn die Haftung auf das Unternehmensvermögen beschränkt ist. In diesem Fall muß die Handelsbilanz neben **Information und Dokumentation** auch die Aufgabe übernehmen, diejenigen Beträge zu bestimmen, die ausgeschüttet werden dürfen und die im Unternehmen als Haftungsmasse verbleiben müssen. Daher sind für Kapitalgesellschaften die gesetzlichen Ansprüche an die Rechnungslegung dahingehend erweitert, daß der Jahresabschluß ein den tatsächlichen Verhältnissen entsprechendes Bild der Vermögens-, Finanz- und Ertragslage des Unternehmens zu vermitteln hat (§ 264 Abs. 2 HGB).

**Kontrollfragen** _____

1. Definieren Sie den Begriff „Rechnungswesen".
2. Wie ist das Rechnungswesen organisiert?
3. Welche Aufgaben hat das Rechnungswesen
   — für den Kaufmann,
   — für die Öffentlichkeit
     zu erfüllen?
4. Was ist Aufgabe
   — der Handelsbilanz,
   — der Steuerbilanz?
5. Welche zusätzlichen Aufgaben fallen Handelsbilanzen im Falle der Haftungsbeschränkung zu?
6. Weshalb bezeichnet man die Buchführung als eine Zeitrechnung?
7. Warum ist die Kostenrechnung vor allem eine Stückrechnung?

# 2 Die Bilanz als Ausgangspunkt der doppelten Buchführung (Doppik)

## 2.1 Wesen und Rolle der Doppik

Jeder Geschäftsfall hat eine zweiseitige Auswirkung. Bei einer Bankabhebung mindert sich das Bankguthaben und erhöht sich der Bargeldbestand. Wer Ware auf Kredit kauft, erhöht zugleich Warenvorrat und Verbindlichkeiten. Wenn man konsequent bei seinen Aufzeichnungen diese doppelte Wirkung verfolgt, bedient man sich der Doppik. Sie bedeutet **doppelte** Buchführung. Ihr stand früher die einfache Buchführung gegenüber, die bei den Aufzeichnungen die doppelte Auswirkung eines Vorganges nur teilweise berücksichtigt.

Heute sind alle Verfahren und Formen der Buchführung — bis hin zur elektronischen Bewältigung des Buchungsstoffes — nach der Doppik orientiert. Wer sich in den Daten der Buchführung zurechtfinden will, muß deshalb die Grundlagen der Doppik beherrschen.

## 2.2 Die Bilanz und ihre Veränderungen

### 2.2.1 Die formale Seite des Bilanzbegriffs

Von Bilanzen spricht man nicht nur im Rechnungswesen. Man verwendet diesen Begriff häufig schon dann, wenn man zwei verschiedene Zahlenreihen in Beziehung bringt und durch Einsetzen der Differenz ausgleicht. Beispiele: Zahlungsbilanz, Handelsbilanz, Bilanz einer Badereise u. a.

Die **buchhalterische Bilanz** ist (formal gesehen) eine zweiseitig geführte Rechnung, die für einen bestimmten Stichtag auf ihrer linken Seite **(Aktivseite)** das Unternehmungsvermögen nach seiner Zusammensetzung und auf ihrer rechten Seite **(Passivseite)** nach seiner Finanzierung ausweist.

Die linke Seite zeigt also, welche Mittel im Unternehmen vorhanden sind. Die rechte Seite sagt aus, wer der Kapitalgeber ist. Man bezeichnet sie auch als Kapitalseite.

| Aktiva | Bilanz | Passiva |
|---|---|---|
| **Anlagevermögen**<br>  Grundstück<br>  Gebäude<br>  Betriebs- und Geschäftsausstattung<br><br>**Umlaufvermögen**<br>  Waren<br>  Forderungen<br>  Kasse<br>  Bank | **Eigenkapital**<br><br>**Verbindlichkeiten** | |

Bedingt durch das Wesen der Doppik müssen die beiden Seiten der Bilanz stets zum Ausgleich kommen wie die Schalen einer Waage (bi lancia = Waage). Es gilt die Bilanzgleichung:

**Summe der Aktiva = Summe der Passiva**

### 2.2.2 Die Ableitung der Bilanz aus dem Inventar

Die Bilanz ist eine gedrängte und gegliederte Gegenüberstellung von Vermögen und Kapital der Unternehmung. Sie gründet sich auf das Inventar, das Vermögensverzeichnis.

Das **Inventar** ist eine ins einzelne gehende Zusammenstellung aller Vermögens- und Schuldenposten einer Unternehmung, die durch Inventur festgestellt wurden.

Der Vorzug des Inventars liegt in seinem bis ins einzelne gehenden Nachweis. Der Vorzug der Bilanz besteht in ihrer Übersichtlichkeit, da sie die vielen Einzelposten des Inventars in Gruppen zusammenfaßt.

### 2.2.3 Die Buchführung als „bewegte Bilanz"

Die vom Standpunkt der Buchungstechnik aus wichtigste Eigentümlichkeit der Bilanz gipfelt in der Bilanzgleichung, die unzerstörbar ist. Alle Buchungen eines Unternehmens bedeuten immer nur eine Fortführung der Bilanz. Sie lassen sich im Prinzip auf **vier typische Vorgänge** zurückführen. Das gilt für jede doppelte Buchführung, ob konventionell oder als EDV-Buchführung geführt.

Man spricht mit Recht von einer „bewegten Bilanz".

(1) Umschichtung innerhalb der Aktiven bei unveränderter Bilanzsumme **(Aktivtausch)**

> **Beispiel:** Barzahlung eines Kunden 3 000,—.
> Der Aktivposten Kasse nimmt zu (kurz: A +).
> Der Aktivposten Forderungen nimmt ab (kurz: A -).
> Die Änderungen beschränken sich demnach auf einzelne Aktivposten (Aktivtausch).
> Die Endsummen der Bilanz bleiben unverändert.

(2) Umschichtung innerhalb der Passiven bei unveränderter Bilanzsumme **(Passivtausch)**

> **Beispiel:** Zahlung an einen Lieferer durch Schuldwechsel 2 000,—.
> Der Passivposten Verbindlichkeiten nimmt ab (P -).
> Der Passivposten Schuldwechsel nimmt zu (P +).
> Die Änderungen beschränken sich hier auf einzelne Passivposten (Passivtausch).
> Die Endsummen der Bilanz bleiben wieder unverändert.

(3) Zugang auf beiden Seiten der Bilanz, also Zunahme der Bilanzsumme **(Bilanzvergrö-ßerung)**

> **Beispiel:** Zielkauf von Waren 4 000,—.[1]
> Der Aktivposten Waren nimmt zu (A +).
> Der Passivposten Verbindlichkeiten nimmt ebenfalls zu (P +).
> Die Änderungen berühren beide Bilanzseiten.
> Die Endsummen der Bilanz erhöhen sich auf beiden Seiten gleichmäßig (Bilanzvergrößerung).

(4) Abgang auf beiden Seiten der Bilanz, also Abnahme der Bilanzsumme **(Bilanzverklei-nerung)**

> **Beispiel:** Barzahlung an einen Lieferanten 1 000,—.
> Der Passivposten Verbindlichkeiten nimmt ab (P -).
> Der Aktivposten Kasse nimmt ebenfalls ab (A -).
> Die Änderungen berühren wieder beide Bilanzseiten.
> Die Endsummen der Bilanz vermindern sich auf beiden Seiten gleichmäßig (Bilanzverkleinerung).

**Ergebnis:** Jeder Geschäftsfall verändert einzelne Bilanzposten. Er kann auch die Endsummen der Bilanz ändern, niemals aber die Bilanzgleichung zerstören.

Man könnte sich also eine Buchführung denken, die nach jedem Geschäftsfall eine neue, veränderte Bilanz darstellt. **Dieser Gedanke der Bilanzfortführung beherrscht die gesamte Buchführungstechnik,** auch die der EDV. Da jeder Vorgang eine doppelte Auswirkung hat, spricht man von der „Doppik" (doppelte Buchführung).

## 2.2.4 Die Weiterführung der Bilanz in den Konten

Zur Darstellung der einzelnen Geschäftsfälle **zieht man die Bilanz in Konten auseinander,** man zerlegt die Bilanz und schafft Einzelabrechnungen für jeden Bilanzposten.

Die aus der Bilanz entwickelten Konten sind zweiseitig geführte Rechnungen für einzelne Bilanzposten, die den Buchungsstoff in Additionsposten auf der einen und in Subtraktionsposten auf der anderen Seite ordnen, so daß sich jederzeit der Unterschied der beiden Seiten — der **Saldo** — errechnen läßt.

Entsprechend der Gliederung der Bilanz in Aktiva und in Passiva unterscheidet man **Aktivkonten** und **Passivkonten.**

Da die Konten durch das Auseinanderziehen der Bilanz entstehen, trägt man die Anfangsbestände auf die gleiche Seite ein wie in der Bilanz.

Der Form nach unterscheidet man in der konventionellen Buchführung die sogenannten T-Konten von den Konten in Tabellenform. In den Schaubildern verwenden wir nur T-Konten, da sie übersichtlicher sind.

---

[1] Der Unterschied zwischen Einkaufs- und Verkaufspreisen sowie die Umsatzsteuer werden aus methodischen Gründen hier noch vernachlässigt.

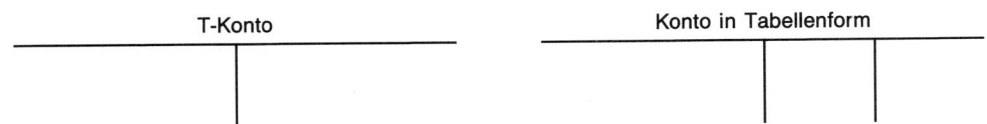

| T-Konto | Konto in Tabellenform |
|---|---|

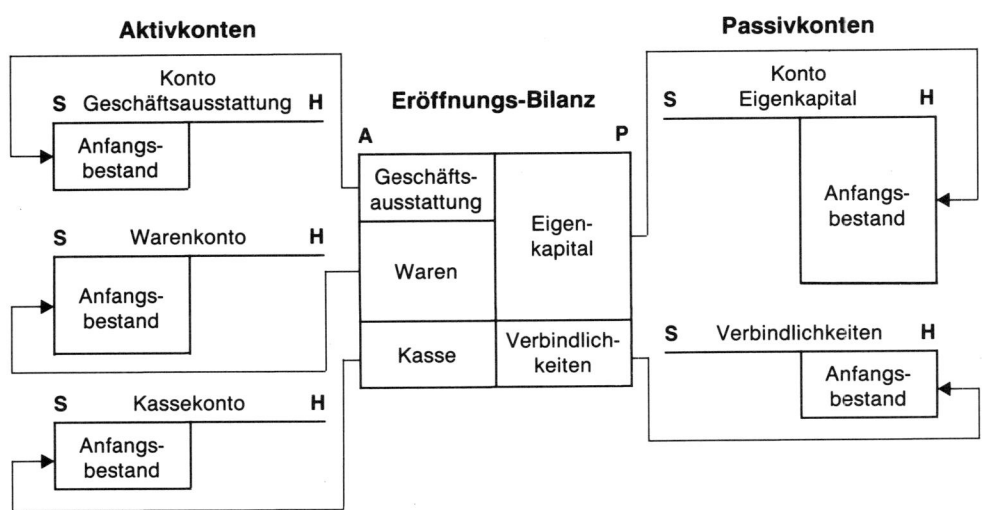

Anfangsbestand der Aktivposten = Anfangsbestand der Passsivposten

Durch die Auflösung der Bilanz in Konten ändert sich also sachlich nichts. Die Bilanz erhält nur eine neue Form. Will man das alte Bilanzbild wieder herstellen, so braucht man nur die Konten gewissermaßen wieder zusammenzuschieben.

**Die linke Seite** eines Kontos bezeichnet man als die **Soll-Seite,**

**die rechte Seite** als die **Haben-Seite.**

**Die Anfangsbestände der Aktivkonten** stehen im Soll,

**die Anfangsbestände der Passivkonten** dagegen im Haben.

Aktivkonten haben also einen Aufbau, der dem der Passivkonten entgegengesetzt ist. Das Verständnis für die Gegensätzlichkeit der beiden Kontenreihen ist der Schlüssel zum Verständnis der gesamten Buchführung.

Neben diesen aus der Bilanz entwickelten Konten, die man als „**Sachkonten"** bezeichnet, gibt es als Unterkonten die „**Personenkonten"** für die einzelnen Gläubiger und Schuldner. Sie gliedern die Sachkonten „Verbindlichkeiten" und „Forderungen" weiter auf, geben also den Nachweis über die Schuldverhältnisse im einzelnen.

| Die Summen und Salden aller Schuldnerpersonenkonten (Debitoren) | sind gleich | Summe und Saldo des Sachkontos „Forderungen aus Lieferungen und Leistungen" |
|---|---|---|
| Die Summen und Salden aller Gläubigerpersonenkonten (Kreditoren) | sind gleich | Summe und Saldo des Sachkontos „Verbindlichkeiten aus Lieferungen und Leistungen" |

Die Bezeichnungen „Soll" und „Haben" stammen aus der sogenannten Personifikationstheorie. Sie personifizierte jedes Konto, das sie als „Sachwalter und Abrechner für eine bestimmte Vermögens-, Kapital- oder Schuldenposition" ansah.

Dabei galt als Grundsatz, daß derjenige, der „geben" soll, zu belasten ist (Sollbuchung), und daß demjenigen, der etwas gut hat, der Betrag gutzuschreiben ist (Habenbuchung). Diese Erklärung ist für die Personenkonten (Einzelkonten für Kunden und Lieferanten) einleuchtend, für alle anderen Konten (insbesondere die Erfolgskonten) führt sie zu geschraubten Konstruktionen. Sie ist überlebt und wird hier nur genannt, weil sie eine Erklärung für die Begriffe „Soll" und „Haben" gibt.

Man überschrieb die linke Seite mit dover dare (soll geben), die rechte Seite mit dover avere (soll haben). Später ließ man links dare und rechts dover weg. Das ergab links dover = **Soll**, rechts avere = **Haben.**

## Kontrollfragen

1. *Was bedeutet der Begriff „Doppik"?*

2. *Was bedeutet der Begriff „Bilanz"?*

3. *Was versteht man unter einem Konto?*

4. *Wie lassen sich die Konten vom Bilanzaufbau her gliedern?*

5. *Wie lautet die Bilanzgleichung?*

6. *Warum bezeichnet man die Buchführung als „bewegte Bilanz"?*

7. *Wie lauten die vier typischen Bilanzveränderungen? Nennen Sie Beispiele.*

8. *Wie hängen die Personenkonten für Gläubiger und Schuldner mit den entsprechenden Sachkonten zusammen?*

# 2.3 Die Kontierungsregeln

Die Buchung der laufenden Geschäftsfälle wird von der Stellung des Anfangsbestandes aus bestimmt. Jeder Zugang erhöht den ursprünglichen Bestand und ist ihm deshalb zuzurechnen. Er muß also auf **der** Seite des Kontos gebucht werden, auf der sich bereits der Anfangsbestand befindet.

**Zugänge von Aktivposten** gehören deshalb ins **Soll** (Lastschrift).

**Zugänge von Passivkonten** gehören ins **Haben** (Gutschrift).

Die Abgänge werden auf der Gegenseite gespeichert, damit man durch Vergleich beider Seiten jeweils den Schlußbestand ermitteln kann.

**Abgänge von Aktivkonten** gehören deshalb ins **Haben.**

**Abgänge von Passivkonten** gehören dagegen ins **Soll.**

Aktivkonten haben immer einen Sollüberschuß (Sollsaldo, von ital. saldare = ergänzen). Im Falle der Kontenauflösung wird er als Schlußbestand auf die kleinere Seite, also ins Haben eingesetzt. Die Gegenbuchung erfolgt auf dem Schlußbilanzkonto im Soll.

Passivkonten haben einen Habenüberschuß (Habensaldo). Bei Kontenauflösung wird er zum Ausgleich ins Soll eingetragen. Die Gegenbuchung erfolgt dann auf dem Schlußbilanzkonto im Haben.

|  | Aktivkonten |  |  | Passivkonten |  |
|---|---|---|---|---|---|
| **Soll** | | **Haben** | **Soll** | | **Haben** |
| Anfangsbestand | | | | | Anfangsbestand |
| | | ·/. Abgänge | ·/. Abgänge | | |
| + Zugänge | | | | | + Zugänge |
| | | Schlußbestand | Schlußbestand | | |

| Aktivkonten | | Passivkonten | |
|---|---|---|---|
| Anfangsbestand | (AB): ins Soll | Anfangsbestand | (AB): ins Haben |
| Daher Zugänge | (+): ins Soll | Daher Zugänge | (+): ins Haben |
| Daher Abgänge | (–): ins Haben | Daher Abgänge | (–): ins Soll |
| Daher Schlußbestand | (SB): ins Haben | Daher Schlußbestand | (SB): ins Soll |

Beim Buchen auf ein Konto muß man also folgende schrittweise Überlegungen anstellen:

(1) Welche Konten werden berührt?

(2) Welchen Charakter hat jedes Konto: Aktiv- oder Passivkonto? (A oder P?)

(3) Liegt ein Zugang (+) oder ein Abgang (–) vor?

(4) Auf welche Kontenseite ist demnach zu buchen?

## 2.4 Der Weg von Bilanz zu Bilanz

Da durch die Buchungen die Bilanzgleichung nicht zerstört wird, muß sich durch Zusammenziehung der Konten jederzeit wieder eine Bilanz ergeben.

Die Bilanz zu Beginn einer Abrechnungsperiode bezeichnet man als **Eröffnungsbilanz**. Sie wird durch die Buchungen zur **Schlußbilanz** fortentwickelt.

Schematisch stellt sich das (zunächst unter Vernachlässigung der sogenannten Erfolgskonten), wie auf Seite 29 gezeigt, dar.

**Zusammenfassung:** Die doppelte Buchführung hat die Bilanz als Grundlage. Sie geht von der Bilanzgleichung **Aktiva = Passiva** aus und sieht in den Konten Teilausschnitte der Bilanz.

Entsprechend dem Bilanzaufbau sind **zwei Kontenreihen** zu unterscheiden (Zweikonten-reihen-Theorie), nämlich **Aktiv- und Passivkonten**. Die Buchführung wird damit zu einem angewandten Gleichungsrechnen.

## 2.5 Eigenkapitalveränderungen

### 2.5.1 Die Problematik der Erklärung

Aufwendungen und Erlöse werden in den **Erfolgskonten** gebucht, z. B. auf den Konten Löhne, Materialverbrauch, Reisekosten, Verkaufserlöse, Zinserträge u. a.

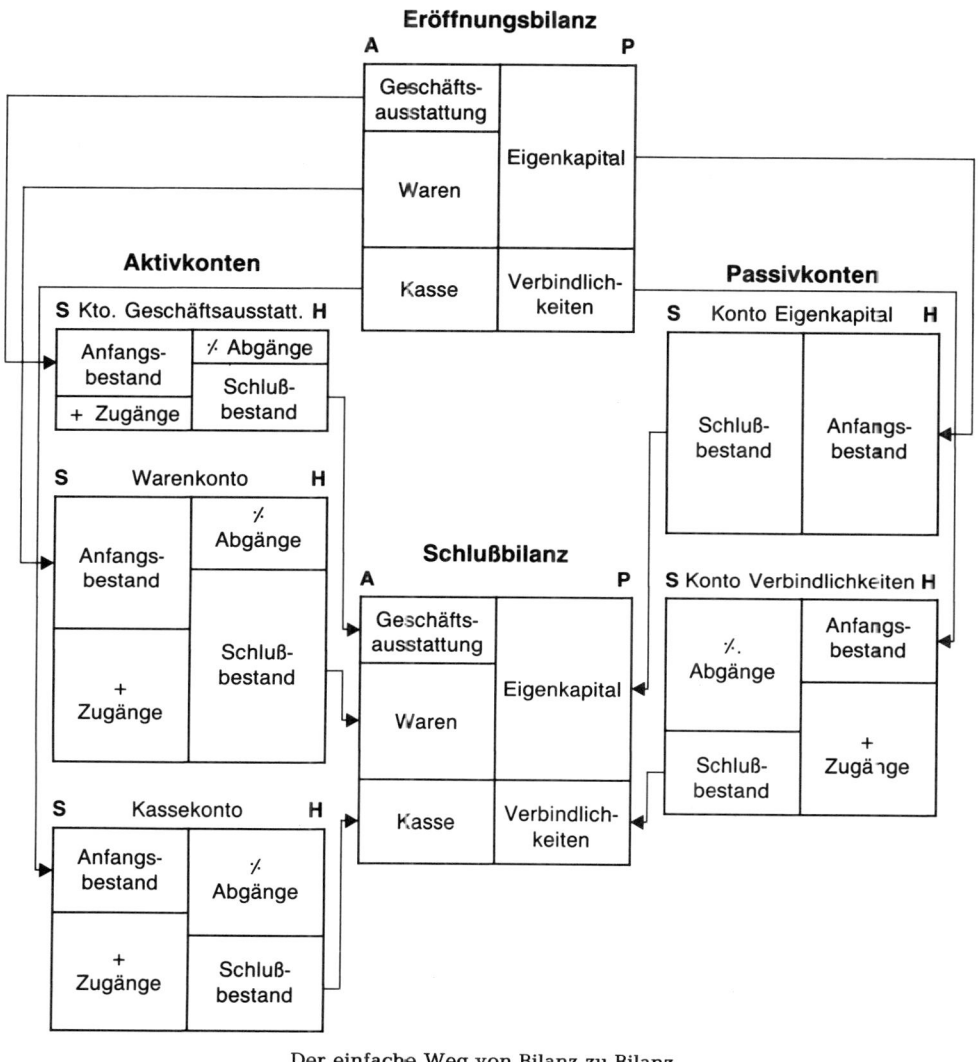

Der einfache Weg von Bilanz zu Bilanz

Es hat zunächst den Anschein, als wären diese Konten in den zwei dargestellten Kontenreihen der Aktiv- und Passivkonten nicht unterzubringen. Man muß sich aber bewußt sein, daß sie alle **Vorkonten des Kontos Eigenkapital** sind, weil Gewinne das Eigenkapital erhöhen, Verluste es vermindern. Sie sind also als Passivkonten zu behandeln.

### 2.5.2  Die Vorkonten des Kapitalkontos

Dem Kapitalkonto werden zunächst Aufwand- und Erlöskonten vorgeschaltet. Aufwendungen betrachtet man dann als Kapitalabgänge (Buchung im Soll), Erlöse dagegen als Kapitalzugänge (Buchung im Haben).

Das Eigenkapital kann auch durch außerbetriebliche Einflüsse geändert werden. Wenn ein Kaufmann Geld, Ware oder anderes aus seiner Unternehmung herausnimmt, wenn er also **Privatentnahmen** macht, so läßt er sich damit einen Teil seiner früheren Einlagen zurückgeben, verkleinert also sein Eigenkapital. Durch Neueinlagen kann er es auch vergrößern.

Alle diese Vorgänge sind auf Vorkonten des Kapitalkontos zu buchen.

Beim Abschluß geben die Erfolgskonten ihre Salden an das GuV-Konto ab, das wie das Privatkonto mit dem Kapitalkonto abgeschlossen wird.

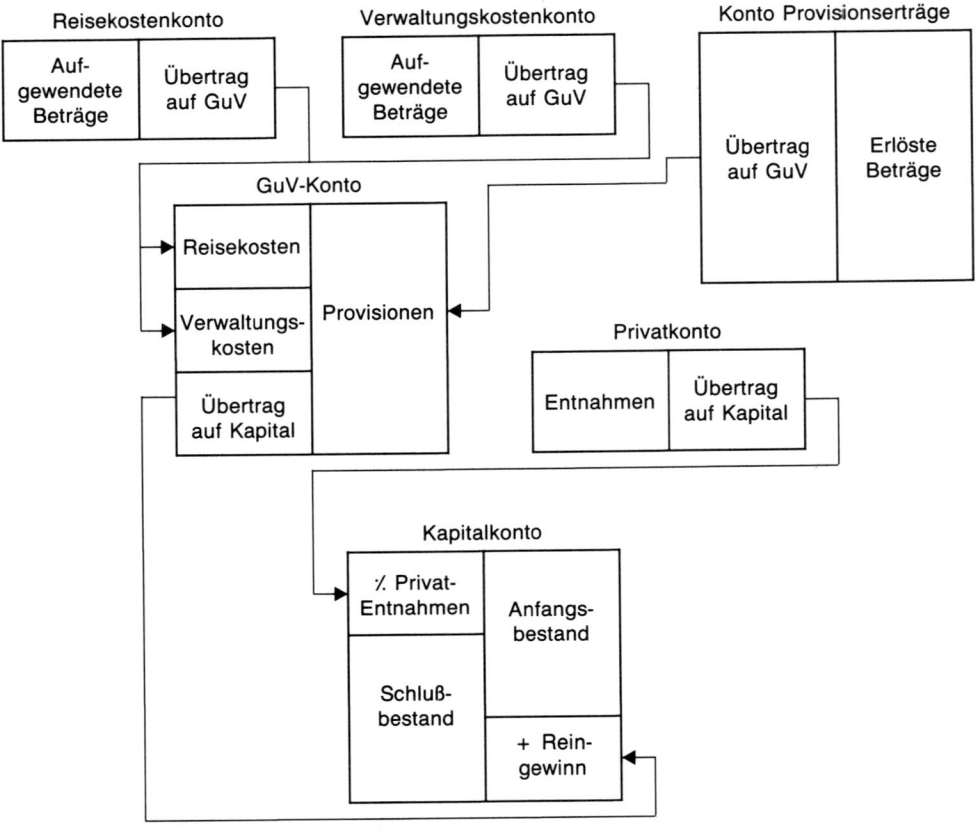

Schematisches Beispiel für einen Handelsvertreter

Aufwand und Privatentnahmen sind **Kapitalabgänge** (P –, Sollbuchung).

Erträge und Neueinlagen sind **Kapitalzugänge** (P +, Habenbuchung).

Die Vorkonten des GuV-Kontos nennt man **Erfolgskonten**, die unmittelbar aus der Bilanz zu entwickelnden Konten dagegen **Bestandskonten**.

## Kontrollfragen

1. *Wo werden Zugänge bei Aktivkonten, wo bei Passivkonten verbucht?*

2. *Welche Konten haben einen Sollsaldo, welche einen Habensaldo?*

3. *Worin unterscheiden sich die Erfolgskonten von den Bestandskonten?*

4. *Wie lautet das Sammelkonto für Erfolgskonten?*

5. *Wie werden Erfolgskonten abgeschlossen?*

6. *Welchen Charakter hat ein Privatkonto?*

7. *Was bedeutet es, wenn auf dem Kapitalkonto einmal ein Sollsaldo steht?*

---

**Aufgabe 1.1** *(Zusammenhang zwischen Bilanz und Buchführung) S. 311*

# 3 Die Buchung des Warenverkehrs

## 3.1 Die Warenkonten

Die Waren sind bei Eingang zu **Einstandspreisen** zu buchen, bei Verkäufen zu **Verkaufspreisen.** Deshalb werden ein Wareneinkaufs- und ein Warenverkaufskonto geführt; letzteres bezeichnet man auch als Erlöskonto.

Ein **ungeteiltes Warenkonto** hätte den Nachteil, daß sein Saldo weder Bestand noch Erfolg messen würde. Derartige Konten werden als **gemischte Konten** bezeichnet und in der Praxis aufgelöst.

Die Erklärung der beiden Konten und ihre Einordnung in die beiden Kontenreihen der Aktiv- und Passivkonten ist etwas kompliziert.

**Das Wareneinkaufskonto** ist ein Aktivkonto. Es empfängt den Anfangsbestand laut Bilanz, wird mit allen Zugängen belastet und übernimmt den durch Inventur ermittelten Schlußbestand. Buchungen erfolgen zu Einstandspreisen. Es ist kein reines Bestandskonto, sondern der Art nach noch immer ein gemischtes Konto, weil es neben dem durch Inventur ermittelten Schlußbestand noch einen Erfolgsteil enthält, nämlich den Wareneinsatz.

**Das Warenverkaufskonto** geht nicht aus der Bilanz hervor. Es ist ein reines Erfolgskonto. Da es die Verkäufe (Abgänge) an Waren nachweist, ist es eine Ergänzung zum Wareneinkaufskonto. Seine Gutschriften belegen aber wertmäßig nur insoweit einen Abgang des Aktivpostens Ware, als sie den Einstandspreis umschließen.

## 3.2 Abschluß der getrennten Warenkonten

Beim Abschluß der Warenkonten ist der Einstandspreis der verkauften Waren bzw. der Wareneinsatz zu ermitteln:

```
  Anfangsbestand
+ Einkäufe
./. Schlußbestand (durch Inventur ermittelt)
```
---
```
= abgesetzte Waren zu Einstandspreisen (Wareneinsatz)
```

Wird dieser Betrag zur Erfolgsermittlung auf das Warenverkaufskonto übertragen, so spricht man vom sogenannten **Nettoabschluß.** Dann gilt:

```
Saldo Wareneinkaufskonto = Wareneinsatz
Saldo Warenverkaufskonto = Rohgewinn
```

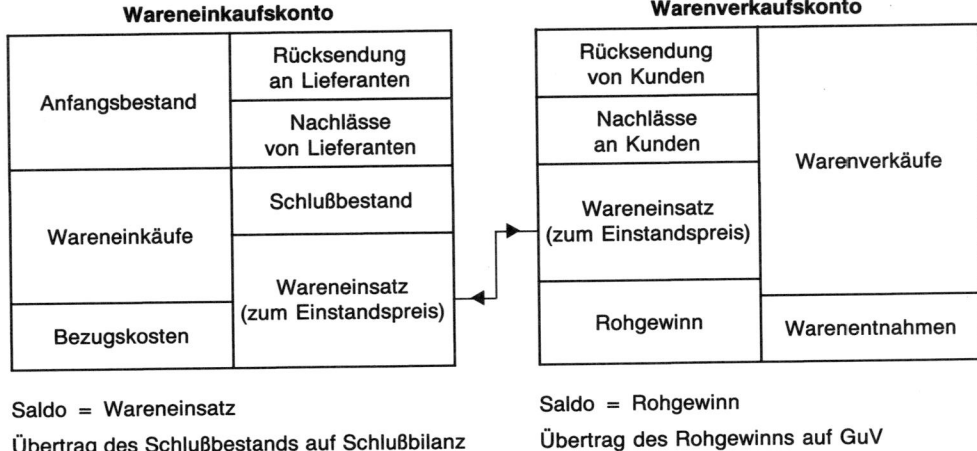

**Wareneinkaufskonto**

| | |
|---|---|
| Anfangsbestand | Rücksendung an Lieferanten |
| | Nachlässe von Lieferanten |
| Wareneinkäufe | Schlußbestand |
| Bezugskosten | Wareneinsatz (zum Einstandspreis) |

**Warenverkaufskonto**

| | |
|---|---|
| Rücksendung von Kunden | Warenverkäufe |
| Nachlässe an Kunden | |
| Wareneinsatz (zum Einstandspreis) | |
| Rohgewinn | Warenentnahmen |

Saldo = Wareneinsatz

Übertrag des Schlußbestands auf Schlußbilanz

Saldo = Rohgewinn

Übertrag des Rohgewinns auf GuV

Beim Nettoabschluß ist von **Nachteil,** daß sich die Bemessungsgrundlage bei der Umsatzsteuer (d. h. die steuerpflichtigen Umsätze) nicht mehr aus den Warenverkaufskonten ableiten läßt.

Aussagefähiger ist der sogenannte **Bruttoabschluß.** Dabei werden sowohl das Wareneinkaufs- als auch das Warenverkaufskonto jeweils direkt über das GuV-Konto abgeschlossen, so daß sich dort Wareneinsatz (im Soll) und Warenerlöse (im Haben) gegenüberstehen. Der Vorteil des Bruttoabschlusses besteht im Aufzeigen des Zustandekommens des Rohgewinns als Differenz zwischen Umsatzerlösen und Wareneinsatz. Außerdem bleibt der Saldo des Warenverkaufskontos für Zwecke der Umsatzsteuervoranmeldung und -erklärung erhalten.

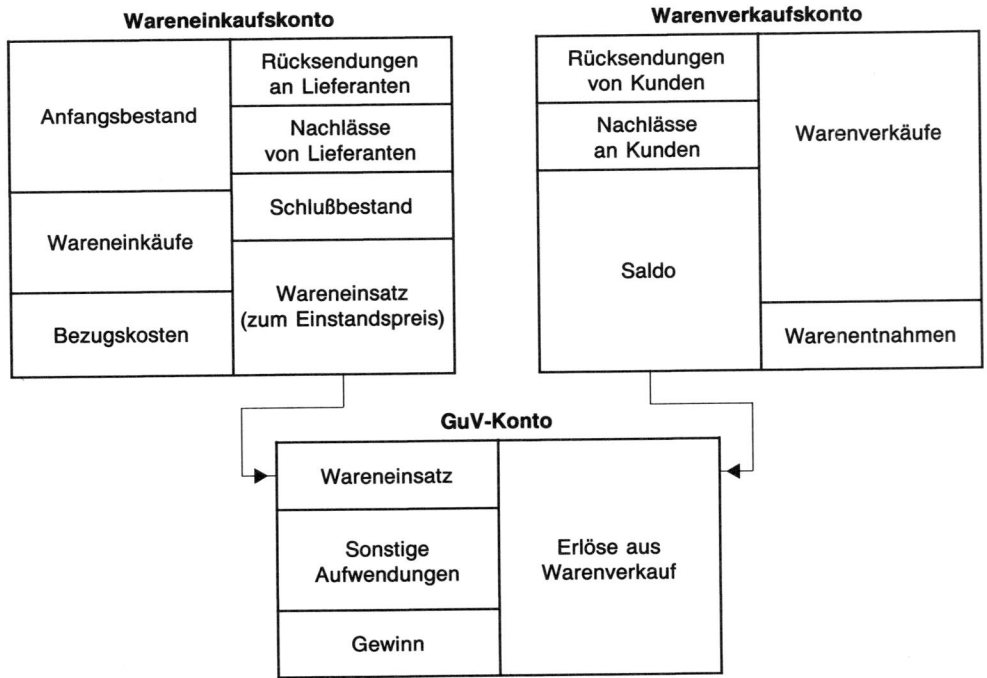

**Wareneinkaufskonto**

| | |
|---|---|
| Anfangsbestand | Rücksendungen an Lieferanten |
| | Nachlässe von Lieferanten |
| Wareneinkäufe | Schlußbestand |
| Bezugskosten | Wareneinsatz (zum Einstandspreis) |

**Warenverkaufskonto**

| | |
|---|---|
| Rücksendungen von Kunden | Warenverkäufe |
| Nachlässe an Kunden | |
| Saldo | |
| | Warenentnahmen |

**GuV-Konto**

| | |
|---|---|
| Wareneinsatz | Erlöse aus Warenverkauf |
| Sonstige Aufwendungen | |
| Gewinn | |

Bei **Industriebetrieben** wird zwischen Wareneinkaufs- und GuV-Konto meistens das **Materialaufwandskonto** geschoben. Dadurch wird das Wareneinkaufskonto zum reinen Bestandskonto. Materialeinsatz bzw. -verbrauch sind auf einen Blick ersichtlich.

Diese Buchungsweise wäre auch für **Handelsbetriebe** (durch Einführung eines Wareneinsatzkontos) anwendbar. **In der Praxis** dagegen führen Handelsbetriebe häufig ein **Wareneinkaufskonto,** das alle Einkäufe des Geschäftsjahres aufnimmt, sowie ein **Warenbestandskonto,** das nur den Anfangsbestand zeigt und das Jahr über unverändert bleibt. Am Jahresende übernimmt es den durch Inventur ermittelten Endbestand. Die Differenz wird dem Wareneinkaufskonto belastet oder gutgeschrieben, wodurch das Wareneinkaufskonto den Wareneinsatz bzw. -verbrauch des Geschäftsjahres aufzeigt.

**Aufgabe 1.2** *(Unterschiedliche Möglichkeiten der Buchung des Warenverkehrs)* S. 311

# 3.3 Einbau der Umsatzsteuerkonten

Die Umsätze des Unternehmers unterliegen der Umsatzsteuer (USt). Sie ergibt sich in der Regel aus den Rechnungen für Lieferungen und sonstige Leistungen.

Die von den Lieferanten berechnete Vorsteuer wird in der Regel auf die Steuerschuld angerechnet (Allphasenbesteuerung mit Vorsteuerabzug).

Zur Einführung ist von folgenden sechs Grundregeln[1] auszugehen:

(1) Wer Waren liefert oder sonstige steuerpflichtige Leistungen ausführt, berechnet in den Ausgangsrechnungen neben dem Nettobetrag noch die Umsatzsteuer. Sie beträgt zur Zeit in der Regel 14 %, in Sonderfällen, u. a. bei den meisten Lebensmitteln, Büchern, Kunstgegenständen, Rohholz, 7 % (sogenannte Steuertraglast).

(2) Oft bucht man zunächst brutto und ermittelt die Steuer am Monatsende.

(3) Die Umsatzsteuer auf die Ausgangsrechnungen wird in dem Konto „Umsatzsteuer" gebucht. Es gehört zu den Konten für Verbindlichkeiten, ist ein passives Bestandskonto.

(4) Der Rechnungsempfänger bucht bei Rechnungseingang die Steuer in das Konto „Vorsteuer". Dieses Konto bildet für ihn gewöhnlich ein Aktivum, weil die Vorsteuer in der Regel auf die eigene Steuerschuld angerechnet oder sogar zurückgezahlt wird, wenn sie die Steuertraglast übersteigt.

(5) Anrechenbar ist in der Regel auch Vorsteuer, die auf Käufe von Anlagegütern oder auf Entgelt für empfangene sonstige Leistungen (z. B. Vertreterprovision) entfällt.

(6) Die Steuerschuld (Zahllast) des Unternehmers ergibt sich aus der Gleichung

$$\text{Zahllast} = \text{Traglast} ./. \text{Vorsteuer}$$

**Buchungsbeispiel:**

(1) Warenbezüge eines Monats netto 100 000,— + 14 % Steuer,
brutto also 114 000,—

(2) Warenverkäufe eines Monats netto 140 000,— + 14 % Steuer,
brutto also 159 600,—

| Konto Wareneinkauf | | Konto Warenverkauf | |
|---|---|---|---|
| (1) Warenbezüge, netto 100 000,— | | | (2) Warenverkäufe, netto 140 000,— |

---

[1] Näheres siehe Abschnitt 7 (S. 43 ff.) Vorläufig soll nur die Rolle der Umsatzsteuerkonten im Zusammenhang der Konten gezeigt werden.

Eine geschlossene Darstellung des Umsatzsteuerrechts befindet sich im Band 3.

| Konto Vorsteuer | | Konto Umsatzsteuer | |
|---|---|---|---|
| (1) In den ER ent- halten 14 000,— | | | (2) In den AR ent- halten 19 600,— |

| Konto Verbindlichkeiten | | Konto Forderungen | |
|---|---|---|---|
| | (1) Warenbezüge, brutto 114 000,— | (2) Warenverkäufe, brutto 159 600,— | |

Es ist **unzweckmäßig,** am Monatsende das **Konto „Vorsteuer" mit dem Konto „Umsatzsteuer" abzuschließen,** weil Umsatzsteuer und Vorsteuer sowie die Bemessungsgrundlage der Umsatzsteuer in der Umsatzsteuervoranmeldung sowie der Umsatzsteuerjahreserklärung gesondert auszuweisen sind (§ 18 UStG).

**Aufgabe 1.3** *(Darstellung der Konten Vorsteuer und Umsatzsteuer) S. 312*

## 3.4 Der Gesamtzusammenhang der Konten

Der Weg der Zahlen aus der Eröffnungsbilanz über die Konten zur Schlußbilanz bildet einen **geschlossenen Kreislauf,** der lediglich durch die **Inventur unterbrochen** wird. Auf Grund der Inventurdaten werden die Kontensalden gegebenenfalls korrigiert und wird sodann die Schlußbilanz erstellt.

Im Schaubild für ein Handelsunternehmen (auf S. 35) kennzeichnen

.............. = vorbereitende Abschlußbuchungen,

— — — = Abschluß der Erfolgskonten bzw. der gemischten Konten mit deren Erfolgsteil,

—— . —— . = Übertragung des Reingewinns auf das Kapitalkonto,

———— = Eröffnung und Abschluß der Bestandskonten bzw. der gemischten Konten mit ihrem Bestandsteil.

**Kontrollfragen** ────────────────────────

*1. Warum spaltet man das Warenkonto in mindestens zwei, in der Praxis häufig in drei Konten auf?*

*2. Welche Positionen enthält das Wareneinkaufskonto in Soll und Haben, welche das Warenverkaufskonto?*

*3. Was ist der Unterschied zwischen Netto- und Bruttoabschluß der Warenkonten? Warum ist der Bruttoabschluß aussagefähiger?*

*4. Wie ermittelt man den Warenrohgewinn?*

*5. Welche Konten werden mit der Bilanz abgeschlossen?*

*6. Welche Konten werden mit dem GuV-Konto abgeschlossen?*

*7. Welche Konten werden mit dem Kapitalkonto abgeschlossen?*

**Aufgabe 1.4** *(Von der Eröffnungs- zur Schlußbilanz) S. 312*

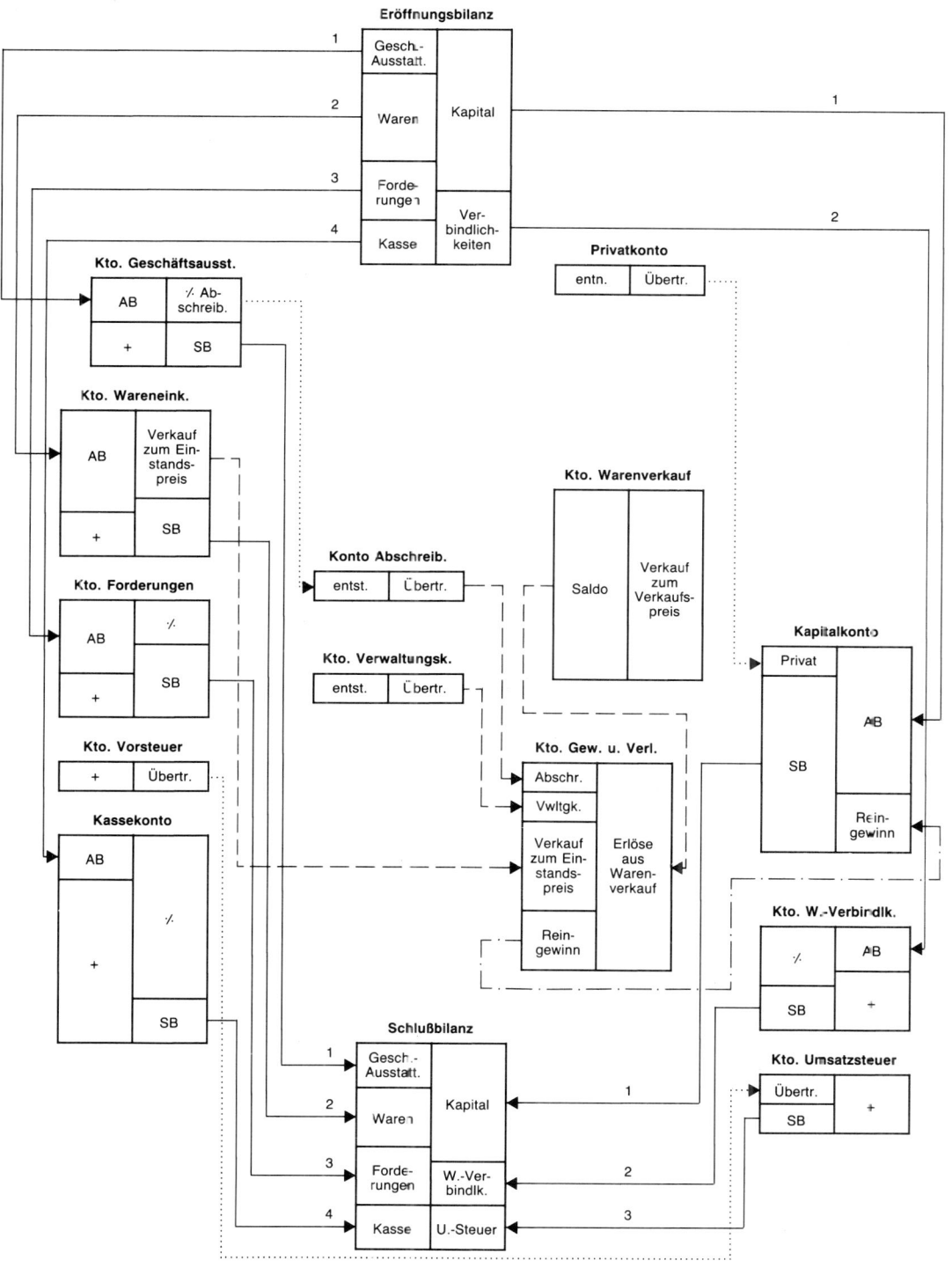

Der vollständige Weg von Bilanz zu Bilanz

# 4 Die Kontierung

## 4.1 Der Kontierungssatz (Buchungssatz)

Im Rechnungswesen der Praxis herrscht meist Arbeitsteilung. Die Arbeiten müssen gegliedert werden in **Buchungsvorbereitung** und **Buchungsausführung.** Auch bei Einsatz der EDV sind Vorbereitungsarbeiten nötig. Zu diesen gehört das Bestimmen der Konten, das **Kontieren.** Früher bediente man sich dazu des förmlichen, oft mehrteiligen Buchungssatzes, der heute meist auf die bloße Kontenangabe (Kontierung) beschränkt bleibt.

Im **Buchungssatz** nennt man zuerst das Konto der Sollbuchung und verbindet es durch das Verhältniswort „an" mit dem Konto der Habenbuchung.

Meist verwendet man aber **Buchungsstempel** mit besonderen Feldern für Last- und Gutschrift. Die Kontierung bringt man auf dem Beleg an. Dabei genügt die Angabe der Kontennummer, die sich aus dem Kontenplan des Unternehmens ergibt (siehe S. 97 ff.).

Buchungsstempel

| Lastschrift | 140 | gebucht |
|---|---|---|
| Gutschrift | 100 | |

Der Buchungssatz war schon in der Frühzeit der Buchführung bekannt. Zunächst wurden alle Vorgänge in ein **Journal** (Tagebuch, Primanota, Memorial) eingetragen und dann erst in die Konten übernommen, in das sogenannte Hauptbuch. Dann war es zweckmäßig, bereits im Journal die Kontierung anzugeben.

Der Buchungssatz bzw. die Kontierung kennzeichnet den Geschäftsfall kurz und eindeutig. Daher ist aus ihm Rückschluß auf den zugrundeliegenden Geschäftsfall möglich.

**Beispiele** für Buchungssätze konventioneller Form:

**Einfache Buchungssätze**
(nur ein Lastschrift- und ein Gutschriftkonto sind berührt)

Barabhebung von der Bank 300,—:
einzeilig:                   Kasse an Bank                        300,—
oder zweizeilig:             Kasse              300,—
                                 an Bank                          300,—

**Zusammengesetzte Buchungssätze**
(mehrere Lastschrift- oder mehrere Gutschriftkonten sind berührt)

Zahlung eines Kunden durch Bank 200,— und Postgiro 100,—:

                             Bank               200,—
                             Postgiro           100,—
                                 an Forderungen                   300,—

Schrittweise Überlegungen bei der Kontierung:

(1) Welche Konten werden durch den Geschäftsfall betroffen?

(2) Sind es Aktiv- oder Passivkonten?

(3) Liegt Zugang oder Abgang vor?

(4) Welche Kontenseite wird berührt?

(5) Wie lautet also die Kontierung?

**Aufgabe 1.5** *(Einfache Buchungssätze) S. 313*

**Aufgabe 1.6** *(Zusammengesetzte Buchungssätze im Zahlungsverkehr) S. 313*

**Aufgabe 1.7** *(Zusammengesetzte Buchungssätze im Warenverkehr) S. 314*

## 4.2 Der Kontenruf

Bei Eintragung in die Konten braucht man nur das Gegenkonto anzugeben. Diese Eintragung nennt man **Kontenruf**. Die Lastschriften wurden früher mit dem Wörtchen „an", die Gutschriften mit „von" oder „per" begonnen. Der Kontenruf in dieser Form hat heute keine Bedeutung mehr, ist aber für die Einführung in die Kontierungstechnik wichtig. Bei moderner Buchführung wird der Kontenruf durch die Angabe der Kontennummer des Gegenkontos ersetzt.

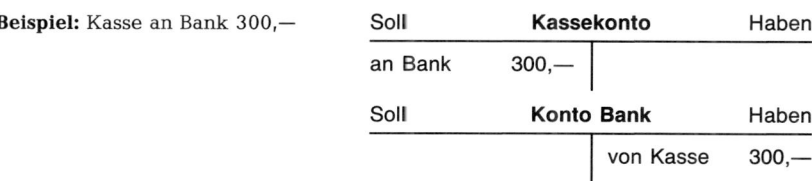

**Beispiel:** Kasse an Bank 300,—

| Soll | **Kassekonto** | Haben |
|------|----------------|-------|
| an Bank | 300,— | |

| Soll | **Konto Bank** | Haben |
|------|----------------|-------|
| | | von Kasse  300,— |

oder mit Kontennummern (nach dem Kontenrahmen des Einzelhandels):

| Soll | **100 Kasse** | Haben | | Soll | **120 Bank** | Haben |
|------|---------------|-------|---|------|--------------|-------|
| 120 | 300,— | | | | 100 | 300,— |

**Aufgabe 1.8**  *(Deuten von Buchungssätzen)* S. 314

# 5 Ordnung der Konten

Wenn man die Vielzahl der in der Praxis geführten Konten sinnvoll erfassen will, so muß man diese ordnen. Sie bilden ein System, d. h. ein einheitlich gegliedertes Ganzes. Dabei genügt es nicht, nur aktive und passive Konten zu unterscheiden.

Die Kontenordnung einer Unternehmung ist in ihrem **Kontenplan** festgelegt. Darin ist jedes einzelne Konto mit einer Nummer versehen. Die Numerierung folgt einem sinnvollen Gliederungsplan, so daß aus der jeweiligen Nummer eines Kontos zu ersehen ist, welchen Charakter ein Konto hat, ob es sich z. B. um ein Bestands- oder Erfolgskonto handelt und über welches andere Konto es am Schluß des Geschäftsjahres abzuschließen ist.

Die einzelnen Konten sind dabei im allgemeinen auf zehn **Kontenklassen** aufgeteilt, die man von 0 bis 9 numeriert. Innerhalb der Klassen können die Konten noch zu **Kontengruppen** zusammengefaßt werden. Die erste Ziffer der Kontennummer nennt stets die Klasse, die zweite kennzeichnet die Kontengruppe. Jede weitere Ziffer dient der tieferen Untergliederung.

**Beispiel:**  1    Finanzkonten
             15    Zahlungsmittel
            151    Kasse
            152    Postgiro

Welche einzelnen Konten ein Betrieb in seinen Kontenplan aufnimmt, richtet sich danach, welche Geschäftsvorfälle in Zukunft zu erwarten sind. Das jeweils günstigste Ordnungsschema ist von Wirtschaftszweig zu Wirtschaftszweig verschieden, so daß für einen Handelsbetrieb meist ein anderes Ordnungsschema als Richtschnur dient als für einen Industriebetrieb.

Eine solche einheitliche Richtschnur bezeichnet man als **Kontenrahmen**[1].

---

[1]  Eine ausführliche Darstellung der Ordnungsprinzipien der einzelnen Kontenrahmen und verschiedener Buchungsfälle folgt auf S. 97 ff.

Im Anhang sind verschiedene Kontenrahmen abgedruckt. Welche Kontenrahmen den einzelnen Aufgaben zugrunde liegen, ist aus der jeweiligen Aufgabenstellung ersichtlich.

**Kontrollfragen** _____

*1. Worin liegt die Bedeutung des Kontierungssatzes?*

*2. Welche Einsichten sind nötig, um immer treffsicher buchen zu können?*

*3. Welche schrittweisen Überlegungen hat man also vor der Buchung anzustellen?*

*4. Wie werden die Konten einer Unternehmung geordnet?*

*5. Was kennzeichnet die erste Ziffer einer Kontennummer? Was besagen die folgenden Ziffern?*

# 6 Eröffnung und Abschluß

## 6.1 Die Hilfskonten

Hilfsmittel zu doppikgemäßer Eröffnung der Konten ist das **Eröffnungsbilanzkonto**, Hilfsmittel beim Abschluß das **Schlußbilanzkonto**. Eröffnungs- und Schlußbilanzkonto dürfen mit den Eröffnungs- und Schlußbilanzen nicht verwechselt werden, denn sie sind lediglich aus der Doppik zu erklärende **Hilfskonten** für Eröffnung bzw. Abschluß. Eröffnungs- und Schlußbilanz dagegen stehen außerhalb der Systematik der Doppik und werden praktisch nur nach bestimmten Vorschriften aus den Konten bzw. dem Inventar „abgeschrieben".

Bei konventioneller Buchführung verzichtet man meist sowohl auf formelle Eröffnungsbuchungen als auch auf förmliche Abschlußbuchungen. Eröffnungs- und Schlußbilanzkonto haben dort nur theoretische Bedeutung. Sie sind dank der Betriebsübersicht entbehrlich. Bei der EDV werden Eröffnungs- und Abschlußbuchungen durchgeführt.

Die **Eröffnungsbuchungen** lauten grundsätzlich:

(1) **Sammlung der Aktivbestände:** Alle Aktivkonten an Eröffnungsbilanzkonto.

(2) **Sammlung der Passivbestände:** Eröffnungsbilanzkonto an alle Passivkonten.

Die **Abschlußbuchungen** lauten grundsätzlich:

(1) **Sammlung der Aktivbestände:** Schlußbilanzkonto an alle Aktivkonten.

(2) **Sammlung der Passivbestände außer dem Kapitalbestand:** Alle Passivkonten (außer Kapitalkonto) an Schlußbilanzkonto.

(3) **Sammlung der Aufwendungen:** GuV-Konto an alle Aufwandskonten.

(4) **Sammlung der Erträge:** Alle Ertragskonten an GuV-Konto.

(5) **Übertrag des Reingewinns:** GuV-Konto an Kapitalkonto (bei Reinverlust: Kapitalkonto an GuV-Konto).

(6) **Abschluß des Kapitalkontos:** Kapitalkonto an Schlußbilanzkonto.

## 6.2 Die Bilanzübersicht als Hilfsmittel bei der herkömmlichen Abschlußarbeit

Die Bilanzübersicht (bzw. Betriebsübersicht, Abschlußtabelle oder Hauptabschlußübersicht) dient

— dem Aufdecken von formellen Buchungsfehlern,
— der Zusammenstellung der Abschlußbuchungen,
— dem Aufstellen einer Probebilanz vor Realisierung bilanzpolitischer Erwägungen.

### 6.2.1 Die Summenbilanz und Saldenbilanz I als Ausgangspunkt der Abschlußtabelle

Erst nach Addition aller Konten zeigt sich bei konventioneller Buchführung die formelle Richtigkeit der Buchungen. Das Fehlerfeld ist also sehr groß. Deshalb stellt man nach Addition der Konten die unsaldierten **Seitensummen** zur Summenbilanz zusammen.

Wenn in der Summenbilanz die Solladdition mit der Habenaddition übereinstimmt, dann ist bewiesen,

(1) daß beim Buchen die Bilanzgleichung gewahrt wurde,

(2) daß die Konten richtig aufgerechnet wurden.

Anschließend ermittelt man die **Kontensalden** und stellt die Saldenbilanz I auf. Die Salden stehen dabei auf der wertmäßig größeren Seite.

Wenn in der Saldenbilanz I die Solladdition mit der Habenaddition übereinstimmt, so ist bewiesen, daß alle Salden richtig gezogen wurden.

Fehler, die sich gegenseitig ausgleichen, werden durch Summen- und Saldenbilanz I allerdings nicht entdeckt. (Vgl. folgendes Beispiel.)

| | | Summen- und Saldenbilanz I[1] | | | |
|---|---|---|---|---|---|
| Kto.- Nr. | Konto | Summenbilanz | | Saldenbilanz I | |
| | | Soll TDM | Haben TDM | Soll TDM | Haben TDM |
| 033 | Betriebs- und Geschäftsaus- stattung | 500 | — | 500 | — |
| 060 | Kapital | — | 1 210 | — | 1 210 |
| 100 | Forderungen | 2 050 | 1 450 | 600 | — |
| 140 | Vorsteuer | 360 | — | 360 | — |
| 151 | Kasse | 3 210 | 3 190 | 20 | — |
| 160 | Privat | 150 | — | 150 | — |
| 170 | Verbindlichkeiten | 1 600 | 2 130 | — | 530 |
| 180 | Umsatzsteuer | — | 390 | — | 390 |
| 300 | Wareneinkauf | 3 400 | — | 3 400 | — |
| 380 | Wareneinsatz | — | — | — | — |
| 400 | Personalkosten | 200 | — | 200 | — |
| 411 | Miete | 100 | 10 | 90 | — |
| 480 | Verwaltungskosten | 50 | — | 50 | — |
| 490 | Abschreibungen | — | — | — | — |
| 800 | Warenverkauf | — | 3 100 | — | 3 100 |
| 872 | Provisionserträge | — | 140 | — | 140 |
| | | 11 620 | 11 620 | 5 370 | 5 370 |

---

[1] Kontennummern in Anlehnung an den Großhandelskontenrahmen. Vgl. S. 415 ff.

## 6.2.2 Die vorbereitenden Abschlußbuchungen und die Saldenbilanz II

Nicht alle Beträge der Saldenbilanz I stimmen mit den durch **Inventur ermittelten Beständen** überein. Um den Geschäftserfolg zu ermitteln, sind **Umbuchungen** — vorbereitende Abschlußbuchungen — nötig.

**Beispiele:**

(1) Die Betriebs- und Geschäftsausstattung, die mit 500 000,— zu Buch steht, wird in der Inventur mit 400 000,— bewertet. Es sind 100 000,— abzuschreiben.

　Buchung: **Abschreibungen**

　　　　**an Betriebs- und Geschäftsausstattung**　　　　　　　　　　　**100 000,—**

(2) Der Wareneinsatz (= Warenverbrauch) ist noch zu ermitteln[1]. Er ergibt sich nach Ermittlung des Wareninventurbestandes von 880 000,— durch folgende Rechnung:

| | |
|---|---:|
| Wareneinkaufskonto Soll | 3 400 000,— |
| ./. Schlußbestand lt. Inventur | 880 000,— |
| Wareneinsatz | 2 520 000,— |

　Buchung: **Wareneinsatz**

　　　　**an Wareneinkauf**　　　　　　　　　　　　　　　　　　　　**2 520 000,—**

(3) Abschluß des Privatkontos:

　Buchung: **Kapital**

　　　　**an Privat**　　　　　　　　　　　　　　　　　　　　　　　**150 000,—**

Durch die vorbereitenden Abschlußbuchungen ändern sich einige Salden. Die Richtigkeit der neuen Salden wird durch die Saldenbilanz II bewiesen.

| | | | | | | | | | | | | |
|---|---|---|---|---|---|---|---|---|---|---|---|---|
| | | **Bilanzübersicht** | | | | | | | | | | |
| Kto. | Konto-Name | Summen-bilanz | | Salden-bilanz I | | Salden-bilanz II | | Vermögens-bilanz | | Erfolgs-bilanz | | |
| | | Soll TDM | Haben TDM | Soll TDM | Haben TDM | Soll TDM | Haben TDM | Aktiva TDM | Passiva TDM | Aufw. TDM | Erträge TDM |
| 033 | Betriebs- u. Geschäftsausstattg. | 500 | — | 500 | — | 400 | — | 400 | — | — | — |
| 060 | Kapital | — | 1 210 | — | 1 210 | — | 1 060 | — | 1 060 | — | — |
| 100 | Forderungen | 2 050 | 1 450 | 600 | — | 600 | — | 600 | — | — | — |
| 140 | Vorsteuer | 360 | — | 360 | — | 360 | — | 360 | — | — | — |
| 151 | Kasse | 3 210 | 3 190 | 20 | — | 20 | — | 20 | — | — | — |
| 160 | Privat | 150 | — | 150 | — | — | — | — | — | — | — |
| 170 | Verbindlichkeiten | 1 600 | 2 130 | — | 530 | — | 530 | — | 530 | — | — |
| 180 | Umsatzsteuer | — | 390 | — | 390 | — | 390 | — | 390 | — | — |
| 300 | Wareneinkauf | 3 400 | — | 3 400 | — | 880 | — | 880 | — | — | — |
| 380 | Wareneinsatz | — | — | — | — | 2 520 | — | — | — | 2 520 | — |
| 400 | Personalkosten | 200 | — | 200 | — | 200 | — | — | — | 200 | — |
| 411 | Miete | 100 | 10 | 90 | — | 90 | — | — | — | 90 | — |
| 480 | Verwaltungskosten | 50 | — | 50 | — | 50 | — | — | — | 50 | — |
| 490 | Abschreibungen | — | — | — | — | 100 | — | — | — | 100 | — |
| 800 | Warenverkauf | — | 3 100 | — | 3 100 | — | 3 100 | — | — | — | 3 100 |
| 872 | Provision | — | 140 | — | 140 | — | 140 | — | — | — | 140 |
| | | 11 620 | 11 620 | 5 370 | 5 370 | 5 220 | 5 220 | 2 260 | 1 980 | 2 960 | 3 240 |
| | | | | | Gewinn | | | — | 280 | 280 | — |
| | | | | | | | | 2 260 | 2 260 | 3 240 | 3 240 |

---

[1] Zu anderer Buchungsweise des Warenverkehrs vgl. S. 31 ff. und Aufgabe 1.2 auf S. 311.

### 6.2.3 Vermögens- und Erfolgsbilanz

Die Zahlen der Saldenbilanz II bedeuten Bestand und Erfolg. In der Vermögensbilanz (Inventurbestände) und der Erfolgsbilanz (GuV- Rechnung) werden sie sortiert. Damit ist die Bilanzübersicht bis auf die Gewinn- bzw. Verlustermittlung fertiggestellt.

Der Jahreserfolg läßt sich also — dies ist ein Wesensmerksmal der doppelten Buchführung — auf doppelte Art und Weise ermitteln:

(1) aus der Vermögensbilanz, durch das Ermitteln des Saldos aus Aktiva und Passiva,

(2) aus der Erfolgsbilanz, die die Erfolgsquellen im einzelnen offenlegt, durch das Bilden der Differenz aus Erträgen und Aufwendungen.

Wenn richtig gebucht worden ist, **müssen** beide Rechnungen zu demselben Ergebnis führen.

Die Bilanzübersicht hat — wie das Beispiel auf S. 40 zeigt — mindestens fünf Doppelspalten, kann aber bis zu acht Doppelspalten aufweisen, nämlich zusätzlich

— die Eröffnungsbilanz als erste Doppelspalte,

— die Verkehrszahlen als zweite Doppelspalte,

— die Umbuchungen als Doppelspalte zwischen Saldenbilanz I und Saldenbilanz II.

### 6.2.4 Umbuchungsspalten

Zwischen Saldenbilanz I und II wird in der Regel eine Spalte zur Kontrolle der vorbereitenden Abschlußbuchungen eingebaut. Von ihr werden natürlich nur die Konten berührt, in denen vorbereitende Abschlußbuchungen vorgenommen werden.

| Konto | Umbuchungsspalte | |
|---|---|---|
| | Soll | Haben |
| Betriebs- und Geschäftsausstattung | — | 100 000,— |
| Kapital | 150 000,— | — |
| Privat | — | 150 000,— |
| Wareneinkauf | — | 2 520 000,— |
| Wareneinsatz | 2 520 000,— | — |
| Abschreibungen | 100 000,— | — |
| | 2 770 000,— | 2 770 000,— |

# 6.3 EDV-Abschlußtechnik

Der Jahresabschluß beginnt auch bei der EDV-Buchführung in der Regel mit dem Erstellen einer vorläufigen Bilanzübersicht; nur mit dem Unterschied, daß dies — durch ein Bilanzprogramm gesteuert — der Computer selbst besorgt.

Zunächst liefert er eine Bilanzentwicklungsübersicht bis zur vorläufigen Saldenbilanz, meist mit Ausweis eines vorläufigen Ergebnisses. Auf Grund dessen bestimmt der Bilanzierende die Berichtigungen und Umbuchungen und gibt sie im Dialog über den Bildschirm in die Anlage ein. Anschließend druckt der Computer eine vollständige Betriebsübersicht aus und erstellt die Bilanz und GuV-Rechnung. Außerdem liefert ein qualifiziertes EDV-Buchführungs- und Bilanzprogramm auch noch aufschlußreiche Kennzahlen für die betriebwirtschaftliche Auswertung und erstellt — häufig in Verbindung mit der EDV-Anlagenbuchführung — den Anlagenspiegel gemäß HGB.

Daß der Computer die endgültigen Salden automatisch zur Bilanz und GuV-Rechnung zusammenstellt, beruht darauf, daß im Programm ein Bilanz- und GuV-Rechnungsschema vorgesehen ist.

Dabei kann es sich um individuelle Zusammenstellungen oder um die gesetzlichen Schemata des HGB für Kapitalgesellschaften handeln. Die programmierten Schemata sind nach Positionen aufgebaut. Alle Kontennummern des Kontenplans sind durch das Programm bestimmten Abschlußpositionen zugeordnet. Dementsprechend werden die Bilanz und die GuV-Rechnung ausgedruckt.

Wenn sich auch durch die Art der verwendeten EDV-Anlage (z. B. Universalcomputer, Bürocomputer, Personal Computer), durch den organisatorischen Einsatz (insbesondere Computer „im Haus" oder „außer Haus" bzw. Verbund zwischen interner und externer Verarbeitung), durch das verwendete Programm (vor allem Standard- oder Individualprogramm) u. a. im Detail unterschiedliche Abläufe ergeben können — am Grundsätzlichen der in groben Zügen besprochenen EDV-Abschlußtechnik ändert sich dadurch nichts. Vgl. auch die Ausführungen zur EDV-Buchführung auf S. 83 ff.

Auf Feinheiten qualifizierter Bilanzprogramme, wie

— die automatische Gewerbesteuerermittlung,

— den Einbau von Vorjahreswerten und Prozentvergleichen in die Abschlußrechnungen,

— die Möglichkeit, in zwei Geschäftsjahren parallel zu buchen, so daß zu einem späteren Zeitpunkt noch problemlos Vorgänge nachgebucht werden können, die das abgelaufene Wirtschaftsjahr betreffen, u. a.,

kann hier nicht näher eingegangen werden. Die Ausführungen zur konventionellen Buchführung über den Aufbau der Bilanzübersicht, das Sammeln der Berichtigungsangaben und das Abschließen der Buchführung gelten entsprechend auch für die EDV-Buchführung. Die Verkehrszahlen brauchen bei EDV-Buchführungen für den Jahresabschluß nicht aufbereitet zu werden; sie liegen bereits in den gespeicherten Jahresbewegungen je Konto fertig vor.


## Kontrollfragen

*1. Worin liegt der Unterschied zwischen Eröffnungs- bzw. Schlußbilanz und Eröffnungs- bzw. Schlußbilanzkonto?*

*2. Wie lauten die Eröffnungsbuchungen?*

*3. Wie lauten die Abschlußbuchungen? In welcher Reihenfolge sind sie vorzunehmen?*

*4. Warum sind sie in der Praxis bei konventioneller Buchführung entbehrlich?*

*5. Welchen Zwecken dient die Bilanzübersicht?*

*6. Wie werden die einzelnen Spalten der Bilanzübersicht bezeichnet?*

*7. Wie läßt sich der Jahreserfolg auf doppelte Art und Weise ermitteln?*


**Aufgabe 1.9**  *(Verständnisfragen zur Bilanzübersicht) S. 315*

**Aufgabe 1.10**  *(Aufstellung der Bilanzübersicht) S. 315*

# 7 Die Umsatzsteuer in der Buchführung

## 7.1 Rechtsvorschriften

Die Umsatzsteuer in Form der sogenannten Mehrwertsteuer hat auf die Buchführung einen außerordentlich großen Einfluß. Gemäß § 22 UStG hat der Unternehmer zur Feststellung der Steuer und der Grundlagen ihrer Berechnung Aufzeichnungen zu machen.

Im **Beschaffungsbereich** müssen

— die Entgelte für empfangene steuerpflichtige Lieferungen/sonstige Leistungen und

— die hierauf entfallende Steuer,

außerdem die Bemessungsgrundlage für die Einfuhr von Gegenständen sowie die Einfuhrumsatzsteuer aufgezeichnet werden.

Im **Absatzbereich** sind die vereinbarten Entgelte für die vom Unternehmer ausgeführten Lieferungen und Leistungen darzustellen und dabei nach steuerfreien und steuerpflichtigen Umsätzen sowie nach Steuersätzen zu trennen.

## 7.2 Herausrechnen der Umsatzsteuer bei Bruttobeträgen

Die Steuer selbst kann entweder jeweils bei der Buchung ausgegliedert oder erst nachträglich herausgerechnet werden [§ 63 Abs. 4, 6 UStDV). Deshalb unterscheidet man Netto- und Bruttoprinzip der Verbuchung.

Die **Nettobuchung** ist das theoretisch richtige Verfahren, weil nur die Nettowerte Ausgangspunkt für Berechnung von Einstandswerten und Erlösgrößen sind. Wo aber die Steuer in der Rechnung nicht besonders ausgewiesen ist, was bei Rechnungsbeträgen bis 200,— (§ 33 UStDV) sowie generell im Einzelhandel möglich ist, bietet sich die **Bruttobuchung** an.

Das Herausrechnen der Umsatzsteuer bei jeder einzelnen Buchung kann bei **konventioneller Buchführung ziemlich zeitaufwendig** sein. Bei **EDV-Buchführung** dagegen erfolgt die Ermittlung und Buchung der Vor- oder Mehrwertsteueranteile nach Eingabe eines **Umsatzsteuerschlüssels** (z. B die Ziffer 1 für 14 %, die Ziffer 2 für 7 %) programmgesteuert.

Die im Bruttoumsatz enthaltene Umsatzsteuer kann bei konventioneller (d. h. manueller) Buchführung nach dem Bruchteils- oder nach dem Multiplikationsverfahren herausgerechnet werden.

Beim **Bruchteilsverfahren** wird der Bruttorechnungsbetrag

mit dem Faktor $\frac{14}{114}$ (bei vollem Umsatzsteuersatz) bzw.

mit dem Faktor $\frac{7}{107}$ (bei halbem Umsatzsteuersatz)
multipliziert.

Beim **Multiplikationsverfahren** sind diese durch einen Bruch ausgedrückten Faktoren bereits ausgerechnet. Sie betragen

— für 14%ige Umsatzsteuer 12,2807,

— für 7%ige Umsatzsteuer 6,5420.

In der Praxis wird es nicht beanstandet, wenn als Multiplikatoren 12,28 bzw. 6,54 angewendet werden, allerdings entstehen dabei Rundungsdifferenzen.

**Aufgabe 1.11**   *(Buchen nach dem Nettoverfahren) S. 316*

**Aufgabe 1.12**   *(Buchen nach Netto- und Bruttoverfahren) S. 316*

# 7.3 Entgeltänderungen

## 7.3.1 Skonto

Da das Entgelt Bemessungsgrundlage für die Steuerberechnung ist, müssen nachträgliche Entgeltkorrekturen zu nachträglichen Steuerkorrekturen bei Lieferanten und Kunden führen.

**Beispiel:**

| | |
|---|---|
| Großhändler Groß lieferte an Einzelhändler Klein | 4 000,— |
| + Umsatzsteuer 14 % | 560,— |
| | 4 560,— |

Klein überweist unter Abzug von 3 % Skonto.

Buchungen für (1) Lieferung, (2) Bezahlung, (3) Steuerkorrektur

| **Buchung bei Klein** | | | **Buchung bei Groß** | | |
|---|---|---|---|---|---|
| (1) Wareneinkauf | 4 000,— | | (1) Forderungen | 4.560,— | |
| Vorsteuer | 560,— | | an Warenverkauf | | 4 000,— |
| an Verbindl. | | 4 560,— | an Umsatzsteuer | | 560,— |
| (2) Verbindl. | 4 560,— | | (2) Bank | 4 423,20 | |
| an Bank | | 4 423,20 | Kundenskonti | 136,80 | |
| an Lieferantenskonti | | 136,80 | an Forderungen | | 4 560,— |
| (3) Lief.-Skonti | 16,80 | | (3) Umsatzsteuer | 16,80 | |
| an Vorsteuer | | 16,80 | an Kundenskonto | | 16,80 |

**300 Wareneinkauf**

| | | | |
|---|---|---|---|
| (1) | 4 000,— | | |

**800 Warenverkauf**

| | | | |
|---|---|---|---|
| | | (1) | 4 000,— |

**155 Vorsteuer**

| | | | |
|---|---|---|---|
| (1) | 560,— | (3) | 16,80 |

**180 Umsatzsteuer**

| | | | |
|---|---|---|---|
| (3) | 16,80 | (1) | 560,— |

**120 Bank**

| | | | |
|---|---|---|---|
| | | (2) | 4 423,20 |

**130 Bank**

| | | | |
|---|---|---|---|
| (2) | 4 423,20 | | |

**380 Lieferantenskonti**

| | | | |
|---|---|---|---|
| (3) | 16,80 | (2) | 136,80 |

**808 Kundenskonti**

| | | | |
|---|---|---|---|
| (2) | 136,80 | (3) | 16,80 |

**160 Verbindlichk. (Lieferant.)**

| | | | |
|---|---|---|---|
| (2) | 4 560,— | (1) | 4 560,— |

**100 Forderungen (Kunden)**

| | | | |
|---|---|---|---|
| (1) | 4 560,— | (2) | 4 560,— |

## 7.3.2 Sonstige Abzüge

Steuerkorrekturen für sonstige Abzüge, z. B. Nachlässe wegen Mängelrüge, Boni, nachträgliche Rabatte u. a., sind im Prinzip genauso zu behandeln wie Skonti. Sie bedürfen nur immer eines besonderen Beleges.

**Aufgabe 1.13** *(Entgeltänderungen und Umsatzsteuer) S. 317*

## 7.4 Mehrere Steuersätze

Neben dem Normalsteuersatz von 14 % spielt noch der Satz von 7 % eine Rolle (§ 12 Abs. 2 UStG). Er gilt vor allem für Umsätze von Gegenständen, die in einer Liste aufgeführt sind, das dem Gesetz als Anlage beigegeben wurde. Zu solchen Gütern gehören u. a. viele Lebensmittel, zum Beispiel Gemüse, Getreide, Mehl, Fleisch, Milch (aber nicht bei Verzehr an Ort und Stelle), Bücher, Broschüren, Zeitungen u. ä., Wasser und Holz. Der halbierte Steuersatz kommt auch in Frage für die Personenbeförderung innerhalb einer Gemeinde oder bei einer Beförderungsstrecke bis zu 50 km.

Nach § 22 Abs. 2 Ziff. 1 UStG ist bei der Aufzeichnung der Entgelte für die **von einem Unternehmer** ausgeführten Lieferungen und sonstigen Leistungen kenntlich zu machen, wie sich die Entgelte nach den einzelnen Steuersätzen bzw. nach Steuerpflicht und Steuerfreiheit verteilen. Der Steuerbetrag darf in einer Summe angegeben werden, wenn für die einzelnen Posten der Rechnung der Steuersatz angegeben ist (§ 63 Abs. 4 UStDV).

Für die **an den Unternehmer** für sein Unternehmen ausgeführten Lieferungen und sonstigen Leistungen bedarf es keiner Aufgliederung nach Steuersätzen, wohl aber der zumindest nachträglichen Trennung von anrechnungsfähiger und nichtanrechnungsfähiger Vorsteuer (§§ 22 Abs. 2 Ziff. 5 und 15 Abs. 4 UStG).

**Aufgabe 1.14**  *(Mehrere Umsatzsteuersätze) S. 318*

## 7.5 Eigenverbrauch

Die Umsatzsteuer ist ihrem Wesen nach eine Verkehrsteuer. Sie besteuert den Umsatz vom Unternehmer an einen Abnehmer. Auch der Eigenverbrauch ist Umsatz, nämlich vom Unternehmer in seiner Eigenschaft als Unternehmer an sich selbst als Privatperson. § 1 Abs. 1 Nr. 2 UStG definiert den Eigenverbrauch ganz allgemein als Entnahme von Gegenständen oder Leistungen durch den Unternehmer für außerhalb des Unternehmens liegende Zwecke. Dabei sind folgende Möglichkeiten zu unterscheiden:

(1) die Entnahme von Gegenständen für außerhalb des Unternehmens liegende Zwecke (z. B. Waren zur Verwendung im eigenen Haushalt, für Geschenke an Verwandte, Freunde, sonstige Dritte),

(2) die Entnahme von Leistungen für außerhalb des Unternehmens liegende Zwecke (z. B. durch Vornahme einer Kfz-Reparatur am Privatwagen der Ehefrau oder eines Freundes des Unternehmers durch einen Betriebsangehörigen während der Arbeitszeit, Benützung des Geschäftstelefons für Privatgespräche des Unternehmers und seiner Familie, Wohnen des Unternehmers in einer Betriebswohnung),

(3) das Tätigen von Aufwendungen, deren Abzug als Betriebsausgaben nach § 4 Abs. 5 Nr. 1 bis 7 und Abs. 7 EStG nicht zugelassen ist (z. B. Geschenke von mehr als 75,— DM Einzelwert an Geschäftsfreunde, unangemessen hohe Bewirtungskosten für Kunden, Aufwendungen für Gästehäuser außerhalb des Betriebsortes, für Segelyachten, für Jagd, Fischerei und damit zusammenhängende Bewirtungen).

Aus Gründen der Gleichbehandlung werden die genannten Tatbestände auch wie Eigenverbrauch behandelt, wenn Personen- und Kapitalgesellschaften im Rahmen ihres Unternehmens Lieferungen oder Leistungen an ihre Anteilseigner (z. B. bei einer GmbH), Gesellschafter, Mitglieder, Teilhaber oder ihnen nahestehende Personen unentgeltlich ausführen (sogenannter **Gesellschafterverbrauch**, § 1 Abs. 1 Nr. 3 UStG).

**Beispiele zur Verbuchung** (nach EDV-Kontenrahmen KR 13, vgl. S. 432 ff.):

**zu (1):**

Die Buchung

> **1920 Private Sachentnahmen**
> **an 8000 Warenverkauf**
> **an 1880 Umsatzsteuer**

ist zwar sachlich richtig, erfüllt jedoch nicht die nach § 22 Abs. 2 Nr. 4 UStG vorgeschriebene **besondere Aufzeichnungspflicht** für den Eigenverbrauch. Daher besser:

> **1920 Private Sachentnahmen**
> **an 8700 Eigenverbrauch (Sachentnahmen)**
> **an 1880 Umsatzsteuer.**

**zu (2):**

Dieselben Überlegungen gelten auch für die Entnahme von Leistungen. Die Buchung

> **1928 Private Kfz-Nutzung**
> **an 4400 Kfz-Kosten**
> **an 1880 Umsatzsteuer**

führt zwar in Höhe des Privatanteils zu einer Berichtigung der Kfz-Kosten und der bei Rechnungseingang gebuchten Vorsteuer. Über den Saldo des Kontos Kfz-Kosten ist aber die **besondere Aufzeichnungspflicht** nicht ableitbar.

Außerdem ist keine **Umsatzsteuerverprobung** möglich. Deshalb ist folgende Buchung sinnvoller:

> **1928 Private Kfz-Nutzung**
> **an 8760 Eigenverbrauch (Leistungsentnahmen)**
> **an 1880 Umsatzsteuer**

Sie bewirkt eine GuV-Verlängerung.

| GuV | |
|---|---|
| 4400 Kfz-Kosten<br>   (volle Höhe) | 8760 Leistungsentnahmen<br>   (Privatanteil an Kfz-Kosten) |

**zu (3):**

Für die nichtabzugsfähigen Betriebsausgaben gibt es besondere Aufzeichnungspflichten. Nach § 4 Abs. 7 EStG sind sie einzeln und getrennt von den sonstigen Betriebsausgaben aufzuzeichnen (ausgenommen die Kosten für Fahrten zwischen Wohnung und Betrieb). Wenn aus jeder Buchung die Art der Aufwendung ersichtlich ist, ist für alle diese Aufwendungen ein Konto ausreichend (Abschn. 20 Abs. 21 EStR).

In Abschn. 20 Abs. 24 EStR wird ausdrücklich festgestellt, daß die nichtabzugsfähigen Betriebsausgaben **keine Entnahmen** sind. Das heißt, daß sie nicht wie die Lebenshaltungskosten als Privatentnahme über das Privatkonto gebucht werden dürfen. Handelt es sich z. B. um ein Geschenk an einen Kunden in Höhe von 200,— zuzüglich Vorsteuer, dann ist die Buchung

> **1910 Privat**
> **an 1000 Kasse** 228,—

nicht zulässig. Vorschriftsmäßig ist zu buchen:

> **4535 Steuerlich nicht abziehbare Geschenke**
> **an Geschäftsfreunde**
> **an 1000 Kasse** 228,—

Das Konto „4535 Steuerlich nicht abziehbare Geschenke an Geschäftsfreunde" ist ein Erfolgskonto. Es steht am Jahresende auf der Aufwandsseite der GuV-Rechnung und wird erst in einer Nebenrechnung dem Gewinn bzw. dem Kapital wieder hinzugerechnet, da sein Saldo den steuerlichen Gewinn nicht mindern darf (vgl. hierzu auch S. 250 ff. und 261 ff.).

**Aufgabe 1.15** *(Umsatzsteuer bei Lieferungen und Eigenverbrauch) S. 318*

# 7.6  Abschluß von Vor- und Umsatzsteuer

Es ist nicht sinnvoll, die Vorsteuer- und Umsatzsteuerkonten miteinander zu verrechnen, denn im Rahmen der monatlichen Umsatzsteuervoranmeldungen und der Umsatzsteuerjahreserklärung werden die **Einzelsalden** dieser Konten benötigt (vgl. § 18 UStG). Die **Zahllast** wird auf den amtlichen Vordrucken ermittelt.

Lediglich in der Schlußbilanz wird der Saldo zwischen Vor- und Umsatzsteuer ausgewiesen. Die Schlußbilanz ist ja eine Zusammenstellung aggregierter Daten.

## Kontrollfragen

1. *Wann tritt die Frage der Brutto- oder Nettoverbuchung auf?*

2. *Wie kann die Umsatzsteuer bei Bruttobeträgen manuell herausgerechnet werden?*

3. *In welchem Zusammenhang stehen Entgeltänderungen und Umsatzsteuer?*

4. *Welche Auswirkungen haben unterschiedliche Umsatzsteuersätze auf die Kontengliederung?*

5. *Warum sind auch Warenentnahmen umsatzsteuerpflichtig? Worauf ist bei der Verbuchung besonders zu achten?*

# 8  Abschreibungen auf Anlagen

## 8.1  Das Wesen der Abschreibungen

Die meisten Anlagegüter unterliegen der Abnutzung und damit der Entwertung. Dem wird durch Abschreibung Rechnung getragen.

Abschreibungen dienen dazu, die **Anschaffungs- oder Herstellungskosten** abnutzbarer Anlagegüter auf die voraussichtliche Gesamtdauer der Verwendung oder Nutzung zu **verteilen.** Sie repräsentieren den dem jeweiligen Geschäftsjahr zugerechneten Wertverlust.

Der Begriff der Abschreibung ist ein betriebswirtschaftlich-handelsrechtlicher Begriff. Ihm entspricht im Steuerrecht der Begriff der **Absetzung für Abnutzung,** der Absetzung wegen Substanzverringerung oder auch der Teilwertabschreibung.

Die Abschreibung bestimmt sich durch unterschiedliche Faktoren (Beispiele vgl. nachstehende Tabelle).

| Bestimmungsgründe für Abschreibungen | | |
|---|---|---|
| Technische Abnutzung, z. B. beeinflußt durch | Wirtschaftliche Entwertung, z. B. beeinflußt durch | Rechtliche Ursachen, z. B. beeinflußt durch |
| — Beanspruchungsdauer<br>— Beanspruchungsintensität<br>— klimatische Bedingungen<br>— Art der Bedienung<br>— Anlagenpflege | — technischen Fortschritt<br>— gesunkene Wiederbeschaffungskosten<br>— Leistungen nicht mehr gefragt | — gesetzgeberische Maßnahmen (z. B. im Bereich Umweltschutz)<br>— Zeitablauf (z. B. bei Patenten) |

## 8.2  Bemessungsmethoden der Abschreibungen

Jede Bemessungsgrundlage der Abschreibung ist problematisch, weil nicht allen Faktoren des Verschleißes entsprochen werden kann. Die einzelnen Verfahren der Abschreibung unterscheiden sich zunächst durch die Wahl der **Abschreibungsbasis.** Danach unterscheidet man vor allem die Abschreibung vom Anschaffungswert und vom Restbuchwert.

Hinsichtlich der **Abschreibungssätze** kommen hauptsächlich gleichbleibende, fallende als auch veränderliche Sätze in Betracht.

Veränderliche Abschreibungssätze sollen vor allem der Beanspruchung des Anlagegegenstandes Rechnung tragen, z. B. bei Abschreibungen nach Maßgabe der Leistung (bei Abschreibung einer Kiesgrube oder von Fahrzeugen).

## 8.3 Abschreibungen vom Anschaffungswert bei gleichbleibendem Abschreibungssatz

Wenn sowohl Abschreibungsbasis als auch Abschreibungssatz gleichbleiben, so ergeben sich zeitproportionale Abschreibungen. Der Abschreibungsverlauf ist **linear.** Bezeichnet man die Nutzungsdauer (in Jahren) mit n, so bestimmt sich der Abschreibungssatz durch die Formel

$$p = \frac{100}{n}.$$

Hierbei ist vernachlässigt, daß die Anlagegüter am Ende der Nutzungsdauer (n) manchmal noch einen Schrottwert (S) haben. Wenn man auf den Schrottwert abschreiben will, so ergibt sich die Formel

$$p = \frac{100}{n} \text{ x } \frac{AW-S}{AW} \qquad (AW = \text{Anschaffungswert}).$$

Die Abschreibungen sind jedoch grundsätzlich so zu bemessen, daß nach Ablauf der betriebsgewöhnlichen Nutzungsdauer eines Wirtschaftsgutes ein Wertansatz entfällt. Nur bei Gegenständen von großem Gewicht oder wertvollem Material ist der Schrottwert bei der Bemessung der Abschreibungen miteinzubeziehen (vgl. Abschn. 43 Abs. 4 EStR).

## 8.4 Abschreibungen vom Restbuchwert bei gleichbleibendem Abschreibungssatz

Die Abschreibung vom Restbuchwert führt bei gleichbleibendem Abschreibungssatz zu in geometrischer Reihe fallenden Abschreibungsbeträgen.

Sie verläuft also **degressiv.** Bei kurzer Nutzungsdauer und damit hohen Abschreibungssätzen ist die Degression außerordentlich groß. Dabei ist zu beachten, daß die Abschreibung praktisch niemals auf 0 führt. Der degressiven Abschreibung sind steuerlich enge Grenzen gezogen; zulässig ist zur Zeit höchstens das Dreifache des linearen Satzes, Maximalsatz 30 % (§ 7 Abs. 2 EStG). Ein Übergang zur linearen Abschreibung ist möglich (§ 7 Abs. 3 EStG).

**Aufgabe 1.16** *(Lineare und degressive Abschreibung) S. 319*

## 8.5 Digitale Abschreibung

Auch die digitale Abschreibung hat eine degressive Wirkung (digital — an den Fingern abzuzählen). Sie geht vom Anschaffungswert aus, verändert aber alljährlich die Abschreibungssätze.

Den Abschreibungssatz bestimmt man in Form eines Bruches, dessen Zähler im ersten Jahr der Anzahl der Nutzungsjahre entspricht und dann jährlich um 1 abnimmt. Der Nenner besteht aus der zahlenmäßigen Summe der Jahre, in denen abgeschrieben werden soll.

Bezeichnet man die Nutzungsdauer in Jahren mit n und den Anschaffungswert mit AW, so ergibt sich der Abschreibungsbetrag A für

$$\text{erstes Jahr:} \quad A = \frac{n}{\Sigma\ 1 + 2 + .. + n} \cdot AW$$

$$\text{zweites Jahr:} \quad A = \frac{n - 1}{\Sigma\ 1 + 2 + .. + n} \cdot AW$$

$$\text{letzes Jahr:} \quad A = \frac{1}{\Sigma\ 1 + 2 + .. + n} \cdot AW$$

Bei einer Nutzungsdauer von 10 Jahren hat man im ersten Jahr 10/55 des Anschaffungswertes abzuschreiben, im zweiten Jahr 9/55, im letzten Jahr 1/55.

Die digitale Abschreibung ist steuerlich nicht mehr zulässig (vgl. § 7 Abs. 2 EStG).

**Aufgabe 1.17** *(Digitale Abschreibung) S. 319*

## 8.6 Abschreibungen vom Anschaffungswert unter Berücksichtigung der Inanspruchnahme

Eine genaue Abschreibung müßte die Inanspruchnahme der Anlagegüter berücksichtigen (also gewissermaßen Zerlegung der Abschreibung in einen festen Satz für das Altern und in einen veränderlichen Satz für die Beanspruchung). Abschreibungen nach der Inanspruchnahme sind steuerrechtlich zulässig, wenn

— die Leistungsabgabe und damit der Verschleiß erheblichen Schwankungen unterliegen und

— der auf das einzelne Wirtschaftsjahr entfallende Umfang der Leistung nachgewiesen wird, z. B. bei einem Kfz durch den Kilometerzähler oder bei Spezialmaschinen durch ein die Anzahl der Arbeitsvorgänge registrierendes Zählwerk (vgl. § 7 Abs. 1 EStG i. V. m. Abschn. 43 Abs. 6 EStR).

**Aufgabe 1.18** *(Abschreibung nach Maßgabe der Leistung) S. 319*

## 8.7 Buchung der Abschreibungen

Für die Buchung sind zwei Verfahren möglich: direkte oder indirekte Abschreibung.

### 8.7.1 Direkte Abschreibung

Beim direkten Verfahren werden die abzuschreibenden Beträge direkt als Abgänge im Haben des Anlagekontos gebucht.

**Beispiel:**

Der Anschaffungswert der Betriebs- und Geschäftsausstattung beträgt 600 000,—. Davon sind am Jahresende 12,5 % = 75 000,— abzuschreiben.

Buchung:

**Abschreibungen**
    **an Betriebs- und Geschäftsausstattung**           **75 000,—**

Der Restbuchwert, im Beispiel 525 000,—, wird am Ende des Geschäftsjahres in die Schlußbilanz übernommen.

## 8.7.2 Indirekte Abschreibung

Die indirekte Abschreibung wird mit Hilfe eines Wertberichtigungskontos (Passivkonto) durchgeführt. Das Anlagenkonto wird nicht berührt.

**Buchung** (nach obigem Beispiel):

| | |
|---|---|
| **Abschreibungen** | |
| **an Wertberichtigungen** | **75 000,—** |

Der Anschaffungswert wird voll auf der Aktivseite der Bilanz ausgewiesen. Die Abschreibungen sind im Konto Wertberichtigung zu speichern; in der Bilanz werden die Wertberichtigungen auf der Passivseite eingesetzt. Sie bilden einen „Konteraktivposten". Durch den Vergleich zwischen dem Bilanzansatz in den Aktiven und den in den Passiven ausgewiesenen Wertberichtigungen ergibt sich der Restbuchwert der Anlagen.

Einzelkaufleute und Personengesellschaften sind frei in der Wahl der Form der Abschreibung[1]. Falls Kapitalgesellschaften die indirekte Abschreibung anwenden wollen, müssen sie die Wertberichtigung in der Bilanz jedoch aktivisch absetzen, denn eine Passivierung der Wertberichtigung ist ihnen nach § 266 Abs. 3 HGB nicht mehr gestattet.

## Kontrollfragen

1. *Was sind Abschreibungen?*

2. *Welche Abschreibungsverfahren werden in der Praxis angewandt?*

3. *Wie bestimmen sich die Abschreibungsbeträge*
   *— bei der linearen,*
   *— bei der degressiven,*
   *— bei der digitalen Abschreibung?*

4. *Unter welchen Bedingungen ist steuerrechtlich eine Abschreibung nach Maßgabe der Leistung gestattet?*

5. *Wie können Abschreibungen verbucht werden?*

**Aufgabe 1.19**  *(Abschluß bei direkter Abschreibung) S. 320*

**Aufgabe 1.20**  *(Abschluß bei direkter und indirekter Abschreibung) S. 320*

---

[1]  Vgl. WP-Handbuch 1985/86, Band II, S. 92.

# 9 Abschreibungen auf Forderungen

## 9.1 Überblick

Der wirkliche Wert einer Forderung (Tageswert) deckt sich nicht immer mit ihrem Nennwert (Anschaffungswert), Ausfälle, vor allem wegen Zahlungsunfähigkeit der Kunden, sind möglich. Das muß spätetens beim Abschluß berücksichtigt werden (Abschreibung).

Die Kundenforderungen lassen sich in drei Gruppen einteilen:

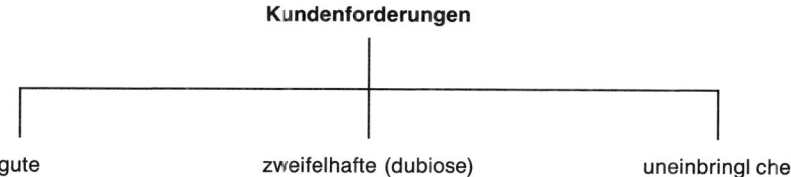

Kundenforderungen

gute    zweifelhafte (dubiose)    uneinbringl che

**Zweifelhafte Forderungen** sind solche Forderungen, mit deren Eingang man nicht sicher rechnen kann (z. B. Kunde beachtet keine Mahnungen oder zahlt schleppend) Sie können ganz eingehen, sie können zum Teil oder auch ganz ausfallen. **Uneinbringlich** sind die Forderungen, bei denen man mit Sicherheit weiß, daß mit ihrem Eingang nicht mehr zu rechnen ist (z. B. bei Konkurseinstellung mangels Masse).

## 9.2 Abschreiben uneinbringlicher Forderungen

Uneinbringliche Forderungen dürfen erst dann ausgebucht werden, wenn die Uneinbringlichkeit wirklich feststeht.

**Beispiel:**

Der Unternehmer Treu verkauft an den Kunden Habenichts Waren auf Ziel im Wert von 6 000,— zuzüglich 840,— Umsatzsteuer.

Buchungssatz:

|  |  |  |
|---|---|---|
| Forderungen aus Lieferungen und Leistungen | 6 840,— | |
| an Warenverkauf | | 6 000,— |
| an Umsatzsteuer | | 840,— |

Habenichts leistet jedoch keine Zahlungen, sondern gibt die eidesstattliche Versicherung nach § 807 ZPO ab, daß er vermögenslos ist. Eine Verbesserung seiner Vermögenslage ist nicht zu erwarten. Treu muß die Forderung in voller Höhe abschreiben.

Buchungssatz:

|  |  |  |
|---|---|---|
| Forderungsverluste | 6 000,— | |
| Umsatzsteuer | 840,— | |
| an Forderungen aus Lieferungen und Leistungen | | 6.840,— |

Die Forderungsminderung ist gleichzeitig auf dem Personenkonto des Kunden zu buchen. Wesentlich ist in diesem Zusammenhang die **Umsatzsteuerkorrektur.**

Nach § 10 UStG ist die Bemessungsgrundlage für die Umsatzsteuer bei Lieferungen das Entgelt. Entgelt ist alles, was der Empfänger aufwendet, um die Lieferung zu erhalten, ohne Umsatzsteuer. Im obigen Beispiel hat sich die Bemessungsgrundlage nachträglich auf 0 geändert. Nach § 17 UStG ist die Umsatzsteuer zu korrigieren, der Rest (Nettoforderungsbetrag) stellt einen Verlust dar und ist abzuschreiben. Zu beachten ist, daß die Umsatzsteuerkorrektur erst dann vorgenommen werden kann, wenn die **Uneinbringlichkeit endgültig** ist.

## 9.3 Abschreiben wahrscheinlicher Kundenverluste

Ein wichtiger Bewertungsgrundsatz ist das **Prinzip der Vorsicht.** Vorsichtig zu bewerten heißt, alle Risiken und Verluste, die bis zum Abschlußstichtag vorhersehbar und entstanden sind, zu berücksichtigen (§ 252 Abs. 1 Nr. 4 HGB). Wo die Güte jedes Kunden einzeln beurteilt werden kann (bei Großabnehmern), ist Einzelbewertung möglich. Sonst muß man auf Grund der Forderungsausfälle der letzten Jahre einen Abschreibungsprozentsatz für die gesamten Forderungen schätzen und eine Pauschalbewertung durchführen. Entsprechend unterscheidet man **Einzelwertberichtigung** und **Pauschalwertberichtigung.** In der Praxis werden häufig Einzel- und Pauschalwertberichtigung nebeneinander angewendet (Mischverfahren). In diesem Fall ist der Pauschsatz entsprechend niedriger, da einzelwertberichtigte Forderungen für die Pauschalwertberichtigung nicht mehr in Frage kommen.

### 9.3.1 Einzelwertberichtigung

Die buchtechnische Durchführung einer Einzelwertberichtigung kann direkt oder indirekt vollzogen werden. Eine **direkte Abschreibung** wird man bei Kundenforderungen jedoch nicht gern vornehmen. Es ergäbe sich nämlich dann, daß das Kundensammelkonto (d. h. das Sachkonto „Forderungen aus Lieferungen und Leistungen") einen um die Abschreibung niedrigeren Saldo ausweisen würde als die Summe der Salden der Einzelforderungen (d. h. der Personenkonten „Kunden"). Vom Kundenkonto kann ja noch nichts ausgebucht werden, da man den vollen Rechnungsbetrag für (weitere) Mahnungen oder für die Anmeldung zur Konkurstabelle benötigt und ja noch nicht feststeht, in welcher Höhe ein Ausfall entsteht. Deshalb wird man bei Kundenforderungen fast ausschließlich die **indirekte Abschreibung** mit Hilfe eines Wertberichtigungskontos anwenden.

**Beispiel:**

Am Jahresabschluß stellt der Unternehmer Schenkemann fest, daß der Kunde Zahlnichtgern, der 11 400,— schuldet, sich in Zahlungsschwierigkeiten befindet. Schenkemann schätzt den Forderungsausfall auf 30 %.

Im Interesse der Klarheit der Buchführung trennt man die zweifelhaften von den einwandfreien Forderungen. Der geschätzte Ausfall wird wertberichtigt.

Buchungssätze:

| | | |
|---|---|---|
| **Zweifelhafte Forderungen** | | |
| an Forderungen aus Lieferungen und Leistungen | 11 400,— | |
| **Abschreibungen auf Forderungen** | | |
| an Einzelwertberichtigung auf Forderungen | 3 000,— | |

Hier darf **keine Umsatzsteuerkorrektur** vorgenommen werden, da es sich um einen **wahrscheinlichen Verlust** und noch nicht um einen endgültigen handelt.

Im Folgejahr ergibt sich, daß die zweifelhafte Forderung in voller Höhe uneinbringlich ist. Sie wird ausgebucht, und die Einzelwertberichtigung ist aufzulösen.

Buchungssätze:

| | | |
|---|---|---|
| **Forderungsverluste** | 10 000,— | |
| **Umsatzsteuer** | 1 400,— | |
| an Zweifelhafte Forderungen | | 11 400,— |
| **Einzelwertberichtigung auf Forderungen** | | |
| an Periodenfremder Ertrag | | 3 000,— |

Es wäre auch möglich, die Buchung des endgültigen Ausfalls und die Auflösung der Einzelwertberichtigung wie folgt zusammenzufassen:

| | | |
|---|---|---|
| **Einzelwertberichtigung auf Forderungen** | 3 000,— | |
| **Forderungsverluste** | 7 000,— | |
| **Umsatzsteuer** | 1 400,— | |
| an Zweifelhafte Forderungen | | 11 400,— |

Diese Handhabung hat jedoch den Nachteil, daß der Saldo des Kontos „Forderungsverluste" zu Zwecken der **Umsatzsteuervoranmeldung** (als Entgeltminderung) nicht mehr herangezogen werden kann.

Das Konto „Einzelwertberichtigung" hat — wie auch das Konto „Pauschalwertberichtigung" — passivischen Charakter. Kapitalgesellschaften dürfen im Gegensatz zu Einzelkaufleuten und Personengesellschaften Wertberichtigungen nicht mehr in die Passivseite der Bilanz einstellen (§ 266 Abs. 3 HGB). Sie müssen daher die Salden eventueller Wertberichtigungskonten am Ende des Geschäftsjahres bei den entsprechenden Aktivposten absetzen.

Auch für das Konto „Zweifelhafte Forderungen" ist in der Bilanzgliederung von Kapitalgesellschaften keine eigene Bilanzposition vorgesehen. Beim Abschluß ist es deshalb als Unterkonto zu „Forderungen aus Lieferungen und Leistungen" zu behandeln

**Aufgabe 1.21** *(Bildung und Auflösung einer Einzelwertberichtigung auf Forderungen)*
S. 321

## 9.3.2 Pauschalwertberichtigung

Durch die Pauschalwertberichtigung wird eine jährliche Abschreibung auf Forderungen durchgeführt, die sich an einem bestimmten Erfahrungssatz der Gesamtforderungen (Nettowert) orientiert (z. B. 4 % oder 5 %). Bei Kombination mit Einzelwertberichtigung ist der Prozentsatz entsprechend niedriger, ein pauschaler Abschlag wird nur auf die einwandfreien, d. h. nicht einzelwertberichtigten Forderungen gemacht. Die Pauschalwertberichtigung erfaßt in erster Linie

— das Ausfallrisiko, daneben noch

— Zinsverluste durch verspätete Kundenzahlungen,

— noch zu erwartende Skontoabzüge und

— Kosten der Beitreibung (Inkassoprovisionen, Kosten für Mahnungen, Zwangsvollstreckungen u. a.).

**Beispiel:**

Auf einen Forderungsbestand von 93 480,— ist eine Pauschalwertberichtigung von 3 % vorzunehmen. Sie errechnet sich wie folgt:

| | |
|---|---|
| Forderungsbestand am 31. 12. 19. . | 93 480,— |
| darin enthaltene Umsatzsteuer | 11 480,— |
| Forderungen (netto) | 82 000,— |

Pauschalwertberichtigung: 3 % von 82 000,— = 2 460,—

Buchungssatz:

| | |
|---|---|
| **Abschreibungen auf Forderungen** | |
| **an Pauschalwertberichtigung auf Forderungen** | **2 460,—** |

Für die **Verbuchung der wirklich eintretenden Forderungsverluste** im Laufe des Folgejahres gibt es mehrere Methoden. Man sollte — wie bei der Einzelwertberichtigung — eine solche anwenden, die die Umsatzsteuerverprobung nicht stört. Sinnvoll ist es, alle Forderungsausfälle auf dem Konto „Forderungsverluste" zu erfassen und das Konto „Pauschalwertberichtigung" das Jahr über unverändert zu belassen.

**Beispiel:**

Eine Forderung über 1 026,— (brutto) wird uneinbringlich.

Buchungssatz:

| | | |
|---|---|---|
| **Forderungsverluste** | **900,—** | |
| **Umsatzsteuer** | **126,—** | |
| **an Forderungen aus Lieferungen und Leistungen** | | **1 026,—** |

53

Erst am Jahresende wird die bestehende Pauschalwertberichtigung aufgelöst und sogleich wieder eine neue gebildet **(Bruttobuchungstechnik).** Ist der Forderungsbestand gegenüber dem Vorjahr von 93 480,— beispielsweise auf 79 800,— gefallen, so ergeben sich folgende Buchungen:

Buchungssatz bei Auflösung:

| | |
|---|---|
| **Pauschalwertberichtigung auf Forderungen** | |
| **an Periodenfremder Ertrag** | **2 460,—** |

Buchungssatz bei Neubildung:

| | |
|---|---|
| **Abschreibungen auf Forderungen** | |
| **an Pauschalwertberichtigung auf Forderungen** | **2 100,—** |

Diese beiden Buchungen kann man auch zusammenfassen, indem man den Saldo der vorjährigen Pauschalwertberichtigung bei der Neubildung mit einbezieht **(Nettobuchungstechnik).**

Buchungssatz:

| | |
|---|---|
| **Pauschalwertberichtigung auf Forderungen** | |
| **an Periodenfremder Ertrag** | **360,—** |

Sinngemäß ist bei einer Erhöhung des Forderungsbestands zu verfahren.

Das Konto „Pauschalwertberichtigung" darf wie das Konto „Einzelwertberichtigung" bei Kapitalgesellschaften nicht auf die Passivseite der Bilanz eingestellt werden, sondern die Forderungen sind um die Wertberichtigung gekürzt auszuweisen.


## Kontrollfragen

*1. Was sind zweifelhafte, was uneinbringliche Forderungen?*

*2. Wann sind Forderungen abzuschreiben? In welchem Fall hat eine Umsatzsteuerkorrektur zu erfolgen?*

*3. Was versteht man unter*
   *— Einzelwertberichtigung,*
   *— Pauschalwertberichtigung?*

*4. Welche Buchungsschritte sind bei der Einzelwertberichtigung durchzuführen?*

*5. Warum wird man bei wahrscheinlichen Forderungsverlusten nicht gern eine direkte Abschreibung vornehmen?*

*6. Wie ist der Prozentsatz zur Errechnung der Pauschalwertberichtigung zu ermitteln?*

*7. Welche Risiken erfaßt die Pauschalwertberichtigung?*


**Aufgabe 1.22**  *(Einzel- und Pauschalwertberichtigung auf Forderungen) S. 321*


**Aufgabe 1.23**  *(Endgültig eintretende Zahlungsausfälle bei einzel- und pauschalwertberichtigten Forderungen) S. 322*

# 10 Zeitliche Abgrenzung

Ein alter Bewertungsgrundsatz ist der **Grundsatz der Periodenabgrenzung.** Er besagt, daß Aufwendungen und Erträge eines Geschäftsjahres unabhängig von den Zeitpunkten der entsprechenden Zahlungen im Jahresabschluß zu berücksichtigen sind (§ 252 Abs. 1 Nr. 5 HGB). Deshalb ist beim Abschluß zu prüfen,

— ob alle in den Erfolgskonten ausgewiesenen Beträge wirklich in das abzuschließende Geschäftsjahr gehören oder bereits das neue angehen oder

— ob alle Aufwendungen und Erträge, die in das alte Jahr gehören, in der Buchführung auch erfaßt worden sind.

Dieser als zeitliche Abgrenzung bezeichnete Vorgang wird über folgende Posten abgewickelt:

— Transitorien (auszuweisen als aktive und passive Rechnungsabgrenzungsposten),

— Antizipativa (auszuweisen als sonstige Forderungen und sonstige Verbindlichkeiten).

## 10.1 Transitorien

Transitorische Posten sind bereits im alten Jahr gebucht worden (Beleg im alten Jahr), **gehören aber wirtschaftlich ins neue.** Sie müssen deshalb über die Schlußbilanz in das neue Jahr hinübergenommen werden (transire = hinübergehen). Vgl. § 250 HGB.

Bei transitorischen Aktiva **(aktive Rechnungsabgrenzungsposten)** ist der Zahlungsvorgang (Ausgabe) im alten Jahr erfolgt; der Aufwand gehört ganz oder teilweise ins neue Jahr.

**Beispiel:**

Am 1. Juli des laufenden Jahres wurde die Kfz-Versicherungsprämie für das betriebliche Fahrzeug für ein Jahr im voraus bezahlt. Die Jahresprämie beträgt 800,—.

Abschlußbuchung:

|  |  |
|---|---|
| Aktive Rechnungsabgrenzung an Kfz-Kosten | 400,— |

Damit wurde der Aufwand für das Abschlußjahr periodengerecht abgegrenzt. Da die Ausgabe am 1. Juli des Abschlußjahres den Zahlungsmittelbestand minderte, mußte ein neuer Aktivposten zur Korrektur des Vermögens in die Bilanz eingestellt werden, nämlich der Posten der aktiven Rechnungsabgrenzung.

Im Folgejahr ist die aktive Rechnungsabgrenzung über das entsprechende Aufwandskonto wieder aufzulösen. Somit werden die zeitlich abgegrenzten Aufwendungen im neuen Wirtschaftsjahr erfolgswirksam.

Buchung im neuen Jahr:

|  |  |
|---|---|
| Kfz-Kosten an Aktive Rechnungsabgrenzung | 400,— |

**Typische Fälle transitorischer Aktivposten** sind im voraus bezahlte Unfallversicherungsprämien, voraus gezahlte Mieten, voraus gezahlte Steuern.

Bei transitorischen Passiven **(passive Rechnungsabgrenzungsposten)** ist der Zahlungsvorgang (Einnahme) im alten Jahr erfolgt; der Ertrag gehört ganz oder teilweise ins neue Jahr.

Beispiel:

Teile des Geschäftsgrundstücks werden zu betrieblichen Zwecken fremdvermietet. Am 1. November des Abschlußjahres überweist der Mieter die Miete in Höhe von 3 000,— zuzüglich Umsatzsteuer für den Zeitraum 1. November des Abschlußjahres bis 31. Januar des Folgejahres.

Abschlußbuchung:

|  |  |
|---|---|
| Mieterträge an Passive Rechnungsabgrenzung | 1 000,— |

Damit wurde der Ertrag für das Abschlußjahr periodengerecht abgegrenzt. Da die Einnahme am 1. November des Abschlußjahrs den Zahlungsmittelbestand erhöhte, mußte ein neuer Passivposten in die Bilanz eingestellt werden, nämlich der Posten der passiven Rechnungsabgrenzung.

Im Folgejahr ist die passive Rechnungsabgrenzung über das entsprechende Ertragskonto wieder aufzulösen. Somit werden die zeitlich abgegrenzten Erträge im neuen Wirtschaftsjahr erfolgswirksam.

Buchung im neuen Jahr:

> **Passive Rechnungsabgrenzung**
> **an Mieterträge** 1 000,—

**Typische Fälle transitorischer Passiva** sind im voraus erhaltene Zinsen oder Mieten, im voraus erhaltene Provisionen.

## 10.2 Antizipativa

Im Abschlußjahr können Aufwendungen und Erträge zu berücksichtigen sein, **ohne daß Zahlungsvorgänge stattgefunden haben.** Handelt es sich bei den Vorgängen um echte Ansprüche oder Verpflichtungen, so sind diese unter den Bilanzpositionen „Sonstige Forderungen" oder „Sonstige Verbindlichkeiten" auszuweisen. Sie gehören als sogenannte antizipative Posten **wirtschaftlich ins alte Jahr.** Der Beleg fällt aber erst im neuen an, wenn die Einnahme oder Ausgabe erfolgt.

Charakteristik **antizipativer Aktiva (sonstiger Forderungen):** Ertrag ganz oder teilweise im alten — Einnahme erst im neuen Jahr.

**Beispiel:**

Zum Schluß des Wirtschaftsjahres stehen die Zinsen für ein hingegebenes Darlehen, die halbjährlich nachschüssig fällig sind, noch aus. Es handelt sich um 1 800,—.

Abschlußbuchung:

> **Sonstige** **Forderungen**
> **an Zinserträge** 1 800,—

Typische Fälle antizipativer Aktiva sind noch nicht gutgeschriebene Zinsen, noch nicht berechnete Provisionserträge, noch nicht erhaltene Darlehen.

Charakteristik **antizipativer Passiva (sonstiger Verbindlichkeiten):** Aufwand ganz oder teilweise im alten — Ausgabe erst im neuen Jahr.

**Beispiel:**

Der Beitrag für einen Fachverband beläuft sich für das zweite Halbjahr auf 300,—. Überweisung erfolgt erst im Januar des Folgejahres.

Abschlußbuchung:

> **Beiträge**
> **an Sonstige Verbindlichkeiten** 300,—

**Typische Fälle antizipativer Passiva** sind noch nicht bezahlte Löhne und Gehälter, noch abzurechnende Provisionsverpflichtungen.

Werden die sonstigen Forderungen und sonstigen Verbindlichkeiten später **im darauffolgenden Wirtschaftsjahr ausgeglichen,** so sind diese Buchungen erfolgsunwirksam. Im ersten Fall handelt es sich um einen Aktivtausch, im zweiten Fall um eine Aktiv-/Passivminderung.

## 10.3 Schematische Zusammenstellung der zeitlichen Abgrenzung

Bei den transitorischen und antizipativen Posten wird sichtbar, wie wichtig es ist, Aufwendungen und Erträge genau periodengemäß abzugrenzen. Die Bilanzierung ist weitgehend ein Abgrenzungsproblem.

Besonders deutlich ist das bei Aktivierung von Anlagen, die der Abnutzung unterliegen. Hier geht es in erster Linie darum, mit Hilfe der Abschreibung die Anschaffungskosten auf die Nutzungsdauer der Anlage zu verteilen, also abzugrenzen. Die Abschreibung dient der Aufwandsverteilung. Auch sie ist eine Maßnahme der Rechnungsabgrenzung.

Die Bilanz wird damit zu einem unvollkommenen Mittel der Aufwandsabgrenzung. Ihr Hauptziel ist die Dokumentation des Vermögens. Durch Abschreibung und Rechnungsabgrenzung steht sie stärker im Dienste der Erfolgsrechnung.

Zum besseren Verständnis sind die verschiedenen zeitlichen Abgrenzungen nachstehend schematisch zusammengestellt.

| Übersicht über die zeitliche Abgrenzung | | | | | |
|---|---|---|---|---|---|
| Art der Abgrenzung | Beispiele | Vorgang | | Wirkung auf das Ergebnis des alten Jahres | Bilanz-posten |
| | | im alten Jahr | im neuen Jahr | | |
| Aktivposten: transitorisch | im voraus geleistete Zahlungen an Miete, Versicherungen, Zinsen u. a. | Ausgabe | Aufwand | mindert den Aufwand | Aktive Rechnungsabgrenzung |
| antizipativ | Ansprüche auf Rabatte, Frachterstattungen, Umsatzprämien, Steuergutschriften, Provisionen u. a. | Ertrag | Einnahme | erhöht den Ertrag | Sonstige Forderungen |
| Passivposten: transitorisch | im voraus erhaltene Zahlungen an Miete, Zinsen u. a. | Einnahme | Ertrag | mindert den Ertrag | Passive Rechnungsabgrenzung |
| antizipativ | Verpflichtungen zur Zahlung von Vergütungen, Steuern, Löhnen, Zinsen, Gas- und Wassergebühren u. a. | Aufwand | Ausgabe | erhöht den Aufwand | Sonstige Verbindlichkeiten |

## Kontrollfragen

1. *Was bezweckt die zeitliche Abgrenzung?*

2. *Wie wird sie durchgeführt?*

3. *Was ist der Unterschied zwischen transitorischen und antizipativen Posten? Welche Bilanzposten berühren sie?*

4. *Nennen Sie einige Beispiele für aktive und passive Rechnungsabgrenzungsposten.*

5. *Nennen Sie Geschäftsfälle, die man als sonstige Forderungen bzw. sonstige Verbindlichkeiten behandeln muß.*

**Aufgabe 1.24**  *(Zeitliche Abgrenzung) S. 322*

**Aufgabe 1.25**  *(Abschluß einer GmbH) S. 322*

# 2. HAUPTTEIL: ALLGEMEINE RECHTLICHE VORSCHRIFTEN UND GRUNDSÄTZE ORDNUNGSMÄSSIGER BUCHFÜHRUNG

**Bearbeitet von:** Dr. Reinhard Heyd
Dipl. oec. Norbert Leuz

# 1 Buchführungspflicht

Da ordnungsmäßige Buchführung sowohl im betriebswirtschaftlichen als auch im gesamtwirtschaftlichen Interesse liegt, hat sie von jeher das Interesse des Gesetzgebers gefunden, und zwar im Wirtschafts- wie im Steuerrecht.

## 1.1 Buchführungspflicht nach Handelsrecht

### 1.1.1 Grundregel

Gemäß § 238 Abs. 1 HGB ist jeder Kaufmann verpflichtet, Bücher zu führen und in diesen
— seine Handelsgeschäfte und
— die Lage seines Vermögens
nach den Grundsätzen ordnungsmäßiger Buchführung ersichtlich zu machen.

### 1.1.2 Kreis der Buchführungspflichtigen

Die Vorschriften gelten nur für **Vollkaufleute, nicht** aber für **Minderkaufleute** im Sinne von § 4 HGB, die wegen ihres geringen Geschäftsumfangs einen in kaufmännischer Weise eingerichteten Geschäftsbetrieb nicht benötigen. Die Bestimmungen haben auch für Nichtgewerbetreibende — z. B. Freiberufler — keine Gültigkeit.

Als **Kaufleute im Sinne der Buchführungsvorschriften** sind im einzelnen anzusehen:

(1) Gewerbetreibende, deren Tätigkeit nach § 1 Abs. 2, § 2 Satz 1 oder § 5 HGB als Handelsgewerbe gilt, sofern die Anwendung der Vorschriften über die Handelsbücher nach § 4 HGB (Minderkaufleute) nicht ausgeschlossen ist,

(2) Land- und Forstwirte, die nach § 3 Abs. 2 HGB die Eintragung in das Handelsregister wegen ihres Geschäftsumfanges herbeigeführt haben (Kannkaufleute),

(3) Handelsgesellschaften im Sinne des § 6 Abs. 1 HGB (nämlich OHG, KG, AG, KGaA, GmbH),

(4) eingetragene Genossenschaften (§ 17 Abs. 2 GenG),

(5) Versicherungsunternehmen, die nicht kleinere Vereine sind (§ 53 Abs. 1 Satz 1 VAG).

### 1.1.3 Beginn der Buchführungspflicht

Beginn und Ende der Buchführungspflicht hängen von der Klassifikation der Kaufleute nach HGB ab (vgl. Übersicht S. 59). Die Verpflichtung zur Buchführung beginnt

— bei **Mußkaufleuten** (§ 1 HGB), die nicht Minderkaufleute (§ 4 HGB) sind, mit der Eröffnung des Unternehmens bzw. Aufnahme des Geschäftsbetriebs,

| Unterscheidung der Kaufleute nach HGB | | | |
|---|---|---|---|
| **Mußkaufmann**<br>(Kaufmann kraft<br>Gewerbebetriebs,<br>§ 1 Abs. 2 HGB) | **Sollkaufmann**<br>(Kaufmann kraft<br>Eintragung,<br>§ 2 HGB) | **Kannkaufmann**<br>(Kaufmann kraft<br>Eintragung,<br>§ 3 HGB) | **Formkaufmann**<br>(Kaufmann kraft<br>Rechtsform,<br>§ 6 HGB) |
| 1. Mußkaufmann ist, wer eines der in § 1 Abs 2 HGB aufgezählten Grundhandelsgeschäfte betreibt, z. B.<br>— Anschaffung u. Veräußerung von Waren oder Wertpapieren,<br>— fabrikmäßige Beoder Verarbeitung von Waren für andere,<br>— Übernahme von Versicherungen gegen Prämie,<br>— Bankiersgeschäfte,<br>— Geschäfte der Kommissionäre, Spediteure, Lagerhalter, Handelsvertreter, Handelsmakler, Druckereien, Verlage. | 1. Sollkaufmann ist, wer ein handwerkliches oder ein sonstiges gewerbliches Unternehmen betreibt, das nach Art und Umfang einen in kaufmännischer Weise eingerichteten Geschäftsbetrieb erfordert, z. B.<br>— Bauunternehmen,<br>— Werbebüro,<br>— Hotel,<br>— Bauhandwerker,<br>— Sanatorium,<br>— Kino,<br>— Theater. | 1. Kannkaufleute sind Land- und Forstwirte, deren Unternehmen nach Art und Umfang einen in kaufmännischer Weise eingerichteten Geschäftsbetrieb erfordert oder die ein ihrem Betrieb verbundenes Nebengewerbe, z. B.<br>— Molkerei,<br>— Brauerei,<br>— Mühle, ausführen. | 1. Formkaufleute sind<br>— die Handelsgesellschaften<br>- OHG (§ 105 Abs. 1 HGB)<br>- KG (§ 161 Abs. 1 HGB),<br>- AG (§ 3 AktG),<br>- KGaA (§ 278 AktG),<br>- GmbH (§ 13 Abs. 3 GmbHG), und<br>— die eingetragene Genossenschaft (§ 17 GenG). |
| 2. Nicht zur Eintragung in Handelsregister verpflichtet. | 2. Zur Eintragung in Handelsregister verpflichtet. | 2. Nicht zur Eintragung in Handelsregister verpflichtet. | 2. Zur Eintragung in Handels- bzw. Genossenschaftsregister verpflichtet. |
| 3. Kann Voll- oder Minderkaufmann sein. | 3. Vollkaufmann (durch Eintragung). | 3. Vollkaufmann (durch Eintragung). | 3. AG, KGaA, GmbH, eG stets Vollkaufleute (ohne Rücksicht auf Gegenstand des Unternehmens, § 6 Abs. 2 HGB). |
| | | | 4. Auch OHG, KG sind Vollkaufleute. Sinken sie jedoch zum Kleinbetrieb herab, werden sie BGB-Gesellschaft (Minderkaufmann gleichgestellt, § 4 Abs. 2 HGB) und müssen im Handelsregister gelöscht werden. |

— bei **Sollkaufleuten** (§ 2 HGB) von dem Zeitpunkt an, in dem sie zur Eintragung ihres Unternehmens verpflichtet sind, nicht erst mit der Eintragung (§ 262 HGB),

— bei **Kannkaufleuten** aller Art (§ 3 HGB) mit der Eintragung,

— bei **Formkaufleuten** (§ 6 HGB) mit Gründung der Gesellschaft (Abschluß des Gesellschaftsvertrags).

### 1.1.4  Ende der Buchführungspflicht

Die Verpflichtung zur Buchführung endet

— bei **Mußkaufleuten** mit Einstellung des Handelsgewerbes oder Herabsinken zum Kleinbetrieb (Minderkaufmann, § 4 HGB),

— bei **Soll- und Kannkaufleuten** mit Löschung im Handelsregister,

— bei **Formkaufleuten**, wenn die Liquidation bzw. Abwicklung abgeschlossen ist (bei OHG, KG auch bei Herabsinken zum Kleinbetrieb, § 4 Abs. 2 HGB).

## 1.2  Buchführungspflicht nach Steuerrecht

Die Buchführungspflicht nach Handelsrecht erstreckt sich nur auf Vollkaufleute. Die steuerrechtlichen Regelungen sind diesbezüglich umfassender und sehen daneben noch weitere besondere Aufzeichnungen vor.

### 1.2.1  Abgeleitete und originäre steuerliche Buchführungspflicht

Im Steuerrecht wird zwischen abgeleiteter und originärer Buchführungspflicht unterschieden.

Die **abgeleitete (derivative) Buchführungspflicht** ergibt sich aus § 140 AO, der besagt: Wer nach anderen als den Steuergesetzen Bücher und Aufzeichnungen zu führen hat, die für die Besteuerung von Bedeutung sind, hat die damit auferlegten Verpflichtungen auch im Interesse der Besteuerung zu erfüllen.

Von dieser Bestimmung werden die **Vollkaufleute** erfaßt.

Daneben besteht eine **originäre steuerliche Buchführungspflicht** (§ 141 Abs. 1 AO). Gewerbliche Unternehmer sowie Land- und Forstwirte sind buchführungspflichtig, wenn die Finanzbehörde für den einzelnen Betrieb feststellt:

1. Umsätze einschließlich steuerfreier (ausgenommen nach § 4 Nr. 8 — 10 UStG) von mehr als 500.000,— im Kalenderjahr oder

2. Betriebsvermögen von mehr als 125.000,— oder

3. selbstbewirtschaftete land- und forstwirtschaftliche Flächen mit einem Wirtschaftswert (§ 46 BewG) von mehr als 40.000,— oder

4. Gewinn aus Gewerbebetrieb von mehr als 36.000,— im Wirtschaftsjahr oder

5. Gewinn aus Land- und Forstwirtschaft von mehr als 36.000,— im Kalenderjahr.

### 1.2.2  Beginn und Ende der steuerlichen Buchführungspflicht

Bei **abgeleiteter** steuerlicher Buchführungspflicht beginnt und endet diese wie nach Handelsrecht (vgl. oben).

Die **originäre** steuerliche Buchführungspflicht beginnt in dem Wirtschaftsjahr, das auf die Mitteilung folgt, in der das Finanzamt auf diese Verpflichtung hingewiesen hat. Die Verpflichtung endet mit dem Ablauf des Wirtschaftsjahres, das auf dasjenige folgt, in dem die Finanzbehörde feststellt, daß die Voraussetzungen für die Buchführungspflicht nicht mehr vorliegen (§ 141 Abs. 2 AO).

## 1.2.3 Besondere steuerliche Aufzeichnungspflichten

### 1.2.3.1 Verpflichtung zur Aufzeichnung der Warenbewegung

Zur Erleichterung steuerlicher Überprüfungen sind noch besondere Vorschriften über die Aufzeichnung der Warenbewegung ergangen (vgl. nachstehende Übersicht). Diese Aufzeichnungen sind nur dann gesondert vorzunehmen, wenn sie **nicht bereits aus der Buchführung ersichtlich** sind.

| Aufzeichnungspflicht der Warenbewegung nach Steuerrecht | |
|---|---|
| **Wareneingang**<br>(§ 143 AO) | **Warenausgang**<br>(§ 144 AO) |
| I. Der Wareneingang ist von allen gewerblichen Unternehmen gesondert aufzuzeichnen.<br><br>II. Aufzeichnungspflichtig sind<br>— Waren,<br>— Rohstoffe,<br>— unfertige Erzeugnisse,<br>— Hilfsstoffe,<br>— Zutaten,<br>soweit im Rahmen des Gewerbebetriebes zur Weiterveräußerung oder auch zum Verbrauch entgeltlich oder unentgeltlich für eigene oder fremde Rechnung erworben.<br><br>III. Die Aufzeichnungen müssen folgende Angaben enthalten:<br>1. Tag des Wareneingangs oder Datum der Rechnung,<br>2. Name oder Firma und Anschrift des Lieferers,<br>3. handelsübliche Bezeichnung der Ware,<br>4. Preis der Ware,<br>5. Beleghinweis. | I. Der Warenausgang ist von allen<br>— gewerblichen Unternehmen,<br>— Land- und Forstwirten, die nach § 141 AO buchführungspflichtig sind,<br>gesondert aufzuzeichnen, soweit erkennbar an andere gewerbliche Unternehmer zur Weiterveräußerung oder zum Verbrauch als Hilfsstoff geliefert.<br><br>II. Dies gilt für alle Waren, die<br>— auf Rechnung, Tausch oder unentgeltlich geliefert werden,<br>— gegen Barzahlung jedoch nur, wenn der Preis wegen der abgenommenen Menge unter dem üblichen Verbraucherpreis liegt.<br><br>III. Die Aufzeichnungen müssen folgende Angaben enthalten:<br>1. Tag des Warenausgangs oder Datum der Rechnung,<br>2. Name oder Firma und Anschrift des Abnehmers,<br>3. handelsübliche Bezeichnung der Ware,<br>4. Preis der Ware,<br>5. Beleghinweis.<br>Über den aufzeichnungspflichtigen Warenausgang ist ein Beleg zu erteilen, wenn § 14 Abs. 6 UStG nicht Erleichterungen gewährt. |

**Aufgabe 2.1** *(Zur Buchführungspflicht nach Handels- und Steuerrecht) S. 325*

### 1.2.3.2 Sonstige steuerliche Aufzeichnungspflichten

Zur Feststellung besonderer Sachverhalte sind in verschiedenen Steuergesetzen und Verordnungen weitere Aufzeichnungspflichten vorgesehen, z. B.

— zur Feststellung und Berechnung der Umsatzsteuer (§ 22 UStG, §§ 63 ff. UStDV),

— zur Berücksichtigung bestimmter Betriebsausgaben bei der Gewinnermittlung, z. B. Geschenke, Bewirtungskosten u. ä. (§ 4 Abs. 5 und 7 EStG, Abschn. 20 Abs. 19 ff. EStR),

— für geringwertige Wirtschaftsgüter, die in voller Höhe als Betriebsausgaben abgesetzt werden (§ 6 Abs. 2 EStG, Abschn. 40 Abs. 4 EStR),

— für Arbeitnehmerdaten auf dem Lohnkonto (§ 41 EStG, § 4 LStDV),

— für buchführende Land- und Forstwirte die Erstellung eines Anbauverzeichnisses, aus dem hervorgeht, mit welchen Fruchtarten die selbstbewirtschafteten Flächen im abgelaufenen Wirtschaftsjahr bestellt waren (§ 142 AO).

Den drei erstgenannten Aufzeichnungspflichten wird im allgemeinen bereits im Rahmen der normalen Finanzbuchführung entsprochen: für die Umsatzsteuer z. B. im Zusammenhang mit der Belegbehandlung und durch Führung von nach Steuersätzen getrennten Konten, für die angesprochenen Betriebsausgaben durch Führung besonderer Konten, für die geringwertigen Wirtschaftsgüter ebenfalls durch Einrichten eines Sonderkontos.

### 1.2.4 Bewilligung von Erleichterungen

Die Finanzbehörden können für einzelne Fälle oder für bestimmte Gruppen von Fällen Erleichterungen bewilligen, wenn

— die Einhaltung der durch die Steuergesetze begründeten Buchführungs-, Aufzeichnungs- und Aufbewahrungspflichten Härten mit sich bringt und

— die Besteuerung durch die Erleichterung nicht beeinträchtigt wird.

Erleichterungen können rückwirkend bewilligt werden. Die Bewilligung kann widerrufen werden (§ 148 AO).

### Kontrollfragen

1. *Was bedeutet Buchführungspflicht?*

2. *Wer ist nach handelsrechtlichen Vorschriften buchführungspflichtig?*

3. *Wonach richtet sich Beginn und Ende der Buchführungspflicht im Handels- und Steuerrecht?*

4. *Was beinhaltet die abgeleitete und die originäre steuerliche Buchführungspflicht?*

5. *Welche Angaben sind bei Aufzeichnungen über Warenein- und -ausgang zu machen?*

6. *Unter welchen Bedingungen kann die Finanzbehörde Buchführungserleichterungen gewähren?*

# 2 Grundsätze ordnungsmäßiger Buchführung (GoB)

## 2.1 Begriff

Bei den GoB handelt es sich um Regeln für die formelle und materielle Ordnungsmäßigkeit der Buchführung und des Jahresabschlusses, d. h. Regeln, nach denen **Geschäftsvorfälle aufzuzeichnen sind und der Jahresabschluß darzustellen ist.**

## 2.2 Quellen

Die GoB sind formell ein **unbestimmter Rechtsbegriff,** der durch sein Erscheinen in gesetzlichen Normen (z. B. §§ 238 Abs. 1, 239 Abs. 4, 243 Abs. 1, 256, 264 Abs. 2 HGB und § 5 Abs. 1 EStG) Teil der Rechtsordnung ist. Er dient der Interpretation und Auslegung von Rechtsfragen, dem Ausfüllen von Gesetzeslücken und der Ergänzung von gesetzlichen Freiräumen.

Materiell bestehen verschiedene Methoden zur Gewinnung von GoB:

(1) induktiv durch Orientierung an der tatsächlichen Übung ordentlicher Kaufleute,

(2) deduktiv durch entscheidungslogische Ableitung von Normvorgaben aus den Zielen der Rechnungslegung, um eine zweckadäquate Jahresabschlußgestaltung zu gewährleisten.

Dabei können jedoch folgende Probleme auftreten:

**zu (1):** Es ist unwahrscheinlich, auf diese Art eine **Fortentwicklung** bestehender Kaufmannsbräuche zu bewirken, wenn ein Istzustand zur Norm (Sollvorgabe) erhoben wird.

**zu (2):** Da die Rechnungslegung ein **Kompromiß** zwischen zum Teil widerstreitenden Zielen ist, ist zwar eine deduktionslogische Ableitung in bezug auf **ein** Jahresabschlußziel durchführbar. Eine einheitliche Ableitung in bezug auf **alle** Jahresabschlußziele ist jedoch nur kompromißweise möglich.

Die Quellen der GoB sind somit im einzelnen:

— die praktische Übung ordentlicher Kaufleute,

— die Rechtsordnung mit Gesetzen, Verordnungen und Rechtsprechung,

— Erlasse, Empfehlungen und Gutachten von Behörden und Verbänden,

— wissenschaftliche Veröffentlichungen.

# 2.3 Niederschlag der GoB in den Gesetzen

## 2.3.1 Kodifizierte/nichtkodifizierte GoB

Für die GoB hat der Gesetzgeber keine bis ins einzelne gehenden gesetzlichen Kodifikationen vorgesehen, da die Flexibilität und die Möglichkeit der Weiterentwicklung der GoB erhalten werden soll. Auch ist nur ein Teil der GoB im Gesetz ausdrücklich erwähnt (z. B. §§ 239 Abs. 2, 246, 252 HGB), anderen Grundsätzen wird über die globale Bezugnahme in sogenannten Generalklauseln (z. B. §§ 243 Abs. 1, 264 Abs. 2 HGB) Rechtswirkung verliehen. Allerdings besteht kein Gegensatz zwischen einzelnen Rechtsvorschriften über die Rechnungslegung, kodifizierten GoB und nichtkodifizierten GoB. Vielmehr sind die GoB Ausdruck aller die handelsrechtliche Buchführung, Inventarisierung und Jahresabschlußgestaltung betreffenden Rechtsvorschriften, unabhängig davon, ob sie kodifiziert sind oder nicht.

## 2.3.2 GoB in Handels- und Steuerrecht

Obwohl die GoB ihren Ursprung und ihre Bedeutung in handelsrechtlichen Buchführungs- und Jahresabschlußproblemen haben, gelangen sie über das Maßgeblichkeitsprinzip in das Steuerrecht im Rahmen der Gewinnermittlung nach § 5 Abs. 1 EStG. Dies geschieht allerdings **nicht ohne Modifikationen** durch zwingende steuerliche Vorschriften. Die GoB sind also auch im Steuerrecht Grundlage und Ausgangspunkt der Gewinnermittlung, auch wenn anerkannte Unterschiede zwischen handels- und steuerrechtlicher Rechnungslegung bestehen. Die globale Bezugnahme auf die GoB in § 5 Abs. 1 EStG bedeutet einen Rekurs auf alle kodifizierten und nichtkodifizierten Grundsätze und Einzelvorschriften des Handelsrechts, die das Rechnungswesen und den Jahresabschluß betreffen.

### 2.3.3  Grundsätzliche Rechtsformunabhängigkeit der GoB

In der Literatur wurde lange Zeit die Frage diskutiert, ob GoB rechtsformunabhängig sind oder nur bei bestimmten Rechtsformen (z. B. nur Kapitalgesellschaften) Anwendung finden. Danach gilt, daß

— GoB grundsätzlich für alle Rechtsformen Gültigkeit haben,

— ihre Bedeutung aber für die einzelnen Rechtsformen unterschiedlich sein kann, was unter Umständen zu unterschiedlichen Kompromissen im Falle widerstreitender Grundsätze führen kann.

Formalrechtlich wird diese Frage durch die Positionierung der einzelnen GoB im Gesetz geregelt, je nachdem, ob sie im rechtsformunabhängigen Teil, im nur für Kapitalgesellschaften geltenden Abschnitt oder in den rechtsformspezifischen Einzelgesetzen (z. B. AktG, GmbHG, GenG) stehen.

## 2.4  Die GoB im einzelnen

Die GoB erscheinen auf den ersten Blick als Summe heterogener Grundsätze, die nur schwer in eine hierarchische und systematische Ordnung zu bringen sind. Analog den Aufgaben von Rechnungswesen im allgemeinen und Jahresabschluß im besonderen unterscheidet man Grundsätze, die der **Dokumentation,** und Grundsätze, die der **Rechenschaftslegung** (d. h. dem **Jahresabschluß**) dienen.[1]

Während die Dokumentationsfunktion vornehmlich auf den eher formalen Grundsätzen

— des systematischen Aufbaus der Buchführung,

— der Vollständigkeit,

— der Ordnungsmäßigkeit des Belegwesens und der Belegaufbewahrung

basiert, gründet sich die Rechenschaftslegung bzw. Jahresabschlußerstellung vor allem auf die eher materiellen Grundsätze der

— Klarheit,

— Wahrheit,

— Kontinuität,

— Vorsicht.

Letztere werden oft als Bilanzierungsgrundsätze bezeichnet.

| Grundsätze ordnungsmäßiger Buchführung | |
| --- | --- |
| **Bezeichnung des Grundsatzes** | **Ausprägungen des Grundsatzes** |
| 1. Grundsatz des systematischen Aufbaus der Buchführung | Gegenstand der Buchführung und des Jahresabschlusses ist die korrekte Darstellung der Handelsgeschäfte und der Lage des Unternehmens (§ 238 Abs. 1 HGB). <br><br> 1. Richtigkeit <br> — Richtige Verbuchung und Aufzeichnung von Geschäftsvorfällen (§ 239 Abs. 2 HGB) <br><br> 2. Übersichtlichkeit <br> — Sachverständiger Dritter muß sich in angemessener Zeit einen Eindruck von der Lage des Unternehmens machen können (§§ 238 Abs. 1 Satz 2, 243 Abs. 2 HGB, § 145 Abs. 1 AO, Abschn. 29 EStR) |

---

[1]  Vgl. die ausführliche Darstellung bei Leffson: Die Grundsätze ordnungsmäßiger Buchführung, 7. Auflage, Düsseldorf 1987.

| Grundsätze ordnungsmäßiger Buchführung | |
|---|---|
| **Bezeichnung des Grundsatzes** | **Ausprägungen des Grundsatzes** |
| | 3. Zeitgerechtheit<br>— Zeitnahe Buchungen (à-jour-Prinzip, § 239 Abs. 2 HGB)<br>— Tägliche Eintragungen nur im Kassenverkehr (§ 146 Abs. 1 AO)<br><br>4. Zeitfolgegemäßheit<br>— Buchungen in zeitlich fortlaufender Folge<br>— Vornahme nur der zum jeweiligen Buchungszeitraum (z. B. Monat) gehörenden Buchungen (Verbuchung von Belegen aus anderen Buchungszeiträumen hat zu unterbleiben)<br>— Summe der Monatsumsätze muß dem Jahresumsatz entsprechen<br><br>5. Geordnetheit<br>Die Buchführung hat neben zeitlichen auch sachlichen Ordnungskriterien zu folgen durch<br>— Vorhandensein eines Kontenplans<br>— Trennung von Sach- und Personenkonten, Bestands- und Erfolgskonten<br>— Grund- und Hauptbuchfunktion der Buchhaltung (zeitliche und sachliche Gliederung) |
| 2. Grundsatz der Vollständigkeit | 1. Der Jahresabschluß hat sämliche Vermögensgegenstände, Schulden, Rechnungsabgrenzungsposten, Aufwendungen und Erträge zu enthalten, soweit gesetzlich nichts anderes bestimmt ist (§ 246 Abs. 1 HGB)<br><br>2. Wahrnehmung von Ausweiswahlrechten und -verboten nur im gesetzlich genau umgrenzten Rahmen<br><br>3. Keine Verrechnung von Posten der Aktivseite mit Posten der Passivseite, von Aufwendungen mit Erträgen, von Grundstücksrechten mit Grundstückslasten (Verrechnungsverbot, § 246 Abs. 2 HGB)<br><br>4. Alle Geschäftsvorfälle sind einzeln aufzuzeichnen (und grundsätzlich einzeln zu bewerten) |
| 3. Grundsatz der Ordnungsmäßigkeit des Belegwesens und der Belegaufbewahrung | Die Geschäftsvorfälle müssen sich in ihrer Entstehung und Abwicklung verfolgen lassen (§ 238 Abs. 1 Satz 3 HGB).<br><br>1. Belegzwang für Buchungen<br>— Keine Buchung ohne Beleg<br><br>2. Rechnerische Richtigkeit des Beleginhalts<br><br>3. Datumspflicht von Buchungsbelegen<br>— Jeder Beleg ist mit einem Ausstellungsdatum zu versehen<br><br>4. Unmißverständlicher Belegtext bei hinreichender Erklärung des Geschäftvorfalls<br>— Belege müssen in einer lebenden Sprache gehalten werden (§ 239 Abs. 1 HGB), Aufstellung des Jahresabschlusses dagegen in deutscher Sprache (§ 244 HGB)<br>— Bedeutung von Abkürzungen, Ziffern, Buchstaben und Symbolen muß eindeutig festliegen (§ 239 Abs. 1 Satz 2 HGB)<br><br>5. Gegenseitiges Verweisprinzip<br>— Von der Buchung zum Beleg, vom Beleg zur Buchung |

| Grundsätze ordnungsmäßiger Buchführung | |
|---|---|
| **Bezeichnung des Grundsatzes** | **Ausprägungen des Grundsatzes** |
| | 6. Korrekturverbot<br>— Keine nachträgliche Veränderung einer Eintragung oder Aufzeichnung, so daß der ursprüngliche Inhalt nicht mehr feststellbar ist (§ 239 Abs. 3 Satz 1 HGB)<br>— Auch keine Vornahme solcher Änderungen, deren Beschaffenheit es ungewiß läßt, ob sie ursprünglich oder erst später gemacht worden sind (§ 239 Abs. 3 Satz 2 HGB)<br>— Pflicht zum Storno fehlerhafter Eintragungen, Aufzeichnungen und Buchungen (der fehlerhafte Vorgang ist aus Gründen der Klarheit und Übersichtlichkeit offen rückgängig zu machen)<br>— Pflicht zur Belegerstellung auch für Stornobuchungen<br><br>7. Aufbewahrung von Unterlagen der Rechnungslegung<br>— Verpflichtung zur Aufbewahrung von Schriftgut, sofern es Belegcharakter hat (§ 257 Abs. 1 HGB)<br>— Zurückbehaltung von Abschriften abgesandter Handelsbriefe (auch mittels moderner Wiedergabeverfahren, § 238 Abs. 2 HGB)<br>— Einhaltung der Belegaufbewahrungsfristen (vgl. § 257 Abs. 4 HGB und S. 73 f.)<br><br>8. Einhaltung der Bestimmungen über den Bücherersatz<br>— Handelsbücher und sonst erforderliche Aufzeichnungen können auch in der geordneten Ablage von Belegen (z. B. Offene-Posten-Buchhaltung) bestehen oder auf Datenträgern geführt werden (§ 239 Abs. 4 HGB)<br>— Buchführungsformen und -verfahren müssen den GoB entsprechen (bei EDV Beachtung der Grundsätze ordnungsmäßiger Buchführung bei computergestützten Verfahren bzw. der Grundsätze ordnungsmäßiger Speicherbuchführung, vgl. S. 87 ff.)<br>— Daten müssen während der Aufbewahrungsfrist verfügbar sein<br>— Daten müssen jederzeit innerhalb angemessener Frist lesbar gemacht werden können |
| 4. Grundsatz der Klarheit | Hier handelt es sich um formale Gliederungs- und Gestaltungsgrundsätze.<br><br>1. Postengliederung in der vorgeschriebenen Reihenfolge<br><br>2. Zutreffende und eindeutige Postenbezeichnung<br><br>3. Verrechnungsverbot<br><br>4. Einhaltung vorgeschriebener Ausweisformen<br>— Kontoform für Bilanz (§ 266 HGB)<br>— Staffelform für GuV-Rechnung (§ 275 HGB)<br><br>5. Beachtung des Grundsatzes der Wesentlichkeit (Materiality)<br>— Keine Darstellung unbedeutender, irreführender oder verwirrender Vorgänge und Sachverhalte |
| 5. Grundsatz der Wahrheit | Hier ist die materielle, inhaltliche Ordnungsmäßigkeit angesprochen. Sie bezieht sich auf Ansatz- und Bewertungsfragen gleichermaßen.<br><br>1. Vollständigkeit<br>— Generelle Ansatzpflicht<br>— Ansatzwahlrechte und -verbote nur in den gesetzlich bestimmten Ausnahmefällen<br>— Verbot der Aufnahme fiktiver Posten |

| Grundsätze ordnungsmäßiger Buchführung | |
|---|---|
| **Bezeichnung des Grundsatzes** | **Ausprägungen des Grundsatzes** |
| | 2. Verbot der Täuschung oder Irreführung Dritter<br>— Richtige Darstellung der Vermögenslage (§ 238 Abs. 1 HGB)<br>— Vermittlung ein den tatsächlichen Verhältnissen entsprechendes Bild der Vermögens-, Finanz- und Ertragslage (true and fair view, nur von Kapitalgesellschaften verlangt, § 264 Abs. 2 HGB)<br><br>3. Richtigkeit<br>— Materiell richtige Verbuchung von Geschäftsvorfällen<br>— Materiell richtige Gestaltung des Jahresabschlusses |
| 6. Grundsatz der Kontinuität | **Formelle Kontinuität**<br><br>1. Übereinstimmung der Eröffnungsbilanz mit der Schlußbilanz des Vorjahres bezüglich Gliederung, Ansatz und Bewertung<br><br>2. Beibehaltung der Gliederungsprinzipien im Zeitablauf hinsichtlich<br>— Postenbenennung<br>— Reihenfolge der Posten in Bilanz und GuV-Rechnung<br>— inhaltlicher Abgrenzung der einzelnen Posten zueinander Zusätzliche Berichtspflichten bei Abweichungen<br><br>3. Beibehaltung des gewählten Bilanzstichtags im Zeitablauf |
| | **Materielle Kontinuität**<br><br>1. Beibehaltung gewählter Ansatz- und Bewertungsgrundsätze einschließlich Abschreibungsmethoden<br><br>2. Beibehaltung des Wertzusammenhangs durch Wertfortführung im Zeitablauf (steuerlich: eingeschränkter, uneingeschränkter Wertzusammenhang) |
| 7. Grundsatz der Vorsicht | 1. Zurückhaltende Einschätzung der Chancen aus der Geschäftstätigkeit<br><br>2. Realistische, vorsichtige Einschätzung der Risiken aus der Geschäftstätigkeit<br><br>3. Auswirkungen auf Ansatz und Bewertung<br>— Niederstwertprinzip für Aktiva<br>— Höchstwertprinzip für Passiva<br>— Realisationsprinzip für nicht realisierte Gewinne (§ 252 Abs. 1 Nr. 4 HGB)<br>— Imparitätsprinzip für nicht realisierte Verluste (§ 252 Abs. 1 Nr. 4 HGB)<br>— Anschaffungswertprinzip (§ 253 Abs. 1 HGB)<br>— Aktivierungsverbot unentgeltlich erworbener immaterieller Anlagegüter (§ 248 Abs. 2 HGB) |

## Kontrollfragen

1. Was versteht man unter den Grundsätzen ordnungsmäßiger Buchführung?
2. Was versteht man unter kodifizierten/nichtkodifizierten GoB?
3. Sind die GoB von der Rechtsform des Unternehmens abhängig?
4. Wie lassen sich die GoB systematisieren?

5. *Durch welche Bestimmungen wird der Grundsatz des systematischen Aufbaus der Buchführung konkretisiert?*

6. *Welche Anforderungen werden an Sprache und Schriftzeichen bei Belegen gestellt?*

7. *Wie lauten die Bilanzierungsgrundsätze? Was besagen sie?*

---

**Aufgabe 2.2** *(Zeitgerechtes Buchen)* S. 325

# 3 Inventur und Inventar

Jeder Kaufmann ist nach § 240 HGB verpflichtet, zu Beginn seines Handelsgewerbes und danach für den Schluß eines jeden Geschäftsjahrs ein Inventar aufzustellen, in dem

— seine Grundstücke,

— seine Forderungen und Schulden,

— der Betrag seines baren Geldes und

— seine sonstigen Vermögensgegenstände

genau zu verzeichnen sind, und zwar sowohl nach Menge als auch Wert der einzelnen Wirtschaftsgüter.

Das **Inventar** ist somit eine bis ins einzelne gehende Zusammenstellung der Vermögens- und Schuldposten einer Unternehmung, und zwar nach Art, Menge und Wert. Es kann oft sehr umfangreich sein.

**Inventur** ist die Aufnahme des Vermögens und der Schulden zwecks Aufstellung des Inventars. Grundform der Inventur ist die **körperliche Bestandsaufnahme** der (körperlichen) Vermögensgegenstände einer Unternehmung durch Messen, Zählen und Wiegen (wobei die ermittelten Mengen bei oder nach der Bestandsaufnahme bewertet werden müssen). Sie wird durch die sogenannte **Buchinventur** ergänzt, die das Feststellen und Prüfen der unkörperlichen Wirtschaftsgüter (z. B. der Forderungen und Verbindlichkeiten) beinhaltet.

Zu **Organisation und Technik** der Inventur und Gliederung des Inventars vgl. S. 111 ff.

## 3.1 Stichtagsinventur

Die Inventur zum Bilanzstichtag wird als Stichtagsinventur bezeichnet. Sie muß nicht am Bilanzstichtag, aber zeitnah — in der Regel innerhalb einer Frist von 10 Tagen vor oder nach dem Bilanzstichtag — durchgeführt werden. Dabei muß sichergestellt sein, daß Bestandsveränderungen zwischen dem Bilanzstichtag und dem Tag der Bestandsaufnahme anhand von Belegen oder Aufzeichnungen ordnungsgemäß berücksichtigt werden (Abschn. 30 Abs. 1 EStR).

## 3.2 Inventurerleichterungen

Die Vollaufnahme der Bestände zum Abschlußstichtag ist mit hohem Personal- und Zeitaufwand verbunden; dadurch kann die Lieferbereitschaft erheblich beeinträchtigt sein. Aus diesen Gründen sind Inventurerleichterungen möglich, die den Zeitpunkt und die Art der Aufnahme betreffen.

**Zeitliche Erleichterungen** werden durch die permanente und die verlegte Inventur, **Aufnahmeerleichterungen** durch die Stichprobeninventur sowie Festwert- und Gruppenbildung gewährt.

### 3.2.1 Permanente Inventur

Bei der permanenten Inventur (§ 241 Abs. 2 HGB) kann die Erfassung der einzelnen Bestände über das **gesamte Geschäftsjahr** verteilt werden (z. B. Bestandsaufnahme dann, wenn der jeweilige Bestand sehr niedrig ist). Sie setzt genaue Aufzeichnungen über Bestände, Zu- und Abgänge nach

— Tag,

— Art und

— Menge (Stückzahl, Gewicht, Kubikinhalt)

voraus, aus denen sich die Stichtagsbestände der einzelnen Wirtschaftsgüter ermitteln und bewerten lassen. Die permanente Inventur ist **nur dann ordnungsgemäß,** wenn gewährleistet ist, daß jeder Inventurposten einmal im Jahr inventurmäßig erfaßt wird; sie darf sich nicht nur auf Stichproben oder die Verprobung eines repräsentativen Querschnitts beschränken (vgl. im einzelnen die Regelung in Abschn. 30 Abs. 2 EStR).

Für Wirtschaftsgüter, die

— besonders wertvoll sind (abgestellt auf die Verhältnisse des Betriebs) oder

— unkontrollierbaren Abgängen unterliegen (z. B. durch Schwund, Verderb, Zerbrechlichkeit),

ist die permanente Inventur **nicht zulässig** (Abschn. 30 Abs. 4 EStR).

### 3.2.2 Zeitlich verlegte Inventur

Die zeitlich verlegte Inventur (§ 241 Abs. 3 HGB) gestattet die Aufstellung eines **besonderen Inventars** auf einen Zeitpunkt innerhalb der **letzten drei Monate vor oder der beiden ersten Monate nach dem Bilanzstichtag,** dessen einzelne Inventarposten lediglich wertmäßig, nicht nach Art und Menge fortzuschreiben bzw. zurückzurechnen sind.

Dieses besondere Inventar kann auch auf Grund einer permanenten Inventur erstellt werden. Die in dem besonderen Inventar erfaßten Vermögensgegenstände brauchen nicht im Inventar für den Schluß des Geschäftsjahres verzeichnet zu werden. Vgl. im einzelnen Abschn. 30 Abs. 3 EStR.

Die zeitlich verlegte Inventur ist wie die permanente Inventur für Bestände, bei denen ins Gewicht fallende unkontrollierbare Abgänge eintreten, und für besonders wertvolle Wirtschaftsgüter **nicht zugelassen** (Abschn. 30 Abs. 4 EStR).

### 3.2.3 Stichprobeninventur

Bei der Aufstellung des Inventars darf der Bestand der Vermögensgegenstände nach Art, Menge und Wert auch mit Hilfe anerkannter mathematisch-statistischer Methoden auf Grund von Stichproben ermittelt werden (§ 241 Abs. 1 HGB). Der Aussagewert des auf diese Weise aufgestellten Inventars muß dem eines auf Grund einer körperlichen Bestandsaufnahme aufgestellten Inventars gleichkommen.

Voraussetzung für die Anwendung dieser Methode ist, daß die Lagerpositionen durch **Zufallsauswahl** aus dem Lagerkollektiv in die Stichprobe gelangen. Das Verfahren muß den GoB entsprechen (Erfassung **aller** Positionen der Grundgesamtheit und **vollständige** Aufnahme der Stichprobenglieder, **Richtigkeit** des Schätzverfahrens, **Nachprüfbarkeit** der Anwendung)[1].

---

[1] Die Grundlagen zum Einsatz des Verfahrens behandelt die Stellungnahme HFA 1/1981: Stichprobenverfahren für die Vorratsinventur zum Jahresabschluß, in: WPg 1981, S. 479 ff.

Während die anderen Inventurformen auf dem Prinzip des Zählens aller Bestände beruhen, sucht die Stichprobeninventur über das Zählen einiger, in der Stichprobe erfaßter Vermögensgegenstände und das dort erkannte Ausmaß der Richtigkeit bzw. Fehlerhaftigkeit auf die herrschende bzw. fehlende Übereinstimmung zwischen den Soll- und Istbeständen der restlichen Inventurposten zu schließen. Sind die Ergebnisse der Stichprobe zufriedenstellend ausgefallen, können die übrigen Sollbestände ohne weitere Prüfung, der Stichprobe angepaßt, in das Inventar übernommen werden; wenn nicht, ist zu erfassen wie bisher.

Daraus ergibt sich, daß dieses Verfahren in Lägern mit vielen unterschiedlichen Vermögensgegenständen erhebliche Einsparungen an Zeit und Personal mit sich bringt, vorausgesetzt, daß die gesamte Bestandsführung stimmt. Deshalb zwingt die Anwendung dieses Verfahrens zu einer **exakten Bestandsführung,** die von vornherein mögliche Fehlerquellen auszuschalten versucht.

### 3.2.4 Festwert- und Gruppenbildung

§ 240 Abs. 2 und 3 HGB erlaubt unter bestimmten Voraussetzungen die Erleichterung von Inventur und Bewertung durch den Ansatz eines Festwerts oder die Zusammenfassung zu Gruppen. Vgl. hierzu die Ausführungen von S. 203 ff.

Keine Verfahren zur Erleichterung der Aufnahme sind dagegen die Verbrauchsfolgeverfahren nach § 256 HGB, die der vereinfachten Ermittlung von Anschaffungs- und Herstellungskosten dienen (ADS 1987, § 256 Tz 9).

## 3.3 Geschäftsjahr, Rumpfgeschäftsjahr

Das **Geschäftsjahr** umfaßt den Zeitraum, für den der Jahresabschluß gefertigt wird. Das Geschäftsjahr ist vom **Kalenderjahr unabhängig,** wenn es auch in der Mehrzahl der Fälle dem Kalenderjahr entspricht. Die Dauer des Geschäftsjahres darf 12 Monate nicht überschreiten (§ 240 Abs. 2 HGB).

**Rumpfgeschäftsjahr** wird ein Geschäftsjahr genannt, das weniger als 12 Monate umfaßt. Es kann sich ergeben bei
— Gründung,
— Erwerb,
— Aufgabe oder Veräußerung eines Unternehmens sowie bei
— Verlegung des Bilanzstichtags (§ 8 b EStDV).

**Wirtschaftsjahr** ist die steuerliche Bezeichnung für das Geschäftsjahr. Die Umstellung eines Wirtschaftsjahres auf ein vom Kalenderjahr abweichendes Wirtschaftsjahr kann nur im Einvernehmen mit dem Finanzamt vorgenommen werden (§ 4 a EStG).

## 3.4 Aufstellungsfrist für das Inventar

Zeitlich ist zwischen Inventurdurchführung und Inventaraufstellung zu unterscheiden. Während der Zeitpunkt der Bestandsaufnahme vom jeweiligen Inventurverfahren bestimmt ist, gibt es keine genaue Zeitvorgabe für die Aufstellung des Inventars. § 240 Abs. 2 HGB besagt lediglich, daß die Aufstellung des Inventars **innerhalb der einem ordnungsmäßigen Geschäftsgang entsprechenden Zeit** zu bewirken ist.

Dieselbe Formulierung wird für die **Aufstellungsfrist des Jahresabschlusses** verwendet (§ 243 Abs. 3 HGB). Da man zur Aufstellung der Bilanz auf die Inventurergebnisse und damit auf das Inventar zurückgreifen muß, sind die Fristen zur Jahresabschlußaufstellung, die von Rechtsform, Unternehmensgröße und Wirtschaftszweig abhängig sind, auch für das Inventar verbindlich. Vgl. Übersicht S. 72.

1. *Worin unterscheiden sich Inventar und Bilanz?*

2. *In welchem Zeitraum ist eine Stichtagsinventur durchzuführen?*

3. *Worin liegen die Nachteile der körperlichen Bestandsaufnahme zum Abschluß-stichtag?*

4. *Welche Inventurerleichterungen gibt es?*

5. *Was ist der Unterschied zwischen permanenter und zeitlich verlegter Inventur?*

6. *Was ist das Wesen der Stichprobeninventur?*

7. *Welche Bedingungen müssen erfüllt sein, damit die Stichprobeninventur angewendet werden darf?*

# 4 Aufstellung des Jahresabschlusses

## 4.1 Aufstellungspflicht

Außer dem Inventar ist bei Geschäftsbeginn eine **Eröffnungsbilanz** und am Schluß eines jeden Geschäftsjahres ein **Jahresabschluß** aufzustellen. Dieser besteht für **alle Kaufleute** aus Bilanz und GuV-Rechnung (§ 242 HGB); **Kapitalgesellschaften** und **eingetragene Genossenschaften** haben noch einen Anhang beizufügen (§§ 264, 336 HGB).

Die **Bilanz** ist ein das Verhältnis des Vermögens und der Schulden des Kaufmanns darstellender Abschluß (§ 242 Abs. 1 HGB). Sie ist im Gegensatz zum Inventar, auf das sie sich stützt, eine Gegenüberstellung (Darstellung in Kontoform), in der zum besseren Überblick, unter Verzicht auf Einzelangaben über Art und Menge von Wirtschaftsgütern, gleichartige Posten gruppenweise zusammgefaßt sind. Zu Inhalt und Gliederung der Bilanz sowie zur Bewertung vgl. S. 131 ff.

Die **GuV-Rechnung** ist eine Gegenüberstellung der Aufwendungen und Erträge des Geschäftsjahres (§ 242 Abs. 2 HGB). Sie zeigt, aus welchen Einzelkomponenten sich das Jahresergebnis zusammensetzt. Zu Inhalt und Gliederung der GuV-Rechnung vgl. S. 260 ff.

Der **Anhang** als dritter Teil des Jahresabschlusses von Kapitalgesellschaften und eingetragenen Genossenschaften hat die Aufgabe, Bilanz und GuV-Rechnung zu erläutern und den Informationsgehalt durch zusätzliche Angaben zu verbessern. Vgl. hierzu S. 282 ff.

## 4.2 Aufstellungsfristen für den Jahresabschluß

§ 243 Abs. 3 HGB fordert die Aufstellung des Jahresabschlusses **innerhalb der einem ordnungsgemäßen Geschäftsgang entsprechenden Zeit.** Von der Bestimmung fester Fristen für **Kaufleute,** die als Einzelunternehmer oder in Gestalt von Personengesellschaften am Erwerbsleben teilnehmen, wurde abgesehen. Trotzdem können Fristverlängerungen, die die Finanzämter für die Abgabe von Steuererklärungen ausgesprochen haben, nicht einfach unbesehen auch für die Erstellung von handelsrechtlichen Jahresabschlüssen übernommen werden. In der Regel darf man aber unterstellen, daß eine steuerliche genehmigte Terminierung der handelsrechtlichen Ordnungsmäßigkeit nicht zuwiderläuft. Der BFH hat in seinem Urteil vom 6. 12. 1983 (BStBl 1984 II S. 227) angenommen, daß die einem ordnungsgemäßen Geschäftsgang entsprechende Zeit **nicht länger als ein Jahr** sein darf.

Die Aufstellungsfristen sind ansonsten von **Rechtsform, Unternehmensgröße und Wirtschaftszweig abhängig.** Sie sind in der nachstehenden Übersicht zusammengestellt.

| | | | **Überblick über die Fristen für die Aufstellung des Jahresabschlusses bzw. des Konzernabschlusses** | | |
| Nr. | Art des Unternehmens | Geset- zes- quelle | Normale Frist | Bemerkungen | |
|---|---|---|---|---|---|
| 1 a | Kapitalgesell- schaften — große und mittlere | § 264 Abs. 1 HGB | Erste drei Monate nach Ablauf des Geschäftsjahres durch die gesetzlichen Ver- treter. | Gilt auch für den Lage- bericht. | |
| 1 b | Kapitalgesell- schaften — kleine | § 264 Abs. 1 HGB | Erste drei Monate nach Ablauf des Geschäftsjahres durch die gesetzlichen Ver- treter. | Ausdehnung der Frist auf sechs Monate nur, wenn mit ordnungsgemäßem Geschäftsgang vereinbar. Gilt auch für den Lage- bericht. | |
| 2 | Erwerbs- und Wirtschafts- genossen- schaften | § 336 Abs. 1 HGB | Erste fünf Monate nach Ablauf des Geschäftsjahres durch den Vorstand. | Gilt auch für den Lage- bericht. | |
| 3 | Publizitäts- pflichtige Unternehmen | § 5 Abs. 1 und 2 PublG | Erste drei Monate nach Ablauf des Geschäftsjahres durch die gesetzlichen Ver- treter des Unternehmens. | Anhang und Lagebericht werden von Einzelkaufleu- ten und Personengesell- schaften nicht verlangt, sondern nur von allen übri- gen publizitätspflichtigen Unternehmen. | |
| 4 | Kreditinstitute | § 26 KWG | Erste drei Monate nach Ablauf des Geschäftsjah- res; keine Fristausweitung für kleine Kreditinstitute, die Kapitalgesellschaften sind. | Einschließlich Lagebericht, soweit ein solcher erstattet wird. | |
| 5 | Versiche- rungsunter- nehmen | § 55 VAG | Erste vier Monate nach Ablauf des Geschäftsjahres durch den Vorstand, bei Rückversicherungsunter- nehmen nach zehn Monaten. | Einschließlich Lagebericht. Für kleinere Versicherungs- vereine und -unternehmen, die nicht Kaufmann sind, gelten die Fristen für Per- sonenunternehmen. | |
| 6 | Konzerne | §§ 290 HGB, 13 PublG | Erste fünf Monate nach Ablauf des Konzernge- schäftsjahres durch die gesetzlichen Vertreter des Mutterunternehmens. | Gilt auch für den Konzern- lagebericht. | |
| Für Kaufleute, die nicht unter 1 bis 6 aufgeführt sind, gelten keine festen Fristen. | | | | | |

**Aufgabe 2.3** *(Frist für die Erstellung des Jahresabschlusses bei besonderen Umständen)*
*S. 325*

## 4.3 Sprache, Währungseinheit

§ 244 HGB verlangt die Erstellung des Jahresabschlusses für alle inländischen Unternehmen in **deutscher Sprache** und in **Deutscher Mark.** Lag bei der Führung der Handelsbücher oder den sonst erforderlichen Aufzeichnungen eine andere lebende Sprache zugrunde (§ 239 Abs. 1 HGB), ist daher eine Übersetzung notwendig. Vermögensgegenstände und Verpflichtungen, die in **fremder Währung** valutieren, sind in Deutsche Mark umzurechnen.

Vgl. auch die entsprechenden Vorschriften im Steuerrecht (§§ 87 Abs. 1 und 2, 146 Abs. 3 AO).

## 4.4 Unterzeichnung, Unterzeichnungsdatum

Nach § 245 HGB hat der **Kaufmann** den Jahresabschluß unter Angabe des Datums zu unterzeichnen, bei Personengesellschaften **alle persönlich haftenden Gesellschafter.** Bei Kapitalgesellschaften sind von dieser Pflicht die gesetzlichen Vertreter betroffen, d. h. **alle Mitglieder des Vorstands bzw. der Geschäftsführung.**

Prokuristen und andere Bevollmächtigte sind zur Unterzeichnung nicht berechtigt.

Die Unterschrift muß am Ende des Jahresabschlusses stehen, also nach der GuV-Rechnung bzw. nach dem Anhang.

**Aufgabe 2.4**   *(Unterzeichnung) S. 325*

# 5   Ordnungsvorschriften für die Aufbewahrung von Unterlagen

Die Aufbewahrungsvorschriften regeln, welche Unterlagen einer geordneten Verwahrung bedürfen und welche Fristen dabei zu beachten sind. Die hierzu ergangenen Vorschriften im Handels- und im Steuerrecht (§ 257 HGB, § 147 AO) sind fast identisch. Während sich die handelsrechtlichen Regelungen allerdings nur auf Vollkaufleute beziehen, umfassen die steuerrechtlichen Vorschriften auch die sonst nach Steuerrecht erforderlichen Aufzeichnungen. In der Übersicht auf S. 74 sind beide Vorschriften zusammengefaßt dargestellt.

## Kontrollfragen

1. *Was ist ein Rumpfgeschäftsjahr? Wann kann es entstehen?*

2. *Innerhalb welchen Zeitraumes ist der Jahresabschluß aufzustellen? Wovon ist die Frist abhängig?*

3. *Wer muß den Jahresabschluß bei Personen- und Kapitalgesellschaften unterzeichnen?*

4. *Welche Rechnungslegungsunterlagen sind 10, welche 6 Jahre aufzubewahren?*

5. *Welche Rechnungslegungsunterlagen können als Wiedergabe auf einem Bild- oder anderen Datenträger aufbewahrt werden?*

**Aufgabe 2.5**   *(Zur Aufbewahrung von Unterlagen) S. 325*

**Aufgabe 2.6**   *(Aufbewahrungsfristen) S. 325*

## Aufbewahrungspflichten für Unterlagen der Rechnungslegung (§ 257 HGB, § 147 AO)

| Aufbewahrung von Originalunterlagen und Wiedergabe von Handelsbriefen | | Behandlung zulässiger Wiedergaben auf Bild- oder anderen Datenträgern |
|---|---|---|
| Aufbewahrungsfristen | Beginn der Aufbewahrungsfristen | |
| **I. 10jährige Frist**<br>1. Handelsbücher bzw. Bücher und Aufzeichnungen,<br>2. Inventare,<br>3. Eröffnungsbilanzen,<br>4. Jahresabschlüsse/ Konzernabschlüsse,<br>5. Lageberichte/Konzernlageberichte,<br>6. die zum Verständnis erforderlichen Arbeitsanweisungen,<br>7. sonstige Organisationsunterlagen.<br><br>**II. 6jährige Frist**<br>1. Empfangene Handels- oder Geschäftsbriefe,<br>2. Wiedergabe der abgesandten Handels- oder Geschäftsbriefe,<br>3. Buchungsbelege,<br>4. sonstige Unterlagen, soweit sie für die Besteuerung von Bedeutung sind.<br><br>**III. Hemmung der Frist**<br>Die Aufbewahrungsfrist läuft nicht ab, soweit und solange die Unterlagen für Steuern von Bedeutung sind, für die die Festsetzungsfrist noch nicht abgelaufen ist. | Schluß des Kalenderjahres, in dem<br>— die letzte Eintragung in das Handelsbuch bzw. Buch gemacht,<br>— das Inventar aufgestellt,<br>— die Eröffnungsbilanz oder der Jahresabschluß festgestellt,<br>— der Konzernabschluß aufgestellt,<br>— der Handels- oder Geschäftsbrief empfangen oder abgesandt,<br>— der Buchungsbeleg entstanden,<br>— die Aufzeichnung vorgenommen,<br>— sonstige Unterlagen entstanden sind. | Mit Ausnahme der Eröffnungsbilanz, Jahres- und Konzernabschlüsse ist Aufbewahrung in Form der Wiedergabe auf einem<br>— Bildträger oder<br>— anderen Datenträger zulässig, wenn dies den GoB entspricht und sichergestellt ist, daß die Wiedergabe oder die Daten<br>— mit den empfangenen Handels- oder Geschäftsbriefen und Buchungsbelegen bildlich und<br>— mit den anderen Unterlagen inhaltlich übereinstimmen, wenn sie lesbar gemacht werden,<br>— während der Aufbewahrungsfrist verfügbar sind und<br>— jederzeit innerhalb angemessener Frist lesbar gemacht werden können. |

# 3. HAUPTTEIL:
# ORGANISATION DER BUCHFÜHRUNG UND EDV

**Bearbeitet von:** Dipl. oec. Norbert Leuz

# 1  Buchführungssysteme

Im allgemeinen werden drei Buchführungssysteme unterschieden:

— kameralistische,

— einfache und

— doppelte Buchführung.

Die **kameralistische** Buchführung wird von Teilen der öffentlichen Verwaltung angewandt. Sie ist eine Haushaltsrechnung, die den Nachweis über Einnahmen und Ausgaben sowie über Abweichungen vom Haushaltsplan (Etat) zu führen hat. Die Vermögens- und die Erfolgsrechnung gehören nicht zu ihren Systembestandteilen.

**Einfache** und **doppelte** Buchführung sind kaufmännische Buchführungssysteme.

## 1.1  Einfache Buchführung

Bei der einfachen Buchführung werden alle Geschäftsvorfälle **lediglich chronologisch** erfaßt, die baren in einem Kassenbuch, die unbaren in einem Tagebuch. Diese beiden Bücher bilden zusammen das Grundbuch, das Grundlage für die Buchung im Personenkonten-Hauptbuch ist. Dieses gibt Auskunft über den Stand der Forderungen und Verbindlichkeiten.

Eine **systematische bzw. sachliche Ordnung** der einzelnen Buchungen wird **nicht** vorgenommen; Sachkonten werden also nicht benötigt. Aus diesem Grund kann am Ende des Geschäftsjahres das Betriebsvermögen nur durch Inventur festgestellt werden. Da auch Erfolgskonten fehlen, kann man keine GuV-Rechnung erstellen, so daß sich der Gewinn allein durch Betriebsvermögensvergleich (vgl. § 4 Abs. 1 EStG) ermitteln läßt. Eine Kontrolle wie bei der doppelten Buchführung ist nicht möglich.

Aus diesen Ausführungen wird deutlich, daß die einfache Buchführung den Erfordernissen der Praxis nicht gerecht werden kann. Sie ist heute bedeutungslos. Da nach § 242 HGB jeder Kaufmann (Vollkaufmann) für den Schluß eines jeden Geschäftsjahres einen Jahresabschluß aufzustellen hat, zu dem auch die GuV-Rechnung zählt, wird die Buchführungspflicht der Kaufleute durch die einfache Buchführung nicht erfüllt. Vgl. S. 61 über die **Aufzeichnungspflichten von Kleingewerbetreibenden** nach Steuerrecht.

## 1.2  Doppelte Buchführung

Die doppelte Buchführung ist dadurch gekennzeichnet, daß sie stets die zweiseitige Auswirkung jedes Geschäftsvorfalles berücksichtigt und deshalb eine dauernde Fortführung der Bilanz bedeutet (vgl. ausführlich S. 23 ff.).

— Die Bilanz wird in Konten aufgelöst, in denen die Geschäftsvorfälle darzustellen sind.

— Der Abschluß bedeutet Zusammenführen der Konten zur Bilanz. Die Buchführung ist damit eine bewegte Bilanz.

— Der Gewinn ist sowohl in der GuV-Rechnung als auch in der Schlußbilanz feststellbar.

Die doppelte Buchführung wird durch verschiedene Verfahren realisiert. Man unterscheidet vor allem **konventionelle** und **EDV-Verfahren.**

Die **Hauptbestandteile** der doppelten Buchführung werden aus historisch bedingten Gründen auch heute noch in den einschlägigen Gesetzen als **Bücher** bzw. **Handelsbücher** bezeichnet (§§ 238, 239 HGB, §§ 146, 147 AO), auch wenn sie nicht in Buchform vorliegen. Denkt man an die sogenannte Speicherbuchführung, bei der alle Buchungen auf Datenträgern ausgeführt und erst bei Bedarf ausgedruckt werden (§ 257 Abs. 3 HGB, § 147 Abs. 2 AO), so erscheint der Gebrauch von Begriffen, wie Hauptbuch, Geschäftsfreundebuch, antiquiert. Das EDV-Verfahren verändert jedoch nichts an der grundsätzlichen Systematik der doppelten Buchführung, weshalb

— Grundbuchfunktion,

— Hauptbuchfunktion und

— Nebenbuchfunktion

auch bei ihm stets gewahrt bleiben.

### 1.2.1  Funktion der Grundbücher

Die Funktion der Grundbücher (auch als **Journale, Primanoten oder Memoriale** bezeichnet) besteht darin, alle Geschäftsvorfälle in **zeitlicher Folge** aufzuzeichnen. Chronologische Aufzeichnungen sind ein wichtiges Kontrollmittel, denn sie sind das Bindeglied zum Beleg.

Ursprünglich gab es für die Aufnahme aller Geschäftsfälle ein einziges Grundbuch, das später nach Aufgabengebieten aufgeteilt wurde, z. B. in ein Kassenbuch für die täglichen Kasseneinnahmen und -ausgaben (vgl. § 146 Abs. 1 AO), Tagebuch, Rechnungseingangs- und -ausgangsbuch und anderes mehr. Heute können „Bücher" ausdrücklich auch in der geordneten Ablage von Belegen bestehen (Offene-Posten-Buchhaltung, vgl. S. 82) oder auf Datenträgern geführt werden (§ 239 Abs. 3 HGB, § 146 Abs. 5 AO).

Einzelheiten über Grundbuchaufzeichnungen sind in Abschn. 29 Abs. 2 Nr. 2 EStR enthalten.

### 1.2.2  Funktion des Hauptbuchs

Das Hauptbuch **(Sachkontenbuch)** ist das **Kernstück** der doppelten Buchführung. Es nimmt die Sachkonten auf und dient damit der **sachlichen oder systematischen Gliederung** des gesamten Buchungsstoffes. Eine solche Gliederung ist Voraussetzung dafür, um am Ende eines Geschäftsjahres einen „buchmäßigen" Abschluß durchführen zu können.

### 1.2.3  Funktion der Nebenbücher

Die Funktion der Nebenbücher, die in der Regel außerhalb des Kontensystems geführt werden, besteht darin, bestimmte **Sachkonten des Hauptbuchs weiter zu untergliedern** oder näher zu erläutern. So ergänzt z. B. das **Lagerbuch** die wertmäßigen Aufzeichnungen der entsprechenden Sachkonten um mengenmäßige Nachweise.

Weitere Nebenbücher sind z. B. das **Anlagen-, Wechsel- sowie Lohn- und Gehaltsbuch.**

Auch das **Kontokorrentbuch,** das die Sachkonten „Forderungen" und „Verbindlichkeiten" in die Personen- bzw. Einzelkonten für Kunden und Lieferanten aufsplittet, gehört seiner Funktion nach zu den Nebenbüchern. Es unterscheidet sich aber dadurch ganz wesentlich von den anderen Nebenbüchern, daß es bei den in der Praxis wichtigsten Buchführungsverfahren (Durchschreibe- und EDV-Buchführung) integraler Bestandteil der Finanzbuchführung ist. Im Zusammenhang mit dem Kontokorrent kann der Begriff Nebenbuch oder Nebenbuchhaltung daher leicht zu Mißverständnissen führen.

# 2 Belegorganisation

Das Rechnungswesen stützt sich auf schriftliche Aufzeichnungen, die man als Belege bezeichnet. Sie bilden die Brücke zwischen betrieblichem Vorgang und Buchung.

## 2.1 Belegarten

Ein Beleg ist eine **Urkunde**, auf der

— ein Geschäftsvorfall und

— die Auswirkungen, die seine Verbuchung im Rechnungswesen der Unternehmung auslösen (z. B. angesprochene Konten, Beträge, Buchungssatz)

beschrieben sind. Zur Gliederung der Belege vgl. nachstehende Übersicht.

| Gliederung der Belege | | |
|---|---|---|
| nach der Entstehung des Belegs | nach den Beziehungen, die in den belegten Vorgängen ausgewiesen werden | nach dem Charakter des Beleginhalts |
| 1. Urbelege (geborene Belege) Urkunden, die im Geschäftsverkehr mit Dritten entstehen und deren Original oder Durchschrift als Grundlage für die Verbuchung im Rechnungswesen genommen wird — Eingangs- und Ausgangsrechnungen — Frachtbriefe — Kassenquittungen 2. Ersatzbelege (gekorene Belege) Belege von Vorgängen, bei denen nicht automatisch ein Dokument anfällt, sondern bei denen erst eine schriftliche Beschreibung des Vorgangs mit den erforderlichen Angaben erstellt werden muß — Verbuchung von Abschreibungen — Auflösung von Rückstellungen — Rechnungsabgrenzungsposten — interne Arbeitsanweisungen über innerbetriebliche Buchungsvorgänge | 1. Belege der Außenbeziehung des Betriebes — Rechnungen — Kassenquittungen 2. Belege der innerbetrieblichen Beziehungen — Entnahmescheine — Buchungsanweisungen für Abrechnung und Abschluß | 1. Verfügungen — Zahlungsanweisung 2. Beurkundungen — Entnahmeschein 3. Buchungsanweisungen — Anweisungen für Stornierungen — Anweisungen für Umbuchungen u. a. |

## 2.2 Grundsätze der Belegbehandlung

Die Bedeutung der Belege zwingt zu ihrer einheitlichen und sorgfältigen Behandlung. Es gelten die folgenden fünf Grundsätze:

(1) **Belegzwang:** Keine Buchung ohne Beleg! Das gilt auch für Umbuchungen, Stornierungen und Abschlußbuchungen.

(2) **Einheitliche Belegwahl:** Oft fallen mehrere Belege für den gleichen Vorgang an (Bankauszug, Scheckliste). Eindeutig festlegen, was als Buchungsbeleg gilt.

(3) **Urkundliche Behandlung:** In Belegen nichts radieren oder unleserlich machen. Belege abzeichnen, Änderungen beglaubigen.

(4) **Kontierung:** Im Beleg Konten angeben, in die gebucht wird. Damit Sicherung einheitlichen Buchens, Arbeitsteilung, Erleichterung bei späterem Nachschlagen.

(5) **Belegregistratur:** Einheitliche und übersichtliche Belegablage, Ordnungsprinzipien genau festlegen, Aufbewahrungsfrist: 6 Jahre.

In größeren Betrieben ist für die wichtigsten Belege genau festzulegen, welchen Stellen sie zuzuleiten sind. Eine reibungslose Abrechnungsarbeit ist nur gewährleistet, wenn

— ein genauer Belegdurchlaufplan eingehalten wird,

— Weitergabetermine verbindlich festgelegt sind und

— ein Weitergabenachweis geführt wird.

## 2.3 EDV-Anwendung und Belegfunktion

Bei EDV-Anwendung bestehen gewisse Besonderheiten. Die Bedeutung der Belege liegt ja nicht in erster Linie in ihrer äußeren Form als „papierene" Dokumente, sondern in ihrer **Funktion, die Übereinstimmung zwischen Buchung und eingetretenem Geschäftsfall nachzuweisen.**

Bei einer EDV-Buchführung kann durch Programm sichergestellt werden, daß alle Vorgänge vergleichbarer Ausgangslage einheitlich verarbeitet werden. In einem solchen Fall ist keine Einzelbelegung erforderlich, sondern es reicht der Nachweis durch die **Dokumentation** des betreffenden programmierten Verfahrensablaufs aus. Die Dokumentation besitzt insoweit die Funktion eines Dauerbeleges **(Belegfunktion).** Das gilt z. B. bei der automatischen Korrektur von Vorsteuer oder Umsatzsteuer im Falle des Skontierens, bei der Berechnung der Kursdifferenz für Auslandskunden, bei der Bonusabrechnung auf der Grundlage des Jahresbezugs u. a.

Innerhalb eines EDV-Systems können Belege bei entsprechender Dokumentation auch **direkt auf Datenträgern hergestellt** werden. Außerdem können Belege auch auf Grund eines Austausches von Datenträgern oder im Wege der Datenfernübertragung empfangen werden. Dabei ist die Belegfunktion erfüllt, wenn die **Vollständigkeit der Inhalte** nachgewiesen werden kann.

So kann man den Grundsatz „Keine Buchung ohne Beleg" im Hinblick auf die automatische Datenverarbeitung abwandeln in „Keine Buchung ohne Belegfunktion", wobei freilich die Hauptmasse der Buchungen in der Regel nach wie vor durch herkömmliche „papierne" Buchungsbelege nachgewiesen wird.

Vgl. auch die Ausführungen über die GoB bei computergestützten Verfahren auf S. 87 ff.

## 2.4 Buchungsvorbereitung

Je besser die Belege zur Buchung vorbereitet werden, desto zügiger kann gebucht werden. Man kann folgende Arbeitsstufen unterscheiden:

— formale und rechnerische Prüfung,

— sachliche Prüfung,

— Belegsortierung (nach Buchungskreisen),

— Kontierung (eventuell unter Zuhilfenahme von Buchungsstempeln),

— Vornahme der Buchung.

Häufig richtet man sechs **Buchungskreise** ein, nämlich für **Kasse, Bank, Postgiro, Eingangsrechnungen, Ausgangsrechnungen und Sonstiges** (z. B. für Vornahme von Wechselbuchungen, Anlagenverkäufe, Lohn- und Gehaltsabrechnung).

Die Bedeutung der Buchungskreise ist bei konventionellen und EDV-Buchführungsverfahren verschieden.

Bei **konventionellen Verfahren** ist die Belegorganisation nach Buchungskreisen vor allem Voraussetzung für rationelles (manuelles) Buchen. Viele der Buchungen betreffen ein Personen- und ein Sachkonto. Die Personenkonten wechseln bei jeder Buchung, die Sachkonten dagegen bleiben für eine große Zahl von Buchungen die gleichen. Deshalb können die Buchungen auf den Sachkonten jeweils in einem Posten zusammengefaßt werden **(Prinzip der Sammelgegenbuchung).**

**Beispiele:**

| 100 Postgiroeingänge | = | 100 Gutschriften auf den Kundenkonten |
|---|---|---|
| | | 1 Lastschrift auf dem Postgirokonto |
| 50 Ausgangsrechnungen | = | 50 Belastungen auf den Kundenkonten |
| | | 1 Gutschrift auf dem Konto „Warenverkauf" |

Auch bei EDV-Buchführung, bei der die Verbuchung nicht mehr so zeitaufwendig ist, ist die Belegvorbereitung nach Buchungskreisen häufig zweckmäßig. Dieses Vorgehen gewährleistet zügiges Kontieren, vereinfacht die Belegablage und erlaubt die automatische Kontrolle der voraddierten Sammelbuchungsbeträge (Vermeidung von Falscheingaben). Wird bei Außer-Haus-Verarbeitung für die Datenerfassung ein einfaches Terminal (Datenerfassungsgerät) eingesetzt, ist die Belegvorbereitung nach Buchungskreisen meist unumgänglich.

Allgemein gilt: Eine leistungsfähige Software unterstützt die einzelnen Arbeitsschritte der Buchungsvorbereitung (z. B. durch automatische Kontrolle von Skontofristen auf Grund der Stammdaten), macht sie aber nicht entbehrlich.

## Kontrollfragen

1. *Warum wird die kameralistische Buchführung nicht zu den kaufmännischen Buchführungssystemen gezählt?*

2. *Welche Arten von Konten kommen in der einfachen Buchführung nicht vor?*

3. *Warum erfüllt die einfache Buchführung die Buchführungspflicht der Kaufleute nicht?*

4. *Welche Funktion haben*
   *— Grundbücher,*
   *— Hauptbuch und*
   *— Nebenbücher*
   *bei der doppelten Buchführung?*

5. *Wodurch unterscheidet sich das Kontokorrentbuch von den anderen Nebenbüchern?*

6. *Welches sind die wichtigsten Grundsätze der Belegbehandlung?*

7. *Wodurch wird die Belegfunktion bei EDV-Anwendung gewährleistet?*

8. *Welche Arbeitsstufen unterscheidet man bei der Buchungsvorbereitung?*

9. *Welche Vorteile hat das Buchen nach Buchungskreisen? Welche Buchungskreise unterscheidet man?*

# 3 Konventionelle Verfahren der doppelten Buchführung

Bestimmend für die Entwicklung der verschiedenen manuellen Buchführungsverfahren der doppelten Buchführung waren **Übertragungs- und Abstimmungsprobleme.** Sie ergaben sich dadurch, daß nach dem chronologischen Prinzip der Zeitfolge in das Grundbuch und nach dem systematischen Prinzip in die Konten zu buchen ist.

Bei der der Vergangenheit angehörenden **Übertragungsbuchführung** wurden die zeitliche und die sachliche Buchung getrennt (nacheinander) durchgeführt. Die einzelnen Verfahren (italienische, deutsche, französische Methode) unterschieden sich vor allem durch die unterschiedliche Aufgliederung des Grundbuchs.

## 3.1 Amerikanisches Journal

Eine Verbesserung der Buchführungsorganisation brachte das „amerikanische Journal". Es ermöglichte, die zeitliche und sachliche Buchung in einem Zug zu erledigen. Die Konten des Hauptbuches wurden in Spaltenform dem Grundbuch angegliedert; so wurde die zeitliche Ordnung des Tagebuches mit der systematischen Ordnung des Hauptbuches kombiniert.

Der zweite Übertragungsvorgang, das Übernehmen der journalisierten Kreditgeschäfte auf **Personenkonten,** konnte bei der amerikanischen Buchführung jedoch nicht ausgeschaltet werden.

Nachfolgend ist ein amerikanisches Journal in stark vereinfachter Form wiedergegeben.

| Amerikanisches Journal | | | | | | | | | | | | | |
|---|---|---|---|---|---|---|---|---|---|---|---|---|---|
| Beleg-Nr. | Tag | Text | Betrag | Kasse | | Bank | | Waren-einkauf | | Waren-verkauf | | Verw.-Kosten | | u. a. |
| | | | | S | H | S | H | S | H | S | H | S | H | |
| 1 | 1.3. | Bankein-zahlung | 900 | | 900 | 900 | | | | | | | | |
| 2 | 3.3. | Miete (Überweisung) | 770 | | | | 770 | | | | | 770 | | |

Grundbuch         Hauptbuch

Es sind in diesem Journal folgende Buchungen durchgeführt:

| | | |
|---|---|---|
| 1.3. | Eine Bankeinzahlung aus der Kasse | 900,— |
| 3.3. | Miete wird durch Banküberweisung bezahlt | 770,— |

Die Angabe der Buchungssätze ist entbehrlich, da sich die Kontierung aus den Spalten des amerikanischen Journals ergibt.

Das amerikanische Journal erscheint für einfachste Verhältnisse geeignet. Man darf jedoch nicht übersehen, daß die **Zahl der Sachkonten ziemlich beschränkt** ist.

Zur Vervollständigung der Sachkonten ist das Konto „Diverse" oder „Verschiedene" als letzte Spalte der Journalseite unentbehrlich (wobei die jeweilige Buchung hinsichtlich spezieller Kontenzugehörigkeit in der Spalte „Bemerkungen" näher zu erläutern ist). Am Monatsabschluß wird dieses Sammelkonto aufgegliedert.

## 3.2 Durchschreibebuchführung[1]

Die entscheidende Umstellung der Buchführungsorganisation ergab sich aus dem Gedanken der **Durchschrift.** Mit Hilfe des Durchschreibens ist es möglich, **Hauptbuch und Grundbuch gleichzeitig zu bebuchen.** Damit fällt ein Übertragungsvorgang, den alle alten Buchführungsmethoden mit Ausnahme des amerikanischen Journals an sich hatten, fort. Aber auch die **zweite Stufe der Übertragung,** die getrennte Durchführung der Personenbuchung, wird vermieden. Die Buchung eines Kreditgeschäfts erfolgt unmittelbar auf dem betreffenden Personenkonto. Das unterlegte Grundbuchblatt empfängt die Durchschrift. Dieses weist (in Anlehnung an das amerikanische Journal) mehrere Buchungsspalten auf, eine von ihnen ist für Kunden, die andere für Lieferanten gedacht. Sie vertreten die Hauptbuchkonten „Forderungen an Kunden" und „Verbindlichkeiten gegenüber Lieferanten", so daß mit der Buchung auf dem Personenkonto, die automatisch in die richtige Spalte des Journals kommt, praktisch auch schon die Hauptbucheintragung bewirkt ist; lediglich die Summen dieser Spalten werden von Zeit zu Zeit (meist nur monatlich) auf Sachkontenblätter übernommen.

Die Durchschreibebuchführung, deren Verbreitung in der Praxis zugunsten der EDV-Buchführung stark zurückgegangen ist, vereinigt somit folgende Vorteile:

— Es können beliebig viele Konten übersichtlich geführt werden.
— Zeit- und Sachbuchung werden in einem Arbeitsgang erledigt.
— Übertragungen auf die Kontokorrentkonten entfallen.

### 3.2.1 Organisatorische Voraussetzungen

„Durchschreiben" kann man nur unvollkommen von Buch zu Buch. Man mußte also mit der Verwendung gebundener Bücher brechen. Gegen die Verwendung loser Blätter bestanden lange Zeit große Vorurteile.

Die Loseblatt-Durchschreibebuchführung muß folgende Voraussetzungen erfüllen:

— Der Kontenplan hat eine klare Übersicht über Bestände, Aufwand und Ertrag zu gewährleisten.
— Alle in der Buchhaltung verwendeten losen Blätter sind in ein Register einzutragen.
— Gegen Verlegung, Entfernung oder Umstellung von Buchungsblättern sowie gegen Fälschungen müssen Vorkehrungen getroffen werden.
— Der Zusammenhang zwischen Beleg, Journalbuchung und Konteneintrag muß durch gegenseitige Hinweise und Buchungszeichen klar erkennbar sein.

### 3.2.2 Verfahren der Durchschreibebuchführung

Die Durchschrift ist grundsätzlich auf zwei Arten möglich: Urschrift auf das Konto (Kontooriginalmethode) oder ins Grundbuch (Journaloriginalmethode). Die Kontooriginalmethode hat sich als überlegen erwiesen.

Man kann Journale mit einer unterschiedlichen Zahl von Buchungsspalten verwenden und unterscheidet deshalb Ein-, Zwei- Drei- und Vierspaltenverfahren. In der Praxis wird hauptsächlich das Drei- oder Vierspaltenverfahren angewendet.

Das **Dreispaltenjournal** enthält drei Spaltenpaare, die in der Regel für

| Spalte 1: | Spalte 2 | Spalte 3: |
|---|---|---|
| *Lieferantenkonten* | *Kundenkonten* | *Sachkonten* |

bestimmt sind. In den Konten ergibt sich die gleiche Spaltenanordnung.

---

[1] Ausführliche praxisnahe Darstellungen der Verfahren der Durchschreibebuchführung finden sich bei H. Taube: So lernt man Durchschreibebuchführung, Taylorix Fachverlag Stuttgart 1981, und G. Krause: Leitfaden für Durchschreibebuchhalter, Taylorix Fachverlag Stuttgart 1986.

Zwangsläufig wird jede Buchung vom Konto auf die entsprechende Spalte des Journals durchgeschrieben. Damit sind aus dem Journal die Umsätze nach Lieferanten, Kunden und Sachkonten getrennt ersichtlich. Der Stand der Forderungen und Verbindlichkeiten ist jederzeit sofort feststellbar.

Darüber hinaus gibt es, wie in den anderen Verfahren auch,

— zwei Vorspalten für die Aufnahme der Kunden- und Lieferantenkonti und
— zwei Nachspalten zur Aufnahme von Vor- und Umsatzsteuerbeträgen.

Sie ermöglichen die Durchführung entsprechender **Sammelbuchungen.**

Im **Vierspaltenjournal** gliedert man den Buchungsstoff gewöhnlich nach

| Spalte 1: | Spalte 2: | Spalte 3: | Spalte 4: |
|---|---|---|---|
| *Lieferantenkonten* | *Kundenkonten* | *Bestandskonten* | *Erfolgskonten* |

Der besondere Vorteil dieser Gruppierung liegt darin, daß sie auch über die laufenden Veränderungen der Bestandskonten sowie über die Aufwendungen und Erträge summarisch Auskunft gibt, ohne daß die einzelnen Sachkonten addiert, saldiert und diese Zahlen zusammengestellt werden müssen.

Das **Nachspaltenverfahren** ist eine Kombination der Durchschreibebuchführung mit dem amerikanischen Journal. Buchungen auf häufig benutzten Konten werden nicht durchgeschrieben, sondern in „amerikanischen Spalten" gesammelt und in Monatssummen auf die Konten gebucht.

**Aufgabe 3.1** *(Zur Durchschreibebuchführung) S. 326*

# 3.3 Manuelle Offene-Posten-Buchführung

Die Offene-Posten-Buchführung basiert auf der geordneten Ablage der Belege (§ 239 Abs. 4 HGB, § 146 Abs. 5 AO) und wird deshalb auch als **Belegbuchführung** (bzw. kontenlose Buchführung) bezeichnet. Sie kommt stets in Verbindung mit einer anderen Form der Buchführung vor. Die Belegablage ersetzt Aufzeichnungen

— im Journal (Grundbuch, chronologische Erfassung) und
— in der Kontokorrent- und Wechselbuchführung (Nebenbuchhaltungen).

Die Belege sind zweifach auszufertigen.

**Beispiel für Ausgangsrechnungen:**

1. Kopie der Ausgangsrechnung: Nummernkopie, Ersatz des Journals (zeitliche Ordnung)

2. Kopie der Ausgangsrechnung: Namenskopie, Ersatz des Kundenkontos

Auf den Namenskopien ist der Zahlungausgleich unter Angabe etwaiger Abzüge einzutragen. Endgültig ausgeglichene Namenskopien kommen in die Endablage.

Für die Kontokorrentbuchführung sind die **organisatorischen Voraussetzungen** in Erlassen der obersten Finanzbehörden der Länder geregelt (vgl. BStBl 1963 II S. 89 ff. und Abschn. 29 Abs. 2 Nr. 2 und 4 EStR).

(1) Es ist ein Zeitfolgenachweis zu führen. Das geschieht durch die nummernmäßige Ablage. Die Summen der Bewegungen in den Konten „Forderungen" und „Verbindlichkeiten" sind nach Tagen zu addieren. Daraufhin sind die Tagessummen in die entsprechenden Sachkonten zu übernehmen. Für den Zahlungsverkehr ist sinngemäß zu verfahren.

(2) Die Namenskopien sind so aufzubewahren, daß sich Forderungen und Schulden jederzeit feststellen lassen. Auch nach dem Zahlungsausgleich ist eine geordnete Aufbewahrung nötig (Griffbereitschaft).

(3) Zahlungen und Abzüge sind in den Namenskopien aufzuzeichnen.

(4) Die Sachkonten „Forderungen" und „Verbindlichkeiten" sind in angemessenen Zeitabständen mit den Namenskopien abzustimmen.

(5) Nummern- und Namenskopien einschließlich etwaiger Zusammenstellungen müssen 10 Jahre aufbewahrt werden, da sie Grundbuchfunktion haben.

**Teilzahlungen** sind auf der Namenskopie zu vermerken. Diese ist so lange bei den unbezahlten Rechnungen aufzubewahren, bis die letzte Zahlung erfolgt ist.

**Aufgabe 3.2**  *(Zur manuellen Offenen-Posten-Buchführung) S. 326*

# 4 EDV-Buchführung

Die Organisation der Buchhaltung hängt eng mit den Verfahren zusammen, mit denen die Buchführung vollzogen wird. Eine sich auf konventionelle Basis gründende Buchführung stellt in organisatorischer Sicht und technischer Durchführung andere Anforderungen an den Anwender als eine EDV-Buchführung. Die Formen der EDV-Buchführung wiederum können sehr verschieden sein, z. B.

— mit oder ohne Ausdruck von Buchungsdaten,

— In- oder Außer-Haus-Verarbeitung,

— Datenverarbeitung im Verbund.

Eine über das Grundsätzliche hinausgehende, detaillierte Beschreibung organisatorischer Voraussetzungen und Abläufe im EDV-Bereich ist ohne genaues Eingehen auf die Software des jeweiligen Anbieters und die Besonderheiten der genutzten Hardware nicht möglich, aber auch nicht notwendig. Denn die **Grundsätze ordnungsmäßiger Buchführung bei computergestützten Verfahren** sind hier ein wichtiges Bindeglied und Regulativ. Sie werden im Anschluß an die Beschreibung der EDV-Buchführung ausführlich dargestellt (vgl. S. 87 ff.).

## 4.1 Anwendung computergestützter Buchführungsverfahren

Wesenhaftes Merkmal der EDV-Buchführung sind jederzeit verfügbare Salden. Bei den manuellen Buchführungsverfahren dagegen ist bzw. war deren laufende Ermittlung mit zeitraubenden Arbeiten verbunden und unrationell, weshalb sich die Praxis meist damit begnügte, die Salden monatlich zu ermitteln.

Im folgenden werden die wichtigsten Schritte eines qualifizierten **Finanzbuchführungsprogramms** für PC bzw. Mikrocomputer beschrieben (In-Haus-Verarbeitung).[1]

### 4.1.1 Laufendes Buchen

Das laufende Buchen per Computer ist durch Zeitersparnis, Tagfertigkeit und ständige Auskunftsbereitschaft ohne Papierberge geprägt.

— Gegenbuchungen können automatisch gebildet werden; auf Konten mit „Häufigkeitsbuchungen" (z. B. Erlös- und Geldkonten) als Sammelgegenbuchung.

— Vor- und Umsatzsteuer werden (auch aus Skontibeträgen) laufend errechnet, verdichtet, gebucht.

— Ist während des Buchens ein neues Konto anzulegen, so kann man per Tastendruck in die Kontenanlage verzweigen.

---

[1]  Vgl. G. Krause: Qualifiziertes Buchen mit dem PC, in: Jahrbuch für Praktiker des Rechnungswesens 1987, Taylorix Fachverlag Stuttgart, S. 45 ff.

— Die **Kontenpflege im Personenkontenbereich** wird durch **Anzeige offener Posten** auf dem Bildschirm automatisiert. Skontobeträge werden beim Buchen des Geldbetrages durch den PC errechnet, können ohne Vorarbeit kontrolliert und ohne weitere Eingabe verarbeitet werden. Alle Salden werden nach jeder Buchung auf den neuesten Stand gebracht. Die Tagfertigkeit ist jederzeit gegeben.

— Kontokorrentbewegungen werden laufend verdichtet auf die Sachsammelkonten übernommen.

— Nicht bekannte Nummern von Personenkonten können ohne Unterbrechung des laufenden Buchens per Namen gesucht werden.

— Es ist nicht erforderlich, für jeden Kunden ein Einzelkonto zu führen, um z. B. mahnen zu können. Man legt Diverse-Konten fest. Beim Buchen auf diese Konten „weiß" der Computer, daß man zu jeder Buchung die Möglichkeit bekommen muß, eine Anschrift einzugeben.

— Durch die Anzeige der offenen Posten auf dem Bildschirm und die ständige Tagfertigkeit wird insbesondere die Verbuchung von **Zahlungseingängen** erleichtert. Man hat alle für die Bearbeitung der Zahlung erforderlichen Daten beim Buchen verfügbar. **Der Ordner „unbezahlte Rechnungen" wird nicht mehr benötigt.**

— Kontrollsummen sorgen für kleine Fehlerfelder.

— Versehentlich eingegebene Kontonummern nicht vorhandener Konten führen zur Rückmeldung.

— Daß zu jedem Konto die entsprechende Bezeichnung angezeigt wird, ist eine weitere Hilfe für die Vermeidung von Buchungen auf ein falsches Konto.

— Eventuelle Differenzen zwischen Soll und Haben werden durch eine Fehlermeldung angezeigt.

— Prüfprogramme sorgen dafür, daß z. B. die offenen Posten mit den Kontensalden und die Personenkonten mit den zugehörigen Sachkonten übereinstimmen.


## 4.1.2  Monatswechsel

Am Monatsende läßt man sich vom Computer die Daten für die Umsatzsteuer-Voranmeldung ausdrucken, die man in den amtlichen Vordruck übernimmt. Unter Umständen ist aber auch der Ausdruck in den amtlichen Vordruck möglich. Oft werden monatlich **Saldenlisten** für Sach- und Personenkonten ausgedruckt, die über die reinen Salden hinaus auch betriebswirtschaftliche Auswertungen enthalten.

Der Monatswechsel wird nicht zur „Warteschlange", denn man bucht in „zwei Perioden". Auch wenn man den abgelaufenen Monat noch nicht abgeschlossen hat, kann man im begonnenen, neuen Monat buchen. Die Monatsumsätze werden dadurch nicht verfälscht, sondern sauber nach Perioden getrennt gespeichert.


## 4.1.3  Jahreswechsel

Auch am Jahreswechsel entstehen keine großen Arbeitsspitzen mehr in der Buchführung. Man veranlaßt den Computer, das Geschäftsjahr „vorläufig", d. h. buchmäßig abzuschließen. Er eröffnet das neue Geschäftsjahr und übernimmt die offenen Posten des Kontokorrents, wonach man Bewegungen des neuen Geschäftsjahres buchen kann.

Die Salden des alten Geschäftsjahres können später, auf Grund der Jahresabschlußarbeiten, berichtigt werden. Die Anfangsbestände und Salden des neuen Geschäftsjahres werden dabei automatisch korrigiert.

Über das laufende Buchen hinaus gestattet ein **Bilanzprogramm** die Erstellung der Hauptabschlußübersicht sowie der Bilanz und GuV-Rechnung (vgl. Übersicht S. 85 sowie die Ausführungen auf S. 41 f.).

Weitgehende Entlastungen ergeben sich auch für Inventur und Bewertung der Bestände — entsprechende Software vorausgesetzt. So können z. B. Inventurlisten erstellt werden.

| Leistungsumfang eines EDV-Finanzbuchführungs- und -Bilanzprogramms im Überblick[1] | | | |
|---|---|---|---|
| Laufendes Buchen und periodische Abstimmung | Jahresabschluß und Wiedereröffnung | Geschäftsverbindung mit Kunden | Geschäftsverbindung mit Lieferanten |
| — Führen von Personen und Sachkonten mit vielfältigen Buchungshilfen, wie automatischer Gegenbuchung, selbständiger Umsatzsteuer-Errechnung, automatischen Verdichtungsbuchungen u. a.<br>— Führung von EDV-Journalen<br>— Erstellung von Offene-Posten-Listen mit summarisch nach Fälligkeiten und Mahnstufen gegliederter Forderungsaufstellung<br>— Erstellung von Saldenlisten für Kunden, Lieferanten und Sachkonten mit betriebswirtschaftlichen Auswertungen<br>— Zusammenstellung der Daten für die Umsatzsteuervoranmeldung<br>— Ausdruck verdichteter und betriebswirtschaftlich gegliederter Periodenergebnisse (Unternehmensspiegel)<br>— Ausdruck graphischer Darstellungen zum Unternehmensspiegel | — Ausdruck von Jahressachkonten<br>— Erstellung der Bilanzübersicht bis zur vorläufigen Saldenbilanz<br>— Buchung der Berichtigungen und Umbuchungen<br>— Ermittlung der endgültigen Salden und Ausfertigung der endgültigen Bilanzübersicht<br>— Erstellung von Reinschrift der Bilanz und GuV-Rechnung<br>— Errechnung und Ausdruck von Kennzahlen aus Bilanz und GuV-Rechnung<br>— Ausdruck von Jahresabschlußwerten in graphischer Form<br>— Eröffnung des neuen Geschäftsjahres und Anlegen der Konten<br>— Vortragen der Kunden- und Lieferantensalden ins neue Geschäftsjahr | — Überwachung der Fälligkeit von Kundenrechnungen<br>— Ausfertigung von Mahnungen und Erstellung von Übersichten mit Fälligkeitsstruktur der Forderungen<br>— Ausfertigung der Lastschriftbelege für Bankeinzug<br>— Prüfung der Skontoabzüge auf Richtigkeit und gegebenenfalls automatische Buchung<br>— Erstellung von Kontoauszügen zur Saldoabstimmung<br>— Schreiben von Adreßaufklebern und Adressenlisten | — Errechnung und Kürzung von Skonti bei Zahlungen an Lieferanten<br>— Ausstellung von Schecks mit Begleitschreiben für Eingangsrechnungen<br>— automatische Buchung der Zahlungen in Lieferantenkonten<br>— Schreiben von Adreßaufklebern und Adressenlisten |

[1] Entnommen aus dem Loseblattwerk „Tabellenbuch für den Kaufmann", S. 286$^{21}$, Taylorix Fachverlag, Stuttgart.

## 4.1.4 Mahnwesen

Das Mahnwesen wird durch EDV erheblich erleichtert. Alle Daten, die benötigt werden, um Mahnungen zu schreiben, nämlich Adresse des Kunden, die offenen Posten, ihre Fälligkeit und die Vermerke, ob die Bezahlung schon angemahnt wurde und gegebenenfalls wie oft, sind gespeichert.

Durch Zusatzinformationen, die zum Mahnen gegeben werden, wird veranlaßt,

— daß Mahngebühren und/oder Verzugszinsen zu berechnen sind,

— wie „streng" der Mahntext sein soll und

— ob eine letzte Zahlungsfrist zu setzen ist.

Ferner sind „besondere Anweisungen" möglich, um einzelne Posten vom Mahnen auszuklammern (z. B. im Zusammenhang mit Reklamationen) oder des Inhalts, daß bestimmte

Kunden überhaupt nicht gemahnt werden sollen. Man kann sich auch vor dem Ausdrucken von Mahnungen eine Mahnvorschlagsliste erstellen lassen, um sie nach eventuellen Ausnahmefällen durchzusehen.

Den Mahnturnus kann man beliebig festlegen, z. B. alle zehn Tage, zweimal monatlich.

### 4.1.5  Auskunftsbereitschaft, Aufbewahrung

Nach § 257 Abs. 2 HGB können Rechnungslegungsunterlagen (mit Ausnahme von Eröffnungsbilanz, Jahres- und Konzernabschluß) auch auf Datenträgern aufbewahrt werden, Ausdrucksbereitschaft vorausgesetzt. Für welchen Zeitraum das möglich ist, hängt im Prinzip von der Speicherkapazität der eingesetzten Anlage und der Software ab. In der Praxis sind Systeme anzutreffen, die einen **monatlichen oder jährlichen Ausdruck** aller nötigen Rechnungsunterlagen vorsehen. Nach dem Ausdruck wird der Speicher gelöscht.

Eine eventuelle Aufbewahrung auf einem Datenträger ohne Ausdruck würde voraussetzen, daß sowohl Software als auch Hardware 10 Jahre unverändert einsatzfähig bereitstünden. Das ist unrealistisch, denn die Systeme sind nicht statisch, sondern unterliegen einem steten Innovationsdruck.

## 4.2  Besonderheiten bei Datenverarbeitung außer Haus

Datenverarbeitung außer Haus ist ein Sonderfall der EDV-Buchführung. Dabei wird die **Datenerfassung** im Anwenderbetrieb, in der Kanzlei des Steuerberaters oder in einem Servicebüro vorgenommen, die **Auswertung bzw. Verarbeitung erfolgt im Dienstleistungs-Rechenzentrum** (RZ).

Während bei In-Haus-Verarbeitung die Auswertungsergebnisse, eine entsprechende Personalkapazität vorausgesetzt, sozusagen „sofort" zur Verfügung stehen, kommt es bei der Datenverarbeitung außer Haus auf die Art des Datenaustausches an. Dieser kann durch Transport von Datenträgern oder wesentlich schneller durch Datenfernübertragung (DFÜ) erfolgen. Im Falle der DFÜ von und zum Rechenzentrum ist der zeitliche Unterschied zur In-Haus-Verarbeitung in der Regel verschwindend gering.

### 4.2.1  Vor- und Nachteile ausschließlicher In- bzw. Außer-Haus-Verarbeitung

Für die Abrechnung im Dienstleistungs-Rechenzentrum spricht vor allem, daß

— bei diesem Verfahren im Anwenderbetrieb weniger Arbeit anfällt und
— dennoch problemlos eine Fülle von zusätzlichen Auswertungen erstellt werden kann.

Die Hauptvorteile eines eigenen Büro- oder Mikrocomputers liegen

— im direkten Zugriff auf Daten, Programme und Auswertungen und
— in der unbeschränkten zeitlichen Verfügbarkeit.

Zu den anderen Faktoren, die bei einer Entscheidung für In- oder Außer-Haus-Verarbeitung zu berücksichtigen sind, gehören Umfang und Schwierigkeitsgrad der abzurechnenden Vorgänge, betriebsindividuelle Anforderungen an die Auswertung, Kenntnisstand der Mitarbeiter und Fragen der Datensicherheit.

### 4.2.2  Datenverbund von PC und RZ

Von der technischen Ausstattung des Anwenderbetriebs hängt der Grad der Anbindung an das Rechenzentrum ab. Während für die ausschließliche Rechenzentrums-Anwendung ein **einfaches Terminal** (Datenerfassungsgerät) zur Datenerfassung genügt, ist für Datenverarbeitung im Verbund eine **qualifizierte EDV-Anlage** (mindestens PC) Voraussetzung. Hierbei wird individuelle, zeitnahe Datenverarbeitung im Haus mit vielfältig anwendbarer Datenverarbeitung außer Haus verknüpft. Man überträgt hausintern ermittelte Auswertungsergebnisse zur Weiterverarbeitung mit komplexeren Programmen einem Dienstleistungs-Rechenzentrum (z. B. intern gewonnene Fakturierdaten für die tief gegliederte externe Verkaufsstatistik). Umgekehrt können extern ermittelte Ergebnisse hausintern nach eigenständigen Gesichtspunkten weiter ausgewertet werden.

Insofern stellt sich weniger die Frage „In- **oder** Außer-Haus-Verarbeitung?", sondern: „in welchem Umfang sollen **beide Verfahren nebeneinander** genutzt werden?"

Das Verbundverfahren ist einer reinen PC-Verarbeitung oder einer herkömmlichen ausschließlichen Rechenzentrums-Anwendung **überlegen.** Der Anwender hat die Möglichkeit, zu entscheiden, welche Aufgaben er direkt an seinem PC verarbeiten möchte und bei welchen er die Unterstützung des Rechenzentrums in Anspruch nimmt. Er kann auf diese Weise die Vorteile von PC und Rechenzentrum kombinieren: die umfassenden Möglichkeiten eines modernen Großrechenzentrums (breit angelegtes Programm mit allen Abrechnungsvarianten, Datenbanken, Laserdrucker, vielseitige statistische Auswertungen u. a.) mit Arbeitsersparnis bei Datensicherung, Datenverwaltung und Operating am PC.

Ein **Sonderfall der Datenfernübertragung** ist der Einsatz des Mediums **Bildschirmtext (Btx).** Vor allem für Betriebe, in denen bereits mit Btx gearbeitet wird und deren **Datenanfall nicht groß ist,** bietet sich dabei eine kostengünstige Alternative zur Durchführung ihrer Abrechnungsarbeiten an.

# 4.3 Ordnungsmäßigkeit der EDV-Buchführung

### 4.3.1 Besonderheit der EDV-Buchführung

Nach den GoB muß die Buchführung so beschaffen sein, daß sie einem sachverständigen Dritten innerhalb angemessener Zeit einen Überblick über die Geschäftsvorfälle und über die Vermögenslage des Unternehmens vermitteln kann (§ 238 HGB, § 145 AO). Dazu sind die aufzeichnungspflichtigen Geschäftsvorfälle vollständig, richtig, zeitgerecht und geordnet festzuhalten (§ 239 Abs. 2 HGB).

Ob diese Anforderungen erfüllt sind, ist **bei konventioneller Buchführung** (anhand der Aufzeichnungen) **ohne weiteres nachprüfbar, bei computergestützten Verfahren dagegen nicht.** Die Beweiskraft bzw. Ordnungsmäßigkeit der EDV-Buchführung steht und fällt mit der Einhaltung bzw. Nichteinhaltung besonderer Anforderungen, die konkretisiert werden durch die Verlautbarungen

— des BMF-Schreibens vom 5. 7. 1978 **(Grundsätze ordnungsmäßiger Speicherbuchführung — GoS —,** BStBl 1978 I S. 250 ff.) und

— des Fachausschusses für moderne Abrechnungssysteme (Stellungnahme FAMA 1/1987: **Grundsätze ordnungsmäßiger Buchführung bei computergestützten Verfahren und deren Prüfung,** in: WPg 1988 S. 1 ff.).

Die GoS sind — wie der Name schon sagt — hauptsächlich auf die Speicherbuchführung abgestellt (Aufzeichnung des Buchungsstoffes auf Datenträgern, Ausdruck erst bei Bedarf), während die FAMA- Stellungnahme alle computergestützten Verfahren betrifft. Die Inhalte dieser beiden Verlautbarungen ähneln sich jedoch stark, was sich auch daraus ergibt, daß jede EDV-Buchführung sich für einen kürzeren oder längeren Zeitraum im Zustand der Speicherbuchführung befindet.

Die folgenden Ausführungen stützen sich auf die FAMA-Stellungnahme als Verlautbarung jüngeren Datums.

### 4.3.2 Grundsätze ordnungsmäßiger Buchführung bei computergestützten Verfahren

Die **Richtigkeit** einer Buchführung muß **nachprüfbar** sein. Aus dieser Forderung lassen sich für EDV-Verfahren besondere Ordnungsmäßigkeitskriterien ableiten. Sie umfassen:

— die Nachvollziehbarkeit des einzelnen Geschäftsvorfalles von seinem Ursprung bis zur endgültigen Darstellung (also vom Beleg über das Journal bis zum Konto),

— die Nachvollziehbarkeit des Verarbeitungsverfahrens (Verfahrensdokumentation),

— die Angemessenheit und Wirksamkeit des internen Kontrollsystems.

Die Realisierung dieser Ordnungsmäßigkeitskriterien beginnt schon bei der Softwareentwicklung, ist aber auch von der sachgemäßen Anwendung der Software abhängig. Vgl. im einzelnen die folgende Übersicht.

| Grundsätze ordnungsmäßiger Buchführung bei computergestützten Verfahren[1] | |
| --- | --- |
| Anforderungen an die Ordnungsmäßigkeit | Realisierung der Anforderungen |
| 1. Nachvollziehbarkeit des einzelnen Geschäftsvorfalls<br><br>(Belegfunktion, Journalfunktion, Kontenfunktion) | **Belegfunktion**<br>Die Belegfunktion ist Grundvoraussetzung für die Beweiskraft der Buchführung. Hierzu sind folgende Angaben erforderlich:<br><br>— Text zur Erläuterung und gegebenenfalls Begründung des Geschäftsvorfalles,<br>— zu buchender Betrag oder Mengen- und Wertangaben, aus denen er sich ergibt,<br>— Zeitpunkt des Geschäftsvorfalles,<br>— Bestätigung des Geschäftsvorfalles durch den Verantwortlichen (z. B. Unterschrift, Handzeichen, Verfahrensfreigabe),<br><br>und bei Ausführung der Buchung:<br><br>— Kontierung,<br>— Belegnummer bzw. Ordnungskriterium für die Ablage,<br>— Buchungsdatum (Kennzeichnung des Einganges in das System).<br><br>1. Schreibt das Gesetz die bildliche Wiedergabe der Belege vor, so ist die Belegfunktion erfüllt, wenn digital gespeicherte Belege und Unterlagen bildlich wiedergegeben werden können (nicht aber, wenn lediglich Beleginhalte wiedergegeben werden).<br>2. Nicht jede Buchung muß einzeln schriftlich nachgewiesen werden. Belegbarkeit als solche kann genügen<br>— bei wiederkehrenden gleichartigen Geschäftsvorfällen durch Dauer- oder Sammelbeleg,<br>— bei maschineninternen Buchungsvorgängen durch entsprechende Verfahrensdokumentation.<br>3. Beim Datenträgeraustausch oder Online-Datentransfer von Computer zu Computer erfüllt das zwischen den Geschäftspartnern vereinbarte kontrollierte Verfahren die Belegfunktion.<br><br>**Journalfunktion**<br>Buchungspflichtige Geschäftsvorfälle sind vollständig und möglichst bald nach Entstehung so festzuhalten, daß die weitere buchtechnische Behandlung gesichert, verfolgbar und nachprüfbar ist. |

---

[1] Quelle: Stellungnahme FAMA 1/1987: Grundsätze ordnungsmäßiger Buchführung bei computergestützten Verfahren und deren Prüfung, in: WPg 1988 S. 1 ff.

| Grundsätze ordnungsmäßiger Buchführung bei computergestützten Verfahren | |
|---|---|
| Anforderungen an die Ordnungsmäßigkeit | Realisierung der Anforderungen |
| | 1. Die Journalfunktion kann erfüllt werden durch<br>— Ausdruck oder<br>— Speicherung des Buchungsstoffes in Kombination mit Ausdruckbereitschaft.<br>2. Durch das System ist sicherzustellen, daß<br>— der Zeitpunkt der Buchung erkennbar,<br>— der Ausdruck in der Reihenfolge der Buchungszeitpunkte möglich,<br>— die Identität der Aufzeichnungen im Grundbuch (Journal) mit denjenigen auf den Sachkonten gewährleistet ist.<br>3. Bei Aufzeichnung aller oder eines Teils der Daten und Geschäftsvorfälle auf nur maschinell lesbaren Datenträgern (Speicherbuchführung) muß die Ausdruckbereitschaft<br>— während der gesamten Aufbewahrungsfrist oder<br>— bis zum Ausdruck<br>gewährleistet sein.<br>4. In bestimmten Fällen kann die Journalfunktion auch dann erfüllt sein, wenn die Erstauflistung von Geschäftsvorfällen gleichzeitig Beleg ist.<br><br>**Kontenfunktion**<br><br>Aufzeichnungen zur Erfüllung der Kontenfunktion sollten in der Regel folgende Angaben enthalten:<br>— Kontenbezeichnung,<br>— Nachweis der lückenlosen Blattfolge,<br>— Kennzeichnung der Buchungen, Summen und Salden nach Soll und Haben,<br>— Buchungsdatum,<br>— Belegverweis,<br>— Buchungstext oder dessen Verschlüsselung.<br>1. An die Buchung verdichteter Zahlen auf Sachkonten können keine höheren Anforderungen als bei manuellen Verfahren gestellt werden.<br>2. Bei der Beurteilung der Ordnungsmäßigkeit kommt es auf die in zumutbarer Zeit mögliche Klärung des Inhaltes der für eine Periode oder einen Sachbegriff gebildeten Summe an. |
| 2. Nachvollziehbarkeit des Verarbeitungsverfahrens<br><br>(Verfahrensdokumentation) | 1. Die bei EDV-Buchführungen überwiegend maschinenintern ablaufenden Arbeitsprozesse sind für einen Außenstehenden verständlich, wenn ihm<br>— neben den Eingabedaten und<br>— den Verarbeitungsergebnissen<br>— eine ausreichende Verfahrensdokumentation<br>über den Inhalt der Verarbeitungsprozesse bereitgestellt wird.<br>2. Aufbau und Pflege der Dokumentation sind unabdingbare Voraussetzung ordnungsmäßiger Buchführung.<br>3. Verfahrensänderungen sind so zu dokumentieren, daß zeitliche Abgrenzung der Verfahrensversionen ersichtlich wird.<br>4. Der erforderliche Umfang einer Verfahrensdokumentation richtet sich nach dem Einzelfall. Zunehmende Komplexität des EDV- |

| Grundsätze ordnungsmäßiger Buchführung bei computergestützten Verfahren | |
|---|---|
| Anforderungen an die Ordnungsmäßigkeit | Realisierung der Anforderungen |
| | Systems erfordert im allgemeinen zunehmenden Dokumentationsumfang.<br><br>5. Die Verfahrensdokumentation hat Informationen zu liefern über<br>— Aufgabenstellung,<br>— Dateneingabe,<br>— Verarbeitungsregeln einschließlich Kontrolle und Abstimmverfahren,<br>— Fehlerbehandlung,<br>— Datenausgabe,<br>— Datensicherung,<br>— Sicherung/Nachweis der ordnungsgemäßen Programmanwendung,<br>— Nachweis der konkreten Verarbeitung,<br>— Regelung der Kommunikation der EDV-Anwendung mit dem Gesamtsystem der Buchführung,<br>— verfügbare Programme,<br>— Art und Inhalt des Freigabeverfahrens für neue oder geänderte Programme.<br><br>6. Die zum Verständnis der Buchführung erforderliche Verfahrensdokumentation ist 10 Jahre aufbewahrungspflichtig. |
| 3. Angemessenheit und Wirksamkeit des internen Kontrollsystems | 1. Das interne Kontrollsystem hat durch geeignete organisatorische Vorkehrungen (z. B. fehlerverhindernde und fehleraufdeckende Kontrollen) sicherzustellen, daß<br>— unvollständige,<br>— falsche und<br>— nicht zeitgerechte Aufzeichnungen<br>selbsttätig aufgedeckt werden.<br><br>2. Es umfaßt den gesamten Bereich der Datenverarbeitung im Hinblick auf die Buchführung:<br>— Aufbauorganisation des EDV-Bereichs,<br>— Systementwicklung,<br>— Datenverarbeitung/DV-Produktion,<br>— Belegwesen,<br>— Datenfluß und Datenerfassung,<br>— Prüfung der sachlichen Verarbeitungsregeln,<br>— Aufzeichnung des Buchungsstoffes und<br>— Verfahrensdokumentation. |

## Kontrollfragen

1. *Wie ist das amerikanische Journal aufgebaut? Welches ist sein Charakteristikum?*

2. *Welche Erleichterungen brachte die Durchschreibebuchführung? Beschreiben Sie einen Buchungsfall.*

3. *Was ist unter der manuellen Offenen-Posten-Buchführung zu verstehen? Welche organisatorischen Voraussetzungen sind bei ihrer Anwendung zu beachten?*

4. *Welches sind die wichtigsten Formen der EDV-Buchführung? Beschreiben Sie die wesentlichen Inhalte eines qualifizierten Finanzbuchführungsprogramms.*

5. *Welche Besonderheiten sind bei Datenverarbeitung außer Haus zu beachten? Was versteht man unter Datenverarbeitung im Verbund?*

6. *Welche besonderen Anforderungen an die Ordnungsmäßigkeit der Buchführung müssen bei EDV-Anwendung beachtet werden? Wie wird die Nachprüfbarkeit gewährleistet?*

7. *Welche Bedeutung kommt bei EDV-Anwendung der Verfahrensdokumentation zu?*

---

# 5 Nebenbuchführungen, Filialbuchführung

## 5.1 Lohn- und Gehaltsabrechnung[1]

Die praktische Durchführung der Lohn- und Gehaltsabrechnung wirft nicht nur materielle Probleme, wie Entgeltbemessung, -versteuerung u. ä. auf, sondern auch Fragen technischer und organisatorischer Art.

Die damit verbundenen Arbeiten sind zeitaufwendig und termingebunden. Meldungen an Finanzamt und Krankenkassen müssen termingerecht erfolgen. Der Monatsabschluß der Finanzbuchführung kann erst vorgenommen werden, wenn die Daten der Lohn- und Gehaltsabrechnung vorliegen.

In welcher Form die Lohn- und Gehaltsabrechnung durchgeführt wird, hängt dabei vor allem von Größe und Art des Betriebes ab.

### 5.1.1 Aufgaben der Lohn- und Gehaltsabrechnung

Die Lohn- und Gehaltsabrechnung hat im wesentlichen die Aufgabe, die Bruttobezüge zu ermitteln, die Abzüge festzustellen, die auszuzahlenden Nettoentgelte zu errechnen sowie die gesetzlich geforderten Nachweise gegenüber Finanzamt und Sozialversicherungsträger zu führen.

Die **Gehaltsermittlung** ist ungleich einfacher als die Lohnermittlung, weshalb man die Funktionen der Brutto- und Nettolohnrechnung unterscheidet. Die **Bruttolohnrechnung** (Erfassen der Arbeitszeit, Ermitteln von Zeit-, Akkord-, Prämienlohn, Hinzurechnung von Zulagen) ist Ausgangspunkt der **Nettolohnrechnung** (vor allem Ermittlung der Abzüge und des Auszahlungsbetrags).

### 5.1.2 Durchschreibeverfahren

Grundsätzlich müssen bei der Lohn- und Gehaltsabrechnung jeweils drei Formulare beschriftet werden:

— das Lohn- bzw. Gehaltskonto, das nach gesetzlicher Vorschrift für jeden Arbeitnehmer zu führen ist (§ 4 LStDV),

— der Verdienstnachweis für den Arbeitnehmer,

— die Lohn- und Gehaltsliste als Sammelbeleg für die Finanzbuchführung.

Alle drei Unterlagen werden in einem Arbeitsgang beschriftet. Vom Lohnkonto wird auf die anderen Blätter durchgeschrieben.

---

[1]  Vgl. hierzu ausführlich W. Alt: Was Lohnbuchhalter wissen müssen, 11. Auflage, Taylorix Fachverlag, Stuttgart 1988.

### 5.1.3 EDV-Anwendung

Bei der EDV-Lohn- und Gehaltsabrechnung kann man sowohl bei der In- als auch der Außer-Haus-Verarbeitung nicht mehr so streng wie bei konventioneller Durchführung zwischen der Abrechnung im engeren Sinne und den übrigen Arbeitsgängen, wie Meldungen, Auszahlungen (Überweisungen), Lohnverteilung u. a. unterscheiden.

Für die **laufenden Abrechnungen** sind lediglich die „**variablen**" Daten zu erfassen. Das sind im wesentlichen die für den einzelnen Arbeitnehmer abzurechnenden Zeiten. Die Erfassung der Stunden kann laufend bzw. je nach Datenanfall (z. B. wöchentlich oder zweiwöchentlich) erfolgen. Ein Vorordnen der Belege nach Arbeitnehmern oder nach Lohnarten ist nicht erforderlich.

„**Feste Engelte**", wie Gehalt, Monatslohn, Arbeitgeberanteil zu vermögenswirksamen Leistungen, werden den Stammdaten der Arbeitnehmer entnommen. Die **Lohnsteuertabellen** sind im Programm gespeichert.

Ein qualifiziertes Programm übernimmt z. B. folgende Arbeiten:

— Errechnung des Bruttolohns,
— Ermittlung der gesetzlichen Abzüge,
— Errechnung des Nettoverdienstes und des auszuzahlenden Betrags,
— Schreiben der Überweisungsträger, Banksammellisten und Geldsortenlisten,
— Erstellung der Abrechnung für den Arbeitnehmer,
— Drucken der Lohnkonten und des Lohnjournals,
— Erstellung der Lohnsteueranmeldung und der Meldungen für die Sozialversicherungsträger,
— Ermittlung der Daten für die Finanzbuchführung und Erstellung des fertig kontierten Belegs,
— Lieferung von aufbereiteten Daten für die Kostenrechnung.

Die Schwächen des PC-Einsatzes **(In-Haus-Verarbeitung)** bei der Lohn- und Gehaltsabrechnung gegenüber **Außer-Haus-Verarbeitung** liegen in der starken personellen Bindung sowie in der hohen Änderungsanfälligkeit und Schwierigkeit des Arbeitsgebiets. Heute gehört die Lohn- und Gehaltsabrechnung als besonders schwieriger und sensitiver Bereich mit zu den wichtigsten Aufgabenfeldern von Rechenzentren. Selbst Großbetriebe nehmen diese Dienstleistung zum Teil in Anspruch.

## 5.2  Anlagenbuchführung

### 5.2.1  Aufgaben der Anlagenbuchführung

Die Anlagenbuchführung ist eine wichtige Nebenbuchhaltung. Sie hat heute vor allem folgende Aufgaben zu erfüllen:

— die Kontrolle über Verbleib und Verwendung der Wirtschaftsgüter zu ermöglichen,
— einen Überblick über die Wertentwicklung der einzelnen Anlagegüter und Anlagengruppen zu liefern,
— die jährliche Abschreibung je Wirtschaftsgut und Anlagengruppe, gegebenenfalls unterteilt nach Kostenstellen, nachzuweisen,
— die steuerliche Verpflichtung zu erfüllen, für jeden Bilanzstichtag im Zusammenhang mit der körperlichen Inventur ein Bestandsverzeichnis der beweglichen Anlagen zu erstellen (Abschn. 31 EStR),

— die Voraussetzungen dafür zu schaffen, daß gegebenenfalls auf die steuerlich vorgeschriebene jährliche körperliche Bestandsaufnahme (auf Grund einer laufenden Erfassung der Anlagenbewegungen) in der Anlagenbuchführung verzichtet werden kann (Abschn. 31 Abs. 6 EStR),

— den handelsrechtlich geforderten Anlagennachweis in Verbindung mit der Bilanz zu liefern (§ 268 Abs. 2 HGB).

Sie ist somit zugleich **Zahlenlieferant für die Finanzbuchführung,** für die Bilanz und für die Kostenrechnung. Außerdem erleichtert sie die Planung und Überwachung von Investitionen und Instandhaltungsarbeiten.

## 5.2.2 Konventionelle Verfahren

Für **einfache Verhältnisse** genügt es, die Anlagenrechnung in Form eines Anlagenbuches oder einer einfachen Kontei (1 Anlagenblatt pro Anlagegut) zu führen, weil im Laufe des Jahres verhältnismäßig wenig Buchungsvorgänge auftreten und deshalb die Führung eines Anlagenjournals entbehrlich ist.

Ansonsten ist ein **Durchschreibeverfahren** sinnvoll, das mindestens umfaßt:

— das Anlagenstammblatt bzw. Kontenblatt, das für jedes einzelne Wirtschaftsgut die Wertbewegung (auch Instandhaltungskosten) nachweist,

— das Anlagenjournal, das der chronologischen Aufzeichnung dient und die Zusammenfassung der Wertbewegungen (Zugänge, Abgänge, Abschreibungen) nach den Konten der Finanzbuchhaltung erlaubt.

## 5.2.3 EDV-Anwendung

Wie die anderen Bereiche des Rechnungswesens kann auch die Anlagenbuchführung durch die Anwendung der EDV vereinfacht und verbessert werden. Ein qualifiziertes Programm liefert folgende Unterlagen:

— Journal, das die erfaßten Stammdaten und Anlagenbewegungen wiedergibt,

— Anlagekonten, die den jeweils aktuellen Stand für jedes einzelne Anlagegut ausweisen,

— Buchungsbeleg, der die Brücke zur Finanzbuchführung und zur Bilanz darstellt (Ausweis aller erfaßten Bewegungen je Sachkonto und je Bilanzposition),

— AfA-Listen, die (auf Grund der in den Stammdaten gespeicherten Abschreibungsarten) einen Überblick über die Abschreibungen nach Teilperioden (z. B. für kurzfristige Erfolgsrechnung) oder über die Jahresabschreibungen geben,

— steuerlich vorgeschriebenes Inventarverzeichnis,

— Anlagenspiegel gemäß § 268 Abs. 2 HGB,

— Liste der Neuzugänge,

— Liste der voll abgeschriebenen Wirtschaftsgüter.

Die Stammdatenverwaltung ist **teilweise mit der Finanzbuchführung** und der Bilanzierung **integriert.** Die für diese Zweige des Rechnungswesens angelegten Bezeichnungen und Nummern von Sachkonten und Bilanzpositionen werden automatisch in die Anlagenbuchführung übernommen. Dadurch liegen die erforderlichen Ordnungsbegriffe für die Auswertung fest. Jedes Anlagegut erhält eine Anlagennummer. Außerdem sind (jeweils verschlüsselt) Anlagenbezeichnung, Zugangsart, Standort, AfA-Art u. a. festzulegen.

# 5.3 Lagerbuchführung (Materialrechnung)

## 5.3.1 Aufgaben der Lagerbuchführung

Die Lagerbuchführung bzw. Materialrechnung ist eine wichtige Nebenbuchhaltung zum **Einzelnachweis des Vorratsvermögens und seiner Veränderungen** (Roh-, Hilfs- und Betriebsstoffe, unfertige und fertige Erzeugnisse sowie Waren). Sie ist **Voraussetzung für die Durchführung der permanenten und zeitlich verlegten Inventur** nach § 241 Abs. 2 und 3 HGB (vgl. die ausführlichen Bestimmungen in Abschn. 30 Abs. 2 und 3 EStR). Darüber hinaus stellt sie **Ausgangsdaten** zur Verfügung für

— Betriebsabrechnung,

— Kalkulation,

— Materialdisposition.

## 5.3.2 Konventionelle Verfahren

Die Lagerbuchführung kann sowohl mengen- als auch wertmäßig geführt werden. Einfachstes Organisationsmittel ist die **Lagerfachkarte.** Sie wird unmittelbar bei der lagernden Ware geführt und beschränkt sich auf den mengenmäßigen Nachweis der Bestände und ihrer Veränderungen.

Vielseitiger anwendbar ist das kontenmäßig geführte **Durchschreibeverfahren.** Als Grundlagen für die Buchung dienen Lieferschein bzw. Materialeingangsmeldung, Eingangsrechnung, Ausgangsrechnung sowie Materialentnahme- und -rückgabeschein.

Die konventionelle Lagerbuchführung stößt wegen der **Massenhaftigkeit der Vorgänge** schnell an ihre Grenzen. EDV-Anwendungen sind in der Regel branchenbezogen.

## 5.3.3 EDV-Anwendung im Handel

Die EDV-Anwendung im Handel bleibt nicht bei den herkömmlichen Aufgaben der Lagerbuchführung stehen, sondern weitet sie zum sogenannten **Warenwirtschaftssystem**[1] aus.

Ein anspruchsvolles Warenwirtschaftssystem sollte die folgenden Software-Bausteine (Modulen) enthalten:

— Stammdatenverwaltung,

— Bestellwesen,

— Wareneingang: Etikettendruck mit Wareneingangsliste, Bestandsfortschreibung, Warenumbuchungen (Filialverwaltung),

— Kalkulation bzw. kurzfristige Erfolgsrechnung nach Verkaufs- sowie Einstandswerten,

— Warenausgangserfassung per Kasse (z. B. Scanner),

— Lagerstatistik mit Lagerbestandsliste, Lagerbestandsentwicklung, Dispositionsliste, Altersreport,

— Inventur,

— sonstige Auswertungen, wie Waren-/Artikelgruppen-Umsatzstatistik, Entwicklung der Kundenzahlen, Preislagenstatistik, Leistungskennzahlen.

---

[1] Vgl. Wiedenman: EDV-gesteuerte Warenwirtschaftssysteme im Fach-Einzelhandel, in: Jahrbuch für Praktiker des Rechnungswesens 1986, Taylorix Fachverlag, Stuttgart, S. 49 ff.

Ein leistungsfähiges Warenwirtschaftssystem baut im Einzelhandel meist auf der direkten Erfassung der Verkaufswerte auf. Die von einem Kassensystem gelieferten Werte werden dabei in das Computer-System eingelesen. In Verbindung mit den Programmteilen Lagerverwaltung, Inventur und Bestellwesen lassen sich dann zu jedem beliebigen Zeitpunkt folgende Auswertungen anzeigen und ausdrucken:

— Mindestbestandsmengen,

— Lagerbestände,

— verkaufte Mengen,

— Erträge,

— erteilte Aufträge.

Dadurch erhält der Anwender Renditeinformationen, wann immer diese benötigt werden. Sie lassen sich aufschlüsseln nach Lieferanten, Waren- und Artikelgruppen, Abteilungen und Filialen sowie Daten über den Gesamtbetrieb. Trends und Schwerpunkte innerhalb des Sortiments lassen sich dann frühzeitig und deutlich erkennen.

### 5.3.4 EDV-Anwendung in der Industrie[1]

Im Industriebereich ist die Materialrechnung im Zuge der EDV in das Gesamtsystem **„Materialwirtschaft"** integriert. Dessen Ziel besteht darin, die erforderlichen Materialien bzw. Teilprodukte in Menge, Qualität, Kosten und Termin so den nachgelagerten Produktionsbereichen oder dem Markt zur Verfügung stellen zu können, daß keine Engpässe und Leerläufe auftreten und die Lagerbestände so gering wie möglich gehalten werden. Sowohl von der Aufgabenstellung als auch von den Zielen her ergibt sich eine starke Verflechtung zu anderen betrieblichen Funktionen, vor allem zu Fertigung, Controlling und Vertrieb.

Auf diesem Gebiet werden folgende klassische Anwendungen rechnerunterstützt durchgeführt:

— Auftragserfassung,

— Stücklistenauflösung und Bedarfsermittlung,

— Bestandsermittlung,

— Bestellrechnung und Bestellschreibung,

— Terminverfolgung sowie

— Ermittlung absatzorientierter Statistiken.

Daneben gibt es noch eine Fülle spezieller Programme, die lediglich von Zeit zu Zeit relevant sind, z. B.:

— Bedarfsprognosen,

— Lieferantenbewertung,

— Bestimmen der optimalen Bestellmenge,

— optimale Lagerhaltung.

## 5.4  Wechselbuchführung

Außer der Buchung in der Finanzbuchführung kommt für Wechsel herkömmlicherweise noch die Eintragung in ein **Wechselkopierbuch** in Betracht, das einem **ins einzelne gehenden Nachweis des Besitz- und Schuldwechselverkehrs** dient.

---

[1]  Vgl. Hering: Betriebswirtschaftliche Anwendungsfelder für PC-Lösungen, in: Jahrbuch für Führungskräfte des Rechnungswesens 1989, Taylorix Fachverlag, Stuttgart, S. 59 ff.

Die Organisation der Wechselaufzeichnungen muß so gestaltet sein, daß eine **genaue Verfallkontrolle** möglich ist und auch gleichzeitig ein **Obligonachweis** gegeben wird (vgl. § 251 HGB und S. 177).

Die Bezeichnung „Wechselkopierbuch" ist veraltet, will aber deutlich machen, daß die Eintragungen sehr ausführlich sind (so daß praktisch die Wechsel kopiert werden). Insbesondere Ausstellungsdatum, Wechselsumme, Verfalltag, Name und Anschrift des Ausstellers (und eventueller Vormänner), Name und Anschrift des Bezogenen, Zahlungsort, Diskontierung werden aufgezeichnet.

Damit ist der gesamte Wechselverkehr lückenlos erfaßt. Das ist besonders wichtig mit Rücksicht auf den zwingenden Charakter einer Wechselschuld und die sich daraus ergebenden verbindlichen Zahlungstermine.

Wechselnachweise sind auch im **Durchschreibeverfahren** möglich (z. B. sechsgliedriger Formularsatz). Das ist aber nur sinnvoll, wenn der Wechselverkehr in einem Unternehmen erheblich ist. Der sechsgliedrige Formularsatz erlaubt z. B. folgende Darstellung:

(1) Belastungs- oder Gutschriftsanzeige für Empfänger bzw. Einreicher,

(2) Verfallblatt, das nach Verfallterminen abgestellt wird,

(3) Wechseleinreicherobligo,

(4) Obligoblatt für eigenes Obligo aus weitergegebenen Wechseln,

(5) Buchungsbeleg,

(6) Ersatz des Wechseljournals.

Bei **EDV-Buchführung** sind Besitz- und Schuldwechselnachweise häufig im Finanzbuchhaltungsprogramm enthalten. So sind z. B. abrufbar:

— Besitzwechselbestandsliste,

— Schuldwechselbestandsliste,

— Liste für Wechselobligo.


## 5.5 Filialbuchführung

Bei der Filialbuchführung kommt es darauf an, das **Ergebnis der einzelnen Filialen sowie deren Kosten- und Umsatzentwicklung** gesondert feststellen zu können. Sie ist ein organisatorischer Sonderfall der Buchführung. Die einzelne Filiale wird gleichsam als selbständige Kostenstelle behandelt.

Die Filialbuchführung wird heute in der Regel per EDV in der Zentrale geführt. Dabei werden für das Hauptgeschäft und für jede einzelne Filiale **selbständige komplette Kontenkreise** eingerichtet, die durch **Verrechnungskonten** miteinander verbunden sind. Es existieren jeweils ein Verrechnungskonto per Filiale sowie ein spiegelbildliches Verrechnungskonto im Kontenkreis des Hauptgeschäfts. Auf diesen Verrechnungskonten werden alle Geschäftsvorfälle gebucht, die zwischen Zentrale und den Filialen ablaufen.

Bei der Bilanzierung werden die Abrechnungen der Filialen mit der des Hauptgeschäfts konsolidiert (d. h., die Salden der Verrechnungskonten werden gegeneinander aufgerechnet).


**Kontrollfragen** _____

*1. Welche Aufgaben hat die Lohn- und Gehaltsabrechnung? Weshalb gehört sie mit zu den wichtigsten Aufgabenfeldern von Rechenzentren?*

*2. Welche Funktionen erfüllt die Anlagenbuchführung? Wie ist sie mit der Finanzbuchführung verbunden?*

3. Welche Aufgaben hat die Lagerbuchführung bzw. Materialrechnung? Wie unterscheiden sich EDV-Anwendungen in Handel und Industrie?

4. Welche Daten werden in einer gesonderten Wechselbuchführung aufgezeichnet?

5. Wie ist heute in der Regel die Filialbuchführung organisiert?

# 6 Kontenrahmen und Kontenpläne

## 6.1 Notwendigkeit der Kontensystematik

Von jeher ist in der Buchführung Klarheit darüber nötig, welche Konten geführt werden sollen. Man benötigt also ein Kontenverzeichnis. Ein solches Verzeichnis wird zum Kontenplan, wenn es systematisch aufgebaut ist.

| Begriff, Zweck und Ordnungsprinzipien von Kontenrahmen und Kontenplan ||
|---|---|
| **Kontenplan** | **Kontenrahmen** |
| 1. Der Kontenplan ist ein Organisationsmittel der Buchführung, in dem die zu führenden Konten so dargestellt sind, daß sich ein Einblick in<br>— Stellung,<br>— Wesen und<br>— Zusammenhang<br>der einzelnen Konten ergibt.<br>2. Alle in einer Unternehmung möglicherweise zu führenden Konten sollen<br>— gut auffindbar und<br>— übersichtlich geordnet sein. | 1. Im Interesse des Betriebsvergleichs ist es nötig, die Kontenpläne der einzelnen Betriebe nach einheitlichen Grundsätzen zu entwickeln, sie gewissermaßen in einen übergeordneten Kontenrahmen einzupassen.<br>2. Ein Kontenrahmen wird damit zur Richtschnur bzw. zum einheitlichen Ordnungsschema für die Entwicklung betriebsindividueller Kontenpläne. |
| **Ordnungsprinzipien** ||
| 1. Inhaltlich gleichartige Konten werden zusammengefaßt und als Einheit (Kontenklasse, Kontengruppe, Kontenuntergruppe) ausgewiesen. ||
| 2. Eine später eventuell notwendige Ausweitung der Kontenzahl sollte sich ohne Systembruch vollziehen lassen. ||
| 3. Überschneidungen von Konteninhalten müssen vermieden werden; eine einheitliche Kontierung muß gewährleistet sein. ||
| 4. Jedes Konto muß eindeutig einer bestimmten Abschlußposition zugeordnet werden können. ||
| 5. Einander entsprechende Konten sollen der leichteren Handhabung des Kontennetzes wegen bei Vergabe von Kontennummern jeweils gleichlautende Endziffern erhalten. Das gilt z. B. für Skonti, Rabatte, Boni, sonstige Preisminderungen im Einkauf wie im Verkauf. ||
| 6. Buchungen sollten praxisgerecht, d. h. umsatzsteuer- und datenverarbeitungsgerecht, erfolgen können. ||

## 6.2 Historische Entwicklung

Die wissenschaftliche Entwicklung von Kontenrahmen wurde von Schmalenbach[1] eingeleitet. Gestützt auf dessen Arbeiten wurde 1937 erstmals ein allgemeiner Kontenrahmen, der sogenannte Erlaßkontenrahmen, vorgeschrieben, aus dem Spezialkontenrahmen für die einzelnen Wirtschaftszweige abgeleitet wurden, die der Groß- und Einzelhandel im Prinzip vielfach heute noch anwendet. Während der vom BDI 1951 entwickelte Gemeinschaftskontenrahmen für Industriebetriebe (GKR) sich noch an den gleichen Gliederungsprinzipien orientierte, weisen der Industriekontenrahmen (IKR) von 1971 (am Aktiengesetz 1965 ausgerichtet) und dessen Neufassung von 1986 (am Bilanzrichtlinien-Gesetz orientiert) eine völlig andere Grundstruktur auf.

Die Kontenrahmen der einzelnen Wirtschaftszweige haben inzwischen etwas an Bedeutung verloren, weil ihre Anwendung den Betrieben freigestellt ist und ein die Wirtschaftszweige übergreifendes Kontensystem für Rechenzentren, Steuerberater u. ä. erhebliche Vorteile bringt.

## 6.3 Gliederungsgesichtspunkte

### 6.3.1 Formales Gliederungsprinzip: Dezimalklassifikation

Bei der formalen Gliederung der Kontenrahmen bedient man sich des Zehner- bzw. dekadischen Systems und unterscheidet

— Kontenklassen (einstellige Nummern 0 — 9),

— Kontengruppen (zweistellige Nummern),

— Kontenarten (drei- und mehrstellige Nummern).

Diese Dezimalklassifikation hat zwar den Nachteil, daß infolge der Beschränkung auf zehn Kontenklassen zum Teil unterschiedliche Kontengruppen in eine Klasse eingeordnet werden müssen, andererseits aber den Vorteil, daß durch die Numerierung die Einordnung eines Kontos in die Gruppenhierarchie zum Ausdruck kommt und ein guter Überblick über die Konten möglich ist.

EDV-Kontennetze sehen praktisch immer Kontonummern mit „fester Länge" vor, etwa mit 4 Stellen. Die feste Länge wird durch Anhängen von Nullen erreicht. Dieser formale Unterschied ist ohne praktische Bedeutung; auch EDV-Kontennetzen liegt das Dezimalsystem zugrunde, womit sie den gleichen Vor- und Nachteilen dieses Systems unterworfen sind.

### 6.3.2 Materielles Gliederungsprinzip: Einkreis- oder Zweikreissystem

Die Buchführung gliedert sich in zwei Teilbereiche, die Finanz- bzw. Geschäftsbuchführung sowie die Betriebsbuchführung (siehe Übersicht S. 99).

Werden Finanz- und Betriebsbuchführung in einem einzigen geschlossenen Kontensystem dargestellt, so spricht man von einem **Einkreissystem**. Sind sie dagegen in zwei Kontenkreise getrennt, so spricht man von einem **Zweikreissystem**.

#### 6.3.2.1 Aufbau des Einkreissystems

Beim Einkreissystem ist die Buchhaltung nach dem betrieblichen Wertefluß in Kontenklassen gegliedert. Das Ordnungskonzept ist der Ablauf der betrieblichen Prozesse, z. B. Beschaffung, Produktion, Absatz. Man spricht vom **Prozeßgliederungsprinzip**. Auf die Stellung der Konten zum Abschluß nimmt die Gliederung der Buchhaltung keine Rück-

---

[1] Schmalenbach: Der Kontenrahmen, Leipzig 1927.

| Wesensmerkmale von | |
|---|---|
| **Finanzbuchführung** | **Betriebsbuchführung** |
| — Umfaßt alle die Konten, in denen die Vorgänge mit der Außenwelt, insbesondere der Waren- und Zahlungsverkehr, dargestellt werden; | — Hat die innerbetriebliche Abrechnung der Kosten zum Gegenstand; |
| — mündet in den Abschluß als offizielle Jahresrechnung; dieser unterliegt nach Form und Inhalt handels- und steuerrechtlichen Vorschriften; | — macht detaillierte Aufzeichnungen über die erfolgende Wertschöpfung bzw. Leistungserstellung; |
| — ist als kaufmännische Buchführung im engeren Sinne regelmäßig vom Prinzip der Doppik bestimmt; | — legt Quellen und Komponenten des Erfolgs offen; |
| — ist pagatorisch ausgerichtet; | — ist auf kurzfristige Ergebnisermittlung (z. B. monatlich) ausgerichtet; |
| — ist an das Anschaffungswertprinzip gebunden. | — wird meist statistisch durchgeführt; |
| | — hat kalkulatorischen Charakter; |
| | — ist nicht an das Anschaffungswertprinzip gebunden (Verrechnungs- bzw. Wiederbeschaffungspreise ansetzbar). |

sicht, so daß sich Bilanz und GuV-Rechnung aus diesem Kontensystem nur über Umgruppierungen aufstellen lassen. Um das Verfahren nicht zu schwerfällig zu machen, werden den Buchungen zum Teil auch statistische Rechnungen vorgeschaltet.

Nach dem Prozeßgliederungsprinzip wurde der sogenannte Erlaßkontenrahmen von 1937 aufgestellt. Er liegt auch heute noch den meisten Kontenrahmen und Kontenplänen zugrunde (z. B. den Kontenrahmen für Großhandel und Einzelhandel sowie dem früheren industriellen Kontenrahmen GKR).

### 6.3.2.2 Aufbau des Zweikreissystems

Das Zweikreissystem hat zwei getrennte Kontenkreise für die Finanzbuchführung und die Betriebsbuchführung. Die Finanzbuchführung des (alten und neuen) IKR in den Kontenklassen 0 bis 8 ist nach dem sogenannten **Abschlußgliederungsprinzip** aufgebaut, einem Ordnungsschema, dessen Kontengliederung vom Aufbau der Bilanz und GuV-Rechnung her bestimmt wird. Dieses Ordnungsschema wird im europäischen Ausland bisher schon überwiegend angewandt. Es hat den Vorteil der klaren Zuordnung aller Konten zu den entsprechenden Abschlußpositionen.

Die für die Kostenrechnung reservierte Kontenklasse 9 ist für die Betriebsbuchführung vorgesehen. Dem Charakter der Betriebsbuchführung gemäß ist diese Kontenklasse prozeßorientiert.

Während im Einkreissystem das Rechnungswesen als Ganzheit im Vordergrund steht, ist im Zweikreissystem die unterschiedliche Aufgabenstellung von Finanz- und Betriebsbuchführung durch strikte Trennung und unterschiedliche Gliederung der beiden Kreise voll berücksichtigt.

### Kontrollfragen

*1. Worin liegt der grundsätzliche Unterschied zwischen einem Kontenrahmen und einem Kontenplan?*

*2. Welche Grundregeln sollten beim Aufbau von Kontennetzen beachtet werden?*

*3. Welche Gliederungsprinzipien von Kontennetzen unterscheidet man?*

*4. In welche Teilbereiche gliedert sich die Buchführung? Wie sind diese abzugrenzen?*

*5. Wie lassen sich Einkreis- und Zweikreissystem kennzeichnen?*

## 6.4 Die sachliche Abgrenzung als Bindeglied zwischen Finanz- und Betriebsbuchführung

Finanzbuchführung und Betriebsbuchführung bauen auf unterschiedlichen Erfolgsbegriffen auf. In der Finanzbuchführung werden die Begriffe Aufwand und Ertrag verwendet, in der Betriebsbuchführung bzw. Kostenrechnung die Begriffe Kosten und Leistungen.

| Begriffe der | |
|---|---|
| **Finanzbuchführung** | **Betriebsbuchführung bzw. Kostenrechnung** |
| **Aufwand** | **Kosten** |
| — In Geld ausgedrückter Güter- und Leistungsverzehr,<br>— auf eine Periode bezogen,<br>— beruht auf Ausgaben, die jedoch zeitlich verschoben anfallen können (zeitliche Abgrenzung beachten) | — In Geld ausgedrückter Güter- und Leistungsverzehr, soweit betrieblich bedingt,<br>— periodenbezogen oder stück- bzw. leistungsbezogen,<br>— unabhängig von Ausgaben |
| **Ertrag** | **Leistungen** |
| — In Geld ausgedrückte Güter- und Leistungsentstehung,<br>— auf eine Periode bezogen,<br>— führt zu Einnahmen, die jedoch zeitlich verschoben anfallen können (zeitliche Abgrenzung beachten) | — In Geld ausgedrückte Güter- und Leistungsentstehung, soweit betrieblich bezweckt,<br>— periodenbezogen oder stück- bzw. leistungsbezogen,<br>— unabhängig von Einnahmen |

Die Begriffspaare sind inhaltlich nicht deckungsgleich, wodurch sich das Problem der sachlichen Abgrenzung (oft auch kalkulatorische Abgrenzung genannt) zwischen Finanz- und Betriebsbuchführung ergibt. Aufgabe der Abgrenzungsrechnung ist es, das Zahlenmaterial der Finanzbuchführung (Aufwendungen und Erträge) so aufzubereiten und zu untergliedern, daß es (in Form von Kosten und Leistungen) für Zwecke der Kostenrechnung (z. B. für die Kalkulation, Bestimmung der Selbstkosten) genutzt werden kann. Die sachliche Abgrenzung ist daher ein Bindeglied zwischen Finanz- und Betriebsbuchführung.

### 6.4.1 Abgrenzung von Aufwand und Kosten

Die Beziehungen zwischen Aufwand und Kosten lassen sich folgendermaßen darstellen:

| Aufwand der Finanzbuchführung | | | | |
|---|---|---|---|---|
| Neutraler Aufwand | | | | Zweckaufwand |
| betriebs-<br>fremd | außerordentlich | | wertver-<br>schieden | nicht kal-<br>kulierbare<br>Steuern | Aufwand für die<br>Erstellung von<br>Betriebs-<br>leistungen |
| | außerge-<br>wöhnlich | perioden-<br>fremd | | | |
| Aufwand, der nichts mit der Erstellung von Betriebsleistungen zu tun hat oder nicht in voller Höhe zugerechnet wird | | | | |
| 1 | | | 2 | 3 |
| | | | **Grundkosten** | Zusatzkosten<br>( = kalkulato-<br>rische Kosten) |
| | | | Kosten der Betriebsbuchführung<br>bzw. Kostenrechnung | |

**Erläuterungen**

**— Neutraler Aufwand**

a) betriebsfremder Aufwand = Aufwand, der weder mittelbar noch unmittelbar dem Betriebszweck dient

Beispiele: Veräußerungsverluste bei Wertpapierspekulationen ohne Leistungsbezug, Aufwendungen für betrieblich nicht genutzte Gebäude, Spenden, Schenkungen

b) außerordentlicher Aufwand = betrieblicher Aufwand, der
   — aufgrund seines besonderen Umfangs, seiner besonderen Art oder seines unregelmäßigen Vorkommens **außergewöhnlich** ist oder
   — das Betriebsergebnis anderer Abrechnungsperioden betrifft, d. h. **periodenfremd** ist.

Beispiele für außergewöhnlichen Aufwand: Gründungsaufwand, gezahlte Abfindung für ein Konkurrenzverbot, Verluste aus Anlageabgängen, Verluste aus versicherungsmäßig nicht abgedeckten Schadensfällen

Beispiele für periodenfremden Aufwand: Steuernachzahlungen, Lohn- und Gehaltsnachzahlungen

c) wertverschiedene Posten (Verrechnungskorrekturen) = Aufwand, der seinem Wesen nach zu den Kosten zählt, aber in seiner Höhe nicht kostengleich ist

Beispiele: Haus- und Grundstücksaufwendungen (im Gegensatz zu kalkulatorischer Miete), effektive Zinsaufwendungen (im Gegensatz zu kalkulatorischen Zinsen), bilanzielle Abschreibungen (im Gegensatz zu kalkulatorischen Abschreibungen)

d) nicht kalkulierbare Steuern

Beispiele: Körperschaftsteuer, Erbschaft- und Schenkungsteuer

**— Zweckaufwendungen (= Grundkosten)** lassen sich in folgende Hauptgruppen einteilen:

a) Stoffkosten
   — Aufwendungen für Roh-, Hilfs- und Betriebsstoffe,
   — Aufwendungen für bezogene Waren,
   — Aufwendungen für den Stoffkosten gleichzusetzende Fremdleistungen

b) Personalkosten
   — Löhne und Gehälter,
   — Nebenbezüge,
   — Soziale Abgaben,
   — Aufwendungen für Altersversorgung und Unterstützung

c) betriebliche Steuern, Gebühren, Beiträge u. ä.
   — Gewerbeertragsteuer,
   — Gewerbekapitalsteuer,
   — Vermögensteuer,
   — Kfz-Steuer u. a.,
   — Beiträge (IHK, Fachverbände),
   — Gebühren (z. B. Kaminreinigung),
   — Versicherungsprämien (Sachversicherungen, Haftpflichtversicherung)

d) Werbe-, Reise- und allgemeine Verwaltungskosten
   — Anzeigenwerbung,
   — Ausstellungen, Messen,
   — Repräsentationskosten,
   — Dienstreise- und Geschäftsreisekosten,

— Vertreterkosten,
— Postkosten,
— Bürokosten,
— Bankspesen

— **Zusatzkosten** sind Kosten,

a) denen keine entsprechende Ausgabe gegenübersteht (z. B. kalkulatorischer Unternehmerlohn) oder

b) deren Höhe oder zufälliger Anfall für die Kostenrechnung ungeeignet ist (z. B. kalkulatorische Abschreibungen, kalkulatorische Zinsen), also das ergänzende Gegenstück zu den wertverschiedenen Posten des neutralen Aufwands.

**Aufgabe 3.3** *(Abgrenzung von Aufwand und Kosten) S. 326*

### 6.4.2 Abgrenzung von Ertrag und Leistungen

Erträge und Leistungen sind ähnlich abzugrenzen wie Aufwendungen und Kosten. Erträge, die sich aus der Erfüllung des eigentlichen Betriebszwecks ergeben, nennt man **Betriebserträge**. Sie bilden die **Grundleistung**. Beispiele: Umsatzerlöse, Bestandserhöhungen, aktivierte Eigenleistungen (Kostengutschriften für selbsterstellte Gebäude und Sachanlagen).

Daneben entstehen **neutrale** Erträge, deren Zusammensetzung derjenigen der neutralen Aufwendungen entspricht.

| Neutrale Erträge (= Erträge, die nicht aus der Erfüllung des eigentlichen Betriebszwecks stammen) | | | | |
|---|---|---|---|---|
| betriebsfremd | außerordentlich | | Gegenposten d. Kosten- u. Leistungsrechnung | sonstige neutrale Erträge |
| | außergewöhnl. | periodenfremd | | |
| **Beispiele:** | **Beispiele:** | **Beispiele:** | **Beispiele:** | **Beispiele:** |
| — Veräußerungsgewinne bei Wertpapierspekulationen ohne Leistungsbezug, <br><br>— Erträge aus betrieblich nicht genutzten Gebäuden | — Erhaltene Abfindung für Überlassung einer betrieblichen Tätigkeit, <br><br>— Erträge aus Anlageabgängen | — Erträge aus Auflösung von Rückstellungen, <br><br>— Steuererstattungen | — Verrechnete kalkulatorische Abschreibungen, <br><br>— verrechneter kalkulatorischer Unternehmerlohn, <br><br>— sonstige verrechnete kalkulatorische Posten | — Haus- und Grundstückserträge, <br><br>— Zinserträge |

Die Gegenposten der Kosten- und Leistungsrechnung, d. h. die verrechneten kalkulatorischen Kosten, werden nur aus buchungstechnischen Gründen benötigt. Die sonstigen neutralen Erträge haben auf der Aufwandsseite ihre Entsprechung in den Posten, die in Finanzbuchführung und Kostenrechnung wertverschieden angesetzt werden.

**Aufgabe 3.4** *(Abgrenzung von Ertrag und Leistung) S. 327*

### 6.4.3 Durchführung der sachlichen Abgrenzung

Die konkrete Durchführung der sachlichen Abgrenzung ist in prozeß- und abschlußgegliederten Kontennetzen unterschiedlich angelegt.

#### 6.4.3.1 Sachliche Abgrenzung in prozeßgegliederten Kontenrahmen

Die inhaltlichen Abweichungen zwischen Finanz- und Betriebsbuchführung werden in prozeßgegliederten Kontennetzen üblicherweise in der Kontenklasse 2 aufgefangen. Die dort gesammelten neutralen Aufwendungen und Erträge bilden das neutrale Ergebnis (auch als Abgrenzungssammelkonto bezeichnet), das zusammen mit dem Betriebsergebnis zum Gesamtergebnis der Periode führt. Anhand des bekannten Gemeinschaftskontenrahmens der Industrie (GKR) kann dies schematisch wie folgt dargestellt werden (prozeßgegliederte BiRiLiG-Kontenrahmen, z. B. EDV-Kontenrahmen KR 13, haben die gleiche Grundstruktur):

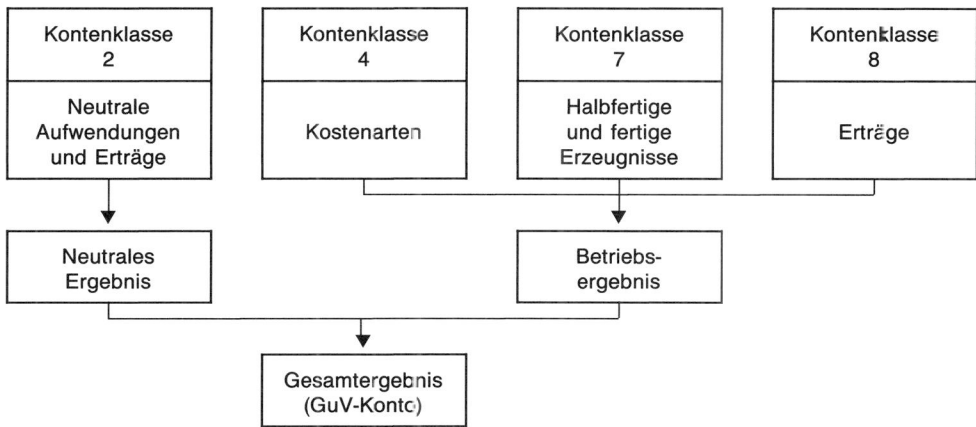

Der Buchungssatz eindeutiger neutraler Aufwendungen lautet

**Klasse 2 an Bank o. ä.,**

für eindeutige Kostenarten

**Klasse 4 an Bank o. ä.**

Die Verbuchung von Aufwendungen mit neutralem **und** Kostencharakter (wertverschiedene Posten) muß so erfolgen, daß in der Kostenartenrechnung der Kostenteil, in der neutralen Rechnung der Aufwandsteil zur Auswirkung gelangt.

Hierzu als **Beispiel** die Verbuchung von bilanziellen und kalkulatorischen Abschreibungen nach dem GKR:

Eine Maschine mit Anschaffungskosten von 100 000,— DM soll für den Jahresabschluß linear mit 20 000,— DM pro Jahr abgeschrieben werden. Die kalkulatorische Abschreibung betrage 30 000,— DM.

1. Buchung der bilanziellen Abschreibung

   **230 Bilanzmäßige Abschreibung**
   **an 010 Maschinen**             20 000,—

2. Buchung der kalkulatorischen Abschreibung

   **480 Verbrauchsbedingte Abschreibung**
   **an 280 Verr. verbrauchsbedingte Abschreibung**             30 000,—

3. Abschluß

   a) **987 Neutrales Ergebnis**
       **an 230 Bilanzmäßige Abschreibungen**             20 000,—

b)  280  Verr. verbrauchsbedingte Abschreibung
         an 987 Neutrales Ergebnis                                         30 000,—

c)  980  Betriebsergebnis
         an 480 Verbrauchsbedingte Abschreibung                           30 000,—

d)  987  Neutrales Ergebnis
         an 989 GuV-Konto                                                  10 000,—

e)  989  GuV-Konto
         an 980 Betriebsergebnis                                          30 000,—

| 987 Neutrales Ergebnis | | | | 980 Betriebsergebnis | | | |
|---|---|---|---|---|---|---|---|
| a) | 20 000,— | b) | 30 000,— | c) | 30 000,— | e) | 30 000,— |
| d) | 10 000,— | | | | | | |

| 989 GuV-Konto | | | |
|---|---|---|---|
| e) | 30 000,— | d) | 10 000,— |
| | | Saldo | 20 000,— |

Dieser Buchungsmodus bewirkt, daß auf dem Konto „Betriebsergebnis" nur kalkulatorisch bedingte, auf dem GuV-Konto nur bilanzielle Aufwendungen zur Auswirkung kommen. Der Saldo des neutralen Ergebnisses hat eine Pufferfunktion.

**Aufgabe 3.5**  *(Zusammenhänge zwischen Buchhaltung und Kalkulation in prozeßgegliederten Kontennetzen) S. 327*

**Aufgabe 3.6**  *(Verbuchung von Wertdifferenzen aus Verrechnungspreisen bei prozeßgegliederten Kontennetzen) S. 327*

**Aufgabe 3.7**  *(Ermittlung von neutralem und Betriebsergebnis) S. 327*

### 6.4.3.2  Sachliche Abgrenzung in abschlußgegliedertem Kontenrahmen

Beim IKR '86 wie schon bei seinem Vorgänger werden in der Finanzbuchführung (Klassen 0 bis 8) überhaupt keine Buchungen, die auf die Kosten- und Leistungsrechnung abzielen, vorgenommen. Die Verrechnungsprozesse zwischen den beiden Rechnungskreisen laufen deshalb als Vorstufe innerhalb der Kosten- und Leistungsrechnung ab. Ob die Kosten- und Leistungsrechnung buchführungsmäßig (in der Klasse 9) oder, was in der Praxis häufiger der Fall sein dürfte, tabellarisch durchgeführt wird, hat auf die Datentransformation als solche keinen Einfluß; der Filterungsprozeß erhält nur eine andere Form.

Die Abgrenzung ist in der Klasse 9 des IKR wie folgt vorgesehen:

| | Das entspricht im prozeß- gegliederten GKR |
|---|---|
| 90 Unternehmensbezogene Abgrenzungen (betriebsfremde Aufwendungen und Erträge) | Klasse 2 (Neutrales Ergebnis) |
| 91 Kostenrechnerische Korrekturen | |
| 92 Kostenarten und Leistungsarten | Klassen 4, 7 und 8 (Betriebsergebnis) |

Die einzelnen Schritte der Abgrenzungsrechnung lassen sich am besten anhand einer Abgrenzungstabelle aufzeigen, die wie auf S. 105 dargestellt aufgebaut ist.

Ausgangsbasis für die Abgrenzungsrechnung nach IKR sind die Aufwendungen und Erträge der Finanzbuchhaltung (Klassen 5, 6, 7), die zum Gesamtergebnis des Unternehmens führen (GuV-Rechnung). In den Gruppen 90 und 91 werden diese Daten daraufhin

| Abgrenzungstabelle[1] | | | | | | | | | | | | | | |
|---|---|---|---|---|---|---|---|---|---|---|---|---|---|---|
| Konten der Finanzbuch-führung gem. IKR | | | GuV (aus Konten-klassen 5, 6, 7 der Finanz-buchführung) | Abgrenzungsrechnung 90 und 91 | | | | | | | | | | 92 Kosten- und Leistungsarten (Rechnungs-kreis III) |
| | | | | 90 Unternehmens-bezogene Abgrenzung | | 91 Betriebsbezogene Abgrenzung (kosten- und leistungsrechnerische Korrektur) | | | | | | | | |
| | | | | betriebsfremd | | außerordentl. | | wertversch. | | periodenfremd | | | |
| Kto. Nr. | Konto | | I | II | | III | | | | | | | | IV |
| | | | 1 | 2 | 3 | 4 | 5 | 6 | 7 | 8 | 9 | 10 | 11 | 12 |
| | | | Aufw. | Erträge | Aufw. | Erträge | Aufw. | Erträge | Aufw. | Erträge | Aufw. | Erträge | Kosten | Leistg. |
| 1 | 50 | Umsatz-erlöse | | 800 000 | | | | | | | | | | 800 000 |
| 4 | 55 | Erträge aus Beteilig. | | 5 000 | | 5 000 | | | | | | | | |

untersucht, ob sie dem Betriebsergebnis zugehören; wenn nicht, werden sie dort heraus-gefiltert, so daß sie die betriebsbezogene Kosten- und Leistungsrechnung nicht beeinflus-sen können. Die Gruppen 90 und 91 beinhalten damit im Prinzip das, was in prozeßgeglie-derten Kontenrahmen als neutrale Ergebnisrechnung bezeichnet wird.

Alle nicht herausgefilterten Daten werden in die Gruppe 92 übernommen, die mit ihrem Saldo das Betriebsergebnis ausweist. Diese Daten sind dann die Ausgangsbasis für die eigentliche Kosten- und Leistungsrechnung.

Ein Vergleich der Abgrenzungstabelle mit den entsprechenden Schaubildern für prozeß-gegliederte Kontennetze (vgl. S. 100 und 102) ergibt, daß bestimmte neutrale Aufwen-dungen und Erträge in prozeßgegliederten Kontennetzen auf Grund ihrer Bedeutung nicht in die üblichen Abgrenzungskriterien wie betriebsfremd, außergewöhnlich, wert-verschieden und periodenfremd, mit einbezogen sind. Es handelt sich um die nicht kalku-lierbaren Steuern (wie Körperschaftsteuer) sowie Zinserträge, Haus- und Grundstücks-erträge u. ä. Diese Positionen werden in der Abgrenzungstabelle des IKR '86 in Ermange-lung einer eigenen Rubrik unter ,,betriebsfremd'' abgegrenzt.

**Aufgabe 3.8** *(Durchführung der Abgrenzungsrechnung bei abschlußgegliederten Kon-tennetzen am Beispiel des IKR '86) S. 328*

## 6.4.4 Unterschiede zwischen sachlicher Abgrenzung und handelsrechtlicher Ergebnisaufspaltung

In der GuV-Rechnung gemäß § 275 Abs. 2 HGB[2] wird das Jahresergebnis in folgende Komponenten aufgespalten:

---

[1] BDI (Hrsg.): Empfehlungen zur Kosten- und Leistungsrechnung, Band 1, Köln/Bergisch Gladbach, 1988.

[2] Vgl. hierzu die Ausführungen von S. 264 und 268.

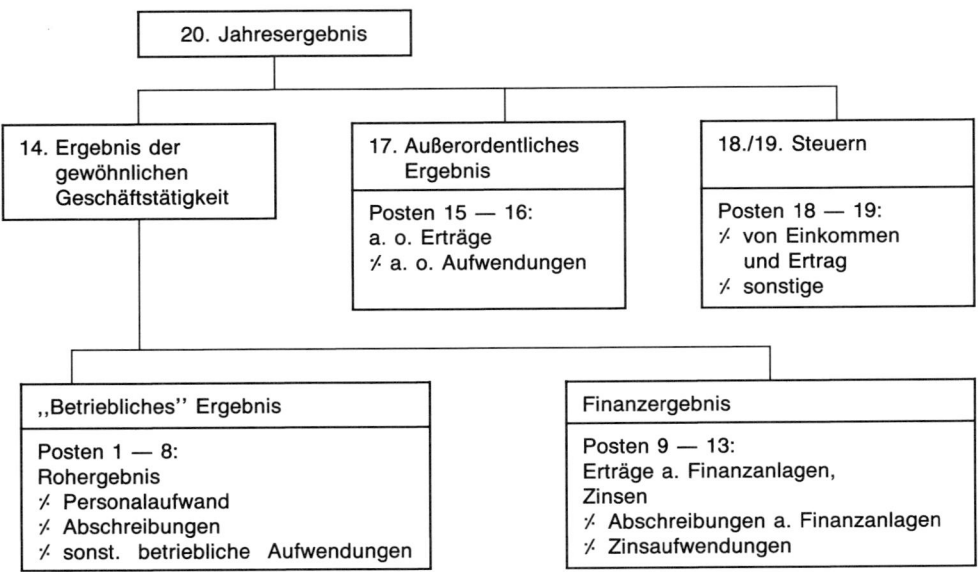

Diese Aufspaltung des Jahresergebnisses in der GuV-Rechnung hat zwar eine der sachlichen bzw. kalkulatorischen Abgrenzung ähnliche Struktur, entspricht ihr jedoch in wesentlichen Punkten nicht.

— Die GuV-Rechnung als Produkt der Finanzbuchführung weist keine kalkulatorischen und wertverschiedenen Posten aus.

— Das Kriterium der Zugehörigkeit zum „betrieblichen" und Finanzergebnis der GuV (als Teilgrößen des Ergebnisses der gewöhnlichen Geschäftstätigkeit) ist nicht aus kalkulatorischen bzw. kostenrechnerischen Erwägungen abgeleitet, sondern — wie das Schema zeigt — davon, ob ein Geschäftsvorfall als **gewöhnlich** (normal) oder außerordentlich (d. h. **außerhalb der gewöhnlichen Geschäftstätigkeit anfallend,** § 277 Abs. 4 HGB) einzustufen ist. Das hat zur Folge, daß z. B. im „betrieblichen" Ergebnis nach GuV sowohl periodenfremde als auch (aus kalkulatorischer Sicht) betriebsfremde Posten enthalten sein können, weil sie im Rahmen der gewöhnlichen Geschäftstätigkeit anfallen.

— Der Begriff „außerordentlich" ist in der GuV enger gefaßt als in der Abgrenzungsrechnung. Unter außerordentlich gehören in die GuV nur solche Geschäftsvorfälle, die ungewöhnlich und selten und von einiger materieller Bedeutung sind (ADS 1987, § 277 Tz 79). Erträge aus Anlagenabgängen beispielsweise sind zwar in der Abgrenzungsrechnung grundsätzlich als außerordentlich einzustufen, weil sie sonst zu Schwankungen in der Kalkulation führen würden, in der GuV jedoch nur, wenn sie die oben genannten drei Bedingungen erfüllen.

Wenn Begriffe wie „betrieblich", „Betriebsergebnis" oder „außerordentlich" u. ä. gebraucht werden, ist zu ihrer Interpretation also stets darauf zu achten, ob sie im Zusammenhang mit der Abgrenzungsrechnung oder der GuV gemäß § 275 HGB vorkommen. Ihre Inhalte in den beiden Rechnungen sind unterschiedlich, weil die Einordnung eines Geschäftsvorfalls

— in der Abgrenzungsrechnung mit der Frage nach der Betriebsbezogenheit (im Unterschied zur Unternehmensbezogenheit),

— in der GuV mit der Frage nach der Normalität des Ereignisses (im Unterschied zur Außergewöhnlichkeit)

entschieden wird.

106

## 6.5 Wichtige Kontenrahmen

Im folgenden wird der Aufbau einiger wichtiger Kontenrahmen kurz skizziert, die im Anhang (S. 414 ff.) ausführlich wiedergegeben sind. Es handelt sich um

— die Kontenrahmen des Handels (Einzelhandel sowie Groß- und Außenhandel),

— den Kontenrahmen des Handwerks,

— die Kontenrahmen der Industrie (GKR und IKR '86) sowie

— den prozeßgegliederten Kontenrahmen KR 13 als Beispiel eines EDV-Kontenrahmens.

Von diesen sind nur der Einzelhandelskontenrahmen und der GKR nicht an das Bilanzrichtlinien-Gesetz (BiRiLiG) angepaßt, so daß sie heute in ihrer alten Form nur von Einzelkaufleuten und Personenhandelsgesellschaften angewandt werden können, von Kapitalgesellschaften dagegen nicht mehr.

### 6.5.1 Die Kontenrahmen des Handels

| Klasse | Kontenrahmen für den | |
|---|---|---|
| | Einzelhandel | Groß- und Außenhandel |
| 0 | Anlage- und Kapitalkonten | Anlage- und Kapitalkonten |
| 1 | Finanzkonten | Finanzkonten |
| 2 | Abgrenzungskonten | Abgrenzungskonten |
| 3 | Wareneinkaufskonten | Wareneinkaufs- und Warenbestandskonten |
| 4 | Konten der Kostenarten | Konten der Kostenarten |
| 5 | Verrechnete Kosten | Konten der Kostenstellen |
| 6 | Kosten für Nebenbetriebe | Konten für Umsatzkostenverfahren |
| 7 | frei | frei |
| 8 | Erlöskonten | Warenverkaufskonten (Umsatzerlöse) |
| 9 | Abschlußkonten | Abschlußkonten |
| prozeßgegliedert | | |

Wie die Übersicht zeigt, entsprechen sich der traditionelle Kontenrahmen des Einzelhandels (der aber nicht an das Bilanzrichtlinien-Gesetz angepaßt ist) und der des Groß- und Außenhandels weitgehend. Unterschiede bestehen in den Klassen 5 und 6, die aber wie die Klasse 7 normalerweise frei bleiben.

In größeren Betrieben, z. B. Warenhäusern und Betrieben mit ausgedehntem Filialsystem, besteht das Bedürfnis, die in Klasse 4 gebuchten Kosten noch nach Abteilungen bzw. Filialen und auch Warengruppen aufzuschlüsseln. Das geschieht in einer besonderen Kostenrechnung. Man sagt, man verrechnet die Kosten nach Abteilungen und Kostenträgern (Waren). Das wird statistisch durchgeführt. Sofern die dabei ermittelten Zahlen im Kontensystem verankert werden sollen, ist im Einzelhandelskontenrahmen hierfür Klasse 5 „Verrechnete Kosten" bestimmt (Buchung: Klasse 5 an Klasse 4).

Die Kontenklasse 6 des Einzelhandelskontenrahmens kann für die Aufnahme von Kosten der Nebenbetriebe verwendet werden. Das ist z. B. in einem Warenhaus wichtig, wo vielleicht eine besondere Schneiderwerkstatt, eine Fleischerei, eine Konditorei u. a. bestehen und die Kosten dieser „Nebenbetriebe" besonders nachgewiesen werden sollen.

Klasse 7 kann beliebig ausgenutzt werden. Sie dient als Ausweichstelle für die Betriebe, die irgendwelche Vorgänge, z. B. Wertpapiergeschäfte, zusammengefaßt darstellen wollen. Meist ist sie entbehrlich.

Im Großhandel spielen die an Kunden als auch die von Lieferanten gewährten Boni und Skonti eine große Rolle. Aus der Aufschlüsselung der gewährten und in Anspruch genommenen Nachlässe je Warengruppe können Erkenntnisse über Veränderungen in absoluter Höhe oder in Relation zum Warenwert, Veränderungen der Zahlungsweise oder der Bestellungen u. a. m. gewonnen werden. Deshalb war im Großhandelskontenrahmen für Boni und Skonti früher eine eigene Klasse vorgesehen. Durch die 1987 erfolgte Anpassung des Groß- und Außenhandelskontenrahmens an das Bilanzrichtlinien-Gesetz entfiel diese Handhabung. Die entsprechenden Konten sind jetzt in die Kontenklassen 3 und 8 übernommen. Die eventuelle Anwendung des Umsatzkostenverfahrens nach § 275 Abs. 3 HGB kann in Klasse 6 erfolgen.

## 6.5.2 Der Kontenrahmen des Handwerks

Der Kontenrahmen des Handwerks[1] folgt im wesentlichen dem betrieblichen Wertefluß (prozeßorientiert), zum Teil kommt aber auch das Abschlußgliederungsprinzip zum Tragen. So wurden die Abgrenzungskonten, die sonst üblicherweise in die Kontenklasse 2 eingeordnet sind, den Abschlußkonten der Klasse 9 vorgeschaltet und die Bestände an halbfertigen und fertigen Erzeugnissen, sonst Klasse 7, in die Klasse 3 der Stoffe-Bestände eingegliedert. Somit entfallen Klassen 2 und 7, auch 5 und 6 (Kostenstellen) bleiben frei. Diese Umstellung bewirkt, daß die restlichen, benutzten Kontenklassen in zwei Gruppen zerfallen, Bestandskonten (Bilanzkonten) einerseits und Erfolgskonten andererseits. Eine solche Kontenaufteilung ist, obwohl prozeßorientiert, sehr abschlußfreundlich, denn die Kontenklassen können der Reihe nach abgeschlossen werden. Kapitalgesellschaften müssen dabei allerdings die durch das neue HGB bedingte Zuordnung der Konten zu den jeweiligen Abschlußpositionen beachten.

Im einzelnen ergibt sich folgende Klassenaufteilung:

**Bestandskonten (Bilanzkonten)**

      0  Anlage- und Kapitalkonten
      1  Finanzkonten
      3  Konten der Bestände an Verbrauchsstoffen und Erzeugnissen

**Erfolgskonten**

      4  Konten der Kostenarten
      8  Erlöskonten
      9  Abgrenzungs- und Abschlußkonten

## 6.5.3 Die Kontenrahmen der Industrie

Die Gegenüberstellung auf Seite 109 zeigt den unterschiedlichen Grundaufbau der beiden Kontenrahmen der Industrie.

Der prozeßgegliederte Gemeinschaftskontenrahmen (GKR, 1951 allgemein empfohlen) sollte durch den abschlußgegliederten Industriekontenrahmen (IKR, aus 1971) abgelöst werden. Letzterer wurde 1986 an das Bilanzrichtlinien-Gesetz angepaßt.

### 6.5.3.1 Der Gemeinschafts-Kontenrahmen der Industrie (GKR)

Beim GKR ist die Verzahnung von Finanz- und Betriebsbuchführung deutlich sichtbar. Die Klassen 4 bis 8 beinhalten die Kostenarten-, Kostenstellen- und Kostenträgerrechnung. Jedoch nur die Kontenklassen 5 und 6 (Kostenstellenrechnung) sind ausschließlich für die Betriebsbuchführung vorgesehen, die Klassen 4, 7 und 8 haben Mischcharakter und dienen der Finanzbuchführung gleichermaßen.

Gut zu sehen ist auch die Gliederung nach Prozeßabläufen. In den Klassen 0 und 1 sind die Anlage- und Finanzkonten untergebracht. Aufwendungen, die den Produktionsprozeß selbst nicht betreffen, werden in der Klasse 2 abgegrenzt und zum Neutralen Ergebnis (Klasse 9) weitergeleitet. Andere Aufwendungen, die das Betriebsergebnis betreffen

---

[1]  Vgl. Laub: Einheitskontenrahmen für das deutsche Handwerk. München 1988.

| Klasse | GKR (prozeßgegliedert) | | | IKR '86 (abschlußgegliedert) | | | |
|---|---|---|---|---|---|---|---|
| 0 | Anlagevermögen und langfristiges Kapital | | | Immaterielle Vermögens-gegenstände und Sachanlagen | Aktiv-konten | | |
| 1 | Finanz-Umlaufvermögen und kurz-fristige Verbindlichkeiten | | | Finanzanlagen | | | |
| 2 | Neutrale Aufwendungen und Erträge | | | Umlaufvermögen und aktive Rechnungs-abgrenzung | | Bilanz-konten | Rech-nungs-kreis I |
| 3 | Stoffe-Bestände | | | Eigenkapital und Rückstellungen | Passiv-konten | | |
| 4 | Kostenarten | | | Verbindlichkeiten und passive Rech-nungsabgrenzung | | | |
| 5 | frei für Kostenstellen-kontierung der Betriebsabrechnung | Kosten-stellen | Kosten- und Lei-stungs-rech-nung | Erträge | Ertrags-konten | Er-folgs-konten | |
| 6 | | | | | | | |
| 7 | Bestände an halb-fertigen und fertigen Erzeugnissen | Kosten-träger | | Betriebliche Aufwendungen | Auf-wands-konten | | |
| | | | | Weitere Aufwendungen | | | |
| 8 | Erträge | | | Ergebnisrechnungen | | | |
| 9 | Abschluß | | | Kosten- und Leistungsrechnung (KLR) | | | Rech-nungs-kreis II |

und daher Kosten darstellen, werden, gegliedert nach Arten, in der Klasse 4 erfaßt, anschließend in 5 und 6 auf die einzelnen Kostenstellen umgelegt und in 7 und 8 den Erzeugnissen und Leistungen (Kostenträger) zugerechnet. Der GKR läßt den Anwendern jedoch die Möglichkeit offen, die Betriebsbuchführung

— kontenmäßig oder
— statistisch

durchzuführen. Bei statistischer Durchführung kann die Kostenartenverbuchung in der Finanzbuchhaltung auf Sammelkonten beschränkt werden. Die genaue Gliederung der Kostenarten erfolgt dann tabellarisch. Das Hilfsmittel für die statistische Durchführung der Kostenstellenrechnung ist der Betriebsabrechnungsbogen (BAB).

Die Kontenklassen 0, 1, 3 und 7 beinhalten Bestandskonten. Sie werden über das Bilanz-konto abgeschlossen. Die Kontenklassen 2, 4 und 8 beinhalten Ergebniskonten. Ihr Abschluß erfolgt über das GuV-Konto, dem das Neutrale Ergebniskonto und das Betriebs-ergebniskonto vorgeschaltet sind.

### 6.5.3.2 Der Industriekontenrahmen IKR '86

In der Gegenüberstellung werden die gravierenden Unterschiede zwischen prozeß- und abschlußgegliederten Kontenrahmen sehr deutlich. Die Kontenklassen 0 bis 8 des IKR bilden den Rechnungskreis I und umschließen die Finanzbuchführung (Dokumentation und Rechnungslegung). Sie wird streng an die Doppik gebunden. Die Kontenklasse 9 wird als Rechnungskreis II bezeichnet, der die Kosten- und Leistungsrechnung einschließlich der Abgrenzungsrechnung (vgl. S. 104 f.) umschließt. Er kann buchhalterisch oder stati-stisch durchgeführt werden. Die statistische Rechnung wird zweifellos überwiegen.

Die Kontenaufteilung im Rechnungskreis I des IKR führt durch ihre Abschlußorientierung automatisch zum klaren Ablauf der Abschlußarbeiten. Das gilt auch für Zwischenabschlüsse und für den Aufbau von Sonderbilanzen.

Kostenrechnerische Gesichtspunkte entfallen im Rechnungskreis I vollständig. Das ergibt sich schon aus der Übernahme des GuV-Schemas nach § 275 Abs. 2 HGB.

### 6.5.4 EDV-Kontenrahmen

In der Praxis spielen EDV-Kontenrahmen eine immer wichtigere Rolle, z. B. die DATEV-Kontenrahmen SKR 03 (prozeßgegliedert) und SKR 04 (abschlußgegliedert) und die Taylorix-Kontenrahmen KR 13 (prozeßgegliedert) und KR 18 (abschlußgegliedert). Da sie branchenübergreifend konzipiert sind, ist bei ihnen die Anzahl der Konten im Vergleich zu den meisten Branchenkontenrahmen erheblich höher. Für den einzelnen Anwender reduziert sich die Kontenanzahl jedoch, da es von seinen Bedürfnissen abhängt, welche Konten er benötigt und welche nicht.

Als Beispiel für einen EDV-Kontenrahmen ist im Anhang der prozeßgegliederte Kontenrahmen KR 13 (verkürzt) wiedergegeben.[1] Er ist so aufgebaut, daß er zwei Anwendungsfälle erlaubt:

— Hinter jedem Konto ist vermerkt, in welche gesetzlich geforderte Abschlußposition es einmündet. Dieser Zuordnung folgend entstehen Bilanz und GuV-Rechnung nach §§ 266 und 275 HGB.

— Zusätzlich können die Kontensalden der Erfolgskonten nach Kontengruppen geordnet so aufaddiert werden, wie sie in der Reihenfolge (nach Kontennummern) erscheinen. So zusammengestellt, ergeben die Kontengruppen der Klasse 2 das Neutrale Ergebnis, der Klassen 3, 4 und 8 das Betriebsergebnis im herkömmlichen Sinne. Damit kann kalkulatorischen Gesichtspunkten Rechnung getragen werden.

Bei computergestützter Buchführung werden die gesetzlich geforderten Schemata und innerbetrieblichen Auswertungen quasi automatisch entwickelt. Sie lassen sich aber auch von Hand statistisch ermitteln.

### Kontrollfragen

1. *Wodurch ergibt sich die Notwendigkeit der sachlichen Abgrenzung?*
2. *Welche Beziehungen bestehen zwischen Aufwand und Kosten, Erträgen und Leistungen?*
3. *In welche Posten wird der neutrale Aufwand bzw. neutrale Ertrag untergliedert?*
4. *Erklären Sie die Begriffe Grund- und Zusatzkosten!*
5. *Wo wird die sachliche Abgrenzung in prozeßgegliederten und wo in abschlußorientierten Kontenrahmen durchgeführt?*
6. *Wie ist in prozeßgegliederten Kontennetzen sichergestellt, daß in der GuV-Rechnung die bilanziellen und in der Kostenrechnung die kalkulatorischen Abschreibungen wirksam werden?*
7. *Welche Unterschiede bestehen zwischen der sachlichen Abgrenzung und der handelsrechtlichen Ergebnisaufspaltung?*
8. *Welchen Grundaufbau haben prozeßgegliederte Kontennetze bei der Aufteilung in Kontenklassen? Was ist mit dem Begriff ,,Prozeßgliederung'' gemeint?*
9. *Wie kommt das Abschlußgliederungsprinzip beim Aufbau des IKR zum Tragen?*

**Aufgabe 3.9** *(Abschluß unter Einbeziehung kalkulatorischer Kosten) S. 330*

---

[1] Eine ausführliche Beschreibung mit Kontierungsanleitungen findet sich in dem Werk von Kotsch-Faßhauer/Leuz: Praxis der Umstellung von Buchführung und Abschluß auf das neue Bilanzrecht, 2. Auflage, Taylorix Fachverlag, Stuttgart 1988.

# 7 Organisation und Technik der Inventur

Bei der Jahresbilanz ist der Ausgangspunkt die Eröffnungsbilanz zu Beginn des Jahres. In der Buchführung werden im Laufe des Jahres alle Zu- und alle Abgänge (Umsätze) erfaßt und den Anfangsbeständen zugerechnet bzw. von ihnen abgezogen. Die sich dann ergebenden Bestände werden zum Teil für die neue Schlußbilanz verwendet werden können, zu einem anderen Teil müssen sie noch geändert werden. Verschiedene Umstände führen dazu, daß bei einigen Konten der buchmäßig ermittelte Bestand nicht mit dem tatsächlichen übereinstimmt. Es muß daher in der Inventur festgestellt werden, welche Bestände tatsächlich vorhanden sind, damit die buchmäßigen entsprechend geändert werden können.

Die Inventur schiebt sich also gleichsam wie ein Filter zwischen Buchführung und Bilanz. Alle in der Buchführung ermittelten Bestände laufen durch diesen Filter und fließen gereinigt in die Schlußbilanz.

## 7.1 Inventurplanung

Schnelle und zuverlässige Inventarisierung setzt eine genaue Inventurplanung voraus. Sie soll gewährleisten, daß die Inventurarbeiten zügig ablaufen, die Bestände vollständig und richtig erfaßt und Doppelaufnahmen vermieden werden.

Zu einem Inventurplan gehören:

— Abgrenzung der einzelnen Aufnahmebereiche und der jeweiligen Verantwortlichen,

— Festlegung der Aufnahmeverfahren,

— Festlegung der Aufnahmezeiten,

— Vorbereiten der Aufnahmeblocks und Inventurlisten,

— Einteilung des Personals (Zähler, Aufschreiber, Kontrolleure), namentlich und nach Lagerstellen,

— Vorordnen und Vorzählen am Lager, damit das eigentliche Aufnehmen schneller vonstatten geht.

## 7.2 Gestaltung der Aufnahmelisten

Als Uraufschriebe werden oftmals Aufnahmeblocks und Strichlisten verwendet, die den Aufnahme- bzw. Inventurlisten vorgeschaltet sind.

Die Aufgliederung dieser Listen ist sehr unterschiedlich. Man wird sie zweckmäßigerweise zunächst nach den einzelnen Inventurposten (Bilanzposten) gliedern und sie dann weiter nach einzelnen Aufnahmebereichen aufteilen. Die Inventurlisten sollten etwa folgende Spalten aufweisen:

| Inventurliste | | | | | | | |
|---|---|---|---|---|---|---|---|
| Lfd. Nr. Fach-Nr. | Gegenstand | Nr. | Einheit (kg, m, Stück u. a.) | Menge | Wert | | Bemerkungen |
| | | | | | je Einheit | Ge-samt | |
| | | | | | | | |

In der Spalte „Bemerkungen" ist zu bestätigen, ob die aufgeführten Gegenstände vorhanden sind. Sind sie nicht mehr vorhanden, kann angegeben werden, ob sie verschrottet wurden, ob eine Abgabe an ein anderes Lager oder eine andere Kostenstelle erfolgte oder ob der Verbleib unbekannt ist. Bei Gegenständen, die noch vorhanden sind, aber nicht mehr genutzt werden, sollte vermerkt werden, ob z. B. eine Verschrottung vorgesehen ist.

Die Formulare sollten fortlaufend numeriert werden, damit kein Blatt unbemerkt verlorengehen kann. Das empfiehlt sich auch, wenn die Formblätter nur Erstaufzeichnungen aufnehmen sollen, die später noch in Reinschrift zu übertragen sind. Soweit in den Aufnahmepapieren bereits bewertet werden soll, sind entsprechende Spalten für Einzelwerte und Gesamtbeträge vorzusehen.

Wesentlich einfacher lassen sich die Inventurlisten durch **Einsatz der EDV** erstellen und bearbeiten, was das folgende Beispiel verdeutlichen soll. Lagerort, Lagernummer, Materialbezeichnung und Mengeneinheit werden durch die Datenverarbeitung ausgedruckt. Die Angabe der Preise kann hier entfallen, da das Rechnen später ebenfalls durch die EDV erfolgt.

| Beispiel einer durch Datenverarbeitung ausgedruckten Aufnahmeliste | | | | | | | |
|---|---|---|---|---|---|---|---|
| Lager-ort | Lager-Nr. | Material-Bezeichnung | Mengen-einheit | Lager-bestand | Aufnahme-datum | Kurzzeich. Prüfer | Lager-ort |
| 15 | 440017 | LAUFRADDICHTUNGEN | ST. | 8 | 14.7... | | 15 |
| 15 | 440018 | WELLENDICHTUNGEN | ST. | 12 | 14.7... | Si | 15 |
| 15 | 440019 | DICHTUNGSBUECHSEN | ST. | 2 | 14.7... | | 15 |
| 15 | 440020 | KUPPLUNGSBOLZEN | ST. | 20 | 14.7... | Si | 15 |

Das folgende Beispiel zeigt einen durch Datenverarbeitung ausgedruckten Einzelbeleg.

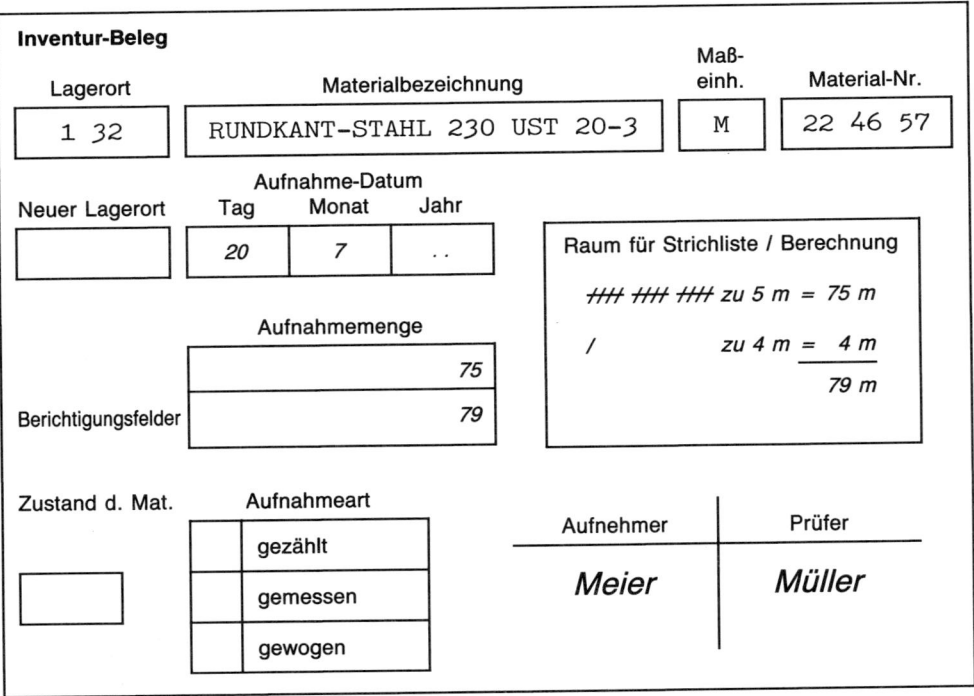

## 7.3 Besonderheiten bei der Erfassung der verschiedenen Bestände

**Immaterielle Vermögensgegenstände**

Es kann angebracht sein, vor der Inventarisierung in den Schriftwechsel bzw. die Rechtsunterlagen Einblick zu nehmen, um die Schutzrechte, insbesondere hinsichtlich der Schutzfristen, zu überprüfen, woraus sich ergibt, ob und inwieweit die Aufnahme in das Inventar überhaupt berechtigt ist. Die Vertragsdauer bzw. die gesetzlichen Schutzfristen bilden gleichzeitig eine wichtige Grundlage zur Ermittlung des Wertansatzes (z. B. für Patente, Lizenzen).

**Immobilien**

Die Inventarisierung erfolgt anhand der entsprechenden Anlagekonten bzw. der Anlagenbuchführung. Es kann aber nötig sein, auf etwaige Kaufverträge oder Grundbuchauszüge zurückzugreifen bzw. durch Einsicht ins Grundbuch die Eigentumsverhältnisse zu überprüfen, damit nicht etwa Grund und Boden inventarisiert wird, der längst verkauft wurde.

Die verschiedenen Grundstücksflächen können auf Grund eines Katasterauszugs auf ihren tatsächlichen Bestand hin überprüft werden. Selbstverständlich ist es, daß auch die Belastungen der Kontrolle bedürfen. Soweit Baulichkeiten auf fremdem Grund und Boden erstellt wurden, z. B. auf Pachtgelände, sind Dauer des Pachtvertrages und sonstige Vereinbarungen festzustellen, da sich unter Umständen daraus die Abschreibung ergeben kann.

Im Bau befindliche Anlagen sind nach Möglichkeit vorläufig abzurechnen und entsprechend gesondert zu erfassen.

**Bewegliches Sachanlagevermögen**

Vgl. hierzu Abschn. 31 EStR, der ausführliche Bestimmungen zu

— Bestandsverzeichnis,

— geringwertigen Wirtschaftsgütern und

— Inventurerleichterungen

enthält.

**Finanzanlagen**

Als Anlage zu den Inventurlisten benötigt man gegebenenfalls:

— für Hypotheken, Grundschulden u. a.: Auszüge aus dem Grundbuch, Hypotheken- und Grundschuldbriefe,

— für in Depot gegebene Wertpapiere (Anleihen, Aktien u. a.): Depotbestätigungen,

— für eigenverwaltete Wertpapiere: Bestandslisten mit Angabe der Stücknummern, der Stückelung, der Zinstermine u. a.,

— für Ausleihungen: die entsprechenden Vertragsunterlagen bzw. Saldenbestätigungen.

**Vorratsvermögen**

Hierüber gibt Abschn. 30 EStR im einzelnen Auskunft. Der Schwerpunkt der Inventur liegt im *Stoff- und Warenlager.*

Schwierig kann die Aufnahme von Halberzeugnissen sein, also von Produkten, deren Fertigungsprozeß noch nicht abgeschlossen ist. Sie unterscheiden sich nicht nur danach, welchen Fertigungsgrad sie bereits erreicht haben, sondern auch danach, ob sie sich unmittelbar in den Fertigungsstellen befinden, wo sie gerade bearbeitet werden, oder ob sie als Einzelteile und Teilerzeugnisse gelagert werden. Dadurch ergeben sich unterschiedliche Erfassungsschwierigkeiten. Am größten sind diese bei Erfassung der *unfertigen Erzeugnisse, die sich in Bearbeitung befinden.* Die mengenmäßige Erfassung wird hier nicht nur ein einfaches Auszählen, Wiegen oder Messen bedeuten, vielmehr sind die in Bearbeitung befindlichen Gegenstände nach dem jeweiligen Fertigungsgrad zu gruppieren, damit sie dem unterschiedlichen Kostenanfall entsprechend bewertet werden können. Bei Fließbandfertigung nimmt man gewöhnlich einen durchschnittlichen Fertigungsgrad an und rechnet die Halberzeugnisse diesem entsprechend in Fertigprodukte um, was die Bewertung erleichtert.

*Unfertige Erzeugnisse, die sich in Zwischenlagern befinden,* werden nach den Grundsätzen erfaßt, die für die Inventur von Stoffen und Waren gelten.

## Forderungen

Hier tritt an die Stelle der körperlichen Aufnahme die *Saldenliste.* In einer Aufstellung werden sämtliche Kunden mit Namen, Ort und Saldo aufgeführt. Die Endsummen müssen mit den entsprechenden Sachkonten für Forderungen übereinstimmen. Für den Nachweis zu erwartender Forderungsausfälle empfiehlt sich eine entsprechende Aufgliederung der Liste.

*Saldenbestätigungen* (bzw. Saldoanerkenntnisse) werden meist nur bei großen Beträgen gefordert. Streitigkeiten über die Höhe des Saldos sind rechtzeitig zu beheben.

## Wechsel und Schecks

Wechsel und Schecks bedürfen der Aufnahme auch dann, wenn entsprechende Nebenbuchhaltungen geführt werden, da die Aufzeichnungen ja durch die Inventur kontrolliert werden sollen. Etwaige Rück- und Protestwechsel sind getrennt vom Bestand normaler Handelswechsel aufzuführen. Man sollte neben Wechselsumme, Verfalltag und Zahlungsort den Bezogenen sowie Ort und Tag der Ausstellung angeben. Wenn laufend genaue Wechselnachweise geführt werden, genügt eine betragsmäßige Zusammenstellung, die mit den laufenden Aufzeichnungen abzustimmen ist.

## Kassenbestand

Der Kassenbestand ist in einem Aufnahmeprotokoll festzustellen, in dem seine Zusammensetzung im einzelnen nachgewiesen wird (siehe Beispiel S. 115).

Zu den Barbeständen rechnen auch Briefmarken und andere Wertzeichen.

Vorschußbelege u. a. dürfen nicht als Bargeld-Ersatz betrachtet werden, vielmehr ist der durch sie belegte Vorgang ordnungsmäßig zu buchen.

## Bankguthaben, Postgiro

Guthaben beim Postgiroamt und bei Banken werden durch *Auszug* belegt. Der Bestand des Auszuges muß mit dem eigenen Buchbestand genau verglichen werden. Bei Bankkonten wird es häufig Überschneidungen geben, da Ein- oder Auszahlungen bereits gebucht, von der Bank aber noch nicht gutgeschrieben oder belastet sind. Besondere Schwierigkeiten machen Schecks, die noch laufen. Am besten geht man bei der Abstimmung vom Bank- bzw. Postgiroauszug aus. Man setzt dazu, was in der eigenen Buchhaltung bereits gebucht, im Auszug aber noch nicht erfaßt ist. Was die Bank bzw. das Postgiroamt schon gebucht hat, in der eigenen Buchhaltung aber noch nicht enthalten ist, muß im Auszug abgesetzt werden. Liegen sonst keine Fehler vor, dann muß der Saldo des eigenen Kontos mit dem berichtigten Saldo des Auszuges übereinstimmen.

## Verbindlichkeiten aus Lieferungen und Leistungen

Verbindlichkeiten aus Lieferungen und Leistungen ergeben sich — wie die entsprechenden Forderungen — aus den Salden der Personenkonten. Bei großen oder ungeklärten Schuldposten ist unter Umständen eine Saldenbestätigung anzufordern.

## Wechselverbindlichkeiten

Die Wechselverbindlichkeiten ergeben sich aus dem Schuldwechselnachweis. Gemeint sind mit ihnen nicht die Obligoverpflichtungen aus weitergegebenen Wechseln, sondern die Verbindlichkeiten, die das Unternehmen als Akzeptant eines gezogenen oder als Aussteller eines eigenen Wechsels übernommen hat. Auf die Vollständigkeit des Schuldwechselnachweises, der mit dem Schuldwechselkonto abzustimmen ist, muß Wert gelegt werden.

## Bankschulden und sonstige Verbindlichkeiten

Die Inventur der Bankschulden bedeutet eine Saldenfeststellung anhand der Bankauszüge des Abschlußtages. Gegebenenfalls bedürfen die Salden wegen unterwegs befindlicher Überweisungen oder Auszahlungen noch der Korrektur.

Unter Umständen sind entsprechende Vertragsunterlagen mit heranzuziehen, besonders bei langfristigen Verbindlichkeiten und *Besicherungen*. Es darf nicht vorkommen, daß etwa unersichtlich bleibt, inwieweit Grundpfandrechte eingeräumt worden sind oder sonstige Kreditsicherungen gewährt wurden (Verpfändungen, Sicherungsübereignungen, Abtretungen u. a.). Die Angabe der Sicherheit ist bei Schulden wesentlich wichtiger als bei den Forderungen, da die Sicherungsgeschäfte unmittelbare Auswirkungen auf die Kreditfähigkeit des Unternehmens haben.

---

**Beispiel eines Protokolls über die Aufnahme der Werkskasse am 31. 12. 19.. um 9 Uhr**

1. B e s t a n d s a u f n a h m e

   Scheine

   | | | |
   |---|---|---|
   | 1 x 50,— | = 50,— DM | |
   | 2 x 20,— | = 40,— DM | |
   | 1 x 10,— | = 10,— DM | |
   | 3 x  5,— | = 15,— DM | 115,— DM |

   Münzen

   | | | |
   |---|---|---|
   | 41 x 5,— | = 205,— DM | |
   | 18 x 2,— | = 36,— DM | |
   | 32 x 1,— | = 32,— DM | |
   | 16 x 0,50 | = 8,— DM | |
   | 30 x 0,10 | = 3,— DM | |
   | 20 x 0,05 | = 1,— DM | |
   | 20 x 0,01 | = 0,20 DM | 285,20 DM |

   | | |
   |---|---|
   | Bargeld insgesamt | 400,20 DM |

2. B u c h b e s t ä n d e

   | | |
   |---|---|
   | Sollbeträge laut Kassenbuch Seite 197 | 33 295,73 DM |
   | ./. Habenbeträge laut Kassenbuch Seite 197 | 32 881,93 DM |
   | Saldo laut Kassenbuch Seite 197 | 413,80 DM |
   | ./. Unverbuchte Ausgabenbelege | 13,60 DM |
   | Bestand laut Kassenbuch ./. unverbuchte Belege | 400,20 DM |

3. S o l l - I s t - V e r g l e i c h

   | | |
   |---|---|
   | Sollbestand | 400,20 DM |
   | ./. Istbestand | 400,20 DM |
   | Differenz | — |

   | | |
   |---|---|
   | gez. Müller | gez. Lehmann |
   | Prüfer | Kassierer |

---

## 7.4 Gliederung des Inventars

Das Inventar folgt der Staffelform und gliedert sich in

— Vermögenswerte,

— Schuldwerte sowie

— Reinvermögen (Gegenüberstellung der Vermögens- und Schuldwerte).

Die Vermögenswerte, unterteilt in Anlage- und Umlaufvermögen, gliedert man nach ihrer zeitlichen Bindung bzw. steigenden Liquidierbarkeit (beginnend mit Immobilien, endend mit Kassenbestand), die Schulden nach Fälligkeit bzw. Dringlichkeit der Zahlung (beginnend mit langfristigen, endend mit kurzfristigen Schulden).

**Kontrollfragen**

1. *Welche Inhalte hat ein Inventurplan?*
2. *Nach welchen Kriterien sind Inventurlisten zu fertigen?*
3. *Welche Unterlagen werden unter Umständen für die Inventur*
   — *immaterieller Vermögensgegenstände,*
   — *Immobilien,*
   — *Finanzanlagen*
   *benötigt?*
4. *Wozu dient ein Saldoanerkenntnis?*
5. *Wie ist der Kassenbestand zu protokollieren?*
6. *Welche Schwierigkeit kann bei der Feststellung von Bank- und Postgiroguthaben auftreten?*
7. *Wie ist das Inventar gegliedert?*

## Beispiel für ein Inventar (gekürzte Darstellung)

**Inventar**

der Firma .................................................................................................... zum 31. 12. 19..

| | | | |
|---|---|---|---|
| **A. Vermögenswerte** | | | |
| **I. Anlagevermögen** | | | |
| 1. Kraftfahrzeuge | | | |
| 1 Lieferwagen Ford Kombi | | 14 500,— | |
| 1 VW-Kleinbus | | 22 000,— | 36 500,— |
| 2. Geschäftseinrichtung | | | |
| Verschiedene Geschäftseinrichtungen lt. Anlagenbuchführung | | | 85 400,— |
| 3. Genossenschaftsanteil | | | |
| 1 Anteil bei der Einkaufsgenossenschaft | | | 500,— |
| **II. Umlaufvermögen** | | | |
| 1. Waren (lt. Inventurlisten) | | | |
| 105 Kleinlüfter Art. Nr. 93 A | je 78,— | 8 190,— | |
| 80 Kleinlüfter Art. Nr. 93 B | je 91,— | 7 280,— | |
| 100 Radialventilatoren Art. Nr. 101/5 | je 198,90 | 19 890,— | |
| 84 Radialventilatoren Art. Nr. 104/5 | je 225,— | 18 900,— | |
| 40 Axialventilatoren Art. Nr. 204/1 | je 251,— | 10 040,— | |
| Verschiedene Ersatzteile | | 17 400,— | 81 700,— |
| 2. Forderungen (lt. Saldenliste) | | | |
| Jung, Karlsruhe | | 1.200,— | |
| Hagmann, Erlangen | | 6 100,— | |
| Hermann, Aalen | | 3 400,— | |
| Haferkorn, München | | 5 750,— | |
| May, Frankfurt | | 7 300,— | |
| Nordmann, Stuttgart | | 600,— | |
| Schwarzhaus, Heilbronn | | 9 250,— | |
| Toller, Bad Mergentheim | | 3 750,— | 37 350,— |
| 3. Besitzwechsel | | | |
| fällig am 10. 1. auf Göppingen | | 800,— | |
| fällig am 22. 1. auf München | | 1 200,— | |
| fällig am 3. 1. auf Stuttgart | | 600,— | 2 600,— |
| 4. Bankguthaben | | | 12 250,— |
| 5. Postgiroguthaben | | | 8 300,— |
| 6. Kasse (lt. Kassenprotokoll) | | | 2 000,— |
| **B. Schuldwerte** | | | |
| **I. Langfristige Schulden** | | | |
| 1. Bankschulden | | | 85 000,— |
| **II. Mittel- und kurzfristige Schulden** | | | |
| 1. Lieferantenschulden | | | |
| Expreß-Werke | | 15 500,— | |
| Rollato-Werke | | 13 500,— | |
| Klimatech GmbH | | 11 750,— | |
| Rapid AG | | 18 600,— | 59 350,— |
| 2. Schuldwechsel | | | |
| fällig am 15. 1., Aussteller: Schäfer & Co. | | 10 750,— | |
| fällig am 21. 1., Aussteller: Klimatech GmbH | | 2 300,— | |
| fällig am 9. 1., Aussteller: Expreß-Werke | | 7 000,— | 20 050,— |
| 3. Sonstige Verbindlichkeiten | | | |
| AOK | | 1 250,— | |
| Finanzamt für Umsatzsteuer | | 1 780,— | |
| Finanzamt für Lohnsteuer | | 1 225,— | 4 255,— |
| **C. Reinvermögen** | | | |
| Summe der Vermögenswerte | | 266 600,— | |
| ⁒ Summe der Schuldwerte | | 168 655,— | |
| = Reinvermögen (bzw. Eigenkapital) | | 97 945,— | |

# 4. HAUPTTEIL: ABSCHLÜSSE NACH HANDELS- UND STEUERRECHT

**Bearbeitet von:** Dr. Reinhard Heyd
StB Dr. Lieselotte Kotsch-Faßhauer
Dipl. oec. Norbert Leuz

# 1 Der Einfluß der Bilanztheorien auf die heutige Rechnungslegung

Seit Jahresabschlüsse erstellt werden, wird von wissenschaftlicher Seite untersucht, welchem Zweck sie dienen können und wie sie zur Erreichung dieses Zwecks optimal ausgestaltet sein sollen. Dabei wurden verschiedene Bilanztheorien entwickelt, welche mit unterschiedlichen Prämissen unterschiedliche Empfehlungen für die Jahresabschlußgestaltung geben.

Der nachhaltigste Einfluß auf die heutigen Rechnungslegungsvorschriften geht von der statischen und dynamischen Bilanzauffassung aus. Das Wissen um deren Grundzüge macht Fragen der Bilanzierung leichter verständlich.

## 1.1 Statische Bilanztheorie

Nach statischer Bilanztheorie soll ein Jahresabschluß mit seinem dominierenden Instrument, der Bilanz, in erster Linie eine vollständige Gegenüberstellung des Vermögens und der Schulden **(Vermögensstatus)** zum Zweck der **Schuldendeckungskontrolle** darstellen. Ziele sind dabei einerseits die Erschwerung von Unterschlagungen, andererseits der Einblick für Gläubiger in das zu ihrer Befriedigung bereitstehende Haftungspotential und (soweit möglich) in die Liquidität.

Aus dieser Funktion läßt sich ableiten, daß

— eine Bilanz vollständig sein muß (Vollständigkeitsgebot, Ausweis des gesamten eingesetzten Kapitals),

— der vorsichtig geschätzte Einzelveräußerungspreis (Verkehrswert) den zentralen Bilanzwert darstellt,

— die Gliederung der Einzelpositionen der Bilanz an Liquiditätsgesichtspunkten orientiert ist (vom Anlagevermögen zu den flüssigen Mitteln, vom langfristig zum kurzfristig angelegten Kapital).

Ein Ansatz von Einzelveräußerungspreisen wird **heute bei Überschuldung** verlangt, um die Zugriffsmasse im Konkursfalle zu ermitteln. Hieraus wird deutlich, daß Vermögen im statischen Sinne als Zerschlagungsvermögen interpretiert wird. Diese vom Reichsoberhandelsgericht (1873) vertretene Auffassung wurde später von Hermann Veit Simon relativiert, der zumindest für das Anlagevermögen die Bewertung zum Anschaffungspreis abzüglich Abschreibungen verlangte.

## 1.2 Dynamische Bilanztheorie

Demgegenüber sieht die dynamische Bilanztheorie (Schmalenbach) den Zweck eines Jahresabschlusses in der Darstellung der Geschäftsentwicklung als Erfolgsquellenrechnung im Zeitablauf **(Gewinnermittlung).** Durch den Vergleich des Periodenerfolgs sowie der einzelnen Erfolgskomponenten (Aufwendungen und Erträge) soll dem Kaufmann aufgezeigt werden, wo rentable bzw. weniger rentable Geschäftsbereiche liegen. Da der Jahresabschluß in seiner gesetzlich vorgeschriebenen Form längst seine Bedeutung als internes Kontroll-, Überwachungs- und Steuerungsinstrument an hierfür besser geeignete Instrumente verloren hat, soll er nach neueren Veröffentlichungen zur dynamischen Bilanztheorie insbesondere Anhaltspunkte dafür liefern, wieviel im Durchschnitt an Entnahmen bzw. Einkommen nachhaltig erwartet werden kann (z. B. für Aktionäre von Bedeutung).

**Zentrales Problem** der dynamischen Bilanztheorie ist die Ermittlung des Gewinns bzw. Abgrenzung der einzelnen Perioden voneinander. Dabei wird in Kauf genommen, daß durch gewisse Unzulänglichkeiten bei der Darstellungsweise von Jahresabschlüssen zwar nicht der „richtige" Gewinn ausgewiesen, wohl aber im Zeitablauf ein „Auf und Ab" in der Geschäftsentwicklung verfolgt werden kann. Daher sind hohe Anforderungen

— an die Vergleichbarkeit der Jahresabschlüsse und

— an die Erfolgsquellendarstellung

zu stellen, wobei solchen Angaben besondere Bedeutung zukommt, die Aufschluß über die **Nachhaltigkeit** der Erfolgskomponenten geben sollen (z. B. Trennung von gewöhnlichen und außergewöhnlichen Geschäftsvorgängen).


## 1.3 Die statische Bilanztheorie in den geltenden Rechnungslegungsvorschriften

Von den Grundsätzen statischer Bilanzauffassung beeinflußt sind z. B.

— die Definition der Vermögensgegenstände und der Schulden (vgl. S. 132),

— die Bilanzierungsverbote für Gründungsaufwendungen und nicht entgeltlich erworbene immaterielle Vermögensgegenstände des Anlagevermögens (§ 248 HGB),

— die Abschreibung auf den niedrigeren Wert am Abschlußstichtag (Niederstwertprinzip, § 253 Abs. 2 Satz 3, Abs. 3 Satz 1, 2 HGB),

— die Pflicht zur Rückstellungsbildung für ungewisse Verbindlichkeiten (§ 249 Abs. 1 HGB),

— die Ausschüttungssperre für Bilanzierungshilfen (§§ 269, 274 Abs. 2 HGB).

Darüber hinaus lassen sich Liquiditätsgesichtspunkte als Instrument der statischen Bilanztheorie aus dem gesonderten Ausweis von Forderungen mit einer Restlaufzeit von mehr als einem Jahr (§ 268 Abs. 4 HGB) und von Verbindlichkeiten mit einer Restlaufzeit bis zu einem Jahr (§ 268 Abs. 5 HGB) erkennen. Auch der Ausweis der nicht aus der Bilanz ersichtlichen Haftungsverhältnisse (§ 251 HGB) und der sonstigen finanziellen Verpflichtungen (§ 285 Nr. 3 HGB) soll Einblicke in mögliche künftige Zahlungsnotwendigkeiten gewähren.


## 1.4 Die dynamische Bilanztheorie in den geltenden Rechnungslegungsvorschriften

Die dynamische Bilanztheorie erfordert ein **Abgehen von reinen Zahlungsvorgängen** bei der Darstellung des Periodenerfolgs (Erfassung von Aufwendungen und Erträgen des Geschäftsjahres unabhängig vom Zahlungszeitpunkt, § 252 Abs. 1 Nr. 5 HGB). Das zeigt sich besonders bei

— der Bildung von Rechnungsabgrenzungsposten (§ 250 HGB),

— der Bildung von Aufwandsrückstellungen (§ 249 Abs. 2 HGB),

— der Bildung von Bilanzierungshilfen (§§ 269, 274 Abs. 2 HGB) und des entgeltlich erworbenen Geschäfts- oder Firmenwerts (§ 255 Abs. 4 HGB),

- der Pflicht zu planmäßiger Abschreibung im abnutzbaren Anlagevermögen (§ 253 Abs. 2 Satz 1 HGB),
- der Abschreibung zur Vermeidung von Wertansatzänderungen in nächster Zukunft im Umlaufvermögen (§ 253 Abs. 3 Satz 3 HGB).

Darüber hinaus hat sich die Prämisse der **Vergleichbarkeit** von Jahresabschlüssen im Zeitablauf auf viele Vorschriften ausgewirkt, z. B.
- Methoden- und Darstellungsstetigkeit (§§ 252 Abs. 1 Nr. 6, 265 Abs. 1 HGB),
- Angabe von Vorjahreszahlen (§ 265 Abs. 2 HGB),
- Angabe von Abweichungen von Bilanzierungs- und Bewertungsmethoden (§ 284 Abs. 2 Nr. 3 HGB).

Wenngleich Schmalenbachs Erfolgsquellenaufteilung nicht ins HGB übernommen wurde, finden sich auch zur GuV-Rechnung Hinweise auf dynamisches Gedankengut. Dies gilt vor allem für Angaben, die über die **Nachhaltigkeit** der Erfolgskomponenten Aufschluß geben können, z. B.
- Aufteilung in Ergebnis der gewöhnlichen Geschäftstätigkeit und außerordentliches Ergebnis (§ 275 HGB),
- Angabe, in welchem Umfang die Steuern vom Einkommen und vom Ertrag diese Teilergebnisse belasten (§ 285 Nr. 6 HGB),
- gesonderter Ausweis außerplanmäßiger und steuerlicher Abschreibungen (§§ 277 Abs. 3, 281 Abs. 2 HGB).

# 2 Handelsrechtliche Rechnungslegungsvorschriften

Die handelsrechtlichen Rechnungslegungsvorschriften sind durch das Bilanzrichtlinien-Gesetz[1] **schwerpunktmäßig** im Dritten Buch des **HGB** angeordnet. Es ist in folgende Anwendungsbereiche untergliedert:
- Vorschriften für alle Kaufleute,
- ergänzende Vorschriften für Kapitalgesellschaften,
- ergänzende Vorschriften für eingetragene Genossenschaften.

Bestimmungen in **handelsrechtlichen Nebengesetzen,** wie Aktiengesetz, GmbH-Gesetz, Genossenschaftsgesetz, sind auf spezifische Besonderheiten der jeweiligen Rechtsform begrenzt.

## 2.1 Vorschriften für alle Kaufleute

Die Vorschriften für alle Kaufleute (§§ 238 ff. HGB) betreffen
- Buchführung und Inventar,
- Eröffnungsbilanz und Jahresabschluß (Aufstellungsgrundsatz, Ansatz- und Bewertungsvorschriften),

---

[1] Das Bilanzrichtlinien-Gesetz (BGBl 1985 I S. 2355 ff.) transformiert die Vierte EG-Richtlinie über den Jahresabschluß von Kapitalgesellschaften, die Siebente Richtlinie über die Konzernrechnungslegung sowie die Achte Richtlinie über die Abschlußprüfungsqualifikationen in deutsches Recht.

— Aufbewahrung von Unterlagen, Aufbewahrungsfristen, Vorlage im Rechtsstreit,

— Anwendung auf Sollkaufleute.

Die §§ 238 bis 263 HGB gelten allgemein für **Einzelkaufleute und Personenhandelsgesellschaften** (vgl. auch S. 58). Unterhalb der Größen des Publizitätsgesetzes (§ 1 PublG) regeln sie die bilanziell-buchhalterischen Fragen abschließend. Die Anwendung der strengeren Vorschriften für Kapitalgesellschaften ist möglich.

# 2.2 Ergänzende Vorschriften für Kapitalgesellschaften

Der Anwendungsbereich, der die ergänzenden Vorschriften für **Kapitalgesellschaften** (d. h. für **AG, KGaA und GmbH)** enthält (§§ 264 ff. HGB), hat den Charakter eines besonderen Teils. Er regelt, welchen Vorschriften Kapitalgesellschaften und Konzerne **zusätzlich** unterworfen sind. Die Bestimmungen gliedern sich in

— Jahresabschluß der Kapitalgesellschaften und Lagebericht,

— Konzernabschluß und Konzernlagebericht,

— Prüfung,

— Offenlegung (Einreichung zu einem Register, Bekanntmachung im Bundesanzeiger), Veröffentlichung und Vervielfältigung, Prüfung durch das Registergericht,

— Verordnungsermächtigung für Formblätter und andere Vorschriften,

— Straf- und Bußgeldvorschriften, Zwangsgelder.

Für Gesellschaften, die unter das **Publizitätsgesetz** fallen (§§ 1, 5 PublG), und **Versicherungsunternehmen** (§ 55 VAG) gelten diese Vorschriften sinngemäß.
Die Anforderungen der §§ 264 ff. HGB sind von der Größenklasse abhängig (vgl. nachstehende Übersicht). Dies gilt z. B. für die Gliederung der Bilanz und der GuV-Rechnung, aber auch für die Prüfung und Offenlegung.

| Größengliederung des § 267 HGB | | | |
|---|---|---|---|
| Größenklassen<br>Merkmale | *Kleine*<br>Kapitalgesellschaft | *Mittelgroße*<br>Kapitalgesellschaft | *Große*<br>Kapitalgesellschaft |
| *Bilanzsumme*<br>in Mio. DM | kleiner als 3,9 | größer als 3,9<br>kleiner als 15,5 | größer als 15,5 |
| *Umsatz*<br>in Mio. DM | kleiner als 8 | größer als 8<br>kleiner als 32 | größer als 32 |
| *Anzahl der*<br>*Arbeitnehmer* | weniger als 50 | mehr als 50<br>weniger als 250 | mehr als 250 |

Für die Klassifizierung müssen zwei der drei Merkmale zutreffen. Eine Änderung der Größenklasse ergibt sich (außer bei Neugründung, Umwandlung oder Verschmelzung) erst dann, wenn die Merkmale an den Abschlußstichtagen von zwei aufeinanderfolgenden Geschäftsjahren jeweils über- oder unterschritten werden.

*Anmerkung:* Eine Kapitalgesellschaft gilt stets als große, wenn
— Aktien oder
— andere von ihr ausgegebene Wertpapiere
an einer Börse in einem Mitgliedstaat der EG zum amtlichen Handel zugelassen oder in den geregelten Freiverkehr einbezogen sind oder die Zulassung zum amtlichen Handel beantragt ist.

## 2.3 Ergänzende Vorschriften für eingetragene Genossenschaften

Die §§ 336 ff. HGB enthalten die ergänzenden Vorschriften für eingetragene Genossenschaften, nämlich

— über Pflicht und Aufstellung von Jahresabschluß und Lagebericht,

— zur Bilanz,

— zum Anhang und

— zur Offenlegung.

Das Genossenschaftsgesetz selbst ist auf genossenschaftsspezifische Vorschriften beschränkt.

**Kontrollfragen**

1. *Welches sind die grundlegenden Gedanken der statischen und der dynamischen Bilanztheorie?*

2. *Welche Erfordernisse stellen beide Bilanztheorien an den Jahresabschluß, und wie sind diese ansatzweise im geltenden Recht verwirklicht?*

3. *Nennen Sie Beispiele für Vorschriften, die*
   *— dem Einblick in die Liquiditätssituation,*
   *— dem Vergleichbarkeitsgrundsatz,*
   *— dem Einblick der Gläubiger in das vorhandene Haftungspotential dienen.*

4. *In welche Anwendungsbereiche sind die handelsrechtlichen Rechnungslegungsvorschriften aufgeteilt?*

5. *Wie lauten die Größenkriterien für kleine, mittlere und große Kapitalgesellschaften?*

# 3 Steuerrechtliche Vorschriften zur Gewinnermittlung

## 3.1 Betriebsvermögensvergleich und Einnahmen-Ausgaben-Rechnung

Bei den Einkünften aus Land- und Forstwirtschaft, Gewerbebetrieb und selbständiger Arbeit ist die Höhe der Einkünfte durch **Ermittlung des Gewinns** festzustellen (§ 2 Abs. 2 Nr. 1 EStG). Hierfür gibt es verschiedene Möglichkeiten:

— Betriebsvermögensvergleich nach § 4 Abs. 1 EStG,

— Betriebsvermögensvergleich nach § 5 EStG,

— Einnahmen-Ausgaben-Rechnung (Überschußrechnung) nach § 4 Abs. 3 EStG.

Diese zählen neben der Ermittlung des Gewinns aus Land- und Forstwirtschaft nach Durchschnittssätzen (§ 13 a EStG) zu den **ordentlichen** Gewinnermittlungsarten. Als **außerordentliche** Gewinnermittlung wird die Schätzung nach § 162 AO bezeichnet. Sie kommt im Falle lückenhafter, falscher oder fehlender Aufzeichnungen zur Anwendung.

Die Hauptunterschiede zwischen den Gewinnermittlungsarten und der jeweils in Betracht kommende Personenkreis sind aus der Übersicht auf S. 123 zu ersehen.

| Möglichkeiten der Gewinnermittlung | | |
|---|---|---|
| Betriebsvermögensvergleich (Bestandsvergleich) | | Einnahmen-Ausgaben-Rechnung |
| nach § 4 Abs. 1 EStG | nach § 5 EStG | nach § 4 Abs. 3 EStG |
| **1. Formel für die Gewinnermittlung** | Betriebsvermögen Abschlußjahr<br>∕. Betriebsvermögen Vorjahr<br>+ Entnahmen im Abschlußjahr<br>∕. Einlagen im Abschlußjahr<br><br>= Gewinn im Abschlußjahr | | Betriebseinnahmen<br>∕. Betriebsausgaben<br><br>= Gewinn |
| **2. Charakteristik** | — Bilanz wird nur für steuerliche Zwecke erstellt,<br>— keine doppelte Buchführung notwendig,<br>— kann bei Einkünften aus Land- und Forstwirtschaft und selbständiger Arbeit vorkommen. | — Maßgeblichkeit der Handelsbilanz ist zu beachten,<br>— doppelte Buchführung notwendig,<br>— kann nur bei Einkünften aus Gewerbebetrieb vorkommen. | — Es erfolgt im Grundsatz ein Saldenvergleich von Geldbewegungen (Geldverkehrsrechnung);<br>— Vereinfachungsregelung für Steuerpflichtige, deren nach ihren Verhältnissen eine Gewinnermittlung durch Bestandsvergleich nicht zugemutet werden kann;<br>— kann bei Einkünften aus Land- und Forstwirtschaft, Gewerbebetrieb und selbständiger Arbeit vorkommen. |
| **3. Personenkreis** | — Land- und Forstwirte, die zur Buchführung verpflichtet sind (Abschn. 12 Abs. 2 Satz 1 EStR),<br>— Land- und Forstwirte, die auf Antrag nach § 13 a Abs. 2 Nr. 1 EStG freiwillig Bücher führen und regelmäßig Abschlüsse machen (Abschn. 12 Abs. 2 Satz 2 EStR),<br>— freiberuflich und sonstige selbständig Tätige (§ 18 EStG), die freiwillig Bücher führen und regelmäßig Abschlüsse machen (Abschn. 142 Abs. 2 EStR). | — Vollkaufleute,<br>— Gewerbetreibende, die nur steuerrechtlich zur Buchführung verpflichtet sind (§§ 140, 141 AO),<br>— Kleingewerbetreibende bzw. Minderkaufleute, die handels- und steuerrechtlich nicht zur Buchführung verpflichtet sind (§ 4 HGB, §§ 140, 141 AO), aber freiwillig Bücher führen und regelmäßig Abschlüsse machen. | — Kleingewerbetreibende bzw. Minderkaufleute, die nicht zur Buchführung verpflichtet sind und freiwillig keine Bücher führen (§ 4 HGB, §§ 140 141 AO),<br>— freiberuflich und sonstige selbständig Tätige (§ 18 EStG), die freiwillig keine Bücher führen,<br>— Land- und Forstwirte, die weder zur Buchführung verpflichtet sind, noch die Voraussetzungen des § 13 a Abs. 1 Nr. 2 und 3 EStG erfüllen (Abschn. 127 Abs. 3 EStR),<br>— Land- und Forstwirte, die auf Antrag nach § 13 a Abs. 2 Nr. 2 EStG freiwillig Betriebseinnahmen und -ausgaben aufzeichnen und eine Überschußrechnung machen. |

## 3.2 Besonderheiten bei der Überschußrechnung

Im Gegensatz zur Gewinnermittlung durch Bestandsvergleich gibt es bei der Überschußermittlung **keinen Ansatz** von

— Rechnungsabgrenzungsposten,

— Wertberichtigungen oder

— Rückstellungen,

da hier lediglich die Geldvermögenssalden nach dem Zuflußprinzip des § 11 EStG festgestellt werden. Davon ausgenommen sind die Anschaffungs- oder Herstellungskosten des Anlagevermögens.

Während die Anschaffungs- oder Herstellungskosten der **nicht abnutzbaren** Wirtschaftsgüter des Anlagevermögens erst im Zeitpunkt der Veräußerung oder Entnahme zu Betriebsausgaben werden, sind für Wirtschaftsgüter des **abnutzbaren Anlagevermögens** analog zum Bestandsvergleich jährlich Abschreibungen als Betriebsausgaben zu verrechnen.

Erlaubt sind ferner die Vornahme von erhöhten Absetzungen und Sonderabschreibungen sowie die Anwendung der Bewertungsfreiheit für geringwertige Wirtschaftsgüter (Abschn. 40 Abs. 5 EStR). Nicht in Betracht kommen dagegen Teilwertabschreibungen und sonstige Maßnahmen zur Berücksichtigung von Wertschwankungen im Anlagevermögen.

Der Kauf von Wirtschaftsgütern des **Umlaufvermögens** führt im Zeitpunkt der Verausgabung zu Betriebsausgaben.

Ausdrücklich ausgenommen von der Berücksichtigung als Betriebseinnahme oder -ausgabe sind **Einlagen und Entnahmen, Kreditaufnahmen und Kreditrückzahlungen** sowie sogenannte durchlaufende Posten, die im Namen und für Rechnung eines anderen vereinnahmt und verausgabt werden (§ 4 Abs. 3 Satz 2 EStG). Sie berühren die Überschußrechnung nicht.

Darüber hinaus ist zu beachten, daß es bei der Überschußrechnung grundsätzlich **kein gewillkürtes Betriebsvermögen** (vgl. S. 137 f.) gibt. Das hat zur Folge, daß Aufwendungen aus der Anschaffung/Herstellung und Einnahmen aus der Veräußerung von Wirtschaftsgütern, die nach Bestandsvergleich zum gewillkürten Betriebsvermögen zählen würden, nicht als Betriebsausgaben oder -einnahmen behandelt werden dürfen. Davon ausgenommen sind privat und betrieblich genutzte Wirtschaftsgüter (z. B. Kfz), deren betrieblicher Nutzungsanteil nicht von untergeordneter Bedeutung ist und sich leicht von den privaten Kosten der Lebensführung trennen läßt (vgl. Abschn. 117 Abs. 2 EStR). Hier können anteilige Absetzungen für Abnutzung und ähnliche Aufwendungen, die durch die betriebliche Nutzung entstehen, als Betriebsausgaben angesetzt werden (Abschn. 17 Abs. 5 EStR).

**Beispiele zur Gewinnermittlung nach § 4 Abs. 3 EStG:**

— Ein Steuerberater kauft eine EDV-Anlage für sein Büro.

Die Anschaffungskosten sind nicht sofort Betriebsausgabe, sondern werden über die Laufzeit abgeschrieben und daher nur in Höhe der jährlichen Abschreibungen als Betriebsausgabe verrechnet.

— Ein Arzt kauft ein Grundstück, auf dem er sein Praxisgebäude errichten will.

Da es sich hierbei um nichtabnutzbares Anlagevermögen handelt, ist die Anschaffung zunächst gewinneutral. Erst bei Verkauf oder Entnahme wird der dann entstehenden Betriebseinnahme die Betriebsausgabe in Höhe der Anschaffungskosten gegenübergestellt.

— Ein Wirtschaftsprüfer kauft einen Posten Aktien.

Hat er die Gewinnermittlung nach § 4 Abs. 1 EStG gewählt, könnte er sie als gewillkürtes Betriebsvermögen führen. Dieser Weg ist nicht möglich bei einer Gewinnermittlung nach § 4 Abs. 3 EStG. Mit den Aktien zusammenhängende Einnahmen und Ausgaben einschließlich der Erträge sind keine Betriebseinnahmen oder -ausgaben.

124

— Ein Architekt kauft ein Auto, das er teilweise betrieblich nutzen will.

Obwohl ein Ansatz als gewillkürtes Betriebsvermögen nicht möglich ist, können anteilige Aufwendungen einschließlich der Abschreibungen in den Jahren der Nutzung als Betriebsausgaben angesetzt werden, sofern die betriebliche Nutzung nicht von untergeordneter Bedeutung ist und der betriebliche Nutzungsanteil sich leicht und einwandfrei von den nicht abzugsfähigen Kosten der Lebenshaltung trennen läßt (vgl. Abschn. 17 Abs. 5 Satz 5 EStR).

— Ein Kleingewerbetreibender erhält im Jahr 01 einen Posten Ware zu 500,— zuzüglich Umsatzsteuer, den er sofort bezahlt. Die Ware wird nach und nach im Folgejahr veräußert.

Hier kommt das Prinzip der Geldverkehrsrechnung voll zum Tragen. Im Jahr 01 werden die 500,— zuzüglich Vorsteuer in voller Höhe als Betriebsausgabe angesetzt, die Verkäufe des Folgejahrs einschließlich Umsatzsteuer sind Betriebseinnahmen. Eine gewinneutrale Behandlung von Vor- und Umsatzsteuer ergibt sich nach Abschn. 86 Abs. 4 EStR wie folgt:

| Betriebsausgabe | Betriebseinnahme |
|---|---|
| Vorsteuer bei Bezahlung an Lieferant | Vorsteuer (bei nächster Umsatzsteuervoranmeldung vom Finanzamt zu erstatten, mindert Umsatzsteuer-Zahllast) |
| Umsatzsteuer bei Zahlung an Finanzamt | Umsatzsteuer bei Verkauf an Kunden |

# 3.3 Wechsel der Gewinnermittlungsart

Da die für den einzelnen Steuerpflichtigen vorgeschriebene Gewinnermittlungsart an bestimmte Voraussetzungen anknüpft, kann sich bei Änderung der Voraussetzungen auch die Notwendigkeit einer Änderung der Gewinnermittlungsart ergeben, z. B. dadurch, daß

— eine der Wertgrenzen nach § 141 Abs. 1 AO überschritten wird oder

— freiwillig Bücher geführt und Abschlüsse gemacht werden.

In diesen Fällen ist ein Übergang von der Überschußermittlung nach § 4 Abs. 3 EStG zur Gewinnermittlung durch Bestandsvergleich nach § 4 Abs. 1 oder § 5 EStG geboten (vgl. Abschn. 19 EStR).

## 3.3.1 Notwendigkeit einer Gewinnberichtigung

Zwar ist über die Gesamtlebensdauer der Unternehmung der **Totalgewinn** als Summe der Periodengewinne von der Gewinnermittlungsart unabhängig, doch können sich auf den einzelnen **Periodengewinn** bezogen bzw. auf die bis zum Wechsel der Gewinnermittlungsart angefallenen Gewinne Unterschiede ergeben.

Alle Posten der Eröffnungsbilanz bzw. der letzten Bilanz vor dem Übergang zur Überschußermittlung sind daraufhin zu untersuchen, wie sie bei der vorherigen Gewinnermittlungsart behandelt werden. **Gewinnkorrekturen** sind immer dann vorzunehmen, wenn Geschäftsvorfälle bei den einzelnen Gewinnermittlungsarten unterschiedlich behandelt werden.

Wird ein Übergang von der Überschußrechnung zum Bestandsvergleich vorgenommen, so sind in der Eröffnungsbilanz die einzelnen Wirtschaftsgüter mit den Werten anzusetzen, mit denen sie zu Buche stehen würden, wenn von Anfang an der Gewinn durch Betriebsvermögensvergleich ermittelt worden wäre.

Im umgekehrten Falle müßten alle durch die doppelte Buchführung vorweggenommenen Zahlungsvorgänge (z. B. Rückstellungen u. ä.) rückgerechnet und alle durch die doppelte Buchführung nachträglich erfaßten Zahlungsvorgänge (z. B. passive Rechnungsabgrenzungsposten u. ä.) nachverrechnet werden.

### 3.3.2 Nicht korrekturbedürftige Wirtschaftsgüter

Folgende Bilanzpositionen erfahren regelmäßig bei einem Wechsel der Gewinnermittlungsart keine Veränderungen:

— Geldkonten,

— Anlagevermögen, sowohl abnutzbares als auch nicht abnutzbares, soweit dieses nach dem 1. 1. 1971 angeschafft wurde (maßgebend sind hier die tatsächlichen Anschaffungs- oder Herstellungskosten bzw. die um AfA nach § 7 EStG verminderten Anschaffungs- oder Herstellungskosten),

— Eigenkapital,

— Schulden, bei denen bereits Geld zugeflossen ist, also Bank- oder Darlehensschulden (keine Warenschulden),

— Forderungen, bei denen bereits Geld abgeflossen ist (keine Forderungen aus Lieferungen und Leistungen).

### 3.3.3 Korrekturbedürftige Wirtschaftsgüter

Dagegen bedarf es einer Hinzu- oder Abrechnung für

— Waren- und Materialbestände,

— Warenforderungen, Forderungen aus Anlageverkäufen und sonstige Forderungen,

— Warenverbindlichkeiten, Kundenanzahlungen, Verbindlichkeiten aus Anlagekäufen und sonstige Verbindlichkeiten,

— nicht abnutzbares Anlagevermögen, das vor dem 1. 1. 1971 angeschafft wurde,

— Rechnungsabgrenzungsposten,

— Rückstellungen,

— Wertberichtigungen auf Forderungen,

— Besitz- und Schuldwechselbestand aus Lieferungen und Leistungen,

— Scheckbestand,

— Damnum,

— steuerfreie Rücklagen.

Ferner sind Teilwertabschreibungen bzw. höhere Teilwerte (z. B. bei Valutaverbindlichkeiten) erst im Zeitpunkt des Übergangs gesondert vorzunehmen oder rückzurechnen. Vgl. Übersicht auf S. 127.

### 3.3.4 Behandlung gewillkürten Betriebsvermögens

Die Einbeziehung von gewillkürtem Betriebsvermögen ist grundsätzlich nur bei einer Gewinnermittlung durch Bestandsvergleich möglich. Insoweit ist eine Einlage zum Teilwert beim Wechsel zur Gewinnermittlung nach Bestandsvergleich zu buchen, jedoch im umgekehrten Falle (d. h. Wechsel zur Überschußrechnung) keine Entnahme (§ 4 Abs. 1 Satz 3 EStG, Abschn. 13 a Abs. 2 Satz 9 EStR).

### 3.3.5 Behandlung eines Übergangsgewinns

Die Summe der Hinzurechnungen abzüglich der Summe der Abrechnungen ergibt den Übergangsgewinn, der dem laufenden Gewinn zuzuschlagen ist. Da dieser im Einzelfall eine hohe Größenordnung erreichen kann, eröffnet Abschn. 19 Abs. 1 Satz 8 EStR die Möglichkeit, ihn bezüglich seiner Steuerwirksamkeit auf **drei Jahre** zu verteilen.

| Notwendige Gewinnkorrekturen bei Wechsel der Gewinnermittlungsart | | |
|---|---|---|
| | Von der Überschußrechnung zum Bestandsvergleich | Vom Bestandsvergleich zur Überschußrechnung |
| Waren- und Materialbestände | Hinzurechnung | Abrechnung |
| Forderungen aus Lieferungen und Leistungen | Hinzurechnung | Abrechnung |
| Verbindlichkeiten aus Lieferungen und Leistungen | Abrechnung | Hinzurechnung |
| Nicht abnutzbares Anlagevermögen, das vor dem 1. 1. 1971 angeschafft wurde | Hinzurechnung | Abrechnung |
| Aktive Rechnungsabgrenzungsposten | Hinzurechnung | Abrechnung |
| Passive Rechnungsabgrenzungsposten | Abrechnung | Hinzurechnung |
| Rückstellungen | Abrechnung | Hinzurechnung |
| Wertberichtigungen auf Forderungen | Abrechnung | Hinzurechnung |
| Besitzwechsel auf Forderungen | Hinzurechnung | Abrechnung |
| Schuldwechsel auf Forderungen | Abrechnung | Hinzurechnung |
| Scheckbestand auf Forderungen | Hinzurechnung | Abrechnung |
| Damnum | Hinzurechnung | Abrechnung |
| Teilwertabschreibung | erst noch vorzunehmen (Abrechnung) | Rückrechnung (Hinzurechnung) |
| Höherer Teilwert von Valutaverbindlichkeiten | erst noch vorzunehmen (Abrechnung) | Rückrechnung (Hinzurechnung) |

Erfolgt eine Betriebsveräußerung, Betriebsaufgabe oder ein unentgeltlicher Übergang für einen Betrieb, für den bisher die Überschußermittlung nach § 4 Abs. 3 EStG zur Anwendung kam, so bedarf es der Fiktion des Übergangs zum Bestandsvergleich unmittelbar vor der Übertragung oder Aufgabe des Betriebs. In diesem Fall ist eine Aufteilung des Übergangsgewinns auf drei Jahre nicht zulässig (Abschn. 17 Abs. 6 EStR). Milderung der Einkommensteuerprogression ist jedoch nach § 34 EStG begrenzt möglich.


**Kontrollfragen** _____

1. *Welche Charakteristika weisen die drei vom Steuerrecht vorgesehenen Gewinnermittlungsarten auf, und für welchen Personenkreis sind die jeweiligen Verfahren vorgeschrieben?*

2. *Welche grundlegenden Unterschiede bestehen zwischen den Gewinnermittlungsarten durch Bestandsvergleich und der Gewinnermittlung nach § 4 Abs. 3 EStG?*

3. *Ist bei einer Gewinnermittlung nach § 4 Abs. 3 EStG ein gewillkürtes Betriebsvermögen denkbar? Wie sind hier gemischt genutzte Wirtschaftsgüter zu behandeln?*

4. *Welche Maßnahmen sind bei einem Wechsel der Gewinnermittlungsarten notwendig? Nennen Sie beispielhaft einige Fälle, in denen Posten zum Übergangsgewinn hinzu- bzw. von diesem abgerechnet werden müssen, und begründen Sie Ihre Angaben.*

# 4 Die Maßgeblichkeit der Handelsbilanz für die Steuerbilanz und ihre Umkehrung

## 4.1 Grundsatz der Maßgeblichkeit

Der Maßgeblichkeitsgrundsatz, der dem angelsächsischen Bilanzrecht weitgehend fremd ist, hat in Deutschland eine lange Tradition (zurückgehend bis zum Sächsischen Einkommensteuergesetz von 1874 oder zum Preußischen Einkommensteuergesetz von 1891). Er ist die Grundlage für die Beziehung zwischen Handels- und Steuerbilanz.

Das Maßgeblichkeitsprinzip verlangt in § 5 Abs. 1 EStG

— den Ansatz des steuerlichen Betriebsvermögens nach den handelsrechtlichen Grundsätzen ordnungsmäßiger Buchführung,

— soweit nicht zwingende steuerliche Vorschriften entgegenstehen.

Diese Regel gilt im Grundsatz für Ansatz und Bewertung gleichermaßen.

Trotz anerkannter Unterschiede in der Zwecksetzung werden damit die Vorschriften und Grundsätze des Handelsrechts auch für die steuerliche Gewinnermittlung bindend, wobei jedoch einige Korrekturen der handelsrechtlichen Rechnungslegungsvorschriften in Form von steuerrechtlichen Spezialvorschriften notwendig sind. Die **Steuerbilanz** ist daher keine selbständige, sondern eine aus der Handelsbilanz **abgeleitete Bilanz.**

## 4.2 Bilanzansatz

In bezug auf Fragen des Bilanzansatzes (Aktivierung oder Passivierung) besagt das Maßgeblichkeitsprinzip folgendes:

Handelsrechtliche **Ansatzge- und -verbote** sind grundsätzlich in die Steuerbilanz zu übernehmen, unabhängig davon, ob es sich um Aktiv- oder Passivposten handelt.

Für **Ansatzwahlrechte** gelten unterschiedliche Vorschriften auf der Aktiv- und Passivseite. Aus der Aufgabe der Steuerbilanz (Ermittlung des Einkommens zum Zwecke der Einkommensbesteuerung) folgert der BFH (Urteil vom 3. 2. 1969, BStBl 1969 II S. 291):

— für handelsrechtliche Aktivierungswahlrechte gelten steuerliche Aktivierungspflichten und

— für handelsrechtliche Passivierungswahlrechte gelten steuerliche Passivierungsverbote.

**Ausnahmen:** Allerdings ist die Aktivierung von **Bilanzierungshilfen** (vgl. S. 141) mit Blick auf deren fehlende Wirtschaftsguteigenschaft steuerlich gänzlich untersagt. Sowohl **aktive wie passive latente Steuerabgrenzungsposten** der Handelsbilanz finden wegen ihres spezifisch handelsrechtlichen Charakters ebenfalls keine steuerliche Entsprechung.

## 4.3 Bewertung

Obwohl dies in der Literatur einige Zeit umstritten war, gilt das Maßgeblichkeitsprinzip grundsätzlich auch im Bereich der Bewertung. Es besagt auch hier, daß die handelsrechtlichen Bewertungsvorschriften einschließlich der bewertungsrelevanten GoB für die steuerliche Gewinnermittlung maßgebend sind, sofern keine zwingenden steuerlichen Vorschriften entgegenstehen.

Besteht also **handelsrechtlich eine Pflicht** und **steuerlich ein Wahlrecht** zur Durchführung eines bestimmten Bewertungsvorgangs (z. B. handelsrechtlich Pflicht zur Abschreibung nach strengem Niederstwertprinzip im Umlaufvermögen gemäß § 253 Abs. 3 HGB und steuerlich Wahlrecht zu einer Teilwertabschreibung nach § 6 Abs. 1 Nr. 2 Satz 2 EStG), so bedingt nach dem Maßgeblichkeitsprinzip die handelsrechtliche Bewertung auch die steuerliche Vorgehensweise.

### 4.3.1 Maßgeblichkeit und faktische umgekehrte Maßgeblichkeit

Gewähren dagegen **Handels- und Steuerrecht ein Bewertungswahlrecht** gleicherma-ßen, so hat die Wahlrechtsausübung im Rahmen der GoB und des steuerlichen Bewer-tungsspielraums **einheitlich** zu erfolgen (BFH-Urteil, BStBl 1986 II S. 350). Für den Außen-stehenden ist in dem hier unterstellten Fall einer Wahlrechtsausübung nicht festzustel-len, ob handels- oder steuerrechtliche Überlegungen für den Wertansatz ausschlacge-bend waren. Waren steuerliche Überlegungen ausschlaggebend (z. B. um die Ertragsteu-ern zu minimieren), so kann man von einer Maßgeblichkeit der Steuerbilanz für die Handelsbilanz sprechen (sogenannte faktische umgekehrte Maßgeblichkeit).

### 4.3.2 Kodifizierte umgekehrte Maßgeblichkeit

In der Praxis wichtiger als die Fälle der faktischen umgekehrten Maßgeblichkeit sind bestimmte steuerliche Wahlrechte, die der handelsrechtlichen Rechnungslegung fremd sind. Es handelt sich um steuerliche Wahlrechte, die den Unternehmen aus außerfiskali-schen, z. B. umwelt- und wirtschaftspolitischen Gründen gewährt werden und zu Steuer-vorteilen führen. Um hier die Einheit zwischen Handels- und Steuerbilanz zu wahren, wurden gesetzliche Vorschriften sowohl im Handels- als auch im Steuerrecht erlassen, die eine gleichlautende Bewertung ermöglichen bzw. sicherstellen.

— Bis Wirtschaftsjahr 1989 beruht die kodifizierte umgekehrte Maßgeblichkeit auf § 6 Abs. 3 EStG, nach welchem erhöhte Absetzungen, Sonderabschreibungen und bestimmte Abzüge von den Anschaffungs- und Herstellungskosten steuerlich nur vor-genommen werden dürfen, wenn auch handelsrechtlich so verfahren wird.

  Ab Wirtschaftsjahr 1990 ist die umgekehrte Maßgeblichkeit umfassend in § 5 Abs. 1 Satz 2 EStG geregelt, wonach steuerrechtliche Wahlrechte bei der Gewinnermittlung in Übereinstimmung mit der handelsrechtlichen Jahresbilanz auszuüben sind. Dadurch werden gegenüber der früheren Rechtslage auch bewertungsbedingte Steu-ervergünstigungen, wie z. B. steuerfreie Rücklagen, von der Umkehrmaßgeblichkeit erfaßt.

— Die Übernahme solcher nur auf steuerlichen Vorschriften beruhenden Wahlrechte in die Handelsbilanz wird durch §§ 254 und 247 Abs. 3 HGB erlaubt.

Es gibt aber auch steuerliche Bewertungswahlrechte, für die keine Maßgeblichkeit ver-langt wird, z. B. Preissteigerungsrücklage nach § 51 Abs. 1 Nr. 2 b EStG. Hierfür gelten handelsrechtlich bei Kapitalgesellschaften und Nichtkapitalgesellschaften unterschiedli-che Vorschriften.

#### 4.3.2.1 Übernahme steuerlicher Wahlrechte bei Nicht-Kapitalgesellschaften

Nicht-Kapitalgesellschaften haben die Möglichkeit, die steuerlichen Werte über § 254 bzw. § 247 Abs. 3 HGB in die Handelsbilanz einzuführen, unabhängig davon, ob eine Übernahme dieser Werte ins Handelsrecht steuerlich verlangt wird oder nicht.

#### 4.3.2.2 Übernahme steuerlicher Wahlrechte bei Kapitalgesellschaften

Kapitalgesellschaften haben dagegen eine Ansatzmöglichkeit von steuerlichen Werten, die über das handelsrechtliche Maß hinausgehen, nur, wenn die Anwendung der steuer-lichen Vorschrift eine entsprechende handelsrechtliche Vorgehensweise voraussetzt (§§ 273, 279 Abs. 2 HGB). Andernfalls darf ein entsprechender Wertansatz in der Han-delsbilanz von Kapitalgesellschaften nicht gebildet werden, was zu einer Durchbrechung des Maßgeblichkeitsprinzips führt (z. B. bei steuerfreien Rücklagen nach 8 UmwStG).

### 4.3.3 Maßgeblichkeitsprinzip und Wertaufholung

Die Vorschriften über die Beibehaltung eines niedrigeren Wertes oder über die Wertaufholung sind von der Rechtsform abhängig.
**Nicht-Kapitalgesellschaften** können niedrigere Wertansätze beibehalten, auch wenn die Gründe dafür nicht mehr bestehen (§ 253 Abs. 5, § 254 Satz 2 HGB).

Für **Kapitalgesellschaften** besteht bei Wegfall der Abschreibungsgründe eine Wertaufholungspflicht (§ 280 Abs. 1 HGB). Allerdings kann nach § 280 Abs. 2 HGB der niedrigere Wert handelsrechtlich beibehalten werden,

— wenn dieser Wert auch steuerlich beibehalten werden kann und

— wenn Voraussetzung für die Beibehaltung ist, daß der niedrigere Wertansatz auch in der Handelsbilanz beibehalten wird.

Durch die letztgenannte Prämisse unterscheidet sich die Regelung von der für Nicht-Kapitalgesellschaften. In bestimmten Fällen kann es dadurch bis Wirtschaftsjahr 1989 zu einer Durchbrechung des Maßgeblichkeitsgrundsatzes kommen. Vgl. hierzu die ausführliche Darstellung auf S. 240 ff.


### 4.3.4 Herstellungskosten und Maßgeblichkeitsprinzip

In der Literatur war umstritten, wie das Maßgeblichkeitsprinzip im Bereich der Herstellungskostenermittlung auszuüben ist. Hier gewähren Handels- und Steuerrecht unterschiedliche Wahlrechte hinsichtlich der Einbeziehung bestimmter Kostenbestandteile. Fraglich war, ob aus dem für die Ansatzwahlrechte geltenden BFH-Grundsatz zu folgern ist, daß ein handelsrechtliches Einbeziehungswahlrecht steuerlich eine Einbeziehungspflicht nach sich zieht, sofern keine zwingenden (formell-)steuergesetzlichen Vorschriften[1] entgegenstehen?

Mit Blick darauf, daß es sich bei der Herstellungskostenberechnung um ein reines Bewertungsproblem handelt, sollten jedoch die hierfür geltenden Grundsätze Anwendung finden, wie sie seit langem, insbesondere von Rechtsprechung und Finanzverwaltung, vertreten werden. Danach ist die Wahlrechtsausübung gleichgerichtet vorzunehmen, wenn in den Steuergesetzen der Wertansatz nicht eindeutig festgelegt ist, handelsrechtlich ein Bewertungswahlrecht besteht und der in der Handelsbilanz gewählte Wertansatz sich in dem durch die Steuergesetze gesteckten Rahmen bewegt.[2] Demnach gilt:

— Bestehen handels- und steuerrechtliche Einbeziehungsgebote (z. B. für Material- und Fertigungseinzelkosten) oder -verbote (z. B. für Vertriebskosten), so sind diese jeweils zu beachten.

— Besteht handelsrechtlich ein Einbeziehungswahlrecht, steuerlich aber eine Einbeziehungspflicht (z. B. für Material- und Fertigungsgemeinkosten), so gilt kein Maßgeblichkeitsprinzip, da steuerrechtliche Regelungen zwingend die freie handelsrechtliche Wahlrechtsausübung in der Steuerbilanz ersetzen.

— Besteht handels- und steuerrechtlich ein Einbeziehungswahlrecht, so ist dies nach dem Maßgeblichkeitsprinzip gleichgerichtet auszuüben.


### Kontrollfragen

*1. Was besagt das Maßgeblichkeitsprinzip bezüglich Ansatzgeboten, -verboten und -wahlrechten?*

---

[1] Abschn. 33 EStR ist in dem Zusammenhang nicht als gesetzliche Regelung, sondern als interne Verwaltungsvorschrift anzusehen.

[2] Vgl. Schneeloch: Herstellungskosten in Handels- und Steuerbilanz, in: DB 1989, S. 291.

2. Was versteht man unter faktischer und kodifizierter umgekehrter Maßgeblichkeit? Nennen Sie Beispiele.

3. Wann kann es durch das Prinzip vom strengen Wertzusammenhang nach § 6 Abs. 1 EStG zu einer Durchbrechung des Maßgeblichkeitsprinzips kommen?

4. Welche Unterschiede bestehen zwischen Nichtkapitalgesellschaften und Kapitalgesellschaften in bezug auf die Übernahme steuerlicher Werte in die Handelsbilanz?

5. Welche Wertaufholungsregelungen bestehen für Kapitalgesellschaften in Handels- und Steuerrecht?

---

# 5 Bilanzansatz dem Grunde nach: Aktivierung und Passivierung

| Die grundsätzlichen Bilanzierungsentscheidungen | |
|---|---|
| Vor dem Ansatz eines Postens in der Bilanz sind stets drei Fragen zu klären: | |
| (1) Ist der Posten bilanzierungsfähig? | — Mit dieser Frage ist die Bilanzierung dem Grunde nach angesprochen. Der **formale** Bilanzinhalt wird festgelegt.<br>— Bei Verneinung der Frage bzw. Vorliegen eines Bilanzierungsverbots erscheint der fragliche Posten nicht in der Bilanz.<br>— Bei Bejahung der Frage ist zwischen **Bilanzierungspflicht** und **-wahlrecht** zu unterscheiden. Die Ausübung des Wahlrechts ist in das Ermessen des Kaufmanns gestellt.<br>— Wegen der unterschiedlichen Zwecksetzung können in Handels- und Steuerbilanz (trotz des Maßgeblichkeitsprinzips) Abweichungen auftreten. |
| (2) Wo ist der Posten auszuweisen? | — Mit dieser Frage werden die **Bezeichnung** und die **Einordnung** des fraglichen Postens angesprochen.<br>— Bezeichnung und Einordnung eines Postens sind von der **Bilanzgliederung** abhängig.<br>— Gliederungsfragen spielen in der Steuerbilanz keine Rolle. |
| (3) Mit welchem Betrag ist der Posten anzusetzen? | — Mit dieser Frage ist die **Bilanzierung der Höhe nach**, d. h. die **Bewertung** angesprochen. Hierdurch wird der **materielle** Bilanzinhalt bestimmt.<br>— Bewertungsprobleme entstehen bei allen Posten außer den liquiden Mitteln (Bargeld, Postgiro-, Bankguthaben).<br>— Die Wertfindung richtet sich nach Bewertungsmethoden, die zum einen **Wahlrechte**, zum anderen **Schätzungsspielräume** einräumen können.<br>— Handels- und Steuerbilanzansatz können differieren. |

## 5.1 Bilanzierungsfähigkeit

Unter Bilanzierungsfähigkeit eines Wirtschaftsguts versteht man die Eignung, als Aktiv- oder Passivposten in der Bilanz berücksichtigt werden zu können. Gemäß der Doppik der Buchführung und der Zweiseitigkeit der Bilanz läßt sich der Begriff der Bilanzierungsfähigkeit in die Teilbegriffe der Aktivierungs- und Passivierungsfähigkeit aufgliedern.

9 *

Eine Bilanzierungsfähigkeit ist immer dann gegeben, wenn

— Vermögensgegenstände oder Schulden vorliegen, die dem (Betriebs-)Vermögen des Bilanzierenden zuzurechnen sind und

— kein gesetzliches Verbot im Einzelfall die Bilanzierung verhindert.

Daneben sind Rechnungsabgrenzungsposten und Eigenkapitalposten nach den entsprechenden Vorschriften zu bilanzieren.

### 5.1.1 Vermögensgegenstände und Schulden

Die Begriffe Vermögensgegenstände und Schulden sind unbestimmte Rechtsbegriffe, deren Inhalte vor allem durch Literatur und Rechtsprechung näher definiert worden sind.

Im Gegensatz zu dieser handelsrechtlichen Begriffssystematik unterscheidet das Steuerrecht positive und negative Wirtschaftsgüter.

#### 5.1.1.1 Vermögensgegenstände

Folgende Merkmale kennzeichnen den Begriff des Vermögensgegenstandes:

— Es muß sich um wirtschaftliche Werte handeln, die für das Unternehmen einen zukünftigen Nutzen erwarten lassen.

— Der Vermögensgegenstand muß selbständig bewertbar sein (d. h., es bedarf eines geeigneten Wertmaßstabs, in der Regel durch Vorliegen von Aufwendungen).

— Der Vermögensgegenstand muß selbständig verkehrsfähig, d. h. einzeln veräußerbar sein. Dieses Erfordernis knüpft an das Gläubigerschutzinteresse an, einzelne Objekte zur Schuldentilgung verwerten zu können.

#### 5.1.1.2 Schulden

Der bilanzrechtliche Begriff der **Schulden** bzw. Verbindlichkeiten beinhaltet dagegen:

— Es muß sich um Belastungen des Vermögens handeln.

— Diese Belastungen müssen auf einer rechtlichen oder wirtschaftlichen Leistungsverpflichtung des Unternehmens beruhen.

— Sie müssen selbständig bewertbar (d. h. als solche abgrenzbar und nicht nur Ausfluß des allgemeinen Unternehmensrisikos) sein.

Schulden können sicher oder unsicher sein. Als sicher wird eine Schuld oder Verbindlichkeit angesehen, wenn sie sowohl dem Grunde als auch der Höhe nach gewiß ist.

Die unsicheren Verbindlichkeiten werden als **Rückstellungen** bezeichnet. Sie können handelsrechtlich dem Grunde und/oder der Höhe nach ungewiß sein. Ihr Ansatz ist in § 249 HGB geregelt (vgl. Übersicht S. 133).

### 5.1.2 Wirtschaftsgut

Das handelsrechtliche Begriffspaar Vermögensgegenstände und Schulden ist mit dem steuerrechtlichen Begriff (positives und negatives) Wirtschaftsgut nicht ganz deckungsgleich. Nach der herrschenden Auslegung liegt ein Wirtschaftsgut vor,

— wenn Aufwendungen entstanden sind, die einen über das Wirtschaftsjahr hinausgehenden Nutzen versprechen, und

— wenn das durch die Aufwendungen Geschaffene selbständig bewertbar (jedoch nicht notwendigerweise selbständig veräußerbar) ist.

Der Wirtschaftsgutbegriff umfaßt nämlich auch Güter, die zwar bei einer Veräußerung des Unternehmens den Gesamtkaufpreis erhöhen, aber selbst nicht einzeln veräußerbar

| Bildung von Rückstellungen nach § 249 HGB | | |
|---|---|---|
| Passivierungspflicht für | Passivierungswahlrecht für | Passivierungs-verbot |
| 1. Ungewisse Verbindlichkeiten — darunter auch für laufende Pensionen und Pensionsan-wartschaften (soweit Ver-pflichtung nach dem 31.12.1986 eingegangen); 2. drohende Verluste aus schwe-benden Geschäften; 3. im Geschäftsjahr unterlassene Aufwendungen a) für Instandhaltung, die im fol-genden Geschäftsjahr inner-halb von drei Monaten, b) für Abraumbeseitigung, die im folgenden Geschäftsjahr nachgeholt werden; 4. Gewährleistungen, die ohne rechtliche Verpflichtung erbracht werden. | 1. Im Geschäftsjahr unterlassene Aufwendungen für Instandhal-tung, die im folgenden Geschäftsjahr nach Ablauf der ersten drei Monate nachgeholt werden; 2. Aufwandsrückstellungen, die — ihrer Eigenart nach genau umschrieben, — diesem oder einem früheren Geschäftsjahr zuordenbar, — am Abschlußstichtag wahr-scheinlich oder sicher, — hinsichtlich ihrer Höhe oder des Zeitpunkts ihres Eintritts unbestimmt sind. | Keine Rückstel-lungsbildung für andere Zwecke. |

sind, z. B. Firmenwert einer Unternehmung. Dieser ist nach Handelsrecht kein Vermö-gensgegenstand, sondern eine Bilanzierungshilfe, wohingegen das Steuerrecht bei ihm ein aktivierungspflichtiges Wirtschaftsgut bejaht.

Unterschiede bestehen auch zwischen dem Begriff der Schulden und der negativen Kom-ponente des Wirtschaftsgutbegriffs, und zwar hinsichtlich der **ungewissen Schulden** bzw. **Rückstellungen.**

Steuerrechtlich ist die Bildung und Beibehaltung von Rückstellungen gegenüber dem Handelsrecht eingeschränkt. Rückstellungen, die in der Handelsbilanz lediglich gebildet werden dürfen, jedoch nicht müssen (Passivierungswahlrecht), sind in der Steuerbilanz nicht zugelassen. Steuerlich bestehen auch Einschränkungen hinsichtlich der Rückstel-lungen für ungewisse Verbindlichkeiten. Sie müssen steuerlich dem Grund nach gewiß, dürfen lediglich nach Höhe und/oder Zeitpunkt des Eintretens ungewiß sein. So kann beispielsweise in der Handelsbilanz eine Rückstellung wegen Patentverletzung schon gebildet werden, wenn Klarheit über die Patentverletzung besteht, in der Steuerbilanz dagegen erst, wenn

— der Beeinträchtigte Ansprüche geltend gemacht hat oder

— mit einer Inanspruchnahme ernsthaft zu rechnen ist (§ 5 Abs. 3 EStG).

Zu beachten ist ferner die eingeschränkte Bildung von Jubiläumsrückstellungen (§ 5 Abs. 4 EStG).

## 5.1.3 Rechnungsabgrenzungsposten

Als weiterer bilanzierungsfähiger Posten des Handels- und Steuerrechts stellen sich die Rechnungsabgrenzungsposten dar. Sie sind weder Vermögensgegenstand bzw. Wirt-schaftsgut noch Schulden, sondern bewirken eine buchhalterische Aufteilung der Erfolgswirkungen von Zahlungsvorgängen auf zwei Rechnungsperioden nach bestimm-ten Regeln. Dabei können die Erfolgswirkungen den Zahlungsvorgängen zeitlich vor-

oder nachgelagert sein. Demzufolge spricht man von antizipativen bzw. von transitorischen Rechnungsabgrenzungsposten.

Der Bilanzposten der Rechnungsabgrenzungsposten beinhaltet allerdings nur **transitorische** Posten (§ 250 HGB, § 5 Abs. 4 EStG), da die antizipativen Posten unter „Sonstigen Forderungen" bzw. „Sonstigen Verbindlichkeiten" auszuweisen sind.

Zu unterscheiden sind aktive und passive Rechnungsabgrenzungsposten:

— Als aktive Rechnungsabgrenzungsposten sind Ausgaben vor dem Bilanzstichtag auszuweisen, soweit sie Aufwand für eine bestimmte Zeit nach diesem Tag darstellen (§ 250 Abs. 1 Satz 1 HGB, § 5 Abs. 5 Nr. 1 EStG).

— Als passive Rechnungsabgrenzungsposten sind Einnahmen vor dem Bilanzstichtag auszuweisen, soweit sie Ertrag für eine bestimmte Zeit nach dem Bilanzstichtag darstellen (§ 250 Abs. 2 HGB, § 5 Abs. 5 Nr. 2 EStG).

Die Rechnungsabgrenzungsposten resultieren somit nur aus Vorgängen, in denen die Einnahmen oder Ausgaben von vornherein einem bestimmten Zeitraum nach dem Bilanzstichtag erfolgsrechnerisch zuzuordnen sind. Typische Beispiele für Rechnungsabgrenzungsposten sind zeitraumbezogene Ein- oder Auszahlungen, wie z. B. Miete, Pacht, Versicherungsprämien, Beiträge, Zinsen, Kfz-Steuern u. a., wobei sich der Zeitraum, für den diese Beträge gezahlt oder erhalten werden, mit dem Geschäftsjahreswechsel überschneidet oder an diesen anschließt (vgl. auch S. 55 ff.).

Darüber hinaus dürfen handelsrechtlich in die Rechnungsabgrenzungsposten der Aktivseite einbezogen werden **(Bilanzierungswahlrecht)**:

— als Aufwand berücksichtigte Zölle und Verbrauchsteuern auf Vorräte (§ 250 Abs. 1 Nr. 1 HGB), z. B. Biersteuer, Mineralölsteuer, Tabaksteuer u. ä.,

— als Aufwand berücksichtigte Umsatzsteuer auf Anzahlungen (§ 250 Abs. 1 Nr. 2 HGB),

— Disagio auf Anleihen oder Verbindlichkeiten (§ 250 Abs. 3 HGB).

Für diese Positionen besteht **steuerlich** eine Aktivierungspflicht (§ 5 Abs. 5 Satz 2 EStG, Abschn. 37 Abs. 3 EStR).


### 5.1.4 Eigenkapital

Eine weitere Kategorie von Bilanzposten stellen die Eigenkapitalpositionen dar, die je nach Rechtsform unterschiedliche Detailliertheit und unterschiedliche Bezeichnungen haben. Da Eigenkapital stets eine Residualgröße darstellt, wirft die Bilanzierungsfähigkeit oder -pflicht keine spezifischen Fragen auf.

Eigenkapital wird zwar handels- und steuerrechtlich gleich behandelt. Auf Grund unterschiedlicher Bilanzierung und Bewertung kann es als Restgröße aber verschieden hoch sein. Gewinnunterschiede zwischen Handels- und Steuerbilanz werden

— bei Einzelkaufleuten und Personenunternehmen in den Kapitalkonten,

— bei Kapitalgesellschaften durch Einstellung eines steuerlichen Ausgleichpostens in der Steuerbilanz

erfaßt. Der Steuerausgleichsposten verschwindet bei Angleichung der Handels- an die Steuerbilanz oder wenn die betreffenden Wirtschaftsgüter nicht mehr in den Bilanzen enthalten sind (z. B. durch Abschreibung, Veräußerung). Vgl. auch S. 251.


### 5.1.5 Sonderposten mit Rücklageanteil

Dieser Passivposten ist der Handelsbilanz vom Grundsatz her fremd und wird durch § 247 Abs. 3 HGB nur deswegen handelsrechtlich übernommen, um ein Auseinanderfallen von Handels- und Steuerbilanz zu vermeiden. Er enthält

— steuerfreie Rücklagen und

— steuerliche Sonderabschreibungen und erhöhte Absetzungen, soweit die Abschreibung indirekt vorgenommen wurde (§ 281 Abs. 1 HGB).

Die Möglichkeit zur Bildung des Sonderpostens mit Rücklageanteil wird genutzt, um Steuern zu sparen bzw. die Steuerlast auf einen späteren Zeitpunkt zu verschieben. Im Falle von Sonderabschreibungen und erhöhten Absetzungen ist keinerlei Beziehung mehr zur tatsächlichen Wertminderung gegeben.

Ausführungen über unterschiedliche Regelungen für Kapital- und Nicht-Kapitalgesellschaften, einzelne Vorschriften und Buchungsbeispiele vgl. S. 171 und 225 ff.

## 5.2 Bilanzierungspflicht

Der Grundsatz der **Vollständigkeit** (§ 246 Abs. 1 HGB) gebietet, daß alle Vermögensgegenstände, Schulden und Rechnungsabgrenzungsposten anzusetzen sind, soweit gesetzlich nichts anderes bestimmt ist. Das heißt, für alle bilanzierungsfähigen Vermögensgegenstände und Schulden besteht eine Bilanzierungspflicht, es sei denn gesetzliche Sondervorschriften gewähren ein Bilanzierungswahlrecht oder fordern ein Bilanzierungsverbot.

Zu prüfen ist somit, was als bilanzierungspflichtig anzusehen ist. Neben der Definition der Begriffe ergeben sich vor allem folgende Fragen:

— Wem sind die jeweiligen Bilanzierungsobjekte zuzurechnen?

— Wie sind Betriebs- und Privatvermögen voneinander getrennt zu halten?

Darüber hinaus sind die Vorschriften für Pensionsrückstellungen näher zu betrachten, da deren bilanzielle Behandlung von der Unterscheidung zwischen Alt- und Neuzusagen, unmittelbaren und mittelbaren Pensionszusagen abhängig ist.

### 5.2.1 Rechtliche oder wirtschaftliche Zugehörigkeit

Ursprüngliches Zurechnungskriterium ist der Eigentumsbegriff, der nach § 903 BGB die rechtliche Herrschaftsgewalt über Sachen (§ 90 BGB) beinhaltet. Da dieses Kriterium allein aber bei einigen Formen der Vertragsgestaltung zu unbefriedigenden Ergebnissen führt, wurde mit Blick auf die Verpflichtung zur wirtschaftlichen Betrachtungsweise **das Rechtsinstitut des wirtschaftlichen Eigentums** begründet (§ 39 AO).

Danach sind Wirtschaftsgüter demjenigen zuzurechnen, der als Nichteigentümer die tatsächliche Herrschaft über ein Wirtschaftsgut in der Weise ausübt, daß er den Eigentümer im Regelfall für die gewöhnliche Nutzungsdauer von der Einwirkung auf das Wirtschaftsgut wirtschaftlich ausschließen kann (§ 39 Abs. 2 Nr. 1 AO). Dies ist z. B.

— der Erwerber, auch wenn der Vermögensgegenstand unter Eigentumsvorbehalt geliefert wurde,

— der Sicherungsgeber bei vereinbartem Sicherungseigentum,

— der Käufer ab dem Gefahrübergang, unabhängig davon, ob der Eigentumsübergang vollzogen ist,

— der Grundstückskäufer, wenn die Nutzen und Lasten übergegangen sind, auch wenn die Grundbucheintragung noch nicht nicht erfolgt ist,

— der Treugeber bei Treuhandverhältnissen,

— der Eigenbesitzer beim Eigenbesitz.

### 5.2.1.1 Kommissionsgeschäfte

Bei Kommissionsgeschäften (§§ 383 ff. HGB) wird zwischen Verkaufs- und Einkaufskommission unterschieden.

Bei der **Verkaufskommission** verkauft der Kommissionär zwar im eigenen Namen, aber für Rechnung eines anderen (des Kommittenten). Der Kommissionär erwirbt weder das rechtliche noch das wirtschaftliche Eigentum an der Ware. Diese ist bis zum Verkauf vom Kommittenten zu bilanzieren (und zwar als Vorratsvermögen, nicht als Forderung).

Bei der **Einkaufskommission** erwirbt der Kommissionär zwar das rechtliche Eigentum an der Ware. Diese wird wirtschaftlich jedoch sofort dem Kommittenten zugerechnet. Der Kommittent bilanziert die Ware und die Verbindlichkeit, wenn er die Abrechnung vom Kommissionär erhalten hat.

Zur Buchung der Kommissionsgeschäfte vgl. Band 2.

### 5.2.1.2 Nießbrauch

Nießbrauch ist das Recht, eine Sache zu nutzen, ohne über die Substanz verfügen zu dürfen (§§ 1030 ff. BGB). Der mit Nießbrauch belastete Gegenstand wird grundsätzlich dem rechtlichen Eigentümer zugerechnet.

Eine Zurechnung beim Nießbrauchsberechtigten kommt aber in Betracht, wenn er als wirtschaftlicher Eigentümer anzusehen ist, insbesondere

— wenn der Herausgabeanspruch des Eigentümers infolge der Dauer der Nießbrauchsbemessung keinen wirtschaftlichen Wert mehr hat,

— wenn der Nießbraucher zu Aufwendungen in die Substanz verpflichtet ist, die das Übliche übersteigen (z. B. Umbau, Modernisierung u. ä.).

Von besonderer Bedeutung ist die einkommensteuerliche Behandlung (vgl. Nießbrauch-Erlaß, BStBl 1984 I S. 561).

### 5.2.1.3 Miet- und Pachtverhältnisse

Vermieter und Verpächter haben als rechtliche und wirtschaftliche Eigentümer die Miet- und Pachtobjekte in ihrer Bilanz auszuweisen. **Einbauten** in gemietete oder gepachtete Grundstücke, die vom Mieter oder Pächter vorgenommen wurden, sind jedoch beim Mieter oder Pächter zu bilanzieren.

Eine Zurechnung beim Mieter oder Pächter ist vorzunehmen, wenn dieser als wirtschaftlicher Eigentümer anzusehen ist, insbesondere wenn die unkündbare Miet- oder Pachtdauer so bemessen ist, daß nach deren Ablauf die Sache technisch oder wirtschaftlich abgenutzt ist (BFH-Urteil, BStBl 1978 II S. 507).

### 5.2.1.4 Leasingverträge

Besondere Regelungen für die Zurechnung wurden für die verschiedenen Gestaltungsformen des Leasing entwickelt. Von Bedeutung ist dabei das Verhältnis zwischen betriebsgewöhnlicher Nutzungsdauer und Grundmietzeit sowie im Fall des anschließenden Erwerbs das Verhältnis zwischen Kaufpreis und Buch- oder Zeitwert.

Geleaste Spezialgeräte, die nur für den Leasingnehmer wirtschaftlich nutzbar sind, werden generell dem Leasingnehmer zugerechnet.

Nach dem **Mobilien-Leasing-Erlaß** (BStBl 1971 I S. 264) sind bei Leasingverträgen, nach denen die Grundmietzeit mehr als 90 % oder weniger als 40 % der betriebsgewöhnlichen Nutzungsdauer beträgt, die Leasinggegenstände dem Leasingnehmer zuzuordnen. Beträgt dagegen die Grundmietzeit zwischen 40 und 90 % der betriebsgewöhnlichen Nutzungsdauer, so sind die Leasinggegenstände ohne Kauf- oder Mietverlängerungsoption dem Leasinggeber zuzuordnen. Im Falle einer Kauf- oder Mietverlängerungsoption ist die Höhe des Kaufpreises bzw. der Anschlußmiete (für ein Jahr) ausschlaggebend. Liegen sie unter dem Buch- oder Zeitwert, erfolgt die Zuordnung beim Leasingnehmer, ansonsten beim Leasinggeber (vgl. Übersicht auf S. 137).

| Zurechnung von Leasinggegenständen nach dem Mobilien-Leasing-Erlaß (BdF-Schreiben vom 19. 4. 1971, BStBl 1971 I S. 264) | | | |
|---|---|---|---|
| | | Grundmietzeit | |
| | | zwischen 40 und 90 % der betriebs- gewöhnlichen Nutzungsdauer | kürzer als 40 oder län- ger als 90 % der betriebsgewöhnlichen Nutzungsdauer |
| ohne Kauf- oder Mietverlängerungsoption | | Leasinggeber | Leasingnehmer |
| mit Kaufoption | Kaufpreis geringer als Buchwert am Ende der Grundmietzeit bei linearer Abschreibung | Leasingnehmer | Leasingnehmer |
| | Kaufpreis höher oder gleich dem Restbuchwert am Ende der Grund- mietzeit bei linearer Abschreibung | Leasinggeber | Leasingnehmer |
| mit Mietver- längerungs- option | Anschlußmiete niedriger als lineare Abschreibung | Leasingnehmer | Leasingnehmer |
| | Anschlußmiete höher oder gleich der linearen Abschreibung | Leasinggeber | Leasingnehmer |
| Spezial- leasing | | Leasingnehmer | Leasingnehmer |

## 5.2.2 Abgrenzung zwischen Betriebs- und Privatvermögen

Ein Kaufmann hat nicht sein gesamtes Vermögen und seine gesamten Schulden zu bilanzieren, sondern nur sein Betriebsvermögen und seine Betriebsschulden (vgl. § 5 Abs. 4 PublG). Daher bedarf es einer Trennung der geschäftlichen von der privaten Sphäre. Diese Frage ist jedoch nur bei Einzelunternehmen und Personengesellschaften von Bedeutung, da Kapitalgesellschaften kein Privatvermögen besitzen können.

Das Steuerrecht hat zu dieser Abgrenzungsfrage eine schlüssige Dreiteilung entwickelt in

— notwendiges Betriebsvermögen,

— gewillkürtes Betriebsvermögen und

— notwendiges Privatvermögen (vgl. hierzu die Übersicht auf S. 138).

Besondere Regelungen bestehen für die Zuordnung von Grundstücken und Gebäuden zum Betriebs- oder Privatvermögen (vgl. Abschn. 14 EStR).

**Gebäude:** Im Gegensatz zu anderen Wirtschaftsgütern werden Gebäude mit unterschiedlichen Nutzungen nicht als Einheit behandelt, sondern das Gebäude wird entsprechend seiner Nutzung in verschiedene Gebäudeteile aufgeteilt, die jedes für sich ein Wirtschaftsgut darstellen.

Folgende Einteilung mit der dazugehörenden Zuordnung ist üblich:

| Nutzung eines Gebäudes | Zuordnung |
|---|---|
| eigenbetrieblich | notwendiges Betriebsvermögen |
| fremdbetrieblich | gewillkürtes Betriebsvermögen (wenn die allgemeinen Vorausset- zungen vorliegen) |
| zu eigenen Wohnzwecken | notwendiges Privatvermögen |
| zu fremden Wohnzwecken | gewillkürtes Betriebsvermögen (wenn die allgemeinen Vorausset- zungen vorliegen) |

| Abgrenzung zwischen Betriebs- und Privatvermögen | | |
| --- | --- | --- |
| Notwendiges Betriebsvermögen | Notwendiges Privatvermögen | Gewillkürtes Betriebsvermögen |
| 1. Zum notwendigen Betriebsvermögen gehören alle Wirtschaftsgüter, die<br>— objektiv geeignet (auf Grund ihrer Beschaffenheit) und<br>— dazu bestimmt sind (auf Grund der tatsächlichen Verwendung),<br>ausschließlich und unmittelbar dem Betrieb zu dienen.<br>2. Für die Zurechnung entscheidend ist die objektive betriebliche Veranlassung, nicht der subjektive Wille des Kaufmanns (BFH-Urteile, BStBl 1978 II S. 191, 1980 II S. 633).<br>3. Ein betrieblicher Anlaß fehlt z. B., wenn<br>— beim Erwerb eines Wirtschaftsgutes bereits erkennbar ist, daß es dem Betrieb keinen Nutzen, sondern nur Verluste bringen kann, oder<br>— lediglich der Zweck verfolgt wird, sich bereits abzeichnende Verluste aus dem privaten in den betrieblichen Bereich zu verlagern (BFH-Urteil, BStBl 1975 II S. 804).<br>4. Zwecks Anschaffung eines Wirtschaftsgutes aufgenommene Schulden folgen in der Regel der Behandlung des Wirtschaftsgutes (BFH-Urteil, BStBl 1969 II S. 233).<br>5. Wirtschaftsgüter des notwendigen Betriebsvermögens sind bilanzierungspflichtig.<br>6. Bei unterbliebener Bilanzierung ist bilanzberichtigende Einbuchung nötig (zum Wert, der bei von Anfang an richtiger Bilanzierung zu Buche stehen würde, BFH-Urteil, BStBl 1978 II S. 191).<br>7. Typische Beispiele sind Maschinen, Betriebs- und Geschäftsausstattung, Rohstoffe, Waren, Forderungen und Verbindlichkeiten aus Lieferungen und Leistungen. | 1. Zum notwendigen Privatvermögen gehören alle Wirtschaftsgüter, die ausschließlich oder nahezu ausschließlich<br>— der privaten Lebensführung des Eigentümers dienen oder<br>— vom Eigentümer aus privaten Gründen einem Familienangehörigen unentgeltlich zur Nutzung überlassen werden (BFH-Urteil, BStBl 1980 II S. 40).<br>2. Für die Zurechnung entscheidend ist die private Veranlassung, nicht der subjektive Wille des Kaufmanns (BFH-Urteile, BStBl 1978 II S. 191, 1980 II S. 633).<br>3. Wirtschaftsgüter des notwendigen Privatvermögens dürfen nicht bilanziert werden.<br>4. Typische Beispiele sind vom Eigentümer ausschließlich selbst bewohntes Einfamilienhaus, Wohnungseinrichtung, Bekleidung, Schmuckgegenstände, in der persönlichen Sphäre entstandene Forderungen und Verbindlichkeiten.<br>5. Eine Betriebsschuld kann nachträglich zu einer Privatschuld werden, wenn die Schuld mit dem Erwerb eines bestimmten Gegenstandes (z. B. Grundstück, Wertpapier) zusammenhängt, der zulässigerweise aus dem Betrieb entnommen wird (BFH-Urteil, BStBl 1972 II S. 620). | 1. Zum gewillkürten Betriebsvermögen gehören diejenigen Wirtschaftsgüter, die<br>— weder notwendiges Betriebsvermögen<br>— noch notwendiges Privatvermögen<br>sind, jedoch in einem gewissen objektiven Zusammenhang mit dem Betrieb stehen.<br>2. Voraussetzungen für die Zurechnung sind<br>— die objektive Eignung, dem Betrieb zu dienen (mittelbare Förderung durch Vermögenserträge) und<br>— der subjektive Wille des Kaufmanns, der durch einen buch- und bilanzmäßigen Ausweis zum Ausdruck kommen muß. (BFH-Urteile, BStBl 1968 II S. 522, 1985 II S. 395).<br>3. An den Begriff der objektiven Eignung, dem Betrieb zu dienen, sind zwar keine übertriebenen Forderungen zu stellen (BFH-Urteil, BStBl 1965 II S. 377). Diese Voraussetzung soll jedoch verhindern, daß Verlustquellen des Privatbereichs in das Betriebsvermögen überführt werden (BFH-Urteil, BStBl 1985 II S. 654).<br>4. Die Übernahme eines Wirtschaftsgutes ins Betriebsvermögen ist ein Betriebsvorgang, der regelmäßig nur durch einen anderen Betriebsvorgang (Veräußerung, Entnahme bzw. Ausbuchung) mit Wirkung für die Zukunft aufgehoben werden kann (BFH-Urteil, BStBl 1964 III S. 574).<br>5. Typische Beispiele sind Wertpapiere, entsprechend genutzte Grundstücke und Gebäude.<br>6. Bei Schulden gibt es kein gewillkürtes Betriebsvermögen (BFH-Urteil, BStBl 1968 II S. 177).<br>7. Im persönlichen Bereich entstandene Forderungen können ins gewillkürte Betriebsvermögen überführt werden, wenn ihre Substanz in irgendeiner Weise dem Betrieb dienen kann (BFH-Urteil, BStBl 1965 III S. 377). |

1. Bei **gemischter Nutzung** (wenn ein Wirtschaftsgut betrieblichen und privaten Zwecken dient) ist eine **einheitliche Zurechnung** vorzunehmen (ausgenommen Grundstücke und Gebäude nach Abschn. 14 EStR). Beträgt der betriebliche Nutzungsanteil eines Wirtschaftsgutes
   — weniger als 10 %,     ist es in vollem Umfang notwendiges Privatvermögen,
   — zwischen 10 % und 50 %,     ist ein Ausweis unter gewillkürtem Betriebsvermögen möglich,
   — über 50 %,     ist es in vollem Umfang notwendiges Betriebsvermögen (Abschn. 14 a Abs. 1 EStR).

2. **Davon unabhängig** ist die Frage, wie die auf den betrieblichen und privaten Nutzungsanteil eines gemischt genutzten Wirtschaftsgutes entfallenden **anteiligen Aufwendungen** (AfA, Reparaturen, Betriebsstoffe) zu verteilen sind (vgl. Abschn. 20, 117 ff. EStR).

**Grund und Boden:** Betrieblich genutzte Teile eines Grundstücks stellen notwendiges Betriebsvermögen dar. Privat genutzte Grundstücke stellen Privatvermögen dar. Werden Teile des unbebauten Grundstücks vermietet, so können diese unter den allgemeinen Voraussetzungen (objektiver Zusammenhang zum Betrieb, dem Betrieb förderlich, Ausweis in der Bilanz) als gewillkürtes Betriebsvermögen geführt werden.

Grund und Boden und ein darauf errichtetes Gebäude können nur einheitlich entweder als Betriebs- oder Privatvermögen qualifiziert werden. Wird ein Teil eines Gebäudes eigenbetrieblich genutzt, so gehört der zum Gebäude gehörende Grund und Boden anteilig zum notwendigen Betriebsvermögen (Abschn. 14 Abs. 1 EStR).

Die zur Anschaffung eines teils betrieblich, teils privat genutzten Hauses aufgenommene Schuld ist grundsätzlich in derselben Höhe aufzuteilen wie das Haus (BFH-Urteil, BStBl 1969 II S. 233).

### 5.2.3 Behandlung von Pensionsrückstellungen

Früher **durften** Verpflichtungen eines Betriebes für die Altersversorgung seiner Mitarbeiter handelsrechtlich als Pensionsrückstellungen passiviert werden. Ab 1. 1. 1987 aber **müssen** Pensionsverpflichtungen gemäß § 249 Abs. 1 Satz 1 HGB als Rückstellungen in der Handelsbilanz ausgewiesen werden. Dies bezieht sich aber nur auf **unmittelbare Zusagen**, bei denen der Pensionsberechtigte seinen Rechtsanspruch am 1. 1. 1987, dem Tag des Inkrafttretens des Bilanzrichtlinien-Gesetzes, oder später erworben hat oder bei denen sich ein vor diesem Zeitpunkt erworbener Rechtsanspruch nach dem 31. 12. 1986 erhöht (Art. 28 EGHGB); man spricht in diesem Zusammenhang von Neuzusagen bzw. Neufällen.

Neben Altfällen für unmittelbare Zusagen unterliegen **sämtliche mittelbaren** Verpflichtungen aus einer Zusage für eine laufende Pension oder eine Anwartschaft auf eine Pension sowie für eine ähnliche unmittelbare oder eine ähnliche mittelbare Verpflichtung einem handelsrechtlichen Passivierungswahlrecht.

Während unmittelbare Pensionsverpflichtungen vom Betrieb selbst gegenüber den Mitarbeitern eingegangen werden, liegen mittelbare Pensionsverpflichtungen vor, wenn die Verpflichtung Pensions- und Unterstützungskassen oder ähnlichen selbständigen Rechtsträgern obliegt.

**Kapitalgesellschaften** müssen allerdings auch die in der Bilanz nicht ausgewiesenen Rückstellungen für „Altfälle" von laufenden Pensionen, Anwartschaften auf Pensionen und ähnlichen Verpflichtungen jeweils im Anhang in einem Betrag angeben (Art. 28 EGHGB).

Die unterschiedliche Behandlung von Alt- und Neuzusagen sowie von mittelbaren und unmittelbaren Zusagen gilt auch für das **Steuerrecht** (vgl. BMF-Schreiben vom 13 3. 1987, BStBl 1987 I S. 365).

**Aufgabe 4.1** *(Vollständigkeitsgebot)* S. 331

## 5.3 Bilanzierungszeitpunkt

Der Zeitpunkt der Bilanzierung ergibt sich aus den Prinzipien, die der Bilanzierung zugrunde liegen, insbesondere dem Realisationsprinzip sowie dem aus dem Vorsichtsgrundsatz abgeleiteten Imparitätsprinzip (§ 252 Abs. 1 Nr. 4 HGB).

**Zahlungsvorgänge** sind grundsätzlich im Zeitpunkt des Geldzu- oder -abflusses zu berücksichtigen.

Bei **Veräußerungen** ist nicht der rechtliche Eigentumsübergang, sondern die wirtschaftliche Verfügbarkeit für die Bilanzierung maßgebend.

**Grundstücke** werden beim Käufer vom Tag der Auflassung an bilanziert, also mit Abschluß des notariellen Kaufvertrages, sofern am Bilanzstichtag keine Hindernisse bekannt sind, die der Eintragung entgegenstehen.

**Bewegliche Sachen** werden ab Gefahrübergang (Wareneingang, Übergabe an den Frachtführer nach § 447 BGB, Aushändigung von Konossementen, Lagerscheinen u. ä.) beim Käufer bilanziert.

**Forderungen aus Lieferungen** sind im Realisationszeitpunkt bilanziell zu erfassen, d. h., wenn ein Anspruch auf rechtliche Durchsetzbarkeit entsteht. Das ist der Zeitpunkt, zu dem der Vermögensgegenstand ausgeliefert und die Gefahr des zufälligen Untergangs auf den Käufer übergegangen ist. In der Praxis werden Forderungen in der Regel bei Rechnungserteilung gebucht. Fallen die Zeitpunkte von Lieferung und Rechnungserteilung auseinander, ist am Bilanzstichtag aber eine Korrektur, d. h. exakte Erfassung von Forderungen nötig.

**Forderungen aus Leistungen** auf Grund eines Dienst- oder Werkvertrags sind zu dem Zeitpunkt zu erfassen, zu dem die Leistung erbracht und der Anspruch auf Gegenleistung entstanden ist.

**Schwebende Geschäfte,** d. h. Geschäfte, die zwar abgeschlossen, aber noch nicht ausgeführt sind (beiderseitig unerfüllte Schuldverhältnisse) finden so lange keinen bilanziellen Niederschlag, als von einer Gleichwertigkeit von Leistung und Gegenleistung ausgegangen werden kann. Jeder Vertragsteil nimmt an, daß er durch das schwebende Geschäft einen Gewinn, zumindest aber keinen Verlust erzielt. Das Realisationsprinzip verhindert einen vorzeitigen Gewinnausweis. Sind dagegen Verluste zu erwarten, muß bereits zum Zeitpunkt der Erkennbarkeit eine Rückstellung für drohende Verluste aus schwebenden Geschäften angesetzt werden (§§ 252 Abs. 1 Nr. 4, 249 Abs. 1 HGB).

## 5.4 Bilanzierungsverbote

Die generelle Bilanzierungspflicht für bilanzierungsfähige Vermögensgegenstände und Schulden wird begrenzt durch gesetzliche Regelungen über Bilanzierungsverbote. Diese

— stellen einerseits in konkreten Einzelfällen klar, daß bestimmte wirtschaftliche Tatbestände wegen fehlender Qualifizierung als Vermögensgegenstand oder Schuld nicht bilanzierungsfähig sind,

— andererseits schränken sie den Kreis der grundsätzlich bilanzierungsfähigen Vermögensgegenstände und Schulden (Bilanzierungsobjekte) ein.

Selbstverständlich ist mit der Beschränkung des Bilanzinhalts auf Vermögensgegenstände und Schulden, Rechnungsabgrenzungsposten und Eigenkapitalposten im Umkehrschluß zu folgern, daß alles, was sich begrifflich nicht unter diese Größen subsumieren läßt, von vornherein mit einem „Bilanzierungsverbot" belegt ist.

**Gesetzliche Bilanzierungsverbote** bestehen für

— Aufwendungen für die Gründung und Eigenkapitalbeschaffung (§ 248 Abs. 1 HGB),

— nicht entgeltlich erworbene immaterielle Vermögensgegenstände des Anlagevermögens (§ 248 Abs. 2 HGB),

— andere als in § 249 Abs. 1 und 2 HGB genannte Rückstellungsarten (§ 249 Abs. 3 HGB).

Auf ein explizites, klarstellendes Aktivierungsverbot für den **originären Firmenwert** wurde im Rahmen der Regelung des § 248 Abs. 2 HGB verzichtet, da diesem ohnehin die Vermögenseigenschaft fehlt.

Über den **Maßgeblichkeitsgrundsatz** binden die handelsrechtlichen Bilanzierungsverbote auch die steuerliche Gewinnermittlung nach § 5 EStG.

**Aufgabe 4.2** *(Gründungsaufwendungen) S. 331*

## 5.5 Bilanzierungswahlrechte und Bilanzierungshilfen

Auch sie stellen eine Durchbrechung des Vollständigkeitsgebotes für alle bilanzierungsfähigen Vermögensgegenstände und Schulden dar. Die Entscheidung über den Bilanzansatz liegt bei Bilanzierungswahlrechten ebenso wie bei Bilanzierungshilfen (im Gegensatz zu Bilanzierungsverboten) beim Bilanzierenden.

Einen Sonderfall der Bilanzierungswahlrechte stellen die **Bilanzierungshilfen** dar. Früher wurden sie präziser Aktivierungshilfen genannt, da sie nur auf der Aktivseite der Bilanz vorkommen.

Im Gegensatz zu den Bilanzierungswahlrechten im eigentlichen Sinne, die echte Vermögensgegenstände oder Schulden darstellen, sind Bilanzierungshilfen keine Vermögensgegenstände, sondern nur auf Grund spezialgesetzlicher Regelung bilanzierungsfähig.

Da den Bilanzierungshilfen auf Grund der fehlenden Eigenschaft als Vermögensgegenstand der Charakter als Haftungspotential fehlt, ist ihre Zahl begrenzt, müssen sie gesondert ausgewiesen oder im Anhang erläutert werden und besteht in ihrer Höhe eine **Ausschüttungssperre.** Wird eine Bilanzierungshilfe ausgewiesen, so dürfen Gewinne nur ausgeschüttet werden, wenn die nach der Ausschüttung verbleibenden jederzeit auflösbaren Gewinnrücklagen zuzüglich eines Gewinnvortrags und abzüglich eines Verlustvortrags dem angesetzten Betrag mindestens entsprechen.

Bei den Bilanzierungshilfen handelt es sich um

— die Aufwendungen für die Ingangsetzung und Erweiterung des Geschäftsbetriebs (§ 269 HGB),

— den aktiven Steuerabgrenzungsposten wegen künftiger Steuerentlastung (latente Steuern, § 274 Abs. 2 HGB).

Weitere Bilanzierungshilfen bestehen nicht und dürfen auch vom Bilanzierenden nicht gebildet werden.

Eine Sonderstellung nimmt der **derivative Firmenwert** ein, für den handelsrechtlich ein Ansatzwahlrecht, steuerlich eine Ansatzpflicht besteht. Zwar besteht für ihn keine Ausschüttungssperre, doch ist seine Abschreibung genau geregelt. Er gilt handelsrechtlich als Bilanzierungshilfe, steuerlich wird er als Wirtschaftsgut bezeichnet.

Nach der **Rechtsprechung des BFH** entsprechen handelsrechtlichen Aktivierungswahlrechten steuerliche Aktivierungspflichten und handelsrechtlichen Passivierungswahlrechten steuerliche Passivierungsverbote. Von dieser Regel bestehen folgende **Ausnahmen:**

— Für Bilanzierungshilfen, für die handelsrechtlich ein Ansatzwahlrecht besteht, besteht steuerlich ein Aktivierungsverbot. Die latenten Steuerabgrenzungsposten haben im Steuerrecht zudem keine Entsprechung (vgl. S. 243 ff.).

— Für Pensionsrückstellungen besteht nach § 6 a EStG formal nur ein Passivierungswahlrecht, doch gebietet das Maßgeblichkeitsprinzip eine der Handelsbilanz entsprechende Vorgehensweise in der Steuerbilanz. Nach § 249 Abs. 1 Satz 1 HGB besteht handelsrechtlich eine Passivierungspflicht.

— Ferner gilt für die meisten steuerfreien Rücklagen bzw. Sonderposten mit Rücklageanteil ein handels- und steuerrechtliches Passivierungswahlrecht. Wiederum gebietet das Maßgeblichkeitsprinzip eine einheitliche Vorgehensweise in Handels- und Steuerbilanz (es sei denn, die jeweilige steuerliche Vorschrift verlangt ausdrücklich keine handelsrechtliche Entsprechung).

| Handelsrechtliche Bilanzierungswahlrechte | |
|---|---|
| Aktivierungswahlrechte | Passivierungswahlrechte |
| — Als Aufwand berücksichtigte Zölle und Verbrauchsteuern, soweit sie auf am Abschlußstichtag auszuweisende Vermögensgegenstände des Vorratsvermögens entfallen (§ 250 Abs. 1 Nr. 1 HGB), <br><br> — als Aufwand berücksichtigte Umsatzsteuer auf am Abschlußstichtag auszuweisende oder von den Vorräten offen abgesetzte Anzahlungen (§ 250 Abs. 1 Nr. 2 HGB), <br><br> — Disagio (Rückzahlungsbetrag einer Verbindlichkeit ist höher als Ausgabebetrag, § 250 Abs. 3 HGB), <br><br> — derivativer (entgeltlich erworbener) Geschäfts- oder Firmenwert (§ 255 Abs. 4 HGB), <br><br> — Aufwendungen für Ingangsetzung und Erweiterung des Geschäftsbetriebs (Bilanzierungshilfe, § 269 HGB), <br><br> — Rechnungsabgrenzungsposten für latente Steuern (Bilanzierungshilfe, § 274 Abs. 2 HGB). | — Sonderposten mit Rücklageanteil (§§ 247 Abs. 3, 273 HGB), <br><br> — Rückstellungen für unterlassene Aufwendungen für Instandhaltung, die im folgenden Geschäftsjahr nach Ablauf der ersten drei Monate nachgeholt wird (§ 249 Abs. 1 HGB), <br><br> — Aufwandsrückstellungen (§ 249 Abs. 2 HGB), <br><br> — Pensionsrückstellungen für Altzusagen (Verpflichtung vor dem 1. 1. 1987 eingegangen, Art. 28 EGHGB), <br><br> — Wertaufholungsrücklagen bei Kapitalgesellschaften (§ 58 Abs. 2 a AktG, § 29 Abs. 4 GmbHG). |

## 5.6 Verrechnungsverbot

Das Verrechnungsverbot wird aus dem Gebot der Klarheit und Übersichtlichkeit und dem Vollständigkeitsgrundsatz abgeleitet. Obwohl der Jahresabschluß als stichtagsbezogene Verdichtung der Kontenstände eine Zusammenfassung verschiedener Konten zu Bilanzpositionen verlangt, ist nach § 246 Abs. 2 HGB eine Zusammenfassung von Soll- mit Haben- bzw. Aufwands- mit Ertragssalden grundsätzlich nicht zulässig.

Hiervon gibt es folgende Ausnahmen:

— Forderungen und Verbindlichkeiten, die sich aufrechenbar gegenüberstehen (also gleichartig sind), den gleichen Geschäftspartner betreffen und zur gleichen Zeit fällig sind,

— Kontokorrentkonten,

— aktive und passive latente Steuerabgrenzungen (§ 274 HGB),

— positive und negative Bestandsveränderungen an fertigen und unfertigen Erzeugnissen in der GuV-Rechnung (Pos. 2 nach Gesamtkostenverfahren, § 275 Abs. 2 HGB),

— Zusammenfassung bestimmter GuV-Posten zum Posten „Rohergebnis" (nur für kleine und mittelgroße Kapitalgesellschaften, § 276 HGB),

— Saldierung von Steuererstattungen mit entsprechenden Steueraufwendungen in der GuV-Rechnung,

— Abzug der Erlösschmälerungen von den Umsatzerlösen (§ 277 Abs. 1 HGB).

## Kontrollfragen

*1. Wie sind die Begriffe Vermögensgegenstand, Schulden und Wirtschaftsgut definiert?*

*2. Was kann der Sonderposten mit Rücklageanteil beinhalten?*

3. *Welche Rechnungsabgrenzungsposten sind zulässig?*

4. *Welche Zurechnungskriterien für Bilanzierungsobjekte zum Betriebsvermögen kennen Sie? Nennen Sie Fälle, in denen das Zurechnungskriterium vom bürgerlichrechtlichen Eigentum abweicht.*

5. *Welche Unterscheidung kennt das Steuerrecht in bezug auf die Abgrenzung zwischen Betriebs- und Privatvermögen?*

6. *Nennen Sie Beispiele für gesetzliche Bilanzierungsverbote.*

7. *Was versteht man unter Bilanzierungshilfen? Nennen Sie Beispiele.*

8. *Was unterscheidet Bilanzierungshilfen von anderen Bilanzierungswahlrechten?*

---

**Aufgabe 4.4**  *(Verrechnungsverbot) S. 332*

# 6 Gliederung der Bilanz

## 6.1 Gliederung in Abhängigkeit von Rechtsform und Unternehmensgröße

Nach HGB ist die Gliederung einer Bilanz von der Rechtsform und der Unternehmensgröße (vgl. S. 120 ff.) abhängig.

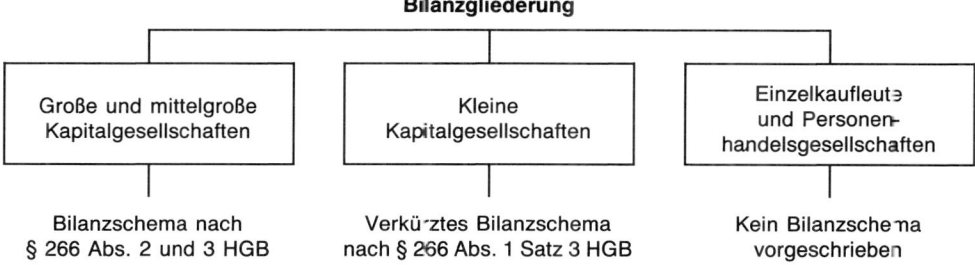

Auf Grund des Geschäftszweigs abweichende Regelungen (§ 330 HGB) müssen z. B. Banken, Bausparkassen, Versicherungs- und Verkehrsunternehmen beachten. Sie haben an Stelle des Bilanzschemas nach § 266 HGB die durch Rechtsverordnung erlassenen Formblätter anzuwenden.

Kapitalgesellschaften haben die Bilanz in **Kontoform** aufzustellen (§ 266 Abs. 1 HGB). Für Personenunternehmen ist die Form nicht vorgeschrieben. Doch hat sich bei ihnen im Laufe der Jahre die Kontoform allgemein durchgesetzt.

### 6.1.1 Bilanzgliederung für große und mittelgroße Kapitalgesellschaften

Das Bilanzschema nach § 266 Abs. 2 HGB für große und mittelgroße Kapitalgesellschaften unter Einbeziehung der Vorschriften von § 268 Abs. 4 und 5 HGB über die Restlaufzeit von Forderungen und Verbindlichkeiten ist auf S. 144 dargestellt.

# Bilanzgliederung für große und mittelgroße Kapitalgesellschaften

| Aktiva | Passiva |
|--------|---------|

**Aktiva**

A. *Anlagevermögen*

I. Immaterielle Vermögensgegenstände
1. Konzessionen, gewerbliche Schutzrechte und ähnliche Rechte und Werte sowie Lizenzen aus solchen Rechten und Werten
2. Geschäfts- oder Firmenwert
3. geleistete Anzahlungen

II. Sachanlagen
1. Grundstücke, grundstücksgleiche Rechte und Bauten einschließlich der Bauten auf fremden Grundstücken
2. technische Anlagen und Maschinen
3. andere Anlagen, Betriebs- und Geschäftsausstattung
4. geleistete Anzahlungen und Anlagen im Bau

III. Finanzanlagen
1. Anteile an verbundenen Unternehmen
2. Ausleihungen an verbundene Unternehmen
3. Beteiligungen
4. Ausleihungen an Unternehmen, mit denen ein Beteiligungsverhältnis besteht
5. Wertpapiere des Anlagevermögens
6. sonstige Ausleihungen

B. *Umlaufvermögen*

I. Vorräte
1. Roh-, Hilfs- und Betriebsstoffe
2. unfertige Erzeugnisse, unfertige Leistungen
3. fertige Erzeugnisse und Waren
4. geleistete Anzahlungen

II. Forderungen und sonstige Vermögensgegenstände
1. Forderungen aus Lieferungen und Leistungen
— davon mit einer Restlaufzeit von mehr als einem Jahr
2. Forderungen gegen verbundene Unternehmen
— davon mit einer Restlaufzeit von mehr als einem Jahr
3. Forderungen gegen Unternehmen, mit denen ein Beteiligungsverhältnis besteht
— davon mit einer Restlaufzeit von mehr als einem Jahr
4. sonstige Vermögensgegenstände

III. Wertpapiere
1. Anteile an verbundenen Unternehmen
2. eigene Anteile
3. sonstige Wertpapiere

IV. Schecks, Kassenbestand, Bundesbank- und Postgiroguthaben, Guthaben bei Kreditinstituten

C. *Rechnungsabgrenzungsposten*

**Passiva**

A. *Eigenkapital*

I. Gezeichnetes Kapital

II. Kapitalrücklage

III. Gewinnrücklagen
1. gesetzliche Rücklage
2. Rücklage für eigene Anteile
3. satzungsmäßige Rücklagen
4. andere Gewinnrücklagen

IV. Gewinnvortrag / Verlustvortrag

V. Jahresüberschuß / Jahresfehlbetrag

B. *Rückstellungen*
1. Rückstellungen für Pensionen und ähnliche Verpflichtungen
2. Steuerrückstellungen
3. sonstige Rückstellungen

C. *Verbindichkeiten*
1. Anleihen
— davon konvertibel
— davon mit einer Restlaufzeit bis zu einem Jahr
2. Verbindlichkeiten gegenüber Kreditinstituten
— davon mit einer Restlaufzeit bis zu einem Jahr
3. erhaltene Anzahlungen auf Bestellungen (soweit nicht bei den Vorräten abgesetzt)
4. Verbindlichkeiten aus Lieferungen und Leistungen
— davon mit einer Restlaufzeit bis zu einem Jahr
5. Verbindlichkeiten aus der Annahme gezogener und der Ausstellung eigener Wechsel
— davon mit einer Restlaufzeit bis zu einem Jahr
6. Verbindlichkeiten gegenüber verbundenen Unternehmen
— davon mit einer Restlaufzeit bis zu einem Jahr
7. Verbindlichkeiten gegenüber Unternehmen, mit denen ein Beteiligungsverhältnis besteht
— davon mit einer Restlaufzeit bis zu einem Jahr
8. sonstige Verbindlichkeiten
— davon aus Steuern
— davon im Rahmen der sozialen Sicherheit
— davon mit einer Restlaufzeit bis zu einem Jahr

D. *Rechnungsabgrenzungsposten*

Wird in der Praxis diese oder jene Position des Gliederungsschemas nicht benötigt, dann bleibt die Ziffer nicht frei, sondern wird für die nächste Position vergeben (es sei denn, die Ziffer war im Vorjahr besetzt). Unzutreffende Bezeichnungen sind abzuändern. Hat z. B. ein Unternehmen kein Konto bei der Bundesbank, kein Bankguthaben und keinen Bestand an Schecks, so lautet Position B.IV nur „Kassenbestand, Postgiroguthaben".

Vorstehendes Schema ist unter Umständen auch um „Ausstehende Einlagen auf das gezeichnete Kapital", „Aufwendungen für die Ingangsetzung und Erweiterung des Geschäftsbetriebs", „Sonderposten mit Rücklageanteil" sowie „Rückstellungen ..." bzw. „Rechnungsabgrenzungsposten für latente Steuern" zu ergänzen. **Leasinggegenstände,** die dem Leasinggeber zuzurechnen und in seiner Bilanz (meist als Anlagevermögen) auszuweisen sind, müssen als solche erkennbar sein. Dies erfordert i. d. R. einen gesonderten Ausweis über die gesetzliche Gliederung hinaus, z. B. in einer besonderen Gruppe mit römischer Gliederungsziffer und Untergliederung nach Anlagearten in Bilanz oder Anhang (vgl. Stellungnahme HFA 1/1989: Zur Bilanzierung beim Leasinggeber, in: WPg 1989, S. 625 f.).

**Mittelgroßen Kapitalgesellschaften** sind bestimmte Erleichterungen hinsichtlich der Bilanzgliederung erst im Rahmen der **Offenlegung** gestattet (§ 327 HGB), nicht schon bei der Aufstellung.

## 6.1.2 Bilanzgliederung für kleine Kapitalgesellschaften

Kleine Kapitalgesellschaften können bereits bei Aufstellung des Jahresabschlusses bestimmte Bilanzpositionen zusammenfassen und eine verkürzte Bilanz aufstellen (§ 266 Abs. 1 Satz 3 HGB). Sie haben lediglich die mit Buchstaben und römischen Zahlen bezeichneten Posten gesondert und in der vorgeschriebenen Reihenfolge zu übernehmen.

| Aktiva | Verkürzte Bilanz kleiner Kapitalgesellschaften | Passiva |
|---|---|---|

| | | |
|---|---|---|
| A. *Anlagevermögen* | A. *Eigenkapital* | |
| I. Immaterielle Vermögensgegenstände | I. Gezeichnetes Kapital | |
| II. Sachanlagen | II. Kapitalrücklage | |
| III. Finanzanlagen | III. Gewinnrücklagen | |
| B. *Umlaufvermögen* | IV. Gewinn-/Verlustvortrag | |
| I. Vorräte | V. Jahresüberschuß/Jahresfehlbetrag | |
| II. Forderungen und sonstige Vermögens-gegenstände | B. *Rückstellungen* | |
| — davon Forderungen mit einer Restlauf-zeit von mehr als einem Jahr | C. *Verbindlichkeiten* | |
| III. Wertpapiere | — davon mit einer Restlaufzeit bis zu einem Jahr | |
| IV. Schecks, Kassenbestand, Bundesbank- und Postgiroguthaben, Guthaben bei Kreditinstituten | D. *Rechnungsabgrenzungsposten* | |
| C. *Rechnungsabgrenzungsposten* | | |

Auch dieses Schema ist gegebenenfalls um die in der Bilanzgliederung für große und mittelgroße Kapitalgesellschaften nicht aufgeführten Positionen zu ergänzen.

## 6.1.3 Bilanzgliederung für Einzelkaufleute und Personenhandelsgesellschaften

Einzelkaufleute und Personenhandelsgesellschaften sind in der Gliederung der Bilanz relativ frei. § 247 Abs. 1 HGB bestimmt lediglich, daß in der Bilanz das Anlage- und das Umlaufvermögen, das Eigenkapital, die Schulden sowie die Rechnungsabgrenzungsposten gesondert auszuweisen und hinreichend aufzugliedern sind. Die Vorschrift umreißt nur die Hauptgruppen, die grundsätzlich für den Ausweis in der Bilanz in Frage kommen. Rückstellungen und als Sonderposten mit Rücklageanteil auszuweisende sogenannte steuerfreie Rücklagen sind, sofern sie vorkommen, als weitere Posten bzw. Gruppen aufzunehmen und entsprechend zu bezeichnen.

Für die Bilanzgliederung sind jedoch neben dem Hauptgruppierungsgebot bestimmte allgemeine Vorschriften und Ansatzvorschriften zu beachten, insbesondere

— das Gebot der Klarheit und Übersichtlichkeit (§ 243 Abs. 2 HGB),

— das Vollständigkeitsgebot (§ 246 Abs. 1 HGB) und

— das Verrechnungsverbot (§ 246 Abs. 2 HGB).

Für die Bilanz von Nicht-Kapitalgesellschaften erscheint das unten dargestellte Bilanzschema empfehlenswert, wobei unbesetzte Positionen natürlich weggelassen werden sollten. Es orientiert sich am Gliederungsschema der großen Kapitalgesellschaften, wie auch von Verbänden und Institutionen, z. B. der Bundessteuerberaterkammer (StB 1988, S. 46), empfohlen. Denn Adressaten der Rechnungslegung von Nicht-Kapitalgesellschaften sind in der Regel Gesellschafter bzw. Geschäftsführer, denen kein Jahresabschluß mit geringer Aussagekraft zur Verfügung stehen sollte.

**Bilanz von Nicht-Kapitalgesellschaften**

| Aktiva | Passiva |
|---|---|
| A. *Anlagevermögen* | A. *Eigenkapital* |
| I. Immaterielle Vermögensgegenstände | 1. Kapitaleinlagen unbeschränkt haftender Gesellschafter |
| II. Sachanlagen | 2. Kapitaleinlagen der Kommanditisten |
| 1. Grundstücke, grundstücksgleiche Rechte und Bauten | B. *Sonderposten mit Rücklageanteil* |
| 2. Technische Anlagen und Maschinen | C. *Rückstellungen* |
| 3. Andere Anlagen, Betriebs- und Geschäftsausstattung | 1. Rückstellungen für Pensionen und ähnliche Verpflichtungen |
| 4. Geleistete Anzahlungen und Anlagen im Bau | 2. Rückstellungen für Steuern |
| III. Finanzanlagen | 3. Sonstige Rückstellungen |
| 1. Beteiligungen | D. *Verbindlichkeiten* |
| 2. Wertpapiere, Ausleihungen und sonstige Finanzanlagen | 1. Verbindlichkeiten gegenüber Kreditinstituten |
| B. *Umlaufvermögen* | 2. Verbindlichkeiten aus Lieferungen und Leistungen |
| I. Vorräte | 3. Erhaltene Anzahlungen |
| 1. Roh-, Hilfs- und Betriebsstoffe | 4. Verbindlichkeiten aus der Annahme gezogener und der Ausstellung eigener Wechsel |
| 2. Unfertige Erzeugnisse | 5. Verbindlichkeiten gegenüber Gesellschaftern |
| 3. Fertige Erzeugnisse und Waren | 6. Sonstige Verbindlichkeiten |
| 4. Geleistete Anzahlungen | E. *Rechnungsabgrenzungsposten* |
| II. Forderungen und sonstige Vermögensgegenstände | |
| 1. Forderungen aus Lieferungen und Leistungen | |
| 2. Forderungen an Gesellschafter | |
| 3. Sonstige Forderungen | |
| III. Wertpapiere | |
| IV. Flüssige Mittel | |
| 1. Kassenbestand und Schecks | |
| 2. Bundesbank- und Postgiroguthaben | |
| 3. Guthaben bei Kreditinstituten | |
| C. *Rechnungsabgrenzungsposten* | |

Das vorgeschlagene Bilanzschema ist vor allem an den Bedürfnissen der Personengesellschaften ausgerichtet. In der Bilanz des Einzelkaufmanns entfallen die Positionen „Forderungen an Gesellschafter" und „Verbindlichkeiten gegenüber Gesellschaftern", da alle Konten, die den Einzelkaufmann betreffen, zu seinem Eigenkapital zählen, dessen Entwicklung in der Bilanz ausgewiesen wird.

Die Bilanzgliederung von Personengesellschaften unterscheidet sich vor allem durch haftungsrechtliche Bestimmungen und die notwendige Abgrenzung zwischen Gesellschafts- und Gesellschafterkapital von derjenigen der Kapitalgesellschaften.[1]

Im Gegensatz zur Position „Gezeichnetes Kapital" von Kapitalgesellschaften sind die Kapitalanteile der Gesellschafter von Personengesellschaften variabel. Die Höhe der Komplementäranteile ändert sich gemäß § 120 Abs. 2 HGB durch Gewinn und Verlust, Einlagen und Entnahmen. Der einem Kommanditisten zukommende Gewinn wird seinem Kapitalanteil so lange gutgeschrieben, bis dieser den Betrag der bedungenen Einlage erreicht. Anteilige Verluste werden vom Kapitalanteil abgeschrieben (§ 167 Abs. 2, 3 HGB).

Aus Gründen der Haftung ist beim Ausweis in der Bilanz zwischen Kapitalanteilen der Komplementäre und der Kommanditisten zu trennen. Kapitalanteile der gleichen Gruppe können zusammengefaßt werden; dabei ist auch eine Saldierung positiver und negativer Teile zulässig.

Weitere Gesellschafterkonten sind nach Eigenkapital- oder Fremdkapitalcharakter zu trennen. Konten, die z. B. nicht mit Verlusten verrechnet werden, dürfen nicht als Eigenkapital oder Rücklagen ausgewiesen werden. Forderungen und Verbindlichkeiten gegenüber Gesellschaftern sind aus Gründen der Bilanzklarheit als solche kenntlich zu machen, es sei denn, sie sind von untergeordneter Bedeutung.

Noch ausstehende eingeforderte Pflichteinlagen von Kommanditisten sind entweder auf der Aktivseite vor dem Anlagevermögen gesondert auszuweisen und entsprechend zu bezeichnen oder auf der Passivseite von den entsprechenden Kapitalanteilen offen abzusetzen. Auf diese Weise werden die Haftungsverhältnisse aus der Bilanz ersichtlich.

Geleistete Vermögenseinlagen stiller Gesellschafter sind unter der Position „Sonstige Verbindlichkeiten" auszuweisen.

Ein Jahresüberschuß bzw. -fehlbetrag kann so ausgewiesen werden, wie es bei Kapitalgesellschaften vorgeschrieben ist. Ist jedoch die Verrechnung mit den Gesellschafterkonten bereits erfolgt, so muß das Jahresergebnis zumindest aus der GuV-Rechnung hervorgehen.

## 6.2 Gliederungsprinzipien

Für Bilanz und GuV-Rechnung von Kapitalgesellschaften legt § 265 HGB acht allgemeine Gliederungsgesichtspunkte fest, die vor allem der Vergleichbarkeit in zeitlicher und sachlicher Hinsicht dienen, aber auch der Übersichtlichkeit der Darstellung. Die Gliederungsgesichtspunkte sind für Personenunternehmen nicht verbindlich. Es handelt sich um:

1. **Darstellungsstetigkeit:** Die Form der Darstellung, insbesondere die Gliederung der aufeinanderfolgenden Bilanzen und GuV-Rechnungen, ist beizubehalten, soweit nicht in Ausnahmefällen wegen besonderer Umstände Abweichungen notwendig sind, die jedoch im Anhang angegeben und begründet werden müssen.

   Der Grundsatz der Darstellungsstetigkeit, der sich auf den gesamten Jahresabschluß bezieht, hat vor allem für Ausweiswahlrechte Bedeutung. Wird etwa der Anlagenspiegel nach § 268 Abs. 2 HGB im Anhang dargestellt, so ist diese Zuordnung in den Folgejahren grundsätzlich beizubehalten.

---

[1]  Vgl. hierzu ausführlich HFA 1/76: Stellungnahme zur Bilanzierung bei Personenhandelsgesellschaften, in: WPg 1976, S. 114 ff.

2. **Vorjahresbezug:** Zu jedem Bilanz- sowie GuV-Posten ist der entsprechende Vorjahresbetrag auszuweisen. Sind die Beträge nicht vergleichbar, oder wurde der Vorjahresbetrag erst vergleichbar gemacht, so muß dies im Anhang angegeben und erläutert werden.

Diese Angabepflicht führt dazu, daß die Vorjahresbeträge Bestandteil des Jahresabschlusses sind.

Die Pflicht zur Angabe von Vorjahreszahlen gilt auch

— für Untergliederungen von Posten (auch in Form von Davon-Vermerken) sowie

— für Angaben, die anstatt in der Bilanz oder in der GuV-Rechnung im Anhang gemacht werden.[1]

3. **Mitzugehörigkeit zu anderen Posten:** Fällt ein Vermögensgegenstand oder eine Schuld unter mehrere Bilanzposten, so muß die Mitzugehörigkeit zu anderen Posten bei demjenigen, unter dem der Ausweis erfolgt ist, vermerkt oder aber im Anhang angegeben werden, wenn die Aufstellung eines klaren und übersichtlichen Jahresabschlusses dies erfordert.

Die Bilanz, die als „Einheitsbilanz" für Kapitalgesellschaften und daher branchenübergreifend eine relativ tiefe Gliederung aufweist, ist nicht an einem einheitlichen Ordnungsschema ausgerichtet. So findet man z. B.

— Bilanzposten, die Aussagen über bestimmte Darlehens- bzw. Finanzierungsformen machen (Anleihen, erhaltene Anzahlungen auf Bestellungen, Verbindlichkeiten aus Lieferungen und Leistungen, Wechselverbindlichkeiten) und

— Bilanzposten, die bestimmte Quellen der Finanzierung offenlegen (Verbindlichkeiten gegenüber Kreditinstituten, verbundenen Unternehmen und Unternehmen, mit denen ein Beteiligungsverhältnis besteht).

Deshalb sind Postenüberschneidungen unvermeidlich. Unter welcher Bezeichnung ein betreffender Vermögensgegenstand oder Schuldposten letztlich auszuweisen ist, hängt davon ab, wie am ehesten ein den tatsächlichen Verhältnissen entsprechendes Bild der Vermögens- und Finanzlage vermittelt wird (§ 264 Abs. 2 HGB). Als diesbezüglich vorrangig wird die Kenntlichmachung der finanziellen Verflechtung gegenüber verbundenen und solchen Unternehmen, mit denen ein Beteiligungsverhältnis besteht, eingestuft (ADS 1987, § 265 Tz 47).

Auf gleichmäßige Handhabung bei allen betroffenen Aktiv- und Passivposten (Ausleihungen, Forderungen und Verbindlichkeiten) ist zu achten. Beispiel für die Darstellung in der Bilanz:

| | | |
|---|---:|---:|
| Verbindlichkeiten gegenüber verbundenen Unternehmen | | 340 000,— |
| davon aus Lieferungen und Leistungen | 280 000,— | |

Für Bagatellfälle ist keine Vermerkpflicht gegeben, wie der ausdrückliche Hinweis auf den Materiality-Grundsatz (bzw. Grundsatz der Wesentlichkeit) in § 265 Abs. 3 HGB zeigt.

4. **Gliederung bei mehreren Geschäftszweigen:** Gehört das Unternehmen mehreren Geschäftszweigen an, und bedingt dies die Gliederung des Jahresabschlusses nach verschiedenen Gliederungsvorschriften, so ist der Jahresabschluß nach der für einen Geschäftszweig vorgeschriebenen Gliederung aufzustellen und nach der für die anderen Geschäftszweige vorgeschriebenen Gliederung zu ergänzen. Die Ergänzung ist im Anhang anzugeben und zu begründen.

Zu beachten ist, daß von den Gliederungsvorschriften des HGB abweichende Bestimmungen durch Rechtsverordnung erlassen sein müssen (§ 330 HGB), wie dies z. B. für Kreditinstitute der Fall ist.

---

[1] Stellungnahme HFA 5/1988: Vergleichszahlen im Jahresabschluß und im Konzernabschluß sowie ihre Prüfung, in: WPg 1989, S. 42.

5. **Weitere Untergliederung und neue Posten:** Eine weitere Untergliederung im Rahmen der vorgeschriebenen Gliederung ist zulässig; dabei ist jedoch die vorgeschriebene Gliederung zu beachten. Neue Posten dürfen hinzugefügt werden, wenn ihr Inhalt nicht von einem vorgeschriebenen Posten abgedeckt wird.

Eine weitergehende Untergliederung, die durch Davon-Vermerke oder durch Postenaufteilung möglich ist (z. B. Aufteilung des Bilanzpostens „Fertige Erzeugnisse und Waren" in zwei Positionen), kann mit dem Gebot der Klarheit und Übersichtlichkeit (§ 243 Abs. 2 HGB) in Konflikt geraten. Sie ist deshalb nur zulässig, wenn dadurch die Aussagefähigkeit des Abschlusses verbessert wird (ADS 1987, § 265 Tz 63).

Hinzufügungen resultieren hauptsächlich aus branchenspezifischen Besonderheiten, etwa die Nennung von Schiffen, Flugzeugen.

6. **Abweichende Gliederung und Bezeichnung der mit arabischen Ziffern versehenen Bilanz- und GuV-Posten:** Sie ist bei Besonderheiten der Kapitalgesellschaft zulässig, wenn dies die größere Klarheit und Übersichtlichkeit des Jahresabschlusses erfordert.

Die Gliederungsschemata enthalten Positionsbezeichnungen, die mehrere unterschiedliche Sachkomplexe zusammenfassen. Solche Postenbezeichnungen sind ihrem tatsächlichen Inhalt anzupassen. Hat ein Unternehmen etwa keine grundstücksgleichen Rechte und Bauten auf fremden Grundstücken, so lautet die Position Aktiva A.II.1 „Grundstücke und Bauten". Die Beibehaltung der vollen im Gesetz vorgegebenen Bezeichnung wäre eine Irreführung. Eine solche Änderung der Bezeichnung gilt entsprechend auch für die Position Aktiva B.IV „Schecks, Kassenbestand, Bundesbank- und Postgiroguthaben, Guthaben bei Kreditinstituten", wenngleich sie nicht mit einer arabischen Zahl versehen ist (vgl. WP-Handbuch 1985/86 II, S. 143]. Dieser Posten kann auch nicht mit der Kurzbezeichnung „Flüssige Mittel" versehen werden, da nämlich nicht zu erkennen wäre, aus welchen Vermögensposten er sich im einzelnen am Bilanzstichtag zusammensetzt.

Die GuV-Posten sind mit arabischen Ziffern, die Bilanzposten mit Buchstaben, römischen und arabischen Ziffern bezeichnet. Diese Bezeichnung bzw. Numerierung, die einer besseren Übersicht dient, ist nicht fest mit der jeweiligen Abschlußposition verbunden, sondern ist der jeweiligen tatsächlichen Gliederung anzupassen. Sind z. B. keine immateriellen Vermögensgegenstände vorhanden, so braucht der Posten nicht aufgeführt zu werden, wenn auch im Vorjahr unter diesem Posten kein Betrag ausgewiesen wurde. Die Bilanz beginnt dann **nicht** mit „A. Anlagevermögen, II. Sachanlagen", sondern die Sachanlagen erhalten die Ziffer I. Entsprechend ist bei Einfügung zusätzlicher Posten zu verfahren.

7. **Zusammenfassung mehrerer mit arabischen Ziffern versehener Posten der Bilanz und GuV-Rechnung:** Diese Zusammenfassung ist (wenn nicht besondere Formblätter vorgeschrieben sind) zulässig, wenn

— unter diesem Posten ein Betrag enthalten ist, der für die Vermittlung eines den tatsächlichen Verhältnissen i. S. von § 264 Abs. 2 HGB entsprechenden Bildes nicht erheblich ist, oder

— die Klarheit der Darstellung dadurch verbessert wird; in diesem Fall müssen die zusammengefaßten Posten jedoch im Anhang gesondert ausgewiesen werden.

8. **Ausweis von Leerposten:** Ein Posten, der keinen Betrag ausweist, braucht nicht aufgeführt zu werden, es sei denn, im Vorjahr wurde unter diesem Posten ein Betrag ausgewiesen.

## 6.3 Die einzelnen Bilanzpositionen

Nachstehend soll die Zuordnung der Aktiv- und Passivposten der Bilanz zu den einzelnen Gliederungspositionen der Bilanz dargestellt werden, nicht die dabei zu beachtenden Bewertungsvorschriften.

### 6.3.1 Aktivseite der Bilanz

Den vorgeschriebenen Hauptgruppen der Aktivseite der Bilanz

— A. Anlagevermögen,

— B. Umlaufvermögen,

— C. Rechnungsabgrenzungsposten

lassen sich die

— ausstehenden Einlagen auf das gezeichnete Kapital und

— Aufwendungen für die Ingangsetzung und Erweiterung des Geschäftsbetriebs

nicht zuordnen. Wenn sie vorkommen, sind sie den genannten Positionen A bis C voranzustellen. Dadurch rücken die im Gliederungsschema angegebenen Posten A bis C auf die Posten C bis E.

**Sonderposten:**
**Ausstehende Einlagen auf das gezeichnete Kapital (vor A. Anlagevermögen)**

Wenn das gesetzlich oder vertraglich festgelegte Kapital nicht voll eingezahlt wird, so wird es bei Kapitalgesellschaften (bei Kommanditgesellschaften hinsichtlich des Kommanditkapitals), sofern man den Bruttoausweis wählt, trotzdem in voller Höhe auf der Passivseite ausgewiesen. Der noch nicht eingezahlte Teil hat auf der Aktivseite als Forderung des Unternehmens an die Aktionäre (an Gesellschafter bei der GmbH oder an Kommanditisten bei der Kommanditgesellschaft) zu erscheinen. In der Vorspalte ist anzugeben, wieviel davon eingefordert ist. Diese Art des Ausweises bezeichnet man als Bruttoausweis.

**Beispiel** für ein im Handelsregister eingetragenes Haftungskapital von 1 000 000,—, von dem 200 000,— noch ausstehen und davon 50 000,— bei Abschlußerstellung eingefordert wurden:

| Aktiva | | Passiva | |
|---|---|---|---|
| A. Ausstehende Einlagen auf das gezeichnete Kapital | 200 000,— | A. Eigenkapital | |
| — davon eingefordert | | I. Gezeichnetes Kapital | 1 000 000,— |
| | 50 000,— | II. Kapitalrücklage | |
| B. Anlagevermögen | | III. Gewinnrücklagen | |
| . | | . | |
| . | | . | |
| . | | IV. Gewinnvortrag | |
| Saldo | 800 000,— | V. Jahresüberschuß | |
| | 1 000 000,— | | 1 000 000,— |

Zum Nettoausweis, der dadurch gekennzeichnet ist, daß die nicht eingeforderten ausstehenden Einlagen vom Passivposten „Gezeichnetes Kapital" offen abgesetzt werden dürfen, vgl. unter Anfangsposition der Passivseite der Bilanz (S. 167).

**Sonderposten:**
**Aufwendungen für die Ingangsetzung und Erweiterung des Geschäftsbetriebs**
**(vor A. Anlagevermögen)**

Kapitalgesellschaften dürfen in ihrer Handelsbilanz die Aufwendungen für die Ingangsetzung und Erweiterung des Geschäftsbetriebs als Bilanzierungshilfe ansetzen. Dadurch soll ein möglicher Verlustausweis in der Anlauf- oder Erweiterungsphase verringert bzw. vermieden werden. Ingangsetzungsaufwendungen sind Kosten des Auf- und Ausbaus der Innen- und Außenorganisation des Unternehmens, also der Betriebs-, Verwaltungs- und

Vertriebsorganisation, z. B. Aufwendungen für Personalbeschaffung, Probelauf der Produktionsanlagen, Einführungswerbung (vgl. ADS 1987, § 269 Tz 13). Auch bei Betriebserweiterung und Betriebsverlegung dürfen derartige Aufwendungen aktiviert werden, soweit sie nicht sonst als immaterielle Wirtschaftsgüter, Sachanlagen oder Rechnungsabgrenzungsposten zu bilanzieren sind.

Bei Inanspruchnahme der Bilanzierungshilfe ist eine Gewinnausschüttungsbegrenzung in entsprechender Höhe zu beachten (§ 269 HGB).

Die Aufwendungen für die Ingangsetzung und Erweiterung des Geschäftsbetriebes erstrecken sich nicht auf

— Gründungsaufwendungen eines Unternehmens, d. h. auf Kosten der rechtlichen Entstehung (wie Eintragungskosten für das Handelsregister) sowie

— Aufwand für Eigenkapitalbeschaffung (wie Kosten der Aktienausgabe),

für die § 248 HGB ausdrücklich ein Bilanzierungsverbot ausspricht.

Für die Steuerbilanz wird die Aktivierung von Aufwendungen für die Ingangsetzung und Erweiterung des Geschäftsbetriebs nach wie vor abgelehnt. Die angefallenen Aufwendungen sind dort Betriebsausgaben des Entstehungsjahres.

**Angaben im Anhang:**

Die Aufwendungen für die Ingangsetzung und Erweiterung des Geschäftsbetriebs sind im Anhang zu erläutern (§ 269 HGB). Darüber hinaus sind die Entwicklung dieses Postens darzustellen (Anlagenspiegel) und die Abschreibungen des Geschäftsjahres anzugeben (§ 268 Abs. 2 HGB).

**Aufgabe 4.5** *(Ingangsetzungsaufwendungen, Gründungskosten) S. 332*


## A. Anlagevermögen

Zum Anlagevermögen gehören nach § 247 Abs. 2 HGB nur Gegenstände, die bestimmt sind, dauernd dem Geschäftsbetrieb zu dienen. Unter „Gegenständen" i. S. von § 247 Abs. 2 HGB werden sowohl Sachanlagen als auch immaterielle Werte verstanden. Der Begriff „dauernd" ist nicht als absoluter Begriff zu verstehen, sonst müßte langfristig gebundenes Vorratsvermögen als Anlagevermögen behandelt werden. Für die Zugehörigkeit zum Anlage- oder Umlaufvermögen ist deshalb nicht die Dauer, sondern die vorgesehene Art des Dienens für den Betrieb entscheidend. Die Zweckbestimmung ergibt sich zum einen aus der Natur der Sache selbst, zum anderen hängt sie vom Willen des Unternehmers ab. Vermögensgegenstände, die aus **betrieblicher Sicht Gebrauchsgüter** darstellen, zählen nach steuerlicher Rechtsprechung zum Anlagevermögen. Vermögensgegenstände, die aus **betrieblicher Sicht Verbrauchsgüter** sind, gehören zum Umlaufvermögen. Ein Gebrauchsgut liegt schon bei der Absicht mehrmaliger Nutzung vor, während die Absicht einmaliger Nutzung (nämlich Veräußerung, Verbrauch) Umlaufvermögen begründet (vgl. BFH-Urteil, BStBl 1972 II S. 744). Für den Ausweis entscheidend sind die Verhältnisse am Bilanzstichtag.

**Angaben im Anhang:**

— In der Bilanz oder im Anhang ist die Entwicklung der einzelnen Posten des Anlagevermögens darzustellen **(Anlagenspiegel).** Dabei sind ausgehend von den gesamten Anschaffungs- und Herstellungskosten, die Zugänge, Abgänge, Umbuchungen und Zuschreibungen des Geschäftsjahres sowie die Abschreibungen in ihrer gesamten Höhe gesondert aufzuführen (§ 268 Abs. 2 Satz 1 und 2 HGB).

— Die Abschreibungen des Geschäftsjahres sind entweder in der Bilanz bei dem betreffenden Posten zu vermerken oder im Anhang in einer der Gliederung des Anlagevermögens entsprechenden Aufgliederung anzugeben (§ 286 Abs. 2 Satz 3 HGB).

— Im Anhang ist der Betrag der im Geschäftsjahr allein nach steuerrechtlichen Vorschriften vorgenommenen Abschreibungen, getrennt nach Anlage- und Umlaufvermögen, anzugeben, soweit er sich nicht aus der Bilanz oder der GuV-Rechnung ergibt, und hinreichend zu begründen (§ 281 Abs. 2 HGB).

**Aufgabe 4.6** *(Anlage- oder Umlaufvermögen) S. 332*

### A.I Immaterielle Vermögensgegenstände

Immaterielle Vermögensgegenstände sind Vermögensteile einer Unternehmung, die

— unkörperlich bzw. nicht materiell-gegenständlich sind, sondern Rechte oder andere wirtschaftliche Werte darstellen,

— nicht zu den Finanzanlagen und

— nicht zu den Sachanlagen zählen.

Die Einzelpositionen ergeben sich aus der Bilanzgliederung für große Kapitalgesellschaften. Besonders ist zu beachten, daß grundstücksgleiche Rechte wie Erbbaurechte, Wassernutzungs- und Schürfrechte (obwohl immaterielle Vermögensgegenstände) nicht hier, sondern unter den Sachanlagen einzuordnen sind.

#### A.I.1 Konzessionen, gewerbliche Schutzrechte und ähnliche Rechte und Werte sowie Lizenzen an solchen Rechten und Werten

**Konzessionen** sind behördlich verliehene Rechte zum Betrieb eines Gewerbes, an das bestimmte persönliche und sachliche Voraussetzungen geknüpft sind (Nachweis von Fähigkeiten, bestimmte technische Einrichtungen u. a.), z. B. bei Gaststättengewerbe, Personenbeförderung, Güterfernverkehr.

Zu den **gewerblichen Schutzrechten** gehören Patente, Gebrauchsmuster, Geschmacksmuster, Warenzeichen (Handelsmarken), Urheber- und Verlagsrechte.

**Ähnliche Rechte** ergeben sich aus Ansprüchen gegenüber Dritten, z. B. Nießbrauch, Optionsrecht zum Erwerb von Aktien, Brenn- und Braurecht, Hotelbelegungsrecht, Wegerecht, Fischereirecht, Wettbewerbsverbote, Individual- und Standard-Software (etwa für Materialwirtschaft, Lohnabrechnung, Finanzbuchhaltung; vgl. hierzu auch BFH-Urteil, BStBl 1987 II S. 728 ff.).

Zu den **ähnlichen Werten** gehören Rezepte, Kundenkarteien, Know-how, ungeschützte Erfindungen.

**Lizenzen** sind Bewilligungen zur Ausnutzung von Patenten, Gebrauchsmustern, Verlags- und ähnlichen Rechten und Werten.

#### A.I.2 Geschäfts- oder Firmenwert

Als Geschäfts- oder Firmenwert wird nach § 255 Abs. 4 HGB die Wertdifferenz zwischen dem Gesamtwert einer Unternehmung und der Summe der Einzelwerte der Vermögensgegenstände unter Abzug der Schulden verstanden. Es handelt sich dabei um einen **ideellen**, fiktiven **Wert**: den guten Ruf, den Kundenkreis, den Kredit, die erfahrene Belegschaft. Dieser Wert darf nur aktiviert werden, wenn er entgeltlich erworben wurde (derivativer Geschäfts- oder Firmenwert).

**Angaben im Anhang:**

Es gibt zwei Abschreibungsmöglichkeiten, entweder in jedem dem Kauf folgenden Geschäftsjahr zu mindestens einem Viertel oder planmäßig (§ 255 Abs. 4 HGB). Im Falle der planmäßigen Abschreibung des Geschäfts- oder Firmenwerts (z. B. innerhalb eines Zeitraums von 15 Jahren, wie es steuerlich nach § 7 Abs. 1 EStG vorgesehen ist) sind nach § 285 Nr. 13 HGB die Gründe hierfür anzugeben.

#### A.I.3 Geleistete Anzahlungen

Anzahlungen betreffen Geschäfte, für die eine Abrechnung noch nicht vorliegt. In der Position A.I.3 sind nur solche Anzahlungen zu erfasssen, die zum Erwerb immaterieller Vermögensgegenstände bereits geleistet wurden.

**Aufgabe 4.7** *(Immaterielle Vermögensgegenstände) S. 333*

## A.II Sachanlagen

Den Sachanlagen werden in erster Linie körperliche Gegenstände zugerechnet, die dauernd einem Unternehmen zu dienen bestimmt sind. Als Ausnahme von der Körperlichkeit werden grundstücksgleiche Rechte dem Sachanlagevermögen zugerechnet, wie die Bilanzposition „Grundstücke, grundstücksgleiche Rechte und Bauten einschließlich der Bauten auf fremden Grundstücken" aussagt.

### A.II.1 Grundstücke, grundstücksgleiche Rechte und Bauten einschließlich der Bauten auf fremden Grundstücken

Hier handelt es sich um einen Sammelposten, der zumindest im Kontenplan oder für interne Aufstellungen weiter aufgesplittet werden sollte. Die Abgrenzung zu den Bilanzposten

— „Technische Anlagen und Maschinen" sowie

— „Andere Anlagen, Betriebs- und Geschäftsausstattung"

ist zum Teil schwierig. Abgrenzungsprobleme ergeben sich vor allem bei sogenannten Sachgesamtheiten, die sich aus mehreren Einzelposten (z. B. Grundstück mit Fabrikgebäude einschließlich verschiedener technischer Vorrichtungen wie Förderband, Lastenaufzug) mit unterschiedlich langer Nutzungsdauer zusammensetzen. Die bilanzrechtliche Zuordnung folgt deshalb in der Regel nicht der bürgerlich-rechtlichen. Denn zu den wesentlichen Bestandteilen der bürgerlich-rechtlichen Einheit „Grundstück" gehören nach § 94 BGB alle fest mit dem Grund und Boden verbundenen Sachen, also auch fest verankerte maschinelle Anlagen u. ä.

Für die bilanzrechtliche Zuordnung gelten die in der Übersicht auf Seite 154 dargestellten Leitlinien aus der Steuerrechtsprechung und -gesetzgebung.

Besonders problematisch kann die Zuordnung bei Gebäudeteilen sein. Als Abgrenzungskriterium kommt der **Grundsatz der Bewertungseinheit** zur Anwendung. Er besagt:

Verschiedene Teile (Aggregate), die nach wirtschaftlicher Betrachtungsweise eine Einheit bilden, d. h. in einem einheitlichen Nutzungs- und Funktionszusammenhang stehen, sind bilanzrechtlich als ein Vermögensgegenstand zu behandeln.[1]

Die Aufgliederung in selbständige und unselbständige Gebäudeteile ergibt sich aus der auf S. 155 f. dargestellten Übersicht.

Grundstücke im Sinne des BGB sind durch Vermessung gebildete abgegrenzte Teile der Erdoberfläche, die im Bestandsverzeichnis des betreffenden Grundbuchblatts gesondert aufgeführt sind. In der handels- und steuerrechtlichen Rechnungslegung können mehrere Grundstücke als eine wirtschaftliche Einheit ausgewiesen sein.

Zu **grundstücksgleichen Rechten** zählen solche Rechte, die bürgerlich-rechtlich wie Grundstücke zu behandeln sind (eigenes Grundbuchblatt), nämlich

— Erbbaurecht (veräußerliches und vererbliches Recht, auf oder unter der Oberfläche des Grundstücks ein Bauwerk zu haben, § 1 ErbbauVO),

— Abbaurecht, insbesondere Bergwerkseigentum (ausschließliches Recht, in einem bestimmten Feld die in der Bewilligung bezeichneten Bodenschätze aufzusuchen und zu gewinnen, §§ 8, 9 Bundesberggesetz),

— Wohnungseigentum (Sondereigentum an einer Wohnung in Verbindung mit dem Miteigentumsanteil an dem Gebäude, § 1 Abs. 2 Wohnungseigentumsgesetz) sowie Teileigentum (Sondereigentum an nicht zu Wohnzwecken dienenden Räumen eines Gebäudes, z. B. Büro, § 1 Abs. 3 Wohnungseigentumsgesetz),

— Dauerwohnrecht (Belastung eines Grundstücks, die dazu berechtigt, unter Ausschluß des Eigentümers eine bestimmte Wohnung zu bewohnen oder in anderer Weise zu nutzen, § 31 Abs. 1 Wohnungseigentumsgesetz) sowie Dauernutzungsrecht (Nutzung

---

[1]  Vgl. BFH-Beschluß, BStBl 1974 II S. 135.

| Leitlinien für die Abgrenzung des Grundvermögens und der Betriebsvorrichtungen | | | |
|---|---|---|---|
| Grundvermögen | Betriebsvorrichtungen | Gebäude | Außenanlagen |
| 1. Zum Grundvermögen gehören der Grund und Boden, die Gebäude und die Außenanlagen (§§ 68 Abs. 1 Nr. 1 und 78 BewG). Dies gilt auch für Betriebsgrundstücke (§ 99 BewG).<br>2. Maschinen und sonstige Vorrichtungen aller Art, die zu einer Betriebsanlage gehören (Betriebsvorrichtungen), werden nicht in das Grundvermögen einbezogen. Dies gilt selbst dann, wenn sie nach bürgerlichem Recht wesentliche Bestandteile des Grund und Bodens oder der Gebäude sind (§ 68 Abs. 2 Satz 1 Nr. 2 BewG). | 1. Zu den Betriebsvorrichtungen gehören nicht nur Maschinen und maschinenähnliche Vorrichtungen, sondern alle Vorrichtungen, mit denen ein Gewerbe unmittelbar betrieben wird.<br>2. Dies können auch selbständige Bauwerke oder Teile von Bauwerken sein, die nach den Regeln der Baukunst geschaffen sind, z. B. Schornsteine, Öfen, Kanäle.<br>3. Für die Annahme einer Betriebsvorrichtung reicht es nicht aus, daß eine Anlage für die Ausübung eines Gewerbebetriebs nützlich, notwendig oder vorgeschrieben ist.<br>4. Gebäude sind keine Betriebsvorrichtungen. Nach § 68 Abs. 2 Satz 1 Nr. 2 BewG können nur einzelne Bestandteile und Zubehörstücke Betriebsvorrichtungen sein. | 1. Ein Bauwerk ist als Gebäude anzusehen, wenn es<br>— Menschen oder Sachen durch räumliche Umschließung Schutz gegen Witterungseinflüsse gewährt,<br>— den Aufenthalt von Menschen gestattet,<br>— fest mit dem Grund und Boden verbunden,<br>— von einiger Beständigkeit und<br>— ausreichend standfest ist.<br>2. Auch unter der Erdoberfläche befindliche Bauwerke, z. B. Tiefgaragen, unterirdische Betriebsräume, Lagerkeller, Gärkeller, können Gebäude sein.<br>3. Ohne Einfluß auf den Gebäudebegriff ist, ob das Bauwerk auf eigenem oder fremdem Grund und Boden steht. | 1. Außenanlagen sind Bauten, die<br>— der Benutzung des Grundstücks dienen,<br>— keine Gebäude,<br>— keine Betriebsvorrichtungen sind,<br>— nicht in einer besonderen Beziehung zu einem auf dem Grundstück ausgeübten gewerblichen Betrieb stehen.<br>2. Hierzu zählen z. B. Einfriedungen, Bodenbefestigungen (Straßen, Wege, Plätze), Brücken und Uferbefestigungen zur Stützung des Erdreichs. |

**Quellen:** — §§ 68, 78, 83, 99 BewG,
— Richtlinien zur Abgrenzung des Grundvermögens von den Betriebsvorrichtungen, BStBl 1967 II S. 127 ff.,
— BFH-Urteil, BStBl 1984 II S. 262.

von nicht zu Wohnzwecken dienenden Räumen unter Ausschluß des Eigentümers, § 31 Abs. 2 Wohnungseigentumsgesetz).

Zu den **Bauten (auf eigenen und fremden Grundstücken)** zählen Gebäude sowie Außenanlagen (vgl. zur Abgrenzung die Übersichten auf S. 154 und S. 155).

## A.II.2  Technische Anlagen und Maschinen

Zu den technischen Anlagen und Maschinen gehören alle Anlagegüter, die **unmittelbar der Produktion** dienen. Der handelsrechtlichen Bezeichnung „Technische Anlagen und Maschinen" entspricht im Steuerrecht der Begriff „Betriebsvorrichtungen". Vgl. daher Abgrenzung und Beispiele in Tabellen A.5.1 und A.5.2.

| Aufgliederung der Gebäudeteile in selbständige und unselbständige | | | |
|---|---|---|---|
| | Beispiele | Folge der Klassifizierung | Einordnung in Handelsbilanz |
| **I. Unselbständige Gebäudeteile** (Abschn. 42 a Abs. 5 EStR) stehen in einem **einheitlichen** Nutzungs- und Funktionszusammenhang mit dem Gebäude. | Normale Installation von Heizung, Wasser, Gas, Licht u. ä., Personenaufzüge, Rolltreppen eines Kaufhauses, Feuerlöschanlage einer Fabrik oder eines Warenhauses, Bäder und Duschen eines Hotels. | Sind einheitlich mit dem Gebäude abzuschreiben | Bauten |
| **II. Selbständige Gebäudeteile** (Abschn. 13 b EStR) dienen **besonderen** Zwecken, stehen in einem von der eigentlichen Gebäudenutzung **verschiedenen** Nutzungs- und Funktionszusammenhang. | | | |
| 1. Betriebsvorrichtungen | — Einzelfundamente für Maschinen,<br>— Vorrichtungen für Bedienung und Wartung von Maschinen (z. B. Arbeits-, Bedienungs-, Beschickungsbühnen, Galerien),<br>— Lastenaufzüge, Verladeeinrichtungen, Förderbänder,<br>— speziell betrieblichen Zwecken dienende Beleuchtungsanlagen (z. B. für Schaufenster), Klimaanlagen (z. B. in Tabakfabriken), Be- und Entwässerungsanlagen (z. B. in Autowaschhallen),<br>— besondere Schutz- und Sicherungsvorrichtungen,<br>— Verkaufsautomaten, moderne Schaukästen,<br>— spezielle Bodenbefestigungen (z. B. bei Tankstellen, Teststrecken),<br>— Gleisanlagen, Kaimauern. | Sind als selbständige Wirtschaftsgüter gesondert vom Gebäude abzuschreiben (Abschn. 42a Abs. 6 EStR). | Technische Anlagen und Maschinen |
| 2. Einbauten für vorübergehende Zwecke | — Für eigene Zwecke vorübergehend eingefügte Anlagen, (Scheinbestandteile, § 95 BGB),<br>— vom Vermieter/Verpächter zur Erfüllung besonderer Bedürfnisse des Mieters/Pächters | Sind als selbständige Wirtschaftsgüter gesondert vom Gebäude abzuschreiben | Andere Anlagen, Betriebs- und Geschäftsausstattung |

| Aufgliederung der Gebäudeteile in selbständige und unselbständige (Fortsetzung) | | | |
|---|---|---|---|
| | Beispiele | Folge der Klassi-fizierung | Einordnung in Handels-bilanz |
| | eingefügte Anlagen, deren Nutzungszeit nicht länger als die Laufzeit des Vertragsver-hältnisses ist. | (Abschn. 42a Abs. 6 EStR). | |
| 3. Modeabhängige Ein-bauten | Statisch unwesentliche Gebäu-deteile (wie Trennwände, Fassa-den, Passagen, nichttragende Wände) von<br>— Ladeneinbauten,<br>— Schaufensteranlagen,<br>— Gaststätteneinbauten,<br>— Schalterhallen von Kreditinsti-tuten und<br>— ähnlichen Einbauten,<br>die einem schnellen Wandel des modischen Geschmacks unter-liegen. | Sind als selb-ständige Wirt-schaftsgüter gesondert vom Gebäu-de abzu-schreiben (Abschn. 42a Abs. 6 EStR). | Andere Anla-gen, Be-triebs- und Geschäfts-ausstattung |
| 4. Sonstige selbständi-ge Gebäudeteile | Wird ein Gebäude<br>— teils eigenbetrieblich,<br>— teils fremdbetrieblich,<br>— teils zu eigenen und<br>— teils zu fremden Wohn-zwecken<br>genutzt, so ist jeder der vier unterschiedlich genutzten Gebäudeteile ein eigenes Wirt-schaftsgut. | Sind als selb-ständige Wirt-schaftsgüter gesondert vom Gebäu-de abzu-schreiben (Abschn. 42a Abs. 6 EStR). | Bauten |
| 5. Mietereinbauten | Aufwendungen eines Mieters für gemietete Räume können zu<br>— Scheinbestandteilen,<br>— Betriebsvorrichtungen oder<br>— Gebäudebestandteilen mit be-sonderem Nutzungs- und Funktionszusammenhang führen, wenn Herstellungsauf-wand (statt Erhaltungsaufwand) vorliegt. Wichtigstes Beispiel: Betriebs- und Geschäftsausstat-tung von Handelsunternehmen in gemieteten Räumen. | Sind als selb-ständige Wirt-schaftsgüter gesondert vom Gebäu-de abzu-schreiben (Abschn. 42a Abs. 6 EStR). | Sachanlage je nach Art des Einbaus |
| **Quellen:** — Abschn. 13b, 42a Abs. 5 und 6, 43 Abs. 3 EStR,<br>— Richtlinien zur Abgrenzung des Grundvermögens von den Betriebsvorrichtungen, BStBl 1967 II S. 127 ff.,<br>— Schreiben über ertragsteuerliche Behandlung von Mietereinbauten, BStBl 1976 I S. 66 f.,<br>— BFH-Urteil, BStBl 1978 II S. 345 f. | | | |

Nach ADS 1987 (§ 266 Tz 53) sind in der Gruppe der technischen Anlagen und Maschi-nen auch entsprechende Spezialreserveteile und die Erstausstattung an Ersatzteilen für Maschinen und technische Anlagen sowie typengebundene Werkzeuge auszuweisen.

Entsprechend der geplanten Verwendung gehören nur Maschinenwerkzeuge hierher, alle anderen Werkzeuge dagegen zu Position A.II.3 „Andere Anlagen, Betriebs- und Geschäftsausstattung". Liegt die Verwendung noch nicht genau fest, ist der Ausweis unter Vorräten erlaubt. Auch Formen und Modelle erfahren Einordnung unter Position A.II.2 oder A.II.3, je nach Art ihrer Nutzung. Zum Vorratsvermögen gehören sie, wenn sie an den Besteller veräußert werden.

### A.II.3 Andere Anlagen, Betriebs- und Geschäftsausstattung

Zur Position „Andere Anlagen, Betriebs- und Geschäftsausstattung" rechnen:

— Betriebsausstattung, wie Lager-, Werkstatt-, Kantinen-, Laboreinrichtung, Werkzeuge, die nicht zu den Maschinenwerkzeugen gehören (vgl. A.II.2), Zeichnungen, Muster, Einrichtungen des Feuer- und des Werkschutzes, Meß- und Wiegeeinrichtungen, Einrichtung der Sanitätsräume, Transportbehälter, Fuhrpark, Vorführwagen im Kfz-Handel u. a. Zur Betriebsausstattung gehört auch der Bestand an Leihemballagen.

— Geschäftsausstattung, wie Büro-, Ausstellungs-, Messestand-, Ladeneinrichtungen, Büromaschinen, EDV-Anlagen für Verwaltung und Vertrieb, Sprechanlagen, Telefon-, Telex-, Telefaxanlagen, Mieterein- und -umbauten (vgl. dazu vorstehende Übersicht), dauerhaft verwendbares Werbematerial wie Vorführfilme, Videokassetten u. ä.

Unter **anderen Anlagen** werden nicht unmittelbar der Produktion dienende Anlagen geführt wie allgemeine Transportanlagen u. ä. Diese Position ist Sammelposten für alle Sachanlagen, die keinem anderen Posten des Sachanlagevermögens zugeordnet werden können.

### A.II.4 Geleistete Anzahlungen und Anlagen im Bau

Geleistete Anzahlungen sind Vorleistungen auf schwebende Geschäfte und dienen der erfolgsneutralen Erfassung dieser Geschäfte (ADS 1987, § 266 Tz 61). Unter A.II.4 sind nur geleistete Anzahlungen auf Sachanlagen auszuweisen. Langfristige Mietvorauszahlungen und verlorene Baukostenzuschüsse gehören nicht hierher, sondern unter Rechnungsabgrenzung.

Anlagen im Bau — gleichgültig, um welche Art von Sachanlagen es sich dabei handelt — werden mit ihren bisher angefallenen Anschaffungs- und Herstellungskosten für Eigen- wie Fremdleistungen bis zur endgültigen Fertigstellung bilanziert und dann den einzelnen Sachanlagepositionen zugewiesen, wobei sich durchaus herausstellen kann, daß Einzelposten den Anlagenbereich nicht betreffen. So ist z. B. Umbuchung von Restmaterialien in das Vorratsvermögen notwendig.

### Aufgabe 4.8 *(Sachanlagen) S. 333*

### A.III Finanzanlagen

Finanzanlagen repräsentieren — im Unterschied zu den immateriellen Vermögensgegenständen und Sachanlagen — langfristig außerhalb des Unternehmens eingesetztes Kapital, z. B. Kapitaleinlagen in Kapital- oder Personengesellschaften.

### A.III.1 Anteile an verbundenen Unternehmen

Anteile sind die Grundlage der Mitgliedschaft bzw. der Kapitalbeteiligung an einem Unternehmen. Aus ihnen erwachsen Vermögensrechte (z. B. Gewinnanspruch), Mitsprache- und Informationsrechte.

Ob Unternehmen im Sinne des Bilanzrechts (abweichend vom Konzernrecht, vgl. § 15 AktG!) als „verbundene Unternehmen" zu bezeichnen sind, wird durch das Bestehen eines Mutter-Tochter-Verhältnisses im Sinne des § 290 HGB bestimmt (§ 271 Abs. 2 HGB). Ein solches Mutter-Tochter-Verhältnis zwischen Unternehmen ist anzunehmen, wenn

— eine „einheitliche Leitung" oder
— bestimmte Rechtspositionen (z. B. Mehrheit der Stimmrechte)

vorliegen. Auch die jeweiligen Tochterunternehmen untereinander sind verbundene Unternehmen.

Aus der Definition der verbundenen Unternehmen gemäß § 271 Abs. 2 HGB kann der Eindruck entstehen, als ob das Merkmal Verbundenheit an die Konzernrechnungslegungspflicht geknüpft wäre. Dies ist nicht der Fall (vgl. ADS 1987, § 271 Tz 57). Des weiteren war auch die Frage strittig, ob verbundene Unternehmen vorliegen, wenn zwar die Tochterunternehmen Kapitalgesellschaften sind, das Mutterunternehmen aber eine Personengesellschaft ist. ADS 1987 (§ 271 Tz 56, 67) sehen hier sowohl die Tochterunternehmen als auch die Personengesellschaft als verbundene Unternehmen an (vgl. aber andere Ansicht im WP-Handbuch 1985/86 II, S. 694).

Werden Anteile an verbundenen Unternehmen nur in Kursgewinnabsicht erworben, gehören sie zum Umlaufvermögen („Wertpapiere").

Aus der Höhe der Anteile wird sich häufig ergeben, daß eine Beteiligung i. S. von § 271 Abs. 1 HGB vorliegt (Überschreiten eines Fünftels des Nennkapitals dieser Gesellschaft). In diesem Fall hat die Spezialvorschrift über den Ausweis von Anteilen an verbundenen Unternehmen den Vorrang vor dem Ausweis unter „Beteiligungen".

**Angaben im Anhang:**

Über den Anteilsbesitz sind im Anhang oder in einer gesonderten Aufstellung (§ 287 HGB) die in § 285 Nr. 11 HGB verlangten Angaben zu machen (z. B. Name und Sitz der Unternehmung, Höhe des Anteils u. a.). Diese Angaben können wegen untergeordneter Bedeutung oder wegen erheblicher Nachteile unterbleiben (§ 286 Abs. 3 HGB).

### A.III.2  Ausleihungen an verbundene Unternehmen

Ausleihungen sind ein Unterfall der Forderungen, nämlich auf Geld- und Finanzgeschäften basierende Finanzforderungen (im Gegensatz zu Waren- und Leistungsforderungen). Eine Mindestlaufzeit wird zwar vom Gesetzgeber nicht mehr gefordert, doch muß eine gewisse Dauerhaftigkeit (vgl. § 247 Abs. 2 HGB) gegeben sein. Zu den Ausleihungen zählen langfristige Darlehen, Hypothekenforderungen sowie durch Grund- und Rentenschulden gesicherte Forderungen. Forderungen aus Warenlieferungen und Leistungen sind keine Ausleihungen.

Die Position A.III.2 erfaßt lediglich Ausleihungen, die sich an verbundene Unternehmen richten.

### A.III.3  Beteiligungen

Hierher gehören Beteiligungen, die keine Anteile an verbundenen Unternehmen darstellen. § 271 Abs. 1 HGB definiert Beteiligungen als „Anteile an anderen Unternehmen, die bestimmt sind, dem eigenen Geschäftsbetrieb durch Herstellung einer dauernden Verbindung zu jenen Unternehmen zu dienen". Verbriefung der Anteile in Wertpapieren ist nicht Voraussetzung einer Beteiligung. Im Zweifelsfall wird eine Beteiligung an einer Kapitalgesellschaft vermutet, wenn der Nennwert der Anteile mehr als 20 % des Nennkapitals dieser Kapitalgesellschaft beträgt. Beteiligungen können vorliegen in Form von Aktienbesitz, von GmbH-Anteilen, in Form von Gesellschaftsrechten an einer OHG oder KG. Auch eine sogenannte atypische stille Gesellschaft, die steuerlich als Mitunternehmerschaft eingestuft wird (Beteiligung an stillen Reserven, Einfluß auf die Geschäftsführung) kann als Beteiligung zu werten sein (ADS 1987, § 271 Tz 5).

Die Mitgliedschaft an einer eingetragenen Genossenschaft gilt nicht als Beteiligung im Sinne des Bilanzrechts.

**Angaben im Anhang:**

Über den Anteilsbesitz sind im Anhang oder einer besonderen Aufstellung (§ 287 HGB) die nach § 285 Nr. 11 verlangten Angaben zu machen, es sei denn, die Angaben sind von untergeordneter Bedeutung oder von erheblichem Nachteil (§ 286 Abs. 3 HGB).

### A.III.4 Ausleihungen an Unternehmen, mit denen ein Beteiligungsverhältnis besteht

Vgl. Ausführungen zu Pos. Aktiva A.III.2. Drei Kriterien müssen für den Ausweis erfüllt sein: Finanz- bzw. Kapitalforderung, von gewisser Dauer, gegenüber Unternehmen, mit denen ein Beteiligungsverhältnis besteht. Ziel dieses Bilanzausweises ist die Verdeutlichung von Verflechtungen.

### A.III.5 Wertpapiere des Anlagevermögens

Gehören Wertpapiere weder zu „Anteilen an verbundenen Unternehmen" noch zu „Beteiligungen", so sind sie (bei beabsichtigtem Dauerbesitz) als „Wertpapiere des Anlagevermögens" auszuweisen. Dies können im einzelnen sein:

— festverzinsliche Wertpapiere, wie öffentliche Bundesanleihen, Schatzanweisungen, Industrie- oder Bankobligationen, Zero-Bonds, Wandelschuldverschreibungen, Pfandbriefe,

— Wertpapiere mit Gewinnbeteiligungsansprüchen, wie Aktien, Gewinnschuldverschreibungen, Investmentanteile, Anteile an Immobilienfonds, entgeltlich erworbene Genußscheine.

Bundesschatzbriefe sind zwar keine Wertpapiere, dürfen aber als wertpapierähnliche Rechte in dieser Rubrik ausgewiesen werden. Wertpapiere, deren Verkäuflichkeit durch Gesetz oder Vertrag eingeschränkt ist, sind stets unter A.III.5 auszuweisen.

### A.III.6 Sonstige Ausleihungen

„Sonstige Ausleihungen" stellen einen Sammelposten für solche dauerhaften Ausleihungen dar, die nicht an verbundene oder Beteiligungsunternehmen gegeben werden, wie Darlehen an Mitarbeiter (z. B. für Kraftfahrzeuge, Wohnungsum- und ausbauten). Hierher gehören auch zum Anlagevermögen zählende Genossenschaftsanteile sowie GmbH-Anteile, die nicht zu den Beteiligungen zu rechnen sind. Wobei ADS 1987 (§ 265 Tz 92) vermerkt, daß für Genossenschaftsanteile ebenso wie für Rückdeckungsansprüche aus Lebensversicherungen in der Bilanz zusätzliche Posten geführt werden sollten, da der Begriff „Sonstige Ausleihungen" den Inhalt nicht deckt.

#### Angaben im Anhang:
— Ausleihungen an Organmitglieder (Geschäftsführung, Aufsichtsrat, Beirat oder ähnliche Einrichtung) sind unter Angabe der Zinssätze und wesentlichen Bedingungen im Anhang anzugeben (§ 285 Nr. 9 c HGB).

— Ausleihungen an GmbH-Gesellschafter sind gesondert (in der Bilanz) auszuweisen oder im Anhang anzugeben (§ 42 Abs. 3 GmbHG).

**Aufgabe 4.9** *(Finanzanlagen) S. 333*

### B. Umlaufvermögen

Zum Umlaufvermögen gehört das nicht langfristig festgelegte Betriebsvermögen, das sich durch den Produktions- bzw. Warenverkaufsprozeß ständig umschlägt. Dazu gehören Vorräte, Forderungen und sonstige Vermögensgegenstände, Wertpapiere und flüssige Mittel. Vgl. hinsichtlich Abgrenzung Anlage-/Umlaufvermögen Ausführung zu A. Anlagevermögen.

#### Angaben im Anhang:
Im Anhang ist der Betrag der im Geschäftsjahr allein nach steuerrechtlichen Vorschriften vorgenommenen Abschreibungen, getrennt nach Anlage- und Umlaufvermögen, anzugeben, soweit er sich nicht aus der Bilanz oder der GuV-Rechnung ergibt, und hinreichend zu begründen (§ 281 Abs. 2 HGB).

## B.I Vorräte

Die Vorräte gliedern sich in

1. Roh-, Hilfs- und Betriebsstoffe,

2. unfertige Erzeugnisse, unfertige Leistungen,

3. fertige Erzeugnisse und Waren,

4. geleistete Anzahlungen.

Erhaltene Anzahlungen auf Bestellungen sind, soweit Anzahlungen auf Vorräte nicht von dem Posten „Vorräte" offen abgesetzt werden, unter den Verbindlichkeiten gesondert auszuweisen (§ 268 Abs. 5 HGB).

### B.I.1 Roh-, Hilfs- und Betriebsstoffe

**Rohstoffe** gehen als Hauptstoffe bzw. wesentliche Bestandteile **unmittelbar** in das zu produzierende Erzeugnis ein. Es kann sich um Grundstoffe (Erz, Rohöl), Zwischenprodukte (Stahl, Bleche, Stoffe) oder vorgefertigte Teile (Batterien, Autositze, Chips) handeln. Nach ADS 1987 (§ 266 Tz 103) gehören zu dieser Position auch im eigenen Unternehmen einzusetzende Reserve- und Ersatzteile, die nicht dem Anlagevermögen zuzuordnen sind.

Den Rohstoffen gleichzusetzen sind von Dritten erbrachte Fremdleistungen an vom eigenen Betrieb bereitgestellten, dem Dritten nicht berechnetem Material, z. B. für Stanz- oder Schneidearbeiten, das Lackieren von Holz- oder Metallteilen u. ä.

**Hilfsstoffe** sind Stoffe, die, ohne Rohstoffe zu sein, in die Erzeugnisse unmittelbar eingehen und Neben- oder Kleinmaterial darstellen (Farben, Lacke, Schrauben, Nieten). Hierzu gehört auch die sogenannte Innenverpackung, die ein Produkt erst verkaufsfertig macht, wie Stanniol- oder Pergamentpapier für Butter, die Bonbonnierenschachtel für Pralinen, die Dose für Dosenbier, der Flakon und der Geschenkkarton für Parfüm.

**Betriebsstoffe** sind Stoffe, die zwar unmittelbar oder mittelbar der Fertigung dienen und dabei verbraucht werden, aber stofflich nicht in das Produkt eingehen, wie Reinigungs- und Schmiermittel, Brennstoffe, Treibstoffe, Gas bei der Glasbläserei, noch lagerndes Büromaterial, Werbematerial, Küchen- und Kantinenvorräte, Außenverpackung (die nicht als Bestandteil des fertigen Erzeugnisses anzusehen ist).

### B.I.2 Unfertige Erzeugnisse, unfertige Leistungen

Unfertige Erzeugnisse sind alle Erzeugnisse, deren Produktionsgang noch nicht abgeschlossen ist und die deshalb noch nicht verkaufsfähig sind. Auch wenn bis zur Verkaufsfertigkeit noch eine Lagerung (z. B. bei Käse in der Käserei, bei Wein im Lager der Kellerei) nötig ist, handelt es sich um ein unfertiges Erzeugnis.

Unter „unfertigen Leistungen" werden am Abschlußstichtag noch nicht abgeschlossene Dienstleistungen verstanden. Sie kommen besonders im Baugewerbe vor.

### B.I.3 Fertige Erzeugnisse und Waren

Diese Gruppe umfaßt nur verkaufsfertige Produkte und Waren. Zu den Fertigerzeugnissen gehören auch zum Verkauf bestimmte Abfälle aus der Produktion. Unter Waren ist Handelsware zu verstehen, die ohne wesentliche Be- oder Verarbeitung weiterverkauft wird. Auch selbständiges Zubehör für Erzeugnisse ist demnach Ware.

Bereits gekaufte, aber am Abschlußstichtag noch nicht eingegangene Ware ist nur dann vom Abnehmer zu bilanzieren, wenn die Gefahr des zufälligen Untergangs zu diesem Zeitpunkt bereits auf ihn übergegangen ist.

Bei den gelegentlich vorkommenden nicht abgerechneten fertigen Leistungen muß man unterscheiden, ob bereits eine Gewinnrealisierung angenommen werden kann oder nicht. Ist sie anzunehmen, weil die Leistung oder Lieferung erbracht und der Anspruch auf Gegenleistung entstanden ist (vgl. ADS 1987, § 252 Tz 81), so ist ein Ausweis unter den Forderungen aus Lieferungen und Leistungen geboten. Im anderen Fall ist, sofern nicht von untergeordneter Bedeutung, z. B. die Postenbezeichnung entsprechend anzupassen (ADS 1987, § 266 Tz 118).

### B.I.4  Geleistete Anzahlungen

Hier sind nur geleistete Anzahlungen auf Vorratsvermögen zu erfassen, also Vorleistungen auf Grund noch unerfüllter Lieferungs- und Leistungsverträge. Sie begründen eventuell einen Rückzahlungsanspruch.

**Sonderposten:**
**Erhaltene Anzahlungen auf Bestellungen**

§ 268 Abs. 5 Satz 2 HGB erlaubt, die erhaltenen Anzahlungen auf Vorräte statt in der dafür vorgesehenen Passivposition C.3 auszuweisen, sie offen von dem Posten „Vorräte" (d. h. von der Summe der Aktivposten B.1 bis 4) abzusetzen. Die Absetzung ist nicht zulässig, wenn

— dadurch ein unzutreffendes Bild der Finanzlage (§ 264 Abs. 2 HGB) vermittelt würde (z. B. bei vertragsgemäßer Verwahrung der Zahlungen auf Sonderkonten),

— dadurch ein Negativbetrag bei den Vorräten entstünde (vgl. WP-Handbuch 1985/86 II, S. 162).

**Aufgabe 4.10**  *(Vorräte) S. 334*

### B.II  Forderungen und sonstige Vermögensgegenstände

Diese Position ist in

1. Forderungen aus Lieferungen und Leistungen,
2. Forderungen gegen verbundene Unternehmen,
3. Forderungen gegen Unternehmen, mit denen ein Beteiligungsverhältnis besteht,
4. sonstige Vermögensgegenstände

unterteilt, wobei Forderungen auch in der letzten Position vorkommen. Zweifelhafte Forderungen (Dubiose) sind nicht gesondert darzustellen. Entsprechende Wertberichtigungen werden deshalb bei den jeweiligen Bilanzposten direkt abgesetzt.

Nach § 268 Abs. 4 HGB müssen Kapitalgesellschaften bei jedem gesondert ausgewiesenen Posten den Betrag derjenigen Forderungen vermerken, die eine Restlaufzeit von mehr als einem Jahr haben. Dabei ist an den Vermerk in der Bilanz selbst gedacht. Angabepflichtig hinsichtlich der Restlaufzeit sind nur die im Umlaufvermögen ausgewiesenen Forderungen (einschließlich in den „Sonstigen Vermögensgegenständen" enthaltenen), nicht aber diejenigen, die zu den Finanzanlagen gehören. Bei kleinen Kapitalgesellschaften ist dieser Vermerk auf den von ihnen auszuweisenden Sammelposten „Forderungen und sonstige Vermögensgegenstände" beschränkt.

**Angaben im Anhang:**

— Es kann der Klarheit und Übersichtlichkeit des Abschlusses durchaus dienlich sein, die Restlaufzeit statt in der Bilanz in einem im Anhang auszuweisenden Forderungsspiegel (vgl. S. 162) anzugeben.[1]

— Forderungen gegenüber GmbH-Gesellschaftern sind in der Regel als solche jeweils gesondert auszuweisen oder im Anhang anzugeben; werden sie unter anderen Posten ausgewiesen, so muß diese Eigenschaft vermerkt werden (§ 42 Abs. 3 GmbHG).

### B.II.1  Forderungen aus Lieferungen und Leistungen

Forderungen aus Lieferungen und Leistungen beruhen auf der unternehmensseitigen Erfüllung von gegenseitigen Verträgen, z. B. Liefer-, Werk- und Dienstleistungsverträ-

---

[1] Stellungnahme SABI 3/1986: Zur Darstellung der Finanzlage, in: WPg 1986, S. 670.

| Forderungsspiegel | | | | |
|---|---|---|---|---|
| | Gesamtbetrag | | Davon Restlaufzeit von mehr als einem Jahr | |
| | im Abschluß-zeitpunkt | im Vorjahr | im Abschluß-zeitpunkt | im Vorjahr |
| II. Forderungen und sonstige Vermögensgegenstände | | | | |
| 1. aus Lieferungen und Leistungen | | | | |
| 2. gegen verbundene Unternehmen | | | | |
| 3. gegen Unternehmen, mit denen ein Beteiligungsverhältnis besteht | | | | |
| 4. sonstige Vermögensgegenstände | | | | |

gen. Die Begleichung durch den Schuldner steht noch aus. Bereits gewährte Preisnachlässe sind abzusetzen.

Die Begriffe Lieferungen und Leistungen werden hier bei dieser Position meist eng ausgelegt und nur auf die gewöhnliche Geschäftätigkeit bzw. die Umsatzerlöse (§ 277 Abs. 1 HGB) bezogen. Forderungen z. B. aus Anlageabgängen zählen dann nicht hierher, sondern zu „Sonstigen Vermögensgegenständen".

Für Wechsel gibt es auf der Aktivseite keine gesonderte Bilanzposition. Man unterscheidet

— Handels- bzw. Warenwechsel, denen ein Umsatzgeschäft über Waren zugrunde liegt, und

— Finanzwechsel, die nicht auf einem Warengeschäft basieren und nur zur Kreditbeschaffung ausgestellt werden.

Zwar zählen beide Arten als sogenannte geborene Orderpapiere zu den Wertpapieren, dennoch sind nur die Finanzwechsel der Bilanzposition „Sonstige Wertpapiere" zuzuordnen. Bei Warenwechseln indessen ist zu beachten, daß die Wechselforderung abstrakt ist, d. h. losgelöst von der bestehenden Kaufpreisforderung, und diese daher nicht ersetzt. Die Kaufpreisforderung bleibt neben dem wechselrechtlichen Anspruch weiterbestehen und erlischt erst bei dessen Erfüllung. Aus diesem Grund sind die Warenwechsel unter „Forderungen aus Lieferungen und Leistungen" auszuweisen.

### B.II.2 Forderungen gegen verbundene Unternehmen

Zu den Forderungen gegen verbundene Unternehmen gehören alle zum Umlaufvermögen gehörenden Forderungen gegenüber diesen Unternehmen, gleichgültig, ob aus Lieferungen und Leistungen stammend, aus kurzfristigen Darlehen, aus Gewinnausschüttungen oder anderem. Vgl. die Bestimmung über den Vermerk der Mitzugehörigkeit zu anderen Posten (§ 265 Abs. 3 HGB) und die Ausführung dazu (S. 148).

### B.II.3 Forderungen gegen Unternehmen, mit denen ein Beteiligungsverhältnis besteht

Hier gilt zur vorigen Position B.II.2 Entsprechendes.

### Sonderposten:
### Eingeforderte, noch ausstehende Kapitaleinlagen

Im Falle des Nettoausweises des gezeichneten Kapitals (vgl. Ausführungen zu Pos. Passiva A) sind die eingeforderten, ausstehenden Einlagen unter den Forderungen gesondert auszuweisen und entsprechend zu bezeichnen (§ 272 Abs. 1 Satz 3 HGB).

**Sonderposten:**
**Einzahlungsverpflichtung persönlich haftender KGaA-Gesellschafter**

Soweit der auf den Kapitalanteil eines persönlich haftenden KGaA-Gesellschafters entfallende Verlust dessen Kapitalanteil übersteigt, ist er auf der Aktivseite unter der Bezeichnung „Einzahlungsverpflichtungen persönlich haftender Gesellschafter" unter den Forderungen gesondert auszuweisen, wenn eine Zahlungsverpflichtung besteht (§ 286 Abs. 2 AktG). Zum Fall der fehlenden Zahlungsverpflichtung vgl. S. 166.

**Sonderposten:**
**Eingeforderte Nachschüsse**

Das Recht der GmbH zur Einziehung von Nachschüssen der Gesellschafter ist in der Bilanz insoweit zu aktivieren, als die Einziehung bereits beschlossen ist und den Gesellschaftern ein Recht durch die Verweisung auf den Geschäftsanteil sich von der Zahlung der Nachschüsse zu befreien (Abandonrecht), nicht zusteht. Der nachzuschießende Betrag ist auf der Aktivseite unter den Forderungen gesondert unter der Bezeichnung „Eingeforderte Nachschüsse" auszuweisen, soweit mit der Zahlung gerechnet werden kann. Ein dem Aktivposten entsprechender Betrag auf der Passivseite ist in dem Posten „Kapitalrücklage" gesondert auszuweisen (§ 42 Abs. 2 GmbHG).

### B.II.4 Sonstige Vermögensgegenstände

Der Posten „Sonstige Vermögensgegenstände" sammelt alle Vermögensgegenstände des Umlaufvermögens, die nicht gesondert ausgewiesen werden müssen bzw. sich nicht anderswo unterbringen lassen. Das sind kurzfristige Kredite, kurzfristige Darlehen an Arbeitnehmer, Lohn- und Gehalts-, Reisekosten-, Benzinkostenvorschüsse, Kautionen mit einer Restlaufzeit von bis zu einem Jahr, Gewinnauszahlungsansprüche von Gesellschaftern (soweit nicht gesondert auszuweisen), Ansprüche auf Steuererstattungen und Sozialversicherungsbeiträge, Schadenersatzansprüche, Forderungen auf Ausbildungsplatzzulage, umgeschlagene Kreditoren. ADS 1987 (§ 266 Tz 134) führt auch zur Weiterveräußerung vorgesehene Anlagegegenstände auf, die nicht mehr im eigenen Betrieb als Anlagen genutzt werden sollen.

**Angaben im Anhang:**

Werden unter dem Posten „Sonstige Vermögensgegenstände" Beträge für Vermögensgegenstände ausgewiesen, die erst nach dem Abschlußstichtag rechtlich entstehen, so müssen Beträge, die einen größeren Umfang haben, im Anhang erläutert werden (§ 268 Abs. 4 Satz 2 HGB). Damit sind die sogenannten „antizipativen Abgrenzungsposten" gemeint, auch wenn der Gesetzeswortlaut diese Interpretation nicht zu decken scheint. Denn antizipative Abgrenzungsposten sind in der Regel am Abschlußstichtag wirtschaftlich und auch rechtlich entstanden. Art. 18 der 4. EG-Richtlinie ist aber eindeutig und spricht von Erträgen, die erst nach dem Abschlußstichtag **fällig** werden, z. B. erst im Folgejahr gutgeschriebene Boni u. ä. (vgl. ADS 1987, § 268 Tz 104).

**Aufgabe 4.11**  *(Forderungen und sonstige Vermögensgegenstände) S. 334*

### B.III Wertpapiere

Wertpapiere sind nach der Rechtslehre Urkunden, in denen ein privates Recht derart verbrieft ist, daß zur Ausübung des Rechts der Besitz der Urkunde erforderlich ist. Zu Wertpapieren des Umlaufvermögens gehören: Anteile an verbundenen Unternehmen, eigene Anteile und sonstige Wertpapiere. Die Zuordnung zum Umlaufvermögen ergibt sich ausschließlich aus dem vorgesehenen kurzfristigen Verbleib im Unternehmen.

### B.III.1 Anteile an verbundenen Unternehmen

Hier sind nur solche Anteile an verbundenen Unternehmen auszuweisen, die nicht zu Pos. A.III.1 gehören.

## B.III.2 Eigene Anteile

Eigene Anteile, deren Erwerb sowohl bei der AG als auch bei der GmbH nur mit Einschränkung zugelassen ist (§ 71 AktG und § 33 GmbHG), dürfen unabhängig von ihrer Zweckbestimmung nur unter den dafür vorgesehenen Posten im Umlaufvermögen ausgewiesen werden (§ 265 Abs. 3 Satz 2 HGB).

In Höhe der eigenen Anteile ist stets eine Rücklage für eigene Anteile zu bilden (§ 272 Abs. 4 HGB), um dadurch Mittel an das Unternehmen zu binden und die Haftungssubstanz zu erhalten (Ausschüttungssperre).

## B.III.3 Sonstige Wertpapiere

Der Posten umfaßt alle bisher noch nicht aufgeführten Wertpapiere des Umlaufvermögens. Das sind insbesondere kurzfristige Liquiditätsreserven in Wertpapierform, wie Rentenpapiere, Aktien von nicht verbundenen Unternehmen, Obligationen, Investmentzertifikate, Schatzwechsel von Bund, Ländern, Bundesbahn, Finanz- oder Finanzierungswechsel. Letztere sind Wechsel, die nur der Kreditbeschaffung dienen. Handels- oder Warenwechsel dagegen sind unter „Forderungen aus Lieferungen und Leistungen" auszuweisen. Abgetrennte Zins- und Dividendenscheine gehören entweder hierher oder unter „Sonstige Vermögensgegenstände" (ADS 1987, § 266 Tz 146).

**Aufgabe 4.12**  *(Wertpapiere) S. 334*

## B.IV Schecks, Kassenbestand, Bundesbank- und Postgiroguthaben, Guthaben bei Kreditinstituten

Sämtliche flüssigen Mittel des Unternehmens werden in einem einzigen Posten zusammengefaßt. Wegen der zusammengefaßten Darstellung ist die Abgrenzung von beispielsweise bei der Bank noch nicht erfolgter Scheckgutschrift nicht mehr wichtig, denn in der Gesamtsumme ist der Posten enthalten.

**Schecks** sind in besonderer Form erteilte schriftliche Zahlungsanweisungen. Zu den Schecks gehören Bar- und Verrechnungsschecks, auf DM oder fremde Währungen lautend, Inhaber- oder Orderschecks, auch Travellerschecks u. a. Zu Protest gegangene Schecks sind nicht als Schecks, sondern als Forderungen auszuweisen.

Zum **Kassenbestand** gehören sämtliche Kassenbestände zum Abschlußzeitpunkt (Haupt- und Nebenkassen, über die in der Regel Kassenprotokolle erstellt und von den Verantwortlichen unterzeichnet werden). Es gehören dazu auch unverbrauchte Wertmarken der Frankiermaschine, unverbrauchte Briefmarkenbestände, Wechselsteuermarken u. a. Quittungen über Vorschüsse und Ausleihungen gehören nicht zum Kassenbestand, sondern zu „Sonstigen Vermögensgegenständen".

**Guthaben bei Kreditinstituten** umfassen Guthaben bei in- oder ausländischen Banken. Zu Guthaben rechnen sämtliche Gutschriften zum Bilanzstichtag auf laufenden sowie auf Festgeldkonten. Wurden Zinsen zu diesem Zeitpunkt noch nicht gutgeschrieben, werden sie unter „Sonstigen Vermögensgegenständen" bilanziert. Bei ausländischen Banken gesperrte Guthaben sind ebenso unter „Sonstigen Vermögensgegenständen" auszuweisen wie Guthaben bei notleidenden Banken. Bereitgestellte, nicht beanspruchte Kredite werden nicht bilanziert.

### Angaben im Anhang:

Falls Festgelder nicht gegen entsprechende Zinsen freigegeben werden oder zugunsten Dritter gesperrte Guthaben vorliegen, ist darauf in Bilanz oder Anhang hinzuweisen (vgl. WP-Handbuch 1985/86 II, S. 165).

**Aufgabe 4.13**  *(Flüssige Mittel) S. 335*

## C. Rechnungsabgrenzungsposten

Als Rechnungsabgrenzungsposten sind auf der Aktivseite Ausgaben vor dem Abschluß-stichtag auszuweisen, soweit sie Aufwand für eine bestimmte Zeit nach diesem Tag dar-stellen (transitorische Posten, § 250 Abs. 1 HGB). Beispiele: Vorauszahlungen für Zinsen, Mieten, Versicherungsprämien, Beiträge u. ä. Diese Abgrenzung ist bereits ausführlich behandelt (Buchungsweise S. 55 ff., Ansatzfähigkeit S. 133 f.).

Zudem kann man — in Anlehnung an die Handhabung im Steuerrecht nach § 5 Abs. 4 EStG — nun auch

— als Aufwand berücksichtigte Zölle und Verbrauchsteuern, soweit sie auf am Abschlußstichtag auszuweisende Vermögensgegenstände des Vorratsvermögens ent-fallen und

— als Aufwand berücksichtigte Umsatzsteuer auf am Abschlußstichtag auszuweisende oder von den Vorräten offen abgesetzte Anzahlungen

in den aktiven Rechnungsabgrenzungsposten einbeziehen (§ 250 Abs. 1 HGB).

Ein aktiver Posten der Rechnungsabgrenzung darf nach § 250 Abs. 3 HGB auch angesetzt werden, wenn der Rückzahlungsbetrag von Verbindlichkeiten höher als der Ausgabe-betrag ist, soweit die Differenz als Disagio nicht schon entsprechend der verbrauchten Laufzeit abgeschrieben ist.

**Angaben im Anhang:**

Ein nach § 250 Abs. 3 HGB in den aktiven Rechnungsabgrenzungsposten aufgenommener Unter-schiedsbetrag ist in der Bilanz gesondert auszuweisen oder im Anhang anzugeben (§ 268 Abs. 5 HGB).

## Sonderposten:
## Aktive Steuerabgrenzung

Ist nach § 274 Abs. 2 HGB der dem Geschäftsjahr und früheren Geschäftsjahren zuzu-rechnende Steueraufwand zu hoch, weil der nach den steuerrechtlichen Vorschriften zu versteuernde Gewinn **höher** als das handelsrechtliche Ergebnis ist, und gleicht sich der zu hohe Steueraufwand des Geschäftsjahres und früherer Geschäftsjahre in späteren Geschäftsjahren voraussichtlich aus, so darf in Höhe der voraussichtlichen Steuerentla-stung nachfolgender Geschäftsjahre ein Abgrenzungsposten als Bilanzierungshilfe auf der Aktivseite der Bilanz gebildet werden. Dieser Posten ist unter entsprechender Bezeichnung gesondert auszuweisen. Vgl. die Ausführungen zu latenten Steuern auf S. 243 ff.

Eine aktive Steuerabgrenzung kann z. B. entstehen, wenn das handelsrechtliche Er-gebnis früher als das steuerrechtliche durch Aufwendungen gemindert wird, z. B. weil Kapitalgesellschaften die handelsrechtlich großzügige Regelung über die Bildung von Aufwandrückstellungen nach § 249 Abs. 2 HGB in Anspruch nehmen (z. B. für Groß-reparaturen), die steuerrechtlich nicht anerkannt werden.

**Angaben im Anhang:**

Die aktive Steuerabgrenzung ist im Anhang zu erläutern (§ 274 Abs. 2 Satz 2 HGB).

## Sonderposten:
## Nicht durch Eigenkapital gedeckter Fehlbetrag

Ist das Eigenkapital durch Verluste aufgebraucht, so daß sich ein Überschuß der Passiv-über die Aktivposten ergibt, dann ist dieser Betrag am Schluß der Bilanz auf der Aktiv-seite unter der Bezeichnung „Nicht durch Eigenkapital gedeckter Fehlbetrag" anzuge-ben (§ 268 Abs. 3 HGB). Zu beachten ist, daß die so ausgewiesene buchmäßige Über-schuldung nicht notwendigerweise eine Überschuldung im Sinne des Insolvenzrechts darstellen muß. Hierzu wären in einer Überschuldungsbilanz Aktiva und Passiva mit den jeweiligen Zeitwerten anzusetzen.

**Sonderposten:**
**Nicht durch Vermögenseinlagen gedeckter Verlustanteil persönlich haftender Gesellschafter einer KGaA**

Übersteigt der auf den Kapitalanteil eines persönlich haftenden Gesellschafters einer KGaA entfallende Verlust dessen Kapitalanteil und besteht diesbezüglich keine Einzahlungsverpflichtung des Gesellschafters, so ist der Betrag als „Nicht durch Vermögenseinlagen gedeckter Verlustanteil persönlich haftender Gesellschafter" zu bezeichnen und am Schluß der Bilanz auf der Aktivseite auszuweisen (§ 286 Abs. 2 Satz 3 AktG).

## Kontrollfragen

1. Wodurch unterscheidet sich die Bilanzgliederung von Personen- und Kapitalgesellschaften?

2. Genügt bei Einzelunternehmen und Personengesellschaften die Gliederung der Bilanz in Anlage- und Umlaufvermögen, Eigenkapital und Schulden?

3. Welche Gliederungsprinzipien müssen Kapitalgesellschaften bei Bilanz und GuV-Rechnung beachten?

4. Unter welcher Bilanzposition sind die Vermögenseinlagen stiller Gesellschafter auszuweisen?

5. Wie können ausstehende Einlagen in der Bilanz dargestellt werden?

6. Sind Gründungsaufwendungen Bestandteile der Ingangsetzungskosten?

7. Welche Positionen beinhalten die „immateriellen Vermögensgegenstände", und wie sind sie definiert?

8. Welche Abschreibungsvorschriften bestehen für den Geschäfts- oder Firmenwert?

9. Welche bilanziellen Probleme entstehen bei sogenannten Sachgesamtheiten? Was besagt der Grundsatz der Bewertungseinheit?

10. Wie sind Grundvermögen, Betriebsvermögen, Gebäude und Außenanlagen voneinander abzugrenzen?

11. Nach welchen Kriterien sind im Steuerrecht Gebäudeteile klassifiziert?

12. Was sind grundstücksgleiche Rechte?

13. Gehören in Kursgewinnabsicht erworbene Anteile an einem verbundenen Unternehmen zum Finanzanlagevermögen?

14. Unter welcher Bilanzposition sind
    — Mitarbeiterdarlehen,
    — Forderungen aus Anlagenverkäufen
    auszuweisen?

15. Zu welchen Bilanzposten gehören Wertpapiere, die als Liquiditätsreserve dienen?

16. In welchem Fall wird auf der Aktivseite der Bilanz der Posten „Nicht durch Eigenkapital gedeckter Fehlbetrag" ausgewiesen?

## 6.3.2 Passivseite der Bilanz

Die Hauptgruppen der Passivseite der Bilanz sind:
- A. Eigenkapital
- B. Rückstellungen
- C. Verbindlichkeiten
- D. Rechnungsabgrenzungsposten

166

Noch nicht eingeordnet in die Gliederung des § 266 Abs. 3 HGB ist der Sonderposten mit Rücklageanteil, der auf der Passivseite vor den Rückstellungen auszuweisen ist (§ 273 HGB).

## A. Eigenkapital

§ 266 Abs. 3 HGB faßt bei Kapitalgesellschaften die verschiedenen Eigenkapitalbestandteile im wesentlichen in einem Block „Eigenkapital" in der Bilanz zusammen, der sich wie folgt gliedert:

    I.   Gezeichnetes Kapital

   II.  Kapitalrücklage

  III. Gewinnrücklagen

  IV. Gewinnvortrag/Verlustvortrag

   V.  Jahresüberschuß/Jahresfehlbetrag

Zu einer gewissen Aufsplittung des Eigenkapitals kommt es allerdings dann noch, wenn noch nicht alle Einlagen von den Gesellschaftern geleistet wurden oder wenn eine Unterbilanz entstanden ist. Verlustvortrag und Jahresfehlbetrag werden innerhalb des Eigenkapitalblocks als Minusposten geführt.

## A.I   Gezeichnetes Kapital

Von gezeichnetem Kapital spricht man nur im Zusammenhang mit Kapitalgesellschaften und Genossenschaften. Es ist nach § 272 HGB „das Kapital, auf das die Haftung der Gesellschafter für die Verbindlichkeiten der Kapitalgesellschaft gegenüber den Gläubigern beschränkt ist", also das laut Satzung oder Gesellschaftsvertrag im Handelsregister eingetragene Haftungskapital. Es wird bei der Aktiengesellschaft als Grundkapital und bei der GmbH als Stammkapital bezeichnet. Genossenschaften führen anstelle des gezeichneten Kapitals den Betrag der Geschäftsguthaben der Genossen (§ 337 Abs. 1 HGB). Einzelfirma, OHG und KG weisen — wie bisher — in der Bilanz ihre Kapitalkontensalden bzw. die Kommanditeinlagen aus. Einlagen stiller Gesellschafter zählen nicht zum gezeichneten Kapital, sondern in der Regel zu den Verbindlichkeiten. Nur wenn die Stel-

---

**Beispiel** für Nettoausweis bei einem Haftungskapital von 1 000 000,— und ausstehenden Einlagen von 200 000,—, davon 50 000,— eingefordert:

| **Aktiva** | | | **Passiva** |
|---|---|---|---|
| A. Anlagevermögen | | A. Eigenkapital | |
| . | | I. Gezeichnetes | |
| . | | Kapital | 1 000 000,— |
| . | | Nicht eingefor- | |
| B. Umlaufvermögen | | derte Einlagen | 150 000,— |
| . | | Eingefordertes | |
| . | | Kapital | 850 000,— |
| II. Forderungen und sonstige | | | |
| Vermögensgegenstände | | | |
| . | | | |
| . | | | |
| . | | | |
| 4. Eingefordertes, noch nicht | | | |
| eingezahltes Kapital | 50 000,— | | |
| Saldo | 800 000,— | | |
| | 850 000,— | | 850 000,— |

lung des Stillen der des Eigenkapitalgebers ähnlich ist (z. B. Mitunternehmer), kann ein Ausweis als entsprechend bezeichneter Sonderposten des Eigenkapitals in Betracht kommen (ADS 1987, § 266 Tz 179).

Für den Fall der nicht vollen Einzahlung des Haftungskapitals gibt es in der Bilanz der Kapitalgesellschaft zwei unterschiedliche Darstellungsmöglichkeiten. Beim Bruttoausweis stehen die ausstehenden Einlagen auf der Aktivseite (s. S. 150, Anfangsposition der Aktiva). Beim Nettoausweis wird das gezeichnete Kapital auf der Passivseite lediglich in der Vorspalte angegeben und dort um die bisher nicht eingeforderten ausstehenden Einlagen gekürzt. Die Differenz wird in der Hauptspalte unter der Bezeichnung „Eingefordertes Kapital" ausgewiesen. Soweit Beträge zwar eingefordert, aber noch nicht eingezahlt wurden, sind sie auf der Aktivseite unter den Forderungen gesondert aufzuführen und entsprechend zu bezeichnen (§ 272 Abs. 1 HGB).

Aktiengesellschaften müssen die Gesamtnennbeträge der Aktien jeder Gattung (z. B. Stammaktien, Vorzugsaktien ohne Stimmrecht) gesondert angeben. Bedingtes Kapital (bei Kapitalerhöhung nach § 192 AktG) ist mit dem Nennbetrag zu vermerken. Bestehen Mehrheitsstimmrechtsaktien, so sind beim gezeichneten Kapital die Gesamtstimmenzahl der Mehrstimmrechtsaktien und der übrigen Aktien zu vermerken (§ 152 Abs. 1 AktG).

**Angaben im Anhang:**

Aktiengesellschaften haben im Anhang weitere Angaben über Aktien gemäß § 160 AktG zu machen.

## Sonderposten:
## Kapitaleinlagen persönlich haftender KGaA-Gesellschafter

In der Jahresbilanz sind die Kapitalanteile der persönlich haftenden Gesellschafter einer KGaA nach dem Posten „Gezeichnetes Kapital" gesondert auszuweisen (§ 286 Abs. 2 Satz 1 AktG).

## Sonderposten:
## Genußrechtskapital

In Abhängigkeit von den Rückzahlungsmodalitäten sind Genußscheinmittel als Eigenkapital oder als Verbindlichkeiten (bei vereinbarter Rückzahlung) auszuweisen (WP-Handbuch 1985/86 II, S. 171). Dies folgt aus dem Grundsatz, ein den tatsächlichen Verhältnissen entsprechendes Bild der Vermögens- und Finanzlage zu vermitteln (§ 264 Abs. 2 HGB).

## A.II Kapitalrücklage

Das HGB macht einen Unterschied hinsichtlich der Herkunft von Rücklagen. Die Kapitalrücklage geht nur auf bestimmte Zuzahlungen der Kapitalgeber zurück (Außenfinanzierung).

Bei der Kapitalrücklage handelt es sich gemäß § 272 Abs. 2 HGB ausschließlich um:

1. den Betrag, der bei der Ausgabe von Anteilen einschließlich von Bezugsanteilen über den Nennbetrag hinaus erzielt wird (Agio),

2. den Betrag, der bei der Ausgabe von Schuldverschreibungen für Wandlungsrechte und Optionsrechte zum Erwerb von Anteilen erzielt wird,

3. den Betrag von Zuzahlungen, die Gesellschafter gegen Gewährung eines Vorzugs für ihre Anteile leisten,

4. den Betrag von anderen Zuzahlungen, die Gesellschafter in das Eigenkapital leisten (insbesondere den Betrag von Nachschüssen).

Ein **Agio** ist der Preisaufschlag, der den Nennwert der Aktien/Anteile übersteigt. **Optionsanleihen** räumen ihrem Inhaber das Recht ein, entsprechende Aktien zu beziehen. Hierbei werden zwei Arten unterschieden: **Wandelschuldverschreibungen** und **Bezugsrechtsobligationen**. Während bei den Wandelschuldverschreibungen das Aktienbezugsrecht untrennbar mit der Obligation verbunden ist (d. h. beim Umtausch geht die Schuldverschreibung unter, vgl. § 221 AktG), ist bei der Bezugsrechtsobligation dieses Recht im Optionsschein verkörpert. Dadurch ist der Inhaber einer Bezugsrechtsobligation nach Ausübung des Bezugsrechts Obligationär und Aktionär.

Noch nicht eingezahlte **Nachschüsse** bei GmbHs, deren Einziehung auf Grund eines Gesellschafterbeschlusses feststeht und mit deren Zahlung gerechnet werden kann, müssen, wenn kein Abandonrecht (Recht auf Befreiung von der Nachschußpflicht) besteht, im Posten „Kapitalrücklage" gesondert ausgewiesen werden. Ein dem Passivposten entsprechender Betrag ist unter den Forderungen gesondert auszuweisen (§ 42 Abs. 2 GmbHG). Ob die anderen Beträge Nr. 1 bis 4 der Kapitalrücklage zusammengefaßt oder getrennt auszuweisen sind, ist unklar.

Bei Aktiengesellschaften sind auch die Beträge in die Kapitalrücklage einzustellen, die aus einer Kapitalherabsetzung gemäß §§ 231, 232, 237 Abs. 5 AktG gewonnen werden.

**Angaben im Anhang:**

Aktiengesellschaften müssen zu dem Posten „Kapitalrücklage" den Betrag, der während des Geschäftsjahres eingestellt wurde, und den Betrag, der für das Geschäftsjahr entnommen wird, in der Bilanz oder im Anhang gesondert angeben. (§ 152 Abs. 2 AktG).

**Aufgabe 4.14** *(Kapitalerhöhung) S. 335*

## A.III Gewinnrücklagen

Gewinnrücklagen können allein aus dem versteuerten Gewinn gebildet werden, wie § 272 Abs. 3 HGB ausdrücklich sagt (Innenfinanzierung, Gewinnthesaurierung). Den gesonderten Ausweis derartiger Rücklagen gibt es in der Regel nur dort, wo das Kapital zahlenmäßig begrenzt ist, z. B. bei der AG, der GmbH, der Genossenschaft. Wenig Sinn haben sie bei der Einzelfirma, der OHG und der KG.

Meistens werden Gewinnrücklagen gebildet, um aus ihnen nach mehrjähriger Ansammlung von Gewinnen das „Gezeichnete Kapital" zu erhöhen.

Das Bilanzschema kennt folgende vier Arten von Gewinnrücklagen:
1. die gesetzliche Rücklage,
2. die Rücklage für eigene Anteile,
3. satzungsmäßige Rücklagen,
4. andere Gewinnrücklagen.

**Angaben im Anhang:**

Aktiengesellschaften müssen zu jedem einzelnen Posten der Gewinnrücklagen in Bilanz oder Anhang jeweils diejenigen Beträge gesondert angeben, die
— die Hauptversammlung aus dem Bilanzgewinn des Vorjahres eingestellt hat,
— aus dem Jahresüberschuß des Geschäftsjahres eingestellt werden,
— für das Geschäftsjahr entnommen werden (§ 152 Abs. 3 AktG).

### A.III.1 Gesetzliche Rücklage

Die AG muß im Gegensatz zur GmbH eine gesetzliche Rücklage bilden. In diese sind 5 % des um einen Verlustvortrag aus dem Vorjahr geminderten Jahresüberschusses einzustellen, bis die gesetzliche Rücklage und die Kapitalrücklagen nach § 272 Abs. 2 Nr. 1 bis 3 HGB zusammen 10 % oder den in der Satzung bestimmten höheren Teil des Grundkapitals erreichen. Die gesetzliche Rücklage darf zusammen mit der Kapitalrücklage nur zum Ausgleich eines Jahresfehlbetrags oder eines Verlustvortrags und, nach Erreichen einer bestimmten Höhe, zur Kapitalerhöhung aus Gesellschaftsmitteln verwendet werden (§ 150 AktG).

### A.III.2 Rücklage für eigene Anteile

In die „Rücklage für eigene Anteile" ist nach § 272 Abs. 4 HGB ein Betrag einzustellen, der dem auf der Aktivseite der Bilanz für die eigenen Anteile anzusetzenden Betrag entspricht (vgl. hierzu Ausführungen zu Aktiva B.III.2). Dadurch können entsprechende Beträge nicht ausgeschüttet werden, sondern bleiben in der AG oder GmbH gebunden. Die Rücklage für eigene Anteile darf auch aus vorhandenen Gewinnrücklagen gebildet werden, soweit diese frei verfügbar sind. Sie ist bereits bei Bilanzaufstellung vorzunehmen. Das gilt auch für Anteile eines herrschenden oder mit Mehrheit beteiligten Unternehmens. Die Rücklage wird aufgelöst durch Ausgabe, Wiederveräußerung, Einzug oder Abschreibung der Anteile.

### A.III.3 Satzungsmäßige Rücklagen

Die Bildung satzungsmäßiger Rücklagen ist in Gesellschaftsvertrag oder Satzung verankert. Sie sind häufig an einen bestimmten Zweck gebunden. Bei der AG können satzungsmäßige Rücklagen nur für den Fall vorgesehen werden, daß die Hauptversammlung den Jahresabschluß feststellt (§ 58 Abs. 1 AktG).

### A.III.4 Andere Gewinnrücklagen

Andere Gewinnrücklagen im Sinne der Vorschrift von § 272 Abs. 3 HGB sind alle jene, für die nicht der gesonderte Ausweis unter A.III.1 bis 3 vorgeschrieben ist. Ihre Bildung ist von Gewinnverwendungsvorschriften (§ 58 AktG, § 29 GmbHG) sowie von Bestimmungen in Satzung und Gesellschaftsvertrag abhängig.

**Angaben im Anhang:**

In die „Anderen Gewinnrücklagen" darf der Eigenkapitalanteil

— von Wertaufholungen bei Vermögensgegenständen des Anlage- und Umlaufvermögens und

— von bei der steuerrechtlichen Gewinnermittlung gebildeten Passivposten, die nicht im Sonderposten mit Rücklageanteil ausgewiesen werden dürfen (z. B. Preissteigerungsrücklage nach § 51 Abs. 1 Nr. 2 b EStG)

eingestellt werden. Der Betrag dieser Rücklagen ist entweder in der Bilanz gesondert auszuweisen oder im Anhang anzugeben (§ 58 Abs. 2 a AktG und § 29 Abs. 2 GmbHG).

### A.IV Gewinnvortrag/Verlustvortrag

Der Gewinn- oder Verlustvortrag stellt den Gewinn- bzw. Verlustrest vorhergehender Abrechnungsperioden dar, über den bisher nicht verfügt wurde.

### A.V Jahresüberschuß/Jahresfehlbetrag

Wird die Bilanz vor Verwendung des Jahresergebnisses aufgestellt, so ist der Überschuß bzw. Fehlbetrag des entsprechenden Geschäftsjahres auszuweisen. Es ist der Betrag, der sich aus der GuV-Rechnung als Überschuß der Erträge über die Aufwendungen oder der Aufwendungen über die Erträge ergibt.

### oder: A.IV Bilanzgewinn/Bilanzverlust

Wird die Bilanz unter Berücksichtigung der teilweisen Verwendung des Jahresergebnisses aufgestellt (z. B. bei AG infolge Einstellungen in gesetzliche Rücklage und eventueller Einstellungen in andere Gewinnrücklagen), so tritt an die Stelle der Posten „Jahresüberschuß/Jahresfehlbetrag" und „Gewinnvortrag/Verlustvortrag" der Posten „Bilanzgewinn/Bilanzverlust" (§ 268 Abs. 1 HGB). Er zeigt den Betrag, über den bei der AG die Hauptversammlung verfügen kann (§ 58 Abs. 4 AktG).

**Angaben im Anhang:**

Ein vorhandener Gewinn- oder Verlustvortrag ist in den Posten „Bilanzgewinn/Bilanzverlust" einzubeziehen und in der Bilanz oder im Anhang gesondert anzugeben (§ 268 Abs. 1 HGB).

**Aufgabe 4.15** *(Eigenkapital) S. 335*

**Aufgabe 4.16** *(Ausstehende Einlagen und Jahresfehlbetrag) S. 335*

## Sonderposten:
### Sonderposten mit Rücklageanteil

Der Sonderposten mit Rücklageanteil wird im Bilanzschema nicht gesondert aufgeführt. Seine Stellung innerhalb der Bilanz wird erst durch § 273 HGB festgelegt. Er ist auf der Passivseite **vor** den Rückstellungen auszuweisen. Das entspricht seinem Mischcharakter aus Eigen- und Fremdkapital, da der Posten erst bei Auflösung zur Versteuerung führt.

Der Sonderposten mit Rücklageanteil bezieht sich auf zwei Anwendungsfälle: Zum einen nimmt er sogenannte **steuerfreie Rücklagen** auf (wie z. B. die Rücklage nach § 6 b EStG und die Rücklage für Ersatzbeschaffung nach Abschn. 35 EStR), zum anderen den **Unterschiedsbetrag** zwischen steuerlichen und handelsrechtlichen Abschreibungen (wie z. B. bei Vornahme einer Sonderabschreibung auf Grund einer Investition im Zonenrandgebiet nach § 3 Zonen-RFG). Beim letzteren Fall handelt es sich um eine indirekte Wertberichtigung (§ 281 Abs. 1 HGB).

Der Sonderposten ist nach Maßgabe des Steuerrechts aufzulösen, z. B. nach Ablauf des vorgesehenen Begünstigungszeitraums (§ 247 Abs. 3 HGB), und in Fällen der Wertberichtigung auch bei Ausscheiden des betreffenden Wirtschaftsgutes oder Ersatz der steuerrechtlichen Wertberichtigung durch handelsrechtliche Abschreibung (§ 281 Abs. 1 HGB).

Kapitalgesellschaften dürfen den Sonderposten mit Rücklageanteil nur insoweit bilden, als das Steuerrecht die Anerkennung eines Wertansatzes bei der steuerlichen Gewinnermittlung davon abhängig macht, daß der Sonderposten in der Handelsbilanz gebildet wird (§ 273 HGB). Durch diese Bestimmung dürfen nur solche Passivposten in den Sonderposten mit Rücklageanteil aufgenommen werden, für die die umgekehrte Maßgeblichkeit gilt. Verzichtet der Steuergesetzgeber, z. B. bei der Preissteigerungsrücklage (§ 51 Abs. 1 Nr. 2 b EStG), ausdrücklich auf den Ausweis in der Handelsbilanz, so kommt die Aufnahme in den „Sonderposten mit Rücklageanteil" nicht in Betracht. Die Berücksichtigung erfolgt dann bei den „Rückstellungen für latente Steuern" und den „Anderen Gewinnrücklagen".

### Angaben im Anhang:

Die Vorschriften, nach denen der Sonderposten gebildet worden ist, sind in Bilanz oder Anhang anzugeben (§§ 273, 281 Abs. 1 HGB).

**Aufgabe 4.17** *(Sonderposten mit Rücklageanteil) S. 336*

## B. Rückstellungen

Rückstellungen sind Verpflichtungen, deren Eintritt (hinsichtlich Bestehen und Zeitpunkt) als noch nicht sicher gilt und/oder deren betragsmäßige Höhe noch unbestimmt ist (§ 249 HGB). Vgl. Ausführungen zu Ansatz und Bewertung von Rückstellungen (S. 132 f. und 227 ff.).

### B.1 Rückstellungen für Pensionen und ähnliche Verpflichtungen

Zu den Rückstellungen für Pensionen zählen Ansprüche auf Grund unmittelbarer Zusagen (Zusagen des Unternehmens ohne Zwischenschaltung eines anderen Rechtsträgers)

— für Pensionsanwartschaften (Verpflichtungen gegenüber Personen, bei denen der Versorgungsfall noch nicht eingetreten ist) und

— für laufende Pensionen (Ruhegelder bei eingetretenem Versorgungsfall infolge Ausscheiden aus aktiver Tätigkeit).

Für mittelbare Verpflichtungen (Einschaltung von Unterstützungskassen) braucht in keinem Fall eine Rückstellung gebildet zu werden (Art. 28 Abs. 1 EGHGB).

Der Begriff der ähnlichen Verpflichtungen ist im Gesetz nicht definiert. Sie müssen aber durch das Merkmal „Versorgung" geprägt sein. Ob Übergangsgelder und Vorruhestandsleistungen hierzu zählen, ist in der Literatur deswegen umstritten, weil solche Leistungen Abfindungscharakter haben. Ihre Pensionsähnlichkeit ergibt sich dadurch, daß sie **nach** dem Ausscheiden aus einer aktiven Tätigkeit gezahlt werden.

**Angaben im Anhang:**

Für vor dem 1. 1. 1987 erteilte Pensionszusagen ist wie früher ein Passivierungswahlrecht vorgesehen, um nicht in Altverträge einzugreifen. Bei Inanspruchnahme dieses Wahlrechts müssen die nicht ausgewiesenen Rückstellungen im Anhang in einem Betrag angegeben werden (Art. 28 Abs. 2 EGHGB).

## B.2  Steuerrückstellungen

Steuerrückstellungen sind für alle noch nicht rechtskräftig veranlagten Steuern zu bilden, die als Aufwand anzusehen sind, z. B. Körperschaft-, Gewerbe-, Vermögensteuer, nicht aber Einkommen- und Vermögensteuer bei Nicht-Kapitalgesellschaften. Sofern Vorauszahlungen geleistet wurden, ergibt sich die Rückstellung aus der voraussichtlichen Steuerschuld abzüglich dieser Zahlungen.

Steuerrückstellungen sind ihrer Art nach Rückstellungen für ungewisse Verbindlichkeiten (§ 249 Abs. 1 HGB). Dies gilt auch für die Rückstellung für latente Steuern nach § 274 Abs. 1 HGB, die der passiven Steuerabgrenzung dient. Eine solche Rückstellung ist zu bilden, wenn der zu versteuernde Gewinn niedriger als der handelsrechtliche ist und der zu niedrige Steueraufwand sich später voraussichtlich wieder ausgleicht (z. B. infolge im Vergleich zum Handelsrecht höherer Gebäude-AfA nach § 7 Abs. 4 EStG). Vgl. Ausführungen zu latenten Steuern auf S. 243 ff.

In Steuerrückstellungen gehören auch Beträge für erwartete Risiken aus künftigen steuerlichen Außenprüfungen (ADS 1987, § 266 Tz 198).

**Angaben im Anhang:**

Rückstellungen für latente Steuern sind in Bilanz oder Anhang gesondert anzugeben (§ 274 Abs. 1 HGB).

## B.3  Sonstige Rückstellungen

Die „Sonstigen Rückstellungen" fassen die restlichen, bisher noch nicht genannten Rückstellungen zusammen, z. B. Rückstellungen für drohende Verluste aus schwebenden Geschäften, für Prozeßkosten, für Vertrags- oder Kulanzgarantie, für Personalaufwendungen, Vergütungen an Aufsichtsgremien, für Rechts- und Beratungskosten, für Abschlußkosten, für Boni des abgelaufenen Geschäftsjahrs, für Vertreterkosten und -provisionen, für Wechselobligo, für unterlassene Instandhaltung, für Abraumbeseitigung u. a. Vgl. § 249 HGB.

**Angaben im Anhang:**

Rückstellungen, die in der Bilanz unter dem Posten „Sonstige Rückstellungen" nicht gesondert ausgewiesen werden, sind im Falle nicht unerheblichen Umfangs von mittelgroßen und großen Kapitalgesellschaften im Anhang zu erläutern (§ 285 Nr. 12, § 288 HGB).

## C.  Verbindlichkeiten

Verbindlichkeiten sind alle am Bilanzstichtag der Höhe und der Fälligkeit nach feststehenden Schulden der Unternehmung. Ihre Untergliederung im Bilanzschema legt sowohl Finanzierungsformen als auch Finanzierungsquellen offen:

1. Anleihen,
   davon konvertibel

2. Verbindlichkeiten gegenüber Kreditinstituten

3. erhaltene Anzahlungen auf Bestellungen

4. Verbindlichkeiten aus Lieferungen und Leistungen

5. Verbindlichkeiten aus der Annahme gezogener Wechsel und der Ausstellung eigener Wechsel

6. Verbindlichkeiten gegenüber verbundenen Unternehmen

7. Verbindlichkeiten gegenüber Unternehmen, mit denen ein Beteiligungsverhältnis besteht

8. Sonstige Verbindlichkeiten
davon aus Steuern,
davon im Rahmen der sozialen Sicherheit

Auf Postenüberschneidungen (vor allem zwischen den Positionen 4 bis 7) und die Angabe der Mitzugehörigkeit zu anderen Posten nach § 265 Abs. 3 HGB ist zu achten.

Der Betrag der Verbindlichkeiten mit einer Restlaufzeit bis zu einem Jahr ist bei jedem gesondert ausgewiesenen Posten zu vermerken (§ 268 Abs. 5 HGB).

Für kleine Kapitalgesellschaften ist der Ausweis auf den Posten C. „Verbindlichkeiten" zuzüglich Angabe der Restlaufzeit reduziert.

**Angaben im Anhang:**

Die Zusatzangaben für Verbindlichkeiten sind von der Größe und der Rechtsform der Kapitalgesellschaft abhängig (vgl. nachstehende Übersicht).

| Anhangangaben zu Verbindlichkeiten | | |
|---|---|---|
| Bei allen Kapitalgesellschaften | Zusätzlich (zu Spalte 1) bei mittelgroßen und großen Kapitalgesellschaften | Bei GmbH |
| 1. Als **Angabe** im **Anhang** <br> a) Der Gesamtbetrag der Verbindlichkeiten mit einer Restlaufzeit von mehr als 5 Jahren (§ 285 Nr. 1 HGB). <br> b) Der Gesamtbetrag der Verbindlichkeiten, die durch Pfandrechte oder ähnliche Rechte gesichert sind, unter Angabe von <br> — Art und <br> — Form <br> der Sicherheiten (§ 285 Nr. 1 HGB). <br><br> 2. Als **Erläuterung** im **Anhang** <br> Sind unter dem Posten „Verbindlichkeiten" Beträge für Verbindlichkeiten ausgewiesen, die erst nach dem Abschlußstichtag rechtlich entstehen, so müssen Beträge größeren Umfangs im Anhang erläutert werden (§ 268 Abs. 5 HGB). | Als Angabe im **Anhang** oder als **Bilanzvermerk** <br> a) Der Betrag der Verbindlichkeiten mit einer Restlaufzeit von mehr als 5 Jahren für jeden Posten der Verbindlichkeiten nach dem vorgeschriebenen Gliederungsschema (§ 285 Nr. 2 HGB). <br> b) Der Betrag der Verbindlichkeiten, die durch Pfandrechte oder ähnliche Rechte gesichert sind, unter Angabe von <br> — Art und <br> — Form <br> der Sicherheiten für jeden Posten der Verbindlichkeiten nach dem vorgeschriebenen Gliederungsschema (§ 285 Nr. 2 HGB). | Als Angabe im **Anhang** oder als **Bilanzvermerk** <br> Verbindlichkeiten gegenüber Gesellschaftern sind in der Regel als solche jeweils gesondert in der Bilanz auszuweisen oder im Anhang anzugeben; werden sie unter anderen Posten ausgewiesen, so muß diese Eigenschaft vermerkt werden (§ 42 Abs. 3 GmbHG). |

Der Übersichtlichkeit wegen kann es angebracht sein, die Zusatzangaben zu den Verbindlichkeiten, auch die Angabe der Restlaufzeit bis zu einem Jahr nach § 268 Abs. 5

HGB, in einem **Verbindlichkeitenspiegel** im Anhang, wie nachstehend dargestellt, zusammenzufassen.[1] Zu den Spalten 2 (Gesamtbetrag) und 3 (Restlaufzeit bis zu 1 Jahr) sind auch die Vorjahresbeträge mit anzugeben.

| Verbindlichkeitenspiegel | | | | | | |
|---|---|---|---|---|---|---|
| Art der Verbindlichkeit | Gesamt-betrag | Davon mit Restlaufzeit von | | | Sicherheiten | |
| | | bis zu 1 Jahr | 1 — 5 Jahren | über 5 Jahren | Betrag | Art und Form |
| 1 | 2 | 3 | 4 | 5 | 6 | 7 |
| 1. Anleihen davon konvertibel | | | | | | |
| 2. Gegenüber Kredit-instituten | | | | | | |
| 3. Erhaltene Anzah-lungen auf Bestel-lungen | | | | | | |
| 4. Aus Lieferungen und Leistungen | | | | | | |
| . . . | | | | | | |
| 8. Sonstige Verbind-lichkeiten, davon — aus Steuern — im Rahmen der sozialen Sicherheit | | | | | | |
| Gesamtsumme | | | | | | |

**Aufgabe 4.18** *(Nach Abschlußstichtag entstehende Verbindlichkeiten) S. 336*

## C.1 Anleihen, — davon konvertibel

Anleihen sind langfristige am Kapitalmarkt aufgenommene Kredite größeren Umfangs, bei denen die Gläubigeransprüche in der Regel in Schuldverschreibungen (das Einzelstück als Teilschuldverschreibung bezeichnet) verbrieft sind. Sie können dinglich gesichert sein durch Hypotheken, Grund- oder Rentenschulden u. a. Sonderformen (vgl. § 221 AktG) sind Optionsanleihen bzw. Bezugsrechtsobligationen (mit Bezugsrecht auf neue Aktien, wobei die Schuldverschreibung nach Ausübung des Bezugsrechts weiter besteht), Wandelschuldverschreibungen (Recht auf Umwandlung in Aktien) und Gewinnschuldverschreibungen (gewähren neben festem Zins noch Gewinnbeteiligung). Auch Genußrechte, die infolge vorgesehener Rückzahlung als Fremdkapital einzustufen sind, gehören in diese Position (vgl. Sonderposten „Genußrechtskapital"). Schuldscheindarlehen (Darlehen auf Grund eines Schuldscheins, der im Gegensatz zur Anleihe kein Wertpapier, sondern nur Beweisurkunde ist, § 344 Abs. 2 HGB) sind nicht am Kapitalmarkt aufgenommen und zählen deshalb zu den „Verbindlichkeiten gegenüber Kreditinstituten" oder „Sonstigen Verbindlichkeiten".

---

[1] Stellungnahme SABI 3/1986: Zur Darstellung der Finanzlage, in: WPg 1986, S. 670.

Im Bilanzschema ist der Betrag konvertibler Anleihen als „Davon-Posten" (d. h. in der Vorspalte) zu vermerken. Konvertibel bedeutet Veränderbarkeit der Rechtsverhältnisse, womit insbesondere Wandelschuldverschreibungen angesprochen sind (vgl. § 221 AktG).

**Angaben im Anhang:**

Aktiengesellschaften haben im Anhang anzugeben

— die Zahl der Wandelschuldverschreibungen und vergleichbaren Wertpapiere unter Angabe der Rechte, die sie verbriefen (§ 160 Abs. 1 Nr. 5 AktG),

— Genußrechte, Rechte aus Besserungsscheinen und ähnliche Rechte unter Angabe der Art und Zahl der jeweiligen Rechte sowie der im Geschäftsjahr neu entstandenen Rechte (§ 160 Abs. 1 Nr. 6 AktG).

## C.2 Verbindlichkeiten gegenüber Kreditinstituten

Zu diesem Posten zählen sämtliche Verbindlichkeiten gegenüber Kreditinstituten, auch fällige Zinsen aus diesen Verbindlichkeiten. Vgl. auch die Ausführungen zu den Guthaben bei Kreditinstituten.

## C.3 Erhaltene Anzahlungen auf Bestellungen

Wenn ein Dritter auf Grund von Liefer- oder Leistungsverträgen über Vorräte Zahlungen leistet, so liegen Anzahlungen auf Bestellungen vor, solange die Lieferung oder Leistung noch aussteht. Diese Verbindlichkeiten sind das Gegenstück zu den Positionen A.I.3, A.II.4 und B.I.4 der Aktivseite. Nach § 268 Abs. 5 HGB können erhaltene Anzahlungen auch offen von den Vorräten auf der Aktivseite abgesetzt werden. Anzahlungen, die auf andere Vermögensgegenstände als Vorräte gerichtet sind (z. B. auf ein Gebäude, das verkauft werden soll), sind keine Anzahlungen auf Bestellungen und gehören deshalb zu „Sonstigen Verbindlichkeiten".

Für den betragsmäßigen Ausweis bestehen handelsrechtlich nach § 250 Abs. 1 Nr. 2 HGB zwei Möglichkeiten: Bruttomethode und Nettomethode.[1] Steuerlich ist nur die Bruttomethode zulässig (§ 5 Abs. 5 Satz 2 Nr. 2 EStG).

Bei der Bruttomethode wird die Anzahlung einschließlich der darauf entfallenden Umsatzsteuer ausgewiesen. Die abzuführende Umsatzsteuer wird aktiv abgegrenzt bei gleichzeitiger Buchung als Umsatzsteuerverbindlichkeit.

**Beispiel:**

Bei der Bank geht eine Anzahlung von 500,— zuzüglich Umsatzsteuer ein:

| | | | |
|---|---|---|---|
| 1. | **Bank** | 570,— | |
| | **an erhaltene Anzahlungen auf Bestellungen** | | 570,— |
| 2. | **Rechnungsabgrenzungsposten, aktiv** | 70,— | |
| | **an Verbindlichkeiten aus Umsatzsteuer** | | 70,— |

Bei der Nettomethode wird auf den gesonderten Ausweis als Rechnungsabgrenzungsposten verzichtet:

| | | |
|---|---|---|
| **Bank** | 570,— | |
| **an erhaltene Anzahlungen auf Bestellungen** | | 500,— |
| **an Verbindlichkeiten aus Umsatzsteuer** | | 70,— |

## C.4 Verbindlichkeiten aus Lieferungen und Leistungen

Zu dieser Position gehören alle Verbindlichkeiten, die aus Lieferverträgen, Dienst- und Werkverträgen entstanden sind. Der Lieferant hat seine Leistung bereits erbracht, die Zahlung steht noch aus. Diese Verbindlichkeiten sind die Gegenposition zu den „Forderungen aus Lieferungen und Leistungen", wobei dort allerdings der Begriff der Lieferung und Leistung enger ausgelegt, d. h. meist nur auf die gewöhnliche Umsatztätigkeit bezogen wird.

---

[1] Vgl. auch Stellungnahme HFA 1/1985: Zur Behandlung der Umsatzsteuer im Jahresabschluß in: WPg 1985, S. 157 f. und Beck'scher Bilanz-Kommentar, S. 365 f.

## C.5 Verbindlichkeiten aus der Annahme gezogener Wechsel und der Ausstellung eigener Wechsel

Unter dieser Position sind sowohl eigene (Solawechsel) wie auch gezogene Wechsel (Tratte) auszuweisen, gleichgültig, ob sie aus einem Waren-, Dienstleistungs- oder Finanzierungsgeschäft herrühren.

Kautions-, Sicherheits- oder Depotwechsel, die zur Sicherung einer bestehenden oder möglicherweise eintretenden Schuld dem Gläubiger oder Eventualgläubiger übergeben werden, sind nur dann unter den Wechselverbindlichkeiten auszuweisen, wenn der Sicherungsfall eingetreten ist; vorher nicht.

## C.6 Verbindlichkeiten gegenüber verbundenen Unternehmen

Unter dieser Position werden alle Verbindlichkeiten gegenüber verbundenen Unternehmen ausgewiesen, gleichgültig, ob sie aus Warengeschäften, Leistungs- oder Finanzverkehr herrühren. Vgl. Ausführungen zu den entsprechenden Forderungsposten auf der Aktivseite.

## C.7 Verbindlichkeiten gegenüber Unternehmen, mit denen ein Beteiligungsverhältnis besteht

Zu diesem Posten gilt das unter C.6 Gesagte entsprechend.

## C.8 Sonstige Verbindlichkeiten

## — davon aus Steuern

## — davon im Rahmen der sozialen Sicherheit

Der Posten „Sonstige Verbindlichkeiten" nimmt alle Verbindlichkeiten der Gesellschaft auf, die sich unter den vorbezeichneten nicht unterbringen lassen. Dazu gehören vor allem

— Verbindlichkeiten aus Aufsichtsrats- und Beiratsvergütungen,

— noch nicht ausgezahlte Dividenden,

— typische stille Beteiligungen (nicht typische Beteiligungen müssen als Sonderposten des Eigenkapitals ausgewiesen werden),

— rückständige Löhne und Gehälter,

— Zinsverbindlichkeiten (soweit nicht anderswo einzuordnen),

— Verbindlichkeiten gegenüber Kunden (sogenannte „umgeschlagene Kreditoren"),

— fällige Provisionen,

— Darlehen (soweit nicht anderswo einzuordnen),

— Verbindlichkeiten aus fälligen Tilgungsraten für Anleihen,

— Verbindlichkeiten aus Schaden- und Aufwandersatzansprüchen.

Zu den als Davon-Posten auszuweisenden Steuerschulden gehören nicht nur solche, für die die Gesellschaft selbst Steuerschuldnerin ist (z. B. Verpflichtungen aus Körperschaft-, Gewerbe-, Vermögen-, Umsatzsteuer, Zöllen, Verbrauchsteuern), sondern auch solche, die sie als Haftungsschuldnerin einzubehalten hat (wie Lohn- und Kapitalertragsteuer, Körperschaftsteuer auf ausgeschüttete Gewinne, Rennwett- und Lotteriesteuer).

Zu den als Davon-Posten auszuweisenden Verbindlichkeiten im Rahmen der sozialen Sicherheit rechnen Verpflichtungen für Krankenfürsorge, Zukunftssicherung u. ä. gegenüber ehemaligen und derzeitigen Beschäftigten, z. B.

— einbehaltene, noch nicht abgeführte Arbeitnehmer- sowie Arbeitgeberbeiträge zu Kranken-, Arbeitslosen- und Rentenversicherung sowie zu Ersatzkassen,

— Beiträge zur Berufsgenossenschaft,

— Verbindlichkeiten gegenüber Versorgungskassen, Pensionssicherungsverein und für die Rückdeckungsversicherung wegen Pensionszusagen,

— Verbindlichkeiten zur Erfüllung des Sozialplanes,

— Verpflichtungen aus übernommenen Arzt-, Kur-, Krankenhauskosten und ähnlichen Beihilfen.

**Aufgabe 4.19** *(Verbindlichkeiten)* S. 336

## D. Rechnungsabgrenzungsposten

Rechnungsabgrenzungsposten sind auf der Passivseite für Einnahmen vor dem Abschlußtag auszuweisen, die einen Ertrag für eine **bestimmte** Zeit nach dem Abschlußtag darstellen (Transitorien, § 250 Abs. 2 HGB), z. B. im voraus erhaltene Miete, Pacht, Zinsen u. ä. Vgl. die Ausführungen zur entsprechenden Position bei den Aktiva.

**Aufgabe 4.20** *(Rechnungsabgrenzungsposten)* S. 336

### Posten „unter" der Bilanz (Haftungsverhältnisse)

Eventualverbindlichkeiten (Avale = Haftungsverhältnisse, aus denen unter Umständen eine Inanspruchnahme drohen kann) müssen, sofern sie nicht auf der Passivseite auszuweisen sind, **unter** der Bilanz vermerkt werden, selbst wenn ihnen gleichwertige Rückgriffsforderungen gegenüberstehen (§ 251 HGB). Hierzu gehören die eventuell wirksam werdenden Verpflichtungen aus

— Begebung und Übertragung von Wechseln (Wechselobligo = Eventualverpflichtung aus weitergereichten Wechseln, die sich aus der Haftung des Unternehmens als Aussteller oder Indossant im Falle der Nichteinlösung ergibt),

— Bürgschaften, Wechsel- und Scheckbürgschaften (= Verpflichtung nach § 765 BGB, für Verbindlichkeiten eines Dritten einzustehen, auf Wechsel und Scheck durch einen entsprechenden Vermerk kenntlich gemacht),

— Gewährleistungsverträgen (= vertragliche Verpflichtungen wie Garantieverträge, z. B. Tilgungs- oder Liefergarantien, oder Schuldmitübernahmen, z. B. durch Beitritt zu Leasing- und Mietverträgen, Patronatserklärungen u. ä.),

— Bestellung von Sicherheiten für fremde Verbindlichkeiten (= Bestellung von Grundpfandrechten, Verpfändung und Sicherungsübereignung zugunsten eines Dritten).

Einzelkaufleuten und Personenhandelsgesellschaften ist die Angabe in einem Betrag unter der Bilanz gestattet. Kapitalgesellschaften müssen die Haftungsverhältnisse gesondert für jede einzelne Position unter der Bilanz oder im Anhang aufführen, und zwar unter Angabe der gewährten Pfandrechte und sonstigen Sicherheiten. Bestehen solche Verpflichtungen gegenüber verbundenen Unternehmen, so sind sie gesondert anzugeben (§ 268 Abs. 7 HGB).

# 6.4 Anlagenspiegel

## 6.4.1 Horizontale und vertikale Gliederung

Kapitalgesellschaften müssen nach § 268 Abs. 2 HGB in Bilanz oder Anhang die Entwicklung der einzelnen Bilanzposten des Anlagevermögens zuzüglich des Postens „Aufwendungen für die Ingangsetzung und Erweiterung des Geschäftsbetriebs" nach der direkten Bruttomethode darstellen. Dabei sind, ausgehend von den gesamten Anschaffungs- und Herstellungskosten, die Zugänge, Abgänge, Umbuchungen und Zuschreibungen des Geschäftsjahres ebenso anzugeben wie die **kumulierten** Abschreibungen. Die Abschreibungen **des Geschäftsjahres** müssen bei dem betreffenden Bilanzposten vermerkt werden. Sie dürfen aber auch im Anhang in einer der Gliederung des Anlagevermögens entsprechenden Aufgliederung angegeben werden. Das kann außerhalb des Anlagenspiegels bzw. Anlagengitters, wie diese Aufstellung auch genannt wird, geschehen. Der Übersichtlichkeit des Anlagenspiegels wegen empfiehlt es sich, darin eine besondere Spalte für die Abschreibung des Abschlußjahres zu führen.

Um der Anforderung nach dem Vergleich mit dem Vorjahresbuchwert zu genügen, ist auch dafür eine Spalte vorzusehen. Eine bestimmte Reihenfolge ist für die Spalten des Anlagenspiegels nicht vorgeschrieben. Es empfiehlt sich z. B. folgende Darstellung in neun Spalten:

| Jahr | Bilanz-posten | Gesamte Anschaf-fungs-/ Herstel-lungskosten + | Zu-gänge + | Ab-gänge − | Umbu-chun-gen +/− | Ab-schrei-bungen kumu-liert − | Zu-schrei-bungen + | Buch-wert 31.12. Ab-schluß-jahr | Buch-wert 31.12. Vor-jahr | Ab-schrei-bungen Ab-schluß-jahr |
|---|---|---|---|---|---|---|---|---|---|---|
| | | 1 | 2 | 3 | 4 | 5 | 6 | 7 | 8 | 9 |
| | | | | | | | | | | |

Die vertikale Gliederung nach Anlagepositionen ist von der Unternehmensgröße abhängig. Das bedeutet, daß kleine Kapitalgesellschaften ihr Anlagevermögen auch im Anlagenspiegel nur in

— immaterielle Vermögensgegenstände,

— Sachanlagen und

— Finanzanlagen sowie vorkommendenfalls

— Aufwendungen für die Ingangsetzung und Erweiterung des Geschäftsbetriebs

gliedern müssen. Eine weitergehende Untergliederung ist ihnen aber nicht verwehrt. Der Anlagenspiegel mittelgroßer Kapitalgesellschaften darf nur für Zwecke der Offenlegung nach Maßgabe des § 327 HGB verkürzt werden.

### 6.4.2 Anwendungsweise

Die Anwendungsweise des Anlagenspiegels soll anhand des Beispiels auf S. 179 dargestellt werden.

Im Anlagenspiegel ergibt der Saldo der Spalten 1 bis 6 den Buchwert am Ende des Abschlußjahres (Spalte 7). Die Gleichung

> Gesamte Anschaffungs-/Herstellungskosten
> + Zugänge
> — Abgänge
> +/− Umbuchungen
> — Abschreibungen kumuliert
> + Zuschreibungen
> ———————————————————————
> = Buchwert Abschlußjahr

muß immer erfüllt sein. Die Spalten 8 und 9 sind erläuternd, d. h., sie werden bei der Berechnung bzw. bei der Entwicklung von den gesamten Anschaffungs-/Herstellungskosten bis zum Buchwert am Ende des Abschlußjahres nicht als Minus- oder Plusposten erfaßt.

**Beispiel**

Eine GmbH erwirbt einen Hubwagen für 100 000,— (5 Jahre Nutzungsdauer, lineare Abschreibung). Der Hubwagen wird erst im Laufe des 7. Jahres verschrottet. Die Vermögensveränderungen schlagen sich wie folgt im Anlagenspiegel nieder.

| Jahr | Bilanz-posten | Gesamte Anschaf-fungs-/ Herstel-lungskosten | Zu-gänge | Ab-gänge | Umbu-chun-gen | Ab-schrei-bungen kumu-liert | Zu-schrei-bungen | Buch-wert 31.12. Ab-schluß-jahr | Buch-wert 31.12. Vor-jahr | Ab-schrei-bungen Ab-schluß-jahr |
| | | | + | – | +/– | – | + | | | |
| | | 1 | 2 | 3 | 4 | 5 | 6 | 7 | 8 | 9 |
| 1. | A.II.3 | — | + 100 000 | | | – 20 000 | | 80 000 | — | 20 000 |
| 2. | | 100 000 | | | | – 40 000 | | 60 000 | 80 000 | 20 000 |
| 3. | | 100 000 | | | | – 60 000 | | 40 000 | 60 000 | 20 000 |
| 4. | | 100 000 | | | | – 80 000 | | 20 000 | 40 000 | 20 000 |
| 5. | | 100 000 | | | | –100 000 | | — | 20 000 | 20 000 |
| 6. | | 100 000 | | | | –100 000 | | — | — | — |
| 7. | | 100 000 | | – 100 000 | | – 100 000 + 100 000 | | — | — | — |
| 8. | | — | | | | — | | — | — | — |

Bei der Darstellung ist von den historischen (ursprünglichen) Anschaffungs- oder Herstellungskosten auszugehen.[1] Die Position „Gesamte Anschaffungs-/Herstellungskosten" zeigt jeweils den Stand zu Anfang des Geschäftsjahres, so daß der im ersten Jahr erfolgte Zugang (Spalte 2) in der Spalte 1 erst im 2. Jahr erscheint. Entsprechend wirkt sich das Ausscheiden des Anlagegutes in Spalte 1 erst in dem auf das Ausscheiden folgenden Geschäftsjahr aus.

Die kumulierten Abschreibungen (Spalte 5) ergeben sich aus dem Vorjahresstand dieser Position zuzüglich der Jahresabschreibungen. Im 5. Jahr ist der Höchststand erreicht, so daß sich aus der Differenz von Spalte 1 und Spalte 5 ein Buchwert von null DM ergibt. Obwohl das Anlagegut also voll abgeschrieben ist, wird es im Anlagenspiegel nach der Bruttomethode so lange aufgeführt, bis es aus dem Betrieb ausscheidet. Dies geschieht im Beispiel im 7. Jahr. Dabei sind die kumulierten Abschreibungen, die auf das ausscheidende Anlagegut entfallen, herauszurechnen (hier durch die Gegenbuchung „+ 100 000"), deren Stand im Jahr des Ausscheidens somit null DM beträgt. Soll die Gleichung aus den Spalten 1 bis 7 aufgehen, darf der Abgang nicht zum Buchwert, sondern muß zu Anschaffungs-/Herstellungskosten angesetzt werden.

Während Zu- und Abgänge mengenmäßige Veränderungen sind, stellen Zuschreibungen wertmäßige Veränderungen dar, die vorgenommene Abschreibungen korrigieren sollen. Umbuchungen sind Ausweisänderungen, d. h. Umgliederungen innerhalb des Anlagevermögens (vor allem zwischen „Geleisteten Anzahlungen" bzw. „Geleisteten Anzahlungen und Anlagen im Bau" und den entsprechenden Posten nach Beendigung von Investitionsvorhaben).

---

[1] Die Anhangangabe zum Anlagenspiegel nach Art. 24 Abs. 6 EHGB über in Anspruch genommene Übergangserleichterungen bei erstmaliger Anwendung des Bilanzrichtlinien-Gesetzes (Fortführung der Buchwerte, wenn die ursprünglichen Anschaffungs- oder Herstellungskosten schwer feststellbar sind) war nur im Übergangsjahr erforderlich (Stellungnahme SABI 2/1986: Zum Übergang der Rechnungslegung auf das neue Recht, in: WPg 1986, S. 670).

1. *Welche Positionen gehören in den Bilanzen von Kapitalgesellschaften zum „Eigenkapital"?*

2. *Zu welcher Bilanzposition gehört das Aufgeld bei der Ausgabe von Schuldverschreibungen?*

3. *Unter welcher Bezeichnung ist ein nach teilweiser Verwendung des Jahresergebnisses auszuweisender Restgewinn in der Bilanz auszuweisen?*

4. *Welche Anwendungsfälle umfaßt der Sonderposten mit Rücklageanteil?*

5. *Zu welchem Posten gehören zurückzustellende Aufwendungen für unterbliebene Instandhaltung?*

6. *Welche Anhangangaben sind für Verbindlichkeiten zu machen?*

7. *Welche Posten sind „unter" der Bilanz zu erfassen?*

8. *Wie ist der Anlagenspiegel aufgebaut?*

---

**Aufgabe 4.21** *(Anlagenspiegel bei Verkauf eines Anlagegutes) S. 337*

**Aufgabe 4.22** *(Anlagenspiegel bei Zuschreibung) S. 337*

**Aufgabe 4.23** *(Geringwertige Wirtschaftsgüter im Anlagenspiegel) S. 337*

**Aufgabe 4.24** *(Festbewertung und Anlagenspiegel) S. 337*

**Aufgabe 4.25** *(Steuerliche Sonderabschreibungen im Anlagenspiegel) S. 337*

**Aufgabe 4.26** *(Umbuchungen im Anlagenspiegel) S. 337*

# 7 Bilanzansatz der Höhe nach: Bewertung

## 7.1 Allgemeine Bewertungsgrundsätze (§ 252 HGB)

Der Abschnitt über Bewertungsvorschriften im HGB wird eingeleitet mit § 252: Allgemeine Bewertungsgrundsätze. Dieser Paragraph ist den speziellen Bewertungsnormen des HGB vorangestellt und beinhaltet Vorschriften, die bereits vor ihrer Kodifizierung zu den sogenannten GoB gehörten, denen rechtsverbindliche Wirkung beigemessen wurde. Sie dienten, seit Kaufleute Bücher führen,

— der Ergänzung gesetzlicher Rechnungslegungsvorschriften,

— der Ausfüllung von Gesetzeslücken und

— der Auslegung von Rechtsnormen.

Durch die Kodifizierung einiger besonders wichtiger GoB wollte der Gesetzgeber deren Gültigkeit und Bedeutung noch zusätzlich hervorheben.

Durch die Erwähnung in dem für alle Kaufleute geltenden Teil des HGB ist die Diskussion über die Rechtsformabhängigkeit der GoB bilanzrechtlich (nicht betriebswirtschaftlich) weitgehend gegenstandslos. Sie sind auf Grund ihrer Stellung im Gesetz **für alle Kaufleute verbindlich,** jedoch mit unterschiedlicher Bedeutung je nach Rechtsform.

Bei den kodifizierten GoB nach § 252 HGB handelt es sich bei Nr. 1 bis 5 um **Mußvorschriften,** Nr. 6 ist dagegen eine **Sollvorschrift.** Sollten zwischen einzelnen GoB Konkurrenzen bestehen, so gibt es keine allgemeingültige Vorschrift, welchem Grundsatz der Vorrang einzuräumen ist; wohl aber ist nach allgemeinen Grundsätzen der Rechtsauslegung eine Rangfolge bzw. eine Kompromißlösung zu suchen.

### 7.1.1 Bilanzidentität (§ 252 Abs. 1 Nr. 1 HGB)

Dieser Grundsatz wird auch **formelle Bilanzkontinuität** oder im steuerlichen Sprachgebrauch **Bilanzzusammenhang** genannt. Er besagt, daß die Schlußbilanz eines Geschäftsjahres mit der Eröffnungsbilanz des Folgejahres identisch sein muß. Nur so ist gewährleistet, daß die Summe aller Periodenrechnungen mit der (fiktiven) Totalrechnung über die Gesamtlebensdauer der Unternehmung übereinstimmt. Demnach dürfen zwischen Schlußbilanz und Eröffnungsbilanz keine Buchungen von Geschäftsvorfällen, keine inhaltlichen Bilanzänderungen und keine Bewertungsänderungen vorgenommen werden. Die Zwischenschaltung des „Eröffnungsbilanzkontos" wird davon nicht berührt. Es ist lediglich ein buchungstechnisches Hilfsmittel zur Kontoeröffnung und gestattet, den Grundsätzen der Doppik treu zu bleiben.

Bilanzidentität bedeutet im einzelnen:

— Identität der Wertansätze, d. h. keine Neubewertung in der Eröffnungsbilanz gegenüber der Schlußbilanz des Vorjahres; auch keine Umverteilung der Werte innerhalb einzelner Posten bei betragsmäßiger Gleichheit des Gesamtpostens in der Bilanz;

— Identität des Bilanzinhalts, d. h., daß alle Vermögensgegenstände und Schulden in ihrer jeweiligen Zuordnung zu Anlage-, Umlaufvermögen und Einzelposten der vorhergehenden Bilanz in das neue Geschäftsjahr übernommen werden und daß weder etwas hinzugefügt noch weggelassen werden kann; dadurch ist eine Identität bezüglich Ansatz und Bewertung gegeben.

Folgende Ausnahmefälle vom Grundsatz der Bilanzidentität sind vorstellbar:

— Wird der Beschluß über das Bilanzergebnis erst nach Bilanzfeststellung oder abweichend vom Gewinnverwendungsvorschlag getroffen, der nach § 270 HGB für die Bilanzaufstellung zugrunde zu legen ist, so sind zusätzliche, das abgelaufene Geschäftsjahr betreffende Buchungen notwendig, die die Saldenvorträge der verschiedenen Eigenkapitalkonten (Rücklagen, Gewinn-/Verlustvortrag, Gesellschafterkonten u. a.) von den Salden der Schlußbilanz abweichen lassen (vgl. auch § 278 Satz 2 HGB).

— Wird eine Verschmelzung bzw. die Übernahme oder Abgabe von Beteiligungen auf die juristische Sekunde zwischen zwei Geschäftsjahren vereinbart oder beschlossen, so weichen Eröffnungs- und vorangegangene Schlußbilanz voneinander ab. Dies ist aber bei Kapitalgesellschaften nicht mehr zulässig, da sie nach § 268 Abs. 1 HGB die Entwicklung des Anlagevermögens, darunter auch Zu- und Abgänge, darstellen müssen.

— Müssen Wertansätze früherer Jahresabschlüsse geändert oder berichtigt werden, so könnte dies grundsätzlich auch über den Weg einer Durchbrechung der Bilanzidentität erfolgen. ADS 1987 (§ 252 Tz 17) haben allerdings gegen dieses Vorgehen Bedenken und empfehlen daher eine Korrektur in laufender Rechnung.

### 7.1.2 Grundsatz der Unternehmensfortführung (§ 252 Abs. 1 Nr. 2 HGB)

Nach der allgemeinen Werttheorie hängt der Wert eines Objekts von der Verwertungsprämisse ab. Der Grundsatz der Unternehmensfortführung **(Going-Concern-Prinzip)** schreibt vor, so lange von der Weiterführung des Unternehmens in einem überschaubaren Zeitraum auszugehen, solange nicht rechtliche oder tatsächliche Gegebenheiten dagegen sprechen. Dies könnten z. B. sein Eröffnung des Konkursverfahrens, beantragter Abwicklungsvergleich, eingetretene Bedingungen, nach denen Gesetz oder Satzung die Auflösung der Firma vorschreiben, ernste wirtschaftliche Schwierigkeiten, wenn sie voraussichtlich dazu führen, daß das Unternehmen zur Geschäftseinstellung oder zur Veräußerung seiner Vermögensgegenstände außerhalb der normalen Geschäftstätigkeit gezwungen wird.

Nach dem Prinzip der **Wertaufhellung** (vgl. S. 185) sind dabei alle Erkenntnisse, die nach dem Bilanzstichtag bis zur Bilanzaufstellung über die Verhältnisse zum Stichtag gewonnen werden, zu berücksichtigen.

Solange von der Unternehmensfortführungsprämisse ausgegangen werden kann, ist nach den Vorschriften gemäß §§ 253 bis 256, 279 bis 283 HGB, die ihrerseits das Going-Concern-Prinzip beinhalten, zu bewerten. Im anderen Fall ist von Einzel- oder Gesamtliquidationswerten für den Gesamtbetrieb oder Teilbetriebe je nach Lage des Einzelfalls auszugehen, wobei die zu erwartenden Erlöse vorsichtig zu schätzen und die notwendigen Kosten (Abwicklungskosten, Sozialpläne, Demontagekosten) abzuziehen sind.

Die Folgen der Unterstellung einer Fortsetzung der Unternehmenstätigkeit beziehen sich nach Gesetzeswortlaut auf die Bewertung; sie sind aber auch für die Anwendung der Bilanzierungs- und Ansatzvorschriften von Bedeutung.

**Ausprägungsformen des Grundsatzes der Unternehmensfortführung** in den Rechnungslegungsvorschriften des HGB sind (vgl. ADS 1987, § 252 Tz 26):

— die grundsätzliche Bindung an die Anschaffungs- oder Herstellungskosten statt an Einzelveräußerungspreise (§ 253 Abs. 1 HGB),

— die Verteilung der Anschaffungs- oder Herstellungskosten abnutzbarer Vermögensgegenstände des Anlagevermögens auf die Geschäftsjahre der voraussichtlichen Nutzung (§ 253 Abs. 2 Satz 2 HGB),

— das gemilderte Niederstwertprinzip, d. h. kein Abwertungserfordernis bei nur vorübergehender Wertminderung (§ 253 Abs. 2 Satz 3 HGB),

— die Möglichkeit, beim Umlaufvermögen Wertschwankungen der nächsten Zukunft zu berücksichtigen (§ 253 Abs. 3 Satz 3 HGB),

— die Bewertungsvereinfachungsvorschriften (§ 256 HGB),

— der Ansatz von Rechnungsabgrenzungsposten (§ 250 HGB),

— der Ansatz von Aufwandsrückstellungen (§ 249 Abs. 2 HGB),

— das Verbot der Bildung von Rückstellungen für Belastungen, die aus der Auflösung des Unternehmens resultieren (z. B. für Sozialpläne, Entlassungsentschädigungen, Abwicklungskosten).

### 7.1.3 Grundsatz der Bewertung zum Abschlußstichtag und Einzelbewertung (§ 252 Abs. 1 Nr. 3 HGB)

#### 7.1.3.1 Stichtagsprinzip

Die Bilanz ist für den Schlußtag jedes Geschäftsjahres aufzustellen (§ 242 Abs. 1 HGB), d. h., der Bewertung sind grundsätzlich die Verhältnisse an diesem Stichtag zugrunde zu legen. Ereignisse, die ihre Ursache eindeutig nach dem Stichtag haben, sind grundsätzlich nicht zu berücksichtigen. Allerdings sind alle Erkenntnisse, die in der Zeit zwischen Bilanzstichtag und Bilanzaufstellung (bei besonders bedeutsamen Vorgängen sogar bis zur Bilanzfeststellung) über Vorgänge und Umstände von Bewertungsrelevanz zu Tage treten, in den Jahresabschluß einzubeziehen.

Darüber hinaus sind Ereignisse negativer Art, die für das neue Geschäftsjahr erwartet werden, jedoch für die Bewertungsobjekte am vorausgehenden Bilanzstichtag von Bedeutung sind, in Form von außerplanmäßigen Abschreibungen, vorsichtiger Bewertung, Rückstellungen sowie einer entsprechenden Berichterstattung im Lagebericht zu berücksichtigen. Dagegen verbietet das Realisationsprinzip eine analoge Vorgehensweise bei entsprechenden Ereignissen positiver Art.

Gesetzlich normierte **Abweichungen vom Stichtagsprinzip** sind (vgl. ADS 1987, § 252 Tz 40):

— das gemilderte Niederstwertprinzip (§ 253 Abs. 2 Satz 3 HGB),
— die Berücksichtigung künftiger Wertschwankungen (§ 253 Abs. 3 Satz 3 HGB),
— die Abschreibungen im Rahmen vernünftiger kaufmännischer Beurteilung (§ 253 Abs. 4 HGB),
— das Beibehaltungswahlrecht (§ 253 Abs. 5 HGB).

### 7.1.3.2 Grundsatz der Einzelbewertung

Daneben formuliert § 252 Abs. 1 Nr. 3 HGB das Gebot der Einzelbewertung, das besagt, daß jeder Vermögensgegenstand und jeder Schuldposten für sich zu bewerten ist, d. h., daß Wertminderungen und Wertsteigerungen nicht saldiert dargestellt werden dürfen und daß die Bewertung nach den individuellen Gegebenheiten jedes einzelnen Vermögensgegenstandes bzw. Schuldpostens zu erfolgen hat.

Zurechnungsschwierigkeiten bei der Ermittlung der Anschaffungs- und Herstellungskosten bestehen vor allem im Zusammenhang mit der Bewertung mehrerer gleichartiger Vermögensgegenstände, die zu verschiedenen Zeitpunkten mit unterschiedlichen Preisen erworben wurden und bei denen im Laufe des Jahres Abgänge erfolgten, ferner bei sogenannten **Sachgesamtheiten** (vgl. S. 153 ff.).

Oft stehen mehrere Vermögensgegenstände in so engem technischen, wirtschaftlichen oder organisatorischen Zusammenhang, daß sie nur miteinander und in einer bestimmten Anordnung einer sinnvollen Nutzung zugeführt werden können. Sie sind somit auch einer einzelnen Bewertung nicht fähig.

Voraussetzung für die Annahme einer solchen Sachgesamtheit ist das Vorhandensein eines **einheitlichen Nutzungs- und Funktionszusammenhangs** im Hinblick auf die Leistungserstellung (z. B. die Sachgesamtheit Auto). Eine Sachgesamtheit ist nicht anzunehmen, wenn eine eigene selbständige Nutzungsfähigkeit der einzelnen Vermögensgegenstände vorliegt, d. h. wenn der Gegenstand ohne wesentliche Veränderung aus seinem bisherigen Nutzungszusammenhang herausgelöst und in einen anderen Nutzungszusammenhang gestellt werden kann (Separierbarkeit des Leistungsbeitrages). Dies ist z. B. der Fall bei einzelnen Straßenleuchten eines von einem Energieversorgungsunternehmen in seinem Versorgungsgebiet betriebenen Beleuchtungssystems (BFH-Urteil, BStBl 1974 II S. 2) oder bei Kanaldielen, die im Tiefbau zum Abstützen von Erdwänden verwendet werden (BFH-Urteil, BStBl 1977 II S. 144). Für das Vorhandensein einer Sachgesamtheit spricht dagegen eine weitgehend homogene Nutzungsdauer.

Gesetzliche **Ausnahmeregelungen vom Grundsatz der Einzelbewertung** sind die Festbewertung (§ 240 Abs. 3 HGB) und die Gruppenbewertung (§ 240 Abs. 4 HGB). Ferner kann von einer Einzelbewertung abgesehen werden, wenn die individuelle Ermittlung des Wertes oder der Risiken eines einzelnen Bewertungsobjekts unmöglich oder nur mit unvertretbarem Zeit- und Kostenaufwand möglich ist (z. B. Garantierückstellungen auf die Gesamtverkäufe von Massenprodukten einer Periode, Abschläge auf Vorratsmaterial, Forderungsabschreibungen u. a.). Bei der Anwendung sogenannter Bewertungsvereinfachungsverfahren (§ 256 HGB) werden zwar die einzelnen Vermögensgegenstände separat bewertet, doch ist ihr Wertansatz nicht unabhängig von einer fiktiven Verbrauchsfolge des Gesamtbestandes zu bestimmen.

## 7.1.4  Grundsatz der Vorsicht (§ 252 Abs. 1 Nr. 4 HGB)

Hierbei handelt es sich um einen Oberbegriff für verschiedene Bewertungsgrundsätze, der überall dort zur Leitlinie wird, wo auf Grund unvollständiger Information oder der Ungewißheit künftiger Ereignisse Ermessensspielräume bestehen. Als beispielhaften Ausdruck des Vorsichtsgedankens beschreibt das Gesetz in § 252 Abs. 1 Nr. 4 HGB

— das Realisationsprinzip,

— das Imparitätsprinzip und

— das Wertaufhellungsprinzip.

Die Anwendung des Vorsichtsprinzips bei bilanzpolitischen Entscheidungen bedeutet, daß alle Gesichtspunkte, die für die Bewertung von Bedeutung sein können, sorgfältig und vollständig zu erfassen sind, insbesondere solche, die eingetretene Verluste erkennen lassen oder die auf bestehende Risiken hindeuten. Vorsicht heißt nicht, daß von der verlustbringendsten Annahme auszugehen ist. In der Literatur bestehen selbst Zweifel, ob immer der wahrscheinlichste Wert anzusetzen ist. ADS 1987 (§ 252 Tz 70) schlagen vor, bei mehreren Schätzungsalternativen eine etwas pessimistischere als die wahrscheinlichste zu wählen.

Dem Vorsichtsgrundsatz als übergreifendem Bewertungsgrundsatz ist jeweils innerhalb der einzelnen Bewertungsmethoden Rechnung zu tragen, wobei eine stille Reservenbildung durch willkürliche Unterbewertung zu unterbleiben hat. Auch die Abschreibung nach § 253 Abs. 4 HGB hat ihre Grenze in der vernünftigen kaufmännischen Beurteilung, die eine angemessene Risikovorsorge rechtfertigt, Übertreibungen nach allen Seiten bzw. gar eine Sofortabschreibung jedoch unterläßt.

Das Vorsichtsprinzip kommt insbesondere bei der Bemessung der Abschreibungen, der Bewertung des Vorratsvermögens und der Forderungen sowie der Dotierung der Rückstellungen zum Tragen. Dabei wird auf bestimmte Risiken abgestellt, nicht auf das allgemeine Unternehmerrisiko. Vorhersehbar sind Risiken, wenn eine vernünftige kaufmännische Beurteilung sie als mögliche künftige Wertminderungen, Verluste oder Schulden erkennen muß und wenn für ihren Eintritt eine gewisse Wahrscheinlichkeit spricht.

### 7.1.4.1  Realisationsprinzip

Das Realisationsprinzip gebietet, Gewinne erst auszuweisen, wenn sie als realisiert anzusehen sind, d. h., Ausgaben (etwa für die laufende Produktion) sind so lange erfolgsneutral zu behandeln (z. B. durch die Aktivierung von fertigen und unfertigen Erzeugnisbeständen), bis zurechenbare Einnahmen (Erträge) entstehen.

Dabei wurde lange diskutiert, wann der **Realisationszeitpunkt** anzunehmen sei. Die heutige Meinung sieht ihn im Zeitpunkt des Gefahrenübergangs, der Auslieferung und Rechnungsstellung gegeben, wenn also ein Anspruch auf Gegenleistung geltend gemacht werden kann und nur noch das Forderungs- und Gewährleistungsrisiko besteht. Lediglich bei langfristiger Fertigung von Großprojekten wird eine sogenannte Teilgewinnrealisierung unter bestimmten Voraussetzungen für zulässig gehalten, wenn es sich dabei um

— abgrenzbare Teilprojekte (Bauabschnitte) handelt,

— eine Zwischenabrechnung erfolgt ist und

— langfristige Fertigungen einen wesentlichen Teil der Unternehmenstätigkeit ausmachen,

so daß eine Gewinnrealisierung nach Abwicklung des Gesamtauftrages zu einer nicht unerheblichen Beeinträchtigung des Einblicks in die Ertragslage des Unternehmens führen würde. Ferner dürfen keine unkontrollierbaren Risiken bezüglich Abnahme des Objektes, Garantieleistungen, Nachbesserungen und sonstiger Einwendungen vorliegen.

### 7.1.4.2  Imparitätsprinzip

Das Imparitätsprinzip gebietet als Ausdruck des Vorsichtsgedankens eine Ungleichbehandlung von Gewinnen und Verlusten in bezug auf den Zeitpunkt ihres Ausweises. Während Gewinne gemäß dem Realisationsprinzip erst im Zeitpunkt ihrer Realisierung auszuweisen sind, sind Verluste bereits vor Realisierung im Zeitpunkt ihrer Erkennbarkeit zu berücksichtigen, selbst wenn sie erst zwischen dem Abschlußstichtag und dem Tag der Aufstellung bekanntgeworden sind. Hierzu müssen objektive Anzeichen für einen drohenden Verlust bzw. für Wertminderungen gegeben sein.

Ziel dieser Regelung ist, die Darstellung einer zu optimistischen Ertragslage zu verhindern wie auch erfolgsabhängige Zahlungen in einem Ausmaß zu vermeiden, das in bereits erkennbarer Weise die Möglichkeiten des Unternehmens übersteigt und zur Gefahr für seinen Bestand werden kann.

### 7.1.4.3 Wertaufhellungsprinzip

§ 242 Abs. 1 und 2 HGB bestimmt, daß der Jahresabschluß auf den Schluß eines jeden Geschäftsjahres aufzustellen ist (Stichtagsprinzip). Auch die Bewertung hat auf den Abschlußstichtag zu erfolgen (§ 252 Abs. 1 Nr. 3 HGB). Das Wertaufhellungsprinzip beinhaltet die Frage, inwieweit Informationen, die nach dem Bilanzstichtag bis zur Bilanzaufstellung oder -feststellung gewonnen werden, Berücksichtigung finden können oder müssen. Dabei sind zwei weitere Fragen zu klären:

— Informationen welcher Art und welchen Umfangs sind noch einzubeziehen?

— Bis zu welchem Stadium der Jahresabschlußerstellung sind sie zu berücksichtigen?

Es gelten hierbei folgende Grundsätze:

(1) Nur Vorgänge und Tatsachen, die bis zum Bilanzstichtag eingetreten sind, sind zu berücksichtigen.

(2) Am Bilanzstichtag **noch nicht existente,** sondern erst danach eintretende Vorgänge und Tatsachen sind nicht zu berücksichtigen.

(3) Nicht nur vorhersehbare Risiken und Verluste sind einzubeziehen, sondern infolge des Grundsatzes der Richtigkeit alle, also auch gewinnerhöhende Ereignisse, soweit es das Realisationsprinzip zuläßt.

(4) Am Bilanzstichtag existente Vorgänge und Tatsachen, die dem Bilanzierenden aber erst danach bekannt werden, **müssen** längstens **bis zum Tag der Aufstellung** des Jahresabschlusses berücksichtigt werden. Ereignisse vor dem Bilanzstichtag, die erst zwischen Aufstellung und **Feststellung** (z. B. durch die entsprechenden Organe einer AG) bekannt werden, sollten nur dann noch Berücksichtigung finden, wenn es sich um solch bedeutsame Vorgänge handelt, daß deren Außerachtlassung dem Feststellungsorgan des Unternehmens den Vorwurf einer Pflichtverletzung eintragen könnte (ADS 1987, § 252 Tz 79).

Unternehmen, die einen **Lagebericht** aufstellen müssen, haben als weiterer Ausdruck des Wertaufhellungsprinzips über Vorgänge von besonderer Bedeutung zu berichten, die nach dem Schluß des Geschäftsjahres eingetreten sind (§ 289 Abs. 2 Nr. 1 HGB).

(5) Da das aus dem Richtigkeitsgrundsatz abgeleitete Wertaufhellungsgebot einen **zwingenden GoB** darstellt, gibt es für die Einbeziehung nachträglich bekanntgewordener Informationen über Vorgänge und Tatsachen vor dem Bilanzstichtag **kein Wahlrecht.**

**Aufgabe 4.27** *(Wertaufhellung) S. 338*

## 7.1.5 Grundsatz der Periodenabgrenzung (§ 252 Abs. 1 Nr. 5 HGB)

Der Grundsatz der Periodenabgrenzung verlangt, Aufwendungen und Erträge unabhängig vom Zeitpunkt der entsprechenden Zahlungen im Jahresabschluß zu berücksichtigen. Damit wird die formale Voraussetzung für eine Periodenrechnung nach Art der doppelten Buchführung geschaffen, die sich von einer bloßen Einnahmen-Ausgaben-Rechnung unterscheidet.

Keine Aussage macht das Periodisierungsprinzip allerdings darüber, nach welchen Regeln die Erfolgswirkungen von Zahlungsvorgängen auf die einzelnen Perioden verteilt werden sollen. Vorrangig wird von der Literatur das Verursachungsprinzip als

Zurechnungsprinzip verlangt, doch treten für bestimmte Fragen das Erkennbarkeits-, das Planmäßigkeits- und das Vorsichtsprinzip an seine Stelle. So findet

— das Verursachungsprinzip Anwendung bei der Bemessung der Rechnungsabgrenzungsposten,

— das Erkennbarkeitsprinzip bei der Bemessung von Rückstellungen und bei außerplanmäßigen Abschreibungen,

— das Planmäßigkeitsgebot bei planmäßigen Abschreibungen und

— das Vorsichtsprinzip bei der Anwendung des Niederstwertprinzips und des Anschaffungskostenprinzips.

### 7.1.6 Grundsatz der Methodenstetigkeit (§ 252 Abs. 1 Nr. 6 HGB)

Der Grundsatz der Methodenstetigkeit basiert auf dem Grundgedanken der dynamischen Bilanztheorie, wonach Jahresergebnisse im Zeitablauf vergleichbar sein müssen, um Schlüsse für ein Auf oder Ab der Geschäftsentwicklung ziehen zu können. Demnach verbietet es sich, durch Änderungen der Bewertungsmethoden einen falschen Schluß über die Geschäftsentwicklung nahezulegen.

Unter **Bewertungsmethoden** sind in dem Zusammenhang bestimmte, in ihrem Ablauf definierte Verfahren der Wertfindung zu verstehen, die den GoB entsprechen (z. B. zur Ermittlung der Anschaffungs- und Herstellungskosten). Das Gebot der Bewertungsstetigkeit greift dann ein, wenn es nebeneinander mehrere gesetzliche Verfahren **(Wahlrechte)** gibt oder wenn bei der Bewertung **Schätzungsspielräume** eingeräumt sind (z. B. bei „vernünftiger kaufmännischer Beurteilung"). In beiden Fällen soll der Kaufmann grundsätzlich an die im vorhergehenden Jahresabschluß angewandten Methoden gebunden sein. Ein willkürlicher Methodenwechsel (im Sinne von sachlich unbegründet) ist unzulässig.

Allerdings hindert das Stetigkeitsgebot den Kaufmann nicht, steuerliche Bewertungswahlrechte jährlich unterschiedlich auszuüben.

Zwingende Abweichungen auf Grund von Einzelvorschriften (z. B. außerplanmäßige Abschreibungen abnutzbarer Anlagegegenstände) berühren das Stetigkeitsprinzip nicht. Gleiches gilt für zusätzliche Abschreibungen nach § 253 Abs. 4 HGB.

Aus der Forderung nach Vergleichbarkeit folgt ferner auch, daß art- und funktionsgleiche Bewertungsobjekte nicht beliebig nach unterschiedlichen Methoden bewertet werden dürfen.[1]

Dennoch muß es für einen Kaufmann möglich sein, die Bewertungspolitik veränderten Verhältnissen anzupassen. Für Kapitalgesellschaften besteht eine Angabepflicht sowohl für die angewandten Bilanzierungs- und Bewertungsmethoden als auch für Abweichungen von diesen mit entsprechender Darstellung des Einflusses auf die Vermögens-, Finanz- und Ertragslage (§ 284 Abs. 2 Nr. 1 und 3 HGB).

Das Spannungsfeld zwischen Kontinuität und Flexibilität im Rahmen des als Sollvorschrift formulierten Stetigkeitsgrundsatzes löste in der Literatur eine lebhafte Diskussion aus. Fazit ist, daß ein sachlich begründeter Methodenwechsel zulässig, ein willkürlicher Methodenwechsel dagegen verboten ist. Ein **sachlich begründeter Methodenwechsel** kommt z. B. in Betracht bei technischen Umwälzungen, wesentlichen Veränderungen des Beschäftigungsgrades, der Finanz-, Kapital- und Gesellschafterstruktur, Produktions- und Sortimentsumstellungen.

Der Stetigkeitsgrundsatz bezieht sich nicht auf die Ansatzwahlrechte. Hier ist jeder Fall seiner individuellen Eigenart entsprechend verschieden zu behandeln. Dennoch wird auch im Bereich der Bilanzierung (Ansatzvorschriften) eine willkürliche Ausübung von Wahlrechten abgelehnt.

(Weitere bewertungsrelevante GoB vgl. nachstehende Übersicht.)

---

[1] Vgl. Stellungnahme SABI 2/1987: Zum Grundsatz der Bewertungsstetigkeit, in: WPg 1988, S. 49.

| Weitere bewertungsrelevante GoB außerhalb des § 252 HGB | |
|---|---|
| Bezeichnung des Grundsatzes | Inhalt des Grundsatzes |
| Anschaffungswertprinzip | Vermögensgegenstände sind höchstens mit den Anschaffungs- oder Herstellungskosten anzusetzen (§ 253 Abs. 1 HGB). |
| Strenges und gemildertes Niederstwertprinzip | Bei Vorliegen der Voraussetzungen ist ein niedrigerer Wert anzusetzen bzw. darf angesetzt werden (§ 253 Abs. 2 und 3 HGB). |
| Gebot der Planmäßigkeit von Abschreibungen | Anlagegegenstände mit zeitlich begrenzter Nutzungsdauer sind planmäßig abzuschreiben (§ 253 Abs. 2 HGB). |
| Grundsatz der Methoden-bestimmtheit des Wertansatzes | Der Wertansatz eines Vermögensgegenstandes oder einer Schuld muß sich aus einer bestimmten Bewertungsmethode ergeben, d. h., es darf kein Wert gewählt werden, der zwischen zwei nach unterschiedlichen Methoden bestimmten Wertansätzen liegt. Dem ist auch die Vorschrift des § 253 Abs. 4 HGB unterzuordnen. |
| Grundsatz der Willkürfreiheit | Er fordert eine Bewertung, die von sachfremden Erwägungen frei ist und durch Offenlegung der Annahmen, Prämissen und Erwartungen, die zu einem bestimmten Wertansatz geführt haben, intersubjektiv, d. h. von einem sachverständigen Dritten, nachprüfbar ist (§§ 284 Abs. 2, 285 HGB u. a.). |
| Grundsatz der Unabhängigkeit der Bewertungsmethoden vom Jahresergebnis | Das Jahresergebnis soll sich am Ende des Bilanzierungs- und Bewertungsvorgangs als Restgröße ergeben und nicht umgekehrt. |
| Grundsatz der Wesentlichkeit (Materiality) | Er kommt aus dem angelsächsischen Bereich und besagt, daß die für die Adressaten des Jahresabschlusses bedeutsamen Vorgänge offenzulegen sind, während Sachverhalte von untergeordneter Bedeutung, die wegen ihrer Größenordnung keinen Einfluß auf das Jahresergebnis und den Aussagegehalt der Rechnungslegung haben, vernachlässigt werden können. Der Materiality-Grundsatz ist durch das Spannungsfeld zwischen Klarheit und Übersichtlichkeit einerseits und Genauigkeit andererseits gekennzeichnet. |

**Kontrollfragen**

1. *Erläutern Sie die Begriffe der formellen und materiellen Bilanzkontinuität.*
2. *In welchen Fällen darf von bisher angewandten Bewertungsmethoden abgewichen werden?*
3. *Wann ist nach der Going-Concern-Prämisse zu bewerten, und wann ist von ihr abzuweichen? Welche Bewertungsgrundsätze gelten dann jeweils?*
4. *Wie sind Stichtagsprinzip und Wertaufhellungsgebot in Einklang zu bringen?*
5. *Was versteht man unter Sachgesamtheit?*
6. *In welchen Fällen widersprechen sich Realisations- und Imparitätsprinzip?*

## 7.2 Bewertungsmaßstäbe

### 7.2.1 Anschaffungskosten

#### 7.2.1.1 Begriff der Anschaffungskosten

Nach § 255 Abs. 1 HGB sind Anschaffungskosten die Aufwendungen, die geleistet werden, um einen Vermögensgegenstand zu erwerben und ihn in einen betriebsbereiten Zustand zu versetzen, soweit sie dem Vermögensgegenstand einzeln zugeordnet werden können. Zu den Anschaffungskosten gehören auch die Nebenkosten sowie die nachträglichen Anschaffungskosten. Anschaffungspreisminderungen sind abzusetzen. Folgende Merkmale kennzeichnen somit den handels- und steuerrechtlichen Anschaffungskostenbegriff.

(1) Es muß sich um Aufwendungen handeln, d. h., der Begriff nimmt Bezug auf pagatorische Größen, die eine echte Vermögensminderung bewirken. Grundlage für die Ermittlung der Anschaffungskosten ist der Kaufpreis.

(2) Es muß sich um einen Vermögensgegenstand handeln.

(3) Es muß sich um einen Erwerbsvorgang handeln, nicht notwendigerweise um einen Kauf. Auch Leasing, Tausch, Schenkung sind möglich. Wesentlich ist, daß die tatsächliche Verfügungsmacht über den Gegenstand erlangt wird.

(4) Es sind Aufwendungen einzubeziehen, die bis zur Erlangung der Betriebsbereitschaft des Vermögensgegenstandes anfallen. Der Erwerbsvorgang endet also nicht schon bei der Anlieferung des Vermögensgegenstandes, womit die Anschaffungsnebenkosten angesprochen sind.

(5) Die Aufwendungen müssen dem Vermögensgegenstand einzeln zuzuordnen sein. Gemeinkosten im Zusammenhang mit dem Beschaffungsvorgang (z. B. Personalkosten der Einkaufsabteilung, Kosten des Angebotsvergleichs, Kosten der Geldbeschaffung, Stundungs- und Verzugszinsen, Finanzierungskosten des Kaufpreises, anteilige Sachkosten der Warenannahme, Löhne für Transport und Entladen, sofern diese Gemeinkosten sind) bleiben außer Ansatz. Dies gilt auch für entsprechende Anschaffungsnebenkosten.

(6) Kaufpreisminderungen (Rabatt, Skonto, Bonus u. a.) verringern die Anschaffungskosten.

(7) Nach dem Abschluß des eigentlichen Anschaffungsvorgangs entstehende Aufwendungen können Anschaffungskosten sein, falls sie die Voraussetzungen des Anschaffungskostenbegriffs erfüllen, z. B. nachträgliche Maßnahmen zur Schaffung der Betriebsbereitschaft, nachträglich erhobene Zölle und Grunderwerbsteuer. Entsprechend verringern nachträgliche Anschaffungskostenminderungen (nachträglicher Rabatt, Minderung wegen Mängeln, zurückgewährte Entgelte) die Anschaffungskosten.

Bei vorsteuerabzugsberechtigten Unternehmern ist die Vorsteuer kein Bestandteil der Anschaffungskosten. Soweit jedoch die Vorsteuer nicht abzugsfähig ist, gehört sie nach § 9 b EStG zu den Anschaffungskosten des betreffenden Vermögensgegenstandes.

Die Vielfalt wirtschaftlicher Erwerbsvorgänge bedingt, daß einige **Sonderfälle** speziell zu klären sind in bezug auf ihre Bedeutung für die Anschaffungskosten.

**Aufgabe 4.28**   *(Umfang der Anschaffungskosten) S. 338*

**Aufgabe 4.29**   *(Nachträgliche Anschaffungskosten) S. 338*

**Aufgabe 4.30**   *(Retrograde Ermittlung der Anschaffungskosten) S. 339*

#### 7.2.1.2 Anschaffungskosten bei Erwerb auf Rentenbasis

Manchmal wird anstelle eines Kaufpreises eine Rentenzahlung vereinbart. Der für diese Rentenverpflichtung erworbene Vermögensgegenstand ist mit dem Rentenbarwert zu aktivieren. Gleichzeitig ist eine entsprechend große Rentenverbindlichkeit zu passivieren. Durch die Abzinsung auf den Barwert ist die Summe der späteren Rentenzahlungen größer als der entsprechende Bilanzansatz. Zu Buchungen der Rentenzahlungen vgl. Band II.

**Aufgabe 4.31** *(Anschaffungskosten bei Rentenzahlung) S. 339*

### 7.2.1.3 Anschaffungskosten bei Ratenkäufen

Ähnlich bestimmen sich die Anschaffungskosten bei Ratenkäufen von Vermögensgegenständen, die sich als Kaufpreisstundung und Bezahlung in Teilbeträgen darstellen. Die Anschaffungskosten ergeben sich aus der Barwertsumme der einzelnen Raten, die in der Regel mit dem Barzahlungspreis identisch sein dürfte. Dieser ist der Preis, den der Käufer zu entrichten hätte, wenn spätestens bei Übergabe der Sache der Preis in voller Höhe fällig wäre (§ 1 a Abs. 1 AbzG). Ratenkäufe bzw. Abzahlungsgeschäfte finden häufig gegenüber dem Letztverbraucher statt. Zu ihrer Verbuchung vgl. Band II.

### 7.2.1.4 Anschaffungskosten bei Mietkaufverträgen

Im Zusammenhang mit Mietkaufverträgen, also Verträgen über die Vermietung eines Vermögensgegenstandes bei Einräumung einer Kaufoption an den Mieter, ist nach steuerrechtlichen Grundsätzen insbesondere die bilanzielle Zurechnung des Vermögensgegenstandes sowie die Höhe der jeweiligen Anschaffungskosten zu klären.

Zu unterscheiden sind zwei Vertragstypen, nämlich Kauf nach Miete und Mietkauf.

**Kauf nach Miete**

Hier handelt es sich um einen normalen Mietvertrag mit angemessener Miete ohne feste Mietdauer mit üblichen Kündigungsmöglichkeiten, wobei nach einiger Zeit eine Vereinbarung getroffen wird, den Vermögensgegenstand an den bisherigen Mieter zum Zeitwert zu verkaufen. Maßgebend für den Verkaufspreis ist lediglich der Zeitwert und nicht die bisher aufgelaufenen Mietzahlungen. Dieser Fall ist unproblematisch, die Anschaffungskosten entsprechen dem Markt- oder Börsenpreis im Zeitpunkt des Übergangs.

**Mietkauf**

Auch hierbei handelt es sich um einen Mietvertrag, bei dem gleichzeitig oder kurze Zeit später ein Kaufrecht eingeräumt wird, wobei die zunächst vereinbarte ungewöhnlich hohe Miete voll auf den Kaufpreis angerechnet wird. Unter bestimmten Voraussetzungen sind solche Mietverträge steuerrechtlich von vornherein als Kaufverträge anzusehen, wobei die gesamten Leistungen des Erwerbers (Mieten, Kaufpreis) als Anschaffungskosten zu aktivieren und abzuschreiben sind.

Es wird somit zwischen echtem Mietkauf und unechtem Mietkauf bzw. Ratenkauf unterschieden. Im Gegensatz zum **echten Mietkauf**, der wie Kauf nach Miete ausgestaltet ist, wird beim **unechten Mietkauf** bereits von Anfang an an einen Kaufvertrag gedacht. Die festgesetzte, in der Regel unkündbare Mietdauer wird so bemessen, daß nach Ablauf dieser Mietzeit die betriebsgewöhnliche Nutzungsdauer praktisch vorbei und daher der Mieter von Anfang an wirtschaftlich Eigentümer des Vermögensgegenstandes ist. Die vereinbarte Miete ist bei wirtschaftlicher Betrachtungsweise bezüglich Höhe, Dauer und Fälligkeit als echte Mietzahlung ungewöhnlich, jedoch als Kaufpreisrate besser verständlich. Bei Übergang zum Kaufvertrag werden die überhöhten Mietbeträge voll auf den Kaufpreis (Listenpreis im Zeitpunkt des Abschlusses des Mietvertrages) angerechnet, wobei dieser Kaufpreis bereits bei Abschluß des vorgeschalteten Mietvertrages fest vereinbart wird; dabei zeigt sich, daß der Kaufpreis bei Anrechnung der vorausgegangenen Mietzahlungen weit unter dem Zeitwert des Vermögensgegenstandes beim Eigentumsübergang liegt. In diesen Fällen wird **steuerlich** das wirtschaftliche Eigentum von Anfang an dem Erwerber zugerechnet, wobei die Mietzahlungen als Kaufpreisraten interpretiert werden und die Regeln über den Ratenkauf zur Anwendung gelangen.

### 7.2.1.5 Anschaffungskosten bei Leasing

Von besonderer praktischer Bedeutung ist das Leasing in verschiedenen Ausprägungsformen. Maßgebend sind die Fragen der bilanziellen Zuordnung des Leasinggegenstandes sowie der Höhe der Anschaffungskosten zu Beginn des Leasingverhältnisses und für den Zeitpunkt eines eventuellen Kaufs nach Ablauf der Grundmietzeit. Dabei ist das Verhältnis zwischen betriebsgewöhnlicher Nutzungsdauer und Grundmietzeit sowie im Fall des anschließenden Erwerbs das Verhältnis zwischen Kaufpreis und Buch- oder Zeitwert wichtig (vgl. S. 136 f.).

**Zurechnung zum Leasinggeber:** Wird der Leasinggegenstand dem Leasinggeber zugerechnet, so ist dieser bei ihm zu aktivieren und auf die betriebsgewöhnliche Nutzungsdauer abzuschreiben, die Leasingraten sind bei ihm Ertrag. Der Leasingnehmer aktiviert den Gegenstand nicht, für ihn sind Leasingraten Aufwand.

**Zurechnung zum Leasingnehmer:** Wird dagegen der Leasinggegenstand dem Leasingnehmer zugerechnet, so aktiviert dieser den Gegenstand mit den Anschaffungskosten, die für den Leasinggeber maßgebend wären, zuzüglich eigener Anschaffungsnebenkosten. Gleichzeitig ist eine Verbindlichkeit in Höhe der aktivierten Anschaffungskosten (ohne eigene Anschaffungsnebenkosten) zu passivieren. Da die Summe der Leasingraten in der Regel höher ist als die zugrundeliegenden Anschaffungskosten, sind die einzelnen Leasingraten in einen erfolgswirksamen Zins- und Kostenanteil und einen erfolgsneutralen Tilgungsanteil aufzuteilen. Entsprechend hat der Leasinggeber eine Forderung in Höhe der Verbindlichkeit des Leasingnehmers zu aktivieren und die Leasingraten in einen Zins- und Ertragsanteil und einen Tilgungsanteil aufzuteilen (vgl. BMWF-Schreiben vom 21. 3. 1972, BStBl I S. 188).

### 7.2.1.6 Anschaffungskosten bei Tausch

Beim Tausch als Erwerbsvorgang durch wechselseitiges Anschaffungs- und Veräußerungsgeschäft sind die folgenden Fälle zu unterscheiden:

(1) Tausch gleichwertiger Vermögensgegenstände,

(2) Tausch mit Zuzahlung, wobei Wertunterschiede zwischen den getauschen Vermögensgegenständen durch Zuzahlung ausgeglichen werden,

(3) Tausch mit Zuzahlung und verdecktem Preisnachlaß, wenn ein Unternehmen den in Zahlung genommenen Vermögensgegenstand mit einem höheren Betrag auf die eigene Leistung anrechnet, als es dem gemeinen Wert entspricht.

In allen Fällen wird in irgendeiner Form bei der Bestimmung der Anschaffungskosten auf den sogenannten gemeinen Wert Bezug genommen. In der Literatur war lange Zeit umstritten, ob beim Tausch eine Buchwertfortführung des hingegebenen Vermögensgegenstandes möglich oder eine Aufdeckung stiller Reserven durch Ansatz des gemeinen Werts notwendig ist. Überwiegend wird heute aber, ausgehend vom Steuerrecht (Abschn. 32 a Abs. 2 EStR), von einer Gewinnrealisierung ausgegangen, wobei handelsrechtlich meist ein Wahlrecht angenommen wird.

**Tausch gleichwertiger Vermögensgegenstände**

Hier entsprechen die Anschaffungskosten dem gemeinen Wert, der bei beiden Tauschgegenständen gleich groß ist.

Handelt es sich jedoch um einen funktionsgleichen Tausch von Anteilsrechten an Kapitalgesellschaften, so sind unter der Voraussetzung, daß es sich um wirtschaftlich identische, d. h. gleichwertige, funktionsgleiche und gleichartige Anteilsrechte handelt, die Buchwerte fortzuführen (BFH-Urteil, BStBl 1966 III S. 127).

**Tausch mit Zuzahlung**

Ein Tauschgeschäft mit Zuzahlung hat in der Praxis vor allem beim Autokauf Bedeutung. Die Anschaffungskosten bestimmen sich folgendermaßen:

Anschaffungskostenbestimmung beim **Erwerber** eines neuen Firmenwagens unter Inzahlunggabe eines Gebrauchtwagens:

Gemeiner Wert des Gebrauchtwagens

+ geleistete Aufzahlung für den erworbenen Neuwagen

= Bruttobetrag des Neuwagens

⁒ abzugsfähige Vorsteuer

= Anschaffungskosten des Neuwagens

Anschaffungskostenbestimmung beim **Autohaus,** das einen Gebrauchtwagen als Anzahlung für einen verkauften Neuwagen hereinnimmt:

Gemeiner Wert des veräußerten Neuwagens

⁒ erhaltene Aufzahlung für den Neuwagen

= Bruttobetrag für den Gebrauchtwagen

⁒ abzugsfähige Vorsteuer

= Anschaffungskosten des Gebrauchtwagens

**Beispiel:**

Ein Kaufmann erwirbt einen Firmenwagen und gibt einen Gebrauchtwagen in Zahlung. Der Händler bietet für den Gebrauchtwagen 17 100,— und verlangt eine Aufzahlung in Höhe von 28 500,—.

Die Anschaffungskosten des Neuwagens betragen 40 000,— (45 600,— abzüglich Vorsteuer), die Anschaffungskosten des Gebrauchtwagens beim Händler betragen 15 000,— (17 100,— abzüglich Vorsteuer)

Dieses Beispiel zeigt, daß der Übergang von Fall 2 zu Fall 3 fließend ist, wenn der Händler, um das Geschäft zu machen, mehr für den Gebrauchtwagen geboten hat, als dieser wert ist.

**Tausch mit Zuzahlung und verdecktem Preisnachlaß**

Insbesondere hier liegt das Problem, in der Praxis den zutreffenden gemeinen Wert für das eingetauschte Wirtschaftsgut zu schätzen.

### 7.2.1.7 Anschaffungskosten bei unentgeltlichem Erwerb

Auch unentgeltlich erworbene Vermögensgegenstände sind infolge des Vollständigkeitsgebots (§ 246 Abs. 1 HGB) grundsätzlich in den Jahresabschluß aufzunehmen, ausgenommen unentgeltlich erworbene immaterielle Vermögensgegenstände des Anlagevermögens (§ 248 Abs. 2 HGB).

Steuerlich ist nach § 7 Abs. 2 EStDV ein Ansatz zum vorsichtig geschätzten Zeitwert immer zwingend, wenn der Anlaß der Schenkung von einem in ein anderes Betriebsvermögen betrieblich bedingt war, z. B. Sachgeschenk an bedeutenden Bierabnehmer von seiner Brauerei (BFH-Urteil, BStBl 1974 II S. 210). Die **Schenkung aus betrieblichem Anlaß** führt zu einer Betriebseinnahme, während die Schenkung **aus privatem Anlaß** als erfolgsneutrale Einlage zu behandeln ist (BFH-Urteil, BStBl 1967 III S. 391). Schenkungen an Kapitalgesellschaften sind stets betrieblicher Art.

Buchung bei Schenkung aus betrieblichem Anlaß:
  **Bestandskonto an a. o. Ertrag**

Buchung bei Schenkung aus privatem Anlaß:
  **Bestandskonto an Privateinlage**

Ist die **Schenkung mit Auflagen** verbunden, so werden diese nicht als teilweise Gegenleistung angesehen.

**Gemischte Schenkungen** liegen vor, wenn im Vertrag zwar eine Gegenleistung vereinbart wird, diese aber bewußt unter dem Verkehrswert des übereigneten Gegenstandes liegt. Hier sind zumindest in Höhe der Gegenleistung Anschaffungskosten anzusetzen.

### 7.2.1.8 Anschaffungskosten bei Erwerb mehrerer Vermögensgegenstände zu einem Gesamtpreis

Ist ein Gesamtanschaffungspreis (z. B. für einen Betrieb oder ein bebautes Grundstück) auf einzelne Vermögensgegenstände zu verteilen (Grundsatz der Einzelbewertung, § 252 Abs. 1 Nr. 3 HGB), so ist zunächst der Zeitwert der einzelnen Vermögensgegenstände zu bestimmen. Übersteigen die Gesamtanschaffungskosten die Summe der Zeitwerte bei Kauf eines Betriebes, so kann ein Firmenwert gebildet werden. Unterschreiten die Gesamtanschaffungskosten dagegen die Summe der Zeitwerte, so ist es naheliegend, von allen Zeitwerten den gleichen Prozentsatz abzuschlagen. Auch eine andere Methode, die Risiko- oder Rentabilitätsgesichtspunkte gewichtet (z. B. bei veralteter und moderner Anlage), ist möglich. Kapitalgesellschaften müssen über die angewandte Methode nach § 284 Abs. 2 Nr. 1 HGB im Anhang berichten.

### 7.2.1.9 Anschaffungskosten bei Schwund

Je nach Branche kann erfahrungsgemäß ein bestimmter Teil der angelieferten Gegenstände während des Transports oder im Zuge der Einlagerung verderben, zerstört werden, sich verflüchtigen oder aus einem anderen Grunde verlorengehen. In derartigen Fällen verteilen sich die Anschaffungskosten des gesamten erworbenen Postens auf diejenigen Teile, die unversehrt in das Lager des Erwerbers gelangen. Der durch Lagerung, spätere Verarbeitung oder Veräußerung verlorengehende Teil berührt die ursprüngliche Festsetzung der Anschaffungskosten nicht.

### 7.2.1.10 Anschaffungskosten bei Übertragung stiller Reserven

Eine weitere Besonderheit liegt in den Anschaffungskosten bei Übertragung stiller Reserven auf Grund spezifischer steuerlicher Vorschriften (§ 6 b EStG, § 82 StBauFG, Abschn. 35 EStR). Als Anschaffungswert gilt handelsrechtlich der vor Übertragung stiller Reserven festgestellte Betrag. Der bei Übertragung vorzunehmende Abzug von den Anschaffungskosten wird im Handelsrecht als steuerlicher Abzug im Sinne des § 254 HGB eingestuft. Zur Buchungsweise vgl. Aufgabe 4.17 (Sonderposten mit Rücklageanteil).

### 7.2.1.11 Anschaffungskosten bei Zuschüssen

Zuschüsse sind Zuwendungen (Prämien, Zulagen, Beihilfen, Subventionen u. ä.) meist aus Förderprogrammen der öffentlichen Hand, die nicht oder nur bedingt rückzahlbar sind. Private Zuschüsse sind selten und meist mit einer Gegenleistung verbunden, so daß sie als Vorauszahlungen anzusehen und zu behandeln sind.

Erhält ein Investor zum Kauf eines Vermögensgegenstandes einen öffentlichen Zuschuß, so hat er gemäß Abschn. 34 EStR die Wahl, entweder

— den Zuschuß von den Anschaffungs- oder Herstellungskosten des Vermögensgegenstandes abzuziehen, wodurch kein Ertrag im Zeitpunkt des Zuflusses entsteht, wohl aber ein verringertes Abschreibungspotential über die betriebsgewöhnliche Nutzungsdauer, oder

— er kann den Zuschuß ohne Kürzung der Anschaffungskosten im Zeitpunkt des Zuflusses als Ertrag verbuchen und über die Nutzungsdauer die vollen Abschreibungen verrechnen.

Dieses Wahlrecht besteht auch, wenn der Zuschuß in einem späteren Jahr nach der Anschaffung zufließt. Wird er vor der Anschaffung erhalten, so darf eine steuerfreie Rücklage gebildet werden; eine entsprechende Umbuchung auf die Anschaffungskosten kann noch nach der Anschaffung erfolgen.

Das Wahlrecht in Abschn. 34 EStR ist durch ein BFH-Urteil (BStBl 1989 II S. 189) eingeschränkt worden. Es verlangt, öffentliche Investititionszuschüsse grundsätzlich als Minderungen der Anschaffungs- oder Herstellungskosten zu behandeln. Zudem verstößt handelsrechtlich nach Ansicht des HFA[1] eine sofortige erfolgswirksame Verrechnung

---

1  Stellungnahme HFA 1/1984: Bilanzierungsfragen bei Zuwendungen, in: WPg 1984, S. 612.

von Zuschüssen gegen den Grundsatz der Periodenabgrenzung. Er schlägt deshalb entweder ihre Absetzung von den Anschaffungs- oder Herstellungskosten vor oder die Bildung eines gesonderten Passivpostens, etwa mit der Bezeichnung „Sonderposten für Investitionszuschüsse", der dann zeitanteilig aufzulösen ist.

Nach Abschn. 34 Abs. 4 EStR ist zu beachten, daß **Investitionszulagen** die steuerlichen Anschaffungs- oder Herstellungskosten nicht mindern dürfen. Da sie auch nicht zu den steuerpflichtigen Einkünften im Sinne des Einkommensteuergesetzes gehören (§ 5 Abs. 2 InvZulG, § 19 Abs. 9 BerlinFG), wird der bei ihrer Vereinnahmung zu buchende Ertrag später außerhalb des Jahresabschlusses für Zwecke der Besteuerung als Negativposten erfaßt, wodurch eine Besteuerung der Investitionszulage verhindert wird. Wenn ein Zuschuß nicht zu den steuerpflichtigen Einkünften zählt, muß dies in dem entsprechenden Gesetz ausdrücklich erwähnt sein.

**Aufgabe 4.32**   *(Anschaffungskosten bei Zuschüssen) S. 339*

### 7.2.1.12   Anschaffungskosten in ausländischer Währung

Sind Anschaffungskosten in ausländischer Währung zu entrichten, so werden sie bei Anzahlung oder Barzahlung durch den tatsächlich in DM gezahlten Betrag bestimmt. Bei Zielkäufen ist die Fremdwährung zum maßgeblichen Wechselkurs bei Gefahrübergang umzurechnen.[1]

### 7.2.1.13   Anschaffungskosten bei Übernahme von Verbindlichkeiten

Werden beim Erwerb von Vermögensgegenständen Verbindlichkeiten übernommen, so bilden sie einen Teil der Anschaffungskosten (Abschn. 32 a Abs. 2 EStR). Die Verbindlichkeiten sind dabei stets zu passivieren.

### 7.2.1.14   Anschaffungskosten bei Kaufverträgen zwischen Konzernunternehmen

Bei Kaufverträgen zwischen Konzernunternehmen sind zur Bestimmung der Anschaffungskosten die tatsächlichen Ausgaben maßgebend. Übersteigen die Anschaffungskosten den Zeitwert der bezogenen Vermögensgegenstände jedoch offensichtlich, so sind sie höchstens mit den angemessen erscheinenden Beträgen anzusetzen. In Höhe des Unterschiedsbetrages kann die Aktivierung eines entsprechenden Rückgewährungsanspruchs in Betracht kommen (ADS 1987, § 255 Tz 79).

## Kontrollfragen

*1. Wie bestimmen sich die Anschaffungskosten?*

*2. Von welchen Kriterien macht der Verordnungsgeber die Zurechnung von Leasinggegenständen abhängig und wie erfolgt die Zurechnung in den einzelnen Fällen?*

*3. Wie werden die Anschaffungskosten bei Tauschvorgängen ermittelt?*

*4. Welche Gründe sprechen für eine Verteilung von Zuschüssen auf die Nutzungsdauer eines Vermögensgegenstandes im Vergleich zum Sofortabzug?*

*5. Welche Probleme bestehen im Zusammenhang mit der Anschaffungskostenbestimmung bei Ratenkäufen und Käufen auf Rentenbasis?*

*6. Welche Vertragstypen des Mietkaufs sind denkbar, und welche Folgerungen zieht das Steuerrecht in bezug auf die Anschaffungskosten?*

**Aufgabe 4.33**   *(Anschaffung eines Firmenfahrzeugs gegen Wechselzahlung) S. 339*

---

[1]   Entwurf HFA: Währungsumrechnung im Jahresabschluß, in WPg 1986, S. 664, sowie Abschn. 32 a Abs. 2 EStR.

### 7.2.2 Herstellungskosten

#### 7.2.2.1 Begriff

Der Begriff der Herstellungskosten wird in § 255 Abs. 2 und 3 HGB umschrieben. In Abschn. 33 EStR sind die steuerrechtlichen Bestimmungen hierzu niedergelegt.

Der Herstellungskosten-Begriff ist relevant für

— die Herstellung eines Vermögensgegenstandes,

— die Erweiterung eines vorhandenen Vermögensgegenstandes sowie

— die über seinen ursprünglichen Zustand hinausgehende wesentliche Verbesserung.

Die Bewertung zu Herstellungskosten findet Anwendung bei Vermögensgegenständen, die vom Unternehmen selbst hergestellt, bearbeitet, erweitert oder wesentlich verbessert wurden. Dabei kann es sich sowohl um veräußerungsbestimmte Gegenstände des Umlaufvermögens wie auch um selbsterstellte Anlagen handeln.

| Begriff und Umfang der Herstellungskosten | | | |
|---|---|---|---|
| Begriff der Herstellungskosten | Umfang der Herstellungskosten | | Nicht zu den Herstellungskosten gehörig |
| | pflichtmäßig einzubeziehen | fakultativ einzubeziehen | |
| Die Aufwendungen, die durch<br>— den Verbrauch von Gütern und<br>— die Inanspruchnahme von Diensten<br>für<br>— die Herstellung eines Vermögensgegenstandes,<br>— seine Erweiterung oder<br>— eine über seinen ursprünglichen Zustand hinausgehende wesentliche Verbesserung<br>entstehen. | 1. Materialeinzelkosten,<br>2. Fertigungseinzelkosten,<br>3. Sonderkosten der Fertigung. | 1. Angemessene Teile der notwendigen Material- und Fertigungsgemeinkosten,<br>2. angemessene Teile des Wertverzehrs des Anlagevermögens, soweit durch die Fertigung veranlaßt,<br>3. Kosten der allgemeinen Verwaltung, dazu auch Aufwendungen<br>— für soziale Einrichtungen des Betriebes,<br>— für freiwillige soziale Leistungen,<br>— für betriebliche Altersversorgung.<br>Diese Posten dürfen nur insoweit in die Herstellungskosten einbezogen werden, als sie auf den Zeitraum der Herstellung entfallen. | 1. Vertriebskosten,<br>2. Zinsen für Fremdkapital. Wenn dieses aber zur Finanzierung der Herstellung eines Witschaftsgutes verwendet wird, dürfen solche Zinsen aktiviert werden, die auf den Zeitraum der Herstellung entfallen. |

Bei der Herstellungskosten-Berechnung bilden die Einzelkosten (Material- und Fertigungskosten sowie Sondereinzelkosten der Fertigung) die Berechnungsuntergrenze sowie die Summe aus Einzelkosten und einbeziehbaren Gemeinkosten und gegebenenfalls Fremdkapitalzinsen die Obergrenze. Durch die Bezugnahme in der Definition der Herstellungskosten auf den Aufwandsbegriff wird der pagatorische Charakter der Herstellungskosten deutlich. Kalkulatorische Kosten (Zusatzkosten) sind nicht einzubeziehen.

Durch die Einschränkung, nur angemesssene Teile der notwendigen Material- und Fertigungsgemeinkosten einbeziehen zu dürfen, wird ein Hinweis auf einen zu unterstellenden normalen, üblichen, gewöhnlichen Beschäftigungsgrad gegeben. Unverhältnismäßig große Abweichungen von ihm sollten die Berechnung der Herstellungskosten nicht beeinflussen.

Der Beginn der Herstellung ist gegeben, wenn Handlungen vorgenommen werden, die auf die Herstellung des Vermögensgegenstandes gerichtet sind, d. h., auch Aufwendungen für Vorbereitungshandlungen gehen in die Herstellungskosten ein.

## 7.2.2.2 Ziel der Aktivierung

Ziel der Aktivierung selbst erstellter Anlagen und Erzeugnisse ist es, den Vorgang gemäß dem Realisationsprinzip (§ 252 Abs. 1 Nr. 4 HGB) erfolgsneutral zu behandeln, bis zurechenbare Einnahmen gegenüberstehen. Buchhalterisch geschieht dies, indem die Aufwendungen bei der Herstellung meist erfolgswirksam verbucht (Aufwand an Zahlungsmittel) und bei der Bestandsbewertung im Rahmen der Inventurarbeiten wieder neutralisiert werden (Vorräte an Aufwendungen).

Werden nicht alle, sondern nur einzelne Kostenarten aktiviert **(Teilkostenaktivierung),** so findet nur eine teilweise Neutralisierung von bereits gebuchten Aufwendungen statt. Die Gewinnrealisierung im Zeitpunkt des Verkaufs der Vermögensgegenstände ist dann um so größer.

Bei **nachträglichen Herstellungskosten** im Zusammenhang mit der Erweiterung oder wesentlichen Verbesserung von Vermögensgegenständen ist eine Grenze zu ziehen zum laufenden Erhaltungsaufwand, der im Gegensatz zu den Herstellungskosten zu keiner Substanzmehrung, keiner wesentlichen Veränderung und zu keiner erheblichen Verbesserung des Gegenstandes führt und deshalb sofort als Aufwand verbucht wird.

## 7.2.2.3 Bewertungsstetigkeit

Das im Rahmen der Aktivierungswahlrechte bestehende Bewertungsermessen wird lediglich durch den Grundsatz der Bewertungsstetigkeit begrenzt. Das heißt, von der einmal getroffenen Wahl der Einbeziehung oder Nichteinbeziehung von Gemeinkosten in die Herstellungskosten darf nur in begründeten Ausnahmefällen abgewichen werden, z. B. bei Änderung des Herstellungsverfahrens, mengenmäßig erheblichen Kapazitäts- und Bestandsveränderungen, sofern die bisher angewandten Bewertungsmethoden dafür unangemessen sind.[1]

## 7.2.2.4 Vergleich handels- und steuerrechtlicher Vorschriften

Die steuerrechtlichen Vorschriften für die Herstellungskosten-Ermittlung gemäß Abschn. 33 EStR fassen den aktivierungspflichtigen Teil der Herstellungskosten weiter als das Handelsrecht. Steuerlich sind die Material- und Fertigungskosten (Einzelkosten), die notwendigen Material- und Fertigungsgemeinkosten, die Sonderkosten der Fertigung, der Wertverzehr des Anlagevermögens, soweit er der Fertigung der Erzeugnisse dient, und die Gewerbesteuer auf das der Fertigung dienende Gewerbekapital zwingend in die Herstellungskosten-Berechnung einzubeziehen. Für die allgemeinen Verwaltungskosten und bestimmte andere Gemeinkosten besteht ein Wahlrecht (Abschn. 33 Abs. 4 bis 7 EStR). Vertriebskosten dürfen auch hier nicht einbezogen werden.

Schließlich bestimmt Abschn. 33 Abs. 8 EStR, daß **nicht voll genutzte Kapazitäten** nicht zu einer Minderung der einzubeziehenden Fertigungsgemeinkosten führen dürfen, wenn sich die Schwankung in der Kapazitätsausnutzung aus der Art der Produktion ergibt, z. B. bei Zuckerrübenfabrik abhängig vom Ertrag der Rübenernte. Auch sind die

---

[1] Vgl. SABI 2/1987: Zum Grundsatz der Bewertungsstetigkeit, in: WPg 1988, S. 48.

| Vergleich der Herstellungskosten nach Handels- und Steuerrecht | | |
|---|---|---|
| | Handelsrecht (§ 255 Abs. 2 u. 3 HGB) | Steuerrecht (Abschn. 33 EStR) |
| 1. Materialeinzelkosten (Fertigungsmaterial) | | |
| 2. Fertigungseinzelkosten (Fertigungslöhne einschl. gesetzlicher und tariflicher Sozialaufwendungen) | AKTIVIERUNGSPFLICHT | |
| 3. Sondereinzelkosten der Fertigung | | |
| 4. Notwendige Materialgemeinkosten | | |
| 5. Notwendige Fertigungsgemeinkosten | | |
| 6. Wertverzehr des fertigungsbedingten Anlagevermögens | | |
| 7. Allgemeine Verwaltungskosten | | |
| 8. Aufwendungen für soziale Einrichtungen des Betriebs | AKTIVIERUNGSWAHLRECHT | |
| 9. Aufwendungen für freiwillige soziale Leistungen | | |
| 10. Aufwendungen für betriebliche Altersversorgung | | |
| 11. Zinsen für fertigungsbedingtes Fremdkapital | | |
| 12. Vertriebskosten | AKTIVIERUNGSVERBOT | |

durch teilweise Betriebsstillegung oder mangelnde Aufträge verursachten Kosten bei der Herstellungskosten-Berechnung nicht zu berücksichtigen.

Ferner sind Abschreibungen, die über die Höhe der „normalen" AfA hinausgehen, nicht einzubeziehen (Abschn. 33 Abs. 4 EStR).

Während die **Innenverpackung,** die notwendig ist zur Herstellung der Verkaufsreife des Produktes (Flasche für Wein, Glas für Konfitüre u. a.) zu den Herstellungskosten gehört, stellt die **Außenverpackung** (Kisten, Paletten) Vertriebskosten dar, für die ein Einbeziehungsverbot besteht (BFH-Urteil, BStBl 1978 II S. 412).

### 7.2.2.5 Herstellungskosten von Gebäuden

Besondere Fragen tauchen bei den Herstellungskosten von Gebäuden auf, da hier eine Aufteilung in die erstragsteuerlich getrennt zu aktivierenden Wirtschaftsgüter Grund und Boden, Gebäude und Außenanlagen notwendig ist. Entscheidend ist dabei, mit welchem dieser Wirtschaftsgüter die Aufwendungen unmittelbar zusammenhängen. Gebäudeherstellungskosten sind somit nur solche Aufwendungen, die unmittelbar dazu bestimmt und geeignet sind, das Gebäude für den ihm zugedachten Zweck nutzbar zu machen. Dabei unterscheidet man

— eigentliche Bauaufwendungen,

— Baunebenkosten,

— Aufwendungen, die die Errichtung des Gebäudes ermöglichen,

— Aufwendungen, die die Nutzung des Gebäudes ermöglichen.

Eine Abgrenzung der Herstellungskosten vom Erhaltungsaufwand, der steuerlich als Betriebsausgabe abzugsfähig ist, ist analog den handelsrechtlichen Grundsätzen vorzunehmen.

**Bestandteile der Herstellungskosten**

| Einzelkosten | Gemeinkosten | | | Sonderfall Vertriebskosten (Einbeziehungsverbote, also für die Bewertung irrelevant) | Erläuterungen |
|---|---|---|---|---|---|
| | Materialgemeinkosten | Fertigungsgemeinkosten | Verwaltungsgemeinkosten | | |
| *1. Fertigungsmaterial* Anschaffungskosten der einzelnen zurechenbaren, zur Herstellung verwendeten Stoffmengen einschl. Nebenkosten, wie Anfuhr, Porti, Fracht, Einkaufsprovision u. a. a) Rohstoffe (Hauptmaterialien), b) Hilfsstoffe (Kleinmaterialien, z. B. Nägel, Leim, Schrauben), c) bezogene Teile, d) fremde Lohnarbeit, e) Innenverpackung (z. B. Parfümflasche, Käseschachtel). *2. Fertigungslöhne* a) direkt zurechenbare Löhne (einschl. gesetzlicher und tariflicher Zulagen und Zuschläge, wie Nacht-, Sonntags-, Überstundenzuschläge, Schmutzzulage), b) mit vorstehenden Löhnen zusammenhängende gesetzliche und tarifliche Sozialaufwendungen (wie Kranken-, Renten-, Arbeitslosenversicherung), c) Gehälter für Techniker, Meister u. ä., soweit direkt zurechenbar (z. B. für Maschineneinrichtezeiten für eine Serie, Arbeitsvorbereitungsgehalt für eine Serie oder Einzelanfertigung). *3. Sondereinzelkosten der Fertigung* (z. B. Herstellung von auftragsgebundenen Formen, Lehren, Modellen, stückbezogene Lizenzkosten, auftragsgebundene Entwicklungs-, Versuchs-, Konstruktionskosten). | Mit der Materialbeschaffung zusammenhängende, dem Produkt nicht einzeln zurechenbare Kosten, z. B. der Einkaufsabteilung, der Material- und Rechnungsprüfung, der Lagerung, der Materialverwaltung, Zinsen für das Materiallager. | Mit der Herstellung zusammenhängende, dem Produkt nicht einzeln zurechenbare Fertigungskosten, wie Anlageabschreibungen auf Produktionsanlagen sowie auf Produktionsgebäude, Versicherungsprämien auf solche Anlagen sowie als in der Produktion befindliche Erzeugnis, Kosten für laufende Instandhaltungen der Fertigungsanlagen und -baulichkeiten, Gewerbekapital- und Grundsteuer, Kosten für Werkstattschreiber, allgemeine Meistertätigkeit, Lohnabrechnung, Fertigungskontrollen, Kosten des innerbetrieblichen Transports, Kosten der Reinigung der Produktionsräume, Reisekosten, die den Fertigungsbereich betreffen, Energiekosten, Heizkosten für Produktionsräume u. a. | Auf den Herstellungszeitraum entfallende Löhne und Gehälter des allgemeinen Verwaltungsbereichs, wie Gehälter für die Betriebsleitung, das Rechnungswesen außerhalb der Fertigungslohnabrechnung, Gehälter von Schreibkräften außerhalb des Material- und Vertriebsbereichs, Rechts- und Beratungskosten, Reisekosten außerhalb des Material-, Fertigungs- und Vertriebsbereichs. | *1. Einzelkosten* z. B. künftig anfallende Umsatzprovisionen, gesondert zu berechnende Versand- und Verpackungskosten u. a. *2. Gemeinkosten* Kosten der Fertiglager, der Vertriebsabteilung einschl. Verkaufsbüros, Zinsen für Fertiglagerfinanzierung, Versicherungsprämien für Fertiglager, Werbekosten, Messe- und Ausstellungskosten, Kosten für Verkäuferschulung, für Verkaufsreisen, nicht gesondert in Rechnung gestellte Versandkosten, Löhne für Packer, Lageristen des Verkaufslagers u. a. | Die Abgrenzung zwischen Fertigungs- und Verwaltungsgemeinkosten läßt sich zuweilen nicht eindeutig vornehmen (z. B. Zuordnung von Telefon- und Telexkosten). Die Qualität der Kostenzuordnung ist eng mit der Qualität der Betriebsabrechnung verknüpft. |

1. *Wann sind Vermögensgegenstände mit Herstellungskosten zu bewerten?*

2. *Welche Bedeutung hat die Beständebewertung zu Herstellungskosten auf Voll- oder Teilkostenbasis für die Gewinnrealisierung?*

3. *Wie unterscheiden sich die handels- und steuerrechtliche Herstellungskostenermittlung?*

4. *Welche Besonderheiten gilt es bei der Herstellungskostenermittlung von Gebäuden zu beachten?*

---

**Aufgabe 4.34**   *(Umfang der Herstellungskosten) S. 340*

## 7.2.3   Teilwert

Der Teilwert, ein steuerlicher Wert, wird in § 6 Abs. 1 Nr. 1 EStG und § 10 BewG nahezu inhaltsgleich definiert als der Betrag, den ein Erwerber des gesamten Betriebs bzw. Unternehmens im Rahmen des Gesamtkaufpreises für das einzelne Wirtschaftsgut ansetzen würde, unter der Voraussetzung, daß der Erwerber den Betrieb fortführt. Es wird also eine potentielle Betriebsveräußerung unterstellt und daraus dem einzelnen Wirtschaftsgut ein Anteil zugerechnet.

Die Finanzrechtsprechung hat zur einfacheren Handhabung folgende Teilwertvermutungen aufgestellt, die grundsätzlich gelten, solange sie nicht vom Steuerpflichtigen widerlegt worden sind.

(1) Im Zeitpunkt der Anschaffung oder Herstellung eines Wirtschaftsgutes ist der Teilwert gleich den tatsächlichen Anschaffungs- oder Herstellungskosten, die gewöhnlich den Wiederbeschaffungskosten entsprechen werden. Das gilt auch dann, wenn der Betrieb für das beschaffte Wirtschaftsgut einen höheren Preis bezahlt hat, als ein Dritter ohne betrieblichen Anlaß bezahlt haben würde, da anzunehmen ist, daß ein Betrieb für ein Wirtschaftsgut kaum größere Aufwendungen machen wird, als ihm das Gut wert ist.

(2) Bei nichtabnutzbaren Wirtschaftsgütern des Anlagevermögens gilt die Vermutung, daß der Teilwert gleich den Anschaffungskosten ist, auch für spätere Stichtage.

(3) Bei Gütern des Anlagevermögens, die der Abnutzung unterliegen, entspricht der Teilwert den um die Absetzungen für Abnutzung verminderten Anschaffungs- oder Herstellungskosten. Sind die Wiederbeschaffungskosten inzwischen gesunken, so kann von ihnen ausgegangen werden.

(4) Für die Güter des Umlaufvermögens, die einen Börsen- oder Marktpreis haben, besteht die Vermutung, daß der Teilwert gleich den Wiederbeschaffungskosten ist, die in der Regel dem Börsen- oder Marktpreis entsprechen.

(5) Die Wiederbeschaffungskosten bilden grundsätzlich die obere Grenze des Teilwertes. Für Gegenstände des Anlagevermögens ist die untere Grenze des Teilwertes der Einzelveräußerungspreis abzüglich eventuell entstehender Verkaufskosten.

Folgende drei Gründe können im Einzelfall zu einer **Widerlegung der Teilwertvermutungen** führen:

— das Sinken der Wiederbeschaffungskosten,

— die Unrentierlichkeit des Betriebs,

— die Unrentierlichkeit des Gegenstandes im Betrieb.

Der Nachweis muß vom Steuerpflichtigen geführt werden.

## 7.2.4 Gemeiner Wert

Der Vollständigkeit halber sei an dieser Stelle ein weiterer steuerlicher Wert kurz erwähnt, der sogenannte gemeine Wert. Da dieser nur Anwendung findet, wenn nichts anderes vorgeschrieben ist (§ 9 Abs. 1 BewG), ist er ertragsteuerlich (d. h. für Zwecke der Steuerbilanz) ohne Bedeutung. Für die Substanzbesteuerung ist er aber wichtig.

Der gemeine Wert wird nach § 9 Abs. 2 BewG durch den Preis bestimmt, der im gewöhnlichen Geschäftsverkehr nach der Beschaffenheit des Wirtschaftsgutes bei einer Veräußerung zu erzielen wäre. Dabei sind alle Umstände, die den Preis beeinflussen, zu berücksichtigen, wobei ungewöhnliche und persönliche Verhältnisse unbeachtlich sind.

Der gemeine Wert ist somit der „normale" Verkehrswert (im Sinne von Einzelveräußerungspreis) unter „üblichen, normalen, standardisierten" Bedingungen, die von spezifisch persönlichen Belangen (z. B. Notverkäufe auf Grund persönlicher finanzieller Engpässe, Verfügungsbeschränkungen auf Grund letztwilliger Verfügungen u. a.) absehen. Praktisch können zur Wertbestimmung Preislisten, amtliche Tabellen, Kataloge, Expertengutachten u. ä. hilfs- und vergleichsweise herangezogen werden. Dabei sind die Besonderheiten der Vermögensgegenstände, die Marktlage, die Konkurrenzprodukte und der in Frage kommende Käuferkreis zu berücksichtigen. Der gemeine Wert wird oft auch als Zeitwert bezeichnet.

## 7.2.5 Sonstige Bewertungsmaßstäbe

### 7.2.5.1 Börsen- oder Marktpreis

Unter **Börsenpreis** versteht man den an einer amtlich anerkannten Börse im Verfahren nach §§ 29 ff. BörsG festgestellten Preis für die an der betreffenden Börse zum Handel zugelassenen Wertpapiere und Waren (amtliche Feststellung oder geregelter Freiverkehr).

Dagegen ist der **Marktpreis** derjenige Preis, der an diesem Handelsplatz und in diesem Handelsbezirk für Waren einer bestimmten Gattung von durchschnittlicher Art und Güte zu einem bestimmten Zeitpunkt oder Zeitabschnitt im Durchschnitt gewährt wird. Hierbei handelt es sich um den erzielbaren Verkaufserlös für einen Vermögensgegenstand zu einem bestimmten Zeitpunkt. Der Nachweis hierfür kann auf Grund veröffentlichter Preislisten, Börsenkurstabellen, Katalogen oder Tageswertausweisen erfolgen. Er ist nur für vertretbare Gegenstände des Umlaufvermögens anzuwenden, die regelmäßig gehandelt werden und für die ein Markt, im Sonderfall eine Börse, besteht.

Allerdings sieht das Handelsgesetzbuch nicht vor, zum Börsen- oder Marktpreis zu bewerten, sondern zum niedrigeren Wert, der sich aus einem Börsen- oder Marktpreis ergibt (§ 253 Abs. 3 Satz 1 HGB). Je nachdem, ob für die Bewertung der Beschaffungs- oder Absatzmarkt maßgebend ist, sind Anschaffungsnebenkosten zuzurechnen bzw. Verkaufskosten abzuziehen.

**Steuerlich** findet der Teilwert anstelle des aus dem Markt- oder Börsenpreis abgeleiteten Wertansatzes Anwendung.

### 7.2.5.2 Niedrigerer beizulegender Wert

Der niedrigere beizulegende Wert ist **formal** Ausdruck des Niederstwertprinzips bzw. der Notwendigkeit für außerplanmäßige Abschreibungen. Das **Niederstwertprinzip** hat zwei Ausprägungen,

— in gemilderter Form beim Anlagevermögen, bei dem außerplanmäßige Abschreibungen auf den niedrigeren Wert vorgenommen werden können und erst bei voraussichtlich dauernder Wertminderung vorgenommen werden müssen (§ 253 Abs. 2 Satz 3 HGB),

— in strenger Form beim Umlaufvermögen, bei dem zwingend auf den niedrigeren Wert abzuschreiben ist (§ 253 Abs. 3 Satz 2 HGB).

Kapitalgesellschaften müssen die Einschränkung des § 279 Abs. 1 Satz 2 HGB beachten, wonach vorübergehende Wertminderungen nur bei Finanzanlagen durch Abschreibungen berücksichtigt werden dürfen.

**Materiell** ist der niedrigere beizulegende Wert ein vom Beschaffungs- oder Absatzmarkt abgeleiteter Zeitwert für Vermögensgegenstände, für die in der Regel kein Markt- oder Börsenpreis besteht oder nicht bzw. nur unverhältnismäßig schwierig festzustellen ist. Daher sind vorläufige Anhaltspunkte der Wiederbeschaffungs- oder Reproduktionskostenwert bzw. der mutmaßliche Verkaufswert abzüglich noch anfallender Aufwendungen (je nach realistischer Verwertungsprämisse).

Die **mutmaßlichen Wiederbeschaffungskosten** sind Bewertungsgrundlage für Vermögensgegenstände, die noch nicht in die Produktion eingegangen sind (Stoffe, Vorräte). Sie werden „vom Beschaffungsmarkt her bewertet". In der Regel sind aber weitere Abwertungen notwendig, z. B. wegen eingeschränkter Verwendbarkeit, Vorhandenseins billigerer Alternativverfahren und -stoffe sowie Veränderungen der Mode (sogenannte Gängigkeitsabschläge). Die Bestimmung des Reproduktionskostenwerts bedeutet eine Ermittlung der Herstellungskosten auf der Grundlage der Preise und Kosten des Abschlußstichtages, normale Verhältnisse vorausgesetzt. Für Bewertungszwecke kommt der Reproduktionskostenwert nur in Betracht, wenn er betragsmäßig unter den Anschaffungs- bzw. Herstellungskosten liegt.

Für marktreife oder fast marktreife fertige oder unfertige Erzeugnisse kommt eine Ermittlung des beizulegenden Werts über den **vorsichtig geschätzten Verkaufspreis** abzüglich noch anfallender Aufwendungen und erwarteter Erlösschmälerungen nach folgender Darstellung in Betracht (ADS 1987, § 253 Tz 481):

Voraussichtlicher Verkaufserlös
./. Erlösschmälerungen
./. Verpackungskosten und Ausgangsfrachten
./. sonstige Vertriebskosten
./. noch anfallende Verwaltungskosten
./. Kapitaldienstkosten
_____
= am Abschlußstichtag beizulegender Wert

Bei der Bestimmung des beizulegenden Werts von unfertigen Erzeugnissen sind darüber hinaus die noch entstehenden Produktionskosten bis zur Marktreife abzusetzen. Dabei sind alle Einzel- und Gemeinkosten bei normaler Beschäftigung einzubeziehen, kalkulatorische Kosten bleiben außer Ansatz. Reichen die aktivierten Beträge nicht aus, um die zu berücksichtigenden Risiken beim Verkauf abzudecken, so ist eine Vollabschreibung vorzunehmen bei zusätzlicher Bildung einer Rückstellung für drohende Verluste aus schwebenden Geschäften.

**Steuerlich** tritt der Teilwert an die Stelle des beizulegenden Wertes.

### 7.2.5.3 Niedrigerer Wert zur Vermeidung von Wertansatzänderungen auf Grund von Wertschwankungen in nächster Zukunft

Dieser neu in das deutsche Bilanzrecht aufgenommene Wertansatz ist Ausdruck der dynamischen Bilanztheorie. Er wurde als wahlweise Alternative zu den anderen Wertansätzen eingeführt und darf nur zur Anwendung gelangen, wenn durch ihn die nach dem strengen Niederstwertprinzip gemäß § 253 Abs. 3 Satz 1 und 2 HGB anzusetzenden Werte unterschritten werden. Dieser Wertansatz stellt eine Durchbrechung des Stichtagsprinzips dar, da hier nicht auf die Verhältnisse am Stichtag, sondern auf die der nächsten Zukunft abgestellt wird.

Der niedrigere Wertansatz darf von Nicht-Kapitalgesellschaften auch bei Wegfall der Abschreibungsgründe beibehalten werden (§ 253 Abs. 5 HGB), während Kapitalgesellschaften das Wertaufholungsgebot nach § 280 Abs. 1 HGB beachten müssen.

Der Anwendungsbereich dieses Wertansatzes ist auf das Umlaufvermögen begrenzt. Voraussetzungen für die Vornahme dieser Abschreibungen sind:

(1) Es müssen Wertschwankungen zu erwarten sein, die sich auf den Wertansatz auswirken werden. Unter Wertschwankungen sind alle künftigen Wertminderungen zu verstehen, die im Rahmen des Niederstwertprinzips zu berücksichtigen sind und für deren mutmaßliches Eintreten in nächster Zukunft bereits bei Bilanzaufstellung eine gewisse Wahrscheinlichkeit spricht bzw. Anhaltspunkte gegeben sind. Die Berücksichtigung künftiger Wertsteigerung auf Grund dieser Vorschrift ist mit Blick auf das Realisations- und Imparitätsprinzip nicht zulässig.

(2) Die Wertschwankungen müssen in der nächsten Zukunft liegen, worunter in der Literatur in der Regel ein Zeitraum von bis zu zwei Jahren verstanden wird.

(3) Der niedrigere Wertansatz muß nach vernünftiger kaufmännischer Beurteilung notwendig sein, um künftig eine Abschreibung zu verhindern. Die Bezugnahme auf eine vernünftige kaufmännische Beurteilung soll willkürliche Abschreibungen ausschließen und nur eine Abschreibung zulassen, die auf Grund objektiver, in den tatsächlichen Verhältnissen begründeter und sich unmittelbar auf das Bewertungsobjekt beziehender Anhaltspunkte notwendig erscheint. Dabei verbleibt dem bilanzierenden Kaufmann sicher ein Bewertungsermessen. Die vernünftige kaufmännische Beurteilung bezieht sich dabei auf das Ausmaß der Abschreibungen, nicht auf die Frage, ob überhaupt das Abschreibungswahlrecht ausgeübt werden soll.

Abschreibungen nach § 253 Abs. 3 Satz 3 HGB dürfen in der Regel in der **Steuerbilanz** nicht vorgenommen werden, so daß der in Frage stehende Wertansatz keine steuerliche Entsprechung findet (ADS 1987, § 253 Tz 496).

Der Wertansatz nach § 253 Abs. 3 Satz 3 HGB kann noch auf zweifache Art unterschritten werden

— durch Abschreibungen im Rahmen vernünftiger kaufmännischer Beurteilung nach § 253 Abs. 4 HGB (nur für Nicht-Kapitalgesellschaften, § 279 Abs. 1 Satz 1 HGB),

— durch Abschreibungen auf Grund einer nur steuerrechtlich zulässigen Abschreibung nach § 254 HGB.

### 7.2.5.4 Wertansatz auf Grund von Abschreibungen nach vernünftiger kaufmännischer Beurteilung nach § 253 Abs. 4 HGB

Dieser **nur für Nicht-Kapitalgesellschaften** zugelassene Wertansatz räumt ein Wahlrecht für die Bildung stiller Rücklagen mittels Abschreibungen ein. Stille Rücklagenbildung durch andere Maßnahmen als durch Abschreibungen, z. B. durch Überbewertung von Passiva oder Nichtansatz von bilanzierungspflichtigen Vermögensgegenständen, ist durch diese Vorschrift nicht gedeckt. Der dabei entstehende Wertansatz kann nach dem Niederstwertprinzip nur dann zum Tragen kommen, wenn er betragsmäßig niedriger ist als die Wertansätze nach § 253 Abs. 2 und 3 HGB. Die vernünftige kaufmännische Beurteilung ist Maßstab und Grenze gleichermaßen für die Abschreibung nach § 253 Abs. 4 HGB. Das heißt, es müssen sich sachgerechte Argumente für diese Abschreibung finden lassen; willkürliche, die Treuepflicht gegenüber Mitgesellschaftern u. a. verletzende Maßnahmen sind durch § 253 Abs. 4 HGB nicht geschützt. Als Abschreibungsgründe kommen insbesondere in Betracht

— Risikovorsorge für das allgemeine Unternehmensrisiko,

— Ansammlung von Mitteln zur Durchführung bestimmter Maßnahmen,

— Verstetigung des Gewinnausweises sowie

— Gründe, die in einzelnen Gegenständen oder Gruppen von Gegenständen angelegt sind, wobei die zu berücksichtigenden Risiken und die mit den Abschreibungen verfolgten Ziele in der weiteren Zukunft liegen können.

Über die Ausübung des Wahlrechts kann grundsätzlich **in jedem Geschäftsjahr neu** entschieden werden; der Grundsatz der Bewertungsstetigkeit steht dem nicht entgegen.

Weder mit der Bildung noch mit der Auflösung der stillen Rücklagen darf eine Täuschung oder Irreführung Außenstehender verbunden sein. Auch für diesen Wertansatz besteht ein Beibehaltungswahlrecht nach § 253 Abs. 5 HGB.

Da Abschreibungen nach § 253 Abs. 4 HGB **steuerlich** nicht zulässig sind, hat der hier in Frage stehende Wertansatz in der Steuerbilanz keine Entsprechung.

### 7.2.5.5 Niedrigerer steuerlicher Wert nach § 254 HGB

Ohne diese Vorschrift wäre es nicht möglich, eine sogenannte **Einheitsbilanz** aufzustellen, die sowohl handels- als auch steuerrechtlichen Vorschriften entspricht. Sie erlaubt Abschreibungen in den handelsrechtlichen Jahresabschluß zu übernehmen, die auf rein steuerlichen Bestimmungen beruhen. Unter steuerlichen Abschreibungen werden dabei alle steuerlichen Vergünstigungen verstanden, die zu niedrigeren Wertansätzen führen:

— Sonderabschreibungen (z. B. §§ 7 f, 7 g EStG, 81, 82 d, 82 f EStDV, 3 ZonenRFG),

— erhöhte Absetzungen (z. B. §§ 7 b — soweit noch zulässig —, 7 d EStG, 82 a, 82 g, 82 i EStDV, 14 BerlinFG),

— Abzüge von den Anschaffungs- oder Herstellungskosten (z. B. §§ 6 b EStG, 80 EStDV, 82 StBauFG, Abschn. 35 EStR).

Aufgrund der umgekehrten Maßgeblichkeit in § 5 Abs. 1 Satz 2 EStG (neue Fassung vom 22. 12. 89) wird die Übernahme dieser steuerlichen Werte in die Handelsbilanz für Kapital- und Nicht-Kapitalgesellschaften übereinstimmend geregelt. Abschreibungen auf den niedrigeren steuerlichen Wert sind nur möglich, wenn sie einheitlich in Handels- und Steuerbilanz vorgenommen werden. Bei Wegfall der steuerlichen Voraussetzungen für die Wertansätze, die über § 254 HGB in der Handelsbilanz zur Anwendung kommen, brauchen Nicht-Kapitalgesellschaften nach § 254 Satz 2 HGB eine Wertaufholung nicht vorzunehmen. Kapitalgesellschaften dagegen können den niedrigeren Wert in der Handelsbilanz nur beibehalten, wenn dieser auch bei der steuerrechtlichen Gewinnermittlung beibehalten werden kann und wenn Voraussetzung für die Beibehaltung ist, daß der niedrigere Wertansatz auch in der Handelsbilanz beibehalten wird (§ 280 Abs. 2 HGB). In diesen Fällen ist der unterlassene Zuschreibungsbetrag anzugeben und zu begründen (§ 280 Abs. 3 HGB).

Kapitalgesellschaften müssen im **Anhang** den Betrag der im Geschäftsjahr allein nach steuerrechtlichen Vorschriften vorgenommenen Abschreibungen, getrennt nach Anlage- und Umlaufvermögen, angeben, soweit er sich nicht aus Bilanz oder GuV-Rechnung ergibt, und hinreichend begründen (§ 281 Abs. 2 HGB).

### 7.2.6 Die Bewertungsmaßstäbe im Überblick

Wann die einzelnen Bewertungsmaßstäbe zur Anwendung kommen bzw. kommen können, läßt sich anhand eines einfachen Ablaufschemas darstellen. Bei der Bewertung zwingt das Niederstwertprinzip zum Vergleich der Anschaffungs- oder Herstellungskosten mit dem Tageswert am Bilanzstichtag. Hieraus ergeben sich gedanklich mehrere Schritte des Vorgehens.

**1. Schritt:** Es sind die Ausgangswerte festzustellen, welche grundsätzlich auf Ausgaben der Unternehmung beruhen, d. h. Werte, die sich aus den Anschaffungs- oder Herstellungskosten ergeben. Sie sind allerdings beim abnutzbaren Anlagevermögen um die der Nutzungsdauer entsprechenden jährlichen Abschreibungen zu kürzen. Die Anschaffungs- und Herstellungskosten sind die primären Bewertungsmaßstäbe und bilden den Höchstansatz der Bewertung.

**2. Schritt:** Entsprechend dem Niederstwertprinzip müssen diesen Wertgrößen Vergleichswerte als sekundäre Bewertungsmaßstäbe gegenübergestellt werden. Es ist zu prüfen, ob nicht noch außerplanmäßige Abschreibungen erforderlich sind.

**3. Schritt:** Es kann überprüft werden, ob ein Ansatz fakultativer Werte (tertiäre Bewertungsmaßstäbe) in Frage kommen kann. Das sind für alle Vermögensgegenstände

— der niedrigere nach vernünftiger kaufmännischer Beurteilung zulässige Wert (§ 253 Abs. 4 HGB) und

— der niedrigere steuerlich zulässige Wert (§ 254 HGB)

und nur für das Umlaufvermögen

— der niedrigere Wert zur Vermeidung von Wertansatzänderungen auf Grund von Wertschwankungen in nächster Zukunft (§ 253 Abs. 3 Satz 3 HGB).

Das **Vorgehen** wird in den beiden Übersichten auf den S. 204 und 205 in Abhängigkeit von der Rechtsform dargestellt. Denn Kapitalgesellschaften haben strengere Vorschriften zu beachten als Nicht-Kapitalgesellschaften.

# 7.3  Bewertungsvereinfachungsverfahren

Bei verschiedenen Gruppen von Vermögensgegenständen ist die gesonderte Ermittlung der Anschaffungs- oder Herstellungskosten für jeden einzelnen Vermögensgegenstand relativ schwierig. Dem trägt der Gesetzgeber durch Zulassung von Vereinfachungsverfahren zur Erleichterung der Bestands- und Wertermittlungen im Rahmen der Jahresabschlußarbeiten Rechnung.

### 7.3.1  Durchschnittsmethode (gewogener Durchschnitt § 240 Abs. 4 HGB)

Sie kann angewandt werden für

— gleichartige Vermögensgegenstände des Vorratsvermögens sowie

— andere gleichartige oder annähernd gleichwertige bewegliche Vermögensgegenstände,

die zu einer Gruppe zusammengefaßt und mit dem gewogenen Durchschnittswert ihrer Anschaffungs- oder Herstellungskosten bewertet werden.

Während bei den in Frage kommenden Vermögensgegenständen des Vorratsvermögens keine Gleichwertigkeit vorausgesetzt wird, wird dies für die anderen in Betracht kommenden beweglichen Vermögensgegenstände verlangt. Diesem Verfahren ist grundsätzlich auch das Anlagevermögen offen.

**Gleichartig** heißt: der gleichen Warengattung angehörend oder funktionsgleich. **Gleichwertig** heißt: mit nur geringfügig voneinander abweichenden Preisen.

Diese Methode, für die ein Anwendungswahlrecht besteht, ist auch **steuerlich** anerkannt (Abschn. 36 Abs. 3 und 4, 31 Abs. 2 Satz 4 EStR). Jedoch sind besonders wertvolle Vermögensgegenstände regelmäßig einzeln zu bewerten (Abschn. 36 Abs. 4 Satz 9 EStR).

Zu beachten ist, daß dieses Verfahren lediglich der vereinfachten Ermittlung der Anschaffungs- oder Herstellungskosten dient, nicht aber einen Vergleich mit den Sekundärmaßstäben Börsen- oder Marktpreis, beizulegender Wert u. a. angesichts des Niederstwertprinzips erspart.

**Beispiel für die Ermittlung des gewogenen Durchschnittswertes:**

In einem Kaufhaus befinden sich am Jahresende 1000 Herrenhemden der unteren Preiskategorie am Lager.

| Menge | Preis | Gesamt |
|------:|------:|-------:|
| 200 | 20,— | 4 000,— |
| 300 | 22,— | 6 600,— |
| 500 | 24,— | 12 000,— |
| 1 000 | (66,—) | 22 600,— |

Der Durchschnittspreis beträgt 66,— : 3 = 22,—. Dieser darf nicht angesetzt werden, sondern der gewogene Durchschnittspreis, bei dem die Menge mit zu berücksichtigen ist. Der gewogene Durchschnittspreis, der eine höhere Bewertungsgenauigkeit zur Folge hat, beträgt 22 600,— : 1 000 = 22,60.

| Bewertungsmaßstäbe in der Handelsbilanz für Einzelkaufleute und Personengesellschaften | | | |
|---|---|---|---|
| Bewer-tungs-maßstäbe | Anlagevermögen | | Umlaufvermögen |
| | mit zeitlich begrenzter Nutzungsdauer | mit zeitlich nicht begrenzter Nutzungsdauer | |
| Primärer Bewer-tungsmaß-stab (Aus-gangs-werte) | **Wertobergrenzen nach § 253 Abs. 1 Satz 1 HGB:** | | |
| | Anschaffungs-/Herstellungs-kosten — planmäßige Abschreibun-gen | Anschaffungs-/Herstellungs-kosten | Anschaffungs-/Herstellungskosten |
| Sekundä-re Bewer-tungsmaß-stäbe (Ver-gleichs-werte) | **Niedrigerer beizulegender Wert** (§ 253 Abs. 2 Satz 3 HGB) Die außerplanmäßige Abschreibung auf den niedrigeren beizulegenden Wert ist — zwingend bei voraussichtlich **dau-ernder** Wertminderung, — freigestellt bei voraussichtlich **vor-übergehender** Wertminderung (gemildertes Niederstwertprinzip). | | **Niedrigerer aus dem Börsen- oder Marktpreis abgeleiteter Wert** (§ 253 Abs. 3 Satz 1 HGB) bzw. **Niedrigerer beizulegender Wert** (§ 253 Abs. 3 Satz 2 HGB) Diese beiden Abschreibungen sind zwingend (strenges Niederstwert-prinzip). |
| | **Zuschreibung:** Bei Wegfall der Voraussetzungen für eine außerplanmäßige Abschreibung kann der niedrigere Wert beibehalten werden (§ 253 Abs. 5 HGB, Beibehaltungswahlrecht). | | |
| Tertiäre Bewer-tungsmaß-stäbe (Fa-kultative Werte) | | | **Niedrigerer Wert zur Vermeidung von Wertansatzänderungen auf Grund von Wertschwankungen in nächster Zukunft** (§ 253 Abs. 3 HGB) Bildung nach vernünftiger kaufmänni-scher Beurteilung, freigestellt. **Zuschreibung:** Bei Wegfall der Voraus-setzungen kann der niedrigere Wert beibehalten werden (§ 253 Abs. 5 HGB, Beibehaltungswahlrecht). |
| | **Niedrigerer nach vernünftiger kaufmännischer Beurteilung zulässiger Wert** (§ 253 Abs. 4 HGB) Die Abschreibung auf den niedrigeren nach vernünftiger kaufmännischer Beurtei-lung zulässigen Wert ist freigestellt und kommt dann in Betracht, wenn der nach vernünftiger kaufmännischer Beurteilung zulässige Wert unter dem Vergleichs-wert nach § 253 Abs. 2 oder 3 liegt. **Zuschreibung:** Bei Wegfall der Voraussetzungen für eine außerplanmäuige Ab-schreibung kann der niedrigere Wert beibehalten werden (§ 253 Abs. 5 HGB, Beibehaltungswahlrecht). | | |
| | **Niedrigerer steuerlich zulässiger Wert** (§ 254 HGB) Die außerplanmäßige Abschreibung auf den niedrigeren steuerlich zulässigen Wert ist zwar grundsätzlich freigestellt, aber dann zwingend, wenn sie in der Steuerbilanz vorgenommen wird (umgekehrtes Maßgeblichkeitsprinzip, § 5 Abs. 1 EStG). **Zuschreibung:** Bei Wegfall der Voraussetzungen kann der niedrigere Wert bei-behalten werden (§ 254 Satz 2 HGB, Beibehaltungswahlrecht). | | |

| Bewertungsmaßstäbe in der Handelsbilanz für Kapitalgesellschaften | | | |
|---|---|---|---|
| **Bewertungsmaßstäbe** | Anlagevermögen | | Umlaufvermögen |
| | mit zeitlich begrenzter Nutzungsdauer | mit zeitlich nicht begrenzter Nutzungsdauer | |
| Primärer Bewertungsmaßstab (Ausgangswerte) | **Wertobergrenzen nach § 253 Abs. 1 Satz 1 HGB:** | | |
| | Anschaffungs-/Herstellungskosten — planmäßige Abschreibungen | Anschaffungs-/Herstellungskosten | Anschaffungs-/Herstellungskosten |
| Sekundäre Bewertungsmaßstäbe (Vergleichswerte) | **Niedrigerer beizulegender Wert** (§§ 253 Abs. 2 Satz 3, 279 Abs. 1 HGB) Die außerplanmäßige Abschreibung auf den niedrigeren beizulegenden Wert ist — bei voraussichtlich **dauernder** Wertminderung zwingend, — bei voraussichtlich **vorübergehender** Wertminderung nur bei Finanzanlagen möglich (gemildertes Niederstwertprinzip). | | **Niedrigerer aus dem Börsen- oder Marktpreis abgeleiteter Wert** (§ 253 Abs. 3 Satz 1 HGB) bzw. **Niedrigerer beizulegender Wert** (§ 253 Abs. 3 Satz 2 HGB) Diese beiden Abschreibungen sind zwingend (strenges Niederstwertprinzip). |
| | **Zuschreibung:** (§ 280 HGB) 1. Bei Wegfall der Voraussetzungen für Abschreibungen nach §§ 253 Abs. 2 Satz 3, Abs. 3 oder 254 Satz 1 ist der Betrag dieser Abschreibung — im Umfang der Werterhöhung — unter Berücksichtigung von inzwischen vorzunehmenden Abschreibungen zuzuschreiben (Wertaufholungsgebot). 2. Von der Zuschreibung kann abgesehen werden, wenn — der niedrigere Wertansatz bei der steuerrechtlichen Gewinnermittlung beibehalten werden kann und — Voraussetzung für die Beibehaltung ist, daß der niedrigere Wertansatz auch in der Handelsbilanz beibehalten wird. Der Betrag der aus steuerrechtlichen Gründen unterlassenen Zuschreibungen ist im Anhang anzugeben und hinreichend zu begründen. | | |
| Tertiäre Bewertungsmaßstäbe (Fakultative Werte) | | | **Niedrigerer Wert zur Vermeidung von Wertansatzänderungen auf Grund von Wertschwankungen in nächster Zukunft** (§ 253 Abs. 3 HGB) Bildung nach vernünftiger kaufmännischer Beurteilung, freigestellt. **Zuschreibung:** Bei Wegfall der Voraussetzungen ist das Wertaufholungsgebot des § 280 HGB zu beachten. |
| | **Niedrigerer steuerlich zulässiger Wert** (§ 254 HGB) Die außerplanmäßige Abschreibung auf den niedrigeren steuerlich zulässigen Wert ist zwar grundsätzlich freigestellt, aber dann zwingend, wenn sie in der Steuerbilanz vorgenommen wird (umgekehrtes Maßgeblichkeitsprinzip. § 5 Abs. 1 EStG). **Zuschreibung:** Bei Wegfall der Voraussetzungen ist das Wertaufholungsgebot des § 280 HGB zu beachten. | | |

### 7.3.2 Festwertbildung (§ 240 Abs. 3 HGB)

#### 7.3.2.1 Voraussetzungen und Anwendungsbereich

Voraussetzungen für die Festwertbildung sind:

— regelmäßiger Ersatz von Vermögensgegenständen des Sachanlagevermögens, von Roh-, Hilfs- und Betriebsstoffen sowie

— nachrangige Bedeutung des Gesamtwertes dieser Posten für das Unternehmen und

— geringfügige Änderungen nach Wert, Menge sowie Zusammensetzung.

Problematisch ist die Forderung der nachrangigen Bedeutung. Sie war früher nicht verlangt. Ob daher weiterhin Festwerte auch für Großwerkzeuge, Transport- und Förderanlagen sowie Bahnanlagen gebildet werden dürfen, hängt von den Verhältnissen des einzelnen Unternehmens ab. Grundsätzlich gilt, daß für besonders wertvolle Vermögensgegenstände kein Festwert mehr gebildet werden darf.

Im allgemeinen kommen Festwerte in Betracht für Kleinwerkzeuge, Formen oder Modelle, Meß- und Prüfgeräte, Hotel- und Restaurationsgeschirr, gläsernes Laborgerät, Flaschen und Flaschenkörbe in Brauereien, Gerüste und Schalungsteile im Baugewerbe — alles in allem Gegenstände, die in einer Standardmenge im Betrieb erforderlich sind, die sich häufig nach einem bestimmten Schlüssel (etwa der Zahl der Sitzplätze im Restaurant, der Zahl des Laborpersonals) feststellen läßt.

Obwohl eine Gleichartigkeit der in einer Gruppe zusammengefaßten Vermögensgegenstände nicht ausdrücklich verlangt wird, so sollten dennoch nur Vermögensgegenstände mit wirtschaftlich und technisch vergleichbaren Funktionen zusammengefaßt werden. Im Bereich der Gegenstände des Sachanlagevermögens kann eine Zusammenfassung nur erfolgen, sofern sie in etwa gleichartig und zueinander nicht wesensfremd sind, ungefähr die gleiche technische und wirtschaftliche Zweckbestimmung sowie betriebsgewöhnliche Nutzungsdauer und schließlich ungefähr gleich hohe Anschaffungs- oder Herstellungskosten haben. Gegenstände, die regelmäßig erheblichen Preisschwankungen unterliegen, kommen für eine Festbewertung nicht in Betracht.

Festwerte dürfen auch für Vorratsvermögen gebildet werden, das sich nach Menge, Wert und Zusammensetzung nur geringfügig ändert, z. B. für Hilfs- und Betriebsstoffe, wie Heizölbestand und Schmier- und Reinigungsmittel. Sie können auch für Herstellungskleinmaterial, wie Schrauben, Nieten u. a., gebildet werden, wenn Produktionsart und -umfang nahezu gleichbleiben.

#### 7.3.2.2 Bestimmung des Festwerts

Der Festwert wird aus den Anschaffungswerten unter Schätzung normaler Nutzungsdauer festgelegt, z. B. für Werkzeuge in der Regel mit 50 %, für Gerüst- und Verschalungsmaterial mit 40 % der Anschaffungswerte. In der Regel ist alle drei Jahre eine körperliche Bestandsaufnahme durchzuführen.

Bei der Festwertbildung wird ein bestimmter Bestand (Festmenge) zu einem bestimmten Preis (Festwert) bewertet. Für die Folgejahre wird der einmal ermittelte Wert festgeschrieben, da das Verfahren unterstellt, daß sich Verbrauch und Neuzugänge die Waage halten. Alle Neuzugänge werden deshalb sofort als Aufwand verbucht. Wenn auch im allgemeinen erst nach drei Jahren eine körperliche Inventur verlangt wird, so kann sie doch eher erforderlich werden, wenn sich die **Menge** nach oben um mehr als 10 % verändert. Das gilt auch für die Einkommensbesteuerung (vgl. Abschn. 31 Abs. 5 EStR). Vermindert sich die Menge, so ist wegen der Beachtung des Vorsichtsprinzips eine Angleichung auch innerhalb der Drei-Jahres-Frist und der 10%-Grenze notwendig.

**Wertveränderungen** innerhalb der Drei-Jahres-Frist, die lediglich auf Preissteigerungen zurückgehen, ziehen wegen der Bindung an das Anschaffungswertprinzip keine vorzeitige Festwertänderung nach sich.

### 7.3.3 Verbrauchsfolgeverfahren (§ 256 HGB)

Ihre Anwendung muß den GoB entsprechen und beschränkt sich auf gleichartige Vermögensgegenstände des Vorratsvermögens.

**Handelsrechtlich** besteht ein Anwendungswahlrecht, wobei die unterstellte fiktive Verbrauchsfolge nicht der tatsächlichen Verbrauchsfolge zu entsprechen braucht. Die Verfahren dienen der Bestimmung fiktiver Anschaffungs- oder Herstellungskosten, wobei die Fiktion gemäß einer den GoB entsprechenden Form zu ermitteln ist. Die wahlweise Anwendung der Verbrauchsfolgeverfahren entbindet nicht von der Pflicht zum Vergleich mit Wertansätzen nach dem strengen Niederstwertprinzip. Folgende Verfahren sind denkbar:

(1) Fifo (first in — first out): Die zuerst angeschafften oder hergestellten Vermögensgegenstände gelten als zuerst verbraucht oder veräußert, d. h., die zu bewertenden Vorräte stammen aus den letzten Anschaffungen. Bei monoton fallenden Preisen kommt eine Bewertung mittels Fifo den aktuellen Marktpreisen am nächsten. Allerdings muß für den Fall, daß die zu bewertende Menge größer als der letzte Zugang ist und/oder die Preise seit dem letzten Beschaffungsvorgang weiter gesunken sind, eine Abwertung auf den niedrigeren Börsen- oder Marktpreis vorgenommen werden.

(2) Lifo (last in — first out): Die zuletzt angeschafften oder hergestellten Vermögensgegenstände gelten als zuerst verbraucht oder veräußert, d. h., die zu bewertenden Vorräte stammen aus dem Anfangsbestand und den ersten Anschaffungen. Bei monoton steigenden Preisen führt somit das Lifo-Verfahren zu den höchsten stillen Rücklagen.

(3) Hifo (highest in — first out): Die Bestände mit den höchsten Einstandskosten gelten als zuerst verbraucht oder veräußert. Auch dieses Verfahren ist grundsätzlich handelsrechtlich anwendbar, da es den GoB, insbesondere dem Niederstwertprinzip entspricht. Da die Bestände nur mit den jeweils niedrigsten Anschaffungs- oder Herstellungskosten am Bilanzstichtag zu bewerten sind, führt dieses Verfahren bei jeder Preisentwicklung immer zur höchsten stillen Rücklagenbildung. Für die Durchführung des Hifo-Verfahrens ist allerdings eine bloß mengenmäßige Betrachtung nicht ausreichend, da besonders auch die wertmäßige Komponente bedeutsam ist. Es erfordert daher die Führung einer wert- und mengenmäßigen Lagerkartei.

(4) Das theoretisch denkbare Lofo-Verfahren (lowest in — first out) würde zu einer Bewertung der Bestände mit den höchsten Anschaffungs- oder Herstellungskosten führen. Da dies jedoch dem Vorsichtsprinzip widerspricht und in der Regel auch gegen das Niederstwertprinzip verstößt, ist seine Anwendung mit den GoB nicht vereinbar und damit nach § 256 nicht zulässig.

**Steuerrechtlich** wird nur das Lifo-Verfahren anerkannt, wenn es auch in der Handelsbilanz zur Anwendung kommt und kein Importwarenabschlag gem. § 51 Abs. 1 Nr. 2 m EStG vorgenommen wird. Kommt das Lifo-Verfahren zur Anwendung, so darf später nur mit Zustimmung des Finanzamtes davon abgewichen werden (§ 6 Abs. 1 Nr. 2 a EStG). Für vor dem 1. 1. 1990 endende Wirtschaftsjahre sind für die Anwendung des Lifo-Verfahrens bei Edelmetallen die besonderen Bestimmungen nach § 74 a EStDV i. V. m. § 51 Abs. 1 Nr. 2 z EStG zu beachten.

Ebenso wie bei der Durchschnittsmethode kann man den Aufwand bei den Verbrauchsfolgeverfahren entweder erst am Ende der Periode oder sofort bei jedem Abgang erfassen. Entsprechend unterscheidet man

— Periodenverfahren und

— gleitende Verfahren.

Die gleitenden Verfahren sind nicht nur mit mehr Arbeitsaufwand verbunden, sondern führen bei zwischenzeitlichem völligen Lagerabbau zur Auflösung etwa vorhandener stiller Reserven.

Die unterschiedliche Vorgehensweise wird am folgenden Beispiel nach der Lifo-Methode ersichtlich, bei der unterstellt wird, daß die zuletzt beschafften Vermögensgegenstände zuerst verbraucht sind.

| Gleitende Lifo-Verfahren | Menge | Preis |
|---|---|---|
| Anfangsbestand | | 100 x 10,— = 1 000,— |
| ./. Abgang | | 100 x 10,— = 1 000,— |
| Zwischenbestand | | 0 |
| + Zugang | | 100 x 12,— = 1 200,— |
| = Endbestand | | |

| Periodenlifo | Menge | Preis |
|---|---|---|
| Anfangsbestand | | 100 x 10,— = 1 000,— |
| ./. Abgang | | 100 |
| + Zugang | | 100 x 12,— = 1 200,— |
| Bewertung des Abgangs zu | | 12,— |
| Endbestand | | 100 x 10,— = 1 000,— |

## Kontrollfragen

*1. Wie ist die Vorgehensweise zur Ermittlung primärer, sekundärer und tertiärer Wertansätze? Nennen Sie zu jeder Wertkategorie einige Beispiele.*

*2. Wie sind die Anwendungsbereiche für die Methode des gewogenen Durchschnitts, die Festwertbildung sowie die Verbrauchsfolgeverfahren gesetzlich abgegrenzt?*

*3. Bei welcher Preisentwicklung führt das Lifo-Verfahren zu den höchsten stillen Rücklagen?*

*4. Mit welchen Wertmaßstäben müssen die Werte nach den Verbrauchsfolgeverfahren verglichen werden, um ihre Zulässigkeit im Einzelfall beurteilen zu können?*

*5. Wie unterscheiden sich Teilwert und gemeiner Wert?*

*6. Welche Sichtweisen gibt es zur Ermittlung des niedrigeren beizulegenden Wertes? Wovon hängt ihre Anwendung ab?*

*7. Welche Grenzen der stillen Rücklagenbildung bestehen bei Abschreibungen nach § 253 Abs. 4 HGB?*

*8. Welche Unterschiede bestehen zwischen Personen- und Kapitalgesellschaften in bezug auf die Anwendung steuerrechtlicher Abschreibungen nach § 254 HGB?*

**Aufgabe 4.35**   *(Einzelbewertung oder Bewertungsvereinfachungsverfahren) S. 340*

# 7.4   Bewertung des nichtabnutzbaren Anlagevermögens

Unter Anlagevermögen werden nach § 247 Abs. 2 HGB die Vermögensgegenstände verstanden, die bestimmt sind, dauernd dem Geschäftsbetrieb zu dienen. § 253 Abs. 2 HGB unterscheidet darüber hinaus, ob die Nutzung der Vermögensgegenstände des Anlagevermögens zeitlich begrenzt ist oder nicht. Vereinfachend wird im ersten Fall von abnutzbarem, im zweiten Fall von nichtabnutzbarem Anlagevermögen gesprochen. Allerdings wird dabei nicht auf einen technischen Verschleiß abgehoben, vielmehr kommt es auf die zeitlich begrenzte Nutzung des gesamten „Nutzungspotentials" eines Vermögensgegenstandes an. So können z. B. auch immaterielle Vermögensgegenstände, wie Patente und Lizenzen, zeitlich begrenzt nutzbar sein. Dagegen gelten Finanzanlagen und Grundstücke ohne Bauten im Bereich der Sachanlagen als nicht abnutzbar.

**Ausgangspunkt für die Bewertung** des Anlagevermögens sind die Anschaffungs- oder Herstellungskosten. Während bei abnutzbarem Anlagevermögen planmäßige Abschreibungen nach § 253 Abs. 2 Satz 1 HGB vorgeschrieben sind, wird zur Bewertung des nichtabnutzbaren Anlagevermögens ein Wahlrecht für außerplanmäßige Abschreibungen für den Fall vorübergehender Wertminderungen eingeräumt bzw. eine Pflicht zur Vornahme außerplanmäßiger Abschreibungen für den Fall voraussichtlich dauernder Wertminderungen verlangt (§ 253 Abs. 2 Satz 3 HGB). Ziel dieser außerplanmäßigen Abschreibungen ist eine Bewertung mit dem niedrigeren beizulegenden Wert.

Bei Kapitalgesellschaften ist das Wahlrecht für außerplanmäßige Abschreibungen im Falle vorübergehender Wertminderungen auf die Vermögensgegenstände des Finanzanlagevermögens beschränkt (§ 279 Abs. 1 Satz 2 HGB), während es sich bei den übrigen Kaufleuten unter den genannten Bedingungen auf das gesamte Anlagevermögen bezieht. Kapitalgesellschaften haben die außerplanmäßigen Abschreibungen gesondert auszuweisen oder im Anhang anzugeben (§ 277 Abs. 3 HGB).

Darüber hinaus können steuerrechtliche Abschreibungen nach § 254 HGB und Abschreibungen im Rahmen vernünftiger kaufmännischer Beurteilung nach § 253 Abs. 4 HGB in Betracht kommen, letztere allerdings nicht für Kapitalgesellschaften (§ 279 Abs. 1 Satz 1 HGB). Die Vornahme steuerrechtlicher Abschreibungen muß in Handels- und Steuerbilanz einheitlich erfolgen (§ 5 Abs. 1 Satz 2 EStG).

Das nachstehende Flußdiagramm soll die Wahlsituation des bilanzierenden Kaufmanns bzw. der bilanzierenden Kapitalgesellschaft erläutern (vgl. auch S. 204 f.).

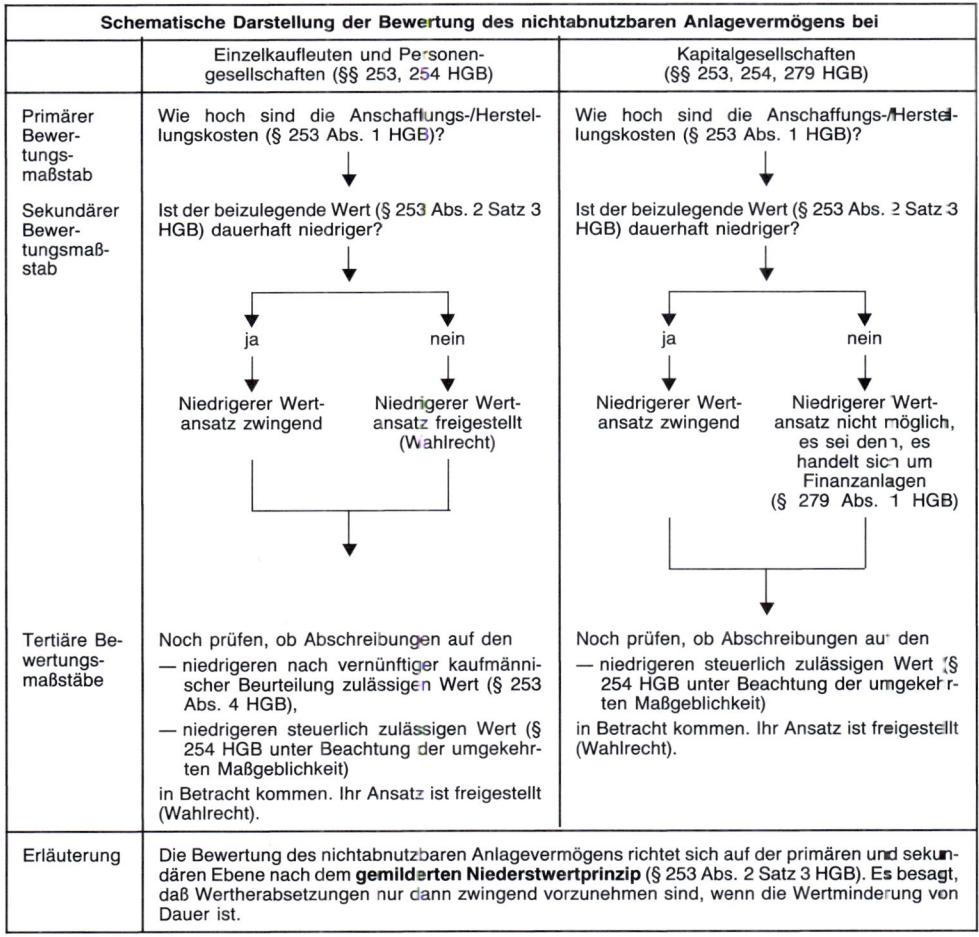

| | Schematische Darstellung der Bewertung des nichtabnutzbaren Anlagevermögens bei | |
|---|---|---|
| | Einzelkaufleuten und Personengesellschaften (§§ 253, 254 HGB) | Kapitalgesellschaften (§§ 253, 254, 279 HGB) |
| Primärer Bewertungsmaßstab | Wie hoch sind die Anschaffungs-/Herstellungskosten (§ 253 Abs. 1 HGB)? | Wie hoch sind die Anschaffungs-/Herstellungskosten (§ 253 Abs. 1 HGB)? |
| Sekundärer Bewertungsmaßstab | Ist der beizulegende Wert (§ 253 Abs. 2 Satz 3 HGB) dauerhaft niedriger? | Ist der beizulegende Wert (§ 253 Abs. 2 Satz 3 HGB) dauerhaft niedriger? |
| | ja → Niedrigerer Wertansatz zwingend / nein → Niedrigerer Wertansatz freigestellt (Wahlrecht) | ja → Niedrigerer Wertansatz zwingend / nein → Niedrigerer Wertansatz nicht möglich, es sei denn, es handelt sich um Finanzanlagen (§ 279 Abs. 1 HGB) |
| Tertiäre Bewertungsmaßstäbe | Noch prüfen, ob Abschreibungen auf den<br>— niedrigeren nach vernünftiger kaufmännischer Beurteilung zulässigen Wert (§ 253 Abs. 4 HGB),<br>— niedrigeren steuerlich zulässigen Wert (§ 254 HGB unter Beachtung der umgekehrten Maßgeblichkeit)<br>in Betracht kommen. Ihr Ansatz ist freigestellt (Wahlrecht). | Noch prüfen, ob Abschreibungen auf den<br>— niedrigeren steuerlich zulässigen Wert (§ 254 HGB unter Beachtung der umgekehrten Maßgeblichkeit)<br>in Betracht kommen. Ihr Ansatz ist freigestellt (Wahlrecht). |
| Erläuterung | Die Bewertung des nichtabnutzbaren Anlagevermögens richtet sich auf der primären und sekundären Ebene nach dem **gemilderten Niederstwertprinzip** (§ 253 Abs. 2 Satz 3 HGB). Es besagt, daß Wertherabsetzungen nur dann zwingend vorzunehmen sind, wenn die Wertminderung von Dauer ist. | |

## 7.5 Bewertung des abnutzbaren Anlagevermögens

Abnutzbare Gegenstände des Anlagevermögens sind zwar solche, die bestimmt sind, dauernd dem Geschäftsbetrieb zu dienen, dennoch ist ihre Nutzung für das Unternehmen zeitlich begrenzt. Dies kann durch wirtschaftliche Abnutzung, technische Überalterung oder durch Rechtsablauf geschehen. Für Vermögensgegenstände, deren Nutzung zwar nur für eine bestimmte Zeit vorgesehen ist, die aber im weiteren Sinne nicht abnutzbar sind, gelten diese Bestimmungen nicht. Die zeitliche Begrenzung der Nutzung muß sich aus der Eigenart des jeweiligen Anlagegegenstandes unmittelbar ergeben.

Als **begrenzt nutzbar** sind damit diejenigen Anlagegegenstände anzusehen, deren Nutzungsmöglichkeit im Unternehmen ab einem bestimmten Zeitpunkt erschöpft sein wird durch

— Abnutzung, Ausbeutung,

— technischen oder wirtschaftlichen Wertverlust im Zeitablauf sowie

— eine gesetzlich oder vertraglich begrenzte Nutzungsdauer.

Dazu zählen beispielsweise nicht Finanzanlagen, Grundstücke, Anzahlungen und Anlagen im Bau.

**Planmäßige Abschreibungen** sind vornehmlich vorgesehen für Verschleißanlagen, die eine ständige Wertminderung erfahren, z. B. Gebäude, Maschinen, technische Anlagen, Betriebs- und Geschäftsausstattung, Grundstücke, die ausgebeutet werden, immaterielle Vermögensgegenstände, wie Konzessionen, Lizenzen, gewerbliche Schutzrechte u. ä. Die Abschreibung eines aktivierten Firmenwertes nach § 255 Abs. 4 Satz 2 HGB stellt keine planmäßige Abschreibung dar. Dagegen wird die Firmenwertabschreibung nach § 255 Abs. 4 Satz 3 HGB als planmäßig bezeichnet (vgl. ADS 1987, § 253 Tz 315 ff.).

Die Grundsätze der Bewertungsstetigkeit, der Periodenabgrenzung und der Unternehmensfortführung bedingen dabei, daß nicht die vollen Anschaffungs- oder Herstellungskosten im Erwerbszeitpunkt als Aufwand (Sofortabschreibung) verrechnet werden. § 253 Abs. 2 HGB schreibt daher eine Verminderung der Anschaffungs- oder Herstellungskosten dieser abnutzbaren Anlagegegenstände um planmäßige Abschreibungen vor, wobei der Plan die Anschaffungs- oder Herstellungskosten auf die Geschäftsjahre verteilen muß, in denen die Vermögensgegenstände voraussichtlich genutzt werden können.

Vom Gesetz ist kein bestimmter Plan vorgeschrieben, doch wurden verschiedene planmäßige Abschreibungsmethoden entwickelt, so z. B. die lineare, degressive, progressive und die Leistungsabschreibung (vgl. hierzu S. 214 f.). Daher sind am ersten Bilanzstichtag nach der Anschaffung oder Herstellung die Nutzungsdauer zu schätzen sowie die Abschreibungsmethode festzulegen, da aus Gründen der Bewertungsstetigkeit an einem gewählten Abschreibungsplan grundsätzlich festzuhalten ist (Abschreibungskontinuität). **Determinanten des Abschreibungsplanes** sind somit die Höhe der Anschaffungs- oder Herstellungskosten, die voraussichtliche Nutzungsdauer, die gewählte Abschreibungsmethode und die Höhe eines etwaigen Restwertes.

**Durchbrechungen des Abschreibungsplanes** sind bei nachträglichen Korrekturen der Nutzungsdauerschätzung, bewußten Methodenwechseln und der Vornahme außerplanmäßiger Abschreibungen bzw. Wertaufholungen vorstellbar. Zwar ist aus Gründen der Bewertungsstetigkeit (§ 252 Abs. 1 Nr. 6 HGB) an einem gewählten Abschreibungsplan grundsätzlich festzuhalten, doch können neuere Erkenntnisse bezüglich der Nutzungsdauer zu Planänderungen führen. Ebenso ist ein Übergang z. B. von der degressiven zur linearen Methode nicht als Durchbrechung der Methodenstetigkeit anzusehen.

Unabhängig von der Verpflichtung zu planmäßigen Abschreibungen kommen außerplanmäßige und steuerrechtliche in Betracht (§§ 253 Abs. 2 Satz 3 und Abs. 4, 254 HGB). In den Anwendungspflichten oder -möglichkeiten für **außerplanmäßige und steuerrechtliche Abschreibungen** unterscheidet sich die Bewertung abnutzbarer Anlagegegenstände nicht von der Bewertung nichtabnutzbarer Anlagegegenstände.

Die nachstehende Übersicht über die bei der Bewertung des abnutzbaren Anlagevermögens anzutreffenden Wertansätze soll die Ausführungen verdeutlichen.

| Schematische Darstellung der Bewertung des abnutzbaren Anlagevermögens bei | | |
|---|---|---|
| | Einzelkaufleuten und Personengesellschaften (§§ 253, 254 HGB) | Kapitalgesellschaften (§§ 253, 254, 279 HGB) |
| Primärer Bewertungsmaßstab | Wie hoch sind die Anschaffungs-/Herstellungskosten abzüglich planmäßige Abschreibungen (§ 253 Abs. 2 Satz 1 HGB)? ↓ | Wie hoch sind die Anschaffungs-/Herstellungskosten abzüglich planmäßige Abschreibungen (§ 253 Abs. 2 Satz 1 HGB)? ↓ |
| Sekundärer Bewertungsmaßstab | Ist der beizulegende Wert (§ 253 Abs. 2 Satz 3 HGB) dauerhaft niedriger? ↓  ja — Niedrigerer Wertansatz zwingend  nein — Niedrigerer Wertansatz freigestellt (Wahlrecht) ↓ | Ist der beizulegende Wert (§ 253 Abs. 2 Satz 3 HGB) dauerhaft niedriger? ↓  ja — Niedrigerer Wertansatz zwingend  nein — Niedrigerer Wertansatz nicht möglich (§ 279 Abs. 1 HGB) |
| Tertiäre Bewertungsmaßstäbe | Noch prüfen, ob Abschreibungen auf den — niedrigeren nach vernünftiger kaufmännischer Beurteilung zulässigen Wert (§ 253 Abs. 4 HGB), — niedrigeren steuerlich zulässigen Wert (§ 254 HGB unter Beachtung der umgekehrten Maßgeblichkeit) in Betracht kommen. Ihr Ansatz ist freigestellt (Wahlrecht). | Noch prüfen, ob Abschreibungen auf den — niedrigeren steuerlich zulässigen Wert (§ 254 HGB unter Beachtung der umgekehrten Maßgeblichkeit) in Betracht kommen. Ihr Ansatz ist freigestellt (Wahlrecht). |
| Erläuterung | Die Bewertung des abnutzbaren Anlagevermögens richtet sich auf der primären und sekundären Ebene nach dem **gemilderten Niederstwertprinzip** (§ 253 Abs. 2 Satz 3 HGB). Es besagt, daß Wertherabsetzungen nur dann zwingend vorzunehmen sind, wenn die Wertminderung von Dauer ist. | |

## Kontrollfragen

1. *Welche Zwecke werden mit planmäßigen und außerplanmäßigen Abschreibungen verfolgt?*

2. *Wodurch unterscheiden sich abnutzbares und nichtabnutzbares Anlagevermögen?*

3. *Welche Wertansätze sind für abnutzbares bzw. nichtabnutzbares Anlagevermögen vorgeschrieben oder zugelassen?*

4. *Welche Unterschiede im Anwendungsbereich bestehen zwischen Personen- und Kapitalgesellschaften bezüglich des gemilderten Niederstwertprinzips?*

### 7.5.1 Vornahme von Abschreibungen

Die im Rahmen des betrieblichen Rechnungswesens übliche Methode, Wertminderungen bei Vermögensgegenständen zum Ausdruck zu bringen, ist die Abschreibung. Man unterscheidet planmäßige von außerplanmäßigen, pflichtgemäße von freiwilligen, handelsrechtliche von steuerrechtlichen Abschreibungen, in jeweils verschiedenen Ausprägungsformen.

**Planmäßige Abschreibungen** zur Verteilung der Anschaffungs- und Herstellungskosten auf die voraussichtliche Nutzungsdauer sind bei abnutzbarem Anlagevermögen zwingend vorgeschrieben, **außerplanmäßige Abschreibungen** dagegen sind bei allen Vermögensgegenständen des Anlage- und Umlaufvermögens möglich. Während sich die planmäßigen Abschreibungsverfahren bezüglich Methode und Bemessungsgrundlage unterscheiden, sind bei außerplanmäßigen Abschreibungen die Abschreibungsanlässe, die Wertuntergrenzen, die rechtliche Verbindlichkeit der Abschreibungsvorschrift (Pflicht oder Wahlrecht), die Abschreibungsobjekte und die Möglichkeiten, die außerplanmäßigen Abschreibungen durch Wertaufholungen wieder rückgängig zu machen, von Bedeutung.

**Steuerlich** lassen sich die in vielen Rechtsvorschriften behandelten Abschreibungen folgendermaßen einteilen:

(1) Absetzung für Abnutzung (AfA) für abnutzbare bewegliche, unbewegliche und immaterielle Wirtschaftsgüter des Anlagevermögens in § 7 Abs. 1 Satz 1 bis 3 sowie Abs. 2, 4 und 5 EStG,

(2) Absetzung für Abnutzung nach Maßgabe der Leistung (Leistungs-AfA) für bewegliche Wirtschaftsgüter des Anlagevermögens in § 7 Abs. 1 Satz 4 EStG,

(3) Absetzung für Substanzverringerung (AfS) für bestimmte Wirtschaftsgüter in § 7 Abs. 6 EStG,

(4) Teilwertabschreibungen für alle Wirtschaftsgüter des Anlage- und Umlaufvermögens gemäß § 6 Abs. 1 Nr. 1 und 2 EStG,

(5) Absetzung für außergewöhnliche technische oder wirtschaftliche Abnutzung (AfaA) für abnutzbare bewegliche und unbewegliche Wirtschaftsgüter des Anlagevermögens in § 7 Abs. 1 Satz 5 und Abs. 4 Satz 3 EStG,

(6) erhöhte Absetzungen und Sonderabschreibungen (z. B. für Wirtschaftsgüter, die dem Umweltschutz dienen, gem. § 7 d EStG).

Während also Teilwertabschreibungen grundsätzlich für alle Wirtschaftsgüter vorgenommen werden können, sind die verschiedenen Formen der Absetzungen nur für bestimmte Wirtschaftsgüter zulässig. Berechtigt zur Vornahme der Abschreibungen ist der juristische oder wirtschaftliche Eigentümer, dem das Wirtschaftsgut zuzurechnen ist.

**Bemessungsgrundlage** für die Abschreibungen sind in der Regel die Anschaffungs- oder Herstellungskosten, doch gibt es davon eine Anzahl von Ausnahmen, z. B. bei Einlagen den Einlagewert, der gemäß § 6 Abs. 1 Nr. 4 und 5 EStG dem Teilwert entsprechen muß, oder bei Umwandlung oder Verschmelzung von Gesellschaften den Teilwert bzw. Buchwert des Rechtsvorgängers.

### 7.5.2 Planmäßige Abschreibungen

Zur planmäßigen Verteilung der Anschaffungs- oder Herstellungskosten auf die voraussichtliche Nutzungsdauer sind folgende Faktoren zu bestimmen:

— die Höhe der Anschaffungs- oder Herstellungskosten,

— die voraussichtliche Nutzungsdauer,

— die gewählte Abschreibungsmethode,

— die Höhe eines etwaigen Restwertes.

| Abschreibungen der Handelsbilanz im Überblick | | | | | | |
|---|---|---|---|---|---|---|
| | Planmäßige Abschr. | Außerplanmäßige Abschreibungen | | | | |
| Rechts-grundlage | § 253 Abs. 2 Satz 1, 2 HGB | § 253 Abs. 2 Satz 3 HGB | § 253 Abs. 3 Satz 1, 2 HGB | § 253 Abs. 3 Satz 3 HGB | § 253 Abs. 4 HGB | § 254 HGB |
| Anwendungs-berechtigte Unternehmen | alle | alle | alle | alle | Personen-gesellschaften | alle |
| Objekt | abnutzbares Anlage-vermögen | gesamtes Anlage-vermögen | Umlauf-vermögen | Umlauf-vermögen | Anlage- und Umlauf-vermögen | Anlage- und Umlauf-vermögen |
| Wertunter-grenze | der sich nach dem Plan für den Bilanz-stichtag erge-bende Buch-wert | niedrigerer beizulegender Wert | niedrigerer Markt- oder Börsenpreis bzw. beizule-gender Wert | niedriger Zu-kunftswert zur Vermeidung von Wert-schwankun-gen | niedrigerer nach vernüfti-ger kfm. Beurteilung zulässiger Wert | niedrigerer steuerlicher Wert |
| Anlaß | planmäßige Abschreibung (Regelfall) | dauernde oder voraus-sichtlich vor-übergehende Wertminde-rung | gesunkener Markt- oder Börsenpreis bzw. beizule-gender Wert | Vermeidung von Wert-schwankun-gen in näch-ster Zukunft | Sicherheits-überlegungen, Vorsorge für das Unterneh-men u. ä. | Wertansatz in Steuerbilanz niedriger als in Handelsbi-lanz |
| Notwendigkeit — Personen-gesellsch. | Pflicht | Pflicht bei dauernder Wertminde-rung, sonst Wahlrecht | Pflicht | Wahlrecht | Wahlrecht | Wahlrecht (einheitlich in Handels- und Steuerbilanz) |
| — Kapital-gesellsch. | Pflicht | Pflicht bei dauernder Wertminde-rung, sonst Wahlrecht nur bei Finanzan-lagen | Pflicht | Wahlrecht | Verbot | Wahlrecht (einheitlich in Handels- und Steuerbilanz) |
| Wertaufholung — Personen-gesellsch. | nein | Wahlrecht | Wahlrecht | Wahlrecht | Wahlrecht | Wahlrecht (einheitlich in Handels- und Steuerbilanz) |
| — Kapital-gesellsch. | nein | Pflicht (bis 1989) Wahlrecht (ab 1990) | Wahlrecht | Wahlrecht | — | Pflicht |

Während die **Bestimmung der Anschaffungs- oder Herstellungskosten** in der Regel keine Schwierigkeiten bereitet bzw. nach den oben genannten Grundsätzen vorzunehmen ist, ist die **Nutzungsdauerschätzung** ein Prognoseproblem. Maßgebend ist die individuelle Nutzungsdauer eines Vermögensgegenstandes unter den besonderen Bedingungen seiner betrieblichen Nutzung sowie der technischen und wirtschaftlichen Gegebenheiten, wobei in der Regel auf Vergleichs- und Erfahrungswerte zurückgegriffen werden muß.

### 7.5.2.1 Abschreibungsmethoden

Bei der Wahl der anzuwendenden Abschreibungsmethode hat der bilanzierende Kaufmann einen Ermessensspielraum; eine bestimmte Methode ist gesetzlich nicht vorgeschrieben, jedoch muß die gewählte Methode zu einer sinnvollen, nicht willkürlichen Verteilung der Anschaffungs- oder Herstellungskosten führen. Für Kapitalgesellschaften besteht nach § 284 Abs. 2 Nr. 1 HGB eine Berichtspflicht für den Anhang über die angewandten Abschreibungsmethoden.

Die Grundsätze der Planmäßigkeit der Abschreibungen und der **Bewertungsstetigkeit** erfordern, daß die einmal gewählte Abschreibungsmethode nur in begründeten Ausnahmefällen geändert werden darf. Ein **Methodenwechsel** ist zulässig, sofern er sachlich in den Besonderheiten des Anlagegegenstandes, insbesondere in dessen Nutzungsdauer und Nutzungsverlauf begründet ist. Dagegen liegt ein Methodenwechsel nicht vor, wenn er in der Abschreibungsmethode selbst angelegt ist, wie z. B. bei dem im vorhinein festgelegten Übergang von der degressiven zur linearen Abschreibungsmethode. Ein Methodenwechsel ist aber bereits gegeben, wenn bei neu angeschafften Anlagegegenständen ohne besonderen Anlaß andere Abschreibungsmethoden zur Anwendung kommen als für art- und funktionsgleiche Anlagen bisher.[1]

**Kapitalgesellschaften** müssen Änderungen der Abschreibungsmethoden nach § 284 Abs. 2 Nr. 3 HGB im Anhang angeben, begründen sowie deren Einfluß auf die Vermögens-, Finanz- und Ertragslage darstellen.

### Lineare Methode

Sie ist rechnerisch am einfachsten zu handhaben, da hier gleiche Abschreibungssätze als prozentuale Anteile der Anschaffungs- oder Herstellungskosten jährlich verrechnet werden. Die Methode unterstellt einen kontinuierlichen Abnutzungs- und Entwertungsverlauf und wird in der Praxis am häufigsten angewandt. Sie ist handels- und steuerrechtlich uneingeschränkt anwendbar. Vgl. S. 48.

### Degressive Methode

Hier berechnet sich der Abschreibungssatz vom Restbuchwert, wobei

— im Fall der geometrisch-degressiven Abschreibung die jährlichen Abschreibungsbeträge um einen gleichbleibenden Prozentsatz sinken und eine abnehmend geometrische Reihe bilden (konstanter Abschreibungssatz vom Restbuchwert, Buchwertabschreibung), während

— im Fall der arithmetisch-degressiven Abschreibung die Jahresraten um gleichbleibende Beträge vermindert werden (digitale Abschreibung).

Zur Anwendung der degressiven Abschreibungsmethoden vgl. S. 48 f. und die dort genannten Aufgaben.

Degressive Abschreibungsmethoden verrechnen in den ersten Jahren der Nutzungsdauer höhere, in späteren Jahren niedrigere Abschreibungsbeträge, was dem anfänglich regelmäßig stärkeren Wertverlust bzw. Risiko einer Fehlinvestition besser entspricht als bei der linearen Abschreibung. Bezieht man die gegen Ende der Nutzungsdauer regelmäßig höheren Reparaturkosten der Anlagen in eine „Gesamtkostenbetrachtung" der Anlage ein, so stellt sich mit der degressiven Abschreibung eine nivellierte Periodenverrechnung der Kosten ein.

---

[1] Vgl. Stellungnahme SABI 2/1987: Zum Grundsatz der Bewertungsstetigkeit, in: WPg 1987, S. 49.

**Steuerlich** darf der Abschreibungssatz für die geometrisch-degressive Abschreibung nicht das Dreifache des bei linearer Abschreibung in Betracht kommenden Prozentsatzes und 30 % übersteigen. Zudem ist im Fall ihrer Anwendung ein besonderes Verzeichnis gemäß § 7 a Abs. 8 EStG zu führen und zu beachten, daß für entsprechend abgeschriebene Wirtschaftsgüter eine AfaA nicht in Betracht kommt (§ 7 Abs. 2 EStG). Die arithmetisch-degressive Abschreibung ist steuerlich nicht mehr zulässig.

Eine **Sonderform** der degressiven Methode ist die **Abschreibung nach Staffelsätzen.** Sie kommt vor allem in Steuerrecht vor, z. B. Gebäudeabschreibung nach § 7 Abs. 5 EStG.

### Progressive Methode

Hier werden in den ersten Jahren geringere und in späteren Jahren höhere Abschreibungsbeträge verrechnet. Problematisch erscheint diese Methode im Hinblick auf den Vorsichtsgrundsatz, da der Wertminderung der Anlagen in den ersten Jahren ihrer Nutzung nur unzureichend Rechnung getragen wird. Auch werden die Anfangsjahre der Nutzungsdauer bei progressiver Abschreibung ständig überlagert sein von außerplanmäßigen Abschreibungen auf niedrigere beizulegende Werte. Nach § 7 EStG ist die progressive Abschreibungsmethode steuerlich nicht zulässig.

### Leistungsabschreibung

Hier wird das Gesamtleistungspotential einer Anlage über die Gesamtnutzungsdauer geschätzt und gemäß den tatsächlich „entnommenen" Leistungseinheiten auf die Geschäftsjahre der Nutzung aufgeteilt (vgl. S. 49 und die dort genannte Aufgabe).

Voraussetzung für die Anwendbarkeit der Leistungsabschreibungsmethode ist die Kenntnis des Gesamtleistungspotentials und die Meßbarkeit der einzelnen Leistungsabgaben. Gegebenenfalls muß für Zeiten von ruhendem Verschleiß vorübergehend eine höhere Abschreibung verrechnet werden als der tatsächlichen Leistungsentnahme entspricht.

Auch **steuerlich** ist eine AfA nach Maßgabe der Leistung (§ 7 Abs. 1 Satz 4 EStG), sofern der auf das einzelne Wirtschaftsgut entfallende Umfang der Leistung z. B. durch Zählwerke, Betriebsstundenzähler, Kilometerzähler u. ä. nachgewiesen werden kann (Abschn. 43 Abs. 6 EStR) bzw. eine Absetzung für Substanzverringerung (§ 7 Abs. 6 EStG) zulässig.

### Abschreibungen nach Maßgabe des Gewinns

Sie sind in jedem Fall verboten.

### Kombinationsformen

Kombinationsformen finden in der Praxis vor allem Anwendung zwischen degressiver und linearer sowie zwischen leistungsabhängiger und linearer Abschreibung. Üblicherweise wird in dem Jahr zur linearen Abschreibung übergegangen, in dem die Abschreibungsbeträge bei linearer Abschreibung erstmals höher sind als bei degressiver Abschreibung. Steuerlich ist dieses Vorgehen ausdrücklich erlaubt (§ 7 Abs. 3 EStG), während ein Wechsel von der linearen zur degressiven oder zur Leistungsabschreibung nicht zulässig ist. Bedenken wegen des Stetigkeitsgebots bestehen nicht, sofern der Übergang von Anfang an geplant war und somit die Kombinationsform als Abschreibungsmethode eigener Art anzusehen ist.

### 7.5.2.2 Restwert

Sofern ein Restwert bei Aufstellung des Plans mit hinreichender Genauigkeit bestimmbar ist, muß lediglich auf diesen am Ende der Nutzungsdauer abgeschrieben werden. Als Restwert gilt dabei der am Ende der Nutzungsdauer erwartete Veräußerungserlös (z. B. Schrottwert) abzüglich der beim Ausscheiden des Anlagegegenstandes noch anfallenden Aufwendungen. Ist der Restwert im Vergleich zu den Anschaffungs- oder Herstellungskosten von erheblicher Bedeutung, würde eine Vollabschreibung die Vergleichbarkeit der Ergebnisse beeinträchtigen und daher unzulässig sein. In den meisten Fällen wird sich allerdings der voraussichtliche Restwert nicht mit hinreichender Sicherheit bestimmen lassen. Auch können die Nebenkosten einer späteren Veräußerung oder Verschrottung den Veräußerungserlös ganz oder teilweise aufzehren. Daher werden üblicherweise die vollen Anschaffungs- oder Herstellungskosten planmäßig abgeschrieben und ein eventueller Restwert unberücksichtigt gelassen. Dies ist auch steuerlich anerkannt (Abschn. 43 Abs. 4 EStR).

### 7.5.2.3 Steuerliche Sonderregelungen

Die planmäßigen Abschreibungen nach Steuerrecht lassen sich sachlich gliedern in AfA und AfS.

#### Grundsätzliches zur AfA

Die Notwendigkeit, bei abnutzbaren Wirtschaftsgütern des Anlagevermögens AfA vorzunehmen, ergibt sich aus § 6 Abs. 1 Nr. 1 Satz 1 EStG. Regelmäßige Berechnungsgrundlage der AfA sind die Anschaffungs- oder Herstellungskosten, in Ausnahmefällen der Teilwert. Der Berechnungszeitraum ist die betriebsgewöhnliche Nutzungsdauer, für deren Schätzung die amtlichen AfA-Tabellen Anhaltspunkt sind.

Handels- und steuerrechtliche planmäßige Abschreibungen können differieren. Auf Grund des Maßgeblichkeitsprinzips darf aber grundsätzlich der Handelsbilanzansatz bei den Aktiva steuerlich nicht unterschritten werden, es sei denn, es bestehen zwingende steuerliche Vorschriften (z. B. bei Gebäuden).

#### AfA bei Gebäuden

Die AfA-Bestimmungen für Gebäude sind sehr umfangreich (§ 7 Abs. 4, 5 EStG, § 10 EStDV, Abschn. 42, 42 a EStR) und werden noch durch Vorschriften für erhöhte Absetzungen (z. B. § 7 b EStG, § 15 EStDV, Abschn. 52 ff. EStR) und Sonderabschreibungen (z. B. §§ 7 c, 7 f EStG) ergänzt. Der wesentliche **Unterschied zwischen handels- und steuerrechtlicher Gebäudeabschreibung** besteht darin, daß sich steuerlich die AfA nicht nach der Nutzungsdauer bestimmt, sondern gesetzlich vorgeschrieben ist.

Die lineare AfA bei Gebäuden beträgt
— 2,5 % (Fertigstellung bis zum 31. 12. 1924),
— 2 %   (Fertigstellung nach dem 31. 12. 1924),
— 4 %   (Antrag auf Baugenehmigung nach dem 31. 3. 1985 und Gebäude zum Betriebsvermögen gehörig).

Ist die tatsächliche Nutzungsdauer geringer, können entsprechend höhere AfA vorgenommen werden (§ 7 Abs. 4 EStG). Bei der degressiven AfA nach § 7 Abs. 5 EStG kommen unterschiedlich hohe Staffelsätze zur Anwendung, die zu einer Nutzungsdauer von 25 bzw. 50 Jahren führen.

Ein Wechsel zwischen der linearen und der degressiven Gebäude-AfA ist nicht zulässig (Abschn. 42 Abs. 6 EStR). Ein Wahlrecht kommt also nur zum Zeitpunkt der Anschaffung oder Herstellung in Betracht.

Während die AfaA sowohl bei linearer als auch bei degressiver Gebäude-AfA möglich sind (Abschn. 42 a Abs. 7 EStR), ist die Vornahme von etwaigen Sonderabschreibungen nur bei linearer Gebäude-AfA zulässig (§ 7 a Abs. 4 EStG).

**Aufgabe 4.36** *(Gebäudeabschreibung) S. 341*

#### Derivativer Geschäfts- oder Firmenwert

Sondervorschriften bestehen für einen derivativen Firmenwert (§ 255 Abs. 4 HGB). Er kann handelsrechtlich mit jährlich 25 % abgeschrieben oder auf die Geschäftsjahre verteilt werden, in denen er voraussichtlich genutzt wird. Auf Grund der unzureichenden Objektivierbarkeit und der umgekehrten Maßgeblichkeit wird oft auf das Steuerrecht verwiesen, das in § 7 Abs. 1 Satz 3 EStG dem Geschäftswert eine betriebsgewöhnliche Nutzungsdauer von 15 Jahren zuordnet.

**Grundsätzliches zur AfS**

Bei Bergbauunternehmen, Steinbrüchen und anderen Betrieben, die einen Verbrauch der Substanz mit sich bringen, ist eine Absetzung nach Maßgabe des Substanzverzehrs zulässig (§ 7 Abs. 6 EStG). AfS bestimmen sich aus dem Verhältnis zwischen geförderter und vorhandener Substanz, oft in festem Tonnensatz ausgedrückt. Die AfS gleichen also nicht die Wertveränderung des Grundstücks selbst aus, sondern tragen nur dem Substanzverbrauch Rechnung.

Zu einem selbständigen Wirtschaftsgut wird die Bodensubstanz erst, wenn der Eigentümer über ihn verfügt oder ihn zu verwerten beginnt.

Bei Bodenschätzen, die der Steuerpflichtige auf einem ihm gehörenden Grundstück entdeckt hat, sind AfS nicht zulässig.

Die Höhe der AfS berechnet sich wie folgt:

$$\text{AfS} = \text{Buchwert der Bodensubstanz (Vorjahr)} \cdot \frac{\text{Menge der im Abschlußjahr geförderten Substanz}}{\text{vorhandene Substanzmenge (Vorjahr)}}$$

## 7.5.3 Außerplanmäßige Abschreibungen

Beim abnutzbaren Anlagevermögen kommen außerplanmäßige Abschreibungen in der **Handelsbilanz**

— auf den niedrigeren beizulegenden Wert (§ 253 Abs. 2 Satz 3 HGB) und

— auf den niedrigeren nach vernünftiger kaufmännischer Beurteilung zulässigen Wert (§ 253 Abs. 4 HGB)

in Betracht. Es gilt das gemilderte Niederstwertprinzip, nach welchem die Wertminderung erst berücksichtigt werden muß, wenn sie von Dauer ist. Es ist bei Kapitalgesellschaften auf Finanzanlagen beschränkt (§ 279 Abs. 1 Satz 2 HGB). Die Abschreibung auf den niedrigeren nach vernünftiger kaufmännischer Beurteilung zulässigen Wert entfällt bei Kapitalgesellschaften völlig (§ 279 Abs. 1 Satz 1 HGB).

Zu den außerplanmäßigen Abschreibungen im **Steuerrecht** gehören insbesondere

— Absetzungen für außergewöhnliche technische oder wirtschaftliche Abnutzung (AfaA),

— Teilwertabschreibungen,

— erhöhte Absetzungen und Sonderabschreibungen.

### 7.5.3.1 Absetzungen für außergewöhnliche technische oder wirtschaftliche Abnutzung (AfaA)

Eine außergewöhnliche Abnutzung ist anzunehmen, wenn ein besonderes Ereignis eingetreten ist, das zu einer rascheren Abnutzung führt, als ursprünglich angenommen wurde, so daß die zunächst geschätzte Nutzungsdauer nicht erreicht wird, wobei außergewöhnliche technische und wirtschaftliche Abnutzungsgründe maßgebend sein können (BFH-Urteil, BStBl 1980 II S. 743).

Zum sachlichen Anwendungsbereich der AfaA gehören

— abnutzbare bewegliche Wirtschaftsgüter des Anlagevermögens mit planmäßiger linearer oder Leistungs-AfA (§ 7 Abs. 1 Satz 5 EStG),

— Gebäude mit linearer AfA (§ 7 Abs. 4 EStG), degressiver AfA (§ 7 Abs. 5 EStG) bzw. erhöhten Absetzungen (§ 7 b EStG),

— alle übrigen abnutzbaren Wirtschaftsgüter des Anlagevermögens mit linearer AfA.

Eine AfaA ist nicht zulässig bei abnutzbaren beweglichen Wirtschaftsgütern des Anlagevermögens, die nach § 7 Abs. 2 EStG degressiv abgeschrieben werden. Wohl aber ist nach vollzogenem Übergang von der degressiven zur linearen AfA-Methode eine AfaA möglich.

Abzugrenzen ist die AfaA von der Teilwertabschreibung. Während Ursache einer AfaA die Verkürzung der Nutzungsdauer durch außergewöhnliche technische oder wirtschaftliche Abnutzung ist (wobei die AfaA nur bei bestimmten Wirtschaftsgütern mit bestimmten AfA-Methoden, wohl aber bei allen Einkunftsarten zulässig ist), gründet sich eine Teilwertabschreibung auf gesunkene Wiederbeschaffungs- bzw. Markt- oder Börsenpreise, was zwar bei allen Wirtschaftsgütern, aber nur bei einer Gewinnermittlung nach §§ 4 Abs. 1 oder 5 EStG vorkommen kann.

### 7.5.3.2  Teilwertabschreibungen

§ 6 Abs. 1 Nr. 1 Satz 2 und Nr. 2 Satz 2 EStG lassen einen Ansatz von Wirtschaftsgütern zum Teilwert zu, wenn dieser niedriger ist als die Anschaffungs- oder Herstellungskosten bzw. die um planmäßige Abschreibungen verminderten Anschaffungs- oder Herstellungskosten. Gesunkene Teilwerte lassen sich insbesondere aus gesunkenen Wiederbeschaffungskosten bzw. gesunkenen erzielbaren Verkaufspreisen bei Waren ableiten.

Für die Vornahme von Teilwertabschreibungen besteht nach dem Gesetzeswortlaut ein Wahlrecht, ebenso für eine Wertbeibehaltung, nachdem die Gründe für die Teilwertabschreibungen weggefallen sind (§ 6 Abs. 1 Nr. 1 Satz 4 und Nr. 2 Satz 3 EStG). Bis Wirtschaftsjahr 1989 ist jedoch das Prinzip des **strengen Wertzusammenhangs** für abnutzbares Anlagevermögen anzuwenden, nach welchem Wertaufholungen über den letzten Bilanzansatz hinaus untersagt sind.

Außer zur Bewertung von Wirtschaftsgütern zum Bilanzstichtag haben der Teilwert und damit eventuelle Teilwertabschreibungen u. a. Bedeutung für

— die Bewertung von Verbindlichkeiten im Rahmen der Aufstellung des Jahresabschlusses (§ 6 Abs. 1 Nr. 3 EStG),

— die Bewertung der Entnahmen und Einlagen von Wirtschaftsgütern (§ 6 Abs. 1 Nr. 4 und 5 EStG),

— die Bewertung bei Eröffnung eines Betriebs (§ 6 Abs. 1 Nr. 6 EStG),

— die Bewertung bei entgeltlichem Erwerb eines Betriebs (§ 6 Abs. 1 Nr. 7 EStG).

### 7.5.3.3  Erhöhte Absetzungen und Sonderabschreibungen

Im Gegensatz zur Teilwertabschreibung und AfaA stehen Sonderabschreibungen in keiner Beziehung zur Wertminderung bzw. einer außergewöhnlichen technischen oder wirtschaftlichen Abnutzung eines Wirtschaftsgutes. Ihr Zweck ist die Gewährung einer Steuervergünstigung aus wirtschaftspolitischen Gründen.

Zu beachten ist, daß **erhöhte Absetzungen an Stelle der AfA** nach § 7 EStG gewährt werden, während **Sonderabschreibungen auch neben der AfA** nach § 7 EStG in Betracht kommen.

§ 7 a EStG enthält gemeinsame Vorschriften für erhöhte Absetzungen und Sonderabschreibungen als lex generalis, insbesondere zu

— nachträglichen Anschaffungs- oder Herstellungskosten,

— Anzahlungen auf Anschaffungskosten und Teilherstellungskosten,

— Mindest-AfA bei Inanspruchnahme erhöhter Absetzungen,

— Pflicht zur Vornahme der linearen AfA nach § 7 Abs. 1 oder 4 EStG neben den Sonderabschreibungen (Verbot der degressiven AfA),

— Kumulationsverbot bei Vorliegen der Voraussetzungen für die Anwendung verschiedener Vorschriften über Sonderabschreibungen u. a.

Beispiele für erhöhte Absetzungen und Sonderabschreibungen sind § 7 d EStG, der auslaufende § 7 b EStG, §§ 76, 82 i EStDV, §§ 14 — 15 BerlinFG, § 3 ZonenRFG, §§ 7 d, 7 e EStG u. a.

### 7.5.4 Sonderfragen der Abschreibungsermittlung

#### 7.5.4.1 Anschaffung oder Herstellung im Laufe des Jahres

Der Gesetzgeber hat den Beginn der Abschreibungsverrechnung nicht eindeutig festgelegt. Wohl aber ist bei Anschaffungen der Zeitpunkt der Lieferung bzw. der Zeitpunkt, zu dem der Vermögensgegenstand in betriebsbereiten Zustand versetzt wird, für den Abschreibungsbeginn maßgebend.

Wurde ein Vermögensgegenstand hergestellt, so markiert der Zeitpunkt der Fertigstellung, spätestens der Nutzungsbeginn, den Beginn der Abschreibungen. Bei Großanlagen können selbständig bewertbare Teilanlagen schon vorher abgeschrieben werden, auch wenn die Gesamtanlage entweder noch gar nicht fertiggestellt oder noch nicht genutzt wird.

Bei **Anschaffung oder Herstellung während eines Jahres** wird grundsätzlich eine **zeitanteilige Abschreibungsverrechnung** verlangt, doch wird üblicherweise ein angefangener Monat als voller Monat für die Abschreibung einbezogen. Für abnutzbare bewegliche Wirtschaftsgüter darf (auch handelsrechtlich) die Vereinfachungsregel des Abschn. 43 Abs. 8 Satz 3 EStR angewendet werden, daß bei Anschaffung oder Herstellung

— in der ersten Hälfte des Wirtschaftsjahres die volle Jahres-AfA und

— in der zweiten Hälfte des Wirtschaftsjahres die halbe Jahres-AfA

verrechnet werden kann (Wahlrecht).

Auch beim **Ausscheiden eines Wirtschaftsgutes** (z. B. durch Veräußerung oder Entnahme) ist die AfA zeitanteilig vorzunehmen (Aufrundung auf volle Monate), wobei jedoch die Vereinfachungsregel nach Abschn. 43 Abs. 8 Satz 3 EStR nicht anwendbar ist. Denn beim Ausscheiden eines Wirtschaftsgutes kann der genaue Buchwert (z. B. für Übertragung stiller Reserven nach § 6 b EStG, Abschn. 35 EStR) von Bedeutung sein.

Bei **Gebäuden** ist nach § 11 c Abs. 1 EStDV die lineare Abschreibung zeitanteilig vorzunehmen. Die degressive AfA nach § 7 Abs. 5 EStG und die AfA nach § 7 b EStG allerdings sind im Jahr der Fertigstellung in Höhe des vollen Jahresbetrags abzuziehen, da diese AfA-Methoden nicht verbrauchsbedingt sind, sondern wohnungspolitische Zwecke verfolgen (BFH-Urteil, BStBl 1974 II S. 704, Abschn. 42 Abs. 5 EStR).

#### 7.5.4.2 Nachträgliche Anschaffungs- oder Herstellungskosten

Werden nach Abschn. 43 Abs. 10 EStR nachträgliche Anschaffungs- oder Herstellungskosten für abnutzbare Wirtschaftsgüter aufgewendet, so bemessen sich vom Jahr der Entstehung der nachträglichen Anschaffungs- oder Herstellungskosten an die AfA nach dem um die nachträglichen Anschaffungs- oder Herstellungskosten vermehrten letzten Buchwert oder Restwert und der Restnutzungsdauer.

Letzter Buchwert bzw. Restwert
+ nachträgliche Anschaffungs- oder Herstellungskosten
= neue Bemessungsgrundlage

Gegebenenfalls ist die Restnutzungsdauer neu zu schätzen. Bei degressiver AfA nach § 7 Abs. 2 EStG bleibt der bisherige AfA-Satz unverändert. Für das Jahr der Entstehung der nachträglichen Anschaffungs- oder Herstellungskosten kann aus Vereinfachungsgründen der volle AfA-Satz der neuen Bemessungsgrundlage angesetzt werden. Vgl. auch die Beispiele in Abschn. 43 Abs. 10 EStR.

Waren die nachträglichen Anschaffungs- oder Herstellungskosten so umfangreich, daß praktisch ein anderes (neues) Wirtschaftsgut entstanden ist, so ist die neue AfA-

Bemessungsgrundlage wie ein neues Wirtschaftsgut mit einer neuen voraussichtlichen Nutzungsdauer abzuschreiben.

### 7.5.4.3 Wechsel der Abschreibungsmethoden

Wie bereits erwähnt, läßt der Gesetzgeber einen Übergang von der degressiven oder Leistungsabschreibung auf die lineare Abschreibungsmethode zu (§ 7 Abs. 2 EStG). In diesen Fällen ist der Restbuchwert nach neuer Methode planmäßig, d. h. gleichmäßig auf die Restnutzungsdauer zu verteilen.

### 7.5.4.4 Sofortabschreibung geringwertiger Wirtschaftsgüter

Aus Vereinfachungsgründen können geringwertige, einer selbständigen Nutzung fähige Vermögensgegenstände des abnutzbaren beweglichen Anlagevermögens mit Anschaffungs- oder Herstellungskosten unter 800,— im Jahr ihrer Anschaffung sofort abgeschrieben werden. Sie werden im Jahr der Anschaffung im Anlagenspiegel als Zugang und als Abgang ausgewiesen (vgl. S. 337 und 387).

Anlagegüter unter 100,— werden im Zugangszeitpunkt gleich als Aufwand verbucht, so daß Aktivierung und Vollabschreibung nicht erforderlich sind (Abschn. 40 Abs. 4 EStR).

Für die geringwertigen Wirtschaftsgüter ist ein besonderes **Verzeichnis** mit den Angaben nach § 6 Abs. 2 Satz 4 EStG zu führen, sofern sich diese Angaben nicht aus der Buchführung ergeben. Während sich die meisten Vorschriften des § 6 Abs. 2 EStG auf allgemeine Grundsätze stützen, hebt das Merkmal der selbständigen Nutzungsfähigkeit detailliert auf den Unterschied zu Sachgesamtheiten ab (vgl. S. 153).

**Kontrollfragen** _____

*1. Welche Abschreibungsmethoden kommen handels- und steuerrechtlich in Betracht?*

*2. Welche Abschreibungsmethoden lassen sich unterscheiden?*

*3. Wie ist die Gebäudeabschreibung steuerlich geregelt?*

*4. Was unterscheidet AfaA und Teilwertabschreibung?*

*5. Bei welchen Vermögensgegenständen gilt bei Kapitalgesellschaften das strenge Niederstwertprinzip im Anlagevermögen?*

*6. Welche Kombinationsformen planmäßiger Abschreibungsverfahren sind zulässig?*

*7. Wie ist die Abschreibung für den derivativen Firmenwert handels- und steuerrechtlich geregelt?*

*8. Für welche Vermögensgegenstände kommen planmäßige, für welche außerplanmäßige Abschreibungen in Frage?*

*9. Welche Regelung gibt es hinsichtlich der Abschreibungsverrechnung bei Anschaffung/Herstellung im Laufe eines Jahres?*

## 7.6 Bewertung des Umlaufvermögens

### 7.6.1 Übersicht

Obergrenze für die Bewertung des Umlaufvermögens sind wiederum die Anschaffungs- oder Herstellungskosten (§ 253 Abs. 1 Satz 1 HGB). Allerdings gibt es hier im Gegensatz zum abnutzbaren Anlagevermögen keine planmäßigen Abschreibungen, wohl aber gebietet das strenge Niederstwertprinzip im Fall eines Absinkens des Börsen- oder Marktpreises ohne Rücksicht darauf, ob diese Wertminderung voraussichtlich von Dauer oder nur vorübergehend ist, eine Abschreibung auf diesen niedrigeren Wert (§ 253 Abs. 3 Satz 1 HGB).

Ist ein Markt- oder Börsenpreis nicht festzustellen und übersteigen die Anschaffungs- oder Herstellungskosten den Wert, der den Vermögensgegenständen am Abschlußstichtag beizulegen ist, so ist auf diesen Wert abzuschreiben (§ 253 Abs. 3 Satz 2 HGB). Ein solcher beizulegender Wert kann vom Beschaffungs- oder Absatzmarkt her ermittelt werden, indem

— von den realistischerweise zu erwartenden Verkaufspreisen die noch anfallenden Veräußerungskosten abzuziehen oder

— zu den aktuellen Beschaffungspreisen die Anschaffungsnebenkosten hinzuzurechnen

sind. Während eine Orientierung am Beschaffungsmarkt vornehmlich bei Roh-, Hilfs- und Betriebsstoffen in Betracht kommt, sind Wertpapiere, Erzeugnisse und Handelswaren vor allem nach den Verhältnissen des Absatzmarktes zu bewerten.

Die Bewertung zum niedrigeren Markt- oder Börsenpreis bzw. beizulegenden Wert kann durch folgende handelsrechtlich zulässigen Wertansätze noch unterschritten werden (Wahlrecht):

— zur Vermeidung von Wertschwankungen nach § 253 Abs. 3 Satz 3 HGB,

— im Rahmen vernünftiger kaufmännischer Beurteilung nach § 253 Abs. 4 HGB,

— durch Übernahme steuerlicher Wertansätze ins Handelsrecht nach § 254 HGB.

**Nicht-Kapitalgesellschaften** können Wertansätze, die auf Grund § 253 Abs. 3, 4 oder § 254 HGB gewählt wurden,

— beibehalten oder

— auf die aktuellen höheren Wertansätze nach diesen Vorschriften (höchstens aber auf die Anschaffungs- oder Herstellungskosten) aufholen oder

— einen beliebigen Zwischenwert ansetzen (ADS 1987, § 253 Tz 560).

Kapitalgesellschaften haben dagegen eine Wertaufholungspflicht nach § 280 Abs. 1 HGB, die nur für steuerliche Regelungen nach § 280 Abs. 2 HGB durchbrochen werden kann, die eine handelsrechtliche Berücksichtigung voraussetzen.

Das Flußdiagramm von S. 222 soll die Wertansatzpflichten und -wahlrechte des Bilanzierenden verdeutlichen.

## 7.6.2  Bewertung einzelner Wirtschaftsgüter des Umlaufvermögens

### 7.6.2.1  Vorräte

Für die Vorratsbewertung gelten grundsätzlich die oben genannten Regelungen. Sind die Markt- oder Börsenpreise zu ermitteln und niedriger als die Anschaffungs- oder Herstellungskosten, so sind sie Ausgangspunkt der Bewertung (§ 253 Abs. 3 HGB). In den anderen Fällen ist ein beizulegender Wert am Beschaffungs- oder Absatzmarkt zu bestimmen, je nach anzunehmender Verwertungsprämisse. Nach dem Vorsichtsprinzip müssen alle noch anfallenden Veräußerungs-, Transport- und Lagerkosten bei der Bestandsbewertung außer Ansatz bleiben.

Unter bestimmten Voraussetzungen können **Bewertungsvereinfachungsverfahren** zur Anwendung kommen (vgl. S. 203 ff.), nämlich

— Durchschnittsmethode (§ 240 Abs. 4 HGB),

— Festbewertung (§ 240 Abs. 3 HGB),

— Bewertung mittels Verbrauchsfolgeverfahren (§ 256 HGB).

Diese Bewertungsvereinfachungsverfahren dienen lediglich der vereinfachten Ermittlung der Anschaffungs- oder Herstellungskosten, entbinden aber nicht von der Pflicht bzw. dem Wahlrecht, zu prüfen, ob eine Abschreibung nach §§ 253 Abs. 3 und 4 bzw. 254 HGB geboten oder sinnvoll erscheint.

| Schematische Darstellung der Bewertung des Umlaufvermögens bei | | |
|---|---|---|
| | Einzelkaufleuten und Personengesellschaften (§§ 253, 254 HGB) | Kapitalgesellschaften (§§ 253, 254, 279 HGB) |
| Primärer Bewertungsmaßstab | Wie hoch sind die Anschaffungs-/ Herstellungskosten (§ 253 Abs. 1 Satz 1 HGB)? ↓ | Wie hoch sind die Anschaffungs-/ Herstellungskosten (§ 253 Abs. 1 Satz 1 HGB)? ↓ |
| Sekundärer Bewertungsmaßstab | Ist der — Börsen- oder Marktpreis bzw. — beizulegende Wert niedriger (§ 253 Abs. 3 Satz 1, 2 HGB)? <br><br> ja → Niedrigerer Wertansatz zwingend <br> nein → Ansatz der Anschaffungs-/Herstellungskosten | Ist der — Börsen- oder Marktpreis bzw. — beizulegende Wert niedriger (§ 253 Abs. 3 Satz 1, 2 HGB)? <br><br> ja → Niedrigerer Wertansatz zwingend <br> nein → Ansatz der Anschaffungs-/Herstellungskosten |
| Tertiäre Bewertungsmaßstäbe | Noch prüfen, ob Abschreibungen auf den — niedrigeren Wert zur Vermeidung von Wertansatzänderungen in nächster Zukunft (§ 253 Abs. 3 Satz 3 HGB), — niedrigeren nach vernünftiger kaufmännischer Beurteilung zulässigen Wert (§ 253 Abs. 4 HGB), — niedrigeren steuerlich zulässigen Wert (§ 254 HGB unter Beachtung der umgekehrten Maßgeblichkeit) in Betracht kommen. Ihr Ansatz ist freigestellt (Wahlrecht). | Noch prüfen, ob Abschreibungen auf den — niedrigeren Wert zur Vermeidung von Wertansatzänderungen in nächster Zukunft (§ 253 Abs. 3 Satz 3 HGB), — niedrigeren steuerlich zulässigen Wert (§ 254 HGB unter Beachtung der umgekehrten Maßgeblichkeit) in Betracht kommen. Ihr Ansatz ist freigestellt (Wahlrecht). |
| Erläuterung | Die Bewertung des Umlaufvermögens richtet sich auf der primären und sekundären Ebene nach dem **strengen Niederstwertprinzip** (§ 253 Abs. 2 Satz 2, 3 HGB). Es besagt, daß Wertherabsetzungen ohne Rücksicht darauf vorzunehmen sind, ob eine Wertminderung von Dauer ist oder nicht. | |

Lange liegende Waren erhalten steuerlich und handelsrechtlich meist einen Sonderabschlag von den Anschaffungs- oder Herstellungskosten wegen erschwerter Verkäuflichkeit. Dieser sogenannte **Gängigkeitsabschlag** wird in der Regel abhängig sein von der Lagerdauer bis zum Bilanzstichtag. Wertsteigerungen während der Lagerdauer können nach dem Realisationsprinzip (§ 252 Abs. 1 Nr. 4 HGB) nicht durch eine Höherbewertung erfaßt werden. Gewinne sind nur zu berücksichtigen, wenn sie am Abschlußstichtag realisiert, d. h. durch Verkauf entstanden sind.

### 7.6.2.2 Forderungen

Sie sind unter Beachtung des strengen Niederstwertprinzips handels- und steuerrechtlich grundsätzlich mit dem Nennbetrag anzusetzen, wobei zu erwartende Preisnachlässe, sofern mit ihrer Inanspruchnahme zu rechnen ist, vom Nennbetrag abzusetzen sind. Für noch zu zahlende (Inkasso-)Provisionen ist dagegen eine Verbindlichkeit oder Rückstellung zu bilden.

**Zweifelhafte Forderungen** sind unter Beachtung der Umstände des Einzelfalles mit ihrem wahrscheinlichen Wert anzusetzen; uneinbringliche Forderungen sind abzuschreiben. Zu den Voraussetzungen und der Verbuchung von Einzel- und Pauschalwertberichtigungen vgl. S. 51 ff.

Bei der Bestimmung des wahrscheinlichen Wertes ist eine verständige Würdigung aller Gesamtumstände nach vernünftiger kaufmännischer Beurteilung vorzunehmen. Dabei sind auch Faktoren, die den Wert einer Forderung für den Gläubiger positiv beeinflussen, wie Delkredereversicherungen, Bürgschaften, Sicherheiten, zu berücksichtigen.

**Mittel- und längerfristige unverzinsliche oder niederverzinsliche Forderungen** sind nach allgemeinen Grundsätzen abzuzinsen und nur mit ihrem Barwert anzusetzen. Abschreibungen und Abzinsungen von Forderungen werden unter der GuV-Position „Sonstige betriebliche Aufwendungen" erfaßt, soweit sie das unternehmensübliche Maß nicht übersteigen.

Forderungen in ausländischer Währung **(Valutaforderungen)** sind mit dem maßgeblichen Wechselkurs zum Zeitpunkt der Erstverbuchung (Tag ihrer Begründung) zu bewerten, sofern nicht die Umrechnung zum Kurs am Bilanzstichtag einen niedrigeren Wert ergibt.[1] Zu erwartende (Umrechnungs-)Kursgewinne sind nach dem Imparitätsprinzip dagegen erst bei Eingang des Forderungsbetrages auszuweisen.

**Leasingforderungen** des Leasinggebers entsprechen zunächst den Anschaffungs- oder Herstellungskosten des Leasinggegenstandes. Gehen Leasingraten ein, so vermindern sich die Leasingforderungen um den Tilgungsanteil, während der Zinsanteil zugunsten des laufenden Ertrages zu verbuchen ist.

### 7.6.2.3 Importwarenabschlag

Er stellt eines der wichtigsten Beispiele für die umgekehrte Maßgeblichkeit dar. Nach § 80 EStDV darf bei bestimmten im Ausland erzeugten oder hergestellten Wirtschaftsgütern des Umlaufvermögens, die noch nicht be- oder verarbeitet sind, ein Abschlag bis zu 20 % (bis 31. 12. 1989, 15 % bis 31. 12. 1990, danach 10 %) der Anschaffungskosten oder des niedrigeren Markt- oder Börsenpreises vorgenommen werden. Diese steuerliche Handhabung setzt jedoch eine entsprechende handelsrechtliche Übernahme voraus. Das gilt sowohl für Einzelkaufleute und Personenhandelsgesellschaften als auch für Kapitalgesellschaften (§ 279 Abs. 2 HGB).

**Beispiel:**

Ein Posten Rohdiamanten wurde am 15. 6. in Zürich erworben zum Preis von 200 000,— Sfr. Er sollte in einem Sondertransport am 10. 7. nach Deutschland gelangen. Der Bilanzstichtag ist 30. 6., der Umrechnungskurs für Sfr. beträgt 1,20 DM. Allerdings wurde bereits Ende Juni bekannt, daß vergleichbare Rohsteine in Antwerpen zu Preisen angeboten werden, die 10 % unter den Preisen in der Schweiz liegen.

Die Anschaffungskosten betragen 240 000,— (= 200 000,— x 1,20), der niedrigere beizulegende Wert beträgt 216 000,— (= 240 000,— abzüglich 10 % außerplanmäßige Abschreibung).

Ist ein Importwarenabschlag möglich? Nach § 80 EStDV müssen folgende Voraussetzungen erfüllt sein:

— Gewinnermittlung nach § 5 EStG,
— Ware in Anlage 3 zu § 80 EStDV aufgeführt,

---

[1] Vgl. HFA: Geänderter Entwurf einer Verlautbarung zur Währungsumrechnung, in: WPg 1986, S. 664.

— Ware im Ausland erzeugt oder hergestellt,

— Ware nach Anschaffung nicht be- oder verarbeitet,

— § 80 Abs. 2 Nr. 3 EStDV nicht einschlägig,

— Wirtschaftsgut am Stichtag bereits im Inland oder nachweislich zur Einfuhr bestimmt.

Diese Bedingungen sind hier erfüllt. Bei einem Abschlag von 15 % können die Rohdiamanten zu Werten zwischen 216 000,— und 183 600,— angesetzt werden.


**Kontrollfragen**

1. *Welche Abschreibungen sind für Vermögensgegenstände des Umlaufvermögens möglich?*

2. *Was besagt das Niederstwertprinzip? Wie ist es im Umlaufvermögen anzuwenden?*

3. *Welche Unterschiede bestehen bei der Ermittlung des beizulegenden Wertes bei Rohstoffen und bei Fertigwaren?*

4. *Welche grundsätzlichen Unterschiede bestehen bei Einzel- und Pauschalwertberichtigungen auf Forderungen?*


**Aufgabe 4.37** *(Realisations- und Imparitätsprinzip) S. 341*

**Aufgabe 4.38** *(Bewertung des Umlaufvermögens bei fallenden Preisen) S. 341*


# 7.7 Bewertung im Zusammenhang mit dem Eigenkapital

Das Eigenkapital stellt sich in der Bilanz als Restgröße in Höhe der Differenz zwischen den Aktivposten und den übrigen Passiva dar. Bei den meisten Rechtsformen besteht das Eigenkapital nicht nur aus einem Posten, sondern ist in mehrere Positionen aufgegliedert (vgl. § 266 Abs. 3 HGB).[1]

Folgende drei Kategorien von Buchungsvorgängen beeinflussen die Höhe des Eigenkapitals:

(1) Erfolgswirksame Vorgänge: Da das GuV-Konto über das Eigenkapitalkonto abgeschlossen wird, wird die Höhe des Eigenkapitals von allen Erfolgsbuchungen während eines Jahres beeinflußt. Besondere Bewertungsprobleme ergeben sich dabei nicht, da hier die Eigenkapitalveränderung durch die Residualgröße aller Aufwendungen und Erträge bestimmt wird.

(2) Privatentnahmen und -einlagen: Während Geldbewegungen zwischen Gesellschaft und Gesellschaftern hinsichtlich der Bewertung auf Grund ihres Nennwertcharakters unproblematisch sind, entstehen bei Sacheinlagen oder -entnahmen Bewertungsnotwendigkeiten. Hier sind handelsrechtlich marktnahe Zeitwerte (beizulegender Wert) zugrundezulegen. Steuerrechtlich ist eine Bewertung zum Teilwert vorgeschrieben (§ 6 Abs. 1 Nr. 4 und 5 EStG).

Wird über andere Transaktionsvorgänge eine verdeckte Einlage oder Entnahme getätigt, so ist der entsprechende Differenzbetrag herauszurechnen und das Eigenkapital betragsmäßig entsprechend zu korrigieren.

Gleiches gilt bei Kapitalgesellschaften bezüglich Einlagen, Gewinnverteilungsbuchungen und Kapitalrückzahlungen.

---

[1] Ausführliche Darlegungen zum Eigenkapitalausweis bei unterschiedlichen Rechtsformen, zur Gewinnverteilung und den damit zusammenhängenden Buchungen finden sich im Band II.

(3) Umbuchungen zwischen verschiedenen Eigenkapitalposten: Auch hier entstehen wegen des Nominalwertcharakters der Eigenkapitalpositionen keine zusätzlichen Bewertungsprobleme. Dies gilt sowohl für Gewinnverwendungsbuchungen (§ 158 Abs. 1 Nr. 1 bis 5 AktG, Rücklagenzuweisungen und -entnahmen, d. h. Überführung des Jahresüberschusses in den Bilanzgewinn) als auch für Kapitalerhöhungen aus Gesellschaftsmitteln u. a.

## 7.8 Bewertung des Sonderpostens mit Rücklageanteil

Nach neuem Recht hat dieser Posten zwei Inhalte:

(1) Ausweis von sogenannten steuerfreien Rücklagen, d. h. Rücklagen, die auf Grund steuerlicher Vorschriften den Gewinn mindern und erst bei ihrer Auflösung zu versteuern sind (§ 247 Abs. 3 HGB),

(2) Ausweis von einer Art von Wertberichtigungsposten zur Aufnahme des Betrags der steuerlichen Sonderabschreibungen, der über die handelsrechtlich gebotenen Abschreibungen hinausgeht (§ 281 Abs. 1 HGB).

Die Bestimmung des § 281 Abs. 1 HGB gilt zwar nur für Kapitalgesellschaften, kann aber auch von den übrigen Kaufleuten angewandt werden.

### 7.8.1 Steuerfreie Rücklagen

Während üblicherweise Rücklagen aus dem versteuerten Gewinn gebildet werden, sind steuerfreie Rücklagen bereits vor der Unterwerfung unter die Ertragsbesteuerung zu bilden. Dabei wird die Ertragsteuerlast nicht endgültig aufgehoben. Vielmehr handelt es sich faktisch um eine Steuerstundung, da eine Versteuerung

— bis zur Auflösung der Rücklagen oder

— durch die Verringerung von Abschreibungen über die Laufzeit

hinausgeschoben wird. Demzufolge weisen steuerfreie Rücklagen einen Eigen- und einen Fremdkapitalanteil in Höhe der bei ihrer Auflösung einsetzenden Steuerverpflichtung auf (wobei angesichts der Ungewißheit über den Zeitpunkt der Auflösung und damit der Versteuerung sowie der Höhe der Steuerverbindlichkeiten noch eher ein Rückstellungscharakter anzunehmen wäre).

Während § 247 Abs. 3 HGB dem **Kaufmann** gestattet, alle steuerfreien Rücklagen in der Handelsbilanz unter den Sonderposten mit Rücklageanteil aufzunehmen, schränkt § 273 HGB für Kapitalgesellschaften den Ausweis dieser Rücklagen ein. Danach darf eine solche Rücklage in der Handelsbilanz von **Kapitalgesellschaften** nur gebildet werden, wenn das Steuerrecht für die steuerliche Anerkennung des Sonderpostens voraussetzt, daß eine entsprechende Rücklage auch in der Handelsbilanz gebildet wird, also die umgekehrte Maßgeblichkeit zur Anwendung kommt.

#### 7.8.1.1 Rücklage für Ersatzbeschaffung (Abschn. 35 EStR)

Durch sie werden Gewinne der Besteuerung vorläufig entzogen, die dadurch entstanden sind, daß Wirtschaftsgüter gegen die Absicht des Steuerpflichtigen aus dem Betriebsvermögen ausgeschieden sind. Die stillen Reserven, die in Höhe der Differenz zwischen gewährter Entschädigung und Buchwert im Zeitpunkt des Ausscheidens aufgedeckt werden, können auf ein Ersatzwirtschaftsgut unter folgenden Voraussetzungen übertragen werden:

— Das Wirtschaftsgut scheidet auf Grund höherer Gewalt oder behördlicher Eingriffe aus dem Betriebsvermögen aus;

— die Entschädigungszahlung hat für das Wirtschaftsgut selbst zu erfolgen;

— das Ersatzwirtschaftsgut muß dem ausgeschiedenen Wirtschaftsgut in seiner Funktion gleich sein.

Vgl. Aufgabe 4.17 (Sonderposten mit Rücklageanteil).

### 7.8.1.2 Rücklage für Veräußerungsgewinne bei bestimmten Anlagegütern (§ 6 b EStG)

Buchgewinne aus der Veräußerung von bestimmten Wirtschaftsgütern des Anlagevermögens können gemäß § 6 b EStG im Wirtschaftsjahr der Veräußerung in der Regel bis zu 50 %, bei Immobilien in vollem Umfang von den Anschaffungs- oder Herstellungskosten bestimmter, im gleichen Wirtschaftsjahr angeschaffter oder hergestellter Wirtschaftsgüter abgesetzt oder in eine den steuerlichen Gewinn mindernde Rücklage eingestellt und später übertragen werden. Bei welchen Anlagegütern die Aufdeckung und bei welchen eine Übertragung stiller Reserven möglich ist, ist in § 6 b Abs. 1 EStG geregelt. Veräußerungsgewinn ist nach Abs. 2 der Betrag, um den der Veräußerungspreis nach Abzug der Veräußerungskosten den Buchwert übersteigt.

Bei direktem Abzug der übertragenen stillen Reserven von den Anschaffungs- oder Herstellungskosten des angeschafften oder hergestellten Wirtschaftsgutes ist dieser Restbetrag die Bemessungsgrundlage der AfA. Die Übertragung oder Auflösung einer Rücklage nach § 6 b EStG muß innerhalb der Fristen des Abs. 3 erfolgen. Vgl. auch § 9 a EStDV und Abschn. 41 a ff. EStR.

**Aufgabe 4.39**  *(6 b-Rücklage) S. 341*

### 7.8.1.3 Preissteigerungsrücklage (§ 74 EStDV)[1]

Nach § 74 EStDV kann für Roh-, Hilfs- und Betriebsstoffe, halbfertige und fertige Erzeugnisse und Waren, deren Börsen- oder Marktpreis um mehr als 10 % gestiegen ist, eine den steuerlichen Gewinn mindernde Rücklage gebildet werden, die spätestens bis zum Ende des auf die Bildung folgenden 6. Wirtschaftsjahres gewinnerhöhend aufzulösen ist. Zur Berechnung der Preissteigerungsrücklage vgl. Abschn. 228 Abs. 3 EStR.

Da eine entsprechende Vorgehensweise im handelsrechtlichen Jahresabschluß nicht erforderlich ist (§ 51 Abs. 1 Nr. 2 b), kommt der Ansatz einer Preissteigerungsrücklage in der Handelsbilanz von Kapitalgesellschaften auch vor dem 1. 1. 1990 nicht in Betracht.

### 7.8.1.4 Weitere steuerfreie Rücklagen

Weitere steuerfreie Rücklagen sind z. B.

— Rücklage für Zuschüsse aus öffentlichen Mitteln gemäß Abschn. 34 Abs. 3 EStR,

— Rücklage gemäß § 82 StBauFG i. V. m. § 6 b EStG,

— Rücklage nach dem Gesetz über steuerliche Maßnahmen bei der Stillegung von Steinkohlebergwerken,

— Rücklage nach § 6 c Abs. 1 EStG (Abschn. 41 EStR).

## 7.8.2 Steuerliche Sonderabschreibungen im Sonderposten mit Rücklageanteil

Steuerliche Sonderabschreibungen können entweder direkt durch Kürzung des Buchwertes um den Abschreibungsbetrag oder indirekt in Form einer Art Wertberichtigung durch Bildung eines Passivpostens als Sonderposten mit Rücklageanteil erfaßt werden (§ 281 HGB).

---

[1] Nur noch anwendbar für Wirtschaftsjahre, die vor dem 1. 1. 1990 enden (§ 51 Abs. 1 Nr. 2 b EStG).

**Beispiel:**

Eine GmbH im Zonenrandgebiet hat eine abnutzbare Anlage für 200 000,— erworben, die normalerweise mit 5 % abzuschreiben wäre. Nach § 3 Abs. 2 ZonenRFG sind jedoch Sonderabschreibungen mit jeweils 10 % im Anschaffungsjahr und den folgenden 4 Jahren gestattet.

Durch die Bildung des Sonderpostens mit Rücklageanteil wird es möglich, den Buchwert des Anlagevermögens in Übereinstimmung mit dem Handelsrecht, nur um die normale AfA gekürzt, im Anlagenspiegel auszuweisen. Der die normale AfA übersteigende Betrag wird im Konto „Einstellungen in den Sonderposten mit Rücklageanteil" gebucht. Die Auflösung des Sonderpostens erfolgt über das Konto „Erträge aus Auflösung von Sonderposten mit Rücklageanteil". Durch die Einschaltung des Sonderpostens mit Rücklageanteil weichen die Jahresergebnisse nach Handels- und Steuerbilanz weder zur Zeit der Bildung noch zur Zeit der Auflösung dieses Postens voneinander ab.

Die Firma bucht im Jahr der Anschaffung:

| | |
|---|---:|
| **Normale AfA** | |
| **an Anlagevermögen** | 10 000,— |
| **Einstellungen in den Sonderposten mit Rücklageanteil** | |
| **an Sonderposten mit Rücklageanteil** | 20 000,— |

Beide Buchungen sind 5 Jahre lang in gleicher Weise durchzuführen. Danach sind 50 000,— abgeschrieben (Restbuchwert in der Handelsbilanz also 150 000,—) und weitere 100 000,— über den Sonderposten mit Rücklageanteil, so daß insgesamt 150 000,— erfolgswirksam verrechnet worden sind. (Dies entspräche bei direkter Verrechnung einem Restbuchwert von 50 000,—.)

In den folgenden 15 Jahren (Gesamtnutzungsdauer 20 Jahre) ist der Sonderposten mit Rücklageanteil von 100 000,— mit jeweils 6 667,— wieder aufzulösen und die Anlage weiterhin mit jeweils 10 000,— abzuschreiben. Somit wirken sich jährlich 3 333,— erfolgswirksam aus.

Ab dem 6. Jahr lauten die Buchungen:

| | |
|---|---:|
| **Normale AfA** | |
| **an Anlagevermögen** | 10 000,— |
| **Sonderposten mit Rücklageanteil** | |
| **an Erträge aus Auflösung von Sonderposten mit Rücklageanteil** | 6 667,— |

Nach 20 Jahren sind sowohl das Anlagekonto als auch das Konto „Sonderposten mit Rücklageanteil" aufgelöst, wenn man die Restpfennige, die sich aus den Rundungen ergeben, am Ende mit ausbucht.

(Vgl. auch Aufgabe 4.17.)

**Kapitalgesellschaften** dürfen eine steuerlich zulässige höhere Abschreibung nur dann in der Handelsbilanz vornehmen, wenn das Steuerrecht die Anerkennung dieser Abschreibung von der gleichzeitigen Anwendung in der Handelsbilanz abhängig macht (§ 279 Abs. 2 HGB).

Im **Anhang** ist der gesamte Betrag der allein nach steuerlichen Vorschriften vorgenommenen Abschreibungen, soweit er sich nicht aus der Bilanz oder GuV-Rechnung ergibt, getrennt nach Anlage- und Umlaufvermögen anzugeben und zu begründen. Die entsprechenden Paragraphen der Steuergesetze müssen der Bilanz oder dem Anhang zu entnehmen sein.

Erträge aus der Auflösung des Sonderpostens mit Rücklageanteil sind in dem Posten „Sonstige betriebliche Erträge", Einstellungen in den Sonderposten mit Rücklageanteil sind in dem Posten „Sonstige betriebliche Aufwendungen" der GuV-Rechnung gesondert auszuweisen oder im Anhang anzugeben.

# 7.9 Bewertung der Rückstellungen

## 7.9.1 Überblick

Rückstellungen sind Belastungen, die dem Grunde und/oder der Höhe nach ungewiß sind. Sie lassen sich nach dem Grad ihrer Verbindlichkeit in drei Kategorien unterteilen:

— Rückstellungen auf Grund rechtlicher Verpflichtungen, wie Pensions-, Steuer-, Garantierückstellungen und Rückstellungen für drohende Verluste,

— Rückstellungen auf Grund wirtschaftlicher Verpflichtungen, womit die sogenannten Kulanzrückstellungen angesprochen sind,

— Aufwandsrückstellungen.

Die Notwendigkeit des Ausweises von Rückstellungen ergibt sich einerseits aus dem Vollständigkeitsgebot, andererseits aus dem Vorsichtsprinzip, nach dem Belastungen bereits im Zeitpunkt ihrer Erkennbarkeit zu erfassen sind und nicht erst, wenn sie realisiert sind. Schließlich bietet der Periodisierungsgrundsatz (§ 252 Abs. 1 Nr. 5 HGB) die formale Voraussetzung für die Rückstellungsbildung. Für die Rückstellungsbildung genügt nicht die bloße Möglichkeit einer Inanspruchnahme durch einen Dritten, sondern sie muß als rechtliche oder wirtschaftliche Verpflichtung **dem Grunde nach mit einiger Wahrscheinlichkeit zu erwarten** sein.

Um der Rückstellungsbildung keinen unbegrenzten Freiraum zur stillen Reservenbildung einzuräumen, wurde zum einen durch § 249 HGB ein geschlossener Katalog der Rückstellungsarten erlassen (vgl. S. 133), zum anderen wurde ihre Bewertung auf die Höhe des Betrags begrenzt, der nach vernünftiger kaufmännischer Beurteilung notwendig ist (§ 253 Abs. 1 Satz 2 HGB). Rückstellungen dürfen nur aufgelöst werden, soweit der Grund hierfür entfallen ist (§ 249 Abs. 3 HGB).

Zu unterscheiden sind Rückstellungen von Rücklagen. Während es sich bei **Rückstellungen** um Fremdkapital handelt, dem eine gewisse Unsicherheit anhaftet, wobei die Rückstellungsbildung eine Maßnahme im Rahmen der Gewinnermittlung ist, stellen **Rücklagen** Eigenkapitalpositionen dar, deren Beträge definitiv feststehen und die im Rahmen der Gewinnverwendung, also erfolgsneutral gebildet werden.

### 7.9.2 Bewertungsmaßstab

Neben der im Gesetz geregelten Frage, wann für die verschiedenen Rückstellungsarten eine Passivierungspflicht oder ein Wahlrecht anzunehmen ist, bleibt die Frage zu klären, wie die relativ allgemein gehaltene Bewertungsvorschrift des § 253 Abs. 1 Satz 2 HGB für die verschiedenen Rückstellungsarten auszulegen ist. Der nach vernünftiger kaufmännischer Beurteilung notwendige Wert läßt zwar kein Ermessen, wohl aber auf Grund der Schätzungsnotwendigkeit einen **Beurteilungsspielraum** offen. Dieser darf nicht zur bewußten Bildung stiller Rücklagen in den Rückstellungen führen, weder durch Ansatz fiktiver Rückstellungen noch durch Überdotierung von Rückstellungspositionen. Ebensowenig ist eine bewußte Unterdotierung mit dem Vorsichtsprinzip vereinbar bzw. zulässig.

Die vernünftige kaufmännische Beurteilung muß

— schlüssig und

— aus objektiven Umständen des konkreten Einzelfalles

abgeleitet sein. Dabei sind positive und negative Wertkomponenten gleichermaßen zu berücksichtigen, d. h., es dürfen nicht nur alle negativen Faktoren kumuliert Beachtung finden.

Bei **regelmäßig wiederkehrenden Risiken** ist der Betrag, für den die größte Wahrscheinlichkeit spricht, anzusetzen. Bei **einmaligen Ereignissen** ist von mehreren Schätzalternativen stets eine etwas pessimistischere als die wahrscheinlichste zu wählen. Unter Werten, die die gleiche Wahrscheinlichkeit aufweisen, ist dem Grundsatz der Vorsicht entsprechend derjenige zu wählen, der die höchste Rückstellung ergibt (Höchstwertprinzip, ADS 1987, § 253 Tz 175).

Bei langfristigen Rückstellungen ist vom Barwert auszugehen. Rückstellungen für ungewisse Verbindlichkeiten haben ohne Zweifel Schuldcharakter, doch besteht Ungewißheit über ihr Bestehen, den Zeitpunkt ihres Entstehens und/oder ihre Höhe. Sie sind mit dem Betrag anzusetzen, mit dem bei Erfüllung der Verbindlichkeit zu rechnen ist.

Rückstellungen sind grundsätzlich einzeln zu bewerten (§ 240 Abs. 1 HGB), es sei denn, gleichartige Risiken treten gehäuft auf (z. B. bei Garantierückstellungen). Im Falle einer Pauschalbewertung wird man auf Erfahrungswerte bzw. Aufzeichnungen zurückgreifen.

### 7.9.3 Bewertung einzelner Rückstellungen

#### 7.9.3.1 Steuerrückstellungen

Sie dürfen nur für solche Steuerarten gebildet werden, die als Aufwand zu behandeln sind. So ist für Personengesellschaften eine Rückstellung für Einkommensteuer, Kirchensteuer oder Vermögensteuer nicht zulässig.

Bekanntestes Beispiel ist die Gewerbesteuerrückstellung. Hierbei handelt es sich um Aufwand des Geschäftsjahres, für das der Abschluß zu machen ist. Da die Höhe des Gewinns die Gewerbesteuerschuld wesentlich beeinflußt, steht diese bei Erstellung des Jahresabschlusses noch nicht fest; es ist daher eine Rückstellung zu bilden. Der BFH hat zur Berechnung der Gewerbesteuerrückstellung die in der Praxis verbreitete 9/10-Methode zugelassen (Abschn. 22 Abs. 2 EStR).

| Gewerbesteuerrückstellung nach 9/10-Methode | | | |
|---|---|---|---|
| Gewinn vor | | Einheitswert des | |
|   Gewerbesteuerrückstellung | 76 200,— |   Betriebsvermögens | 240 000,— |
| + Gewerbesteuervorauszahlungen | | + Hinzurechnungen | |
|   (4 x 2 000,—) | 8 000,— |   (§ 12 Abs. 2 GewStG) | 110 000,— |
| | 84 200,— | ⅟ Kürzungen | |
| + Hinzurechnungen (§ 8 GewStG) | 6 800,— |   (§ 12 Abs. 3 GewStG) | 30 000,— |
| ⅟ Kürzungen (§ 9 GewStG) | 5 000,— | ⅟ Freibetrag | |
| Vorläufiger Gewerbeertrag | 86 000,— |   (§ 13 Abs. 1 Satz 3 GewStG) | 120 000,— |
| ⅟ Freibetrag | | Maßgebendes Gewerbekapital | 200 000,— |
|   (§ 11 Abs. 1 Satz 2 GewStG) | 36 000,— | | |
| Maßgebender Gewerbeertrag | 50 000,— | | |
| Meßbetrag nach dem Gewerbeertrag | | Meßbetrag nach dem Gewerbekapital | |
| 5 % von 50 000,— | 2 500,— | 0,2 % von 200 000,— | 400,— |
| Einheitlicher Meßbetrag | | | 2 900,— |
| Einstweilige Gewerbesteuer bei Hebesatz von 360 | | | 10 440,— |
| davon 9/10 (Abschn. 22 Abs. 2 EStR) | | | 9 396,— |
| ⅟ Vorauszahlungen | | | 8 000,— |
| Rückstellung | | | 1 396,— |

Dagegen führt die sogenannte Divisormethode zu einem exakten Ergebnis. Dabei wird die nach dem vorigen Beispiel ermittelte einstweilige Gewerbesteuer durch einen vom Hebesatz abhängigen Divisor geteilt. Dieser Divisor ergibt sich nach der Formel:

$$\text{Divisor} = 1 + \frac{\text{Hebesatz}}{2\,000}$$

Für einen Hebesatz von 360 ergibt sich ein Divisor von

$$1 + \frac{360}{2\,000} = 1{,}18$$

Anhand der Ausgangszahlen des vorigen Beispiels ergibt sich:

| | |
|---|---|
| Einstweilige Gewerbesteuer bei Hebesatz 360 | 10 440,— |
| Gewerbesteuer bei Divisormethode ($\frac{10\,440,—}{1{,}18}$) | 8 847,— |
| ⅟ Vorauszahlungen | 8 000,— |
| Gewerbesteuerrückstellung | 847,— |

**Kontrolle:**

| | |
|---|---:|
| Maßgebender Gewerbeertrag | 50 000,— |
| ./. Gewerbesteuer | 8 847,— |
| | 41 153,— |
| Meßbetrag nach dem Gewerbeertrag nach Gewerbesteuer (5 % von 41 153,—) | 2 057,— |
| Meßbetrag nach dem Gewerbekapital (0,2 % von 200 000,—) | 400,— |
| Einheitlicher Gewerbesteuermeßbetrag | 2 457,— |
| Gewerbesteuer bei Hebesatz 360 | 8 845,— |

(Die Differenz von 2,— entsteht durch Rundung.)

Grundsätzlich sind auch Steuerrückstellungen auf Grund **steuerlicher Außenprüfungen** sowie auch für steuerliche Nebenleistungen zu bilden, wobei aus Vorsichtsgründen der volle von der Finanzverwaltung geforderte Betrag zurückzustellen ist (ADS 1987, § 253 Tz 189).

Ist mit einer Fortschreibung von Einheitswerten zu rechnen, so sind die darauf beruhenden Mehrsteuern bei Vermögensteuer, Grundsteuer und Gewerbekapitalsteuer für die Rückstellung in Betracht zu ziehen, sofern sie sich auf die entsprechenden Abrechnungszeiträume beziehen.

Ferner sind noch nicht festgesetzte Gesellschaftsteuern sowie Umsatzsteuer auf den Eigenverbrauch und gegebenenfalls Änderungen des Vorsteuerabzugs nach § 15 a UStG zurückzustellen, sofern sie das abgelaufene Geschäftsjahr betreffen (ADS 1987, § 253 Tz 190).

Die Rückstellung für die Körperschaftsteuer bei Kapitalgesellschaften ist auf der Grundlage des Gewinnverwendungsvorschlags mit den jeweiligen Tarifbesteuerungen 50 % (bzw. von 56 % bei Veranlagung 1989) oder 36 % zu berechnen.

Als besondere Steuerrückstellung ist nach § 274 Abs. 1 HGB die **Rückstellung für latente Steuern** vorgeschrieben (Passivierungspflicht). Sie wird im Rahmen der Darstellung der latenten Steuern auf S. 243 ff. ausführlich behandelt.

### 7.9.3.2 Pensionsrückstellungen

Sie stellen ein Beispiel von Rückstellungen für ungewisse Verbindlichkeiten dar, für die eine grundsätzliche Passivierungspflicht besteht. Lediglich bei Altzusagen (vor dem 31. 12. 1986) bestand ein Passivierungswahlrecht, das nach dem Maßgeblichkeitsgrundsatz steuerlich nur analog der handelsrechtlichen Handhabung angewandt werden durfte.

Für die Bewertung gilt, daß Rentenverpflichtungen, für die eine Gegenleistung nicht mehr zu erwarten ist (z. B. laufende Pensionsverpflichtungen, unverfallbare Rentenanwartschaften) in Höhe des Barwertes und alle anderen Pensionsverpflichtungen nur in der Höhe als Rückstellung passiviert werden, die nach vernünftiger kaufmännischer Beurteilung notwendig ist. Beide Beträge sind nach **versicherungsmathematischen Grundsätzen** zu ermitteln, durch Abzinsung der auf Grund biometrischer Wahrscheinlichkeiten zu erwartenden künftigen Zahlungen auf den Abschlußstichtag.

Dem Grundsatz der Einzelbewertung gemäß ist der Versorgungsanspruch jedes einzelnen Berechtigten anhand seiner individuellen Daten und Bemessungsgrundlagen zu ermitteln. Dabei ist für den Abschlußstichtag im Sinne des § 240 Abs. 2 HGB eine Bestandsaufnahme zur Ermittlung der für jede pensionsberechtigte Person bestehenden Ansprüche und Anwartschaften durchzuführen (ADS 1987, § 253 Tz 259 ff.).

Zur Berechnung der Pensionsverpflichtungen[1] gilt es, vorab

— den Rechnungszinssatz zu bestimmen (hier wird eine Obergrenze bei 6 % und eine Untergrenze bei 3 % zu sehen sein; steuerlich ist ein Zinssatz von 6 % vorgeschrieben, Abschn. 41 Abs. 15 EStR), sowie

— die benötigten biometrischen Wahrscheinlichkeiten auszuwerten.

---

[1] Vgl. Stellungnahme HFA 2/1988: Pensionsverpflichtungen im Jahresabschluß, in: WPg 1988, S. 403 ff.

Darüber hinaus ist von Bedeutung, ob es sich um die Berechnung einer laufenden Rente oder um eine Anwartschaft handelt. Für letztere kommen drei Verfahren in Betracht, nämlich Barwert, Teilwert oder Gegenwartswert.

In der **Praxis** werden mit der Ermittlung des Rückstellungsbetrags in der Regel Versicherungsmathematiker beauftragt.

### Barwert der bereits laufenden Pensionen (Rentenbarwert)

Hier ist jede einzelne zu erwartende künftige Leistung auf den Abschlußstichtag abzuzinsen. Dieser Rentenbarwert wird im Zeitablauf bei gleicher Rentenhöhe kleiner, da die Zahl der zu erwartenden Zahlungen kleiner wird.

### Barwert der Pensionsanwartschaften (Anwartschaftsbarwert)

Dieser Fall ist relevant, wenn der vertraglich vereinbarte Versorgungsfall zwar noch nicht eingetreten ist, dennoch aber eine Gegenleistung des Versorgungsberechtigten nicht mehr zu erwarten ist (z. B. bei Ausscheiden des Arbeitnehmers mit unverfallbarer Anwartschaft oder Einstellung der Unternehmenstätigkeit). Mit zunehmendem Lebensalter steigt der Barwert der Anwartschaft auf Altersrente, da die Wahrscheinlichkeit für das Erleben des Leistungsbeginns immer größer wird und die Abzinsungszeit stetig abnimmt. Mit Erreichen des Pensionierungsalters geht der Anwartschaftsbarwert in den Rentenbarwert über. Zu diesem Zeitpunkt muß der Barwert aller zu erwartenden Rentenzahlungen durch die Rückstellungsbildung angesammelt sein. Danach sinkt der Barwert mit jeder ausgezahlten Rentenleistung ab.

### Teilwert von Anwartschaften

Er ist zu ermitteln bei Anwartschaften, für die eine Gegenleistung noch zu erwarten ist. Es wird unterstellt, daß der Anspruch bei Diensteintritt zugesagt wurde; spätere Erhöhungen der Leistungen werden auf das Jahr des Diensteintritts zurückbezogen und auf die Zeit zwischen Diensteintritt und Pensionierung verteilt (ADS 1987, § 253 Tz 281).

Wird das Teilwertverfahren in reiner Form angewandt, so werden alle Zahlungen auf den Zeitpunkt des Diensteintritts bezogen, während beim eingeschränkten Teilwertverfahren in Anlehnung an die steuerliche Vorschrift in § 6 a Abs. 3 EStG als Beginn frühestens das Wirtschaftsjahr zugrunde gelegt wird, bis zu dessen Mitte der Berechtigte das 30. Lebensjahr vollendet hat. In diesem Fall können sich im Jahr der Erstbildung hohe Belastungen ergeben, die nach § 6 Abs. 4 Satz 2 und 3 EStG bei besonders aufgeführten Anlässen auf drei Jahre verteilt werden dürfen. Diese Vorgehensweise wird überwiegend auch als handelsrechtlich anwendbar angesehen. Allerdings ist steuerlich eine Zuführung nur zulässig bis zur Höhe des Unterschiedsbetrages zwischen dem Teilwert am Ende des Wirtschaftsjahres und dem Teilwert am Ende des vorangegangenen Wirtschaftsjahres (§ 6 a Abs. 4 Satz 1 EStG) Daraus ergibt sich faktisch ein Nachholverbot für früher mögliche, aber nicht vorgenommene Zuführungen.

Davon unberührt sind Nachholbildungen, wenn die Rückstellung zuvor noch nicht möglich war, weil der Berechtigte das 30. Lebensjahr noch nicht vollendet hatte oder wenn der Berechtigte mit unverfallbaren Ansprüchen aus dem Dienstverhältnis ausscheidet.

### Gegenwartswert von Anwartschaften

Im Gegensatz zum Teilwert (bei dem alle Leistungen bzw. Erhöhungen auf den Zeitpunkt der Zusage oder der Erhöhung oder des Diensteintritts bezogen werden) wird beim Gegenwartswertverfahren eine versicherungsmathematische Verteilung erst ab dem Zeitpunkt der jeweiligen Zusage oder Erhöhung vorgenommen. Jede spätere Erhöhung der Bemessungsgrundlage wird demnach wie eine Neuzusage behandelt. Wird die Zusage bereits bei Diensteintritt erteilt und während der Laufzeit nicht erhöht, so sind Gegenwartswert und Teilwert identisch (ADS 1987, § 253 Tz 284).

### Auflösung von Pensionsrückstellungen

Rückstellungen dürfen nach § 249 Abs. 3 Satz 2 HGB nur aufgelöst werden, soweit der Grund hierfür entfallen ist. Dies gilt bei Pensionsrückstellungen auch für Altzusagen, die auf Grund eines Wahlrechts gebildet wurden, denn für die Auflösung der Rückstellungen gibt es kein Wahlrecht.

Gründe für die Reduzierung von Pensionsrückstellungen sind der Austritt eines Arbeitnehmers, wenn dabei dessen Anspruch verfällt, sowie die Minderung des Rückstellungsteilwerts durch ausgezahlte Versorgungsleistungen.

Bei der **versicherungsmathematischen Auflösungsmethode** ist die Pensionsrückstellung in Höhe des Barwertunterschiedes zwischen Beginn und Ende des Geschäftsjahres aufzulösen. Bei der **buchhalterischen Methode** werden die laufenden Pensionszahlungen so lange erfolgsneutral gegen die Rückstellung gebucht, bis diese verbraucht ist; die dann folgenden Zahlungen gehen als Aufwand zu Lasten des laufenden Ergebnisses. Diese Methode ist im Hinblick auf § 249 Abs. 3 Satz 2 HGB nur dann als zulässig anzusehen, wenn gleichzeitig eine Dotierung der verbleibenden Rückstellung in Höhe der Aufzinsung erfolgt (ADS 1987, § 253 Tz 292).

Eine einmal gewählte Auflösungsmethode darf aus Gründen der Bilanzkontinuität nicht willkürlich geändert werden (§ 252 Abs. 1 Nr. 6 HGB).


**Aufgabe 4.40** *(Buchung von Pensionsrückstellungen) S. 342*


### 7.9.3.3 Jubiläumsrückstellungen

Für rechtsverbindlich zugesagte Jubiläumszuwendungen an Arbeitnehmer muß in der **Handelsbilanz** nach § 249 Abs. 1 Satz 1 HGB eine Rückstellung für ungewisse Verbindlichkeiten gebildet werden.

Im **Steuerrecht** ist die Bildung von Jubiläumsrückstellung **erheblich eingeschränkt** (§§ 5 Abs. 4, 52 Abs. 6 EStG). Es kommt daher zu einer Durchbrechung des Maßgeblichkeitsprinzips (§ 5 Abs. 1 EStG). Die Grundsätze für die Bildung von Jubiläumsrückstellungen in der Steuerbilanz sind in der Übersicht auf S. 233 zusammengestellt.


### 7.9.3.4 Rückstellungen für drohende Verluste aus schwebenden Geschäften

Bei der Beurteilung schwebender Geschäfte geht man davon aus, daß sich im Normalfall Leistung und Gegenleistung wertmäßig entsprechen. Deshalb ist lediglich für die Fälle, in denen aktivierbare Aufwendungen getätigt und Vermögensumschichtungen vorgenommen wurden oder Verluste drohen, eine bilanzielle Erfassung notwendig.

Bei drohenden Verlusten ist eine Rückstellungsbildung vorgeschrieben. Dies ist der Fall, wenn die eigene Leistung die erwartete Gegenleistung zu übersteigen droht. Hierfür müssen Anzeichen erkennbar sein, die den Eintritt eines Verlustes im konkreten Fall als ernsthaft bevorstehend erscheinen lassen; die bloße theoretische Möglichkeit eines Verlustes genügt nicht (ADS 1987, § 253 Tz 210).

Nach dem Grundsatz der Einzelbewertung ist eine Saldierung von Gewinnen und Verlusten aus verschiedenen schwebenden Geschäften nicht zulässig; vielmehr sind nach dem Imparitätsprinzip nur drohende Verluste bereits im Erkennbarkeitszeitpunkt zu erfassen, unrealisierte Gewinne dagegen nicht (Abschn. 38 Abs. 5 EStR).

Drohende Verluste aus schwebenden Beschaffungsgeschäften werden regelmäßig durch gesunkene (Wieder-)Beschaffungspreise hervorgerufen. Schwebende Absatzgeschäfte sind dagegen von Verlusten bedroht, wenn die zu erwartenden Erlöse die bereits entstandenen und noch anfallenden Kosten nicht mehr decken. Sind bereits aktivierte Vermögensgegenstände in diesem Zusammenhang gebildet, so können die drohenden Verluste durch Abschreibungen berücksichtigt werden, andernfalls sind Rückstellungen zu bilden.

Bei der **Bestimmung der einzubeziehenden Kosten** dürfen kalkulatorische Kosten nicht berücksichtigt werden. Unterschiedliche Auffassungen bestehen aber über die Einbeziehung fixer Kosten in die Rechnung. Ihre Einbeziehung wird überwiegend bejaht, insbe-

| Jubiläumsrückstellungen in der Steuerbilanz | | |
|---|---|---|
| Grundsätzl. Regelung (§ 5 Abs. 4 EStG) | Übergangsregelung bis 31. 12. 1992 (§ 52 Abs. 6 EStG) | Höhe der zu bildenden Rückstellung |
| Folgende Bedingungen müssen für die Bildung von Jubiläumsrückstellungen erfüllt sein:<br>1. Die Zusage muß schriftlich erteilt worden sein.<br>2. Das Dienstverhältnis muß mindestens 10 Jahre bestanden haben.<br>3. Das Dienstjubiläum setzt das Bestehen eines Arbeitsverhältnisses von mindestens 15 Jahren voraus. | 1. Jubiläumsrückstellungen dürfen nur gebildet werden, soweit der Zuwendungsberechtigte seine Anwartschaft nach dem 31. 12. 1992 erwirbt. Bis zu diesem Zeitpunkt besteht ein Passivierungsverbot.<br>2. Bereits gebildete Rückstellungen sind in den Bilanzen des nach dem 30. 12. 1988 endenden Wirtschaftsjahrs und der beiden folgenden Wirtschaftsjahre mit mindestens je einem Drittel gewinnerhöhend aufzulösen. | 1. Nach dem BFH-Urteil vom 5. 2. 1987 (BStBl 1987 II S. 845) ist die Höhe abhängig<br>— vom Umfang der übernommenen Verpflichtung,<br>— der Wahrscheinlichkeit der Inanspruchnahme (Abschlag nach der Wahrscheinlichkeit eines vorzeitigen Ausscheidens wegen Tod, Invalidität oder Kündigung),<br>— der bis zur Fälligkeit vergehenden Zeit (zeitanteilige Ansammlung des Rückstellungsbetrags und Abzinsung). Eine Abzinsung von 5,5 % wird nicht beanstandet (BdF-Schreiben, BStBl 1987 I S. 770).<br>2. Darüber hinaus ist steuerlich der Zeitpunkt des Dienstbeginns von Bedeutung.<br>— Bei Dienstbeginn ab 1. 1. 1993 ist im 11. Jahr die bisher versäumte Rückstellungsbildung nachzuholen.<br>— Bei Dienstbeginn vor dem 1. 1. 1993 kommt eine Nachholung jedoch nicht für die Zeit vor dem 31. 12. 1992 in Betracht. |

sondere dann, wenn infolge der Ausführung der schwebenden Geschäfte die spätere Annahme anderer, vorteilhafter Aufträge verhindert wird (Kapazitätsproblem)

Auch bei **Dauerschuldverhältnissen** kann der Fall eintreten, daß sich ab einem bestimmten Zeitpunkt Leistungen und Gegenleistungen nicht mehr ausgleichen (ADS 1987, § 253 Tz 225 ff.). Dies kann z. B. sein bei

— Leasingverträgen, wenn die Erträge aus dem Leasingobjekt die Leasingraten nicht mehr decken,

— Darlehensverträgen, wenn die Vertragsparteien trotz geänderter Marktbedingungen an Konditionen gebunden sind, die für einen Partner ungünstiger sind, als dies nach den Marktverhältnissen erforderlich wäre,

— Sozialplanverpflichtungen, wenn mit ihnen auf Grund konkreter Anhaltspunkte zu rechnen ist, auch wenn der Sozialplan selbst noch nicht aufgestellt ist.

### 7.9.3.5 Rückstellungen für unterlassene Instandhaltung und Abraumbeseitigung

Im Gegensatz zu Rückstellungen für ungewisse Verbindlichkeiten handelt es sich hierbei um Aufwandsrückstellungen, die weniger wegen eines vollständigen Schuldenausweises als mehr zur Periodenabgrenzung der Aufwandskategorien gebildet werden.

Folgende Fälle von Instandhaltungsrückstellungen werden im Gesetz unterschieden:

| Rückstellungen für im Geschäftsjahr unterlassene Aufwendungen | Ansatz in | |
| --- | --- | --- |
| | Handelsbilanz | Steuerbilanz |
| — für Instandhaltung, die im 1. bis 3. Monat des folgenden Geschäftsjahres nachgeholt werden | Passivierungs-pflicht | Passivierungs-pflicht |
| — für Instandhaltungen, die im 4. bis 12. Monat des folgenden Geschäftsjahres nachgeholt werden | Passivierungs-wahlrecht | Passivierungs-verbot |
| — für Abraumbeseitigung, die im folgenden Geschäftsjahr nachgeholt werden | Passivierungs-pflicht | Passivierungs-pflicht |

Besteht eine **Passivierungspflicht,** so ist die Rückstellung in Höhe des Betrages anzusetzen, der nach vernünftiger kaufmännischer Beurteilung notwendig ist; dies ist grundsätzlich der Betrag, der wirtschaftlich bereits verursacht ist und für den die entsprechenden Maßnahmen innerhalb der im Gesetz genannten Nachholfristen durchgeführt werden.

Besteht dagegen ein **Passivierungswahlrecht,** so können die Rückstellungen mit jedem Betrag zwischen Null und dem nach vernünftiger kaufmännischer Beurteilung notwendigen Wert angesetzt werden, wobei dieses Wahlrecht jedes Jahr neu ausgeübt werden kann (ADS 1987, § 253 Tz 236 f.).

Beträge, die in den Vorjahren bereits passiviert wurden, dürfen nach § 249 Abs. 3 HGB nur aufgelöst werden, wenn der Grund für die Rückstellungsbildung entfallen ist.

Bei unterlassener Instandhaltung muß es sich um Erhaltungsarbeiten handeln, die bis zum Bilanzstichtag bereits erforderlich gewesen wären, aber erst nach dem Bilanzstichtag durchgeführt werden. Bei Erhaltungsarbeiten, die erfahrungsgemäß in ungefähr gleichem Umfang und in gleichen Zeitabständen anfallen und turnusgemäß durchgeführt werden, liegt in der Regel keine unterlassene Instandhaltung vor (Abschn. 31 c Abs. 12 EStR).

**Kapitalgesellschaften** müssen im Anhang im Rahmen der Angaben gemäß § 284 Abs. 2 Nr. 1 und 3 HGB über die bei Aufwandsrückstellungen angewandten oder geänderten Bewertungsmethoden berichten. Ferner können Angaben nach § 285 Nr. 12 HGB in Betracht kommen.

### 7.9.3.6 Kulanzrückstellungen

Wirtschaftlich tätige Unternehmen sind dem Risiko ausgesetzt, daß sie für Gewährleistungsansprüche haften müssen. Für solche rechtlich zwar (noch) nicht geltend gemachten, wohl aber wirtschaftlich begründeten Verbindlichkeiten besteht nach § 249 Abs. 1 Nr. 2 HGB eine Passivierungspflicht.

Kulanzrückstellungen sind vorstellbar als Einzelrückstellungen für genau abgegrenzte Einzelrisiken oder als Pauschalrückstellungen für ganze Risikogruppen aus dem Jahresumsatz; ein Verstoß gegen den Grundsatz der Einzelbewertung liegt insoweit nicht vor. Für die Bemessung ihrer Höhe ist die vernünftige kaufmännische Beurteilung der Maßstab, wobei Vergangenheitszahlen, Prozentwerte in Abhängigkeit vom garantiebehafteten Umsatz u. ä. eine Hilfe sein können.

Die zurückgestellten Beträge umfassen die Kosten für die Mängelbeseitigung. Dabei sind generell die variablen Kosten einzubeziehen; die fixen Kosten kommen nur dann zum Ansatz, wenn durch die Garantiearbeiten Kapazitäten für weitere Aufträge blockiert werden.

Kulanzrückstellungen sind nach denselben Bewertungsregeln auch **steuerlich** zulässig, wenn eine sittliche Verpflichtung vorliegt, der sich der Kaufmann aus geschäftlichen Erwägungen nicht entziehen kann (Abschn. 31 c Abs. 13 EStR).

### 7.9.3.7 Aufwandsrückstellungen nach § 249 Abs. 2 HGB

Da diese Form der Rückstellungsbildung im deutschen Bilanzrecht ein Novum darstellt, hat der Gesetzgeber aus Sorge, der bilanzpolitische Spielraum könnte durch diese Vorschrift unangemessen erweitert werden, folgende Bedingungen an die Passivierung dieser Aufwandsrückstellungen geknüpft:

— Die Aufwendungen müssen ihrer Eigenart nach genau umschrieben sein, d. h., die den Aufwendungen zugrundeliegenden zukünftigen Maßnahmen müssen am Bilanzstichtag bereits nach Art, Menge und Objekt konkretisiert sein.

— Die Aufwendungen müssen mit großer Wahrscheinlichkeit anfallen. Somit müssen die entsprechenden Maßnahmen ernsthaft geplant sein und aller Wahrscheinlichkeit nach durchgeführt werden. Ein Ansatz von nur vagen zukünftigen Aufwendungen ist auch unter Berufung auf das Vorsichtsprinzip nicht möglich.

— Die Aufwendungen müssen bezüglich ihrer Höhe bzw. des Zeitpunktes ihres Eintritts unbestimmt sein.

— Die Aufwendungen müssen dem Geschäftsjahr oder einem früheren Geschäftsjahr zuzuordnen sein. Folglich können künftige innerbetriebliche Maßnahmen, die künftigen Erträgen zuzurechnen sind und deshalb zu den künftigen Aufwendungen zählen, nicht zurückgestellt werden.

Die Höhe der Aufwandsrückstellungen bemißt sich nach den auf Grund glaubwürdiger Schätzung nach vernünftiger kaufmännischer Beurteilung ermittelten Kosten, die in der nachfolgenden Periode entstehen.

Ein Ansatz in der **Steuerbilanz** ist nicht zulässig. Denn besteht handelsrechtlich ein Wahlrecht zur Bildung einer Rückstellung, darf die Rückstellung steuerrechtlich nicht gebildet werden (Abschn. 31 c Abs. 1 EStR).


**Kontrollfragen** _____

1. *Welche Buchungsvorgänge beeinflussen die Höhe der Eigenkapitalpositionen?*

2. *Welche Funktionen erfüllt der Sonderposten mit Rücklageanteil?*

3. *Worin liegt der Doppelcharakter steuerfreier Rücklagen bezüglich der Zuordnung zu Eigen- bzw. Fremdkapital?*

4. *Welches sind die Anwendungsbereiche der wichtigsten steuerfreien Rücklagen (Abschn. 35 EStR, § 6 b EStG, § 74 EStDV)?*

5. *Für welche Steuerarten dürfen bei Personengesellschaften keine Rückstellungen gebildet werden?*

6. *Wie sind Pensionsrückstellungen zu bewerten? Worin unterscheiden sich die verschiedenen Bewertungsverfahren?*

7. *Wann sind Pensionsrückstellungen aufzulösen? Nach welchen Verfahren kann dies erfolgen?*

8. *Unter welchen Bedingungen bestehen in Handels- und Steuerbilanz Passivierungspflichten, -wahlrechte oder -verbote für Rückstellungen für unterlassene Aufwendungen für Instandhaltung und Abraumbeseitigung?*


**Aufgabe 4.41** *(Ansatz von Rückstellungen) S. 342*

# 7.10 Bewertung der Verbindlichkeiten

## 7.10.1 Übersicht

Unter Verbindlichkeiten werden alle Verpflichtungen verstanden, die am Bilanzstichtag bezüglich Höhe und Fälligkeit feststehen. Sie zeichnen sich vor allem dadurch aus,

— daß sie mit juristischen Mitteln einklagbar sind,

— daß ihr Wert eindeutig feststellbar ist und

— daß sie zum Abschlußstichtag eine wirtschaftliche Belastung darstellen.

## 7.10.2 Bewertungsmaßstab

### 7.10.2.1 Höchstwertprinzip

Als Bewertungsmaßstab ist der Rückzahlungsbetrag nach § 253 Abs. 1 Satz 2 HGB vorgeschrieben, der zur Tilgung der Verbindlichkeiten aufgewendet werden muß. Dieser ergibt sich üblicherweise aus Verträgen, Rechnungen oder Verwaltungsakten.

**Rentenverpflichtungen** sind zum versicherungsmathematischen Barwert anzusetzen, sofern eine Gegenleistung nicht zu erwarten ist, andernfalls ist der Barwert nur anteilig zu bilanzieren. Es gelten insofern die Bilanzierungsgrundsätze für schwebende Geschäfte, d. h., bei ausgeglichenen Beträgen von Leistung und Gegenleistung ist keine besondere Bilanzierung vorzunehmen. Ist jedoch ein Verpflichtungsüberschuß vorhanden, so ist dieser zu passivieren, während im umgekehrten Fall eine Aktivierung durch das Realisationsprinzip ausgeschlossen ist.

Das Vorsichts- und Imparitätsprinzip (§ 252 Abs. 1 Nr. 4 HGB) gilt für Verbindlichkeiten in der Form des Höchstwertprinzips. Demnach darf eine Minderung des ursprünglich angesetzten Rückzahlungsbetrages nicht, muß aber eine nachträgliche Erhöhung des Rückzahlungsbetrags berücksichtigt werden. Dies kann unter Umständen auch durch den Ausweis einer Rückstellung in Höhe der Wertänderung geschehen.

### 7.10.2.2 Sonderfälle der Bewertung

**Von Auszahlung abweichender Rückzahlungsbetrag (Disagio)**

Ist der Rückzahlungsbetrag einer Verbindlichkeit höher als der Ausgabebetrag, so darf der Unterschiedsbetrag in den aktiven Rechnungsabgrenzungsposten aufgenommen werden. Er ist dann durch planmäßige jährliche Abschreibungen zu tilgen, die auf die gesamte Laufzeit der Verbindlichkeit verteilt werden können (§ 250 Abs. 3 HGB, Abschn. 37 Abs. 3 EStR).

Kapitalgesellschaften haben das Disagio entweder in der Bilanz gesondert auszuweisen oder im Anhang anzugeben (§ 268 Abs. 6 HGB). Weitere Angabepflichten für Kapitalgesellschaften zu den Verbindlichkeiten können sich aus §§ 268 Abs. 5, 285 Nr. 1 und 2 HGB ergeben.

Im seltenen umgekehrten Fall, wenn der Rückzahlungsbetrag niedriger als der Ausgabebetrag ist, ist dieser zusätzlich zu passivieren und über die Laufzeit verteilt aufzulösen (ADS 1987, § 253 Tz 76).

**Finanzierungskosten**

Finanzierungskosten, die wirtschaftlich nicht mit der Laufzeit der Verbindlichkeit in Zusammenhang stehen (z. B. Kreditvermittlungsprovisionen, Grundbucheintragungsgebühren für die Kreditsicherung), sind als sofortiger Aufwand anzusetzen. Bearbeitungsgebühren, die ein Schuldner an ein Kreditinstitut für die Übernahme einer Bürgschaft zu zahlen hat, sind jedoch auf die Zeit, für die sich das Kreditinstitut vertraglich verbürgt hat, aktiv abzugrenzen (Abschn. 37 Abs. 3 EStR).

## Verzinslichkeit

Daneben ist bei der Bewertung von Verbindlichkeiten deren Verzinslichkeit zu berücksichtigen. Während bei überverzinslichen Verbindlichkeiten der Barwert an Mehrzinsen, die den üblichen Marktzins übersteigen, als eine Art „drohender Verlust aus schwebenden Geschäften" zurückzustellen ist bzw. ein aktivisch abgegrenztes Disagio rascher abgeschrieben werden kann, verbietet das aus dem Vorsichtsgedanken abgeleitete Höchstwertprinzip eine Abzinsung niedriger oder gar unverzinslicher Verbindlichkeiten. Letztere sind deshalb zum Rückzahlungsbetrag anzusetzen (§ 253 Abs. 1 Satz 2 HGB). Das gilt auch bei langfristigen Verbindlichkeiten.

Bei Verbindlichkeiten mit steigender Verzinsung sind neben dem Rückzahlungsbetrag für die anfangs weniger bezahlten Zinsen Verbindlichkeiten oder Rückstellungen auszuweisen, die später bei höherer Zinsbelastung wieder aufgelöst werden, so daß eine durchschnittliche Zinsbelastung ausgewiesen wird (ADS 1987, § 253 Tz 84).

Allgemein gilt aber für die Zinsabgrenzung, daß vorausbezahlte Zinsen nach § 250 Abs. 1 Satz 1 HGB als Rechnungsabgrenzungsposten zu aktivieren sind, während noch nicht gezahlte, auf das abgelaufene Geschäftsjahr entfallende Zinsen als sonstige Verbindlichkeit zu passivieren sind (ADS 1987, § 253 Tz 145).

## Zerobonds

Einen Sonderfall der Zinsabgrenzung stellen die Zerobonds dar, auch **Null-Kupon-Anleihen** genannt. Dies sind Anleihen, auf die keine periodischen Zinszahlungen geleistet werden, sondern deren Gegenleistung für die Kapitalüberlassung durch einen gegenüber dem Ausgabebetrag erhöhten Rücknahmebetrag am Ende der Laufzeit beglichen wird. Die Anleihe kann als

— Aufzinsungsanleihe (Nennbetrag = Ausgabebetrag) oder als

— Abzinsungsanleihe (Nennbetrag = Einlösungsbetrag)

ausgestaltet sein. In beiden Fällen ist der in den Ausgabebedingungen anstelle einer Zinsvereinbarung festgelegte Unterschiedsbetrag zwischen Ausgabe- und Einlösungspreis das Entgelt für die Überlassung des Kapitals während der Laufzeit der Anleihe.

Für die Bewertung kommen eine Brutto- oder eine Nettomethode in Frage. Bei der Bruttomethode wäre der volle Rückzahlungsbetrag zu passivieren und ein Disagio in Höhe der Zinsen für die späteren Jahre zu aktivieren. Sie ist nicht zulässig. Denn der Einlösungsbetrag eines Zerobonds, der außer dem zur Nutzung überlassenen Kapital auch das gesamte Entgelt für die Kapitalüberlassung enthält, deckt sich nicht mit dem in Abschn. 37 EStR und in § 250 Abs. 3 HGB verwendeten Begriff „Rückzahlungsbetrag".

Bei der **Nettomethode** wird der anfangs passivierte Auszahlungsbetrag jährlich um die aufgelaufenen (aber nicht ausgezahlten) Zinsen angehoben. Es ist wie in der Übersicht auf S. 238 dargestellt zu bilanzieren.

## Verbindlichkeiten mit Indexklauseln

Bei Verbindlichkeiten mit Indexklauseln ist die geschuldete Geldsumme von der Veränderung eines Preisindexes abhängig. Bei steigendem Index ist demnach auch ein höherer Betrag zu passivieren, wobei grundsätzlich der Index nur bis zum Bilanzstichtag zu berücksichtigen ist. Zukünftig zu erwartende Indexerhöhungen sind durch eine zusätzliche Rückstellung auszudrücken. Bei gestiegenem und anschließend gesunkenem Index ist eine Erhöhung und anschließende Reduzierung der Verbindlichkeiten bis allenfalls auf den Ursprungsbetrag vorzunehmen.

Ist die Höhe der Verbindlichkeit an einen Index mit Mindestanpassung gebunden, d. h., erhöht sich die Verbindlichkeit erst bei einer Mindesterhöhung des Indexes, so ist bei geringeren Indexsteigerungen das vermehrte Risiko eines Überspringens der kritischen Marke durch eine Rückstellung für ungewisse Verbindlichkeiten zu berücksichtigen. Wird dann später die Indexschwelle überschritten, so ist die Verbindlichkeit entsprechend zu erhöhen und die Rückstellung aufzulösen (ADS 1987, § 253 Tz 114 ff.).

| Bilanzierung von Zerobonds (Null-Kupon-Anleihen) | | |
|---|---|---|
| | Beim Anleihe-Schuldner<br>Passivierung von | Beim Anleihe-Gläubiger<br>Aktivierung von |
| zu Beginn der Laufzeit | Ausgabebetrag | Ausgabebetrag |
| während der Laufzeit | Ausgabebetrag<br>+ Zinseszins der abgelaufenen<br>Laufzeit | Ausgabebetrag<br>+ Zinseszins der abgelaufenen<br>Laufzeit |
| am Ende der Laufzeit | Einlösungs- bzw. Rücknahme-<br>betrag | Einlösungs- bzw. Rücknahme-<br>betrag |
| Unberührt bleiben die bilanzsteuerrechtlichen Grundsätze für die Beurteilung von **Kurswertände-**<br>**rungen auf Grund geänderter Marktkonditionen,** z. B. bei Werterhöhungen eines Zerobonds,<br>die sich nicht aus dem laufzeitabhängigen Anwachsen des Unterschiedsbetrages ergeben, oder<br>bei Absinken des Kurswerts unter den nach obigen Grundsätzen ermittelten Bilanzansatz. | | |
| Quellen: — BMF-Schreiben, BStBl 1987 I S. 394<br>        — Stellungnahme HFA 1/1986: Zur Bilanzierung von Zerobonds, in: WPg 1986, S. 248 | | |

## 7.10.3 Bewertung einzelner Verbindlichkeiten

### 7.10.3.1 Verbindlichkeiten aus Lieferungen und Leistungen

Sie sind grundsätzlich mit dem Rechnungsbetrag einschließlich Umsatzsteuer anzusetzen. Rücksendungen, fest vereinbarte Rabatte und Preisnachlässe vermindern den auszuweisenden Betrag. Es können auch Lieferantenskonti abgesetzt werden, wenn mit
ihrer Inanspruchnahme zuverlässig gerechnet werden kann (ADS 1987, § 253 Tz 143).

Liegen aus einem Austauschvertrag Sachleistungsverbindlichkeiten vor, so müssen diese
bewertet werden. Dabei ist zu unterscheiden, ob die zur Erfüllung erforderlichen Vermögensgegenstände noch beschafft werden müssen oder ob sie schon im Unternehmen vorhanden sind. Während sich im ersten Fall die Bewertung nach den Beschaffungskosten
richtet, folgt im zweiten Fall die Bewertung der Verbindlichkeit grundsätzlich dem Wertansatz des entsprechenden Vermögensgegenstandes (ADS 1987, § 253 Tz 105 ff.).

### 7.10.3.2 Wechselverbindlichkeiten[1]

Sie sind in Höhe der Wechselsumme zu passivieren, da sie dem Rückzahlungsbetrag nach
§ 253 Abs. 1 Satz 2 HGB entspricht. Der Diskontbetrag kann nach § 250 Abs. 3 HGB aktivisch abgesetzt werden. Wechselsteuer und Bankprovisionen sind im Zeitpunkt ihres
Anfalls als Aufwand zu verrechnen.

### 7.10.3.3 Valutaverbindlichkeiten

Sie sind grundsätzlich nach den allgemeinen Prinzipien zu bewerten, wonach u. a. Kursgewinne erst bei Vereinnahmung als realisiert anzusehen sind, während Kursverluste
bereits bei Erkennbarkeit zu berücksichtigen sind. Kapitalgesellschaften haben darüber
hinaus eine Berichtspflicht über die Umrechnungsgrundlagen nach § 284 Abs. 1 Nr. 2
HGB.

Valutaverbindlichkeiten sind mit dem maßgeblichen Wechselkurs der ausländischen
Währung im Zeitpunkt der Erstverbuchung anzusetzen.[2] Ist am Bilanzstichtag der
Wechselkurs gestiegen, so ist auf Grund des Höchstwertprinzips der Ansatz der Verbind-

---

[1] Eine ausführliche Darstellung der Verbuchung von Wechselgeschäften befindet sich in Band II.

[2] Geänderter Entwurf einer Verlautbarung des HFA zur Währungsumrechnung, in: WPg 1986,
S. 664.

lichkeit entsprechend zu erhöhen, ist der Kurs gesunken, so muß der Ansatz bei Erstverbuchung beibehalten werden (Abschn. 37 Abs. 2 EStR).

Bei vorangegangenen Kurssteigerungen und nachfolgenden Kursrückgängen ist die Verbindlichkeit auf Grund der Mußvorschrift des § 253 Abs. 1 Satz 2 HGB bis zu ihrem Ursprungsbetrag wieder zu ermäßigen, da nur der reduzierte Betrag den „Rückzahlungsbetrag" nach dieser Vorschrift repräsentiert. Allerdings besteht steuerlich nach § 6 Abs. 1 Nr. 3 i. V. m. § 6 Abs. 1 Nr. 2 EStG ein Beibehaltungswahlrecht für den höheren Bilanzansatz, der durch analoge Anwendung der §§ 253 Abs. 5, 280 Abs. 2 HGB in die Handelsbilanz übernommen werden kann.

Kursschwankungen zwischen Bilanzstichtag und Bilanzaufstellung bleiben grundsätzlich unbeachtet, da sie dem neuen Geschäftsjahr zuzurechnen sind.

Zu unterscheiden sind **offene und geschlossene Devisenpositionen.** Von geschlossenen Devisenpositionen spricht man, wenn einer Valutaverbindlichkeit eine gleich hohe währungskongruente Forderung mit gleicher Fälligkeit gegenübersteht. In diesem Falle bestehen grundsätzlich keine Kursänderungsrisiken. Deshalb kann die Bewertung bei Erstverbuchung später beibehalten werden, wenn man die geschlossene Devisenposition als Bewertungseinheit betrachtet.

Es ist aber auch möglich, Valutaverbindlichkeit und -forderung strikt einzeln zu bewerten. Auf Grund des Imparitätsprinzips wirken sich auf der Aktivseite nur Kurssenkungen aus, auf Grund des Höchstwertprinzips auf der Passivseite nur Kurserhöhungen.

### 7.10.3.4 Rentenverpflichtungen

Nach § 252 Abs. 1 Satz 2 HGB sind Rentenverpflichtungen, für die eine Gegenleistung nicht mehr zu erwarten ist, zu ihrem Barwert anzusetzen. Renten sind für eine bestimmte Dauer regelmäßig wiederkehrende gleichmäßige Leistungen in Geld, Geldeswert oder vertretbaren Sachen auf Grund eines einheitlichen Rentenstammrechts.

Unter dem Begriff „Barwert" kann sowohl ein Renten- wie auch ein Anwartschaftsbarwert zu verstehen sein. Das ist vom Bewertungsobjekt abhängig, d. h., je nachdem ob die Rentenzahlung bereits begonnen hat (Rentenbarwert) oder ob erst ein Anspruch auf eine Rentenzahlung ab einem bestimmten Zeitpunkt in der Zukunft besteht (Anwartschaftsbarwert).

Ein Ansatz zum Rentenbarwert erfolgt, wenn

— der Versorgungsfall und damit der sofortige Zahlungsfall eintritt,

— die Gegenleistung des Vertragspartners bereits erbracht ist (z. B. bei Übereignung eines Grundstücks gegen Leib- oder Zeitrente, vgl. S. 188 f.),

— eine Gegenleistung nicht erfolgt (z. B. bei Schadenersatz).

Steht eine Ablösesumme fest, so ist der anzusetzende Barwert mit dieser identisch (vgl. § 1199 BGB). Andernfalls ist der Barwert unter Berücksichtigung von Zinseszinsen und gegebenenfalls Sterbetafeln nach versicherungsmathematischen Grundsätzen zu errechnen, wobei ein Zinssatz von 3 % nicht unterschritten werden darf und ein Satz von 6 % nicht überschritten werden sollte. Steuerlich ist ein Rechnungszins von 6 % vorgeschrieben.

Ein Wechsel des anzuwendenden Zinssatzes stellt eine berichtspflichtige Methodenänderung nach § 284 Abs. 2 Nr. 3 HGB dar, die wegen § 252 Abs. 1 Nr. 6 HGB nur in begrenzten Fällen zulässig ist.


**Kontrollfragen** _____

*1. Nach welchem Prinzip richtet sich die Bewertung von Verbindlichkeiten?*

*2. Wie ist ein Disagio zu behandeln?*

*3. Wie ist die Verzinslichkeit bei der Bewertung von Verbindlichkeiten zu berücksichtigen?*

4. *Wie werden Zerobonds bilanziert?*

5. *Wie sind Verbindlichkeiten mit Indexklauseln anzusetzen?*

6. *Wonach richtet sich die Bewertung von Valutaverbindlichkeiten? Wann spricht man von offenen und wann von geschlossenen Devisenpositionen?*

7. *Was ist bei der Bewertung von Rentenverpflichtungen zu beachten?*

---

# 7.11 Wertaufholung

## 7.11.1 Wertaufholungswahlrecht bei Einzelunternehmen und Personengesellschaften

Sind die Gründe, die bei einem Einzelunternehmen oder einer Personengesellschaft zu einer Abschreibung nach § 253 Abs. 2 Satz 3, Abs. 3 oder § 254 HGB geführt haben, weggefallen, so hat das bilanzierende Unternehmen ein Wahlrecht, entweder

— die niedrigeren Werte beizubehalten oder

— eine Aufholung auf Werte vorzunehmen, deren Obergrenze die Anschaffungs- oder Herstellungskosten bzw. bei abnutzbarem Anlagevermögen die durch planmäßige Abschreibungen fortgeführten Anschaffungs- oder Herstellungskosten darstellen.

Eine Pflicht zur Zuschreibung besteht nicht, so daß der Bilanzierende bei der Wahlrechtsausübung grundsätzlich frei ist.

Der so gewählte handelsrechtliche Wertansatz muß grundsätzlich in die Steuerbilanz übernommen werden, es sei denn, zwingende steuerliche Vorschriften stehen einer Wertaufholung entgegen.

## 7.11.2 Wertaufholung bei Kapitalgesellschaften

### 7.11.2.1 Wertaufholung in der Handelsbilanz

Das Wertaufholungsgebot (§ 280 HGB) verlangt von Kapitalgesellschaften (im Gegensatz zu Personenunternehmen), daß Wertansätze, die

— durch außerplanmäßige Abschreibungen auf abnutzbares und nicht abnutzbares Anlagevermögen (§ 253 Abs. 2 Satz 3 HGB) sowie auf Umlaufvermögen (§ 253 Abs. 3 HGB) oder

— auf Grund steuerrechtlich zulässiger Abschreibungen (§ 254 Satz 1 HGB)

entstanden sind, anläßlich späterer Jahresabschlüsse überprüft werden müssen. Sind die wertmindernden Voraussetzungen ganz oder teilweise weggefallen, ist die außerplanmäßige Abschreibung entsprechend durch Wertaufholung zurückzunehmen. Das Beibehaltungswahlrecht nach §§ 253 Abs. 5, 254 Satz 2 HGB ist insoweit nicht anzuwenden.

Bei abnutzbarem Anlagevermögen hat die Zuschreibung unter Berücksichtigung der planmäßigen Abschreibung zu erfolgen.

Von der generellen Zuschreibung in der Handelsbilanz gemäß § 280 Abs. 1 HGB kann jedoch dann abgesehen werden, wenn der niedrigere Wertansatz bei der steuerrechtlichen Gewinnermittlung beibehalten werden darf und Voraussetzung für die Beibehaltung ist, daß dieser niedrigere Wertansatz auch in der Handelsbilanz beibehalten wird. Auf Grund dieser Bestimmung haben steuerrechtliche Zuschreibungsregeln Rückwirkungen auf die Wertaufholung in der Handelsbilanz.

Unterbleibt aus steuerrechtlichen Gründen eine Zuschreibung, so ist der Betrag der unterlassenen Zuschreibungen im Anhang anzugeben und hinreichend zu begründen (§ 280 Abs. 3 HGB).

### 7.11.2.2 Wertaufholung in der Steuerbilanz bis Wirtschaftsjahr 1989

Bis Wirtschaftsjahr 1989 gilt im Bilanzsteuerrecht beim **abnutzbaren Anlagevermögen** der **Grundsatz des uneingeschränkten Wertzusammenhangs** (§ 6 Abs. 1 Nr. 1 Satz 4 EStG), der ein Hinausgehen über den letzten Bilanzansatz verbietet. Deshalb kann in der Steuerbilanz dem handelsrechtlichen Wertaufholungsgebot beim abnutzbaren Anlagevermögen grundsätzlich nicht gefolgt werden. Bisher vorgenommene Abschreibungen auf den niederen Teilwert (Teilwertabschreibung) lassen sich also nicht durch Wertaufholung zurücknehmen. Lediglich bei Wertherabsetzungen nach § 6 Abs. 3 EStG infolge

— erhöhter Absetzungen,

— Sonderabschreibungen,

— Abschreibungen für geringwertige Wirtschaftsgüter (§ 6 Abs. 2 EStG),

— Abzüge bei Wirtschaftsgütern des Anlagevermögens zur Übertragung stiller Reserven bei Veräußerung nach § 6 b Abs. 1 oder 3 Satz 2 EStG,

— Importwarenabschlags,

— Verbrauchsfolgeverfahren bei bestimmten Edelmetallen

ist der Grundsatz des uneingeschränkten Wertzusammenhangs durchbrochen. Eine Zuschreibung in der Handelsbilanz zieht auch eine Zuschreibung in der Steuerbilanz nach sich.

Für **Umlaufvermögen** wie für **nichtabnutzbares Anlagevermögen**, das am Schluß des vorangegangenen Jahres bereits zum Betriebsvermögen gehörte, gestattet § 6 Abs. 1 Nr. 2 Satz 3 EStG ausdrücklich die Beibehaltung des niedrigeren Wertes bei zwischenzeitlich gestiegenem Wert **(Grundsatz des eingeschränkten Wertzusammenhangs)**. Dem steuerlichen Beibehaltungswahlrecht folgt daher ein handelsrechtliches Wertaufholungswahlrecht.

Entschließt sich der Steuerpflichtige zur Beibehaltung des niedrigeren Wertes in der Steuerbilanz, so muß er aufgrund der umgekehrten Maßgeblichkeit den niedrigeren Wert auch in der Handelsbilanz beibehalten. Holt er in der Steuerbilanz auf, so muß er in der Handelsbilanz gleichermaßen verfahren. Der Bilanzierende hat es also selbst in der Hand, ob er die steuerlichen Folgen aus einer Wertaufholung (entsprechende Erhöhung der Steuerbemessungsgrundlage) in Kauf nehmen möchte oder nicht.

### 7.11.2.3 Wertaufholung in der Steuerbilanz ab Wirtschaftsjahr 1990

Um Zweifel an der Geltung der umgekehrten Maßgeblichkeit auch für steuerfreie Rücklagen auszuschließen, wird durch Änderung des Einkommensteuergesetzes 1987 vom 22. 12. 1989 (BGBl 1989 I S. 2408) die bisherige Regelung in § 6 Abs. 3 EStG aufgehoben und die einheitliche Ausübung von steuerlichen Wahlrechten gesetzlich in § 5 Abs. 1 EStG (neue Fassung) für Bilanzstichtage vom 1. 1. 1990 an umfassend vorgeschrieben. Gleichzeitig wird der Grundsatz des uneingeschränkten Wertzusammenhangs für abnutzbares Anlagevermögen in § 6 Abs. 1 Nr. 1 Satz 4 EStG (neue Fassung) aufgehoben.

Damit werden im Bilanzsteuerrecht die Vorschriften für eine eventuelle Wertzuschreibung für alle Vermögenskategorien vereinheitlicht. Deshalb stellt die Wertaufholung keinen Anlaß für eine Durchbrechung des Maßgeblichkeitsgrundsatzes mehr dar. Eine eventuelle Zuschreibung muß in Handels- und Steuerbilanz einheitlich vorgenommen werden.

**Aufgabe 4.42** *(Wertaufholung bei Finanzanlagen) S. 343*

| Wertaufholungsgebot nach § 280 HGB und umgekehrte Maßgeblichkeit | | | |
|---|---|---|---|
| | Wegfall der Gründe für vorgenommene Abschreibungen | | |
| | im abnutzbaren Anlagevermögen | im nichtabnutzbaren Anlagevermögen und Umlaufvermögen | aufgrund steuerrechtlicher Vorschriften |
| | (§ 253 Abs. 2 Satz 3 HGB) | (§ 253 Abs. 2 Satz 3 und Abs. 3 HGB) | (§ 254 Satz 1 HGB) |
| *I. Isolierte Betrachtung* | | | |
| 1. HGB | Wertaufholungsgebot (§ 280 Abs. 1 HGB) | Wertaufholungsgebot (§ 280 Abs. 1 HGB) | Wertaufholungsgebot (§ 280 Abs. 1 HGB) |
| 2. EStG 1987 | Wertaufholungsverbot (§ 6 Abs. 1 Nr. 1 EStG) | Wertaufholungswahlrecht (§ 6 Abs. 1 Nr. 2 EStG) | Wertaufholungsgebot |
| 3. EStG neue Fassung (n. F.) vom 22. 12. 1989 | Wertaufholungswahlrecht (§ 6 Abs. 1 Nr. 1 EStG n. F.) | Wertaufholungswahlrecht (§ 6 Abs. 1 Nr. 2 EStG) | Wertaufholungsgebot |
| *II. Gesamtbetrachtung* (unter Beachtung der umgekehrten Maßgeblichkeit) | | | |
| **1. Handelsbilanz** | | | |
| — bis Wirtschaftsjahr 1989 | Wertaufholungsgebot (§ 280 Abs. 1 HGB) | Wertaufholungswahlrecht (§ 280 Abs. 2 HGB) | Wertaufholungsgebot (§ 280 Abs. 1 HGB) |
| — ab Wirtschaftsjahr 1990 | Wertaufholungswahlrecht (§ 280 Abs. 2 HGB) | Wertaufholungswahlrecht (§ 280 Abs. 2 HGB) | Wertaufholungsgebot (§ 280 Abs. 1 HGB) |
| **2. Steuerbilanz** | | | |
| — bis Wirtschaftsjahr 1989 | Wertaufholungsverbot (§ 6 Abs. 1 Nr. 1 EStG) | Wertaufholungswahlrecht (§ 6 Abs. 1 Nr. 2 EStG) | Wertaufholungsgebot |
| — ab Wirtschaftsjahr 1990 | Wertaufholungswahlrecht (§ 6 Abs. 1 Nr. 1 EStG n. F.) | Wertaufholungswahlrecht (§ 6 Abs. 1 Nr. 2 EStG) | Wertaufholungsgebot |

*III. Bemerkungen*

1. Handels- und steuerrechtliche Vorschriften sind bezüglich der Wertaufholung nicht deckungsgleich, was durch die **isolierte Betrachtung** des jeweiligen Rechtsgebiets deutlich wird. Die **Gesamtbetrachtung** erfolgt unter Beachtung der Zusammenhänge von Handels- und Steuerbilanz (Maßgeblichkeitsprinzip und seine Umkehrung).

2. Aus dem grundsätzlichen handelsrechtlichen Wertaufholungsgebot entsteht über die Abweichungsregel des § 280 Abs. 2 HGB ein Wertaufholungswahlrecht, es sei denn, der niedrigere, aufzuholende Wertansatz war nur aufgrund steuerrechtlicher Vorschriften verursacht.

3. Durch den Wegfall des Prinzips des uneingeschränkten Wertzusammenhangs ab Wirtschaftsjahr 1990 sind auch in der Steuerbilanz für abnutzbares Anlagevermögen Zuschreibungen möglich.

4. Eventuelle Wertaufholungen in Handels- und Steuerbilanz sind einheitlich vorzunehmen.

## 7.12 Latente Steuern

### 7.12.1 Gründe für die Abgrenzung latenter Steuern

Das Bilanzrecht kennt eine Anzahl von Durchbrechungen des Maßgeblichkeitsgrundsatzes (§ 5 Abs. 1 EStG). Einige dieser Durchbrechungen sind zeitlich unbegrenzt (sogenannte permanent differences, z. B. durch Nichtanerkennung bestimmter Aufwendungen als Betriebsausgaben im Steuerrecht), andere sind quasi unbegrenzt (z. B. zeitliche Verwerfungen, die erst mit der Liquidation des Unternehmens ausgeglichen werden), und wieder andere sind zeitlich begrenzt (sogenannte timing differences, z. B. auf Grund eines unterschiedlichen Abschreibungsverlaufes über die Nutzungsdauer eines Anlagegutes).

Auf Grund dieser Verwerfungen im Ergebnisausweis zwischen Handels- und Steuerbilanz ergibt sich, daß sich die Ertragsteuerbelastung oft nicht aus dem handelsrechtlichen Ergebnis ableiten läßt. Der dynamischen Bilanzauffassung folgend, läßt sich die Abgrenzung latenter Steuern mit der Zielsetzung begründen, einen auf den handelsrechtlichen Gewinnausweis abgestimmten Steueraufwand auszuweisen. Die Übertragung dieser Auffassung in das deutsche Bilanzrecht folgte dem Umsetzungsauftrag aus den entsprechenden EG-Richtlinien.

Grundlage für die Ermittlung latenter Steuern können nur **zeitlich begrenzte Differenzen** sein, die sich voraussichtlich in den folgenden Geschäftsjahren wieder ausgleichen. Unterschiede zwischen Handels- und Steuerbilanz, die nicht nur zeitliche Verwerfungen darstellen, können nicht berücksichtigt werden.

### 7.12.2 Methoden der Steuerabgrenzung

In der Literatur werden drei unterschiedliche Methoden der Steuerabgrenzung dargestellt, nämlich Liability-Methode, Deferred-Methode und Net-of-Tax-Methode.[1]

#### 7.12.2.1 Liability-Methode

Nach der Liability-Methode sollen latente Steuern als Forderungen oder Verbindlichkeiten gegenüber dem Finanzamt ausgewiesen werden. Die Bewertung erfolgt mit künftigen (geschätzten) Steuersätzen, da Verbindlichkeiten mit dem Rückzahlungsbetrag anzusetzen sind. Bei nachträglichen Steuersatzänderungen werden bereits bestehende latente Steuerverbindlichkeiten nach oben oder unten in Abhängigkeit vom Steuersatz angepaßt.

Ziel dieser Vorgehensweise ist die zutreffende Darstellung der Vermögenslage des Unternehmens, wobei die Steuerverbindlichkeiten in Abhängigkeit vom handelsrechtlichen Ergebnis ausgewiesen werden.

#### 7.12.2.2 Deffered-Methode

Nach der Deffered-Methode, bei der der periodengerechte Erfolgsausweis im Mittelpunkt des Interesses steht, muß der in der handelsrechtlichen GuV-Rechnung ausgewiesene Gesamtsteueraufwand in sinnvollem Zusammenhang zum handelsrechtlichen Ergebnis stehen. Eine dafür notwendige Anpassung des Steueraufwands um latente Steuerbeträge führt in der Bilanz zu einer Veränderung der Rechnungsabgrenzungsposten. Für den richtigen Erfolgsausweis im Jahr der Entstehung werden die aktuellen Steuersätze bei der Ermittlung der Abgrenzungsbeträge angewendet. Bei späteren Steuersatzänderungen erfolgt keine Anpassung der abgegrenzten Steuerbeträge. Mit der eventuell möglichen Differenz zwischen dem Steuersatz bei Bildung des Abgrenzungsbetrages und dem Steuersatz, der bei Zahlung anzuwenden ist, wird das jeweilige Jahresergebnis be- bzw. entlastet.

---

[1] Vgl. Müller: Ausweismethoden und Ermittlung latenter Steuern im Einzel- und Konzernabschluß, in: Jahrbuch für Betriebswirte 1987, Taylorix Fachverlag, Stuttgart, S. 241 ff., und die dort genannte Literatur.

### 7.12.2.3 Net-of-Tax-Methode

Die Net-of-Tax-Methode betrachtet den Wert eines Wirtschaftsgutes in Abhängigkeit von seinem Gebrauchswert und seinem zukünftigen steuerlichen Abschreibungspotential. Über die handelsrechtlichen Abschreibungen hinausgehende steuerliche Abschreibungen vermindern den Wert eines Vermögensgegenstandes. Deshalb sollen die handelsrechtlichen Abschreibungen um einen Betrag ergänzt werden, der die steuerlichen Auswirkungen zwischen handelsrechtlicher und steuerrechtlicher Abschreibung berücksichtigt. Dabei wird unterstellt, daß die Steuereffekte den einzelnen Wirtschaftsgütern direkt zuordenbar sind und im bilanziellen Wertansatz berücksichtigt werden können.

Bei dieser Methode werden in der Handelsbilanz keine besonderen Positionen für latente Steuerbeträge benötigt, weil sämtliche Vermögensgegenstände und Schulden „net-of-tax" ausgewiesen werden. In der GuV-Rechnung schlagen sich die verrechneten latenten Steuern in den entsprechenden Aufwands- und Ertragspositionen nieder, insbesondere bei den Abschreibungen. Als Steueraufwand der Periode wird nur der im Rahmen der steuerlichen Gewinnermittlung errechnete Betrag ausgewiesen.

### 7.12.2.4 Handelsrechtliche Zulässigkeit

Die in das HGB neu aufgenommenen Vorschriften zur Steuerabgrenzung greifen auf Elemente der Liability- und der Deferred-Methode zurück. Die passive Steuerabgrenzung ist an der Liability-Methode orientiert, wobei allerdings der Ausweis als Rückstellung und nicht als Verbindlichkeit zu erfolgen hat. Die Deferred-Methode dagegen war Vorbild für die Vorgehensweise bei der aktiven Steuerabgrenzung.

Die Net-of-Tax-Methode, die steuerliche Gesichtspunkte bei der Ermittlung der Wertansätze berücksichtigt und Steueraufwendungen mit Abschreibungen in einer Position zeigt, ist mit den handelsrechtlichen Rechnungslegungsvorschriften nicht vereinbar.

## 7.12.3 Anwendungsbereich

Das Gesetz enthält explizite Regelungen über die Bilanzierung latenter Steuern in § 274 HGB, die aus rechtssystematischen Gründen jedoch nur für Kapitalgesellschaften verbindlich sind (vgl. die Übersicht über die Steuerabgrenzung auf S. 245).

Die Steuerabgrenzung wird nur dann aktuell, wenn wegen der Beachtung steuerrechtlicher Vorschriften das Maßgeblichkeitsprinzip verlassen wird. Dies beschränkt sich auf Fälle, in denen

— der Handelsbilanzansatz nicht maßgeblich für den Steuerbilanzansatz ist, weil dem ein steuerrechtliches Verbot entgegensteht,

— die Maßgeblichkeit vom Steuerrecht ausdrücklich nicht gefordert wird

und dadurch der Steueraufwand im Abschlußjahr und in früheren Geschäftsjahren höher oder niedriger ausfällt, als das dem handelsrechtlichen Jahresergebnis entspricht. Gleichzeitig ist Voraussetzung, daß sich das gegenwärtige Mehr oder Weniger an Steuern in der Zukunft wieder ausgleicht.

### 7.12.3.1 Beispiele für aktive latente Steuerabgrenzungen

— Nichtaktivierung des Disagios nach § 250 Abs. 3 HGB in der Handelsbilanz, Aktivierungspflicht in der Steuerbilanz,

— Nichtaktivierung des derivativen Firmenwertes nach § 255 Abs. 4 HGB in der Handelsbilanz, Aktivierungspflicht gemäß § 6 Abs. 1 Nr. 2 EStG und Abschreibung gemäß § 7 Abs. 1 Satz 3 EStG in der Steuerbilanz,

— Abschreibung des derivativen Firmenwertes nach § 255 Abs. 4 HGB über die folgenden 4 Jahre in der Handelsbilanz, Abschreibung über 15 Jahre in der Steuerbilanz gemäß § 7 Abs. 1 Satz 3 HGB,

— Ansatz der Herstellungskosten in der Handelsbilanz nach § 255 Abs. 2 HGB mit den Einzelkosten, in der Steuerbilanz gemäß Abschn. 33 EStR unter Einbeziehung der Material- und Fertigungsgemeinkosten,

— Abwertung von Vorräten in der Handelsbilanz nach § 253 Abs. 3 Satz 3 HGB auf den niedrigeren Zukunftswert, in der Steuerbilanz auf den Teilwert nach § 6 Abs. 1 Nr. 2 HGB,

— Bewertung von Pensionsrückstellungen unter Verwendung eines niedrigeren als des gemäß § 6 a Abs. 3 EStG steuerlich zulässigen Satzes von 6 %,

— Bildung von Aufwandsrückstellungen nach § 249 Abs. 2 HGB in der Handelsbilanz, die in der Steuerbilanz nicht zulässig sind.

| Steuerabgrenzung nach § 274 HGB | | |
|---|---|---|
| Steuerabgrenzung durch Rückstellung (zu versteuernder Gewinn niedriger als der handelsrechtliche Gewinn) | Steuerabgrenzung durch aktivischen Abgrenzungsposten als Bilanzierungshilfe (zu versteuernder Gewinn höher als der handelsrechtliche Gewinn) | Auflösungsvorschriften Ausweis in GuV-Rechnung |
| 1. Eine Rückstellung für ungewisse Verbindlichkeiten i. S. von § 249 Abs. 1 Satz 1 HGB ist zu bilden, wenn der dem Geschäftsjahr und früheren Geschäftsjahren zuzurechnende Steueraufwand zu niedrig ist, <br>— weil der nach den steuerrechtlichen Vorschriften zu versteuernde Gewinn <br>— niedriger als das handelsrechtliche Ergebnis ist. <br>2. Das gilt nur, wenn sich der zu niedrige Steueraufwand des Geschäftsjahres und früherer Geschäftsjahre in späteren Geschäftsjahren voraussichtlich ausgleicht. <br>3. Die Rückstellung ist in der Bilanz oder im Anhang gesondert anzugeben. | 1. Ein aktiver Abgrenzungsposten als Bilanzierungshilfe ist zulässig, also fakultativ zu bilden, wenn der dem Geschäftsjahr und früheren Geschäftsjahren zuzurechnende Steueraufwand zu hoch ist, <br>— weil der nach den steuerlichen Vorschriften zu versteuernde Gewinn <br>— höher als das handelsrechtliche Ergebnis ist. <br>2. Das gilt nur, wenn sich der zu hohe Steueraufwand des Geschäftsjahres und früherer Geschäftsjahre in späteren Geschäftsjahren voraussichtlich ausgleicht. <br>3. Der Posten ist unter entsprechender Bezeichnung gesondert auszuweisen und im Anhang zu erläutern. <br>4. Die Ausschüttungssperrvorschrift des § 274 Abs. 2 Satz 3 HGB ist zu beachten. | 1. Rückstellung oder aktiver Abgrenzungsposten sind aufzulösen, <br>— sobald die Steuerbe- oder -entlastung eintritt oder <br>— mit ihr voraussichtlich nicht mehr zu rechnen ist. <br>2. In der GuV-Rechnung ist der Aufwand oder Ertrag aus der Bildung oder Auflösung der Steuerabgrenzung in den Posten ,,Steuern vom Einkommen und vom Ertrag'' einzubeziehen. <br>3. Erfolgt die Auflösung dagegen, weil mit einer Ent- oder Belastung nicht mehr zu rechnen ist, so sind die Auflösungsbeträge in den ,,Sonstigen betrieblichen Aufwendungen'' bzw. ,,Sonstigen betrieblichen Erträgen'' auszuweisen. |
| Quelle: — § 274 HGB, <br>— Stellungnahme SABI 3/1988: Zur Steuerabgrenzung in Einzelabschluß, in: WPg 1988, S. 683 f. | | |

### 7.12.3.2 Beispiele für passive latente Steuerabgrenzungen

— Aktivierung von Aufwendungen für die Ingangsetzung und Erweiterung des Geschäftsbetriebes nach § 269 HGB in der Handelsbilanz, Aktivierungsverbot in der Steuerbilanz,

— Aktivierung von Fremdkapitalzinsen nach § 255 Abs. 3 HGB in der Handelsbilanz, soweit deren Aktivierung gemäß Abschn. 33 Abs. 7 EStR verboten ist,

— Zuschreibungen zum abnutzbaren Anlagevermögen auf Grund des Wertaufholungsgebotes nach § 280 HGB in der Handelsbilanz, Zuschreibungsverbot in der Steuerbilanz gemäß § 6 Abs. 1 Nr. 1 EStG 1987 (bis Wirtschaftsjahr 1989),

— Bewertung von Vorräten in der Handelsbilanz bei steigenden Preisen nach dem Fifo-Verfahren, Bewertung in der Steuerbilanz nach dem Durchschnittsverfahren.

## 7.12.4 Festlegung des Steuersatzes

Im HGB findet sich kein Hinweis, wie die Steuerabgrenzungen ermittelt werden sollen. Wie oben dargestellt, kommen bei der Liability-Methode geschätzte künftige Steuersätze zur Anwendung, während bei der Deferred-Methode aktuelle Steuersätze angewende werden. Nach § 274 HGB ist die Höhe der latenten Steuern nach der voraussichtlichen Be- und Entlastung nachfolgender Geschäftsjahre zu bemessen. Nach dem Gesetzeswortlaut ist daher von den Steuersätzen auszugehen, die in den Perioden gelten, in denen sich die zeitlichen Verwerfungen wieder umkehren. Da jedoch die künftigen Steuersätze mit großen Unsicherheiten zu ermitteln sind, ist gegen eine Anwendung aktueller Steuersätze nichts einzuwenden.

Die Vorschriften zur Steuerabgrenzung betreffen nur Kapitalgesellschaften, somit sind bei der Ermittlung der Steuersätze die für Kapitalgesellschaften relevanten Ertragsteuern heranzuziehen, nämlich Körperschaft- und Gewerbeertragsteuer.

Im Falle der Körperschaftsteuer ist der anzuwendende Steuersatz, ob Thesaurierungssteuersatz (56 % bis 1989, 50 % danach), Ausschüttungs- (36 %) oder Mischsteuersatz, umstritten. Nach Siegel und Schneeloch (WPg 1986, S. 524) dient die passive Steuerabgrenzung jedoch dazu, einen Betrag in Höhe der Rückstellungsbildung vor einer Ausschüttung zu bewahren. Die Abgrenzung hat also eine Ausschüttungssperrfunktion. Daraus ergibt sich, daß in bezug auf die Berechnung des Körperschaftsteueranteils nur der Thesaurierungssteuersatz von 56 % bzw. 50 % in Betracht kommen kann.

Zusammen ergibt sich eine Belastung aus Gewerbeertragsteuer (Hebesatz 400 %) und Körperschaftsteuer von ca. 63,3 % bzw. 58,3 %.

## 7.12.5 Ermittlung des Abgrenzungspostens

### 7.12.5.1 Saldierung

Nach dem Wortlaut des § 274 HGB ist nicht auf die einzelnen Unterschiede zwischen der handels- und steuerrechtlichen Ergebnisrechnung abzustellen, sondern auf den gesamten Steueraufwand, der dem Geschäftsjahr oder früheren Geschäftsjahren zuzurechnen ist. Dies bedeutet, daß bei der Ermittlung der Steuerabgrenzung aktivische und passivische Komponenten saldiert werden müssen.[1]

Die Saldierung ist aber nicht umproblematisch, weil es sich dabei um Posten unterschiedlichen Charakters handelt. Der latente Steuerposten auf der Aktivseite ist eine Bilanzierungshilfe, für dessen Ansatz ein Wahlrecht besteht. Der Posten auf der Passivseite ist dagegen ein (echter) Schuldposten, der zwingend anzusetzen ist.

Eine Saldierung kann dem Vorsichtsprinzip dann widersprechen, wenn die künftigen Steuerentlastungen zeitlich weit hinter den künftigen Steuerbelastungen liegen. Unterbleibt eine Rückstellungsbildung wegen der Saldierung, sind zusätzliche Angaben nach

---

[1] Stellungnahme SABI 3/1988: Zur Steuerabgrenzung im Einzelabschluß, in: WPG 1988, S. 684.

§§ 264 Abs. 2 und 285 Nr. 3 HGB zu machen, wenn es sich um wesentliche Beträge handelt.

### 7.12.5.2 Differenzenspiegel

Die Saldierung bedeutet nicht, daß auf eine jährliche Analyse der einzelnen Unterschiede zwischen Handels- und Steuerbilanz verzichtet werden kann. Sie sind vielmehr zu jedem Bilanzstichtag zusammenzustellen und im Zeitablauf zu verfolgen.

Zu klären bleibt, ob eine Einzelbetrachtung jeder einzelnen zeitlichen Verwerfung erforderlich ist oder ob eine Gesamt- oder Gruppenbewertung aller oder bestimmter zeitlicher Verwerfungen zulässig ist.

Die **Einzelbewertung** stellt die möglichst genaue Ermittlung des jährlichen Abgrenzungsbetrages in den Mittelpunkt des Interesses. Nach dieser Methode wird jede einzelne zeitlich begrenzte Differenz vom Zeitpunkt ihrer Entstehung bis zu ihrer völligen Umkehr auf ihre steuerliche Auswirkung hin untersucht und fortgeschrieben, meist in der Form eines Differenzenspiegels (vgl. unten) oder eines anderen geeigneten Verfahrens. Der hohe Genauigkeitsgrad dieser Methode ist mit einem hohen organisatorischen Abwicklungsaufwand verbunden.

**Differenzenspiegel vom 31. 12. 19..[1]**

| Nr. | Entstehungs-ursache | Datum | Betrag | Stand Vorjahr | Neubil-dung | Auflösung | | Stand 31. Dez. | | Ergebnis-unter-schied | Jahr der voraus-sichtl. Umkehr/Auflösg. |
|-----|------|------|------|------|------|------|------|------|------|------|------|
| | | | | | | nach Handels-recht | nach Steuer-recht | nach Handels-recht | nach Steuer-recht | | |
| 1 | 2 | 3 | 4 | 5 | 6 | | | 7 (=4+5+6) | | 8 (=5+6 + Vorjah-ressaldo) | 9 |
| | Ergebnis-unterschied Vorjahr | | | | | | | | | | |

Im Differenzenspiegel werden folgende Eintragungen vorgenommen:

— Spalte 1: Ursache der temporären Abweichung,
— Spalte 2: Datum der Einbuchung,
— Spalte 3: Betrag der temporären Abweichung zum Einbuchungszeitraum,
— Spalte 4: Saldo der temporären Abweichungen zu Beginn des Geschäftsjahres,
— Spalte 5: Neubildung der auf Grund von Geschäftsvorfällen des Rechnungslegungszeitraums eingetretenen temporären Abweichungen,
— Spalte 6: Auflösung im Geschäftsjahr auf Grund von handels- bzw. steuerrechtlichen Vorschriften,
— Spalte 7: Ansatz nach handels- bzw. steuerrechtlichen Vorschriften zum Schluß des Geschäftsjahres,
— Spalte 8: Ergebnisunterschied zum Abschlußstichtag zuzüglich Vorjahressaldo dieser Spalte,
— Spalte 9: Geschäftsjahr der voraussichtlichen Umkehr der Ergebnisdifferenz, d. h. Auflösung der Steuerabgrenzung.

---

[1] Vgl. ADS 1987, § 274 Tz 45 ff.

Ist am Bilanzstichtag mit genügender Sicherheit erkennbar, daß die Differenzen, die zu einem aktivischen Ausweisposten führen überwiegen, und beabsichtigt das Unternehmen keine Aktivierung im Wege der Ausübung des Wahlrechtes, so kann nach SABI 3/1988 eine vereinfachte, z. B. **gruppenweise** Ermittlung der Differenzen erfolgen. Selbst in diesem Fall müssen aber geeignete Aufzeichnungen über die Differenzen und ihre Entwicklung vorhanden sein bzw. erstellt werden. Diese Verpflichtung ergibt sich — unabhängig vom Ausweis oder Nichtausweis in der Bilanz — aus den allgemeinen Buchführungsvorschriften der §§ 238 Abs. 1, 239 HGB.

## 7.12.6 Latente Steuern in Verlustsituationen

Besondere Fragen wirft der Ansatz latenter Steuern in Verlustsituationen auf. Die steuerliche Verlustregelung sieht die Möglichkeit einer Verlustrücktragsbildung für zwei Jahre und maximal 10 Mio. DM vor, danach die Bildung eines Verlustvortrags (§ 10 d EStG).

Beim Ansatz latenter Steuern in Verlustsituationen ist zu unterscheiden zwischen

— der Beurteilung von zeitlich begrenzten Differenzen, die in der Verlustperiode entstehen (eventuelle Neubildung einer Steuerabgrenzung) und

— der Handhabung von in Vorjahren gebildeten Steuerabgrenzungsposten (Weiterführung bzw. Auflösung).

### 7.12.6.1 Eventuelle Neubildung einer Steuerabgrenzung

Für die Neubildung einer Steuerabgrenzung bei Auftreten **zeitlich begrenzter Differenzen** müssen nach § 274 HGB zwei Voraussetzungen vorliegen:

(1) Ein Steueraufwand muß gegeben sein, wenn nicht im gerade abzuschließenden Geschäftsjahr, dann zumindest in den Vorjahren. Da steuerlich ein Verlustrücktrag auf **zwei** Jahre beschränkt ist, kommt nur eine Berücksichtigung dieses Zweijahreszeitraums in Betracht.

(2) Die **Differenz** zwischen dem nach Handelsbilanz sich errechnenden und dem nach Steuerbilanz sich ergebenden Steueraufwand muß sich in späteren Geschäftsjahren voraussichtlich wieder **ausgleichen** (dadurch, daß Gewinne entstehen, die einen eventuellen Verlustvortrag übersteigen).

**Beispiele:**

— Ein neugegründetes Unternehmen weist im ersten Geschäftsjahr, in dem zeitlich begrenzte Differenzen entstanden sind, einen Verlust aus.

Für die Bildung einer latenten Steuerabgrenzung ist kein Raum, denn bereits die erste Voraussetzung (Vorliegen eines Steueraufwands) ist nicht gegeben.

— Ein Unternehmen, das in den Vorjahren Gewinne hatte, erwirtschaftet im Abschlußjahr, in dem zeitlich begrenzte Differenzen entstanden sind, einen Verlust.

Im Abschlußjahr selbst fallen wegen des Verlustes keine Steuern an. Steueraufwendungen lagen aber in den beiden Vorperioden vor, womit die erste Voraussetzung (Vorliegen eines Steueraufwands) erfüllt ist.

Ob aber die Bildung einer latenten Steuerabgrenzung in Betracht kommt, hängt noch von der **erwarteten Entwicklung** ab. Nur wenn vor dem Ausgleich der zeitlichen Verwerfungen wieder mit Gewinnen zu rechnen ist, können die temporären Differenzen Steuerwirkungen entfalten, d. h. einen **Ausgleich** zwischen den Steueraufwendungen in Handels- und Steuerbilanz herbeiführen; nur dann ist ein passiver latenter Steuerposten zu bilden bzw. kann ein aktiver gebildet werden.

Fraglich ist noch, welche Auswirkungen sich auf die Bemessung latenter Steuern ergeben, wenn ein Verlust so hoch ist, daß **außer Verlustrücktrag noch ein Verlustvortrag** vorzunehmen ist. Hier ist zweierlei zu beachten:

— Da die Steuerabgrenzung durch das Prinzip des Ausgleichs bestimmt ist (Ausgleich eines im Vergleich zur Steuerbilanz zu hohen oder zu niedrigen Steueraufwands), ist die Höhe einer eventuellen Abgrenzung durch den steuerlich maximal rücktragbaren

Betrag begrenzt.[1] Denn nur in dieser Höhe entsteht ein Steuererstattungsanspruch. Die Bildung eines darüber hinausgehenden Abgrenzungsbetrags würde mehr als einen Ausgleich bewirken.

— Ferner ist zu beachten, daß in Höhe des Verlustvortrags kein Steueraufwand anfällt. Solange spätere Gewinne den Verlustvortrag nicht kompensiert haben, kann sich die Umkehrung temporärer Differenzen nicht auswirken (vgl. ADS 1987, § 274 Tz 26).

**Beispiel:**

Ein Unternehmen erleidet in der Phase der Entstehung temporärer Differenzen durch einen außerordentlichen Aufwand einen hohen Verlust. In den Vorjahren und den Folgeperioden entstehen Gewinne auf niedrigem Niveau.

Die beiden Voraussetzungen zur Bildung einer latenten Steuerabgrenzung sind grundsätzlich erfüllt. Es hängt aber von der **Höhe des vorzutragenden Verlusts** und dem **Zeitpunkt der Umkehrung** temporärer Differenzen ab, ob die temporären Differenzen sich überhaupt steuerlich auswirken können. Fällt infolge des Verlusts kein Steueraufwand an, bevor sich die Ergebnisdifferenzen umkehren, dann entfällt die Bildung einer latenten Steuerposition.

### 7.12.6.2 Handhabung von in Vorjahren gebildeten latenten Steuern im Verlustfalle

Sie hängt von der **Höhe** des Verlusts (ist neben einem Verlustrücktrag auch ein Verlustvortrag nötig?), dem **Zeitpunkt der Umkehrung** temporärer Differenzen und von der **erwarteten Entwicklung** ab.

Bei einem nur **vorübergehenden Gewinneinbruch** wird man es bei der ursprünglich geplanten Auflösung der latenten Steuerabgrenzung belassen. Denn wenn wieder Gewinne entstehen, ist ein weiterer Ausgleich der Verwerfungen sichergestellt. Eine vorübergehende Verlustsituation hat auf die Auflösung der latenten Steuerabgrenzung also keinen Einfluß.

Erwartet man jedoch über einen **längeren Zeitraum** rote Zahlen oder ist der Verlust so hoch, daß auf die Jahre bis zum Ausgleich der Ergebnisdifferenzen ein Verlustvortrag vorhanden sein wird, so muß die latente Steuerabgrenzung außerplanmäßig aufgelöst werden, weil mit einer (auf Grund der Ergebnisdifferenz) höheren Steuerbe- bzw. -entlastung nicht mehr zu rechnen ist (§ 274 Abs. 1 Satz 2, Abs. 2 Satz 4 HGB). Die Auflösung muß über „Sonstige betriebliche Erträge" bzw. „Sonstige betriebliche Aufwendungen" erfolgen, nicht über Konto „Steuern vom Einkommen und vom Ertrag".[2] Sie ist nämlich — im Gegensatz zum Normalfall — nicht als Korrektur der tatsächlich zu zahlenden Steuern anzusehen.

Falls die Auflösung nicht von untergeordneter Bedeutung ist, muß sie im **Anhang** nach § 277 Abs. 4 Satz 3 HGB (periodenfremde Posten) erläutert werden.

### Kontrollfragen

*1. Wie ist die Frage der Wertaufholung bei Einzelkaufleuten, Personenhandelsgesellschaften und Kapitalgesellschaften im Handelsrecht geregelt?*

*2. Welche Vorschriften zur Wertaufholung gibt es im Steuerrecht? Welche Auswirkungen ergeben sich diesbezüglich durch die (umgekehrte) Maßgeblichkeit?*

*3. Wodurch entsteht das Problem der Abgrenzung latenter Steuern?*

*4. Wie ist die aktive und passive Steuerabgrenzung geregelt? Nennen Sie Beispiele.*

*5. Welcher Steuersatz ist bei der Ermittlung latenter Steuern anzuwenden?*

*6. Was ist ein Differenzenspiegel? Wann muß er geführt werden?*

*7. An welche Voraussetzungen sind latente Steuern im Verlustfall geknüpft?*

---

[1] So auch Coenenberg: Jahresabschluß und Jahresabschlußanalyse, Landsberg 1988, S. 276, allerdings nur auf den Fall einer aktiven latenten Steuer bezogen.

[2] Stellungnahme SABI 3/1988: Zur Steuerabgrenzung im Einzelabschluß, in: WPg 1988, S. 683 f.

# 8  Ableitung der Steuerbilanz aus der Handelsbilanz

## 8.1  Überblick über die Verfahren

Die Handelsbilanz ergibt sich zwangsläufig aus der Buchhaltung und ist — insbesondere bei Einzelunternehmen und Personengesellschaften — dann mit der Steuerbilanz identisch, wenn bei den laufenden Buchungen und beim Abschluß die einkommensteuerlichen Bestimmungen beachtet worden sind (sogenannte Einheitsbilanz).

Sobald aber handelsrechtlich zulässige Bewertungen und Aufwandsverbuchungen vorgenommen wurden, die steuerrechtlich nicht erlaubt sind, muß die Steuerbilanz aus der Handelsbilanz abgeleitet werden (vgl. § 60 EStDV). Dies kann auf zweierlei Arten geschehen:

— durch Übernahme aller Salden der nach Handelsrecht abgeschlossenen Bilanz- und GuV-Konten und Vornahme der steuerrechtlich notwendigen Buchungen,

— durch Mehr- und Weniger-Rechnung.

## 8.2  Saldenübernahme aus handelsrechtlichem Abschluß und Durchführung der steuerlichen Umbuchungen (buchhalterisches Verfahren)

Beim buchhalterischen Verfahren zur Gewinnung der Steuer- aus der Handelsbilanz ist zu unterscheiden, ob eine konventionelle oder eine EDV-Buchhaltung vorliegt.

**Bei konventioneller Buchhaltung** erfolgt die Durchführung durch Aufnahme aller Salden der Saldenbilanz II der Abschlußtabelle in eine weitere Abschlußtabelle, Einführung einer steuerlichen Umbuchungsspalte mit Weiterführung zur Saldenbilanz III und anschließender Sortierung in die steuerliche GuV-Rechnung und die Steuerbilanz.

**Bei EDV-Buchhaltung** erfolgt die Durchführung durch Buchen der steuerlichen Umbuchungen in einem „14. Monat", wobei sich der „13. Monat" bereits für handelsrechtliche Um- und Abschlußbuchungen in den handelsrechtlichen Salden ausgewirkt hat. Das Ausdrucken der Buchungen des 14. Monats auf den Konten kann unterdrückt werden. Die Buchungen müssen aber gespeichert bleiben, damit ein Ausdrucken — z. B. bei einer steuerlichen Außenprüfung — jederzeit möglich ist. Es können selbstverständlich für den 14. Monat auch Konten mit allen sonst üblichen Angaben ausgedruckt werden.

Nach dem Lauf für den 14. Monat wird eine neue Saldenliste ausgedruckt, an die sich die automatische Sortierung nach GuV- und Bestandskonten bei Ausdruck der steuerlichen GuV-Rechnung und der Steuerbilanz anschließt.

Daß bei jeder der dargestellten Buchungsmethoden ordnungsgemäße Umbuchungsbelege erstellt und aufbewahrt werden müssen, versteht sich von selbst.

Die buchhalterische Methode empfiehlt sich, wenn

— zahlreiche Abweichungen zwischen Handels- und Steuerbilanz bestehen,

— die Abweichungen wegen der Zweischneidigkeit der Bilanzansätze in größerem Umfang in künftige Wirtschaftsjahre hineinragen.

| Ableitung der Steuerbilanz aus der Handelsbilanz (§ 60 Abs. 2 EStDV) | | | | |
|---|---|---|---|---|
| Grundsätzliches | Bilanzbezogene Gewinnkorrekturen | Verfahren für bilanzbezogene Gewinnkorrekturen | | Gewinnkorrekturen außerhalb der Bilanz |
| | | Statistisch | Buchhalterisch | |
| 1 | 2 | 3 | 4 | 5 |
| 1. Zu den Unterlagen für die Steuererklärung gehört auch die Handelsbilanz.<br>2. Enthält die Handelsbilanz den steuerlichen Vorschriften nicht entsprechende<br>— Ansätze oder<br>— Beträge, so sind diese durch Zusätze oder Anmerkungen den steuerlichen Vorschriften anzupassen.<br>3. Möglich ist auch die Einreichung einer den steuerlichen Vorschriften entsprechenden Steuerbilanz.<br>4. Zu- und Abrechnungen werden minimiert, wenn man die Handelsbilanz von vornherein auf die Steuerbilanz ausrichtet. | 1. Betroffen sind Ansätze der Handelsbilanz, die steuerlichen Vorschriften nicht entsprechen (Bilanzpostenabweichungen), z. B. aufgrund unterschiedlicher Gebäudeabschreibung, Firmenwertabschreibung, Rückstellungsbildung.<br>2. Durch den Bilanzzusammenhang bedingt entstehen Folgewirkungen für künftige Veranlagungszeiträume.<br>3. Die Korrekturen können statistisch oder buchhalterisch durchgeführt werden (Spalte 3 und 4).<br>4. Kapitalgesellschaften müssen überprüfen, ob die Bilanzpostenabweichungen in der Handelsbilanz den Ansatz latenter Steuern nach § 274 HGB nach sich ziehen. | 1. Eine statistische Zu- und Abrechnung ist sinnvoll, wenn sich die Folgewirkungen nur auf wenige Jahre erstrecken.<br>2. Das Verfahren entspricht im Aufbau der bei Betriebsprüfungen angewendeten Mehr- und Weniger-Rechnung. | 1. Das buchhalterische Verfahren ist bei zahlreichen Korrekturen und langandauernden Folgewirkungen übersichtlicher.<br>2. Die Bilanzpostenabweichungen werden in einer besonderen Umbuchungsspalte der Hauptabschlußübersicht (bei EDV in zusätzlicher Saldenliste) erfaßt bzw. ausgewiesen. | 1. Der Steuerbilanzgewinn ist noch nicht der steuerpflichtige Gewinn. Zur Ermittlung des letzteren sind noch Gewinnkorrekturen außerhalb der Bilanz vorzunehmen.<br>2. Hierzu zählen Beträge aus der handelsrechtlichen GuV, die nach besonderen steuerlichen Vorschriften<br>— weder Aufwand (z. B. nichtzugsfähige Betriebsausgaben nach § 4 Abs. 5 EStG)<br>— noch Ertrag (steuerfreie Einnahmen, z. B. §§ 3, 3a EStG) sind.<br>3. Sie werden zweckmäßigerweise in einer Nebenrechnung erfaßt und hinzu- oder abgerechnet (bei Personenunternehmen in der Praxis aber oft von vornherein auf besonderen Privatkonten gebucht, so daß eine Korrektur entfällt).<br>4. Die Auswirkung beschränkt sich auf den jeweiligen Veranlagungszeitraum (keine Folgewirkung). |
| | | 3. Gewinnunterschiede zwischen Handels- und Steuerbilanz werden<br>— bei Einzelkaufleuten und Personenunternehmen in den Kapitalkonten,<br>— bei Kapitalgesellschaften durch Einstellung eines steuerlichen Ausgleichspostens in der Steuerbilanz erfaßt. | | |

251

Steuerlich nicht anzuerkennende Betriebsausgaben (§ 4 Abs. 5 EStG), bei denen ja die Zweischneidigkeit des Bilanzansatzes nicht zum Zuge kommt, werden zweckmäßigerweise außerhalb der Bilanz und der eigentlichen Gewinnermittlung dem Steuerbilanzgewinn wieder hinzuaddiert. Nach § 4 Abs. 7 EStG bestehen für die nichtabzugsfähigen Betriebsausgaben besondere Aufzeichnungspflichten (Erfassung einzeln und getrennt von den sonstigen Betriebsausgaben). Während beim GKR hierfür eine besondere Kontengruppe 29 „Aus dem Ergebnis zu deckende Aufwendungen" vorgesehen war, sind im EDV-Kontenrahmen KR 13 jeweils Sonderkonten bei den entsprechenden Aufwandsarten eingerichtet, z. B. 4535 „Steuerlich nicht abziehbare Geschenke an Geschäftsfreunde", 4550 „Steuerlich nicht abziehbare Bewirtung und Beherbergung von Geschäftsfreunden".

Personenunternehmen buchen die nichtabzugsfähigen Betriebsausgaben in der Praxis oft auf besondere Konten des Privatbereichs. Dadurch wird die steuerliche Nichtabzugsfähigkeit von vornherein berücksichtigt, so daß eine Korrektur nicht mehr notwendig ist. Diese Behandlung unterstellt, daß diese Posten Entnahmen seien. Das sind sie aber nicht (vgl. Abschn. 20 Abs. 24 EStR), sondern sie sind Aufwendungen des Betriebs, denen aus besonderen Gründen die steuerliche Abzugsfähigkeit verwehrt wird.

**Aufgabe 4.46** *(Zur buchhalterischen Methode der Ableitung der Steuer- aus der Handelsbilanz) S. 344*

# 8.3 Mehr- und Weniger-Rechnung (statistisches Verfahren)

Die Mehr- und Weniger-Rechnung ist eine statistische Methode zur Ableitung der Steuer- aus der Handelsbilanz. Sie empfiehlt sich bei Abweichungen, bei denen sich die Zweischneidigkeit von Bilanzansätzen in der Regel bereits im Folgejahr voll auswirkt,

---

**Beispiel**

Bei einem Handelsbilanzgewinn im 1. Jahr von 60 000,— und im 2. Jahr von 65 000,— ist folgendes zu beachten:

(1) Zur Kompensation von Scheingewinnen werden Waren in der Handelsbilanz mit dem niedrigeren nach vernünftiger kaufmännischer Beurteilung zulässigen Wert zu 80 000,— bewertet (§ 253 Abs. 4 HGB). Steuerlich sind 92 000,— anzusetzen. Im Folgejahr wird das Lager vollständig geräumt.

(2) Die handelsrechtlich zulässig gebildete Rückstellung für im Geschäftsjahr unterlassene Instandhaltung von 25 000,— wird steuerlich nicht anerkannt. Sie wird im Laufe des nächsten Geschäftsjahres nachgeholt, aber nicht innerhalb von 3 Monaten (§ 249 HGB).

Die anderen Wertansätze stimmen in Handels- und Steuerbilanz überein.

| Mehr- und Weniger-Rechnung | | | | | |
|---|---|---|---|---|---|
| | | Gewinnänderungen | | | |
| Bilanzposten | Erfolgsposten | 1. Jahr | | 2. Jahr | |
| | | + | ./. | + | ./. |
| (1) Waren | Wareneinsatz | 12 000,— | — | — | 12 000,— |
| (2) Rückstellung für Instandhaltung | Zuführung zu Instandhaltungsrückstellungen | 25 000,— | — | — | — |
| | Auflösung von Instandhaltungsrückstellungen | — | — | — | 25 000,— |
| | | 37 000,— | — | — | 37 000,— |
| Mehr oder Weniger | | + 37 000,— | | ./. 37 000,— | |
| Handelsbilanzgewinn | | 60 000,— | | 65 000,— | |
| Steuerbilanzgewinn | | 97 000,— | | 28 000,— | |

wie dies z. B. bei unterschiedlicher Vorratsbewertung nach Handels- und Steuerrecht der Fall ist. Sie empfiehlt sich weniger, wenn die Zweischneidigkeit von Bilanzansätzen für eine Reihe von Vorgängen sich über viele Jahre hinzieht, wie sich dies bei unterschiedlicher Abschreibungshöhe für abnutzbare Anlagen nach Handels- und Steuerrecht ergibt.

Bei der Mehr- und Weniger-Rechnung geht man von den Auswirkungen der Abweichungen zwischen Handels- und Steuerbilanzposten auf das steuerliche Ergebnis aus und stellt Gewinnerhöhungen als Plus-Posten, Gewinnminderungen als Minus-Posten tabellarisch dar. Die gesammelte Differenz wird zum Handelsbilanzgewinn hinzugesetzt oder davon abgerechnet. Dies soll das Beispiel auf S. 252 deutlich machen.

Bei dieser Darstellung kommt die Zweischneidigkeit des Bilanzansatzes, d. h. die später umgekehrte Auswirkung auf den Gewinn, besonders gut zum Ausdruck. Ein ausführliches Beispiel zur Mehr- und Weniger-Rechnung folgt auf S. 257 ff.

Die Mehr- und Weniger-Rechnung findet ihre Hauptanwendung außer bei der Ableitung der Steuerbilanz aus der Handelsbilanz durch das Unternehmen in der betrieblichen Außenprüfung. Da sich die steuerliche Außenprüfung im allgemeinen nur über eine begrenzte Zeit von drei oder vier Jahren erstreckt, ist sie dort — selbst wenn die Zweischneidigkeit eine Änderung im 1. Prüfungsjahr nicht bereits im 2. Prüfungsjahr wieder vollständig aufhebt — auch bei mehrfachen Änderungen im Bereich der abnutzbaren Anlagen gut verwendbar, ohne zu Unübersichtlichkeit zu führen.

# 9 Bilanzänderung und Bilanzberichtigung

## 9.1 Bilanzänderung (Ersatz eines zulässigen Wertansatzes)

Bilanzänderung bedeutet Ersatz eines zulässigen Wertansatzes durch einen anderen zulässigen Wertansatz. Die handelsrechtliche Bilanzänderung ist wegen des Maßgeblichkeitsgrundsatzes auch Voraussetzung für die steuerliche Bilanzänderung. Sie ist nach Einreichung der Bilanz beim Finanzamt gemäß § 4 Abs. 2 EStG nur mit Zustimmung des Finanzamtes möglich.

### 9.1.1 Handelsrechtliche Zulässigkeit

Handelsrechtlich ist hinsichtlich einer Bilanzänderung folgendes zu beachten[1]:

— Die Bilanzänderung muß durch gewichtige Gründe, wie etwa erhebliche Abweichungen zwischen den der Bilanzpolitik zugrundeliegenden Entwicklungsprognosen und der Realität gerechtfertigt sein. Willkür ist aber auszuschließen.

— Die Auswirkungen auf eventuelle ergebnisabhängige Rechte Dritter, wie Tantiemeansprüche, Ansprüche stiller Gesellschafter, sind zu überprüfen. Gegebenenfalls müssen entsprechende Vereinbarungen getroffen werden.

Unter Umständen ist es zweckmäßig, einzelne Mitglieder des Empfängerkreises des zu ändernden Abschlusses über die Motive und Auswirkungen der Änderungen zu unterrichten.

Werden diese Grundsätze auf die Rechtsform der Unternehmen bezogen, so gilt:

Handelsrechtlich können Einzelkaufleute ihren Jahresabschluß ohne wesentliche Einschränkung ändern, bei Personengesellschaften müssen sich die Gesellschafter über die Änderung einig sein. Bei Kapitalgesellschaften dürfen bereits entstandene Rechte der Gesellschafter bzw. der Aktionäre nicht durch die Bilanzänderung gegen ihren Willen beeinträchtigt werden. Erfolgt bei großen und mittelgroßen Kapitalgesellschaften die Änderung nach erfolgter Pflichtprüfung, so muß erneut geprüft und testiert werden.

---

[1] Vgl. Ludewig: Möglichkeiten der Bilanzänderung, insbesondere bei Fehleinschätzung der wirtschaftlichen Entwicklung des Unternehmens, in: DB 1986, S. 133 ff.

### 9.1.2 Steuerliche Zulässigkeit

#### 9.1.2.1 Materiellrechtliche Voraussetzungen

Nach Abschn. 15 Abs. 2 EStR gilt: Das Begehren nach einer Bilanzänderung muß wirtschaftlich begründet sein. Für den Fall, daß sich die Grundlage, auf der ein gesetzlich gewährtes Bewertungswahlrecht ausgeübt worden ist, wesentlich verändert hat (so z. B., wenn der Gewinn gegenüber der Erklärung bei der Einkommensteuerveranlagung wesentlich erhöht wird), ist die Zustimmung im allgemeinen zu erteilen.

**Beispiel**

Dem Bilanzänderungsantrag eines Landwirtes, der seine Bewertungswahlrechte nachträglich anders nutzen wollte, wurde stattgegeben, weil sich durch eine Betriebsumstellung im Folgejahr unvorhergesehene Gewinne ergaben. Nach dem BFH-Urteil vom 19. 2. 1976 (BStBl 1976 II S. 417) gehört die Gewinnerwartung für das folgende Wirtschaftsjahr zu den tatsächlichen Grundlagen für die Ausübung eines Bewertungswahlrechtes.

In besonderen Fällen können gewichtige Gründe die Versagung der Zustimmung rechtfertigen. Gewichtige Gründe liegen vor bei Verstoß gegen Treu und Glauben, wenn die Bilanzänderung schon früher hätte durchgeführt werden können und die Finanzverwaltung daher mit der Änderung nicht mehr zu rechnen brauchte. Durch die Zustimmungspflicht des Finanzamts soll der Gefahr der Verzögerung der Veranlagung begegnet werden (BFH-Urteil, BStBl 1976 II S. 212).

#### 9.1.2.2 Zeitliche Voraussetzungen

Vor der Einreichung zum Finanzamt ist die Bilanzänderung unter Rücksichtnahme auf die Rechte Betroffener stets möglich. Mit der Einreichung der Steuererklärung hat der Steuerpflichtige gegenüber der Finanzverwaltung über die Wahrnehmung der Bewertungswahlrechte entschieden, daher ist ab diesem Zeitpunkt eine Bilanzänderung nur noch gemäß § 4 Abs. 2 EStG mit Zustimmung des Finanzamts zulässig. Der Antrag muß nach Abschn. 15 Abs. 2 EStR vor Bestandskraft der Veranlagung beim Finanzamt gestellt werden (z. B. solange ein Rechtsbehelfsverfahren noch nicht abgeschlossen ist). Steht die Veranlagung unter dem Vorbehalt der Nachprüfung (§ 164 Abs. 1 AO), ist der Antrag zulässig, solange der Vorbehalt wirksam ist.

**Aufgabe 4.47**  *(Bilanzänderung) S. 346*

## 9.2 Bilanzberichtigung (Korrektur eines unzulässigen Wertansatzes)

### 9.2.1 Begriff

Die Bilanzberichtigung bedeutet Korrektur eines unzulässigen Bilanzansatzes. Im Gegensatz zur Bilanzänderung bedarf die Bilanzberichtigung keiner Zustimmung durch das Finanzamt. Der Steuerpflichtige ist zur Berichtigung gemäß § 153 AO sogar verpflichtet, wenn der Fehler zu einer Steuerverkürzung führt.

Ein Bilanzansatz ist nach Abschn. 15 Abs. 1 EStR unzulässig, wenn er

— gegen zwingende Vorschriften des Einkommensteuerrechts oder
— des Handelsrechts bzw.
— gegen die einkommensteuerrechtlich zu beachtenden handelsrechtlichen Grundsätze ordnungsmäßiger Buchführung

verstößt. Ein Bilanzansatz kann dem Grunde oder der Höhe nach falsch sein. So können z. B. ein unentgeltlich erworbenes immaterielles Wirtschaftsgut aktiviert, notwendiges Betriebsvermögen nicht bilanziert worden, das Niederstwertprinzip nicht beachtet, Herstellungskosten falsch ermittelt, die Nutzungsdauer eines Wirtschaftsgutes falsch veranschlagt sein.

## 9.2.2 Zusammenwirken von Bilanzberichtigung und steuerlicher Veranlagung

Die Berichtigung einer falschen Bilanzierung wäre — für sich allein betrachtet — kein Problem, obwohl sie meist zu falscher Gewinnermittlung und dadurch auch zu falscher Steuerhöhe führt. Selbst wenn der Fehler erst spät entdeckt wird, wäre eine Berichtigung der verschiedenen Rechenwerke bis zur Fehlerquelle zurück ohne weiteres möglich. Einschränkungen ergeben sich aber aus den Vorschriften der Abgabenordnung über die Bestandskraft der Steuerbescheide und die Verjährung (§§ 169 ff. AO).

Nach Abschn. 15 Abs. 1 EStR ist eine Bilanzberichtigung vor Rechtskraft einer steuerlichen Veranlagung jederzeit möglich, nach Rechtskraft nur im Zusammenhang mit einer Veranlagungsberichtigung. Deshalb ist ein unrichtiger Bilanzansatz zwar in der Regel bis zur Fehlerquelle zurück zu berichtigen. Die Berichtigung findet aber dort ihre Grenze, wo die volle steuerliche Erfassung des Unterschiedes nicht mehr gestattet ist. Ein rückwirkender Fehlerausgleich ist nur insoweit möglich,

— als vorangegangene Veranlagungen und die ihnen zugrundeliegenden Bilanzen noch geändert werden können (z. B. bei unter dem Vorbehalt der Nachprüfung gemäß § 164 Abs. 2 AO ergangenem Bescheid, bei neuen Tatsachen im Rahmen von § 173 AO, wobei der Bescheid auf Grund einer Außenprüfung dann eine Grenze setzt, wenn die neuen Tatsachen eine Steuerhinterziehung oder eine leichtfertige Steuerverkürzung zutage bringen) oder

— wenn die Berichtigung auf die Höhe der veranlagten Steuer ohne Einfluß ist (z. B. erfolgsneutrale Berichtigung).

Auf Grund der Zweischneidigkeit der Bilanz entwickeln die Verjährungsbestimmungen jedoch oft keine absolute Endgültigkeit. Ein alter, an sich bereits verjährter Fehler kann auf Grund des Bilanzzusammenhangs sich oft noch in der aktuellen Gegenwart auswirken, womit einer Steuernacherhebung nichts im Wege steht.

| | Bilanzänderung | Bilanzberichtigung |
|---|---|---|
| Wesen | Übergang von einem **erlaubten** Bilanzansatz zu einem anderen, ebenfalls erlaubten (Folge des Wahlrechts). | Korrektur eines **unzulässigen** Bilanzansatzes. |
| Zulässigkeit | 1. Nach Einreichung der Bilanz nur mit Zustimmung des Finanzamtes.<br>2. Im Rechtsmittelverfahren mit Zustimmung der Rechtsmittelbehörde (§ 4 Abs. 2 EStG). | 1. Vor Rechtskraft der Veranlagung jederzeit möglich (§ 4 Abs. 2 EStG).<br>2. Nach Rechtskraft der Veranlagung nur bei Veranlagungsberichtigung (Bekanntwerden **neuer** Tatsachen, Betriebsprüfung).<br><br>Durchführung — je nach Charakter — erfolgsneutral oder erfolgswirksam im ersten noch nicht bestandskräftig veranlagten Folgejahr. |

## 9.2.3 Erfolgswirksame oder erfolgsneutrale Berichtigung

Ist die Berichtigung bis zur Fehlerquelle nicht mehr möglich, so ist der unrichtige Bilanzansatz in der Schlußbilanz des ersten Jahres richtigzustellen, dessen Veranlagung geändert werden kann (Abschn. 15 Abs. 1 EStR). Das kann unter Umständen erst die nächste Schlußbilanz sein.

Aus dem Bilanzzusammenhang folgt, daß bei der Korrektur eines unrichtigen Bilanzansatzes in der Schlußbilanz des ersten berichtigungsfähigen Veranlagungszeitraums nicht außer Betracht bleiben kann, auf welche Art und Weise der Bilanzansatz unrichtig geworden ist. Denn die Erkenntnis, daß ein unrichtiger Bilanzansatz in der Schlußbilanz richtiggestellt werden muß, sagt noch nichts darüber aus, ob dies

— erfolgswirksam, also durch Ausbuchung des Bilanzansatzes als Aufwand, oder

— erfolgsneutral, also zu Lasten des Kapitals,

zu geschehen hat. Diese Frage läßt sich nur durch einen Rückgriff auf die Ursachen für die Unrichtigkeit des Bilanzansatzes klären (BFH-Urteil, BStBl 1977 II S. 148 ff.).

**Beispiel**

Ist ein Wirtschaftsgut aus dem Betriebsvermögen ausgeschieden, ohne daß eine Buchung erfolgte, so kommt es darauf an, ob das Wirtschaftsgut in früheren Jahren aus betrieblichen oder aus privaten Gründen aus dem Betriebsvermögen ausgeschieden ist. Wurde es z. B. in früheren Jahren im betrieblichen Bereich zerstört, gleichwohl aber sein Buchwert weiterhin bilanziert, so ist der Buchwert erfolgswirksam auszubuchen. Wurde es hingegen in früheren Jahren entnommen, sein Buchwert aber gleichwohl weiterhin bilanziert, so ist der Buchwert erfolgsneutral auszubuchen.

Mit der erfolgsneutralen Ausbuchung von Wirtschaftsgütern zum Buchwert bleiben allerdings Wertveränderungen, die während der Behandlung dieser Wirtschaftsgüter als Betriebsvermögen eingetreten sind, unberücksichtigt, insbesondere, daß bei dem Ansatz des Wertes dieser Wirtschaftsgüter in früheren Jahren bereits AfA, auch Teilwertabschreibungen und gegebenenfalls sonstige mit dem auszubuchenden Wirtschaftsgut zusammenhängende Aufwendungen (etwa Gebäudekosten, Grundsteuer) vorgenommen worden sind, die den Gewinn dieser Jahre entsprechend gemindert haben. Einer Hinzurechnung würde die Bestandskraft der (die AfA oder Teilwertabschreibung berücksichtigenden) Bescheide der vorausgegangenen Jahre bzw. die Verjährung der Steueransprüche entgegenstehen (BFH-Urteil, BStBl 1972 II S. 874 ff.).

Der Rückgriff kann deshalb oft nicht so umfassend sein, daß die in früheren Jahren unterbliebene zutreffende steuerrechtliche Behandlung schlichtweg nachgeholt wird (BFH-Urteil, BStBl 1977 II S. 148 ff.). Etwas anderes gilt nur hinsichtlich der Aufwendungen und Erträge, die sich auf das Jahr der Ausbuchung beziehen. Denn für dieses Jahr stehen einer zutreffenden Behandlung die Bestandskraft von Bescheiden oder die Vorschriften über die Verjährung nicht im Wege.

### 9.2.3.1  Beispiele für erfolgswirksame Bilanzberichtigungen

(1) Für nachzuzahlende Gewerbesteuer wurde im Jahr 1 keine Rückstellung gebildet, vielmehr wurde im Jahr 3 die Nachzahlung als Aufwand gebucht. Der Fehler wird im Jahr 3 bemerkt, das Jahr 2 ist noch nicht veranlagt. Die Gewerbesteuerrückstellung wird im Jahr 2 im Berichtigungswege erfolgswirksam — also gewinnmindernd — berücksichtigt. Der Gewinn des Jahres 3 muß entsprechend erhöht werden.

(2) Eine Forderung aus Leistungen wurde im Jahr 1 vergessen zu bilanzieren. Sie wurde erst im Jahre 3 bezahlt und als Umsatz behandelt. Das Jahr 1 ist bestandskräftig veranlagt. Die Berichtigung ist im Jahr 2 erfolgswirksam zu behandeln. Im Jahr 3 ist der Gewinn entsprechend zu mindern.

(3) Ein Gabelstapler stürzte im Jahr 1 um und wurde so unbrauchbar, daß sich eine Reparatur nicht mehr lohnte. Die Anlage wurde im Jahr 1 vergessen auszubuchen. Sie wurde in den Jahren 1 und 2 weiterhin normal abgeschrieben. Der Restbuchwert am Ende von Jahr 2 beträgt 9 000,—. Im Jahr 3 wird der Fehler entdeckt, das Jahr 1 ist rechtskräftig veranlagt. Der Schaden wird von der Versicherung nicht vergütet. Das Jahr 2 ist durch erfolgswirksame Minderung des Jahresgewinnes zu berichtigen.

### 9.2.3.2  Beispiele für erfolgsneutrale Bilanzberichtigung

(1) Der Geschäftsinhaber weist in der Bilanz seit dem Jahr 1 ein unbebautes Grundstück aus, das seiner nicht am Unternehmen beteiligten Ehefrau gehört. Im Jahr 6 wird dies

als falsch erkannt. Die Jahre 1 bis 5 sind rechtskräftig veranlagt. Das Grundstück ist im Jahr 6 mit dem Buchwert erfolgsneutral auszubuchen.

(2) Der Geschäftsinhaber kaufte im Jahr 1 ein unbebautes Grundstück für 90 000,—, bilanzierte es, obwohl es von Anfang an betrieblich genutzt wurde, aus Unkenntnis der Vorschriften über das notwendige Betriebsvermögen nicht. Im Jahr 5 wird ihm bekannt, daß das Grundstück in die Bilanz gehört. Das letzte bestandskräftige veranlagte Jahr ist das Jahr 3. Der Grundstückswert ist zu Beginn des Jahres 4 auf 120 000,— gestiegen. Die Einlage ist im Jahr 4 mit 90 000,— zu buchen, denn Wirtschaftsgüter des notwendigen Betriebsvermögens, die zu Unrecht nicht als solche bilanziert wurden, sind mit dem Wert einzubuchen, mit dem sie bei von Anfang an richtiger Bilanzierung zu Buche stehen würden (Abschn. 15 Abs. 1 EStR). Das ist der Anschaffungswert und nicht der Teilwert im Einbuchungsjahr oder im Jahr der Entdeckung des Fehlers.

Die erfolgsneutrale Berichtigung ist außer

— zu Lasten bzw. zugunsten des Eigenkapitals am Schluß des Berichtigungsjahrs auch
— durch Berichtigung der Eröffnungsbilanz im Berichtigungsjahr

möglich. Die zweite Möglichkeit stellt wegen ihrer Erfolgsneutralität nach Meinung des BFH (BStBl 1977 II S. 148) keine Durchbrechung des Bilanzzusammenhangs dar. Ein prüfungspflichtiges Unternehmen müßte allerdings über einen solchen Vorgang im Anhang berichten.


## 9.2.4 Durchbrechung des Bilanzzusammenhangs bei Verstoß gegen Treu und Glauben

Einen Verstoß gegen Treu und Glauben, der eine Durchbrechung des Bilanzzusammenhangs rechtfertigt, hat die Rechtsprechung bejaht, wenn der Steuerpflichtige bewußt eine nach wirtschaftlichen Grundsätzen gebotene Abschreibung auf spätere Jahre verlagert, um dadurch für die Gesamtheit der Steuerabschnitte unberechtigt zu einer beachtlichen Steuerersparnis zu kommen (BFH-Urteil, BStBl 1981 II S. 255 ff.). Gleiches gilt, wenn bewußt auf andere Weise ein Aktivposten zu hoch oder ein Passivposten zu niedrig angesetzt wird, ohne daß die Möglichkeit besteht, die Veranlagung des Jahres zu ändern, bei der sich der unrichtige Bilanzansatz ausgewirkt hat (Abschn. 15 Abs. 1 EStR).


## 9.2.5 Durchführung der Bilanzberichtigung

Die technische Durchführung der Bilanzberichtigung mit Hilfe der Mehr- und Weniger-Rechnung soll an folgendem Beispiel dargestellt werden. Der Betriebsprüfer meldet in einem Personenunternehmen folgende Korrekturen an:

**1. Jahr:**

— Bei Aktivierung von Eigenleistungen beim Bau eines Gebäudes wurde Baumaterial zu Einstandspreisen von 20 000,— vergessen. Auf den Lohn des an den Bauarbeiten beteiligten Betriebselektrikers und des Betriebsschlossers wurden Fertigungsgemeinkosten von 30 000,— nicht aktiviert. Die Fertigstellung des Baus erfolgte im Juni des ersten Prüfungsjahres (Abschreibung im ersten Prüfungsjahr zeitanteilig 2 % in den Folgejahren 4 %).

— Für die Filteranlage, die zu 50 % dem Umweltschutz dient, wurden im Anschaffungsjahr 60 % der Anschaffungskosten von 50 000,— erhöht abgeschrieben, in den beiden Folgejahren jeweils 10 % der Anschaffungskosten. Die erhöhte Abschreibung kann nur bei mindestens zu 70 % durch den Umweltschutz bedingter Verursachung in Anspruch genommen werden (§ 7 d Abs. 2 EStG). Die Normal-AfA beträgt 10 %.

— Unterwegs befindliches Material im Werte von 8 500,— wurde in die Inventur aufzunehmen vergessen. Es wird im Folgejahr verbraucht. Die Rechnung wurde im 1. Jahr richtig gebucht.

— Der Privatanteil der Telefongebühren wurde auf 500,— im Jahr geschätzt, die private Kfz-Nutzung auf 1 600,—.

**2. Jahr:**

— Private Telefonnutzung 500,—,

— private Kfz-Nutzung 1 600,—,

— die Teilwertabschreibung von 20 000,— auf die Finanzanlagen werden nicht anerkannt.

**3. Jahr:**

— Private Telefonnutzung 500,—,

— private Kfz-Nutzung 1 600,—,

— Lohn eines Mitarbeiters für Hilfe bei einer Reparatur im vom Inhaber selbst genutzten Einfamilienhaus einschließlich gesetzlicher Sozialkosten 700,—,

— bei Ermittlung der Garantierückstellung zu hoch kalkulierte Fertigungsgemeinkosten 500,—.

**Lösung:**

Die sich aus der nebenstehenden Mehr- und Weniger-Rechnung ergebenden **Gewinnänderungen** führen zu Änderungen der Gewerbesteuer. Die Gewerbeertragsteuerrückstellungen sind nach folgender Formel zu korrigieren:

$$\frac{\text{Mehrgewinn vor darauf entfallender Gewerbeertragsteuer}}{100 + (\text{Steuermeßzahl x Hebesatz})} \text{ x } 100 = \text{Mehrgewinn nach Gewerbeertragsteuer}$$

Bei einem Hebesatz von 400 % errechnet sich die Gewerbesteuerrückstellung für das 1. Jahr:

$$\frac{84\,600}{100 + (0,05 \text{ x } 400)} \text{ x } 100 = 70\,500$$

| | |
|---|---:|
| Mehrgewinn vor Gewerbeertragsteuer | 84 600,— |
| ∕. Mehrgewinn nach Gewerbeertragsteuer | 70 500,— |
| = Gewerbesteuerrückstellung | 14 100,— |

Für die weiteren Jahre ist die Änderung der Gewerbesteuerrückstellung entsprechend zu berechnen.

Die **berichtigten Bilanzen** können im Anschluß an die Tabelle aufgestellt werden. Es ergeben sich die folgenden Postenveränderungen gegenüber den bisher erstellten Bilanzen:

| **1. Jahr:** | **Aktiva** | **Passiva** |
|---|---:|---:|
| Erhöhung des Gebäudebestandes | + 49 000,— | |
| Erhöhung der technischen Anlagen und Maschinen | + 25 000,— | |
| Erhöhung des Materialbestandes | +  8 500,— | |
| Erhöhung der Gewerbesteuerrückstellungen | | + 14 100,— |
| Erhöhung der Umsatzsteuerschuld | | +    294,— |
| Erhöhung des Kapitalkontos | | |
| — Mehrgewinn | | + 70 500,— |
| — Privatentnahmen | | ∕. 2 394,— |
| | 82 500,— | 82 500,— |

| | | Mehr- und Weniger-Rechnung | | | | | |
|---|---|---|---|---|---|---|---|
| | | Gewinnänderungen | | | | | |
| Bilanzposten | Erfolgsposten | 1. Jahr | | 2. Jahr | | 3. Jahr | |
| | | + | ./. | + | ./. | + | ./. |
| **Gebäude** Herstellungskosten | Hilfsmaterialverbrauch | 20 000,— | | | | | |
| | Andere aktivierte Eigenleistungen | 30 000,— | | | | | |
| AfA-Berichtigung | Abschreibungen | | 1 000,— | | 2 000,— | | 2 000,— |
| **Technische Anlagen und Maschinen** Abschreibungsberichtigung | Abschreibungen | 25 000,— | | | | | |
| **Finanzanlagen** Abschreibungsberichtigung | Abschreibungen auf Finanzanl. | | | 20 000,— | | | |
| **Vorräte** Schwimmende Ware | Materialaufwand | 8 500,— | | | | | |
| Auswirkung Folgejahr | Materialaufwand | | | | 8 500,— | | |
| **Privatentnahmen** (Eigenverbrauch) — Telefon | Eigenverbrauch | 500,— | | 500,— | | 500,— | |
| — Kfz | Eigenverbrauch | 1 600,— | | 1 600,— | | 1 600,— | |
| — Hilfsarbeiten | Eigenverbrauch | | | | | 700,— | |
| **Rückstellungen** | Steuern vom Ertrag | | 14 100,— | | 1 934,— | | 217,— |
| | Erträge aus Auflösung von Rückstellungen | | | | | 500,— | |
| | | 85 600,— | 15 100,— | 22 100,— | 12 434,— | 3 300,— | 2 217,— |
| Mehrgewinn | | + 70 500,— | | + 9 666,— | | + 1 083,— | |
| Bisheriger Gewinn | | 420 800,— | | 230 700,— | | 275 000,— | |
| Berichtigter Gewinn | | 491 300,— | | 240 366,— | | 276 083,— | |

Hinsichtlich der vom Prüfer berichtigten Privatentnahmen liegt umsatzsteuerpflichtiger Eigenverbrauch im Sinne von § 1 Abs. 1 Nr. 2 UStG vor. Da die Umsatzsteuerschuld keine Gewinnauswirkung hat (Gegenbuchung Privatentnahme), ist sie aus der Mehr- und Weniger-Rechnung nicht ersichtlich.

| 2. Jahr: | Aktiva | Passiva |
|---|---|---|
| Verminderung des Gebäudebestandes | ./. 2 000,— | |
| Erhöhung der Finanzanlagen | +20 000,— | |
| Verminderung des Materialbestandes | ./. 8 500,— | |
| Erhöhung der Gewerbesteuerrückstellungen | | + 1 934,— |
| Erhöhung der Umsatzsteuerschuld | | + 294,— |
| Erhöhung des Kapitalkontos | | |
| — Mehrgewinn | | + 9 666,— |
| — Privatentnahmen | | ./. 2 394,— |
| | + 9 500,— | + 9 500,— |

| 3. Jahr: | Aktiva | Passiva |
|---|---|---|
| Verminderung des Gebäudebestandes | ./. 2 000,— | |
| Erhöhung der Gewerbesteuerrückstellungen | | + 217,— |
| Verminderung der Garantierückstellungen | | ./. 500,— |
| Erhöhung der Umsatzsteuerschuld | | + 392,— |
| Verminderung des Kapitalkontos | | |
| — Mehrgewinn | | + 1 083,— |
| — Privatentnahmen | | ./. 3 192,— |
| | ./. 2 000,— | ./. 2 000,— |

**Aufgabe 4.48**   *(Bilanzänderung oder Bilanzberichtigung) S. 346*

**Aufgabe 4.49**   *(Bilanzberichtigung über 3 Jahre mit Mehr- und Weniger-Rechnung)*
*S. 347*

# 10   Inhalt der GuV-Rechnung

## 10.1   Übersicht

Die GuV-Rechnung stellt die Zusammenführung und den Abschluß aller Erfolgskonten dar. Ihr Saldo ist der Periodenerfolg des Unternehmens. Er wird in den Fällen, in denen noch keine Gewinnverwendungsentscheidungen (Ausschüttungen, Rücklagenbewegungen) getroffen wurden, Jahresüberschuß bzw. Jahresfehlbetrag genannt. Wurde dagegen bereits ganz oder teilweise über den Jahreserfolg bzw. bestimmte Rücklagen disponiert, so wird der GuV-Saldo als Bilanzgewinn oder -verlust bezeichnet.

Der gleiche Saldo, wie er aus der GuV-Rechnung ersichtlich ist, ist auch aus der Bilanz erkennbar. Die jeweiligen GuV-Inhalte sind durch die Doppik festgelegt, so daß Bewertungsentscheidungen (die bereits bei Erstellung der Bilanz zu treffen waren) bei Aufstellung der GuV- Rechnung nicht mehr anstehen. Die GuV-Rechnung ergibt aber auf Grund ihres Einblicks in die einzelnen Aufwands- und Ertragskategorien tiefergehende Aufschlüsse über die Erfolgsquellenstruktur der Unternehmung. Aus diesem Grunde wurde ihr auch von den Vertretern der dynamischen Bilanztheorie eine besondere Bedeutung zugesprochen.

Die GuV-Rechnung ist eine Gegenüberstellung der Aufwendungen und Erträge des Geschäftsjahres (§ 242 Abs. 2 HGB). Unter **Aufwendungen** versteht man den in Geldeinheiten bewerteten Güter- und Leistungsverzehr einer Unternehmung innerhalb einer Abrechnungsperiode (z. B. Materialaufwand, Löhne und Gehälter). Aufwendungen beruhen auf Ausgaben, die jedoch auch zeitlich versetzt anfallen können (z. B. bei Abschreibungen, Bildung von Rückstellungen, von aktiven Rechnungsabgrenzungsposten und antizipativen Passivposten). Das Merkmal des Güter- bzw. Leistungsverzehrs drückt sich in einer Abnahme von Vermögensbestandteilen aus, wohingegen das Merkmal der Unternehmensbezogenheit den Wertverzehr in der Privatsphäre ausschließen soll.

Unter **Erträgen** versteht man dagegen die in Geldeinheiten bewertete Güter- und Leistungsentstehung (Wertzuwachs) einer Unternehmung innerhalb einer Abrechnungsperiode. Erträge führen zu Einnahmen, die zeitlich versetzt anfallen können (z. B. bei Forderungen aus Lieferungen und Leistungen, antizipativen Aktiven und passiven Rechnungsabgrenzungsposten). Auch hier wird auf die Unternehmensbezogenheit und die Zeitraumbezogenheit auf ein Geschäftsjahr abgestellt.

# 10.2 Steuerliche Besonderheiten

In § 4 Abs. 1 EStG ist der Gewinn definiert als Unterschiedsbetrag zwischen dem Betriebsvermögen am Schluß und zu Anfang des Wirtschaftsjahres, vermehrt um den Wert der Entnahmen und vermindert um den Wert der Einlagen. Für die Besteuerung ist der Saldo wichtig, nicht das Zustandekommen des Jahresergebnisses. Deshalb gibt es auch keine der Steuerbilanz entsprechende „Steuer"-GuV. Den steuerlichen Vorschriften nicht entsprechende Ansätze des handelsrechtlichen Jahresabschlusses sind lediglich in der Bilanz durch Zusätze oder Anmerkungen anzupassen (§ 60 Abs. 2 EStDV).

Wenn trotzdem die GuV-Rechnung den Unterlagen zur Steuererklärung beizufügen ist (§ 60 Abs. 1 EStDV), dann deshalb, weil sie verschiedene Kontrollfunktionen erfüllen kann, z. B. hinsichtlich steuerlich nicht abzugsfähiger Betriebsausgaben. Im Gegensatz zum Handelsrecht spielt im Steuerrecht die „Angemessenheit" von Aufwendungen eine große Rolle. Denn oftmals sind steuerlich nur angemessene Aufwendungen abzugsfähig.

## 10.2.1 Begriff der Betriebsausgaben

Der steuerliche Begriff der Betriebsausgaben — das Pendant zu den Aufwendungen im Handelsrecht — ist in § 4 Abs. 4 EStG definiert als die **Aufwendungen, die durch den Betrieb veranlaßt sind.** Sie spielen bei der Gewinnermittlung im Rahmen der drei ersten Einkunftsarten (Einkünfte aus Land- und Forstwirtschaft, Gewerbebetrieb und selbständiger Arbeit) eine Rolle (§ 2 Abs. 2 Nr. 1 EStG).

Folgende Merkmale kennzeichnen den steuerlichen Begriff der Betriebsausgaben:

— Aufwand (Vermögensminderung),

— bestehend in Geld (z. B. Ausgaben für Löhne) oder Geldeswert (z. B. Sachwerte),

— ausschließlich oder überwiegend betrieblich veranlaßt.

Darüber hinaus können Betriebsausgaben auch vor Eröffnung eines Betriebs (vorweggenommene Betriebsausgaben) oder nach Betriebsaufgabe oder -veräußerung (nachträgliche Betriebsausgaben) anfallen.

Betriebsausgaben sind **im Normalfall** bei der steuerlichen Gewinnermittlung **sofort abzugsfähig.** Nicht sofort abzugsfähige Betriebsausgaben erhalten im Zusammenhang mit Wirtschaftsgütern des Anlagevermögens Bedeutung. So werden bei abnutzbarem Anlagevermögen Betriebsausgaben nur in Höhe der AfA in Ansatz gebracht.

Nichtabnutzbares Anlagevermögen führt erst im Zeitpunkt der Veräußerung oder Entnahme zu Betriebsausgaben, ebenso Umlaufvermögen, das über Waren- oder Materialeinsatz durch Veräußerung, Entnahme oder die Aktivierung von Herstellungskosten zu Betriebsausgaben führt.

| Die Betriebsausgaben im Überblick[1] | | |
| --- | --- | --- |
| Begriff und Arten (§ 4 EStG) | Abgrenzungskriterien (Abschn. 20, 117 EStR) | Nichtabzugsfähige Ausgaben (§ 12 EStG, Abschn. 20, 117 EStR) |
| 1. Betriebsausgaben sind Ausgaben, die durch den Betrieb veranlaßt sind.<br><br>2. Steuerlich muß man unterscheiden zwischen<br>— abzugsfähigen Betriebsausgaben und<br>— nichtabzugsfähigen Betriebsausgaben.<br><br>3. Die auf den Erfolgskonten erfaßten Aufwendungen brauchen nicht immer steuerliche Betriebsausgaben zu sein.<br><br>4. Der Begriff der Betriebsausgaben bezieht sich nur auf Einkünfte<br>— aus Land- und Forstwirtschaft,<br>— aus Gewerbebetrieb und<br>— aus selbständiger Arbeit.<br><br>Bei den übrigen Einkunftsarten ist der analoge Begriff der der Werbungskosten. | *I. Sachliche Abgrenzung*<br>1. Für die Abgrenzung von den Aufwendungen zur Lebensführung sind maßgebend<br>— die positiven Aussagen im Steuerrecht (siehe nebenstehende Spalte),<br>— die Verkehrsauffassung,<br>— die Angemessenheit in der Höhe der Aufwendung.<br>2. Ein Hilfsmittel für die Beurteilung ist die sogenannte Typisierungslehre:<br>Tatbestände sind nicht ihrem einmalig-zufälligen Charakter nach zu beurteilen, sondern nach ihrem typischen.<br>3. Betriebsausgaben bedürfen in der Regel des exakten Nachweises.<br>Dabei ist stets zu prüfen,<br>— ob die als Betriebsausgaben geltend gemachten Aufwendungen für Repräsentation, Bewirtung und Unterhaltung von Geschäftsfreunden sowie für Reisen und Kraftfahrzeughaltung nicht bereits zu den nichtabzugsfähigen Lebenshaltungskosten im Sinne von § 12 EStG (siehe nebenstehende Spalte) gehören und<br>— ob sie nicht unangemessen hoch sind<br><br>*II. Zeitliche Abgrenzung*<br>Betriebsausgaben sind grundsätzlich in dem Jahre abzugsfähig, in dem sie geleistet werden (Ist-Ausgaben).<br><br>*III. Aufzeichnungshinweis*<br>Aufwendungen für<br>— Geschenke,<br>— Bewirtung von Geschäftsfreunden,<br>— Gästehäuser, Jagd u. a.<br>unterliegen nach § 4 Abs. 7 EStG besonderer Aufzeichnungspflicht. | Nichtabzugsfähige Ausgaben sind grundsätzlich:<br>1. die für den Haushalt des Steuerpflichtigen aufgewendeten Beiträge (dazu gehören auch die Aufwendungen für die Lebensführung, die die wirtschaftliche oder gesellschaftliche Stellung des Steuerpflichtigen mit sich bringt, auch wenn sie zur Förderung des Berufs oder der Tätigkeit des Steuerpflichtigen erfolgen);<br>2. freiwillige Zuwendungen, auch die an gesetzlich unterhaltsberechtigte Personen oder deren Ehegatten;<br>3. Steuern vom Einkommen und sonstige Personensteuern sowie die Umsatzsteuer für den Eigenverbrauch und für Lieferungen oder sonstige Leistungen, die Entnahmen sind;<br>4. Geldstrafen und Bußgelder sowie Ordnungs- und Verwarnungsgelder.<br><br>Zu beachten sind die Festlegungen in § 4 Abs. 5 Nr. 1 EStG und in Abschn. 20 EStR hinsichtlich von<br>— Geschenken bis zu 75,— DM,<br>— Bewirtung von Geschäftsfreunden (nur 80 % der angemessenen Aufwendungen abzugsfähig),<br>— Gästehäusern,<br>— Mehraufwendungen für Verpflegung. |

[1] Entnommen aus dem Loseblattwerk „Tabellenbuch für den Kaufmann", S. 250[3], Taylorix Fachverlag, Stuttgart.

### 10.2.2 Abgrenzung zwischen abzugs- und nichtabzugsfähigen Betriebsausgaben und Kosten der Lebensführung

Der Begriff der Betriebsausgaben wird vor allem durch §§ 4 Abs. 5 und 12 EStG eingeschränkt. Während es sich

— bei § 4 Abs. 5 EStG um Betriebsausgaben handelt, die den Gewinn nicht mindern dürfen, handelt es sich

— bei § 12 EStG um Ausgaben, bei denen klargestellt werden soll, daß es sich nicht um Betriebsausgaben handelt.

Bei beiden Ausgabenkategorien handelt es sich um **Grenzbereiche** zwischen betrieblich veranlaßten Aufwendungen und Kosten der privaten Lebensführung.

Dabei gilt der **Grundsatz**, daß Repräsentationsaufwendungen und Aufwendungen für Ernährung, Kleidung und Wohnung in der Regel Kosten der privaten Lebensführung sind, obwohl bei diesen Aufwendungen oft ein Zusammenhang mit der gewerblichen oder beruflichen Tätigkeit des Steuerpflichtigen besteht (Abschn. 117 Abs. 2 Satz 1 und 2 EStR).

Sind die **Aufwendungen nur zum Teil durch betriebliche oder berufliche Zwecke veranlaßt** worden, und läßt sich dieser Teil nach objektiven Merkmalen und Unterlagen von den Ausgaben, die der privaten Lebensführung gedient haben, leicht und einwandfrei trennen, so sind die Aufwendungen insoweit Betriebsausgaben, es sei denn, daß dieser Teil von untergeordneter Bedeutung ist (Abschn. 117 Abs. 2 Satz 4 EStR).

Läßt sich eine Trennung der Aufwendungen nicht leicht und einwandfrei durchführen oder ist nur schwer erkennbar, ob sie mehr dem Beruf oder mehr der privaten Lebensführung gedient haben, so gehört der gesamte Betrag nach § 12 Nr. 1 EStG zu den nichtabzugsfähigen Ausgaben (Abschn. 117 Abs. 2 Satz 6 EStR).

Allgemein gilt, daß Betriebsausgaben im Grenzbereich zwischen betrieblich veranlaßten Aufwendungen und Kosten der privaten Lebensführung, die ihrer Höhe nach unangemessen erscheinen, nicht abzugsfähig sind. Bei der **Prüfung der Angemessenheit** von solchen Aufwendungen ist darauf abzustellen, ob ein ordentlicher und gewissenhafter Unternehmer angesichts der erwarteten Vorteile die Aufwendungen ebenfalls auf sich genommen hätte (Abschn. 20 Abs. 17 EStR).

# 11 Gliederung der GuV-Rechnung

## 11.1 Staffelform als verbindliche Darstellung

Die GuV-Rechnung ist in Staffelform nach dem Gesamt- oder Umsatzkostenverfahren zu erstellen. § 275 HGB weist die beiden Gliederungsalternativen aus, die in der Form für Kapitalgesellschaften bezüglich Bezeichnung, Reihenfolge und Detailliertheit verbindlich sind.

Die Staffelform der Abrechnung bedeutet, daß die Rechnung im Gegensatz zur zweiseitigen Kontoform unmittelbar in einer einzigen Zahlenreihe durch Zu- und Abschreibung geführt wird, so daß sich im Prinzip nach jeder Eintragung ein Saldo errechnen läßt. Einzelkaufleute sind von dieser Vorschrift nicht betroffen und können daher die GuV-Rechnung auch in Kontoform aufstellen. Während bei der Kontoform die gesamten Aufwendungen den gesamten Erträgen gegenüberstehen, können bei der Staffelform Zwischenergebnisse ausgewiesen werden. Die Staffelform ist daher aussagefähiger. Sie macht jedoch bei konsequenter (formaler) Doppik-Darstellung das GuV-Konto nicht entbehrlich, wenngleich zwischen der GuV-Rechnung im Sinne des § 275 HGB und dem GuV-Konto inhaltlich Identität besteht.

# 11.2 Aufbau der GuV-Schemata

## 11.2.1 Gliederungsschemata der GuV-Rechnung

| Gesamtkostenverfahren (§ 275 Abs. 2 HGB) | Betriebswirtschaftliche Grobstruktur | Umsatzkostenverfahren (§ 275 Abs. 3 HGB) |
|---|---|---|
| 1. Umsatzerlöse<br>2. Erhöhung oder Verminderung des Bestands an fertigen und unfertigen Erzeugnissen<br>3. Andere aktivierte Eigenleistungen<br>4. Sonstige betriebliche Erträge<br>5. Materialaufwand<br>  a) Aufwendungen für Roh-, Hilfs- und Betriebsstoffe und für bezogene Waren<br>  b) Aufwendungen für bezogene Leistungen<br>6. Personalaufwand<br>  a) Löhne und Geälter<br>  b) Soziale Abgaben und Aufwendungen für Altersversorgung und für Unterstützung<br>    — davon für Altersversorgung<br>7. Abschreibungen<br>  a) auf immaterielle Vermögensgegenstände des Anlagevermögens und Sachanlagen sowie auf aktivierte Aufwendungen für die Ingangsetzung und Erweiterung des Geschäftsbetriebs<br>  b) auf Vermögensgegenstände des Umlaufvermögens, soweit diese die in der Kapitalgesellschaft üblichen Abschreibungen überschreiten<br>8. Sonstige betriebliche Aufwendungen | Ergebnis der eigenlichen Betriebstätigkeit | 1. Umsatzerlöse<br>2. Herstellungskosten der zur Erzielung der Umsatzerlöse erbrachten Leistungen<br>3. Bruttoergebnis vom Umsatz<br>4. Vertriebskosten<br>5. Allgemeine Verwaltungskosten<br>6. Sonstige betriebliche Erträge<br>7. Sonstige betriebliche Aufwendungen |
| 9. Erträge aus Beteiligungen<br>  — davon aus verbundenen Unternehmen<br>10. Erträge aus anderen Wertpapieren und Ausleihungen des Finanzanlagevermögens<br>  — davon aus verbundenen Unternehmen<br>11. Sonstige Zinsen und ähnliche Erträge<br>  — davon aus verbundenen Unternehmen<br>12. Abschreibungen auf Finanzanlagen und auf Wertpapiere des Umlaufvermögens<br>13. Zinsen und ähnliche Aufwendungen<br>  — davon an verbundene Unternehmen | Finanzergebnis | 8. Erträge aus Beteiligungen<br>  — davon aus verbundenen Unternehmen<br>9. Erträge aus anderen Wertpapieren und Ausleihungen des Finanzanlagevermögens<br>  — davon aus verbundenen Unternehmen<br>10. Sonstige Zinsen und ähnliche Erträge<br>  — davon aus verbundenen Unternehmen<br>11. Abschreibungen auf Finanzanlagen und auf Wertpapiere des Umlaufvermögens<br>12. Zinsen und ähnliche Aufwendungen<br>  — davon an verbundene Unternehmen |
| 14. Ergebnis der gewöhnlichen Geschäftstätigkeit | = Ergebnis der gewöhnl. Geschäftstätigkeit | 13. Ergebnis der gewöhnlichen Geschäftstätigkeit |
| 15. Außerordentliche Erträge<br>16. Außerordentliche Aufwendungen<br>17. Außerordentliches Ergebnis | Außerordentliches Ergebnis | 14. Außerordentliche Erträge<br>15. Außerordentliche Aufwendungen<br>16. Außerordentliches Ergebnis |
| 18. Steuern vom Einkommen und vom Ertrag<br>19. Sonstige Steuern | Steuern | 17. Steuern vom Einkommen und vom Ertrag<br>18. Sonstige Steuern |
| 20. Jahresüberschuß/Jahresfehlbetrag | = Jahresergebnis | 19. Jahresüberschuß/Jahresfehlbetrag |

### 11.2.2 Ergänzungsposten

Folgende Ergänzungsposten sind nach § 277 Abs. 3 HGB bei Bedarf in das Schema einzufügen und gesondert unter entsprechender Bezeichnung auszuweisen:

— auf Grund einer Gewinngemeinschaft, eines Gewinnabführungs- oder eines Teilgewinnabführungsvertrags erhaltene Gewinne,
— Aufwendungen aus Verlustübernahme,
— Erträge aus Verlustübernahme und
— auf Grund einer Gewinngemeinschaft, eines Gewinnabführungs- oder eines Teilgewinnabführungsvertrags abgeführte Gewinne.

Der Gesetzgeber hat nicht festgelegt, wo diese Posten einzuordnen sind, sondern überläßt dies dem Ermessen der Unternehmen. Sinnvoll ist z. B. die Einordnung der ersten beiden nach den Positionen 9 (bzw. 8) und 12 (bzw. 11) „Erträge aus Beteiligungen" sowie „Abschreibungen auf Finanzanlagen und auf Wertpapiere des Umlaufvermögens", der letzten beiden nach der Position 19 (bzw. 18) „Sonstige Steuern". Dabei ist die Numerierung der GuV-Posten entsprechend zu ändern und bis Nr. 24 (bzw. 23) fortzuführen.

### 11.2.3 Erleichterungen für kleine und mittelgroße Kapitalgesellschaften

Kleine und mittelgroße Kapitalgesellschaften dürfen bei Anwendung des

| Gesamtkostenverfahrens | Umsatzkostenverfahrens |
|---|---|
| die Posten | die Posten |
| 1. Umsatzerlöse, | 1. Umsatzerlöse, |
| 2. Erhöhung oder Verminderung des Bestandes an fertigen und unfertigen Erzeugnissen, | 2. Herstellungskosten der zur Erzielung der Umsatzerlöse erbrachten Leistungen, |
| 3. Andere aktivierte Eigenleistungen, | 3. Bruttoergebnis vom Umsatz, |
| 4. Sonstige betriebliche Erträge, | 6. Sonstige betriebliche Erträge |
| 5. Materialaufwand | |

zu einem Posten unter der Bezeichnung „Rohergebnis" zusammenfassen (§ 276 HGB). Dies ist eine Ausnahmeregelung vom allgemeinen Verrechnungsverbot, nach welchem Aufwendungen nicht mit Erträgen verrechnet werden dürfen (§ 246 Abs. 2 HGB). Die Vorschrift gilt nicht nur für die Offenlegung, sondern auch für den internen, den Gesellschaftern vorzulegenden Jahresabschluß. Mit ihrer Anwendung ist ein entsprechend großer Informationsverlust verbunden.

Da für interne Zwecke in der Regel ohnehin eine tiefere Untergliederung der Erträge und Aufwendungen nötig ist als das gesetzliche Schema vorsieht, sind diese Erleichterungen für die Buchführung ohne Bedeutung.

Zu beachten ist, daß das Rohergebnis beim Umsatzkostenverfahren mehr Aufwendungen umfaßt und daher grundsätzlich kleiner ist als beim Gesamtkostenverfahren. Das erschwert zwischenbetriebliche Vergleiche.

## 11.3 Gesamt- und Umsatzkostenverfahren als Alternative

### 11.3.1 Unterschiede zwischen Gesamt- und Umsatzkostenverfahren

Das **Gesamtkostenverfahren** vergleicht die Aufwendungen einer Periode mit der in ihr erbrachten Leistung. Da die Umsatzerlöse nur einen Teil der Leistung, nämlich die abgesetzte Leistung repräsentieren, sind die „Bestandsveränderungen der Erzeugnisse" und die „Anderen aktivierten Eigenleistungen" hinzuzurechnen.

Schematisch und vereinfacht sieht das Gesamtkostenverfahren deshalb wie folgt aus:

Umsatzerlöse (bereinigt um Erlösschmälerungen)

| | |
|---|---|
| +/− | Bestandsänderungen an fertigen und unfertigen Erzeugnissen |
| + | Andere aktivierte Eigenleistungen |
| = | Gesamtleistung |
| + | Sonstige betriebliche Erträge |
| − | Betriebliche Aufwendungen |
| = | Betrieblich verursachtes Ergebnis |

Beim **Umsatzkostenverfahren** stellt man dagegen den gesamten Verkaufserlösen die Aufwendungen der abgesetzten Leistungen, also des Umsatzes gegenüber.

Umsatzerlöse (bereinigt um Erlösschmälerungen)

| | |
|---|---|
| − | Herstellungskosten der zur Erzielung der Umsatzerlöse erbrachten Leistungen |
| = | Bruttoergebnis vom Umsatz |
| − | Vertriebskosten |
| − | Allgemeine Verwaltungskosten |
| + | Sonstige betriebliche Erträge |
| − | Sonstige betriebliche Aufwendungen |
| = | Betrieblich verursachtes Ergebnis |

Beide Verfahren führen zum gleichen Ergebnis. Die Information über Material- und Personalaufwand ist beim Umsatzkostenverfahren dem Anhang zu entnehmen (§ 285 Nr. 8 HGB).

Die **Ausweisunterschiede verdeutlicht folgendes Beispiel** (vereinfacht dargestellt), in welchem unterstellt wird, daß ein Unternehmen in einer Periode nur produziert, in der Folgeperiode nur verkauft.

| **Gesamtkostenverfahren** | **Jahr 1** | **Jahr 2** |
|---|---|---|
| Umsatzerlöse | − | 200 |
| Bestandsveränderungen | + 100 | ·/. 100 |
| betriebliche Aufwendungen | ·/. 100 | − |
| Jahresergebnis | 0 | 100 |

| **Umsatzkostenverfahren** | **Jahr 1** | **Jahr 2** |
|---|---|---|
| Umsatzerlöse | − | 200 |
| Herstellungskosten der zur Erzielung der Umsatzerlöse erbrachten Leistungen | − | ·/. 100 |
| Jahresergebnis | 0 | 100 |

## 11.3.2 Anforderungen an das Rechnungswesen

Die Gliederung nach dem Gesamtkostenverfahren unterteilt die Aufwendungen nach Arten (Materialaufwand, Personalaufwand, Abschreibungen u. a.), was man als **Primärprinzip** bezeichnet.[1] Demgegenüber werden beim Umsatzkostenverfahren die betrieblichen Aufwendungen grundsätzlich funktional nach den Bereichen Herstellung, Vertrieb und allgemeine Verwaltung bzw. nach Kostenstellengesichtspunkten gegliedert (**Sekundärprinzip**). Die restlichen Aufwendungen und Erträge (ab Posten Nr. 6) folgen aber auch dem Primärprinzip.

Diese Unterscheidung nach Primär- und Sekundärprinzip ist hinsichtlich der Anforderungen an das Rechnungswesen von wesentlicher Bedeutung. Die Kontenpläne sind in der

---

[1] Vgl. Stellungnahme SABI 1/1987: Probleme des Umsatzkostenverfahrens, in: WPg 1987, S. 141.

Regel nach dem Primärprinzip aufgebaut, so daß die GuV-Rechnung nach dem Gesamtkostenverfahren problemlos aus der Finanzbuchhaltung aufzustellen ist, beim Umsatzkostenverfahren dagegen nicht.

| Vergleich der GuV-Schemata nach Gesamt- und Umsatzkostenverfahren (§ 275 HGB) | | | |
|---|---|---|---|
| Gesamtkosten- verfahren (§ 275 Abs. 2 HGB) | Umsatzkostenverfahren (§ 275 Abs. 3 HGB) | | Anwendung |
| | Grundsätzliches | Anforderungen an das Rechnungswesen | |
| 1. Beim Gesamt- kostenverfahren steht die Ge- samtleistung im Mittelpunkt. Ihr werden alle in der Periode an- gefallenen Auf- wendungen ge- genübergestellt. 2. Die Gesamtlei- stung setzt sich aus — Umatzerlösen, — Bestandsver- änderungen an Erzeugnis- sen und — anderen akti- vierten Eigen- leistungen zusammen. 3. Die Aufwendun- gen sind nach Arten (z. B. Ma- terialaufwand, Abschreibun- gen) unterteilt (Primärprinzip). 4. Kontenpläne sind in der Re- gel eng an das Primärprinzip angelehnt. 5. Daher ist die GuV nach dem Gesamtkosten- verfahren pro- blemlos aus der Finanzbuchhal- tung aufzustel- len. | 1. Das Umsatz- kostenverfah- ren stellt den Umsatzerlösen nur die zu ih- rer Erzielung angefallenen Aufwendun- gen gegen- über (unab- hängig davon, wann sie an- gefallen sind). 2. Die betrieb- lichen Aufwen- dungen sind funktional nach den Be- reichen Her- stellung, Ver- trieb und all- gemeine Ver- waltung ge- gliedert (Sekundärprin- zip). 3. Das Umsatz- kostenverfah- ren ist fast völlig von der Finanzbuch- haltung losge- löst. 4. Es kann daher ohne Verwen- dung zusätz- licher Hilfsmit- tel nicht an- gewendet wer- den. | 1. Die Aufstellung der GuV nach dem Umsatzko- stenverfahren verlangt bestimmte Schlüsselun- gen und Verrechnungen, die zumindest bei Ferti- gungsunternehmen eine ausgebaute Kosten- und Leistungsrechnung vor- aussetzen. 2. Denn es sind — bestimmte Aufwands- arten auf die Kosten- stellen Herstellung, Vertrieb und allgemei- ne Verwaltung zu ver- teilen, — Abgrenzungsprobleme im Bereich der zeitbe- zogenen Aufwendun- gen (Gemeinkosten) zu lösen. 3. Die Gliederung nach Aufwendungen und Funktionsbereichen ent- spricht einer Art Zu- schlagskalkulation. 4. Das Umsatzkostenver- fahren zur Aufstellung der GuV ist aber nicht identisch mit dem gleich- namigen Verfahren der Kostenrechnung. Gliede- rung und Vorgehenswei- se stimmen zwar weitge- hend überein, die Ziel- setzung ist aber ver- schieden. 5. Das kostenrechnerische Verfahren dient der kurz- fristigen Erfolgsrechnung (Betriebssteuerung) und verwendet kalkulatori- sche Kosten und Ver- rechnungspreise, das nach § 275 HGB ist jah- resabschlußbezogen und verwendet Ist- Aufwendungen. | 1. Die Aufstellung der GuV nach dem Umsatzko- stenverfahren ist meist mit organi- satorischem und arbeitsmäßigem Mehraufwand ver- bunden. 2. Das Gesamtko- stenverfahren ist bei langfristiger Fertigung dem Umsatzkostenver- fahren überlegen. 3. Bilanzpolitisch ge- sehen haben bei- de Verfahren ihre besonderen Vor- und Nachteile. Ein mögliches In- formationsdefizit des Umsatz- kostenverfahrens wird durch An- hangsangaben zum Personalauf- wand (von allen Kapitalgesell- schaften) und zum Materialauf- wand (nur von mittleren und gro- ßen) ausgeglichen (§§ 285 Nr. 8, 288 HGB). 4. International ge- bräuchlich ist das Umsatzkostenver- fahren (in anglo- amerikanischen Ländern, Italien, Niederlande); für weltweit agieren- de Unternehmen daher wichtig bzw. unumgäng- lich. |

267

## 11.4 Zuordnungsfragen im Zusammenhang mit der betriebswirtschaftlichen Grobstruktur der GuV-Schemata

Die GuV-Schemata nach § 275 HGB spalten das Jahresergebnis in folgende Komponenten auf:

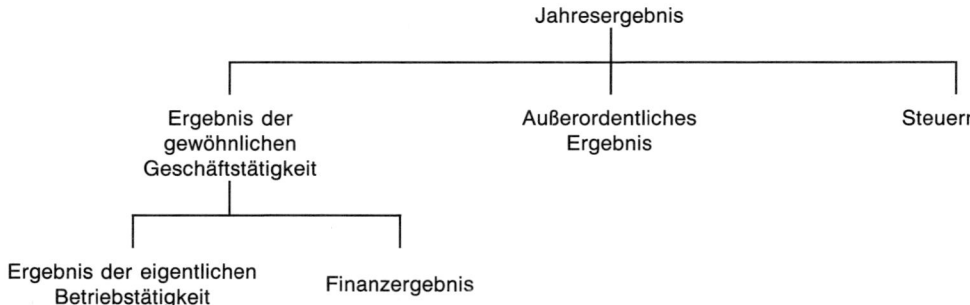

Das Ergebnis aus der eigentlichen Betriebstätigkeit — das freilich nicht identisch ist mit dem „klassischen" Betriebsergebnis (vgl. S. 105 f.) — umfaßt die Positionen 1 bis 8 (bzw. 1 bis 7) des Schemas, das Finanzergebnis ermittelt sich aus den Positionen 9 bis 13 (bzw. 8 bis 12).

Durch diese Aufgliederung kann eine durchgängige **Trennung in die Erfolgskomponenten** einer betrieblich-sachbezogenen und in die einer finanzwirtschaftlichen Betätigung des Unternehmens **nicht erreicht** werden. So kann sich z. B. der Zinsaufwand nach Position 13 (bzw. 12) sowohl auf Engagements in der Finanzsphäre wie auch auf betriebliche Investitions- und Kostenkomponenten beziehen. Ferner kann sich der Personal- und Sachaufwand der Positionen 5 bis 8 (bzw. 2, 4, 5 und 7) auch auf Aktivitäten in der Finanztätigkeit der Unternehmung beziehen. Auch die Trennung zwischen gewöhnlicher und außergewöhnlicher Geschäftstätigkeit läßt sich nicht eindeutig und damit nicht immer präzise vornehmen, vor allem, wenn es sich um diversifizierte Unternehmen handelt.

Unterschiedliche Ansichten in der einschlägigen Literatur bezüglich der **Zuordnung von Geschäftsvorfällen** zu den entsprechenden GuV-Positionen resultieren hauptsächlich aus der unterschiedlichen **Gewichtung dieser Zwischenergebnisse**. Das gilt vor allem für den Ausweis

— von Buchgewinnen, Wertaufholungen und Buchverlusten aus Vermögensgegenständen des Finanzbereichs sowie

— von betrieblichen Steuern.

Während nach der einen Auffassung[1] nur sogenannte „laufende" Erträge als Finanzerträge zu erfassen sind — Buchgewinne u. ä. dagegen nicht, sie gelten als sonstige betriebliche Erträge bzw. Aufwendungen —, sind nach der anderen[2] auch diese Aufwendungen und Erträge dem Finanzbereich zuzuordnen. Der IKR '86 (vgl. S. 108 ff. und Anhang) folgt der letztgenannten Ansicht und sucht eine möglichst scharfe Trennung zwischen der eigentlichen Betriebstätigkeit und dem Finanzbereich anzustreben. Dadurch soll der betriebswirtschaftlichen Grobstruktur mehr Gewicht und den Zwischenergebnissen eine erhöhte Aussagekraft zugewiesen werden.

Aus dem gleichen Grund hat der IKR '86 die betrieblichen Steuern den „Sonstigen betrieblichen Aufwendungen" und nicht den „Sonstigen Steuern" zugeordnet. Diese Handhabung beruht vor allem auf der Erwägung, daß die Betriebssteuern zur gewöhnli-

---

[1]  Vgl. z. B. WP-Handbuch 1985/86 II, S. 200 f., 207. ADS 1987 (§ 275 Tz 25,82) erwägen, auch Buchgewinne unter „Finanzergebnis" gesondert auszuweisen.

[2]  Vgl. Oebel: Zuordnungsfragen in der Gewinn- und Verlustrechnung nach dem Gesamtkostenverfahren, in: WPg 1988, S. 125 ff.

chen Geschäftätigkeit gehören und deshalb vor dem Ausweis des „Ergebnisses der gewöhnlichen Geschäftstätigkeit" in die GuV-Rechnung einfließen müßten, wenn dieses nicht verfälscht werden soll. Der „Kontaktausschuß" bei der EG-Kommission zu konkreten Anwendungsfragen der 4. EG-Richtlinie hat dieses Vorgehen als in anderen Ländern üblich deklariert[1]. ADS 1987 (§ 275 Tz 202 f.) empfehlen dagegen den Ausweis unter „Sonstigen Steuern".

Ein Davon-Vermerk in der GuV-Rechnung oder im Anhang sollte sicherstellen, daß bei Ausweis unter „Sonstigen betrieblichen Aufwendungen" bezüglich der Fiskalbelastung kein Informationsverlust entsteht.

**Kontrollfragen** _____

1. *Welche Unterschiede bestehen begrifflich zwischen Jahresüberschuß und Bilanzgewinn?*

2. *Welche Merkmale kennzeichnen den steuerlichen Begriff der Betriebsausgaben?*

3. *Nennen Sie Beispiele für sofort abzugsfähige, zeitlich versetzt abzugsfähige und nicht abzugsfähige Betriebsausgaben.*

4. *Welche Unterschiede bestehen zwischen Gesamt- und Umsatzkostenverfahren? Welche zusätzlichen organisatorischen Voraussetzungen erfordert das Umsatzkostenverfahren?*

5. *Welche betriebswirtschaftliche Grobstruktur enthält das GuV-Schema? Welche Zwischensaldierungen sind vorgesehen?*

6. *Warum können bei Zuordnungen von Geschäftsvorfällen zu GuV-Positionen Probleme entstehen?*

# 11.5 Einzelposten nach Gesamtkostenverfahren

### 1. Umsatzerlöse

Umsatzerlöse sind die Erlöse aus

— dem Verkauf und der Vermietung oder Verpachtung von für die gewöhnliche Geschäftstätigkeit der Kapitalgesellschaft typischen Erzeugnissen und Waren sowie

— für die gewöhnliche Geschäftstätigkeit der Kapitalgesellschaft typischen Dienstleistungen

nach Abzug von Erlösschmälerungen und Umsatzsteuer (§ 277 Abs. 1 HGB).

Der Umsatzbegriff wird nur auf solche Umsätze bezogen, die die eigentliche Betriebsleistung des Unternehmens betreffen, indem § 277 Abs. 1 HGB auf die für die gewöhnliche Geschäftstätigkeit typischen Erzeugnisse, Waren und Dienstleistungen Bezug nimmt. **Leistungsfremde Umsätze**, etwa aus dem Verkauf nicht mehr benötigter Einrichtungsgegenstände oder aus der Vermietung nicht benutzter Gebäudeteile, gehören nicht zu den „Umsatzerlösen", sondern zu den „Sonstigen betrieblichen Erträgen". Diese Unterscheidung gilt auch für den **Eigenverbrauch**; der betriebstypische ist hier auszuweisen.

Was als typische Erzeugnisse, Waren und Dienstleistungen anzusehen ist, bestimmt sich weniger nach dem im Gesellschaftsvertrag bezeichneten Geschäftsgegenstand als vielmehr nach dem tatsächlichen Erscheinungsbild.

Ausgangspunkt für die Umsatzerlöse ist der Rechnungsbetrag ohne Umsatzsteuer. **Erlösschmälerungen** sind von den Bruttoerlösen abzuziehen, da Umsätze nur in Höhe

_____

[1] Biener/Fasold/Lätsch: „Bilanzrichtlinien-Gesetz" Grundlagen. Verlag des wissenschaftlichen Instituts der Steuerberater und Steuerbevollmächtigten GmbH, Bonn, 1986, S. 158 f.

des Betrags vorliegen, den die Gesellschaft von den Abnehmern fordern kann. Als Erlösschmälerungen kommen insbesondere Preisnachlässe und zurückgewährte Entgelte (Gutschriften) in Betracht.

**Angaben im Anhang:**

— Große Kapitalgesellschaften müssen nach § 285 Nr. 4 HGB im Anhang eine Aufgliederung der Umsatzerlöse nach Tätigkeitsbereichen sowie nach geographisch bestimmten Märkten vornehmen, soweit sich, unter Berücksichtigung der Organisation des Verkaufs von für die gewöhnliche Geschäftstätigkeit typischen Erzeugnissen oder Dienstleistungen, die Tätigkeitsbereiche und geographisch bestimmten Märkte untereinander erheblich unterscheiden.

— Darüber hinaus sind bei Fremdwährungsumsätzen die Grundlagen für die Umrechnung nach § 284 Abs. 2 Nr. 2 HGB anzugeben.

## 2. Bestandsveränderungen

Der Ansatz dieses Postens ist von der Logik des Gesamtkostenverfahrens bestimmt.

**Bestandsminderungen** an fertigen und unfertigen Erzeugnissen bedeuten eine Erhöhung der Umsatzerlöse, ohne daß entsprechende Aufwendungen zum Ansatz kommen (sie wurden bereits in Vorperioden angesetzt). Durch den Abzug der Bestandsminderungen werden die verkauften um die bereits in den Vorperioden hergestellten Leistungen gekürzt.

**Bestandserhöhungen** an fertigen und unfertigen Erzeugnissen sollen zu einem Ausgleich der im Geschäftsjahr zu ihrer Herstellung verrechneten Aufwendungen führen. Im Falle einer Teilkostenaktivierung bei den Herstellungskosten ist der Ausgleich jedoch nicht vollständig.

Berücksichtigt werden sowohl Änderungen der Menge als auch des Wertes (§ 277 Abs. 2 HGB):

— **Mengenänderungen** ergeben sich, wenn die Produktion größer oder kleiner ist als der Verkauf.

— **Wertänderungen** ergeben sich, wenn sich die Herstellungskosten verschieben.

Soweit Wertänderungen auf Abschreibungen zurückgehen, sind sie nur insoweit einzubeziehen, als sie die in der Gesellschaft sonst üblichen Abschreibungen nicht übersteigen. Die darüber hinausgehenden Abschreibungen sind unter dem Posten 7 b auszuweisen. Fraglich ist, was übliche Abschreibungen sind. Hierzu gehören in jedem Fall die Niederstwertabschreibungen nach § 253 Abs. 3 Satz 1, 2 HGB. Dagegen werden Abschreibungen nach §§ 253 Abs. 3 Satz 3, 254 HGB nur einbezogen, wenn sie regelmäßig vorgenommen werden und der Betrag nicht unüblich hoch ist.

## 3. Andere aktivierte Eigenleistungen

Zur Ermittlung der Gesamtleistung der Periode bedarf es aus den vorgenannten Gründen auch einer Einbeziehung der anderen aktivierten Eigenleistungen. Voraussetzung für die Einbeziehung ist, daß die Eigenleistung zu einer Aktivierung geführt hat.

Zu den anderen aktivierten Eigenleistungen gehören Bestandsveränderungen bei noch nicht abgerechneten Bauten und Dienstleistungen, selbsterstellte Anlagen, aktivierte Großreparaturen, die nach § 269 HGB aktivierten Aufwendungen für die Ingangsetzung und Erweiterung des Geschäftsbetriebs sowie sonstige Anlaufs-, Entwicklungs- und Versuchskosten, soweit diese aktivierbar sind (ADS 1987, § 275 Tz 61).

Selbsterstellte Roh-, Hilfs- und Betriebsstoffe gehören dagegen eher in Posten 2.

Nicht aktivierbare Eigenleistungen wie z. B. Schadensbeseitigungen kommen für einen Ansatz nicht in Betracht.

## 4. Sonstige betriebliche Erträge

Zu diesem Sammelposten zählen alle Erträge aus der **gewöhnlichen** Geschäftstätigkeit, soweit sie nicht in den vorhergehenden Posten enthalten oder als Erträge aus Beteiligungen, Erträge aus anderen Wertpapieren und Ausleihungen des Finanzanlagevermögens oder als sonstige Zinsen und ähnliche Erträge auszuweisen sind.

Erträge, die außerhalb der gewöhnlichen Geschäftstätigkeit erwirtschaftet wurden, sind dagegen den außerordentlichen Erträgen (Posten 15) zuzuordnen.

Abgrenzungskriterium ist nicht der aperiodische Anfall bzw. der Bezug zu anderen Rechnungsperioden, vielmehr die Zugehörigkeit bzw. Nichtzugehörigkeit zur gewöhnlichen Geschäftstätigkeit des Unternehmens.

Hierher gehören z. B.

— Erträge aus Anlagenabgängen,
— Erträge aus Zuschreibungen zu Gegenständen des Anlage- oder Umlaufvermögens,
— Erträge aus Verkauf von Wertpapieren des Umlaufvermögens,
— Kursgewinne aus Währungen,
— Erträge aus Mieten, Pachten, Patenten, Lizenzen (soweit nicht als betriebstypisch unter „Umsatzerlöse" auszuweisen)
— Erträge aus Sozialeinrichtungen (z. B. Kantine),
— nicht betriebstypischer Eigenverbrauch,
— Erträge aus Herabsetzung von Pauschalwertberichtigungen zu Forderungen,
— Erträge aus früher ausgebuchten Forderungen,
— Erträge aus Auflösung von Sonderposten mit Rücklageanteil,
— Erträge aus Auflösung von Rückstellungen,
— Erträge aus Schuldnachlässen,
— Schadenersatzleistungen.

### Angaben im Anhang:
— Periodenfremde Erträge sind hinsichtlich Betrag und Art zu erläutern, soweit sie für die Beurteilung der Ertragslage nicht von untergeordneter Bedeutung sind (§ 277 Abs. 4 Satz 2 und 3 HGB).
— Der Betrag der im Geschäftsjahr aus steuerrechtlichen Gründen unterlassenen Zuschreibungen ist im Anhang anzugeben und hinreichend zu begründen (§ 280 Abs. 3 HGB).
— Erträge aus der Auflösung des Sonderpostens mit Rücklageanteil sind in dem Posten „Sonstige betriebliche Erträge" gesondert auszuweisen oder im Anhang anzugeben (§ 281 Abs. 2 HGB).


## 5. Materialaufwand

### a) Aufwendungen für Roh-, Hilfs- und Betriebsstoffe und für bezogene Waren

In diesem Posten sind alle Roh-, Hilfs- und Betriebsstoffe auszuweisen, **unabhängig in welchem Bereich** sie angefallen sind; eine Beschränkung auf den Produktionsbereich ist also nicht vorgesehen. Auch soweit für Roh-, Hilfs- und Betriebsstoffe ein Festwert gebildet ist (§ 240 Abs. 2 HGB), fallen die laufenden Ersatzbeschaffungen unter den Posten 5 a.

Darüber hinaus sind die Aufwendungen für bezogene (Handels-)Waren, die ohne Be- oder Verarbeitung weiter veräußert werden, hier auszuweisen.

**Aufwendungen aus den Bereichen Verwaltung und Vertrieb** (z. B. Verpackungs- und Büromaterial) können **alternativ** auch im GuV-Posten 8 ausgewiesen werden. Wichtig ist in diesem Zusammenhang die Beachtung des Stetigkeitsgrundsatzes.

**Handelsbetriebe** haben hier in der Regel nur Aufwendungen für bezogene Waren auszuweisen. Dem folgt auch der auf BiRiLiG angepaßte Groß- und Außenhandelskontenrahmen.

Während bei Stoffen der Aufwand bei der Lagerentnahme zur Be- oder Verarbeitung entsteht, entsteht bei Waren der Aufwand bei Veräußerung oder Entnahme aus dem

Betriebsvermögen. Darüber hinaus kann bei beiden Kategorien Aufwand durch Abschreibungen während der Lagerzeit entstehen. Diese Abschreibungen dürfen aber nur in einem als üblich angesehenen Umfang in den Posten 5 a einbezogen werden, weitergehende Abschreibungen sind dagegen unter Posten 7 b auszuweisen.

### b) Aufwendungen für bezogene Leistungen

Unter diesen Posten fallen sämtliche Aufwendungen für Leistungen Dritter, sofern sie dem Materialaufwand zugeordnet werden können. In Betracht kommen alle Lohnbe- und -verarbeitungen, bezogene Leistungen für Forschungs- und Entwicklungsarbeiten, allgemeine Verwaltung und den Vertriebsbereich, Fremdreparaturen, sofern der Materialaufwand überwiegt, Fremdstrom u. ä. wie Gas, Fernwärme.

Nicht hier, sondern bei „Sonstigen betrieblichen Aufwendungen" einzuordnen sind Mieten, Beratungs- und Werbekosten, Telefongebühren, Versicherungen, Reisespesen u. ä.

## 6. Personalaufwand

### a) Löhne und Gehälter

Unter dieser Position sind sämtliche Löhne und Gehälter für Arbeiter, Angestellte und Mitglieder des Vorstandes bzw. der Geschäftsführung aufzuführen. Auszuweisen ist der **Bruttobetrag**, d. h. vor Abzug der Steuern und Arbeitnehmeranteile an der Sozialversicherung.

Hierher gehören auch alle **sonstigen Aufwendungen mit Lohn- und Gehaltscharakter**, z. B. Sachleistungen an die Arbeitnehmer, wie Fahrzeugüberlassung für Privatfahrten, verbilligte Werkswohnung u. ä., Gratifikationen, Prämien, Bedienungsgeld, Weihnachtsgeld, Urlaubsgeld, vermögenswirksame Leistungen, Ausbildungsbeihilfen.

**Nicht einzubeziehen sind** Personalaufwendungen, die keine Lohn- und Gehaltsbestandteile darstellen, z. B. Aufwendungen für Personaleinstellung, übernommene Fahrtkosten, Werksarzt und Arbeitssicherheit, Fort- und Weiterbildung, Dienstjubiläen, Belegschaftsveranstaltungen, Aufwendungen für Werksküche und Sozialeinrichtungen, personenbezogene Versicherungen. Solche Aufwendungen gehören zu GuV-Posten 8.

Auch Aufsichtsratsvergütungen gehören nicht hierher (sondern zu GuV-Posten Nr. 8), da Aufsichtsratsmitglieder keine weisungsgebundenen Angestellten des Unternehmens sind.

### Angaben im Anhang:

— Mittelgroße und große Kapitalgesellschaften haben im Anhang die Gesamtbezüge für die Mitglieder der Geschäftsleitung, eines Aufsichtsrates, eines Beirates oder einer ähnlichen Einrichtung jeweils für jede Personengruppe anzugeben (§ 285 Nr. 9 a HGB).

— Alle Kapitalgesellschaften haben die an die Leitungsgremien gewährten Vorschüsse und Kredite unter Angabe der Zinssätze, der wesentlichen Bedingungen und der gegebenenfalls im Geschäftsjahr zurückgezahlten Beträge sowie der zugunsten dieser Personen eingegangenen Haftungsverhältnisse anzugeben (§ 285 Nr. 9 c HGB).

### b) Soziale Abgaben und Aufwendungen für Altersversorgung und für Unterstützung — davon für Unterstützung

Zu den **sozialen Abgaben** (auch als Lohnnebenkosten bezeichnet) gehören die Arbeitgeberbeiträge zur Sozialversicherung (Kranken-, Renten-, Arbeitslosenversicherung), zur Berufsgenossenschaft, zu den Umlagen der AOK u. ä. Dagegen fallen Zahlungen an die Ausgleichskasse für nicht beschäftigte Schwerbehinderte unter die „Sonstigen betrieblichen Aufwendungen".

Unter die **Aufwendungen für die Altersversorgung** fallen

— alle Pensionszahlungen, sofern dafür keine Rückstellungen aufgelöst werden,

— die Zuführungen zu den Pensionsrückstellungen (wobei der Zinsanteil eventuell gesondert unter GuV-Posten 13 auszuweisen ist, vgl. ADS 1987, § 275 Tz 121) sowie die Zuweisungen zu Unterstützungs- und Pensionskassen.

Dienen die Aufwendungen auf Grund einer Vorruhestandsregelung eher der Altersversorgung, so sind sie ebenfalls in Posten 6 b einzubeziehen, stellen sie mehr eine Abfindung dar, gehören sie in Posten 6 a.

Die **Aufwendungen für Unterstützung** betreffen Zahlungen an tätige und ehemalige Arbeitnehmer sowie deren Hinterbliebene, die nicht für eine Leistung der Empfänger erbracht werden. Zu ihnen gehören z. B. Zuschüsse für Krankenhaus- oder Kuraufenthalt, Heirats- und Geburtsbeihilfen.

**Angaben im Anhang:**

Mittelgroße und große Kapitalgesellschaften haben für die Mitglieder der Geschäftsleitung, des Aufsichtsrates, eines Beirates oder einer ähnlichen Einrichtung jeweils für die entsprechende Personengruppe folgende Angaben zu machen:

— Gesamtbezüge (Abfindungen, Ruhegehälter, Hinterbliebenenbezüge u. ä.) der früheren Mitglieder dieser Organe und ihrer Hinterbliebenen,

— den Betrag der für diese Personengruppen gebildeten Rückstellungen für laufende Pensionen und Pensionsanwartschaften,

— den Betrag der für diese Verpflichtungen nicht gebildeten Rückstellungen.


## 7. Abschreibungen

**a) Abschreibungen auf immaterielle Vermögensgegenstände des Anlagevermögens und Sachanlagen sowie auf aktivierte Aufwendungen für die Ingangsetzung und Erweiterung des Geschäftsbetriebs**

Die GuV-Position 7 a erfaßt alle Abschreibungen der drei genannten Bilanzposten, d. h. sowohl **planmäßige und außerplanmäßige.**

Abschreibungen auf Grund **steuerrechtlicher** Vorschriften gehören nur dann hierher, wenn **direkt** abgeschrieben wird. Bei indirekter Abschreibung sind die Einstellungen in den Sonderposten mit Rücklageanteil beim GuV-Posten 8 auszuweisen (§ 281 Abs. 2 HGB).

Abschreibungen auf Finanzanlagen gehören nicht hierher, sondern in GuV-Position 12.

Eine Saldierung mit Wertaufholungen ist nicht zulässig; diese sind in Posten 4 unterzubringen.

**Angaben im Anhang:**

— Nähere Angaben zu den Abschreibungen sind im Anlagenspiegel entsprechend den Vorschriften nach § 268 Abs. 2 HGB zu machen.

— Die außerplanmäßigen Abschreibungen nach § 253 Abs. 2 Satz 3 HGB sind jeweils gesondert auszuweisen oder im Anhang anzugeben (§ 277 Abs. 3 HGB).

— Im Anhang ist der Betrag der allein nach steuerrechtlichen Vorschriften vorgenommenen Abschreibungen getrennt nach Anlage- und Umlaufvermögen anzugeben (soweit er sich nicht aus der Bilanz oder der GuV-Rechnung ergibt) und hinreichend zu begründen (§ 281 Abs. 2 HGB).

**b) Abschreibungen auf Umlaufvermögen, soweit diese die in der Kapitalgesellschaft üblichen Abschreibungen überschreiten**

Hierbei wird im Rahmen des Gesamtkostenverfahrens verlangt, übliche von sogenannten Mehrabschreibungen zu trennen.

„Übliche" Abschreibungen sind wie folgt zu erfassen:

— auf Waren und Vorräte beim Verbrauch (GuV-Posten 5 a),

— auf fertige und unfertige Erzeugnisse bei GuV-Posten 2,

— auf Forderungen bei GuV-Posten 8,

— auf Wertpapiere des Umlaufvermögens bei GuV-Posten 12.

**Mehrabschreibungen** im Sinne der Position 7 b liegen vor, wenn

— bei Änderung von bisherigen Abschreibungsmethoden oder

— bei Vornahme von ungewöhnlichen, selten vorkommenden Abschreibungen

die üblich anfallenden Abschreibungsbeträge **wesentlich überschritten** werden. Fallen z. B. Abschreibungen zur Berücksichtigung künftiger Wertschwankungen oder steuerliche Abschreibungen selten an und sind die Abschreibungsbeträge vergleichsweise hoch, so zählen sie zu Posten 7 b, ansonsten nicht.

**Angaben im Anhang:**

— Abschreibungen auf den niedrigeren Zukunftswert (§ 253 Abs. 3 Satz 3 HGB) sind gesondert auszuweisen oder im Anhang anzugeben (§ 277 Abs. 3 HGB).

— Im Anhang ist der Betrag der allein nach steuerrechtlichen Vorschriften vorgenommenen Abschreibungen getrennt nach Anlage- und Umlaufvermögen anzugeben (soweit er sich nicht aus der Bilanz oder der GuV-Rechnung ergibt) und hinreichend zu begründen (§ 281 Abs. 2 HGB).

## 8. Sonstige betriebliche Aufwendungen

In diesen **Sammelposten** rechnen alle Aufwendungen der **gewöhnlichen Geschäftstätigkeit**, soweit sie nicht in vorhergehenden Posten enthalten sind und auch nicht als Abschreibungen auf Finanzanlagen und Wertpapiere des Umlaufvermögens oder als Zinsen und zinsähnliche Aufwendungen auszuweisen sind.

Hierher gehören z. B.

— Personalkosten (soweit nicht GuV-Posten 6 zuordenbar),

— Mieten, Pachten,

— Instandhaltung (soweit nicht GuV-Posten 5 zuordenbar),

— Beiträge, Gebühren, Versicherungen,

— Werbe-, Reise- und Vertreterkosten,

— Kosten für Warenabgabe und -zustellung,

— Nebenkosten des Finanz- und Geldverkehrs,

— Postkosten,

— Bürokosten,

— Rechts-, Beratungs- und Prüfungskosten,

— Verluste aus dem Abgang von Anlagegegenständen,

— Verluste aus dem Abgang von Vermögensgegenständen des Umlaufvermögens (außer Vorräten),

— Einstellungen in die Pauschalwertberichtigung zu Forderungen,

— Abschreibungen auf Forderungen (soweit im üblichen Rahmen),

— Einstellungen in den Sonderposten mit Rücklageanteil,

— Zuführung zu Rückstellungen (soweit nicht unter anderen Positionen erfaßbar),

— periodenfremde Aufwendungen (soweit nicht unter anderen Positionen erfaßbar).

**Angaben im Anhang:**

— Periodenfremde Aufwendungen sind hinsichtlich Betrag und Art zu erläutern, soweit sie für die Beurteilung der Ertragslage nicht von untergeordneter Bedeutung sind (§ 277 Abs. 4 Satz 2 und 3 HGB).

— Einstellungen in den Sonderposten mit Rücklageanteil sind in dem Posten „Sonstige betriebliche Aufwendungen" gesondert auszuweisen oder im Anhang anzugeben (§ 281 Abs. 2 Satz 2 HGB).

— Anzugeben sind in der Bilanz oder im Anhang die Vorschriften, nach denen die in den Sonderposten mit Rücklageanteil eingestellte Wertberichtigung gebildet worden ist (§ 281 Abs. 1 HGB).

— Im Anhang ist der Betrag der allein nach steuerrechtlichen Vorschriften vorgenommenen Abschreibungen getrennt nach Anlage- und Umlaufvermögen anzugeben (soweit er sich nicht aus der Bilanz oder der GuV-Rechnung ergibt) und hinreichend zu begründen (§ 281 Abs. 2 HGB).

## 9. Erträge aus Beteiligungen
## — davon aus verbundenen Unternehmen

Als Erträge, die in diesem Posten auszuweisen sind, kommen vor allem Gewinnausschüttungen (Dividenden) und Gutschriften aus Gewinnanteilen von Personengesellschaften in Betracht. Sie sind **brutto** zu erfassen, d. h. einschließlich anrechnungsfähiger Körperschaftsteuer und einbehaltener Kapitalertragsteuer. Erträge aus verbundenen Unternehmen bedürfen getrennter Angabe.

Zum Ausweis von Buchgewinnen bei Veräußerung von Beteiligungen vgl. S. 268.

Der Zeitpunkt der Vereinnahmung wird dann gesehen, wenn der Anspruch entstanden und der Eingang der entsprechenden Erträge bei vernünftiger kaufmännischer Beurteilung sicher zu erwarten ist. Während Gewinnanteile aus Personengesellschaften mit Ablauf des Geschäftsjahres entstanden und damit bilanzierungspflichtig sind, ist bei Kapitalgesellschaften erst noch ein Ausschüttungsbeschluß vonnöten (vgl. ADS 1987, § 275 Tz 150 ff.).

**Sonderposten:**
**Auf Grund einer Gewinngemeinschaft, eines Gewinnabführungs- oder Teilgewinnabführungsvertrages erhaltene Gewinne**

Hierher gehören Erträge aus Gewinngemeinschaften (§ 292 Abs. 1 Nr. 1 AktG), Gewinn- oder Teilgewinnabführungsverträgen (§§ 291 Abs. 1, 292 Abs. 1 Nr. 2 AktG) sowie Beherrschungsverträgen (§ 291 Abs. 1 AktG).

Während sich bei **Gewinngemeinschaften** Unternehmen verpflichten, ihren Gewinn mit dem anderer Unternehmen zur Aufteilung eines gemeinschaftlichen Gewinns zusammenzulegen, verpflichten sich Unternehmen im Rahmen von **Gewinnabführungs- oder Teilgewinnabführungsverträgen**, ihren Gewinn oder Teile davon an ein anderes Unternehmen abzuführen. Gewinnabführungsverträge bestehen bei steuerlichen Organschaften (§ 14 KStG). **Beherrschungsverträge** liegen vor, wenn ein Unternehmen für Rechnung eines anderen Unternehmens geführt wird.

**Nicht in diese Position gehören** Erträge aus Arbeitsgemeinschaften für Großprojekte, da diese üblicherweise bei den Umsatzerlösen ausgewiesen werden (es sei denn, die Arbeitsgemeinschaft ist als Gewinngemeinschaft geführt).

## 10. Erträge aus anderen Wertpapieren und Ausleihungen des
## Finanzanlagevermögens
## — davon aus verbundenen Unternehmen

Hierunter fallen alle Erträge aus Finanzanlagen (mit ihrem Bruttobetrag), soweit sie nicht aus Beteiligungen oder aus Gewinngemeinschaften, Gewinnabführungs- oder Teilgewinnabführungsverträgen stammen. Die Erträge dieser Kategorie, die mit verbundenen Unternehmen erzielt werden, sind in Form eines Davon-Vermerks gesondert auszuweisen.

Beispielhaft seien Zinsen, Dividenden, Ausschüttungen sowie periodische Zuschreibungen bei Zerobonds erwähnt. Zu der Veräußerung von Finanzanlagen vgl. S. 268.

## 11. Sonstige Zinsen und ähnliche Erträge
## — davon aus verbundenen Unternehmen

Hierher gehören alle die Finanzerträge, die anderweitig nicht unterzubringen sind, z. B.

— Zinsen auf gewährte Darlehen und sonstige Ausleihungen,

— Zinsen auf Bankguthaben und Wertpapiere (ohne Anlagecharakter),

— Dividenden aus Wertpapieren des Umlaufvermögens,

— Erträge aus Agio, Disagio von Forderungen.

Erträge aus verbundenen Unternehmen sind gesondert anzugeben.

## 12. Abschreibungen auf Finanzanlagen und auf Wertpapiere des Umlaufvermögens

Es sind hier alle Abschreibungen auf die Bilanzposten Aktiva A.III „Finanzanlagen" sowie Aktiva B.III „Wertpapiere" auszuweisen, unabhängig vom Abschreibungsanlaß. Ob auch unüblich hohe Abschreibungen auf Wertpapiere des Umlaufvermögens hierher oder zu GuV-Posten 7 b gehören, ist umstritten.

Steuerrechtliche Abschreibungen gehören nur bei direkter Abschreibung hierher.

Zu Verlusten aus dem Abgang von Finanzanlagen und Wertpapieren des Umlaufvermögens vgl. S. 268.

### Angaben im Anhang:
— Außerplanmäßige Abschreibungen nach § 253 Abs. 2 Satz 3 HGB sowie Abschreibungen nach § 253 Abs. 3 Satz 3 HGB sind jeweils gesondert auszuweisen oder im Anhang anzugeben (§ 277 Abs. 3 HGB).
— Im Anhang ist der Betrag der allein nach steuerrechtlichen Vorschriften vorgenommenen Abschreibungen getrennt nach Anlage- und Umlaufvermögen anzugeben (soweit er sich nicht aus der Bilanz oder der GuV-Rechnung ergibt) und hinreichend zu begründen (§ 281 Abs. 2 HGB).

### Sonderposten:
### Aufwendungen aus Verlustübernahme

Hier sind die Aufwendungen aufzuführen, die

— ein Unternehmen zum Ausgleich eines sonst entstehenden Jahresfehlbetrages entrichten muß, z. B. nach § 302 AktG, sowie
— ein vertraglich zu leistender Ausgleich für außenstehende Gesellschafter, soweit er den abgeführten Ertrag übersteigt (§ 158 Abs. 2 AktG).

## 13. Zinsen und ähnliche Aufwendungen

Hierher gehören grundsätzlich alle Aufwendungen, die für die Überlassung von Fremdkapital aufgewendet werden müssen, unabhängig von der Art und Fristigkeit des Fremdkapitals. Zinsaufwendungen gegenüber verbundenen Unternehmen sind in Form eines Davon-Vermerks gesondert auszuweisen.

In diesen Sammelposten gehören z. B.

— Zinsen für Kredite aller Art einschließlich Hypothekenzinsen und Verzugszinsen für verspätete Zahlungen,
— Aufwendungen für Wechsel- und Scheckdiskontierung,
— Kreditprovisionen, Kreditbereitstellungsgebühren, Überziehungsprovisionen,
— Disagio, das auf die Laufzeit der Kredite zu verteilen ist.

Von Zinsen und ähnlichen Aufwendungen **abzugrenzen** sind „Nebenkosten des Geld- und Kreditverkehrs", wie z. B. Bankspesen, Umsatzprovisionen und andere Gebühren des Zahlungsverkehrs; sie gehören zu den „Sonstigen betrieblichen Aufwendungen" (Posten 8).

## 14. Ergebnis der gewöhnlichen Geschäftstätigkeit

Der Posten 14 stellt lediglich eine gesetzlich vorgeschriebene Zwischensaldierung dar, um das Ergebnis der gewöhnlichen Geschäftstätigkeit von außergewöhnlichen Erfolgskomponenten zu trennen. Allerdings ist diese Abgrenzung nicht vollständig (vgl. S. 268).

## 15. Außerordentliche Erträge

Unter den außerordentlichen Erträgen sind solche Erträge auszuweisen, die außerhalb der gewöhnlichen Geschäftstätigkeit der Kapitalgesellschaft anfallen (§ 277 Abs. 4 Satz

1 HGB), d. h. die **ungewöhnlich, selten und materiell bedeutend sind.** Als Beispiele kommen in Betracht

— Abfindung für Unterlassung einer betrieblichen Tätigkeit,
— Nachlässe auf Verbindlichkeiten bei Erlaßvergleich,
— Gewinne aus der Veräußerung ganzer Betriebe,
— gewährte verlorene öffentliche Zuschüsse.

Nach der Definition des § 277 Abs. 4 HGB sind **periodenfremde Erträge nicht hier** auszuweisen, es sei denn, sie sind von außergewöhnlicher Art.

**Angaben im Anhang:**

Außerordentliche Erträge sind hinsichtlich ihres Betrags und ihrer Art im Anhang zu erläutern, soweit der ausgewiesene Betrag für die Beurteilung der Ertragslage nicht von untergeordneter Bedeutung ist (§ 277 Abs. 4 Satz 2 HGB).

## 16. Außerordentliche Aufwendungen

Für den Inhalt dieses Postens gilt das zu den außerordentlichen Erträgen Gesagte entsprechend. Beispiele:

— außergewöhnliche Aufwendungen infolge Katastrophen, Enteignung u. ä.,
— außergewöhnliche Aufwendungen infolge Betrugs oder Unterschlagung,
— betragsmäßig aus dem Rahmen fallende Abfindungen an Mitarbeiter,
— Aufwendungen für Unterlassung einer betrieblichen Tätigkeit.

Da „außerordentlich" nur im Sinne von „einmalig und aus dem Rahmen fallend" (außerhalb der gewöhnlichen Geschäftstätigkeit stehend) verstanden wird, gehören Bußgelder wegen kleinerer Verstöße im Straßenverkehr (wie Falschparken u. ä.) nicht zu den außergewöhnlichen Aufwendungen, wohl aber Bußgelder wegen Verstoßes gegen das Kartellgesetz und gegen Leiharbeitsbestimmungen.

Entsprechend ist der Aufwand aus einem Totalschaden für ein wenig gebrauchtes Fahrzeug außerordentlich im Sinne des HGB, Aufwendungen für kleinere Blechschäden dagegen nicht.

**Angaben im Anhang:**

Außerordentliche Aufwendungen sind hinsichtlich ihres Betrags und ihrer Art im Anhang zu erläutern, soweit der ausgewiesene Betrag für die Beurteilung der Ertragslage nicht von untergeordneter Bedeutung ist (§ 277 Abs. 4 Satz 2 HGB).

## 17. Außerordentliches Ergebnis

Der Posten 17 stellt lediglich eine Zwischensumme dar.

## 18. Steuern vom Einkommen und vom Ertrag

Hierher gehören

— Körperschaftsteuer,
— Kapitalertragsteuer,
— Gewerbeertragsteuer sowie
— ausländische Ertragsteuern, wie sie beispielsweise in Anlage 10 zu Abschn. 212 a EStR aufgeführt sind.

In diesen Posten sind auch aufzunehmen

— entsprechende Nachzahlungen und
— latente Steuern (§ 274 Abs. 1 HGB).

In der Literatur umstritten war die Frage, ob **Steuererstattungen** (z. B. auf Grund eines Verlustrücktrages) und **Auflösungen von Steuerrückstellungen** gleichermaßen in diesem Posten unterzubringen sind. Mit Blick darauf, daß als Alternative nur die Position 4 in Betracht kommt, diese aber den Nachteil birgt, daß mit der Einbeziehung von Steuererstattungen das Ergebnis der gewöhnlichen Geschäftstätigkeit beeinflußt würde, ist der Einbeziehung in Position 18 der Vorzug zu geben. Ein Verstoß gegen das Verrechnungsverbot (§ 246 Abs. 2 HGB) liegt nicht vor, wenn man davon ausgeht, daß der GuV-Posten 18 die Belastung einer Unternehmung mit Ertragsteuern zeigen soll und dann notwendigerweise einen Saldo umfaßt (ADS 1987, § 275 Tz 187 ff.).

Sollte sich auf Grund überwiegender Erstattungen der Charakter des Postens in eine Ertragsposition umkehren, so ist die Bezeichnung zu ändern in „Erstattete Steuern vom Einkommen und Ertrag".

Zur **Kapitalertragsteuer** rechnen hier nur solche Beträge, für die die Unternehmung Steuerschuldner ist (entsprechende Kapitalerträge, z. B. erhaltene Dividenden, sind bei der jeweiligen GuV-Position deshalb brutto auszuweisen). Die auf Ausschüttungen der Unternehmung basierende Kapitalertragsteuer, die sie für Rechnung z. B. der Dividendenempfänger abführt, gehört nicht hierher, sondern in den Bereich der Gewinnverwendung (zum ausgeschütteten Gewinn).

Für die **Berechnung** ist nach § 278 HGB der Beschluß über die Verwendung des Ergebnisses maßgeblich. Wenn ein solcher Beschluß im Zeitpunkt der Feststellung des Jahresabschlusses noch nicht vorliegt, so ist vom Vorschlag über die Verwendung des Ergebnisses auszugehen. Sollte der endgültige Verwendungsbeschluß von diesem Vorschlag abweichen, so braucht der Jahresabschluß der Praktikabilität wegen nicht geändert zu werden. Ein zusätzlicher Ertragsteueraufwand ist nur im Gewinnverwendungsvorschlag aufzuführen, der ja dieselbe Publizität hat wie der Jahresabschluß selbst. Ist die Folge einer Abweichung vom Gewinnverwendungsbeschluß ein steuerlicher Ertrag, der nicht zur Ausschüttung herangezogen wird, so ist dieser dem Gewinnvortrag zuzuführen (ADS 1987, § 275 Tz 196).

### Angaben im Anhang:

— Im Anhang ist von allen Kapitalgesellschaften anzugeben, in welchem Umfang Steuern vom Einkommen und vom Ertrag das Ergebnis der gewöhnlichen Geschäftstätigkeit und das außerordentliche Ergebnis belasten (§ 285 Nr. 6 HGB).

— Periodenfremde Aufwendungen und Erträge sind zu erläutern, wenn sie nicht von untergeordneter Bedeutung sind (§ 277 Abs. 4 Satz 3 HGB).

### 19. Sonstige Steuern

Zu den sonstigen Steuern gehören alle übrigen Steuern, mit denen die Kapitalgesellschaft belastet ist, also sowohl Besitz- als auch Verkehr- und Verbrauchsteuern. Hierzu rechnen u. a.

— die Besitzsteuern: Vermögen-, Grund- und Gewerbekapitalsteuer,

— die Verkehrsteuern: Kraftfahrzeug- und Wechselsteuer,

— die Verbrauchsteuern: Bier-, Branntwein-, Tabak-, Mineralölsteuer u. a.

Umsatzsteuer gehört nur insoweit hierher, als sie ergebniswirksam ist.

Steuern, die **Anschaffungsnebenkosten** darstellen (Grunderwerb- und Börsenumsatzsteuer sowie Eingangszölle) sind aktivierungspflichtig und nicht in der GuV-Rechnung auszuweisen.

Da die in Position 19 eingestellten Beträge der Steuerdefinition des § 3 Abs. 1 AO entsprechen müssen, gehören Gebühren, Bußgelder u. a. nicht hierher, sondern in Position 8. Auch die Steuern, die das Unternehmen für Mitarbeiter übernimmt, wie z. B. die pauschalierte Lohnsteuer, gehören zu der jeweiligen Aufwandsart (hier Position 6 a).

Verspätungszuschläge und Säumnisgelder gehören zur Position 13 „Zinsen und ähnliche Aufwendungen".

Zum eventuellen Ausweis der betrieblichen Steuern unter GuV-Posten 8 vgl. die Ausführungen auf S. 268 f.

**Sonderposten:**
**Auf Grund einer Gewinngemeinschaft, eines Gewinnabführungs- oder Teilgewinnabführungsvertrages abgeführte Gewinne**

Hierbei handelt es sich um Aufwendungen, die den Erträgen gemäß der entsprechenden Sonderposition nach Nr. 9 des Gliederungsschemas entsprechen. Daher wird auf die dort gemachten Ausführungen Bezug genommen. Wirtschaftlich betrachtet ist dieser Fall bei der abführenden Gesellschaft Ergebnisverwendung.

**Sonderposten:**
**Erträge aus Verlustübernahme**

Hierbei handelt es sich um Erträge, die den Aufwendungen gemäß der entsprechenden Sonderposition nach Nr. 12 des Gliederungsschemas entsprechen. Daher wird auf die dort gemachten Ausführungen Bezug genommen.

### 20. Jahresüberschuß/Jahresfehlbetrag

Hier handelt es sich um die Schlußposition der GuV-Rechnung, wenn die Ergebnisverwendung (im Gegensatz zu § 158 Abs. 1 AktG) nicht in der GuV-Rechnung dargestellt wird.

Veränderungen der Kapital- und Gewinnrücklagen dürfen in der GuV-Rechnung erst nach dem Posten „Jahresüberschuß/Jahresfehlbetrag" ausgewiesen werden (§ 275 Abs. 4 HGB).

## 11.6 Einzelposten nach Umsatzkostenverfahren

Hier genügt es, nur die Positionen des Umsatzkostenverfahrens näher zu erläutern, die sich von den entsprechenden Positionen des Gesamtkostenverfahrens unterscheiden.

### 1. Umsatzerlöse

Dieser Posten entspricht dem des Gesamtkostenverfahrens.

### 2. Herstellungskosten der zur Erzielung der Umsatzerlöse erbrachten Leistungen

**Grundsätzliches:** Im Gegensatz zum Gemeinkostenverfahren wird beim Umsatzkostenverfahren ein Teil der Aufwendungen nach betrieblichen Funktionsbereichen und nicht nach Aufwandsarten gegliedert. Das heißt, die Aufwendungen werden dann ausgewiesen, wenn die mit ihnen erstellten Erzeugnisse bzw. Dienstleistungen dem Umsatzprozeß zugeführt (also als realisiert im Sinne des § 252 Abs. 1 Nr. 4 HGB anzusehen) sind, unabhängig davon, wann die Aufwendungen entstanden sind. Es wird also auf den **Umsatzbezug** und nicht auf den Zeitbezug abgehoben.

Der Ausweis der Aufwendungen nach dem Umsatzbezug erfordert eine bereichsbezogene Gliederung der Aufwendungen, die nur bei Vorhandensein eines ausgebauten Betriebsabrechnungssystems durchführbar ist (vgl. S. 266 f.).

**Bestimmung der Herstellungskosten:** Ein Problem besteht in der Abgrenzung der unter Position 2 zu erfassenden Aufwandskategorien von anderen Aufwandsarten. Auf Grund der begrifflichen Namensgleichheit liegt zunächst eine Anlehnung an den Herstellungskostenbegriff gemäß § 255 Abs. 2 HGB nahe. Wegen der unterschiedlichen Ziele, die in beiden Fällen verfolgt werden, sind beide Begriffe jedoch nicht vollständig identisch. Die Zuordnung von Kostenarten zu Position 2 oder 7 der GuV-Rechnung ist nur ein Gliederungsproblem, während die Bestandsbewertung zu Herstellungskosten in der Bilanz ein Bewertungsproblem darstellt mit entsprechenden Auswirkungen auf die Höhe des Ergebnisses.

Mit welchen Beträgen die Herstellungskosten der zur Erzielung der Umsatzerlöse erbrachten Leistungen in der GuV-Rechnung auszuweisen sind, hängt davon ab, ob die Leistungen in diesem oder in vorhergehenden Geschäftsjahren hergestellt wurden.[1]

— **Ansatz von in Vorjahren erzeugten und nun veräußerten Leistungen:** Werden Erzeugnisse veräußert, die in vergangenen Geschäftsjahren hergestellt wurden, so ist zum Zeitpunkt der Veräußerung der **aktivierte Bilanzwert des Vorjahres** als Aufwand zu verrechnen und den Umsatzerlösen gegenüberzustellen.

— **Ansatz von im laufenden Geschäftsjahr erzeugten und veräußerten Leistungen:** Würden nur Teilherstellungskosten angesetzt, müßten die dabei nicht erfaßten Aufwandsteile in den „Sonstigen betrieblichen Aufwendungen" erfaßt werden, was jedoch den Informationsgehalt verringern würde. Daher müssen alle Produkte, die innerhalb eines Geschäftsjahres erzeugt und abgesetzt werden, mit den **vollen Herstellungskosten** in den Posten 2 eingehen (unabhängig von der Aktivierbarkeit der jeweiligen Kosten und der Ausnutzung der Bewertungswahlrechte bei der Erzeugnisaktivierung).

— **Behandlung von im Geschäftsjahr hergestellten, aber noch nicht veräußerten Leistungen:** Hier ist dafür Sorge zu tragen, daß die Herstellungskosten nicht verkaufter Produkte bzw. nicht abgerechneter Leistungen bis zur Realisation „erfolgsneutral" geführt werden, was durch eine **Aktivierung der Herstellungskosten bei der Erzeugnisbewertung** erreicht werden kann. Hergestellte, aber noch nicht veräußerte Leistungen erscheinen somit in der Bilanz, nicht aber im GuV-Posten 2.

Wenn in der Bilanz keine Bewertung zu Vollkosten, sondern unter Ausnutzung von Wahlrechten eine Bewertung nur zu Teilkosten vorgenommen wurde, erhebt sich die Frage, bei welchen GuV-Posten die dabei nicht aktivierten Aufwendungen auszuweisen sind (bei Position 2 „Herstellungskosten der zur Erzielung der Umsatzerlöse erbrachten Leistungen" oder Position 7 „Sonstige betriebliche Aufwendungen"). Vorzuziehen ist der Ausweis bei GuV-Posten 2.

**Erfassung von Abschreibungen:** Alle Abschreibungen, die dem Fertigungsbereich zuzuordnen sind, gehören zu den Herstellungskosten, unabhängig davon, ob sie das Anlage- oder Umlaufvermögen betreffen oder über den üblichen Rahmen hinausgehen. Ein Sonderausweis für außerplanmäßige und steuerrechtliche Abschreibungen kann nach §§ 277 Abs. 3 Satz 1, 281 Abs. 2 Satz 1 HGB in Betracht kommen.

Einstellungen in den Sonderposten mit Rücklageanteil sind in den „Sonstigen betrieblichen Aufwendungen" auszuweisen oder im Anhang anzugeben (§ 281 Abs. 2 HGB).

**Abgrenzung gegenüber anderen GuV-Positionen:** Bei den Herstellungskosten können in gewissem Umfang

— allgemeine Verwaltungskosten (vgl. § 255 Abs. 2 Satz 4 HGB),

— Zinsaufwendungen (vgl. § 255 Abs. 2 Satz 3 HGB) und

— Betriebssteuern, die den Fertigungsbereich betreffen (z. B. Grundsteuer, Gewerbekapitalsteuer u. ä.)

mit einbezogen sein, auch wenn der primäre Ausweis dieser Aufwendungen unter anderen Posten (Nr. 5, 12 und 18) vorgesehen ist. Hier können geringfügige Abweichungen gegenüber den jeweiligen Posten des Gesamtkostenverfahrens (Nr. 13 und 19) auftreten. Auf Ausweisstetigkeit ist zu achten.

### 3. Bruttoergebnis vom Umsatz

Die Zwischensumme ist ein Saldo aus den Positionen 1 und 2 und repräsentiert die Handelsspanne der verkauften Erzeugnisse (Umsatzerlöse ∕. Herstellungskosten) ohne Verwaltungs-, Vertriebskosten und sonstige betriebliche Aufwendungen.

---

[1] Vgl. Stellungnahme SABI 1/1987: Problem des Umsatzkostenverfahrens, in: WPg 1987, S. 141 ff.

## 4. Vertriebskosten

Sie beinhalten alle während des abgelaufenen Geschäftsjahres entstandenen Aufwendungen, die dem Vertriebsbereich direkt oder über Schlüsselungen, Umlagen u. a. zuzurechnen sind. Im einzelnen handelt es sich dabei um Aufwendungen wie Werbung, Absatzförderung, Reise- und Vertreterkosten, Messe- und Ausstellungskosten, Kosten der Auslieferungslager, Fuhrpark u. ä.

## 5. Allgemeine Verwaltungskosten

Sie beinhalten alle während des abgelaufenen Geschäftsjahres entstandenen Aufwendungen, die dem Verwaltungsbereich direkt oder über Schlüsselungen, Umlagen u. a. zuzurechnen sind, soweit sie nicht die Herstellungskosten betreffen. Beispiele für allgemeine Verwaltungskosten sind die Kosten der Geschäftsführung, der Gesellschafterversammlung, des Aufsichtsrates oder Beirates, des Rechnungswesens, der Personalverwaltung, der Finanz- und Steuerabteilung, der Sozial- und Schulungseinrichtungen, der Abschlußprüfung u. a. m.

Die Abgrenzung zu den Herstellungskosten, den Vertriebskosten und den sonstigen betrieblichen Aufwendungen ist zum Teil schwierig. Bei Zweifeln hinsichtlich der Abgrenzung zu den „Sonstigen betrieblichen Aufwendungen" ist dem Ausweis unter Posten 5 der Vorzug zu geben.

## 6. Sonstige betriebliche Erträge

Die „Sonstigen betrieblichen Erträge" sind grundsätzlich mit denjenigen des Gesamtkostenverfahrens identisch.

## 7. Sonstige betriebliche Aufwendungen

Die „Sonstigen betrieblichen Aufwendungen" stellen eine Sammelposition für alle Aufwendungen im Rahmen der gewöhnlichen Geschäftstätigkeit des Unternehmens dar, die nicht einem anderen Aufwandsposten zugerechnet werden können. Sie sind im Vergleich zum Gesamtkostenverfahren wesentlich **enger gefaßt**.[1] In Zweifelsfällen ist dem Ausweis unter den „Herstellungskosten der zur Erzielung der Umsatzerlöse erbrachten Leistungen", „Vertriebskosten" und „Allgemeinen Verwaltungskosten" der Vorzug zu geben.

Einstellungen in den Sonderposten mit Rücklageanteil sind hier auszuweisen oder im Anhang anzugeben (§ 281 Abs. 2 HGB).

## Posten 8 bis 19

Die Posten 8 bis 19 des Umsatzkostenverfahrens entsprechen weitgehend den Posten 9 bis 20 des Gesamtkostenverfahrens.

## Angaben im Anhang:

Da infolge der Gliederung des Umsatzkostenverfahrens bestimmte Aufwandsarten nicht mehr erkennbar sind, sind nach § 285 Nr. 8 HGB zusätzliche Angaben zu machen.

— Der Materialaufwand des Geschäftsjahres ist, gegliedert nach Aufwendungen für Roh-, Hilfs- und Betriebsstoffe und für bezogene Waren einerseits und Aufwendungen für bezogene Leistungen andererseits, anzugeben (§ 285 Nr. 8 a HGB). Von dieser Verpflichtung sind die kleinen Kapitalgesellschaften befreit (§ 288 Satz 1 HGB). Mittelgroße Kapitalgesellschaften dürfen den Anhang ohne diese Angaben zum Handelsregister einreichen (§ 327 Nr. 2 HGB).

— Der Personalaufwand des Geschäftsjahres ist nach § 285 Nr. 8 b HGB von allen Kapitalgesellschaften anzugeben.

Zudem können die Besonderheiten des Umsatzkostenverfahrens Angaben zu den angewandten Bilanzierungsverfahren gemäß § 284 Abs. 2 Nr. 1 HGB bedingen. Diese Angaben sollen zwecks Verständlichkeit der Erfolgsrechnung erkennen lassen, wie die wichtigsten Ausweiswahlrechte ausgeübt worden sind.[1]

---

[1]  Vgl. Stellungnahme SABI 1/1987: Probleme des Umsatzkostenverfahrens, in: WPg 1987, S. 141 f.

1. *Wie sind Umsatzerlöse definiert?*

2. *Welche Rolle spielen Bestandsveränderungen im Rahmen des Gesamtkostenverfahrens?*

3. *Wie sind sonstige betriebliche Erträge abzugrenzen? Nennen Sie Beispiele.*

4. *Wie ist der Materialaufwand bestimmt? Was weisen Handelsbetriebe in dieser Position aus?*

5. *Welche Aufwendungen sind in Löhne und Gehälter einzubeziehen?*

6. *Worin unterscheiden sich soziale Abgaben und Aufwendungen für Unterstützung?*

7. *Welche Zuordnungsmöglichkeiten bestehen für steuerrechtliche Abschreibungen? Wovon ist die Zuordnung abhängig?*

8. *Wo sind „übliche" Abschreibungen des Umlaufvermögens zu erfassen?*

9. *Wie sind die sonstigen betrieblichen Aufwendungen abzugrenzen? Nennen Sie Beispiele.*

10. *Welches Kriterium bestimmt die Zugehörigkeit zur gewöhnlichen Geschäftstätigkeit und zum außerordentlichen Ergebnis?*

11. *Welche Zusatzangaben sind im Anhang bei Anwendung des Umsatzkostenverfahrens zu machen?*

---

**Aufgabe 4.50**  *(Abschluß einer GmbH) S. 347*

**Aufgabe 4.51**  *(Zuordnungsfragen in der GuV-Rechnung) S. 348*

**Aufgabe 4.52**  *(Aufstellung der GuV-Rechnung nach Gesamt- und Umsatzkostenverfahren) S. 348*

# 12   Anhang

## 12.1   Allgemeines

Der Anhang als Pflichtbestandteil des Jahresabschlusses von Kapitalgesellschaften (§ 264 Abs. 1 HGB) dient vornehmlich der näheren **Erläuterung** von Bilanz und GuV-Rechnung. Leitlinie für die Berichterstattung ist die Vermittlung eines den tatsächlichen Verhältnissen entsprechenden Bildes der Vermögens-, Finanz- und Ertragslage.

Sein **Umfang** ist außer von der Größe der Kapitalgesellschaft noch davon abhängig, wie ein Unternehmen die Wahlrechte hinsichtlich der Zuordnung von Angaben zu einzelnen Teilen des Jahresabschlusses in Anspruch nimmt. Deshalb sind zu unterscheiden:

— Pflichtangaben, die aus Bilanz **oder** Anhang hervorgehen müssen,

— Pflichtangaben, die in GuV-Rechnung **oder** Anhang ersichtlich zu machen sind,

— Pflichtangaben, die **nur der Anhang zu enthalten hat.**

In den Checklisten auf S. 284 ff. ist für jede Angabe vermerkt, in welchem Teil des Jahresabschlusses sie erscheinen darf bzw. muß.

## 12.2 Berichterstattungsarten

Zu beachten ist, daß der Anhang unterschiedliche Berichterstattungsarten vorsieht, die sich in ihren Anforderungen unterscheiden:

— **Angaben:** Nennung ohne Zusatz; ob es sich um eine quantitative oder qualitative Nennung handelt, ergibt sich aus der Einzelvorschrift.

— **Aufgliederung:** Quantitatives Unterteilen eines Postens in geforderte Einzelbestandteile.

— **Erläuterung:** Verbales Ersichtlichmachen von Inhalt und/oder Zustandekommen eines Bilanz- oder GuV-Postens.

— **Darstellung:** Angaben in Verbindung mit einer Aufgliederung oder Erläuterung; dies kann je nach darzustellendem Objekt mengenmäßig oder verbal erfolgen.

— **Begründung:** Erläuterung und Rechtfertigung der Ursachen eines Handelns oder Unterlassens.

## 12.3 Gliederung des Anhangs

Zur Gliederung des Anhangs ist vom Gesetz **kein Schema** vorgesehen. Die Art der einmal gewählten Darstellungsform sollte auf Grund des Stetigkeitsgebots gemäß § 265 Abs. 1 HGB aber beibehalten werden. Sinnvoll ist z. B. eine Gliederung nach folgenden Sachverhalten:

— formbezogene Vorschriften,

— inhaltsbezogene Vorschriften allgemeiner Art,

— inhaltsbezogene Vorschriften zu einzelnen
    — Bilanz- und
    — GuV-Posten sowie

— Zusatzangaben.

## 12.4 Checklisten zum Inhalt des Anhangs

Die Angaben, die im Anhang enthalten sein müssen, sind in den Vorschriften über den Anhang (§§ 284 bis 289 HGB) nur teilweise aufgeführt. Der Rest ist über die anderen Paragraphen des Zweiten Abschnitts „Ergänzende Vorschriften für Kapitalgesellschaften" verstreut. Darüber hinaus gehen Anhangangaben aus den handelsrechtlichen Nebengesetzen, insbesondere dem Aktien-, GmbH- und Genossenschaftsgesetz, hervor.

Diese Anhangangaben sind im folgenden in verschiedenen Checklisten zusammengestellt, und zwar in Abhängigkeit von Größe und Rechtsform:

— Pflichtangaben aller Kapitalgesellschaften,

— weitere Anhangangaben mittelgroßer und großer Kapitalgesellschaften,

— weitere Anhangangaben großer Kapitalgesellschaften,

— Zusatzangaben der AG und KGaA,

— Zusatzangaben der GmbH,

— Anhangangaben der Genossenschaft.

In der Praxis wird man die in Frage kommenden größen- und rechtsformspezifischen Angaben nicht gesondert, sondern mit den anderen Pflichtangaben zusammengefaßt darstellen.

## 12.4.1 Pflichtangaben aller Kapitalgesellschaften

Die folgende Checkliste enthält diejenigen Pflichtangaben, die von allen Kapitalgesellschaften im Anhang gemacht werden müssen, und zwar unabhängig von der Größe oder der Rechtsform der Unternehmung.

| Pflichtangaben im Anhang aller Kapitalgesellschaften | Gesetzesgrundlage im HGB | Art der Berichterstattung |
|---|---|---|
| **A. Allgemeine formbezogene Vorschriften** | | |
| 1. Abweichung in der Form der Gliederung aufeinanderfolgender Bilanzen oder GuV-Rechnungen in Ausnahmefällen | § 265 Abs. 1 | Im Anhang anzugeben und zu begründen. |
| 2. Anpassung des Vorjahrespostens zwecks Vergleichbarmachung mit Bilanz- oder GuV-Posten des Abschlußjahres | § 265 Abs. 2 | Im Anhang anzugeben und zu erläutern. |
| 3. Unvergleichbarkeit von Bilanz- oder GuV-Posten mit entsprechenden Vorjahresposten | § 265 Abs. 2 | Im Anhang anzugeben und zu erläutern. |
| 4. Wegen Vorliegen mehrerer Geschäftszweige Geltung unterschiedlicher Gliederungsvorschriften; Entscheidung für **ein** Gliederungsschema unter Ergänzung des Schemas für andere Geschäftszweige | § 265 Abs. 4 | Ergänzung im Anhang angeben und begründen. |
| **B. Allgemeine inhaltsbezogene Vorschriften** | | |
| 1. In Bilanz und GuV-Rechnung angewandte Bilanzierungs- und Bewertungsmethoden | § 284 Abs. 2 Nr. 1 | Angaben im Anhang bei den einzelnen Posten der Bilanz und GuV-Rechnung. |
| 2. Jahresabschluß enthält Posten, denen Beträge zugrundeliegen, die auf fremde Währung lauten oder ursprünglich auf fremde Währung lauteten | § 284 Abs. 2 Nr. 2 | Grundlagen der Umrechnung in Deutsche Mark sind bei den betreffenden Posten anzugeben. |
| 3. Abweichung von Bilanzierungs- und Bewertungsmethoden | § 284 Abs. 2 Nr. 3 | Abweichungen sind im Anhang anzugeben und zu begründen, ihr Einfluß auf die Vermögens-, Finanz- und Ertragslage ist gesondert darzustellen. |
| 4. Gruppenbewertung entsprechend § 240 Abs. 4 HGB sowie Bewertung von Vorratsvermögen nach Fifo-, Lifo- oder entsprechenden Verfahren gem. § 256 Satz 1 HGB | § 284 Abs. 2 Nr. 4 | Bei erheblichem Unterschied im Vergleich zu einer Bewertung auf der Grundlage des letzten vor dem Abschlußstichtag bekannten Börsenkurses oder Marktpreises ist Angabe der Unterschiedsbeträge pauschal für die jeweilige Gruppe im Anhang vorgeschrieben. |
| 5. Fremdkapitalzinsen als Bestandteil der Herstellungskosten | § 284 Abs. 2 Nr. 5 | Angabe im Anhang vorgeschrieben. |
| 6. Betrag der aus steuerlichen Gründen unterbliebenen Zuschreibung | § 280 Abs. 3 | Angabe des Betrages sowie Begründung im Anhang vorgeschrieben. |

284

| Pflichtangaben im Anhang aller Kapitalgesellschaften | Gesetzesgrundlage im HGB | Art der Berichterstattung |
|---|---|---|
| 7. Zusammenfassung der mit arabischen Zahlen im Bilanz- und GuV-Schema bezifferten Posten | § 265 Abs. 7 | Erfolgt die Zusammenfassung im Interesse der Klarheit der Darstellung, so müssen die zusammengefaßten Posten im Anhang gesondert ausgewiesen werden. |
| 8. Vermögensgegenstand oder Schuld fällt unter mehrere Bilanzposten | § 265 Abs. 3 | Vermerk der Mitzugehörigkeit in der Bilanz **oder** Angabe im Anhang, wenn dies im Interesse der Klarheit des Jahresabschlusses erforderlich ist. |
| **C. Inhaltsbezogene Vorschriften zu einzelnen Bilanzposten** | | |
| **Aktiva** | | |
| 1. Bilanzierungshilfe für Aufwendungen für die Ingangsetzung und Erweiterung des Geschäftsbetriebs | | |
|    a) Inhalt und Zustandekommen des Postens | § 269 Satz 1 | Erläuterung im Anhang verbindlich vorgeschrieben. |
|    b) Entwicklung des Postens | § 268 Abs. 2 | In Bilanz **oder** Anhang sind anzugeben<br>— Entwicklung lt. Anlagenspiegel,<br>— die Abschreibung des Abschlußjahres. |
| 2. Anlagevermögen | | |
|    a) Entwicklung der einzelnen Posten des Anlagevermögens | § 268 Abs. 2 Satz 1 und 2 | Vorgeschrieben im Anlagenspiegel; zu plazieren in Bilanz **oder** Anhang. (Wegen vertikaler Gliederung nach Unternehmensgröße vgl. S. 143 ff.). |
|    b) Abschreibungen des Abschlußjahres | § 268 Abs. 2 Satz 3 | Die Abschreibungen des Geschäftsjahres sind in Bilanz **oder** Anhang in einer der vorbezeichneten entsprechenden Gliederung gesondert anzugeben. (Zusatzspalte im Anlagenspiegel genügt den Anforderungen auch.) |
|    c) Geschäfts- oder Firmenwert bei planmäßiger Abschreibung | § 285 Nr. 13 | Angabe der Gründe für die planmäßige Abschreibung nach § 255 Abs. 4 Satz 3 HGB im Anhang. |
|    d) Betrag der im Geschäftsjahr allein nach steuerlichen Vorschriften vorgenommenen Abschreibungen, soweit nicht aus Bilanz oder GuV-Rechnung ersichtlich (für Anlagevermögen getrennt vom Umlaufvermögen, vgl. 3 b) | § 281 Abs. 2 Satz 1 | Angabe des Betrags im Anhang; hinreichende Begründung in jedem Fall vorgeschrieben. |
| 3. Umlaufvermögen | | |
|    a) Größere unter den ,,Sonstigen Vermögensgegenständen'' ausgewiesene Beträge für Vermögensgegenstände, die rechtlich erst nach dem Abschlußstichtag entstehen | § 268 Abs. 4 Satz 2 | Erläuterung der Beträge im Anhang erforderlich. |

| Pflichtangaben im Anhang aller Kapitalgesellschaften | Gesetzesgrundlage im HGB | Art der Berichterstattung |
|---|---|---|
| b) Im Geschäftsjahr allein nach steuerlichen Vorschriften vorgenommene Abschreibungen, soweit nicht aus Bilanz oder GuV-Rechnung ersichtlich (für Umlaufvermögen getrennt vom Anlagevermögen, vgl. 2 d) | § 281 Abs. 2 Satz 1 | Angabe des Betrages und hinreichende Begründung des Vorgangs im Anhang. |
| 4. Aktive Rechnungsabgrenzungsposten | | |
| a) Disagio | § 268 Abs. 6 | Betrag (§ 250 Abs. 3 HGB) ist in der Bilanz gesondert auszuweisen **oder** im Anhang anzugeben. |
| b) Bilanzierungshilfe ,,Aktivische latente Steuern'' | § 274 Abs. 2 Satz 2 | Gesonderter Ausweis in der Bilanz **und** Erläuterung im Anhang erforderlich. |
| **Passiva** | | |
| 1. Eigenkapital Gewinnvortrag/Verlustvortrag Jahresüberschuß/Jahresfehlbetrag | § 268 Abs. 1 | Bei Aufstellung der Bilanz unter teilweiser Verwendung des Jahresergebnisses ist ein vorhandener Gewinn- oder Verlustvortrag in den Posten ,,Bilanzgewinn/Bilanzverlust'' einzubeziehen und<br>— in Bilanz **oder**<br>— Anhang<br>gesondert anzugeben.<br>Der Posten ,,Bilanzgewinn/Bilanzverlust'' tritt an Stelle der Posten ,,Jahresüberschuß/Jahresfehlbetrag'' und ,,Gewinnvortrag/Verlustvortrag''. |
| 2. Sonderposten mit Rücklageanteil | §§ 273, 281 Abs. 1 | Angabe der einzelnen steuerlichen Vorschriften, nach denen der Posten gebildet wurde, in der Bilanz **oder** im Anhang. |
| 3. Rückstellungen für latente Steuern | § 274 Abs. 1 | Gesonderte Angabe in<br>— Bilanz **oder**<br>— Anhang. |
| 4. Verbindlichkeiten | | |
| a) Beträge für Verbindlichkeiten, die erst nach dem Abschlußstichtag rechtlich entstehen | § 268 Abs. 5 Satz 3 | Beträge größeren Umfangs sind im Anhang zu erläutern. |
| b) Verbindlichkeiten mit einer Restlaufzeit von mehr als fünf Jahren | § 285 Nr. 1 a | Gesamtbetrag ist im Anhang anzugeben. |
| c) Gesamtbetrag der Verbindlichkeiten, die durch Pfandrechte oder ähnliche Rechte gesichert sind | § 285 Nr. 1 b | Im Anhang unter Angabe von Art und Form der Sicherheiten anzugeben. |
| d) In § 251 HGB bezeichnete Haftungsverhältnisse | § 268 Abs. 7 | Gesonderte Angabe unter der Bilanz **oder** im Anhang unter Angabe der gewährten Pfandrechte und sonstigen Sicherheiten.<br>Verpflichtungen gegenüber verbundenen Unternehmen sind gesondert anzugeben. |

| Pflichtangaben im Anhang aller Kapitalgesellschaften | Gesetzes- grundlage im HGB | Art der Berichterstattung |
|---|---|---|
| **D. Inhaltsbezogene Vorschriften zu einzelnen Posten der GuV-Rechnung** | | |
| 1. Außerordentliche Aufwendungen und außerordentliche Erträge | § 277 Abs. 4 Satz 2 | Im Anhang hinsichtlich Betrag und Art zu erläutern, soweit die ausgewiesenen Beträge für die Beurteilung der Ertragslage nicht von untergeordneter Bedeutung sind. |
| 2. Außerplanmäßige Abschreibungen auf Anlage- und Umlaufvermögen nach § 253 Abs. 2 Satz 3 und § 253 Abs. 3 Satz 3 HGB | § 277 Abs. 3 Satz 1 | Gesonderter Ausweis in GuV-Rechnung **oder** Anhang. |
| 3. Periodenfremde Aufwendungen und periodenfremde Erträge (innerhalb der verschiedenen betrieblichen Aufwendungen und Erträge enthalten) | § 277 Abs. 4 Satz 3 | Im Anhang hinsichtlich Betrag und Art zu erläutern, soweit die ausgewiesenen Beträge für die Beurteilung der Ertragslage nicht von untergeordneter Bedeutung sind. |
| 4. Steuern vom Einkommen und vom Ertrag | § 285 Nr. 6 | Angabe im Anhang, in welchem Umfang die Steuern vom Einkommen und vom Ertrag das Ergebnis der gewöhnlichen Geschäftstätigkeit und das außerordentliche Ergebnis belasten. |
| 5. Einstellungen in den Sonderposten mit Rücklageanteil und Auflösung dieses Postens | § 281 Abs. 2 Satz 2 | Gesonderter Ausweis in den Posten ,,Sonstige betriebliche Aufwendungen'' bzw. ,,Sonstige betriebliche Erträge'' der GuV-Rechnung **oder** Angabe im Anhang. |
| 6. Bei Anwendung des Umsatzkostenverfahrens (§ 275 Abs. 3 HGB) | § 285 Nr. 8 b | Angabe des Personalaufwands des Geschäftsjahrs, gegliedert nach § 275 Abs. 2 Nr. 6 HGB im Anhang. |
| **E. Zusatzangaben** | | |
| 1. Zusätzliche Angaben zur Vermittlung eines den tatsächlichen Verhältnissen entsprechenden Bildes der Vermögens-, Finanz- und Ertragslage | § 264 Abs. 2 Satz 2 | Führen besondere Umstände dazu, daß der Jahresabschluß unter Beachtung der GoB ein den tatsächlichen Verhältnissen entsprechendes Bild der Vermögens-, Finanz- und Ertragslage **nicht** vermittelt, sind zusätzliche Angaben im Anhang erforderlich. |
| 2. Mitglieder des Geschäftsführungsorgans und eines Aufsichtsrats | § 285 Nr. 10 | Angaben im Anhang, auch wenn diese Personen im Geschäftsjahr oder später ausgeschieden sind, mit Familien- und mindestens einem ausgeschriebenen Vornamen. Der Vorsitzende eines Aufsichtsrats, seine Stellvertreter und ein etwaiger Vorsitzender des Geschäftsführungsorgans sind als solche zu bezeichnen. |
| 3. Unternehmen, an denen direkt oder über eine für Rechnung der Kapitalgesellschaft handelnde Person eine Beteiligung besteht | § 285 Nr. 11 | Angaben im Anhang: Namen und Sitz dieser Unternehmen, Höhe des Anteils am Kapital, Eigenkapital, letztes Jahresergebnis, für das ein Jahresabschluß vorliegt. |

| Pflichtangaben im Anhang aller Kapitalgesellschaften | Gesetzesgrundlage im HGB | Art der Berichterstattung |
|---|---|---|
| | § 286 Abs. 3 | Auf die Angaben kann verzichtet werden bei<br>— untergeordneter Bedeutung für die Darstellung der Vermögens-, Finanz- und Ertragslage der Kapitalgesellschaft,<br>— bei erheblicher Nachteiligkeit der Veröffentlichung für die Kapitalgesellschaft oder das beteiligte Unternehmen nach vernünftiger kaufmännischer Beurteilung.<br><br>Die Angabe des Eigenkapitals und des Jahresergebnisses darf unterbleiben, wenn das beteiligte Unternehmen nicht offenlegungspflichtig ist und die berichtende Kapitalgesellschaft weniger als die Hälfte der Anteile besitzt.<br><br>Die Anwendung der Ausnahmeregelung wegen Nachteiligkeit muß im Anhang angegeben werden. |
| | § 287 | Die verlangten Angaben dürfen statt im Anhang in einer gesonderten Aufstellung über den Anteilsbesitz gemacht werden, die Bestandteil des Anhangs ist. Auf diese Aufstellung und den Hinterlegungsort ist im Anhang hinzuweisen. |
| 4. Aufwendungen für Mitglieder der Gesellschaftsorgane | § 285 Nr. 9 c | Angaben im Anhang über Aufwendungen für Mitglieder des<br>— Geschäftsführungsorgans,<br>— Aufsichtsrats,<br>— Beirats- oder<br>— einer ähnlichen Einrichtung,<br>jeweils für jede Personengrupe<br>— nach gewährten Vorschüssen und Krediten unter Angabe der Zinssätze, der wesentlichen Bedingungen und der Rückzahlungen im Geschäftsjahr,<br>— zugunsten dieser Personen eingegangene Haftungsverhältnisse. |
| 5. Angaben von einer in Konzernabschlüsse einbezogenen Kapitalgesellschaft | § 285 Nr. 14 | Im Anhang Angabe von<br>— Name und Sitz des Mutterunternehmens, das den Konzernabschluß<br>— für den größten,<br>— für den kleinsten<br>Kreis von Unternehmen aufstellt sowie<br>— bei Offenlegung dieser Konzernabschlüsse der Ort, wo diese erhältlich sind. |

## 12.4.2 Weitere Anhangangaben mittelgroßer und großer Kapitalgesellschaften

Alle mittelgroßen und großen Kapitalgesellschaften sind zu Zusatzangaben verpflichtet, die in der folgenden Checkliste zusammengestellt sind.

| Weitere Anhangangaben mittelgroßer und großer Kapitalgesellschaften | Gesetzes-grundlage im HGB | Art der Berichterstattung |
|---|---|---|
| **A. Zu Bilanzposten** | | |
| 1. Aufgliederung des Gesamtbetrags der Verbindlichkeiten mit einer Restlaufzeit von mehr als fünf Jahren | § 285 Nr. 2 | Von großen und mittelgroßen Kapitalgesellschaften entsprechend den Positionen des Bilanzschemas im Anhang anzugeben, sofern nicht bereits aus der Bilanz ersichtlich. |
| 2. Aufgliederung des Gesamtbetrags der Verbindlichkeiten, die durch Pfandrechte oder ähnliche Rechte gesichert sind, unter Angabe von Art und Form der Sicherheiten | § 285 Nr. 2 | Von großen und mittelgroßen Kapitalgesellschaften entsprechend den Positionen des Bilanzschemas anzugeben, sofern nicht bereits aus der Bilanz erkennbar. |
| 3. Gesamtbetrag der sonstigen nicht bilanzierten finanziellen Verpflichtungen | § 285 Nr. 3 | Im Anhang großer und mittelgroßer Kapitalgesellschaften anzugeben, auch wenn diese Verpflichtungen nicht nach § 251 HGB angegeben werden müssen. Gilt nur, sofern diese Angaben für die Beurteilung der Finanzlage bedeutsam sind. Dabei sind Verpflichtungen gegenüber verbundenen Unternehmen gesondert anzugeben. |
| 4. Sonstige Rückstellungen | § 285 Nr. 12 | In der Bilanz nicht gesondert ausgewiesene ,,Sonstige Rückstellungen'' nicht unerheblichen Umfangs sind von großen und mittelgroßen Kapitalgesellschaften im Anhang zu erläutern. |
| **B. Zu GuV-Posten** | | |
| 1. Bei Anwendung des Umsatzkostenverfahrens Angaben zum Materialaufwand des Geschäftsjahres | § 285 Nr. 8 a | Von großen und mittelgroßen Kapitalgesellschaften im Anhang zu gliedern nach § 275 Abs. 2 Nr. 5 HGB in Aufwendungen für<br>— Roh-, Hilfs- und Betriebsstoffe und bezogene Waren,<br>— bezogene Leistungen. |
| 2. Ausmaß der Beeinflussung des Jahresergebnisses durch Inanspruchnahme steuerlicher Vergünstigungen | § 285 Nr. 5 | Im Anhang großer und mittelgroßer Kapitalgesellschaften anzugeben ist das Ausmaß der Beeinflussung des Jahresergebnisses des Abschlußjahres durch<br>— Vornahme oder Beibehaltung vor Abschreibungen nach §§ 254, 280 Abs. 2 HGB,<br>— Bildung eines Sonderpostens mit Rücklageanteil nach § 273 HGB.<br>Das Ausmaß künftiger erheblicher Belastungen aus einer solchen Bewertung ist ebenfalls anzugeben. |
| **C. Zusatzangaben** | | |
| 1. Zahl der Beschäftigen | § 285 Nr. 7 | Im Anhang großer und mittelgroßer Unternehmen ist die Durchschnittszahl der während des Geschäftsjahres beschäftigten Arbeitnehmer, getrennt nach Gruppen, anzugeben. Auszubildende sind nicht mitzuzählen. Eine Ermittlungsmethode zur Gewinnung des Durchschnitts ist nicht vorgeschrieben. |

| Weitere Anhangangaben mittelgroßer und großer Kapitalgesellschaften | Gesetzesgrundlage im HGB | Art der Berichterstattung |
|---|---|---|
| 2. Aufwendungen für Mitglieder des Geschäftsführungsorgans, Aufsichtsrats, Beirats oder ähnlicher Einrichtung, jeweils für jede Personengrupe | § 285 Nr. 9 a | Im Anhang großer und mittelgroßer Kapitalgesellschaften anzugeben<br><br>— gewährte Gesamtbezüge (Gehälter, Gewinnbeteiligungen, Aufwandsentschädigungen, Versicherungsentgelte, Provisionen und Nebenleistungen jeder Art) für Tätigkeiten im Abschlußjahr, auch wenn nicht ausgezahlt, sondern in Ansprüche anderer Art umgewandelt,<br><br>— außer Bezügen für das Abschlußjahr weitere Bezüge, die im Geschäftsjahr gewährt, bisher aber in keinem Jahresabschluß angegeben wurden. |
| 3. Aufwendungen an die früheren Mitglieder der unter C 2 bezeichneten Organe und ihrer Hinterbliebenen | § 285 Nr. 9 b | Im Anhang großer und mittelgroßer Kapitalgesellschaften anzugeben sind<br><br>— die Gesamtbezüge (Abfindungen, Ruhegehälter, Hinterbliebenenbezüge und Leistungen verwandter Art),<br><br>— der Betrag der<br><br>— gebildeten Rückstellungen für laufende Pensionen und Pensionsanwartschaften und<br><br>— der nicht gebildeten Rückstellungen für diese Verpflichtungen |

## 12.4.3  Weitere Anhangangaben großer Kapitalgesellschaften

Von den großen Kapitalgesellschaften werden zu GuV-Posten weitere zusätzliche Angaben verlangt, die in der folgenden Checkliste wiedergegeben sind.

| Weitere Anhangangaben großer Kapitalgesellschaften | Gesetzesgrundlage im HGB | Art der Berichterstattung |
|---|---|---|
| **Zu GuV-Posten**<br>Aufgliederung der Umsatzerlöse nach Tätigkeitsbereichen und nach geographisch bestimmten Märkten | §§ 285 Nr. 4, 288 | Für große Kapitalgesellschaften im Anhang vorgeschrieben, soweit sich, unter Berücksichtigung der Organisation des Verkaufs von unternehmenstypischen Erzeugnissen sowie derartigen Dienstleistungen, die Tätigkeitsbereiche und geographisch bestimmte Märkte untereinander erheblich unterscheiden. |
| | § 286 Abs. 2 | Von Aufgliederung kann abgesehen werden, wenn der Kapitalgesellschaft oder einem Unternehmen, an dem die Kapitalgesellschaft mit mindestens einem Fünftel beteiligt ist, daraus nach vernünftiger kaufmännischer Beurteilung erhebliche Nachteile entstehen. |

## 12.4.4 Zusatzangaben der AG und KGaA

Neben den allgemeinen Bestimmungen zum Anhang im HGB sind noch rechtsformspezifische Angaben zu beachten. Diejenigen, welche Aktiengesellschaften und Kommanditgesellschaften auf Aktien anzuwenden haben, sind in der folgenden Checkliste zusammengestellt.

| Zusatzangaben im Anhang der AG und KGaA | Gesetzes-grundlage | Art der Berichterstattung |
|---|---|---|
| **A. Zu Bilanzposten** | | |
| 1. Angabe des in die anderen Gewinn-rücklagen eingestellten Eigenkapital-anteils <br> — von Wertaufholungen bei Anlage- und Umlaufvermögen sowie <br> — von bei der steuerlichen Gewinn-ermittlung gebildeten Passiv-posten, die nicht im Sonderposten mit Rücklageanteil ausgewiesen werden dürfen | § 58 Abs. 2 a AktG | Gesonderter Ausweis des Betrages dieser Rücklagen <br> — in Bilanz *oder* <br> — Angabe im Anhang |
| 2. Kapitalrücklage | § 152 Abs. 2 AktG | Gesondert anzugeben sind <br> — in Bilanz *oder* <br> — im Anhang: <br> 1. der Betrag, der während des Ge-schäftsjahres eingestellt wurde <br> 2. der Betrag, der für das Geschäfts-jahr entnommen wird. |
| 3. Gewinnrücklagen | § 152 Abs. 3 AktG | Zu den einzelnen Posten der Gewinn-rücklagen sind <br> — in der Bilanz *oder* <br> — im Anhang <br> jeweils gesondert anzugeben: <br> 1. die Beträge, die die Hauptversamm-lung aus dem Bilanzgewinn des Vor-jahres eingestellt hat, <br> 2. die Beträge, die aus dem Jahres-überschuß des Geschäftsjahres ein-gestellt werden, <br> 3. die Beträge, die für das Geschäfts-jahr entnommen werden. |
| 4. Zahl und Nennbetrag der Aktien | § 160 Abs. 1 Nr. 3 AktG | Angabe von Zahl und Nennbetrag der Aktien jeder Gattung <br> — im Anhang, sofern sich diese An-gaben nicht aus <br> — der Bilanz ergeben; <br> dabei gesonderte Angabe von Aktien, die bei einer bedingten Kapitalerhö-hung oder einem genehmigten Kapital im Geschäftsjahr gezeichnet wurden. |

| Zusatzangaben im Anhang der AG und KGaA | Gesetzesgrundlage | Art der Berichterstattung |
|---|---|---|
| 5. Wandelschuldverschreibungen | § 160 Abs. 1 Nr. 5 AktG | Angabe der Zahl der<br>— Wandelschuldverschreibungen und<br>— der vergleichbaren Wertpapiere<br>unter Angabe der Rechte, die sie verbriefen. |
| **B. Zu GuV-Posten**<br>1. Entwicklung vom Jahresüberschuß zum Bilanzgewinn | § 158 Abs. 1 AktG | Angabe in<br>— GuV-Rechnung nach dem Posten „Jahresüberschuß/Jahresfehlbetrag" in Fortführung der Numerierung oder<br>— im Anhang:<br>1. Gewinnvortrag/Verlustvortrag aus dem Vorjahr,<br>2. Entnahmen aus der Kapitalrücklage,<br>3. Entnahmen aus Gewinnrücklagen,<br>a) aus der gesetzlichen Rücklage,<br>b) aus der Rücklage für eigene Aktien,<br>c) aus satzungsmäßigen Rücklagen,<br>d) aus anderen Gewinnrücklagen,<br>4. Einstellungen in Gewinnrücklagen,<br>a) in die gesetzliche Rücklage,<br>b) in die Rücklage für eigene Aktien,<br>c) in satzungsmäßige Rücklagen,<br>d) in andere Gewinnrücklagen,<br>5. Bilanzgewinn/Bilanzverlust. |
| 2. Ausweis von Beträgen, die aus<br>— Kapitalherabsetzung und<br>— Auflösung von Gewinnrücklagen<br>gewonnen werden | § 240 AktG | Erläuterung im Anhang,<br>— ob und<br>— in welcher Höhe<br>die aus der Kapitalherabsetzung und aus der Auflösung von Gewinnrücklagen gewonnenen Beträge<br>1. zum Ausgleich von Wertminderungen,<br>2. zur Deckung von sonstigen Verlusten oder<br>3. zur Einstellung in die Kapitalrücklage<br>verwandt werden. |
| **C. Zusatzangaben**<br>1. Aktien, die<br>a) ein Aktionär für Rechnung<br>— der Gesellschaft oder<br>— eines abhängigen oder<br>— eines im Mehrheitsbesitz der Gesellschaft stehenden Unternehmens oder | § 160 Abs. 1 Nr. 1 AktG | Anzugeben sind<br>— Bestand und<br>— Zugang<br>solcher Aktien.<br>Bei Verwertung solcher Aktien im abgeschlossenen Geschäftsjahr ist über den erzielten Erlös und seine Verwendung zu berichten. |

| Zusatzangaben im Anhang der AG und KGaA | Gesetzes-grundlage | Art der Berichterstattung |
|---|---|---|
| b) ein abhängiges oder im Mehrheitsbesitz der Gesellschaft stehendes Unternehmen<br><br>als Gründer oder Zeichner oder in Ausübung eines bei bedingter Kapitalerhöhung eingeräumten Umtausch- oder Bezugsrechts übernommen hat. | | |
| 2. Eigene Aktien der Gesellschaft, die<br>— sie selbst oder<br>— ein abhängiges oder<br>— ein im Mehrheitsbesitz der Gesellschaft stehendes Unternehmen oder<br>— ein anderer für Rechnung der Gesellschaft oder eines abhängigen oder eines im Mehrheitsbesitz der Gesellschaft stehenden Unternehmens<br><br>erworben oder als Pfand genommen hat. | § 160 Abs. 1 Nr. 2 AktG | Zu machen sind<br>— Angaben über den Bestand, d. h. Zahl und Nennbetrag dieser Aktien sowie deren Anteil am Grundkapital, Zeitpunkt und Gründe des Erwerbs und<br>— entsprechende Angaben über etwaige Veräußerung und Erlösverwendung. |
| 3. Genehmigtes Kapital | § 160 Abs. 1 Nr. 4 AktG | Angaben über das genehmigte Kapital gemäß §§ 202 ff. AktG. |
| 4. Wechselseitige Beteiligung | § 160 Abs. 1 Nr. 7 AktG | Angaben über das Bestehen einer wechselseitigen Beteiligung mit Nennung des Unternehmens. |
| 5. Mitteilungspflichtige Beteiligung gemäß § 20 Abs. 1 oder 4 AktG | § 160 Abs. 1 Nr. 8 AktG | Angaben über das Bestehen einer Beteiligung an der Gesellschaft im Sinne von § 20 Abs. 1 oder 4 AktG unter Angabe,<br>— wem die Beteiligung gehört und<br>— ob sie den vierten Teil aller Aktien der Gesellschaft übersteigt oder<br>— eine Mehrheitsbeteiligung (§ 16 Abs. 1 AktG) ist. |
| 6. Angaben bei Sonderprüfung wegen unzulässiger Unterbewertung | § 261 Abs. 1 Sätze 3 und 4 AktG | Beifügung einer Sonderrechnung unter Angabe der Gründe, wenn ein Bilanzansatz bei Unterbewertung nicht entsprechend berichtigt wird.<br>Sind die Gegenstände nicht mehr vorhanden, so ist darüber und über die Verwendung des Ertrags zu berichten. |

### 12.4.5  Zusatzangaben der GmbH

Auch im GmbH-Gesetz sind rechtsformspezifische Angaben zum Jahresabschluß verankert. Es handelt sich um Wahlrechte hinsichtlich der Zuordnung zu Bilanz oder Anhang.

| Zusatzangaben im Anhang der GmbH | Gesetzesgrundlage | Art der Berichterstattung |
|---|---|---|
| **Zu Bilanzposten** | | |
| 1. Angabe des in die anderen Gewinnrücklagen eingestellten Eigenkapitalanteils<br>— von Wertaufholungen bei Anlage- und Umlaufvermögen sowie<br>— von bei der steuerrechtlichen Gewinnermittlung gebildeten Passivposten, die nicht im Sonderposten mit Rücklageanteil ausgewiesen werden dürfen | § 29 Abs. 4 GmbHG | Gesonderter Ausweis des Betrags dieser Rücklagen<br>— in Bilanz *oder*<br>— Angabe im Anhang. |
| 2. Ausleihungen, Forderungen und Verbindlichkeiten gegenüber Gesellschaftern | § 42 Abs. 3 GmbHG | Diese Posten sind in der Regel als solche jeweils<br>— gesondert in der Bilanz auszuweisen *oder*<br>— im Anhang anzugeben.<br>Werden sie unter anderen Posten ausgewiesen, so muß diese Eigenschaft vermerkt werden. |

### 12.4.6  Anhangangaben der Genossenschaften

Genossenschaften haben nach § 336 Abs. 2 HGB die Vorschriften für Kapitalgesellschaften über den Jahresabschluß **entsprechend anzuwenden**. Sie brauchen aber im Anhang die Bestimmungen des § 285 Nr. 5 und 6 HGB

— über das Ausmaß der Beeinflussung des Jahresergebnisses durch Anwendung steuerrechtlicher Vorschriften sowie

— über die Belastung des Ergebnisses der gewöhnlichen Geschäftätigkeit und des außerordentlichen Ergebnisses durch die Steuern vom Einkommen und vom Ertrag

nicht zu beachten.

Die **rechtsformspezifischen Angaben** der Genossenschaften sind in § 338 HGB aufgezählt. Danach hat der Anhang auch zu enthalten:

(1) Angaben über die Zahl der während des Geschäftsjahres eingetretenen oder ausgeschiedenen Genossen,

(2) Anzahl der am Geschäftsjahresende der Genossenschaft angehörenden Genossen,

(3) Gesamtbetrag der Veränderungen von Geschäftsguthaben und Haftsummen, soweit im Berichtsjahr eingetreten,

(4) Gesamtbetrag der Haftsummen aller Genossen am Jahresschluß,

(5) Name und Anschrift des Prüfungsverbandes,

(6) alle Mitglieder des Vorstands und des Aufsichtsrates (auch wenn während des Geschäftsjahres oder später ausgeschieden) mit Familiennamen und mindestens einem ausgeschriebenen Vornamen (ein etwaiger Vorsitzender des Aufsichtsrates ist als solcher zu bezeichnen),

(7) Forderungen, die der Genossenschaft gegen Vorstands- oder Aufsichtsratsmitglieder zustehen (vereinfacht gegenüber § 285 Nr. 9 HGB), Zusammenfassung in einer Summe für jedes Organ ist statthaft.

# 13 Lagebericht

Die Verpflichtung zum Erstellen des Lageberichts ergibt sich für die gesetzlichen Vertreter aller Kapitalgesellschaften aus § 264 Abs. 1 HGB. Große und mittlere Gesellschaften müssen ihn innerhalb der ersten drei Monate, kleine innerhalb der ersten sechs Monate nach dem Abschlußstichtag aufstellen.

Der Lagebericht ist nicht — wie der Anhang — Bestandteil des Jahresabschlusses, sondern steht neben dem Abschluß, den er durch **zusätzliche Informationen** über Stand und Entwicklung des Unternehmens ergänzt (§ 289 HGB).

**Leitlinie** für die Berichtsabfassung ist die Darstellung des Geschäftsablaufs und der **Lage** der Kapitalgesellschaft in der Weise, daß ein den tatsächlichen Verhältnissen entsprechendes Bild vermittelt wird. Dazu gehören z. B. Angaben zur Marktstellung und zu den einzelnen funktionalen Bereichen (wie Beschaffung, Materialwirtschaft, Fertigung, Vertrieb, Finanzen und Personal) und deren Entwicklung.

Besonders einzugehen ist im Bericht außer auf die Lage des Berichtsjahres auch auf

— Vorgänge von besonderer Bedeutung, die erst nach dem Abschlußstichtag eingetreten sind und die Lage des Unternehmens beeinflussen,

— die voraussichtliche Entwicklung der Kapitalgesellschaft und

— den Bereich Forschung und Entwicklung.

Der Lagebericht ist damit ein Instrument der Rechenschaftslegung, das neben einer **vergangenheitsorientierten** Betrachtung auch **zukunftsorientierte** Informationen vermittelt.

**Kontrollfragen** _____

1. *Welchem Zweck dient der Anhang?*

2. *Wovon ist sein Umfang abhängig?*

3. *Welche Berichterstattungsarten des Anhangs sind zu unterscheiden?*

4. *Nach welchen Kriterien bestimmt sich die Gliederung des Anhangs?*

5. *Welchem Zweck dient der Lagebericht? Worin unterscheidet er sich von den Inhalten des Jahresabschlusses?*

6. *Welche Vorgänge/Bereiche sind im Lagebericht besonders anzusprechen?*

# 14 Prüfung der Rechnungslegung

## 14.1 Pflicht zur Prüfung

Der Jahresabschluß und der Lagebericht aller **mittleren** und **großen** Kapitalgesellschaften im Sinne von § 267 HGB müssen gemäß § 316 HGB durch einen Abschlußprüfer geprüft werden. Die Feststellung des Jahresabschlusses dieser Unternehmen ist ohne Prüfung nicht möglich.

Änderungen von Jahresabschluß und Lagebericht nach erfolgter Prüfung sind dem Abschlußprüfer erneut vorzulegen, soweit es die Änderung erfordert.

Über das Prüfungsergebnis muß der Abschlußprüfer in einem **Prüfungsbericht** berichten, das Ergebnis ist in einem **Bestätigungsvermerk** zusammenzufassen. Diese Verpflichtungen erstrecken sich auch auf spätere Änderungen. Der Bestätigungsvermerk ist entsprechend zu ergänzen.

## 14.2 Gegenstand und Umfang der Prüfung

Die Bestimmungen über Gegenstand und Umfang der Prüfung sind im § 317 HGB zusammengefaßt (vgl. nachstehende Übersicht).

| Prüfung des Jahresabschlusses | | | |
|---|---|---|---|
| Ziele der Prüfung | Gegenstand und Umfang der Prüfung (§ 317 HGB) | | |
| | Buchführung | Jahresabschluß | Lagebericht |
| Die Prüfungspflicht verfolgt drei Ziele, nämlich:<br>— Kontrolle, ob die gesetzlichen Vorschriften über den Jahresabschluß eingehalten werden,<br>— Information der gesetzlichen Vertreter, des Aufsichtsrates und der Gesellschafter durch den Prüfungsbericht,<br>— Beglaubigung durch den Bestätigungsvermerk, wenn keine Einwendungen zu erheben sind. | 1. In die Prüfung des Jahresabschlusses ist die Buchführung einzubeziehen. Dabei ist u. a. auch zu prüfen:<br>— die Ordnung des Buchungsstoffes (Kontenplan),<br>— die sachliche Richtigkeit der Kontenführung,<br>— die Ordnungsmäßigkeit des Belegwesens.<br>2. Die Geschäftsführung ist nicht Gegenstand der Prüfung. | Der Jahresabschluß ist darauf zu prüfen, ob<br>— die gesetzlichen Vorschriften und<br>— die sie ergänzenden Bestimmungen des Gesellschaftsvertrages oder der Satzung beachtet sind. | Der Lagebericht ist darauf zu prüfen, ob<br>— er mit dem Jahresabschluß in Einklang steht und ob<br>— die sonstigen Angaben im Lagebericht nicht eine falsche Vorstellung von der Lage des Unternehmens erwecken. |

Die Vorschrift des § 317 HGB wird durch **Prüfungsgrundsätze** konkretisiert, die vom Hauptfachausschuß (HFA) des Instituts der Wirtschaftsprüfer festgelegt worden sind (HFA-Fachgutachten 1-3/1988, in: WPg 1989, S. 9 ff.). Es handelt sich um die

— Grundsätze ordnungsmäßiger Durchführung von Abschlußprüfungen,

— Grundsätze ordnungsmäßiger Berichterstattung bei Abschlußprüfungen,

— Grundsätze für die Erteilung von Bestätigungsvermerken bei Abschlußprüfungen.

Die Zielsetzung der Fachgutachten besteht darin, dem Abschlußprüfer Grundsätze an die Hand zu geben, die ihm im Rahmen seiner beruflichen Pflichten, insbesondere der Gewissenhaftigkeit und Eigenverantwortlichkeit, einen Bestand an anerkannten Regeln aufzeigen. So gehen beispielsweise die Grundsätze für die Prüfungsdurchführung ausführlich auf Art und Umfang der Prüfungshandlungen ein (vgl. Übersicht S. 297).

| Art und Umfang der Prüfungshandlungen | | |
|---|---|---|
| System- und Funktionsprüfung | Einzelprüfungen<br>(dienen dem Nachweis der Vollständigkeit, Richtigkeit und buchmäßig korrekten Erfassung der durch das jeweilige System verarbeiteten Daten) | |
| | Plausibilitätsbeurteilungen | Prüfungen von Geschäfts-<br>vorfällen und Beständen |
| 1. Ziel dieser Prüfung ist es, eine Aussage über die ordnungsgemäße Erfassung<br>— der Geschäftsvorfälle und<br>— der Verarbeitung, Speicherung, Ausgabe und Dokumentation des Buchungsstoffes (einschließlich Jahresabschluß) und über<br>— die Sicherung des Buchungsstoffes gegen Verlust und Verfälschung<br>zu ermöglichen.<br>2. Zu den internen Kontrollen, die Gegenstand einer Funktionsprüfung sein können, gehören:<br>— Vollständigkeitskontrollen,<br>— Bestandskontrollen,<br>— Kontrollen auf sachliche und rechnerische Richtigkeit,<br>— Genehmigungskontrollen,<br>— Sicherheitskontrollen,<br>— Verarbeitungskontrollen,<br>— Kontrollen durch Funktionstrennung. | 1. Durch Plausibilitätsbeurteilungen sollen Hinweise gewonnen werden, ob in dem untersuchten Prüffeld Besonderheiten vorliegen.<br>2. Durch die Verwendung von Kennzahlen sollen Aufschlüsse über Soll-Ist-Abweichungen und über die Entwicklung im Zeitablauf ermittelt sowie ein innerbetrieblicher oder zwischenbetrieblicher Vergleich gefördert werden.<br>3. Hierdurch können sich Hinweise auf Risikobereiche bzw. Mängel des Prüfungsstoffes ergeben. | 1. Der Abschlußprüfer muß sich durch einzelne Prüfungen hinreichende Gewißheit darüber verschaffen,<br>— daß Geschäftsvorfälle und die Vermögensgegenstände und Schulden nach Art, Menge und Wert vollständig und richtig in der Buchführung erfaßt sind und<br>— daß sichergestellt ist, daß die Vermögensgegenstände und Schulden vorhanden und im Jahresabschluß zutreffend ausgewiesen sowie bewertet sind, und<br>— die Geschäftsvorfälle zutreffend abgegrenzt wurden.<br>2. Die Prüfung erstreckt sich auch<br>— auf die Vorratsinventur und<br>— auf das Einholen von Bestätigungen, z. B. für von Dritten verwahrtes Vermögen, Saldenbestätigungen, Bankbestätigungen.<br>3. Der Abschlußprüfer hat von dem geprüften Unternehmen eine Vollständigkeitserklärung einzuholen. Sie ist eine umfassende Versicherung des geprüften Unternehmens über die Vollständigkeit der erteilten Auskünfte und Nachweise und wird üblicherweise vom Vorstand bzw. der Geschäftsführung abgegeben. |

1. Vom Ergebnis der System- und Funktionsprüfung sowie der Plausibilitätsprüfungen hängt weitgehend ab,
   — in welcher Art und
   — in welchem Umfang

   Geschäftsvorfälle und Posten des Jahresabschlusses weiteren Einzelprüfungen zu unterziehen sind.
2. So verlangt beispielsweise das Fehlen von internen Kontrollen bzw. das Aufdecken von Mängeln in der Funktionsprüfung immer eine Ausweitung der Einzelprüfungen, während ein gut funktionierendes internes Kontrollsystem einen geringeren Umfang der Einzelprüfungen rechtfertigt.
3. Wesentliche Kriterien für die Bestimmung des Prüfungsumfangs sind
   — die organisatorischen und wirtschaftlichen Gegebenheiten des zu prüfenden Unternehmens,
   — die Bedeutung des einzelnen Prüfungsgegenstandes,
   — die Wahrscheinlichkeit von Fehlern oder von Verstößen gegen die Rechnungslegungsvorschriften sowie
   — die Gewinnung von Prüfungsfeststellungen in zeitgerechter und wirtschaftlicher Weise.

Quelle: HFA-Fachgutachten 1/1988: Grundsätze ordnungsmäßiger Durchführung von Abschlußprüfungen, in: WPg 1989, S. 9 ff.

Für alle **freiwilligen Prüfungen**, die mit einem dem handelsrechtlichen Bestätigungsvermerk nachgebildeten Vermerk abschließen, gilt für die Prüfung das gleiche Niveau.[1]

## 14.3 Bestellung und Abberufung des Abschlußprüfers

Nach § 318 HGB wird der Abschlußprüfer des Jahresabschlusses von den **Gesellschaftern** gewählt. Bei der GmbH kann der Gesellschaftsvertrag eine andere Regelung vorsehen.

Abschlußprüfer können Wirtschaftsprüfer und Wirtschaftsprüfungsgesellschaften sein. Die Jahresabschlüsse und Lageberichte mittelgroßer GmbH können auch von vereidigten Buchprüfern und Buchprüfungsgesellschaften geprüft werden (§ 319 Abs. 1 HGB).

Die Wahl des Abschlußprüfers soll vor Ablauf des Geschäftsjahres erfolgen, auf das sich seine Prüftätigkeit erstreckt. Unverzüglich nach der Wahl haben die gesetzlichen Vertreter den Prüfungsauftrag zu erteilen.

Der Abschlußprüfer hat eine starke Stellung. Dies zeigt sich darin, daß

— der Prüfungsauftrag nur widerrufen werden kann, wenn das zuständige Gericht aus einem in der Person des gewählten Prüfers liegenden Grund (insbesondere Besorgnis der Befangenheit) einen anderen Prüfer bestellt (§ 318 Abs. 3 HGB),

— der Abschlußprüfer selbst einen angenommenen Prüfungsauftrag nur aus wichtigem Grund kündigen kann. Meinungsverschiedenheiten über den Inhalt des Bestätigungsvermerks, seine Einschränkung oder Versagung gelten nicht als wichtiger Grund (§ 318 Abs. 6 HGB).

## 14.4 Vorlagepflicht und Auskunftsrecht

Die Abschlußprüfer haben nicht nur das Recht,

— Bücher und Schriften des Unternehmens einzusehen und

— Vermögensgegenstände und Schulden, namentlich die Kasse und die Bestände an Wertpapieren und Waren, zu prüfen,

sondern können auch von den gesetzlichen Vertretern alle Aufklärungen und Nachweise verlangen, die für eine sorgfältige Prüfung notwendig sind (vgl. auch Übersicht S. 297).

Deshalb sieht § 320 HGB auch das Prüfungs- und Einsichtsrecht des Prüfers in der Vorbereitungsphase des Abschlusses vor. Die Gesetzesvorschrift regelt auch die Vorlagepflicht für den Jahresabschluß und den Lagebericht.

## 14.5 Prüfungsbericht und Bestätigungsvermerk

Im Prüfungsbericht haben die Abschlußprüfer über das Ergebnis der Prüfung zu berichten (§ 321 HGB). Wenn nach dem abschließenden Ergebnis der Prüfung keine Einwendungen zu erheben sind, so ist ein Bestätigungsvermerk nach § 322 HGB zu erteilen (vgl. Übersicht S. 299).

---

[1]  Vgl. Schülen: Die neuen Fachgutachten, in: WPg 1989, S. 2.

| Bericht über das Ergebnis der Prüfung und Testat | | |
|---|---|---|
| Prüfungsbericht (§ 321 HGB) | Bestätigungsvermerk (§ 322 HGB) | |
| | Kernfassung | Ergänzungen/Einschränkungen |
| 1. Über das Ergebnis der Prüfung ist schriftlich zu berichten.<br><br>2. Besonders festzustellen ist, ob<br>— Buchführung, Jahresabschluß und Lagebericht den gesetzlichen Vorschriften entsprechen und<br>— die gesetzlichen Vertreter die verlangten Aufklärungen und Nachweise erbracht haben.<br><br>3. Die Posten des Jahresabschlusses sind aufzugliedern und ausreichend zu erläutern.<br><br>4. Nachteilige Veränderungen der Vermögens-, Finanz- und Ertragslage gegenüber dem Vorjahr und Verluste, die das Jahresergebnis nicht unwesentlich beeinfluß haben, sind aufzuführen und ausreichend zu erläutern.<br><br>5. Werden Tatsachen festgestellt,<br>— die den Bestand des Unternehmens gefährden oder seine Entwicklung wesentlich beeinträchtigen können oder<br>— die schwerwiegende Verstöße der gesetzlichen Vertreter gegen Gesetz, Gesellschaftsvertrag oder Satzung erkennen lassen,<br>so ist auch darüber zu berichten.<br><br>6. Der vom Abschlußprüfer unterzeichnete Bericht ist den gesetzlichen Vertretern vorzulegen. | 1. Sind keine Einwendungen zu erheben, so wird dies durch folgenden Vermerk zum Jahresabschluß bestätigt: ,,Die Buchführung und der Jahresabschluß entsprechen nach meiner/unserer pflichtgemäßen Prüfung den gesetzlichen Vorschriften. Der Jahresabschluß vermittelt unter Beachtung der Grundsätze ordnungsmäßiger Buchführung ein den tatsächlichen Verhältnissen entsprechendes Bild der Vermögens-, Finanz- und Ertragslage der Kapitalgesellschaft. Der Lagebericht steht im Einklang mit dem Jahresabschluß.''<br><br>2. Der Bestätigungsvermerk (oder der Vermerk über seine Versagung) ist zu unterzeichnen und in den Prüfungsbericht aufzunehmen. | 1. Der Bestätigungsvermerk ist in geeigneter Weise zu ergänzen, wenn zusätzliche Bemerkungen erforderlich erscheinen, um einen falschen Eindruck über den Inhalt der Prüfung und die Tragweite des Bestätigungsvermerks zu vermeiden.<br><br>2. Sind Einwendungen zu erheben, so ist der Bestätigungsvermerk einzuschränken oder zu versagen. Die Versagung ist durch einen Vermerk zum Jahresabschluß zu erklären. Einschränkung und Versagung sind zu begründen. |
| Die durch § 321 HGB festgelegten Berichtspflichten werden durch die ,,Grundsätze ordnungsmäßiger Berichterstattung bei Abschlußprüfungen'' konkretisiert (vgl. HFA-Fachgutachten 2/1988, in: WPg 1989, S. 20 ff.). | Fragen der Anwendung des Testats werden von den ,,Grundsätzen für die Erteilung von Bestätigungsvermerken bei Abschlußprüfungen'' näher geregelt (vgl. HFA-Fachgutachten 3/1988, in: WPg 1989, S. 27 ff.). | |

## 14.6 Ergänzende Bestimmungen zur Prüfung

### 14.6.1 Anforderungen an die Objektivität des Prüfers

Um die Objektivität der Prüfungen zu gewährleisten, darf ein Wirtschaftsprüfer oder vereidigter Buchprüfer in bestimmten Fällen nicht Abschlußprüfer sein. Nach § 319 Abs. 2 HGB trifft dies z. B. zu, wenn der Prüfer

— Anteile an der zu prüfenden Kapitalgesellschaft besitzt,

— bei Führung der Bücher oder der Aufstellung des zu prüfenden Jahresabschlusses über die Prüfungstätigkeit hinaus mitgewirkt hat,

— mehr als 50 % seiner Einkünfte aus der Prüfungs- und Beratungstätigkeit bei der zu prüfenden Kapitalgesellschaft bezieht.

Der Ausschluß von der Prüfung erstreckt sich auch auf Personen, mit denen der Abschlußprüfer seinen Beruf gemeinsam ausübt. Für Wirtschaftsprüfungs- oder Buchprüfungsgesellschaften gelten im wesentlichen die gleichen Ausschlußgründe (§ 319 Abs. 3 HGB).

### 14.6.2 Verantwortlichkeit des Abschlußprüfers

Der Abschlußprüfer, seine Gehilfen und die bei der Prüfung mitwirkenden gesetzlichen Vertreter einer Prüfungsgesellschaft sind

— zur gewissenhaften und unparteiischen Prüfung und

— zur Verschwiegenheit

verpflichtet. Sie dürfen nicht unbefugt Geschäfts- und Betriebsgeheimnisse verwerten, die sie bei ihrer Tätigkeit erfahren haben (§ 323 Abs. 1 HGB).

Wer vorsätzlich oder fahrlässig seine Pflichten verletzt, ist der Kapitalgesellschaft zum Ersatz des daraus entstehenden Schadens verpflichtet. Die Ersatzpflicht bei fahrlässigem Handeln ist auf 500 000,— DM beschränkt (§ 323 Abs. 2 HGB).

### 14.6.3 Meinungsverschiedenheiten zwischen Kapitalgesellschaft und Abschlußprüfer

Falls Meinungsverschiedenheiten zwischen dem Abschlußprüfer und dem geprüften Unternehmen über die Auslegung und Anwendung der gesetzlichen Vorschriften sowie von Bestimmungen von Gesellschaftsvertrag oder Satzung über Jahresabschluß und Lagebericht auftreten, kann auf Antrag des Abschlußprüfers oder der gesetzlichen Vertreter des geprüften Unternehmens das Landgericht angerufen werden. Es entscheidet die strittige Angelegenheit (§ 324 HGB).

**Aufgabe 4.53** *(Bestätigungsvermerk bei freiwilliger Prüfung) S. 350*

**Kontrollfragen** _____

1. *Welche Unternehmen sind prüfungspflichtig?*

2. *Welche Ziele werden mit der Prüfung verfolgt?*

3. *Was ist Gegenstand der Pflichtprüfung gemäß § 316 ff. HGB?*

4. *Was beinhaltet die System- und Funktionsprüfung?*

5. *Welche Einzelprüfungshandlungen unterscheidet man? Welchen Zweck verfolgen sie?*

6. *Nach welchen Kriterien wird der Prüfungsumfang bestimmt?*

7. *Wer wählt den Abschlußprüfer? Welche Beschränkungen sind bei der Auswahl zu beachten?*

8. Welche Pflichten haben die gesetzlichen Vertreter der Kapitalgesellschaft im Rahmen der Pflichtprüfung?

9. Was steht im Prüfungsbericht?

10. Wann ist der Bestätigungsvermerk zu ergänzen, einzuschränken oder zu versagen?

# 15 Offenlegung

## 15.1 Abgestufte Offenlegungspflichten

Die Offenlegung von Rechnungslegungsunterlagen (§§ 325 ff. HGB) wird nicht von allen Kapitalgesellschaften in gleichem Maße verlangt.[1] Das HGB kennt gewisse an die Größe der Unternehmungen anknüpfende Abstufungen der Publizität, die sich anhand dreier Fragen verdeutlichen lassen:

(1) Auf welchem Wege bzw. welchen Wegen ist zu publizieren?

(2) Was ist zu publizieren?

(3) Wie ist zu publizieren, d. h., welche Formvorschriften sind dabei einzuhalten?

Die erste Frage zielt darauf, wie leicht es einem Interessenten gemacht wird, Einblick in die bekanntzumachenden Unterlagen zu nehmen. Zum einen kennt das HGB die **Offenlegung beim Handelsregister** unter Hinweis im Bundesanzeiger darauf, bei welchem Handelsregister und unter welcher Nummer die Unterlagen eingereicht wurden, zum anderen zusätzlich die **Bekanntmachung** der Unterlagen selbst **im Bundesanzeiger**. Letzteres wird nur von großen Kapitalgesellschaften und Konzernen gefordert.

Die zweite Frage zielt darauf, welche Rechnungslegungsunterlagen der Öffentlichkeit zugänglich gemacht werden sollen. Für kleine und mittelgroße Kapitalgesellschaften sind dabei in unterschiedlichem Umfang **Erleichterungen** gestattet.

Die dritte Frage zielt darauf, welche Formvorschriften bei der Bekanntmachung zu beachten sind. Das Gesetz geht dabei auch auf Form und Inhalt von nicht auf Gesetz, Gesellschaftsvertrag oder Satzung beruhenden Veröffentlichungen und Vervielfältigungen ein.

## 15.2 Offenlegungsvorschriften großer Kapitalgesellschaften

Die gesetzlichen Vertreter von großen Kapitalgesellschaften haben unverzüglich nach Vorlage des Jahresabschlusses an die Gesellschafter, spätestens vor Ablauf des neunten Monats des dem Abschlußstichtag folgenden Geschäftsjahres, nachstehende Unterlagen **im Bundesanzeiger bekanntzumachen:**

— Jahresabschluß,

— Bestätigungsvermerk oder Vermerk über dessen Versagung,

— Lagebericht,

— Bericht des Aufsichtsrates,

— Ergebnisverwendungsvorschlag und -beschluß (soweit nicht aus dem Jahresabschluß ersichtlich) unter Angabe des Jahresüberschusses oder -fehlbetrags.

---

[1] Zur Zeit steht eine sogenannte **Mittelstandsrichtlinie** zur Diskussion, die vor allem Publizitätserleichterungen für kleine und mittlere Kapitalgesellschaften vorsieht (BT-Drucksache 11/3719). Ob und bis wann diese Bestrebungen letztlich zu Änderungen der geltenden Offenlegungsvorschriften führen, ist aber noch nicht absehbar.

Die Bekanntmachung im Bundesanzeiger ist unter Beifügung der bezeichneten Unterlagen dem zuständigen Handelsregister einzureichen. Die Aufstellung des Anteilsbesitzes (§ 287 HGB) braucht jedoch im Bundesanzeiger nicht bekannt gemacht zu werden (§ 325 Abs. 2 HGB). Für die Wahrung der Frist ist die Einreichung der Unterlagen beim Bundesanzeiger maßgeblich (§ 325 Abs. 4 HGB).

## 15.3 Offenlegungsvorschriften mittelgroßer Kapitalgesellschaften

Für mittelgroße Kapitalgesellschaften gelten die gleichen Bekanntmachungsfristen wie für die großen. Es werden ihnen aber folgende **Publizitätserleichterungen** gewährt:

— Sie müssen die oben aufgeführten Unterlagen lediglich zum Handelsregister einreichen. Im Bundesanzeiger ist nur bekanntzumachen, bei welchem Handelsregister und unter welcher Nummer diese Unterlagen eingereicht worden sind (§ 325 Abs. 1 Satz 2 HGB).

— Sie brauchen nur einen nach Maßgabe des § 327 HGB verkürzten Jahresabschluß offenzulegen.

### 15.3.1 Verkürzte Bilanz

Für die Offenlegung dürfen mittlere Kapitalgesellschaften die Bilanz nach Maßgabe der kleinen Kapitalgesellschaften verkürzen (vgl. S. 145), wobei folgende Bilanzposten in Bilanz oder Anhang zusätzlich gesondert anzugeben sind (§ 327 Nr. 1 HGB):

**auf der Aktivseite:**

A.I.2 Geschäfts- oder Firmenwert
A.II.1 Grundstücke, grundstücksgleiche Rechte und Bauten einschließlich Bauten auf fremden Grundstücken
A.II.2 Technische Anlagen und Maschinen
A.II.3 Andere Anlagen, Betriebs- und Geschäftsausstattung
A.II.4 Geleistete Anzahlungen und Anlagen im Bau
A.III.1 Anteile an verbundenen Unternehmen
A.III.2 Ausleihungen an verbundene Unternehmen
A.III.3 Beteiligungen
A.III.4 Ausleihungen an Unternehmen, mit denen ein Beteiligungsverhältnis besteht
B.II.2 Forderungen gegen verbundene Unternehmen
B.II.3 Forderungen gegen Unternehmen, mit denen ein Beteiligungsverhältnis besteht
B.III.1 Anteile an verbundenen Unternehmen
B.III.2 Eigene Anteile

**auf der Passivseite:**

C.1 Anleihen, davon konvertibel
C.2 Verbindlichkeiten gegenüber Kreditinstituten
C.6 Verbindlichkeiten gegenüber verbundenen Unternehmen
C.7 Verbindlichkeiten gegenüber Unternehmen, mit denen ein Beteiligungsverhältnis besteht

### 15.3.2 Verkürzter Anhang

Der Anhang mittlerer Kapitalgesellschaften braucht die folgenden Angaben nach § 285 HGB nicht zu enthalten:

— Nr. 2 (Aufgliederung der Verbindlichkeiten),
— Nr. 5 (Beeinflussung des Ergebnisses durch steuerliche Vorschriften),
— Nr. 8 a (Angaben bei Anwendung des Umsatzkostenverfahrens),
— Nr. 12 (Erläuterung der sonstigen Rückstellungen).

## Publizitätspflichten im Überblick

| Unternehmungsformen/-größen | | Gesetzesquelle | Bilanz | GuV | Anhang | Jahresergebnis, Verwendungsvorschlag und Beschluß[1] | Lagebericht | Bestätigungsvermerk | Aufsichtsratsbericht | Organ zur Veröffentlichung | Offenlegungsfristen in Monaten | Bemerkungen |
|---|---|---|---|---|---|---|---|---|---|---|---|---|
| Abgrenzung siehe Tabelle S. 121 | große Kapitalgesellschaft | § 325 Abs. 1, 2, 4 HGB | x | x | x | x | x | x | x | HR[2] BA[2] | 9 | — |
| | mittelgroße Kapitalgesellschaft | §§ 325 Abs. 1, 327 HGB | x | x | x | x | x | x | x | HR, Hinweise auf Hinterlegungsstelle im BA | 9 | Bilanz und Anhang verkürzt nach § 327 HGB |
| | kleine Kapitalgesellschaft | §§ 325 Abs. 1, 326 HGB | x | — | x | x | — | — | — | HR, Hinweis auf Hinterlegungsstelle im BA | 12 | Bilanz verkürzt nach § 266 Abs. 1 Satz 3 HGB, Anhang verkürzt nach § 326 HGB |
| Einzelkaufleute und Personengesellschaften | nicht unter das PublG fallend | — | — | — | — | — | — | — | — | — | — | — |
| | unter das PublG fallend | § 9 PublG | x | x | x | x | — | x | — | HR, BA | 9 | GuV-Rechnung und Ergebnisverwendungsbeschluß ersetzbar durch Anlage zur Bilanz gemäß § 5 Abs. 5 PublG. Bestimmte Eigenkapitalpositionen zusammenfaßbar. |
| Genossenschaft | alle Genossenschaften | § 339 HGB | x | x | x | — | x | x[3] | x | GR[4] | 6 | Größenabhängige Erleichterungen (§§ 326, 327 HGB) sind zu beachten. |
| | Zusatzpflicht großer Genossenschaften | § 339 Abs. 2 HGB | x | x | x | — | — | x | — | Bekanntmachung in den bestimmten Blättern | | |

Für Kreditinstitute und Versicherungsvereine sind die Besonderheiten der §§ 25 a ff. KWG bzw. § 55 VAG zu beachten.

---

1 Sofern nicht aus dem Jahresabschluß zu ersehen.
2 HR = Handelsregister, BA = Bundesanzeiger.
3 Nur bei großen Genossenschaften (§ 58 Abs. 2 GenG).
4 GR = Genossenschaftsregister.

## 15.4 Offenlegungsvorschriften kleiner Kapitalgesellschaften

Kleine Kapitalgesellschaften haben weitergehende Publizitätserleichterungen in sachlicher und in zeitlicher Hinsicht. Nach § 326 HGB müssen sie

— die Bilanz,

— einen verkürzten Anhang (ohne die Angaben zur GuV-Rechnung),

— das Jahresergebnis sowie Ergebnisverwendungsvorschlag und -verwendungsbeschluß (soweit sich diese Angaben nicht bereits aus Bilanz oder Anhang ergeben)

vor Ablauf des **zwölften** Monats des dem Bilanzstichtag nachfolgenden Geschäftsjahres beim Handelsregister einreichen.


## 15.5 Formvorschriften

§ 328 HGB faßt die Bestimmungen zusammen, die bezüglich Form und Inhalt der offenzulegenden Unterlagen zu beachten sind. Dabei wird zwischen freiwilliger und Pflichtveröffentlichung unterschieden (vgl. Übersicht auf S. 305).


## 15.6 Prüfungspflicht des Registergerichts

Das Gericht prüft

— die Vollzähligkeit der eingereichten Unterlagen und, sofern vorgeschrieben,

— ihre Bekanntmachung.

Falls Veranlassung dazu besteht, kann auch überprüft werden, ob größenabhängige Erleichterungen zu Unrecht in Anspruch genommen wurden. Zur Prüfung der Größenmerkmale kann das Registergericht innerhalb angemessener Frist die Mitteilung der Umsatzerlöse und der durchschnittlichen Zahl der Arbeitnehmer verlangen. Bei Unterlassung einer fristgemäßen Mitteilung gelten die Erleichterungen als zu Unrecht in Anspruch genommen.

Verstöße gegen die Pflicht zur Offenlegung nach § 325 HGB können mit Zwangsgeld belegt werden (§ 335 Nr. 6 HGB).

Für Aufbewahrung und Prüfung der Unterlagen wird nach § 86 der Kostenordnung eine Gebühr erhoben. Sie beträgt

— für kleine Kapitalgesellschaften 50,— DM,

— im übrigen 100,— DM.


**Kontrollfragen** _____

1. *Wie sind die Offenlegungspflichten geregelt?*

2. *Wie unterscheiden sich die Publizitätspflichten der großen, mittleren und kleinen Kapitalgesellschaften voneinander?*

3. *Welche Offenlegungsfristen sind vorgesehen?*

4. *Können auch Einzelkaufleute und Personengesellschaften offenlegungspflichtig sein?*

5. *Welche Formvorschriften sind bei Offenlegung bzw. freiwilliger Veröffentlichung des Jahresabschlusses zu beachten?*

## Form und Inhalt der Unterlagen bei Offenlegung, Veröffentlichung und Vervielfältigung (§ 328 HGB)

| Wiedergabe des Jahresabschlusses | | Wiedergabe anderer Unterlagen (§ 328 Abs. 3 HGB) |
|---|---|---|
| aufgrund von Gesetz, Gesellschaftsvertrag oder Satzung (§ 328 Abs. 1 HGB) | freiwillig (§ 328 Abs. 2 HGB) | |
| 1 | 2 | 3 |
| 1. Der Jahresabschluß ist so wiederzugeben, daß er den<br><br>— für seine Aufstellung maßgeblichen Vorschriften entspricht,<br><br>— soweit nicht die größenabhängigen Erleichterungen nach §§ 326, 327 HGB in Anspruch genommen werden.<br><br>2. Er muß in diesem Rahmen vollständig und richtig sein.<br><br>3. Für den Fall der Feststellung ist das Datum anzugeben.<br><br>4. Für den Fall der Abschlußprüfung ist der vollständige Wortlaut des Bestätigungsvermerks anzugeben.<br><br>5. Wird der Jahresabschluß wegen der Inanspruchnahme von Erleichterungen nur teilweise offengelegt und bezieht sich der Bestätigungsvermerk auf den vollständigen Jahresabschluß, so ist darauf hinzuweisen.<br><br>6. Wenn zwecks Fristenwahrung die Offenlegung des Jahresabschlusses<br><br>— vor vorgeschriebener Prüfung oder Feststellung oder<br><br>— ohne beizufügende Unterlagen<br><br>erfolgt, so ist bei Offenlegung darauf hinzuweisen. | Hat der Jahresabschluß bei Veröffentlichungen und Vervielfältigungen, die nicht durch Gesetz, Gesellschaftsvertrag oder Satzung vorgeschrieben sind, **nicht** die in Spalte 1 vorgeschriebene Form, so ist folgendes zu beachten:<br><br>1. In der Überschrift ist zu vermerken, daß es sich nicht um eine der gesetzlichen Form entsprechende Veröffentlichung handelt.<br><br>2. Ein Bestätigungsvermerk darf nicht beigefügt werden.<br><br>3. Ist aufgrund gesetzlicher Vorschriften eine Prüfung erfolgt, so ist anzugeben, ob der Prüfer dem Jahresabschluß die Bestätigung<br><br>— erteilt,<br><br>— eingeschränkt oder<br><br>— versagt hat.<br><br>4. Es ist anzugeben,<br><br>— bei welchem Handelsregister und<br><br>— in welcher Nummer des Bundesanzeigers die Offenlegung erfolgt ist oder<br><br>— daß die Offenlegung noch nicht erfolgt ist. | 1. Die Vorschriften von Spalte 1 (außer Nr. 6) sind auf<br><br>— den Lagebericht,<br><br>— den Vorschlag und den Beschluß über die Verwendung des Ergebnisses sowie<br><br>— die Aufstellung des Anteilsbesitzes<br><br>entsprechend anzuwenden.<br><br>2. Bei **nachträglicher** Offenlegung dieser Unterlagen ist jeweils anzugeben,<br><br>— auf welchen Abschluß sie sich beziehen und<br><br>— wo dieser offengelegt ist.<br><br>Dies gilt auch für die nachträgliche Offenlegung<br><br>— des Bestätigungsvermerks oder<br><br>— des Vermerks über seine Versagung. |

# 16 Straf-, Bußgeld- und Zwangsgeldvorschriften in Zusammenhang mit der Rechnungslegung

Straf-, Bußgeld- oder Zwangsgeldvorschriften finden sich in Gesetzen des Handels-, Steuer- und Strafrechts.

## 16.1 Handelsrechtliche Straf-, Bußgeld und Zwangsgeldvorschriften

### 16.1.1 HGB

Da sich die Pflichten der gesetzlichen Vertreter von **Kapitalgesellschaften** (wie z. B. Aufstellung des Jahresabschlusses) sowie die Verantwortlichkeit der Abschlußprüfer aus dem HGB ergeben, finden sich dort auch die entsprechenden allgemeingesetzlichen Vorschriften über Strafen, Buß- und Zwangsgelder (§§ 331 ff. HGB, vgl. Übersicht auf S. 307). Neben diesen allgemeingesetzlichen besteht aber noch eine Vielzahl spezialgesetzlicher Regelungen, z. B. im Aktien-, GmbH- oder Genossenschaftsgesetz, die rechtsformspezifisch sind.

Die §§ 331 ff. HGB **beziehen sich nicht auf Einzelkaufleute und Personenhandelsgesellschaften,** sondern lediglich auf Kapitalgesellschaften. Infolge der Haftungsbeschränkung spielt bei Kapitalgesellschaften der Gläubigerschutz ja eine wichtigere Rolle.

Sofern allerdings Einzelkaufleute und Personenhandelsgesellschaften zur Rechnungslegung auf Grund des Publizitätsgesetzes verpflichtet sind (bei Überschreiten der in § 1 PublG genannten Größenmerkmale), unterliegen sie gleich strengen Straf-, Bußgeld- und Zwangsgeldvorschriften wie Kapitalgesellschaften. Denn den §§ 331 ff. HGB entsprechende Vorschriften sind auch im **Publizitätsgesetz** verankert (§§ 17 ff. PublG).

### 16.1.2 Handelsrechtliche Spezialgesetze

Spezialgesetzliche Regelungen über Strafen, Buß- und Zwangsgelder finden sich insbesondere im Aktiengesetz (§§ 399 ff.), im GmbH-Gesetz (§§ 79 ff.) und im Genossenschaftsgesetz (§§ 147 ff.). Sie haben einen weitergehenden Inhalt als im HGB, z. B. Strafandrohung bei falschen Angaben im Zusammenhang mit der Gründung oder Kapitalerhöhung oder bei Verletzung der Geheimhaltungspflicht.

Mit die wichtigste Bestimmung im Zusammenhang mit dem Rechnungswesen betrifft **Pflichtverletzungen bei Verlust, Zahlungsunfähigkeit oder Überschuldung.** Für die inhaltlich sich entsprechenden Regelungen im Aktien-, GmbH- und Genossenschaftsgesetz sei hier § 84 GmbHG angeführt:

Mit Freiheitsstrafe bis zu drei Jahren oder mit Geldstrafe wird bestraft, wer es als Geschäftsführer unterläßt,

— den Gesellschaftern einen Verlust in Höhe der Hälfte des Stammkapitals anzuzeigen oder

— bei Zahlungsunfähigkeit oder Überschuldung die Eröffnung des Konkursverfahrens oder des gerichtlichen Vergleichsverfahrens zu beantragen.

Handelt der Täter fahrlässig, so ist die Strafe Freiheitsstrafe bis zu einem Jahr oder Geldstrafe.

## 16.2 Steuerrechtliche Straf-, Bußgeld- und Zwangsgeldvorschriften

### 16.2.1 Grenzen zwischen Ordnungsmäßigkeit, Ordnungswidrigkeit und Straftat

Das Steuerrecht unterscheidet zwischen formellen und materiellen Mängeln der Buchführung. Bei **formellen** Mängeln ist die Ordnungsmäßigkeit dann noch gewahrt, wenn

## Straf-, Bußgeld- und Zwangsgeldvorschriften im HGB

| Straftaten und ihre Ahndung (§§ 331 — 333 HGB) | Ordnungswidrigkeiten (§ 334 HGB) | Zwangsgeldbedrohte Verhaltensweisen (§ 335 HGB) |
|---|---|---|
| **I. Unrichtige Darstellung** (§ 331 HGB) <br> **Straftaten** von Mitgliedern des vertretungsberechtigten Organs oder des Aufsichtsrates einer Kapitalgesellschaft: <br> 1. unrichtige oder verschleierte Wiedergabe der Verhältnisse des Unternehmens in <br> — Eröffnungsbilanz, <br> — Jahresabschluß oder Lagebericht, <br> 2. unrichtige Angaben oder unrichtige Wiedergabe oder Verschleierung <br> — in Aufklärungen oder Nachweisen <br> — gegenüber Abschlußprüfer. <br> **Strafandrohung:** Freiheitsstrafe bis zu drei Jahren oder Geldstrafe. <br><br> **II. Verletzung der Berichtspflicht** (§ 322 HGB) <br> **Straftaten** von Abschlußprüfern oder deren Gehilfen: <br> 1. unrichtige Angaben über das Ergebnis der Prüfung, <br> 2. Verschweigen erheblicher Umstände im Prüfungsbericht, <br> 3. inhaltlich unrichtiger Bestätigungsvermerk. <br> **Strafandrohung:** Freiheitsstrafen bis zu **drei Jahren** oder Geldstrafe. Wenn der Täter gegen Entgelt handelt oder in der Absicht, sich oder einen anderen zu bereichern oder einen anderen zu schädigen, dann Freiheitsstrafe bis zu **fünf Jahren** oder Geldstrafe. <br><br> **III. Verletzung der Geheimhaltungspflicht** (§ 333 HGB) <br> **Unbefugte Offenbarung** eines Unternehmensgeheimnisses (Betriebs- oder Geschäftsgeheimnis), das einem Abschlußprüfer oder dessen Gehilfen bei der Prüfung bekannt geworden ist. <br> **Strafandrohung:** Freiheitsstrafe bis zu **einem Jahr** oder Geldstrafe (Antragsdelikt). Bei Handeln gegen Entgelt, zum Zweck der Bereicherung oder Schädigung droht Freiheitsstrafe bis zu **zwei Jahren** oder Geldstrafe, ebenso bei unbefugter Verwertung eines Unternehmensgeheimnisses. | **I. Zuwiderhandlung** von Mitgliedern des vertretungsberechtigten Organs des Aufsichtsrates einer Kapitalgesellschaft <br> 1. bei der Aufstellung oder Feststellung des Jahresabschlusses gegen Vorschriften über <br> — Form oder Inhalt, <br> — Bewertung, <br> — Gliederung, <br> — Angaben in Bilanz oder Anhang, <br> 2. bei der Aufstellung des Lageberichts gegen Vorschriften über den Inhalt, <br> 3. bei Offenlegung, Veröffentlichung oder Vervielfältigung gegen Vorschriften über Form und Inhalt, <br> 4. gegen eine aufgrund des § 330 HGB erlassene Rechtsverordnung. <br> Die einzelnen mit Bußgeld bewehrten Vorschriften sind aus Gründen der Rechtssicherheit in § 334 HGB genau bezeichnet. <br><br> **II. Unerlaubter Bestätigungsvermerk** durch Personen oder Gesellschaften, die nicht Abschlußprüfer sein dürfen. <br> **Bußgeldandrohung:** bis zu 50 000,— DM. | **I. Zwangsgeldfestsetzung** <br> Das Registergericht kann Zwangsgeld festsetzen, wenn Mitglieder des vertretungsberechtigten Organs einer Kapitalgesellschaft <br> 1. § 242 Abs. 1 und 2, § 264 Abs. 1 HGB über die Pflicht zur Aufstellung eines Jahresabschlusses und eines Lageberichts, <br> 2. § 318 Abs. 1 Satz 4 HGB über die Pflicht zur unverzüglichen Erteilung des Prüfungsauftrags, <br> 3. § 318 Abs. 4 Satz 3 HGB über die Pflicht, den Antrag auf gerichtliche Bestellung des Abschlußprüfers zu stellen, <br> 4. § 320 HGB über die Pflichten gegenüber dem Abschlußprüfer oder <br> 5. § 325 HGB über die Pflicht zur Offenlegung des Jahresabschlusses, des Lageberichts und anderer Unterlagen der Rechnungslegung nicht befolgen. <br><br> **II. Antrag** <br> Das Registergericht schreitet jedoch nur ein, wenn <br> — ein Gesellschafter, <br> — Gläubiger oder <br> — der Gesamtbetriebsrat oder, wenn ein solcher nicht besteht, der Betriebsrat <br> der Kapitalgesellschaft dies beantragt. <br> **Höchstbetrag des einzelnen Zwangsgeldes:** 10 000,— DM |

das sachliche Ergebnis der Buchführung nicht beeinflußt wird und die Mängel keinen erheblichen Verstoß gegen gesetzliche Anforderungen (z. B. handelsrechtliche Gliederungsvorschriften) bedeuten (Abschn. 29 Abs. 2 Nr. 5 EStR, § 158 AO).

Enthält dagegen die Buchführung **materielle** Mängel (z. B. Nicht- oder Falschverbuchung von Geschäftsvorfällen), so wird die Ordnungsmäßigkeit nur bei Unbedenklichkeit nicht berührt (also bei unbedeutendem Umfang oder bei unbedeutenden Vorgängen). Die Fehler sind dann zu berichtigen, oder das Buchführungsergebnis ist durch eine Zuschätzung richtigzustellen.

Bei wesentlichen **(schwerwiegenden materiellen)** Mängeln, wenn z. B. ein erheblicher Teil des Warenbestandes in der Bilanz nicht ausgewiesen ist, ist die Buchführung nicht mehr odnungsmäßig, und zwar auch dann nicht, wenn das Finanzamt die Fehler beseitigt und das berichtigte Buchführungsergebnis der Veranlagung zugrunde legt. Unerheblich ist dabei, ob die Vorgänge bewußt oder unbewußt falsch dargestellt sind (Abschn. 29 Abs. 2 Nr. 6 EStR).

Soweit die Finanzbehörde die Besteuerungsgrundlagen nicht ermitteln oder berechnen kann, hat sie zu **schätzen**. Das gilt insbesondere dann, wenn der Steuerpflichtige Bücher oder Aufzeichnungen

— nicht vorlegen kann oder

— wenn nach den Umständen des Einzelfalls Anlaß besteht, ihre sachliche Richtigkeit (bei wesentlichen formellen und materiellen Mängeln) zu beanstanden (§§ 158, 162 AO).

Die Finanzbehörde kann die Erfüllung der Buchführungs- und Aufzeichnungspflichten durch Festsetzung von Zwangsmitteln (Zwangsgeld, Ersatzvornahme, unmittelbarer Zwang) herbeiführen (§ 328 AO). Das einzelne **Zwangsgeld** darf 5 000,— nicht übersteigen (§ 329 AO).

Je nach der Schwere einer Zuwiderhandlung kann darüber hinaus die **Einleitung eines Steuerstrafverfahrens oder Bußgeldverfahrens** in Betracht kommen.

## 16.2.2 Steuerhinterziehung

Die Steuerhinterziehung ist eine der Steuerstraftaten und wird von Amts wegen verfolgt. Sie setzt eine **vorsätzliche** Steuerverkürzung oder Erlangung eines ungerechtfertigten Steuervorteils voraus. Nach § 370 AO wird mit Freiheitsstrafe bis zu fünf Jahren oder mit Geldstrafe bestraft, wer

— den Finanzbehörden über steuerlich erhebliche Tatsachen unrichtige oder unvollständige Angaben macht oder

— die Finanzbehörden pflichtwidrig über steuerlich erhebliche Tatsachen in Unkenntnis läßt

und dadurch Steuern verkürzt oder nicht gerechtfertigte Steuervorteile erlangt. Schon der Versuch ist strafbar. In besonders schweren Fällen ist die Strafe Freiheitsstrafe von 6 Monaten bis zu 10 Jahren.

Eine **Steuerverkürzung** liegt vor, wenn Steuern nicht, nicht in voller Höhe oder nicht rechtzeitig festgesetzt werden (z. B. durch Weglassen oder zu niedrige Bewertung von Aktiva, fingierte oder zu hohe Passiva, falsche Angaben bei der Umsatzsteuervoranmeldung).

**Ungerechtfertigte Steuervorteile** (z. B. steuerfreie Rücklagen) sind erlangt, wenn sie zu Unrecht gewährt oder belassen werden (§ 370 Abs. 4 AO).

## 16.2.3 Steuerordnungswidrigkeiten

Steuerordnungswidrigkeiten werden mit Geldbuße geahndet (§ 377 AO). Die Einleitung eines Bußgeldverfahrens liegt im pflichtgemäßen Ermessen der Finanzbehörde (§ 410 AO i. V. m. § 47 Abs. 1 OWiG). Man unterscheidet

— leichtfertige Steuerverkürzung und

— Steuergefährdung.

Eine **leichtfertige Steuerverkürzung** (§ 378 AO) ist gegeben, wenn eine Steuerhinterziehung im Gegensatz zu § 370 AO leichtfertig (d. h. grob fahrlässig) begangen wird. Die Ordnungswidrigkeit kann mit einer Geldbuße bis zu 100 000,— geahndet werden.

Eine Geldbuße wird nicht festgesetzt, soweit der Täter unrichtige oder unvollständige Angaben bei der Finanzbehörde berichtigt, bevor ihm die Einleitung eines Straf- oder Bußgeldverfahrens wegen der Tat bekanntgegeben worden ist.

Eine **Steuergefährdung** (§ 379 AO) liegt vor, wenn der Täter vorsätzlich oder leichtfertig

— unrichtige Belege ausstellt,

— Geschäftsvorfälle nicht oder unrichtig verbucht oder

— die Pflicht zur Kontenwahrheit nach § 154 Abs. 1 AO verletzt.

Der Tatbestand der Steuergefährdung ist nach § 379 Abs. 4 AO subsidiär gegenüber der Steuerhinterziehung (§ 370 AO) und der leichtfertigen Steuerverkürzung (§ 378 AO). Er wird mit Geldbuße bis zu 10 000,— geahndet.

# 16.3 Vorschriften des Strafgesetzbuches

## 16.3.1 Konkursstraftaten

Das Strafgesetzbuch ahndet Verstöße gegen die Rechnungslegungsvorschriften im Zusammenhang mit dem Bankrott. Bestraft wird, wer

— Handelsbücher zu führen unterläßt oder so führt oder verändert, daß die Übersicht über seinen Vermögensstand erschwert wird,

— Handelsbücher oder sonstige Unterlagen vor Ablauf der Aufbewahrungsfristen beiseite schafft, verheimlicht, zerstört oder beschädigt und dadurch die Übersicht über seinen Vermögensstand erschwert,

— entgegen dem Handelsrecht Bilanzen so aufstellt, daß die Übersicht über seinen Vermögensstand erschwert wird oder

— es unterläßt, die Bilanz oder das Inventar in der vorgeschriebenen Zeit aufzustellen.

Wird die Tat bei Überschuldung oder bei drohender oder eingetretener Zahlungsunfähigkeit begangen, so droht Geldstrafe oder Freiheitsstrafe bis zu 5 Jahren (§ 283 StGB), in schweren Fällen bis zu 10 Jahren (§ 283 a StGB). Das Strafmaß reduziert sich auf Geldstrafe oder Freiheitsstrafe bis zu 2 Jahren, wenn das Vergehen erfolgte, bevor Überschuldung oder drohende/eingetretene Zahlungsunfähigkeit vorlag (§ 283 b StGB).

**Überschuldung** ist gegeben, wenn Verluste das gesamte Eigenkapital übersteigen, wobei Aktiva und Passiva in der Überschuldungsbilanz zu den jeweiligen Zeitwerten anzusetzen sind.

**Zahlungsunfähigkeit** ist Ausdruck dafür, daß ein Kaufmann fällige Verbindlichkeiten nicht mehr erfüllen kann.

## 16.3.2 Kreditbetrug

Wer im Zusammenhang mit einem Kreditantrag

— unrichtige oder unvollständige Unterlagen vorlegt, namentlich Bilanzen, GuV-Rechnungen oder Vermögensübersichten, die für den Kreditnehmer vorteilhaft sind, oder

— zwischenzeitlich eingetretene Verschlechterungen der in den Unterlagen dargestellten wirtschaftlichen Verhältnisse bei der Vorlage nicht mitteilt,

wird mit Freiheitsstrafe bis zu drei Jahren oder mit Geldstrafe bestraft. Voraussetzung ist, daß die unrichtigen Unterlagen oder die Verschlechterungen für die Entscheidung über einen solchen Antrag erheblich sind (§ 265 b StGB).

**Kontrollfragen** ──────────────────────────────────────────────

1. *Für welche Unternehmen gelten die Straf-, Bußgeld- und Zwangsgeldvorschriften des HGB?*

2. *Welche Möglichkeiten hat das Registergericht, bei Verstößen gegen Aufstellung, Prüfung und Offenlegung eines Jahresabschlusses vorzugehen?*

3. *Bei Auftreten welcher Mängel ist die Ordnungsmäßigkeit der Buchführung nicht mehr gewahrt?*

4. *Was ist unter Steuerverkürzung und unter Steuergefährdung zu verstehen?*

5. *Welche Schritte kann die Finanzbehörde einleiten, wenn die sachliche Richtigkeit der Buchführung zu beanstanden ist?*

6. *Worin unterscheiden sich die Regelungen in HGB und Strafgesetzbuch hinsichtlich unrichtiger Bilanzen?*

────────────────────────────────────────────────────────────────

# AUFGABEN

## Aufgaben zum 1. Hauptteil: Grundlagen der Buchführung

**Aufgabe 1.1**  *Zusammenhang zwischen Bilanz und Buchführung*

Anhand der folgenden Angaben ist die Eröffnungsbilanz aufzustellen, daraus sind die Konten abzuleiten, die Buchungen vorzunehmen und die Konten abzuschließen. Die Kontensalden sind zur Schlußbilanz zusammenzuziehen.[1]

Anfangsbestände:

Fuhrpark 80 000,—; Geschäftsausstattung 120 000,—; Waren 560 000,—; Forderungen 270 000,—; Kasse 5 000,—; Bank 310 000,—; Verbindlichkeiten 430 000,—.

| | |
|---|---:|
| (1) Banküberweisungen an Lieferanten | 260 000,— |
| (2) Zielkäufe von Waren | 180 000,— |
| (3) Aufnahme eines Darlehens (Bildung eines neuen Kontos), Banküberweisung | 200 000,— |
| (4) Zielverkäufe von Waren | 390 000,— |
| (5) Zielkauf eines Lkw (Sonstige Verbindlichkeiten) | 100 000,— |
| (6) Banküberweisungen der Kunden | 120 000,— |
| (7) Banküberweisung für den Zielkauf des Lkw, 1. Rate | 50 000,— |
| (8) Verkauf eines alten Lkw gegen bar | 20 000,— |
| (9) Bareinzahlung bei der Bank | 15 000,— |
| (10) Rücküberweisung an den Darlehensgeber durch Bank | 40 000,— |
| (11) Rücksendung von auf Ziel gekauften Waren durch einen Kunden | 3 000,— |
| (12) Rücksendung von auf Ziel gekauften Waren an einen Lieferanten | 6 000,— |

Schlußbestände: Buchsalden = Inventurbestände

**Aufgabe 1.2**  *Unterschiedliche Möglichkeiten der Buchung des Warenverkehrs*

Die Waren der Fa. Groß stehen mit folgenden Wertansätzen zu Buche:

| | |
|---|---:|
| Anfangsbestand | 100 000,— |
| Wareneinkäufe | 840 000,— |
| Schlußbestand lt. Inventur | 93 000,— |
| Warenverkäufe | 1 420 000,— |

(1) Stellen Sie die Buchung des Warenverkehrs auf T-Konten dar
   a) Nettoabschluß,
   b) Bruttoabschluß,
   c) durch zusätzliche Verwendung des Wareneinsatzkontos,
   d) durch Aufteilung des Wareneinkaufskontos in Warenbestand und Wareneinkauf, wie in Handelsbetrieben in der Praxis vielfach üblich.

(2) Welche Buchungsweise sollte man nicht anwenden?

---

[1]  In dieser Anfangsübung wird unterstellt, daß die Waren zum Einstandspreis abgesetzt werden. Umsatzsteuer ist aus methodischen Gründen noch vernachlässigt. Es soll nur der einfache Weg von Bilanz zu Bilanz verdeutlicht werden.

**Aufgabe 1.3**  *Darstellung der Konten Vorsteuer und Umsatzsteuer*

(1) Prüfen Sie, wie die folgenden Vorgänge zu buchen sind. Stellen Sie die Konten Vorsteuer und Umsatzsteuer dar. Ermitteln Sie die Zahllast.

| | | | |
|---|---|---:|---:|
| a) | Warenzieleinkäufe | 110 000,— | |
| | + 14 % Umsatzsteuer | 15 400,— | 125 400,— |
| b) | Zielkauf von Verpackungsmaterial | 300,— | |
| | + 14 % Umsatzsteuer | 42,— | 342,— |
| c) | Reparaturrechnung für den Geschäftswagen | 100,— | |
| | + 14 % Umsatzsteuer | 14,— | 114,— |
| d) | Banküberweisungen an Lieferanten | | 96 000,— |
| e) | Rechnung der Stadtwerke für Strom und Gas | 200,— | |
| | + 14 % Umsatzsteuer, Abbuchung bei der Bank | 28,— | 228,— |
| f) | Barkäufe für Büromaterial | 50,— | |
| | + 14 % Umsatzsteuer | 7,— | 57,— |
| g) | Zielverkäufe | 164 800,— | |
| | + 14 % Umsatzsteuer | 23 072,— | 187 872,— |
| h) | Verkauf von Altpapier, bar | 20,— | |
| | + 14 % Umsatzsteuer | 2,80 | 22,80 |
| i) | Banküberweisungen der Kunden | | 138 000,— |

(2) Was würde es bedeuten, wenn das Vorsteuerkonto einen größeren Saldo ausweisen würde als das Umsatzsteuerkonto?

(3) Nennen Sie Beispiele für den Fall 2.

(4) Warum ist Geschäftsvorfall i) ohne Steuerwirkung?

(5) Warum bucht man private Warenentnahmen auf dem Warenverkaufskonto?

Aufgabe 1.4   *Von der Eröffnungs- zur Schlußbilanz*

(1) Bei der nachstehenden Aufgabe ist folgender Arbeitsweg einzuhalten:

1. Aufstellen der Eröffnungsbilanz, 2. Auflösung der Bilanz in Konten, 3. Buchen der Vorgänge, 4. Abschluß der Konten: a) Aktivkonten, b) passive Bestandskonten (außer Kapital), c) Aufwandskonten, d) Ertragskonten, e) GuV-Konto, f) Privatkonto, g) Kapitalkonto, 5. Aufstellen der Schlußbilanz.

Anfangsbestände: Betriebs- und Geschäftsausstattung 22 000,—; Waren 35 000,—; Forderungen 26 000,—; Kasse 200,—; Bank 9 800,—; Verbindlichkeiten 33 000,—.

| | | a) | b) |
|---|---|---:|---:|
| a) | Käufe von Waren auf Ziel | 9 000,— | 10 200,— |
| | zuzüglich 14 % Vorsteuer | 1 260,— | 1 428,— |
| b) | Zahlungen der Kunden durch die Bank | 13 000,— | 15.000,— |
| c) | Verkäufe von Waren gegen bar | 4 200,— | 3.000,— |
| | zuzüglich 14 % Umsatzsteuer | 588,— | 420,— |
| d) | Verkäufe von Waren auf Ziel | 7 800,— | 10 400,— |
| | zuzüglich 14 % Umsatzsteuer | 1 092,— | 1 456,— |
| e) | Banküberweisung an die Lieferanten | 20 000,— | 18.000,— |
| f) | Verwaltungskosten bar bezahlt | 3 000,— | 2 500,— |
| | zuzüglich 14 % Vorsteuer | 420,— | 350,— |
| g) | Banküberweisungen der Kunden | 10 000,— | 12.000,— |
| h) | Verkauf von Waren auf Ziel | 8.000,— | 9.000,— |
| | zuzüglich 14 % Umsatzsteuer | 1 120,— | 1 260,— |
| i) | Gehaltszahlung, bar | 900,— | 600,— |

j) Privatentnahme, bar           100,—     50,—

k) Banküberweisung der Umsatzsteuerschuld     ?      ?

Schlußbestände: a) Waren 30 000,—; b) Waren 25 800,—.
Im übrigen Buchbestände = Inventurbestände.

Schließen Sie die Warenkonten nach der Netto- und nach der Bruttomethode ab.

(2) Wann erst können GuV- und Kapitalkonto abgeschlossen werden?

(3) Wie läßt sich der Schlußbestand des Kapitals kontrollieren?

(4) Welche gedankliche Schwierigkeit ergibt sich bei Buchungen in Erfolgs- und Privatkonten?

## Aufgabe 1.5   *Einfache Buchungssätze*

Kontieren Sie folgende Geschäftsfälle in Form von Buchungssätzen (Umsatzsteuer vernachlässigt):

| | |
|---|---:|
| (1) Banküberweisung an einen Lieferanten | 700,— |
| (2) Zahlung an einen Lieferanten durch Besitzwechsel | 500,— |
| (3) Wechselziehung eines Lieferanten | 1.000,— |
| (4) Einkassierung eines Besitzwechsel, bar | 600,— |
| (5) Einlösung eines Schuldwechsels, bar | 800,— |
| (6) Zahlung eines Kunden durch Banküberweisung | 800,— |
| (7) Barabhebung von der Bank | 300,— |
| (8) Überweisung vom Postgiro- auf das Bankkonto | 1.000,— |
| (9) Zahlung an einen Lieferanten durch die Bank | 700,— |
| (10) Aufnahme einer Hypothek durch Banküberweisung | 8.000,— |
| (11) Barzahlung der Miete für die Geschäftsräume | 780,— |
| (12) Zinsgutschrift der Bank | 230,— |
| (13) Lohnzahlung bar (Abzüge hier noch vernachlässigt) | 600,— |
| (14) Privatentnahme, bar | 300,— |
| (15) Zahlung der Stromkosten durch Bankscheck | 60,— |
| (16) Heizungskosten, bar | 170,— |
| (17) Provisionen, durch Bankscheck bezahlt | 130,— |
| (18) Barkauf von Bürobedarf | 28,— |
| (19) Bareinlage des Inhabers | 2.000,— |

## Aufgabe 1.6   *Zusammengesetzte Buchungssätze im Zahlungsverkehr*

Kontieren Sie folgende Geschäftsfälle in Form von Buchungssätzen (Umsatzsteuer vernachlässigt):

| | |
|---|---:|
| (1) Zahlung eines Kunden, in bar | 200,— |
|       durch Postgiroüberweisung | 500,— |
| (2) Zahlung an einen Lieferer, | |
|       durch Postgiroüberweisung | 300,— |
|       durch Banküberweisung | 800,— |
| (3) Zahlung eines Kunden, | |
|       durch Banküberweisung | 115,— |
|       durch Besitzwechsel | 1 000,— |

(4) Ausgleich einer Lieferantenrechnung,
  durch Besitzwechsel     1 000,—
  durch Schuldwechsel     350,—

(5) Barzahlung eines Kunden,
  Rechnungsbetrag     500,—
  Skonto     2 %

(6) Barausgleich einer Lieferantenrechnung,
  Rechnungsbetrag     2 000,—
  Skonto     3 %

(7) Barentnahme, für Geschäftsreise     300,—
  für Privat     100,—

(8) Postgiroüberweisung,
  für Gewerbesteuer     80,—
  für Kirchensteuer     30,—

(9) Ausgleich einer Kundenrechnung,
  Preisnachlaß     150,—
  Banküberweisung     1 274,—
  Skonto     26,—

(10) Ausgleich einer Lieferantenrechnung,
  in bar     176,—
  durch Postgiro     1 000,—
  Skonto     24,—

## Aufgabe 1.7 *Zusammengesetzte Buchungssätze im Warenverkehr*

Bilden Sie Buchungssätze mit Berücksichtigung der Umsatzsteuer über folgende Vorgänge:

(1) Barkauf von Waren (2 500,— + 350,— Vorsteuer)     2 850,—

(2) Barverkauf von Waren (100,— + 14,— Umsatzsteuer)     114,—

(3) Zielverkauf von Waren (1 500,— + 210,— Umsatzsteuer)     1 710,—

(4) Zielkauf von Waren (3 000,— + 420,— Vorsteuer)     3 420,—

(5) Warenrücksendung eines Kunden (200,— + 28,— Umsatzsteuerkorrektur) 228,—

(6) Preisnachlaß eines Lieferanten (400,— + 56,— Vorsteuer)     456,—

(7) Warenrücksendung an einen Lieferanten (600,— + 84,— Vorsteuer)     684,—

(8) Preisnachlaß gegenüber einem Kunden (100,— + 14,— Umsatzsteuer)     114,—

(9) Zielkauf einer Maschine (5 000,— + 700,— Vorsteuer)     5 700,—

(10) Verkauf einer Schreibmaschine, bar (200,— + 28,— Umsatzsteuer)     228,—

(11) Barzahlung von Fracht auf Warensendung (100,— + 14,— Vorsteuer)     114,—

(12) Privatentnahme in Waren (80,— + 11,20 Umsatzsteuer)     91,20

(13) Verkauf einer Maschine gegen Bankscheck (6 000,— + 840,— Umsatzsteuer)     6 840,—

## Aufgabe 1.8 *Deuten von Buchungssätzen*

Deuten Sie folgende Buchungssätze (Kontierungen):

(1) Kasse an Warenverkauf und Umsatzsteuer (100,— + 14,—)     114,—

(2) Bank an Kasse     2 000,—

(3) Wareneinkauf und Vorsteuer an Bank (800,— + 112,—)     912,—

| (4) | Bank an Postgiro | | 3 300,— |
|-----|------------------|---|---------|
| (5) | Forderungen an Warenverkauf und Umsatzsteuer (700,— + 98,—) | | 798,— |
| (6) | Wareneinkauf und Vorsteuer an Verbindlichkeiten (1 000,— + 140,—) | | 1 140,— |
| (7) | Verbindlichkeiten an Kasse | | 300,— |
| (8) | Bank an Forderungen | | 600,— |
| (9) | Besitzwechsel an Forderungen | | 350,— |
| (10) | Verbindlichkeiten an Schuldwechsel | | 700,— |
| (11) | Geschäftsausstattung und Vorsteuer an Verbindlichkeiten (4 000,— + 560,—) | | 4 560,— |
| (12) | Bank an Hypotheken | | 10 000,— |
| (13) | Verbindlichkeiten an Besitzwechsel | | 860,— |
| (14) | Warenverkauf und Umsatzsteuer an Forderungen (100,— + 14,—) | | 114,— |
| (15) | Verbindlichkeiten an Wareneinkauf und Vorsteuer (400,— + 56,—) | | 456,— |
| (16) | Bürokosten und Vorsteuer an Kasse (500,— + 70,—) | | 570,— |
| (17) | Privat an Bank | | 300,— |
| (18) | Bank an Zinsen | | 140,— |
| (19) | Löhne an Kasse | | 900,— |
| (20) | Kasse an Geschäftsausstattung und Umsatzsteuer (300,— + 42,—) | | 342,— |
| (21) | Verbindlichkeiten | 2 000,— | |
| | an Kasse | | 1 960,— |
| | Skonto | | 35,09 |
| | Vorsteuer | | 4,91 |
| (22) | Bank | 970,— | |
| | Skonto | 26,32 | |
| | Vorsteuer | 3,68 | |
| | an Forderungen | | 1 000,— |
| (23) | Privat | 300,— | |
| | Verwaltungskosten | 150,— | |
| | Vorsteuer | 21,— | |
| | an Kasse | | 471,— |
| (24) | Bank | 5 400,— | |
| | an Privat | | 5 000,— |
| | Kasse | | 400,— |

**Aufgabe 1.9**   *Verständnisfragen zur Bilanzübersicht*

(1) Worin liegt die Bedeutung der Summenbilanz?

(2) Was sagt die Saldenbilanz aus?

(3) Weshalb ist es zweckmäßig, eine Saldenbilanz II zu entwickeln?

(4) Inwiefern haben Vermögens- und Erfolgsbilanz Belegcharakter für den Abschluß?

(5) In welchen Fällen ist in der Abschlußtabelle eine Umbuchungsspalte angebracht?

**Aufgabe 1.10**   *Aufstellung der Bilanzübersicht*

Die Summenbilanz der Uhrengroßhandlung Alfred Leupold, Braunschweig, zeigt folgende Kontenstände:

| Konto-Nr. | Konto-Name | Soll TDM | Haben TDM |
|---|---|---|---|
| 033 | Betriebs- und Geschäftsausstattung | 600 | — |
| 060 | Kapital | — | 920 |
| 100 | Forderungen | 2 400 | 1 800 |
| 130 | Bank | 2 029 | 1 980 |
| 140 | Vorsteuer | 490 | 9 |
| 151 | Kasse | 2 730 | 2 690 |
| 160 | Privat | 220 | — |
| 170 | Verbindlichkeiten | 2 300 | 3 010 |
| 180 | Umsatzsteuer | 6 | 616 |
| 190 | Sonstige Verbindlichkeiten | 400 | 510 |
| 300 | Wareneinkauf | 3 500 | — |
| 380 | Wareneinsatz | — | — |
| 400 | Personalkosten | 1 110 | — |
| 411 | Miete | 190 | 50 |
| 450 | Provisionsaufwendungen | 40 | — |
| 480 | Verwaltungskosten | 150 | — |
| 490 | Abschreibungen | — | — |
| 800 | Warenverkauf | — | 4 400 |
| 872 | Provisionserträge | — | 180 |
| | | 16 165 | 16 165 |

Inventurbestände: Waren 880 000,—; Geschäftsausstattung 540 000,—. Im übrigen Buchbestände = Inventurbestände.

(1) Stellen Sie die Abschlußtabelle auf.

(2) Bilden Sie die vorbereitenden Abschlußbuchungen.

**Aufgabe 1.11**  *Buchen nach dem Nettoverfahren*

Folgende Vorgänge eines Großhandelsunternehmens sind nach Nettoprinzip auf T-Konten zu buchen:

| | |
|---|---|
| (1) Wareneinkäufe | 150 000,— |
| + Vorsteuer | 21 000,— |
| (2) Zielkäufe von Büromaterial (sofort kostenwirksam gebucht), netto | 1 200,— |
| + Vorsteuer | 168,— |
| (3) Reparaturrechnung für Lieferwagen, netto | 300,— |
| + Vorsteuer | 42,— |
| (4) Warenzielverkäufe, netto | 210 000,— |
| + Umsatzsteuer | 29 400,— |
| (5) Banküberweisungen von Kunden | 181 500,— |
| (6) Banküberweisung an die Lieferanten | 166 500,— |
| (7) Ausgleich der Umsatzsteuerschuld | 8 190,— |

**Aufgabe 1.12**  *Buchen nach Netto- und Bruttoverfahren*

Geschäftsfälle bei der Teppicheinzelhandlung Peter Frick, Darmstadt:

| | | |
|---|---|---|
| a) Warenbezüge lt. Wareneinkaufsbuch | 25 400,— | |
| hierauf Vorsteuer | 3 556,— | 28 956,— |

b) Warenverkäufe an Endverbraucher lt. Registrierkasse
   einschl. Umsatzsteuer — 37 164,—

c) Einzahlung bei der Bank — 35 000,—

d) Lieferung an das Büromaschinenhaus Rapid GmbH in
   Neustadt im Tausch gegen Büromaschinen (s. Fall e)

| | | |
|---|---:|---:|
| 10 m Haargarnläufer | 200,— | |
| 1 Berberteppich | 700,— | |
| + Umsatzsteuer | 126,— | 1 026,— |

e) Gegenlieferung des Büromaschinenhauses

| | | |
|---|---:|---:|
| 1 Kleinschreibmaschine | 400,— | |
| 1 Kleincomputer | 450,— | |
| + Vorsteuer | 119,— | 969,— |

f) Ausgleich des Differenzbetrages durch die Bank — 57,—

g) Zielkauf von Tapisseriewerk Ernst Schäfer, Darmstadt

| | | |
|---|---:|---:|
| 20 Sofakissen zu je 15,— | 300,— | |
| 10 Sofakissen zu je 20,— | 200,— | |
| + Vorsteuer | 70,— | 570,— |

h) Ermittlung und Buchung des Umsatzsteueranteils am
   Bruttoerlös von 37 164,— — ?

(1) Buchen Sie die Vorgänge in den Konten. Dabei soll nur der Fall b) brutto gebucht werden. Für den Warenverkauf sollen zwei Konten geführt werden, Warenverkauf an Privatkundschaft und an Gewerbetreibende.

(2) Warum wurden die Warenverkäufe zu Geschäftsfall b) brutto, die übrigen Vorfälle netto gebucht? Welche Buchungsgrundsätze für Endverbraucherrechnungen kann man ableiten?

**Aufgabe 1.13** *Entgeltänderungen und Umsatzsteuer*

Die Großhandlung Gustav Schmidt hat folgende Vorgänge zu buchen (die Rechnungen werden netto gebucht). Stellen Sie auch die Konten dar.

(1) Wareneinkäufe des laufenden Monats, netto — 118 000,—

(2) Vorsteuer hierauf — 16 520,—

(3) Warenverkäufe des laufenden Monats, netto — 142 600,—

(4) Umsatzsteuer hierauf — 19 964,—

(5) Banküberweisungen an Lieferanten

| | | |
|---|---:|---:|
| Rechnungsbeträge einschließlich Steuer | 111 000,— | |
| ∴ 3 % Skonto | 3 330,— | |
| Überweisung also | | 107 670,— |

(6) Berichtigung der Vorsteuer wegen des Lieferanten-
    skontos von 3 330,— — ?

(7) Banküberweisungen von Kunden

| | | |
|---|---:|---:|
| Rechnungsbeträge einschließlich Steuer | 133 200,— | |
| ∴ 3 % Skonto | 3 996,— | 129 204,— |

(8) Berichtigung der Umsatzsteuer wegen des Kunden-
    skontos von 3 996,— — ?

**Aufgabe 1.14**  *Mehrere Umsatzsteuersätze*

(1) Buchen Sie folgende Vorgänge a) nach der Brutto-, b) nach der Nettomethode. Gliedern Sie im Falle a) die Waren- und Skontikonten nach Steuersätzen auf.

**Geschäftsfälle:**

|    |                                                                                 |          |          |
|----|---------------------------------------------------------------------------------|---------:|---------:|
| 1. | Bezug von Lebensmitteln auf Ziel (zu 7 % steuerpflichtig) <br> + Umsatzsteuer   | 26 400,— <br> 1 848,— | <br> 28 248,— |
| 2. | Zieleinkäufe von Haushaltsartikeln (zu 14 % steuerpflichtig) <br> + Umsatzsteuer | 18 200,— <br> 2 548,— | <br> 20 748,— |
| 3. | Zielverkäufe von Lebensmitteln <br> + Umsatzsteuer                              | 29 800,— <br> 2 086,— | <br> 31 886,— |
| 4. | Zielverkäufe von Haushaltsartikeln <br> + Umsatzsteuer                          | 20 400,— <br> 2 856,— | <br> 23 256,— |
| 5. | Warenrücksendung von Lebensmitteln an den Lieferanten <br> + Umsatzsteuer       | 800,— <br> 56,— | <br> 856,— |
| 6. | Ein Kunde gibt beanstandete Haushaltswaren zurück <br> + Umsatzsteuer           | 460,— <br> 64,40 | <br> 524,40 |
| 7. | Banküberweisung an Lieferanten von Haushaltswaren <br> ./. Skonto               | 9 250,— <br> 280,— | <br> 8 970,— |
| 8. | Banküberweisung an Lieferanten von Lebensmitteln <br> ./. 2 % Skonto            | 12 600,— <br> 252,— | <br> 12 348,— |
| 9. | Steuerkorrektur für 280,— Skontogewährung auf Haushaltswaren                    |          | ? |
| 10.| Steuerkorrektur für 252,— Skontogewährung auf Lebensmittel                      |          | ? |
| 11.| Ausgleich der Umsatzsteuerschuld durch Banküberweisung                          |          | ? |

(2) Warum sind die Erlöskonten unbedingt nach Steuersätzen zu gliedern, die Wareneinkaufskonten dagegen nicht in jedem Falle?

(3) Empfiehlt sich die Aufgliederung der Steuerkonten?


**Aufgabe 1.15**  *Umsatzsteuer bei Lieferungen und Eigenverbrauch*

(1) Buchen Sie folgende Vorgänge:

|    |                                                                         |          |          |
|----|-------------------------------------------------------------------------|---------:|---------:|
| a) | Warenzieleinkauf lt. ER 192 — 216 <br> + 14 % Vorsteuer                 | 50 300,— <br> 7 042,— | <br> 57 342,— |
| b) | Warenverkäufe lt. AR 314 — 392 <br> + 14 % Umsatzsteuer                 | 74 800,— <br> 10 472,— | <br> 85 272,— |
| c) | Banküberweisung an Lieferanten mit 2 % Skonto, Bruttorechnungsbeträge <br> ./. 2 % Skonto | 49 950,— <br> 999,— | <br> 48 951,— |
|    | Vorsteuerkorrektur wegen Skontoabzug von 999,—                          |          | ? |

318

d) Banküberweisungen der Abnehmer, Bruttorechnungs-
   beträge                                                    37 000,—
   ./. 3 % Skonto                                              1 110,—      35 890.—

   Umsatzsteuerkorrektur wegen Skontoabzug von
   1 110,—                                                                        ?

e) Privatentnahme eines Speiseservices Rosenthal Nr. 612     1 600,—
   + 14 % Umsatzsteuer                                          224,—       1 824 —

f) Kfz-Kosten für betrieblichen Pkw, Banküberweisung          1 750,—
   + 14 % Vorsteuer                                             245,—       1 995,—

g) Anteil für private Nutzung des Pkw, 20 % der Kosten          350,—
   + 14 % Umsatzsteuer                                            49,—         399,—

h) Barkauf eines Aquarells von Max Hauschild als
   Geschenk zum Firmenjubiläum der Porzellanmanufak-
   tur Neustadt, Einkaufspreis                                  600,—
   + 14 % Vorsteuer                                              84,—         684,—

(2) Welche Korrekturbuchung wäre im Fall h) vorzunehmen, wenn der Buchhalter
zunächst wie folgt verfahren wäre: Steuerlich abziehbare Geschenke an Geschäftsfreunde und Vorsteuer an Kasse?

(3) Wie lauten die Buchungen in den Fällen e), g) und h), wenn es sich um unentgeltliche
Leistungen an einen GmbH-Gesellschafter handelt?


**Aufgabe 1.16**  *Lineare und degressive Abschreibung*

Eine Maschine mit einem Anschaffungswert von 100 000,— hat eine Nutzungsdauer von
8 Jahren.

(1) Welcher Abschreibungssatz ergibt sich bei linearer Abschreibung?

(2) Wann ist es sinnvoll, von der steuerlich zulässigen degressiven Abschreibung von 30
% auf die lineare Abschreibung überzugehen? Stellen Sie den Abschreibungsverlauf
dar.

(3) Wie ändern sich Wertansatz und Abschreibungsbetrag der Maschine im Falle degressiver Abschreibung (30 %), wenn Anfang des 3. Jahres eine werterhöhende Großre-
paratur für 12 000,— durchgeführt wird? Wie wäre bei linearer Abschreibung zu verfahren?


**Aufgabe 1.17**  *Digitale Abschreibung*

Eine Anlage hat einen Anschaffungswert von 210 000,— und eine Nutzungsdauer von
6 Jahren.

(1) Berechnen Sie die digitale Abschreibung

   a) ohne Berücksichtigung eines Schrottwerts,

   b) mit Berücksichtigung eines Schrottwerts von 7 000,—.

(2) Sind die Lösungen von (1) handels- und steuerrechtlich zulässig?


**Aufgabe 1.18**  *Abschreibung nach Maßgabe der Leistung*

Eine Maschine mit einem Anschaffungspreis von 50 000,— hat bei 1 800 Betriebsstunden
pro Jahr (Normalbeanspruchung) eine geschätzte Nutzungsdauer von 8 Jahren. In den
ersten Jahren wird die Maschine wie folgt beansprucht:

1. Jahr: 1 800 Stunden (Normalbeanspruchung)

2. Jahr: 2 700 Stunden (6 Monate Doppelschicht)

3. Jahr: 5 400 Stunden (täglich 3 Schichten)

4. Jahr: 2 160 Stunden (durch Überstunden)

(1) Welchen Einfluß hat die erhöhte Beanspruchung auf die Nutzungsdauer?

(2) Mit welchen Prozentsätzen des Anschaffungswertes müßte abgeschrieben werden, wenn sich die Abschreibung ausschließlich nach der Inanspruchnahme richten würde (beschäftigungsproportionale Abschreibung)?

**Aufgabe 1.19** *Abschluß bei direkter Abschreibung*

Summenbilanz der Lebensmittel-Einzelhandlung Paul Schmid, Bielefeld:

| Konto-Nr. | Konto-Name | Soll | Haben |
|---|---|---|---|
| 030 | Betriebs- und Geschäftsausstattung | 60 000,— | — |
| 080 | Kapital | — | 264 000,— |
| 100 | Kasse | 1 589 987,— | 1 578 600,— |
| 120 | Deutsche Bank | 1 495 700,— | 1 469 200,— |
| 140 | Forderungen | 53 600,— | 47 807,— |
| 155 | Vorsteuer | 132 741,— | — |
| 160 | Verbindlichkeiten | 1 631 500,— | 1 696 300,— |
| 185 | Umsatzsteuer | — | 116 298,— |
| 186 | Umsatzsteuerzahlungen | — | — |
| 190 | Privat | 59 777,— | — |
| 300 | Wareneinkauf | 1 507 300,— | 3 000,— |
| 390 | Warenbestand | 220 000,— | — |
| 440 | Werbung | 26 800,— | — |
| 470 | Abschreibung auf Anlagen | — | — |
| 480 | Sonstige Geschäftsausgaben | 59 200,— | — |
| 800 | Warenverkauf | 4 000,— | 1 665 400,— |
| | | 6 840 605,— | 6 840 605,— |

Inventurergebnisse:

Warenbestand Einstandspreis 240 500,—, Abschreibung auf Betriebs- und Geschäftsausstattung 10 % vom Restbuchwert, im übrigen Buchbestände = Inventurbestände.

Die Umsatzsteuer beträgt für alle Warenverkäufe 7 %.

Führen Sie den Abschluß durch.

(1) Aufstellen der Saldenbilanz I.

(2) Vorbereitende Abschlußbuchungen.

(3) Aufstellen von Saldenbilanz II, Vermögensbilanz und Erfolgsbilanz.

**Aufgabe 1.20** *Abschluß bei direkter und indirekter Abschreibung*

Inventurergebnisse:

Abschreibungen auf Fuhrpark 20 %, auf Geschäftsausstattung 15 %, Warenbestand 92 400,—. Im übrigen Buchbestände = Inventurbestände.

Summenbilanz der Textil-Großhandlung Hans Fleischer, Düsseldorf:

| Konto-Nr. | Konto-Name | Soll | Haben |
|---|---|---|---|
| 033 | Geschäftsausstattung | 96 000,— | — |
| 034 | Fuhrpark | 36 000,— | — |
| 060 | Kapital | — | 220 000,— |
| 100 | Forderungen | 481 200,— | 398 400,— |
| 131 | Bankverein Düsseldorf | 426 000,— | 381 600,— |
| 140 | Vorsteuer | 56 280,— | 504,— |
| 151 | Kasse | 50 424,— | 43 206,— |
| 153 | Besitzwechsel | 57 600,— | 51 600,— |
| 160 | Privat | 25 950,— | — |
| 170 | Verbindlichkeiten | 357 600,— | 428 856,— |
| 180 | Umsatzsteuer | 336,— | 77 280,— |
| 300 | Wareneinkauf | 402 000,— | 3 600,— |
| 380 | Wareneinsatz | — | — |
| 400 | Personalkosten | 113 656,— | — |
| 480 | Verwaltungskosten | 51 600,— | — |
| 490 | Abschreibungen auf Anlagen | — | — |
| 800 | Warenverkauf | 2 400,— | 552 000,— |
| | | 2 157 046,— | 2 157 046,— |

Führen Sie den Abschluß durch

a) bei direkter Abschreibung,

b) bei indirekter Abschreibung.


**Aufgabe 1.21**  *Bildung und Auflösung einer Einzelwertberichtigung auf Forderungen*

Auf eine Forderung in Höhe von 5 700,— brutto wird eine Abschreibung von 30 % vorgenommen. Wie ist im Folgejahr zu buchen, wenn

a)  100 %,

b)   60 %,

c)   70 %

als Zahlung eingehen?


**Aufgabe 1.22**  *Einzel- und Pauschalwertberichtigung auf Forderungen*

Die Forderungen der Firma Erich Buhlmann, Kassel, betrugen am 31.12.19.. 176 700,— (brutto). Bei Nachprüfung der Schuldnerliste wird folgendes festgestellt:

a) Die GmbH Mau & Co. hat Konkurs angemeldet, der mangels Masse abgewiesen wurde. Forderung 1 710,—.

b) Der Kaufmann Emil Krach hat ebenfalls Konkurs angemeldet. Forderung 2 280,—. Vermutliche Konkursdividende 30 %.

c) Die Firma Rudolf Schlenkrich hat die Zahlungen eingestellt und ein außergerichtliches Vergleichsangebot von 60 % unterbreitet. Forderung 912,—.

d) Die Firma Ernst Ungewiß schuldet schon seit einem halben Jahr 1 140,—. Es sind Schwierigkeiten zu befürchten, weil die Schulden doppelt so hoch sind wie das Vermögen. Geschätzter Ausfall 50 %.

e) Auf nicht einzelwertberichtigte Forderungen nimmt die Firma Buhlmann einen pauschalen Abschlag von 3 % vor.

(1) Ermitteln Sie die Höhe der uneinbringlichen, der zweifelhaften und der guten Forderungen sowie der Pauschalwertberichtigung.

(2) Führen Sie die notwendigen Buchungen durch.

**Aufgabe 1.23** *Endgültig eintretende Zahlungsausfälle bei einzel- und pauschalwertberichtigten Forderungen*

Im nächsten Jahr sind bei Firma Erich Buhlmann (vgl. Aufgabe 1.22) folgende Geschäftsfälle zu beachten:

a) Von der Firma Emil Krach gehen 35 % Konkursdividende auf dem Bankkonto ein.

b) Das Vergleichsangebot der Firma Rudolf Schlenkrich wird eingehalten. Die Forderung geht bei der Bank ein.

c) Die Forderung an Firma Ernst Ungewiß wird uneinbringlich.

d) Von den im Vorjahr pauschal wertberichtigten Forderungen sind endgültige Ausfälle in Höhe von 5 472,— (brutto) entstanden.

e) Der Forderungsbestand nach Abzug der einzelwertberichtigten Forderungen beträgt am Jahresende 173 280,— (brutto).

(1) Buchen Sie die Geschäftsfälle.

(2) Welche Vorteile ergeben sich, wenn Sie endgültig eintretende Forderungsverluste über ein eigenes Konto buchen und nicht mit der gebildeten Einzelwertberichtigung verrechnen?

(3) Bilden Sie die pauschale Wertberichtigung neu.

**Aufgabe 1.24** *Zeitliche Abgrenzung*

Bei Firma Fritz Müller, München, die während des Geschäftsjahres keine Abgrenzungen vorgenommen hat, sind zum Jahresende folgende Abgrenzungsprobleme zu beurteilen:

(1) Am 1. Oktober des Abschlußjahres wurde die Kfz-Haftpflichtversicherungsprämie von 840,— (Jahresprämie) für das betriebliche Fahrzeug per Bank bezahlt.

(2) Fritz Müller überwies am 1. November des Abschlußjahres folgende Versicherungsbeträge (Jahresbeiträge):
— Lebensversicherung 2 800,—,
— Privathaftpflicht 320,—.

(3) Die Telefonrechnung für Dezember des Abschlußjahres geht im Januar des nächsten Jahres ein, 470,—.

(4) Für eine Geschäftsreise am 9. Januar wurde das Ticket für einen Inlandsflug bereits am 10. Dezember des Abschlußjahres per Postscheck beglichen, 456,— einschl. Umsatzsteuer.

(5) Fritz Müller hat am 1. Februar des Abschlußjahres Pfandbriefe in Höhe von 30 000,— erworben. Der Zinssatz beträgt 8 % p. a. nachschüssig. Zinstermine sind der 31. Januar und der 31. Juli. Bankgutschrift.

(6) Im Januar geht vertragsgemäß eine Gutschrift über 2 166,— Lieferantenboni ein, die das vergangene Jahr betreffen.

(7) Der Mieter einer Garage hat die Januarmiete zusammen mit der Dezembermiete am 28. Dezember in einem Betrag überwiesen, Summe 400,— zuzüglich Umsatzsteuer.

Für die Lösung der Fälle gilt Kalenderjahr = Wirtschaftsjahr. Nehmen Sie die Buchungen a) der Geschäftsvorfälle im Laufe des Jahres, b) am Jahresende und c) zu Beginn des darauffolgenden Wirtschaftsjahres vor.

**Aufgabe 1.25** *Abschluß einer GmbH*

Eröffnungsbilanz- und Verkehrszahlen einer nach dem IKR '86 buchenden GmbH:

| Kto.-Nr. | Sachkontenbezeichnung | Eröffnungsbilanz Aktiva | Eröffnungsbilanz Passiva | Verkehrszahlen Soll | Verkehrszahlen Haben |
|---|---|---|---|---|---|
| 03 | Geschäfts- oder Firmenwert | 280 000 | | | |
| 05 | Grundstücke und Bauten | 1 900 000 | | 410 000 | |
| 07 | Technische Anlagen und Maschinen | 1 450 000 | | 450 000 | 30 000 |
| 08 | Andere Anlagen, Betriebs- und Geschäftsausstattung | 760 000 | | 20 000 | 10 000 |
| 15 | Wertpapiere des Anlagevermögens | | | 180 000 | |
| 20 | Roh-, Hilfs- und Betriebsstoffe | 870 000 | | 4 870 000 | |
| 21 | Unfertige Erzeugnisse | 710 000 | | | |
| 22 | Fertige Erzeugnisse | 1 250 000 | | | |
| 24 | Forderungen aus Lieferungen und Leistungen | 460 000 | | 22 150 000 | 22 190 000 |
| 26 | Sonstige Vermögensgegenstände | 140 000 | | 8 200 000 | 8 190 000 |
| 27 | Sonstige Wertpapiere | 130 000 | | | |
| 28 | Schecks, Kassenbestand, Postgiroguthaben, Guthaben bei Kreditinstituten | 90 000 | | 25 270 000 | 25 235 000 |
| 29 | Aktive Rechnungsabgrenzungsposten | 10 000 | | | 10 000 |
| 30 | Gezeichnetes Kapital | | 1 750 000 | | |
| 31 | Kapitalrücklage | | 50 000 | | |
| 324 | Andere Gewinnrücklagen | | 100 000 | | |
| 339 | Gewinnvortrag | | 130 000 | | |
| 37 | Rückstellungen für Pensionen u. ä. Verpflichtungen | | 750 000 | | |
| 38 | Steuerrückstellungen | | 40 000 | 40 000 | |
| 39 | Sonstige Rückstellungen | | 240 000 | 240 000 | |
| 42 | Verbindlichkeiten gegenüber Kreditinstituten | | 3 590 000 | 2 660 000 | 2 079 000 |
| 44 | Verbindlichkeiten aus Lieferungen und Leistungen | | 560 000 | 4 370 000 | 4 420 000 |
| 45 | Verbindlichkeiten aus der Annahme gezogener Wechsel und dem Ausstellen eigener Wechsel | | 210 000 | 1 320 000 | 1 290 000 |
| 48 | Sonstige Verbindlichkeiten | | 610 000 | 1 200 000 | 1 250 000 |
| 49 | Passive Rechnungsabgrenzungsposten | | 20 000 | 20 000 | |
| 50 | Umsatzerlöse | | | | 24 220 000 |
| 52 | Erhöhung oder Verminderung des Bestands an fertigen und unfertigen Erzeugnissen | | | | |
| 54 | Sonstige betriebliche Erträge | | | | 55 000 |
| 56 | Erträge aus anderen Wertpapieren | | | | 8 000 |
| 57 | Sonstige Zinsen u. ä. Erträge | | | | 10 000 |
| 58 | Außerordentliche Erträge | | | | 14 000 |
| 60 | Aufwendungen für Roh-, Hilfs- und Betriebsstoffe | | | | |
| 62/63 | Löhne und Gehälter | | | 6 345 000 | |
| 64 | Soziale Abgaben und Aufwendungen für Unterstützung und für Altersversorgung | | | 1 270 000 | |
| 65 | Abschreibungen auf immaterielle Vermögensgegenstände des Anlagevermögens und Sachanlagen | | | | |
| 66–69 | Sonstige betriebliche Aufwendungen | | | 8 541 000 | |
| 70 | Betriebliche Steuern | | | 15 000 | |
| 74 | Abschreibungen auf Finanzanlagen und auf Wertpapiere des Umlaufvermögens | | | | |
| 75 | Zinsen u. ä. Aufwendungen | | | 220 000 | |
| 76 | Außerordentliche Aufwendungen | | | 15 000 | |
| 77 | Steuern vom Einkommen und vom Ertrag | | | 1 245 000 | |
| | | 8 050 000 | 8 050 000 | 89 051 000 | 89 051 000 |

(1) Stellen Sie in übersichtlicher Form die nachstehenden Berichtigungsbuchungen zusammen.

  1. Abschreibungen

    a) Der Geschäfts- oder Firmenwert ist nach der steuerlichen Regelung abzuschreiben. Die ursprünglichen Anschaffungskosten betragen 300 000,—.

    b) Das Firmengebäude ist mit 4 % von 1 200 000,— abzuschreiben.

    c) Die Abschreibungen der technischen Anlagen und Maschinen betragen 194 000,—.

    d) Die Abschreibungen der anderen Anlagen, Betriebs- und Geschäftsausstattung betragen zusammen 230 000,—.

  2. Laut Inventar werden folgende Bestände festgestellt:

    a) Roh-, Hilfs- und Betriebsstoffe 810 000,—

    b) unfertige Erzeugnisse 750 000,—

    c) fertige Erzeugnisse 1 120 000,—

  3. Bei den Kundenforderungen in Höhe von 420 000,— ist eine Pauschalwertberichtigung in Höhe von 4 % zu bilden. Das Wertberichtigungskonto weist noch einen nicht aufgelösten Bestand von 1 800,— auf. Der Saldo des Wertberichtigungskontos ist in der Kontengruppe 24 mit enthalten.

  4. Der Marktpreis für die Wertpapiere des Anlagevermögens beträgt am Bilanzstichtag 210 000,—, für die des Umlaufvermögens 120 000,—.

  5. a) Bei der Abstimmung der Bankkonten ergibt sich ein Buchbestand von 72 000,—, während die Bankauszüge einen Saldo von 73 200,— ergeben. Bei der Abstimmung ist zu berücksichtigen:

    Es wurden Überweisungsaufträge im Werte von 3 700,— bereits abgebucht, die die Bank erst nach dem 31. Dezember bucht;

    am 31. Dezember wurden für 4 200,— Schecks zur Bank gegeben, die von der Firma bereits gebucht wurden, die die Bank aber im alten Jahr nicht mehr gutschrieb;

    für 1 700,— wurden im Dezember Schecks ausgestellt und gebucht, der Bank aber noch nicht eingereicht.

    b) In der Kasse sind 10 000,—. Die bar gezahlten Aufwendungen für eine Belegschaftsveranstaltung am 31. Dezember in Höhe von 13 000,— sind noch nicht gebucht.

  6. Für eine Werbekampagne, die im nächsten Jahr gestartet werden soll, wurden 23 000,— im voraus bezahlt. Der Posten ist in den Werbeaufwendungen (66 — 69) mit enthalten.

  7. Im Konto 69 sind Zahlungen für Kfz-Versicherungen über insgesamt 4 000,— enthalten, die den Zeitraum vom 1. April des Abschlußjahres bis zum 31. März des Folgejahres betreffen.

  8. Die Steuerrückstellungen in Höhe von 44 000,— betreffen mit 36 000,— Steuern vom Einkommen und Ertrag.

  9. Bei dem noch nicht abgeschlossenen Patentprozeß, der im vergangenen Jahr begonnen wurde, besteht keine Aussicht mehr für einen guten Ausgang. Die Firma rechnet mit Gesamtkosten von 175 000,—.

  10. Die Firma ist für einen Geschäftsfreund eine Bürgschaft in Höhe von 25 000,— eingegangen.

  11. Bei den in der Gruppe 54 gebuchten Erträgen ist die von einem Mieter vorausbezahlte Januarmiete in Höhe von 11 000,— enthalten.

  12. Die Pensionsrückstellungen werden um 100 000,— erhöht.

(2) Erstellen Sie die Bilanzübersicht zum 31. Dezember.

# Aufgaben zum 2. Hauptteil: Allgemeine Rechtliche Vorschriften und Grundsätze ordnungsmäßiger Buchführung

**Aufgabe 2.1** *Zur Buchführungspflicht nach Handels- und Steuerrecht*

(1) Welche Beziehung besteht zwischen handelsrechtlicher und steuerrechtlicher Buchführungspflicht?
(2) Aus welchem Grunde hat der Steuergesetzgeber noch besondere Vorschriften für die Aufzeichnung der Warenbewegung erlassen?

**Aufgabe 2.2** *Zeitgerechtes Buchen*

(1) Warum bedeutet zeitgerechtes Buchen nicht unbedingt Tagfertigkeit der Abrechnung?
(2) Weshalb ist für Kassenvorgänge Tagfertigkeit unbedingt geboten?
(3) Nennen Sie Beispiele für unterschiedliche Interpretation der Zeitgerechtheit.
(4) Grenzen Sie die Begriffe tagfertig, zeitnah und zeitgerecht ab.

**Aufgabe 2.3** *Frist für die Erstellung des Jahresabschlusses bei besonderen Umständen*

Die Firma Gustav Schmidt gerät am Ende des Geschäftsjahres in Zahlungsschwierigkeiten. Bis zu welcher Frist ist der Jahresabschluß aufzustellen?

**Aufgabe 2.4** *Unterzeichnung*

Eugen Maier führt die Firma „Giuseppe Bandolini" unter der bisherigen Firma weiter. Wie sind Geschäftsbriefe und Jahresabschluß zu unterzeichnen?

**Aufgabe 2.5** *Zur Aufbewahrung von Unterlagen*

(1) Was versteht man unter „ordnungsmäßiger" Aufbewahrung von Unterlagen des Rechnungswesens?
(2) Weshalb unterscheidet man zwischen zehn- und sechsjähriger Aufbewahrungsfrist?
(3) Unter welchen Voraussetzungen darf auf Aufbewahrung von Originalunterlagen verzichtet werden?
(4) Wodurch erweitern sich die Aufbewahrungsfristen, und warum ist diese Erweiterung notwendig?
(5) Müssen Registrierkassenstreifen aufbewahrt werden?
(6) Wie lange sind Rechnungen aufzubewahren, die bei bestimmten Abrechnungsverfahren Buchfunktion haben?

**Aufgabe 2.6** *Aufbewahrungsfristen*

Wie lange sind aufzubewahren:
(1) Kassenbuch,
(2) Bilanz,
(3) Journale,
(4) Personenkonten,
(5) Inventurreinschrift,
(6) Bilanzübersicht,
(7) Konto „Bank" der Finanzbuchhaltung,
(8) Bankkonto-Auszüge,
(9) Lieferantengutschriften,
(10) Ausgangsrechnungen?

# Aufgaben zum 3. Hauptteil: Organisation der Buchführung und EDV

**Aufgabe 3.1** *Zur Durchschreibebuchführung*

(1) Inwiefern wäre bei der Durchschreibebuchführung der Verlust eines Kontos kein unheilbarer Schaden?

(2) Wie rekonstruiert man unfehlbar den Inhalt eines verlorenen Kontenblattes? Über welchen Zeitraum muß sich die Rekonstruktion erstrecken?

(3) Warum ist die Seitenabstimmung im Journal bei allen Formen der Durchschreibebuchführung zugleich die Abstimmung des Haupt- und des Kontokorrentbuches?

**Aufgabe 3.2** *Zur manuellen Offenen-Posten-Buchführung*

Ein Unternehmen führt das Kontokorrent nach der manuellen Offenen-Posten-Buchführung.

(1) Warum sind die Namenskopien für die Zahlungen herauszusuchen und die Zahlungseingänge zu vermerken?

(2) Warum können bei vollem Zahlungsausgleich die Namenskopien endgültig abgelegt werden?

(3) Weshalb ist in nicht völlig ausgeglichenen Rechnungen der Restbetrag zu vermerken?

(4) Weshalb muß man etwaige Abzüge (Skonto, Nachlaß u. a.) in den Namenskopien vermerken?

(5) Worin liegt die Bedeutung des Abstimmens offener Posten?

**Aufgabe 3.3** *Abgrenzung von Aufwand und Kosten*

Bei der Papierfabrik Karl Dittmar, Passau, ereignen sich folgende Geschäftsfälle:
— Fertigungslöhne
— normale Abschreibungen auf Forderungen
— Maschinenbruch (unerwartet)
— kalkulatorische Abschreibungen für buchhalterisch bereits abgeschriebene Maschinen
— Rohstoffverbrauch (Material)
— Spekulationsverluste
— Postspesen
— Spenden
— allgemeine Verwaltungskosten
— Gewerbesteuernachzahlung
— Haus- und Grundstücksaufwendungen
— kalkulatorische Wagnisse
— Hochwasserschäden
— Schleusenbeiträge
— kalkulatorischer Unternehmerlohn
— Hilfslöhne für Transportarbeiter
— Pacht für den Werksportplatz
— Kfz-Kosten
— kalkulatorische Zinsen
— kaufmännische Gehälter
— außerordentliche Abschreibungen
— Aufwendungen für Werksverpflegung
— Vertriebskosten
— außerordentliche Forderungsverluste

— Nachzahlung für soziale Abgaben für frühere Jahre
— Zinsaufwendungen für langfristige Verbindlichkeiten
— Erbschaft- und Schenkungsteuer
— Miete für Geschäftsräume

Gruppieren Sie diese Vorgänge in

(1) neutralen Aufwand (und seine einzelnen Komponenten),

(2) Zweckaufwand (Grundkosten) und

(3) Zusatzkosten.

**Aufgabe 3.4** *Abgrenzung von Ertrag und Leistung*

Welchen Charakter haben folgende Vorfälle?:

— nachträglicher Eingang abgeschriebener Forderungen,
— Zinsen aus Wertpapieren,
— Ertrag aus Verkauf abgeschriebener Anlagen,
— Mieterträge,
— Rückzahlung von Gewerbesteuer,
— Versicherungsleistung aufgrund eines Brandschadens, die über den Buchwert der Anlage hinausgeht,
— Gewinne aus Devisenspekulationen,
— Umsatzerlöse,
— verrechneter kalkulatorischer Unternehmerlohn,
— Erträge aus Auflösung von Rückstellungen,
— Nebenerlöse aus Schrottverkäufen,
— Erträge aus Wertaufholungen des Anlagevermögens,
— Erlöse aus Patenten.

**Aufgabe 3.5** *Zusammenhänge zwischen Buchhaltung und Kalkulation in prozeßgegliederten Kontennetzen*

(1) Erklären Sie, wie die Buchhaltung in prozeßgegliederten Kontennetzen durch die Aussonderung des neutralen Aufwandes und durch das Heranziehen der Zusatzkosten in Übereinstimmung gebracht wird mit der Kalkulation.

(2) Erklären Sie den Begriff der Zusatzkosten am Beispiel des Unternehmerlohns.

(3) Welche Beziehung besteht nach erfolgter Abgrenzung zwischen dem buchhalterischen Reingewinn und dem Kalkulationsgewinn?

**Aufgabe 3.6** *Verbuchung von Wertdifferenzen aus Verrechnungspreisen bei prozeßgegliederten Kontennetzen*

Bei der Firma Poschner wird der Verbrauch an Stoffen laufend mit Verrechnungspreisen angesetzt, um die Schwankungen des Marktes auszuschalten. Den Ist-Preisen von 1 000,— pro Stoffeinheit stehen gegenwärtig Verrechnungspreise von 1 200,— pro Stoffeinheit gegenüber, weil man bereits die gestiegenen kalkulierten Wiederbeschaffungspreise berücksichtigt.

Wie ist zu buchen, um die Unterschiede zwischen Ist- und Verrechnungspreisen sachgerecht aufzufangen und in der GuV-Rechnung nicht zur Auswirkung kommen zu lassen? Bisher wurden 8 Einheiten verbraucht.

**Aufgabe 3.7** *Ermittlung von neutralem und Betriebsergebnis*

Die Kunstglashandlung F. Hartmann hat am 1. 1. 19.. folgende Anfangsbestände: Kasse 3 000,—, Bank 48 000,—, Forderungen 112 000,—, Waren 165 000,—, Wertpapiere 15 000,—, Betriebs- und Geschäftsausstattung 150 000,—, Verbindlichkeiten 97 000,—.

Geschäftsfälle:

a) Zielkäufe 670 000,— + 93 800,— Vorsteuer                       763 800,—

b) Zielverkäufe 900 000,— + 126 000,— Umsatzsteuer             1 026 000,—

c) Banküberweisungen der Kunden                                   881 000,—

d) Banküberweisungen an die Lieferer                              659 000,—

e) Barabhebungen von der Bank                                      60 000,—

f) Miete, Banküberweisung                                          12 000,—

g) Kauf von Losen, bar (Rotes Kreuz)                                   30,—

h) Bruchschäden an Waren infolge Regaleinsturz                      1 600,—

i) Zuschüsse für Belegschaftsverpflegung                            1 500,—

j) Bankgutschrift für Wertpapierzinsen                                800,—

k) Kauf und Verbrauch von Formularen, bar, 2 000,— + 280,— Vorsteuer                                                           2 280,—

l) Firmenjubiläum, Bargeschenke an die Belegschaft                  1 000,—

m) Lotteriegewinn, bar                                                500,—

n) Gehälter, Banküberweisung                                      138 000,—

o) Privatentnahme, bar                                             6 000,—

p) Konkurs eines für völlig sicher gehaltenen Kunden, voraussichtlicher Ausfall (netto)                                         6 000,—

q) Spende für mildtätige Zwecke, Bank                                 700,—

r) Allgemeine Verwaltungskosten, Bank                               4 000,—

s) Bareingang einer abgeschriebenen Forderung, davon Umsatzsteuer 49,—                                                              399,—

t) Banküberweisung für Versandschädenversicherung (1 % des Umsatzes)                                                           9 000,—

u) Bilanzielle Abschreibungen auf Betriebs- und Geschäftsausstattung                                                              10 %

v) Kalkulatorische Abschreibungen auf Betriebs- und Geschäftsausstattung                                                              15 %

w) Warenschlußbestand: Einstandspreis                             196 100,—

(1) Führen Sie den Geschäftsgang durch.

(2) Wie groß sind:

  a) der Reingewinn lt. Gesamtergebniskonto (GuV-Konto),

  b) die Kosten (außer Waren),

  c) der Wareneinsatz,

  d) der neutrale Aufwand,

  e) der neutrale Ertrag,

  f) der Betriebsgewinn im Sinne der Kostenrechnung?

**Aufgabe 3.8** *Durchführung der Abgrenzungsrechnung bei abschlußgegliederten Kontennetzen am Beispiel des IKR '86*

**zu Pos. 11:** Der Verrechnungspreis für die verbrauchten Rohstoffe beträgt 310 000,—.

| | Konto-Nr. | Konto | Beträge | |
|---|---|---|---|---|
| | | | Aufwendungen | Erträge |
| 1 | 5000 | Umsatzerlöse | | 1 000 000,— |
| 2 | 5202 | Bestandserhöhung an fertigen Erzeugnissen | | 20 000,— |
| 3 | 5300 | Aktivierte Eigenleistungen | | 23 000,— |
| 4 | 5401 | Nebenerlöse aus Vermietung | | 11 000,— |
| 5 | 5460 | Erträge aus dem Abgang von Vermögensgegenständen | | 19 000,— |
| 6 | 5480 | Erträge aus der Herabsetzung von Rückstellungen | | 2 000,— |
| 7 | 5490 | Periodenfremde Erträge | | 3 000,— |
| 8 | 5500 | Erträge aus Beteiligungen | | 5 000,— |
| 9 | 5710 | Zinserträge | | 10 800,— |
| 10 | 5800 | Außerordentliche Erträge | | 32 000,— |
| 11 | 6000 | Aufwendungen für Rohstoffe | 300 000,— | |
| 12 | 6010 | Aufwendungen für Fremdbauteile | 14 000,— | |
| 13 | 6160 | Fremdinstandhaltung | 6 000,— | |
| 14 | 6200 | Löhne | 210 000,— | |
| 15 | 6300 | Gehälter | 170 000,— | |
| 16 | 6400 | Soziale Abgaben | 75 000,— | |
| 17 | 6440 | Aufwendungen für Altersversorgung | 15 000,— | |
| 18 | 6520 | Abschreibungen auf Sachanlagen | 45 000,— | |
| 19 | 6690 | Übrige sonstige Personalaufwendungen | 2 700,— | |
| 20 | 6800 | Büromaterial | 4 000,— | |
| 21 | 6870 | Werbung | 8 000,— | |
| 22 | 6953 | Pauschalwertberichtigungen | 3 000,— | |
| 23 | 6960 | Verluste aus dem Abgang von Vermögensgegenständen | 9 200,— | |
| 24 | 7000 | Betriebliche Steuern | 37 100,— | |
| 25 | 7400 | Abschreibungen auf Finanzanlagen | 3 100,— | |
| 26 | 7510 | Zinsaufwendungen | 52 000,— | |
| 27 | 7600 | Außerordentliche Aufwendungen | 13 000,— | |
| 28 | 7700 | Gewerbeertragsteuer | 15 500,— | |
| 29 | 7710 | Körperschaftsteuer | 45 700,— | |
| | | | 1 028 300,— | 1 125 800,— |

**zu Pos. 11:** Der Verrechnungspreis für die verbrauchten Rohstoffe beträgt 310 000,—.

**zu Pos. 13:** Die Fremdinstandhaltung in Höhe von 6 000,— betrifft mit 2 000,— vermietete Räume.

**zu Pos. 14 und 15:** In der Kosten- und Leistungsrechnung werden die Löhne und Gehälter bereits um eine erwartete Steigerungsrate von 3 % höher angesetzt. Bei den Löhnen ist darüber hinaus noch eine Nachzahlung von 10 000,— zu beachten.

**zu Pos. 16:** Die sozialen Abgaben werden in der Kosten- und Leistungsrechnung um 2 200,— höher angesetzt.

**zu Pos. 18:** Die Abschreibungen auf Sachanlagen betreffen mit 5 000,— vermietete Räume.

**zu Pos. 19:** In den sonstigen Personalaufwendungen sind 300,— für eine Geburtstagsfeier des Geschäftsführers enthalten.

Darüber hinaus sind folgende kalkulatorischen Kosten zu beachten:

| | |
|---|---|
| Kalkulatorische Abschreibung | 40 000,— |
| Kalkulatorische Zinsen | 60 000,— |
| Kalkulatorische Wagnisse | 4 000,— |

(1) Führen Sie die Abgrenzungsrechnung anhand einer Abgrenzungstabelle (vgl. S. 105) durch. Ermitteln Sie Gesamt- und Betriebsergebnis.

(2) Wie wäre zu verfahren, wenn keine kalkulatorischen Kosten angesetzt würden? Welche Positionen wären betroffen?

**Aufgabe 3.9** *Abschluß unter Einbeziehung kalkulatorischer Kosten*

Die Großhandlung Eduard Hampel, Essen, hatte am 31. 12. 19.. folgende Summenbilanz (Kontennummmern nach EDV-Kontenrahmen KR 13):

| Kto.-Nr. | Konto | Soll | Haben |
|---|---|---|---|
| 0050 | Geschäfts- und Lagergebäude | 600 000,— | — |
| 0060 | Fabrikgebäude | 540 000,— | — |
| 0200 | Kraftfahrzeuge | 250 000,— | — |
| 0300 | Betriebs- und Geschäftsausstattung | 600 000,— | — |
| 0720 | Langfristige Verbindlichkeiten gegenüber Kreditinstituten | — | 800 000,— |
| 0790 | Andere langfristige Verbindlichkeiten | — | 1 000 000,— |
| 0800 | Kapital | — | 3 000 000,— |
| 1000 | Kasse | 1 700 000,— | 1 677 550,— |
| 1210 | Bank | 7 671 000,— | 7 200 000,— |
| 1390 | Wertpapiere des Umlaufvermögens | 1 100 000,— | — |
| 1401 | Forderungen aus Lieferungen und Leistungen | 8 410 150,— | 7 330 000,— |
| 1430 | Zweifelhafte Forderungen | 21 660,— | 21 660,— |
| 1440 | Einzelwertberichtigung auf Kundenforderungen | 9 000,— | 9 000,— |
| 1445 | Pauschalwertberichtigung auf Kundenforderungen | — | 17 000,— |
| 1530 | Vorsteuer | 796 560,— | 731 560,— |
| 1601 | Verbindlichkeiten aus Lieferungen und Leistungen | 5 850 000,— | 6 674 000,— |
| 1880 | Umsatzsteuer | 908 000,— | 1 120 000,— |
| 1900 | Privat | 124 000,— | — |
| 2016 | Abschreibungen auf Sachanlagen | — | — |
| 2070 | Abschreibungen auf Forderungen | — | — |
| 2076 | Forderungsverluste (uneinbringlich) | 23 000,— | — |
| 2140 | Haus- und Grundstücksaufwendungen | 37 400,— | — |
| 2170 | Haus- und Grundstückserträge | — | 19 000,— |
| 2200 | Zinsaufwendungen | 150 000,— | — |
| 2290 | Zinsen und ähnliche Erträge | — | 112 000,— |
| 2551 | Erträge aus Auflösung/Herabsetzung von Einzelwertberichtigungen | — | 9 000,— |
| 2910 | Verrechnete kalkulatorische Abschreibungen | — | — |
| 2920 | Verrechneter kalkulatorischer Unternehmerlohn | — | — |
| 2930 | Verrechnete kalkulatorische Zinsen | — | — |
| 2940 | Verrechneter kalkulatorischer Mietwert | — | — |
| 3000 | Wareneinkauf | 5 600 000,— | — |
| 3950 | Bestände an Handelswaren | 1 800 000,— | — |
| 4100 | Löhne und Gehälter | 977 000,— | — |
| 4150 | Soziale Abgaben | 215 000,— | — |
| 4300 | Gewerbeertragsteuer | 39 200,— | — |
| 4330 | Sonstige betriebliche Steuern | 32 800,— | — |
| 4400 | Fahrzeugkosten | 80 000,— | — |
| 4650 | Vertreterkosten (Provisionen) | 76 000,— | — |
| 4700 | Allgemeine Verwaltungskosten | 110 000,— | — |
| 4910 | Kalkulatorische Abschreibungen | — | — |
| 4920 | Kalkulatorischer Unternehmerlohn | — | — |
| 4930 | Kalkulatorische Zinsen | — | — |
| 4940 | Kalkulatorischer Mietwert | — | — |
| 8000 | Umsatzerlöse | — | 8 000 000,— |
| | | 37 720 770,— | 37 720 770,— |

Abschlußangaben und Inventurergebnisse:

a) Buchhalterische Abschreibung auf Geschäfts- und Lagergebäude 3 % vom Restbuchwert, auf Fabrikgebäude 2 % vom Restbuchwert.

b) Buchalterische Abschreibung auf Kfz 25 %, kalkulatorische Abschreibung 20 %.

c) Buchhalterische und kalkulatorische Abschreibung auf Betriebs- und Geschäftsaus-stattung 10 % vom Restbuchwert.

d) Als Unternehmerlohn sind zu kalkulieren 80 000,—.

e) Kalkulatorische Zinsen 4 % des betriebsnotwendigen Gesamtkapitals, das mit 3 900 000,— festgestellt wird.

f) Mietwert der Räumlichkeiten 52 000,—.

g) Einstandspreis des Warenbestands 1 425 000,—.

h) Von den Forderungen sind 22 800,— (brutto) als zweifelhaft einzustufen, vermutli-cher Ausfall 50 %. Auf die übrigen Forderungen wird ein pauschaler Abschlag in Höhe von 2 % vorgenommen.

Im übrigen: Buchbestände = Inventurbestände.

(1) Erstellen Sie die Hauptabschlußübersicht und ermitteln Sie das neutrale Ergebnis und das Betriebsergebnis.

(2) Warum wurde keine kalkulatorische Abschreibung auf Geschäfts-, Lager- und Fabrik-gebäude angesetzt?

(3) Stellen Sie Bilanz und GuV-Rechnung nach den Schemata der §§ 266 und 275 HGB auf. Die Zuordnung der Konten zu den Bilanz- bzw. GuV-Positionen ist dem EDV-Kontenrahmen KR 13 auf S. 432 zu entnehmen.

(4) Vergleichen Sie die Aussagefähigkeit der GuV-Rechnung nach § 275 HGB und der Aufteilung in neutrales und Betriebsergebnis.


# Aufgaben zum 4. Hauptteil: Abschlüsse nach Handels- und Steuerrecht


**Aufgabe 4.1**   *Vollständigkeitsgebot*

Die Opitz KG hat mit der Firma Paul Ziegler einen Kaufvertrag über Lieferung eines Lkw gegen einen Preis von 100 000,— abgeschlossen. Vorgesehener Liefertermin: Ende des Geschäftsjahres.

Welche bilanziellen Auswirkungen ergeben sich, wenn die Lieferung erst im neuen Geschäftsjahr erfolgt?


**Aufgabe 4.2**   *Gründungsaufwendungen*

Der Einzelhändler Karl Müller erstrebt eine bessere Kapitalbasis für sein Unternehmen und gründet deshalb mit Josef Mayer, der 150 000,— einbringt, eine OHG. Müller bringt das Gebäude ein, in dem das Geschäft betrieben wird. Für den Gesellschaftsvertrag haben sie sich von einem angesehenen Wirtschaftsprüfer beraten lassen, der auch die eingebrachte Firma bewertet. Neben der Rechnung des Wirtschaftsprüfers über 5 000,— fallen Auflassungs- und Grundbucheintragungsgebühren für das Grundstück von 1 000,— sowie Aufwendungen für die Eintragung der OHG ins Handelsregister von 1 250,— an.

Für welche Aufwendungen besteht ein Aktivierungsverbot?

**Aufgabe 4.3** *Immaterielle Anlagewerte*

Die Krause KG hat für die Entwicklung eines Patents 2 Jahre benötigt und an Forschungs- und Entwicklungskosten ca. 80 000,— investiert. Die Firma Hans Huber wäre bereit, 160 000,— dafür zu bezahlen.

Wie sind die Forschungs- und Entwicklungskosten bilanziell zu behandeln?

**Aufgabe 4.4** *Verrechnungsverbot*

Edgar Fischer unterhält für seine Firma ein Geschäftskonto bei der Dresdner Bank und eines bei der Landesgirokasse mit folgenden Kontenständen Ende der Geschäftsjahre 01 und 02:

| Geschäftsjahr | Dresdner Bank | Landesgirokasse |
|---|---|---|
| Ende 01 | + 12 000,— | + 10 000,— |
| Ende 02 | + 8 000,— | — 2 000,— |

Wie sind die Kontensalden in der Bilanz auszuweisen? Würde sich am Ausweis etwas ändern, wenn beide Konten bei einer Bank eingerichtet wären?

**Aufgabe 4.5** *Ingangsetzungsaufwendungen, Gründungskosten*

Entscheiden Sie, ob folgende Aufwendungen als Bilanzierungshilfe für die Ingangsetzung des Geschäftsbetriebs in der Handelsbilanz ausgewiesen werden dürfen:

(1) Kosten für ein Gutachten zur Festlegung der Maschinenstandorte entsprechend dem Fertigungsablauf mit Festlegung der Kraftanschlüsse für Maschinen, Gebläse, Absaugungen,

(2) Zahlungen für die Schaffung eines werbewirksamen Markenzeichens, das an der Ware und auf allen Briefköpfen angebracht werden soll,

(3) Zahlung für eine Liste präsumtiver Kunden an eine Werbeagentur,

(4) Zahlung an den Geschäftsveräußerer für eine Kundenkartei,

(5) Zahlung an eine Werbeagentur für einen Werbefilm (Einführungswerbung),

(6) Disagio von 3 % auf einen für die Anlaufphase notwendigen Bankkredit,

(7) Zahlung an den Rechtsanwalt für den Gesellschaftsvertrag,

(8) Zahlung der Gesellschaftsteuer auf das Stammkapital der GmbH,

(9) Gebühr für die Eintragung der Firma im Grundbuch als Grundstückseigentümer.

**Aufgabe 4.6** *Anlage- oder Umlaufvermögen*

(1) Wo sind
   — Vorführwagen eines Kraftfahrzeughändlers,
   — Musterhäuser, die als Prototypen der Produktion von Fertighäusern zum Zweck der Werbung von Kaufinteressenten erstellt werden,

   in der Bilanz einzuordnen, wenn sie nach einer gewissen Zeit bei sich bietender Gelegenheit veräußert werden sollen?

(2) Wo sind Ausstellungsgegenstände einzuordnen, die auf Verkaufsausstellungen von kurzer Dauer gezeigt und danach ausgeliefert werden können?

(3) Warum ist die Zuordnung von Bedeutung?

**Aufgabe 4.7** *Immaterielle Vermögensgegenstände*

(1) Beurteilen Sie die Bilanzierungsfähigkeit der folgenden Aufwendungen und ordnen Sie sie gegebenenfalls im Bilanzschema zu:

   a) Lizenzkosten zur Verwendung eines Markenzeichens,

   b) Aufwendungen für den Erwerb eines Brennrechtes,

   c) eigene Forschungs- und Entwicklungskosten,

   d) Aufwendungen zur Anmeldung eines eigenen Patents,

   e) Aufwendungen für gesonderte Erfindervergütungen an Angehörige des eigenen Betriebs,

   f) Aufwendungen für ein EDV-Standard-Programm zur Fertigungssteuerung für Spanabhebung,

   g) Anzahlungen eines Privattheaters für das auf vier Jahre begrenzte Recht zur Alleinaufführung eines Musicals.

(2) Für den Erwerb eines Unternehmens werden 250 000,— gezahlt, die Sachwerte abzüglich übernommener Schulden betragen 200 000,—. Wie ist die Differenz von 50 000,— zu behandeln?


**Aufgabe 4.8** *Sachanlagen*

Ordnen Sie die folgenden Vermögensposten den einzelnen Bilanzpositionen zu:

(1) Fässer, Flaschen, Bierkästen in einer Brauerei,

(2) Anzahlung für einen Anbau an die Fabrikhalle zur Erweiterung des Produktionsraumes,

(3) Errichtung eines Verwaltungsgebäudes auf einem Grundstück, für das ein Erbbaurecht besteht,

(4) Bestand an mehrmals verwendbarem nicht maschinengebundenem Werkzeug,

(5) Sprinkleranlage in einem Warenhaus,

(6) Lichtleitungen im neu errichteten Verwaltungsgebäudeanbau,

(7) Sägegatter in einem Sägewerk,

(8) Absauganlage für mehrere Holzbearbeitungsmaschinen,

(9) Kauf einer Maschine zuzüglich der Erstausstattung mit spanabhebenden Werkzeugen,

(10) Bestand an Spezialreserveteilen für bestimmte Maschinen,

(11) Neugestaltung der Fassade einer Gastwirtschaft in einem gemieteten Haus (Verputz, Fenster, Vordächer, Tür) durch den Wirt,

(12) Lkw- und Pkw-Fuhrpark,

(13) Werksbahn in einem Steinbruch.


**Aufgabe 4.9** *Finanzanlagen*

Ordnen Sie folgende Vermögenswerte den einzelnen Bilanzposten zu:

(1) Die X-GmbH leiht langfristig einem Unternehmen, das einen Anteil von 25 % an der X-GmbH hält, 150 000,—.

(2) Die X-GmbH leiht einem Unternehmen, an dem sie mit 15 % beteiligt ist, 100 000,—.

(3) Die Kapitalgesellschaft leistet eine Mietkaution von 60 000,—, die erst bei Auflösung des Mietverhältnisses zurückzuzahlen ist.

(4) Die Kapitalgesellschaft hat Anteile an einer eingetragenen Genossenschaftsbank von 5 000,— zu bilanzieren.

(5) Ein Unternehmen hat an einige Mitarbeiter Wohnungsrenovierungs- und Baudarlehen ausgeliehen, die jeweils innerhalb von fünf Jahren gleichmäßig getilgt werden.

(6) Eine Tochter-GmbH hält eine 25%ige Beteiligung am Mutterunternehmen (i. S. des Konzernrechts).

**Aufgabe 4.10**  *Vorräte*

Wo sind die folgenden Posten entsprechend dem Bilanzschema zu erfassen?

(1) Heizölbestand einer chemischen Fabrik,

(2) Ersatzteilbestand für den eigenen Maschinenpark einer Maschinenfabrik,

(3) in der Fermentation befindlicher Rohtabak einer Zigarettenfabrik,

(4) unter Eigentumsvorbehalt geliefertes, noch nicht bezahltes Schnittholz einer Möbelfabrik,

(5) Schrauben
   a) bei einem Händler,
   b) bei einem Möbelhersteller,

(6) noch nicht ausgereifter Wein einer Kellerei,

(7) Möbelbezugsstoffe „ab Werk" (Versand 31. 12., Eingang der Ware am 7. 1.) einer Bezugsstoffgroßhandlung,

(8) Apfelsaft (in Flaschen abgefüllt) eines Obstverwerters,

(9) Holzmehl eines Sägewerks,

(10) Anzahlung eines Kristallglasherstellers für Rohglas.

**Aufgabe 4.11**  *Forderungen und sonstige Vermögensgegenstände*

Beurteilen Sie die Zugehörigkeit folgender Vorgänge zu den einzelnen Bilanzposten:

(1) Forderungen aus Verkauf eines betrieblichen Grundstücksteils an die staatliche Straßenverwaltung,

(2) Forderungen einer Rehabilitationsklinik in der Rechtsform einer GmbH für ärztliche Behandlungen, sonstige medizinische Anwendungen, Unterkunft und Verpflegung ihrer Patienten von staatlichen Kostenträgern und von Privatpatienten,

(3) Forderungen einer Hochbaufirma (GmbH) für Umbau des Einfamilienhauses eines Gesellschafters,

(4) Forderung einer Tochterfirma aus Warenlieferungen an das Mutterunternehmen,

(5) Forderung aus Warenlieferung (2 500,—) gegenüber einem Kunden, der für die vorhergehende Lieferung 20,— zuviel bezahlt hat,

(6) Forderung an das Finanzamt für 420,— überzahlte Umsatzsteuer,

(7) ständiger Vorschuß eines Lkw-Fahrers für unterwegs anfallende Kleinausgaben in Höhe von 300,—.

**Aufgabe 4.12**  *Wertpapiere*

Eine Kapitalgesellschaft hält vorübergehend 100 % der Anteile an einer GmbH.

Wo ist der Vermögenswert in der Bilanz einzuordnen? Warum ist die Einordnung problematisch?

## Aufgabe 4.13  *Flüssige Mittel*

Wo sind im Bilanzschema einzuordnen:

(1) Guthaben bei Bausparkassen,

(2) Bestände an Barrengold,

(3) Guthaben und Verbindlichkeiten gleicher Fristigkeit und Konditionen gegenüber einem Kreditinstitut?

## Aufgabe 4.14  *Kapitalerhöhung*

Im Zuge einer Kapitalerhöhung des Nominalkapitals um 1 Mio. können die Aktionäre einer AG bei Besitz von 5 Aktien ihrer Gesellschaft eine Aktie von nominal 50,— für 200,— hinzuerwerben.

Erläutern Sie die Behandlung des zusätzlichen Nominalkapitals und der Differenz zum Ausgabekurs.

## Aufgabe 4.15  *Eigenkapital*

(1) Eine AG mit einem gezeichneten Kapital von 3 000 000,— hat im ersten Jahr ihres Bestehens einen Jahresfehlbetrag von 100 000,— gehabt. Im zweiten Jahr erzielt sie einen Gewinn von 200 000,—, im dritten von 250 000,—

 a) Ermitteln Sie die Beträge, die der gesetzlichen Rücklage zuzuführen sind.

 b) Bis zu welchem Betrag ist die gesetzliche Rücklage aufzufüllen?

 c) Unter welchen Voraussetzungen darf die gesetzliche Rücklage zur Kapitalerhöhung verwendet werden?

(2) Die X-AG hat eigene Aktien (Nominalwert 300 000,—) für 900 000,— erworben.

 a) Was folgt daraus für die Rücklagenbildung?

 b) Welche Auswirkungen ergeben sich auf die Rücklage für eigene Anteile, wenn der Kurswert auf 750 000,— fällt?

(3) Kann der Gewinn- oder Rücklagenverwendungsbeschluß bereits vor der Haupt- bzw. Gesellschafterversammlung bei Aufstellung des Jahresabschlusses gebucht werden?

(4) Was ist aus der Verwendung des Begriffs „Bilanzgewinn/-verlust" in der Bilanz im Hinblick auf das Jahresergebnis zu schließen?

## Aufgabe 4.16  *Ausstehende Einlagen und Jahresfehlbetrag*

(1) Die Constructa-GmbH hat ein Stammkapital von 50 000,—, davon sind 30 000,— einbezahlt, der Rest noch nicht eingefordert.

 Erstellen Sie die Bilanz nach Brutto- und Nettoausweis bei einem Anlagevermögen von 180 000,— und einem Umlaufvermögen von 70 000,—.

(2) Infolge eines spät erkannten Konstruktionsfehlers muß die Constructa-GmbH im Folgejahr einen Gewährleistungsaufwand in Höhe von 60 000,— erbringen, den sie durch Verkäufe aus dem Umlaufvermögen begleichen kann. In derselben Höhe entsteht ein Jahresfehlbetrag.

 Erstellen Sie die Bilanz nach Brutto- und Nettoausweis. Interpretieren Sie das Ergebnis.

**Aufgabe 4.17** *Sonderposten mit Rücklageanteil*

10 Persianermäntel im Anschaffungswert von je 3 000,— wurden im Abschlußjahr gestohlen. Der Wiederbeschaffungswert beträgt je Mantel 5 000,— und wird von der Versicherung im Folgejahr ersetzt, in dem dann auch 10 neue Mäntel für je 5 100,— eingekauft werden.

(1) Buchen Sie die Vorgänge unter Einschaltung der Rücklage für Ersatzbeschaffung (Abschn. 35 EStR)

    a) im Schadensjahr,

    b) im Folgejahr.

(2) Wie ist zu buchen, wenn direkt aus der Buchführung die Angaben nach § 281 Abs. 2 HGB gewonnen werden sollen?

**Aufgabe 4.18** *Nach Abschlußstichtag entstehende Verbindlichkeiten*

Suchen Sie Beispiele für Verbindlichkeiten, die erst nach dem Abschlußstichtag rechtlich entstehen (§ 268 Abs. 5 HGB). Welches Problem stellt sich dabei?

**Aufgabe 4.19** *Verbindlichkeiten*

Ordnen Sie dem Bilanzschema zu:

(1) Verkauf einer derzeit noch genutzten Krananlage, auf die der Käufer eine Anzahlung leistet,

(2) Anzahlung an die ausführende Baugesellschaft für den Anbau an das Fabrikgebäude des Auftraggebers,

(3) Strom-Endabrechnung,

(4) nicht durch Versicherung gedeckter Schadensfall,

(5) Wartungskosten für die Telefonanlage,

(6) noch offene Leasingrate des Leasingnehmers,

(7) Ausschüttung des Jahresgewinns,

(8) von einem Kunden zu hoch überwiesener Rechnungsbetrag,

(9) Genußrechte mit einer Laufzeit von 10 Jahren, danach Pflicht zur Rückzahlung,

(10) Hinterlegung eines Wechsels für eventuelle Garantieverpflichtungen,

(11) Verbindlichkeiten der X-GmbH gegenüber der Y-GmbH, die an ihr mit 33 $1/3$ % beteiligt ist, für Materiallieferungen.

**Aufgabe 4.20** *Rechnungsabgrenzungsposten*

Beurteilen Sie die Abgrenzungsnotwendigkeit für folgende Einnahmen:

(1) Die X-GmbH erhielt zur Unterlassung der Produktion eines bestimmten Erzeugnisses im Abschlußjahr von einem Konkurrenzunternehmen 160 000,—. Sie verpflichtete sich zur Produktionsaussetzung dieses Artikels für insgesamt 4 Jahre (einschließlich Vertragsabschlußjahr).

(2) Für eine auf 10 Jahre befristete Lizenzvergabe erhielt die X-GmbH im Abschlußjahr 100 000,— (die Frist verfällt am Bilanzstichtag des 11. Jahres nach Vertragsabschluß).

(3) Für geleistete Vermittlungen erhielt die X-GmbH 10 000,— à conto. Die Provisionsabrechnung unter Zahlung des Restbetrags erfolgt zum Quartalsschluß. Die Provi-

sion wird erst bei Eingang des Gegenwertes für die vermittelte Leistung fällig. Danach wären zum Bilanzstichtag nur 3 750,— fällig gewesen.

(4) Die GmbH erhielt Erbbauzinsen für das erste Quartal des Folgegeschäftsjahres in Höhe von 2 100,— zwei Tage vor dem Bilanzstichtag.

(5) Die X-GmbH erhält von einem Kunden eine Anzahlung für die erste Warenlieferung im neuen Geschäftsjahr von 10 000,—.

### Aufgabe 4.21   *Anlagenspiegel beim Verkauf eines Anlageguts*

Eine kleine GmbH erwirbt einen Computer zu 75 000,— (5 Jahre Nutzungsdauer, lineare Abschreibung). Nach 2 Jahren Nutzung erweist er sich als zu klein, so daß er schließlich nach 8 Monaten im 3. Jahr (anteilige Abschreibung von 10 000,—)

a) zum Buchrestwert von 35 000,—,

b) mit einem Verlust von 10 000,—

verkauft wird.

Stellen Sie den Anlagenspiegel auf.

### Aufgabe 4.22   *Anlagenspiegel bei Zuschreibung*

Die Stein-GmbH hat eine Zerkleinerungsanlage (Anschaffungskosten 140 000 —, 10 Jahre Nutzungsdauer, lineare Abschreibung) infolge Unrentierlichkeit nach 7 Jahren stillgelegt und durch eine außerplanmäßige Abschreibung voll abgeschrieben. Im Jahr darauf kann die Anlage wider Erwarten infolge eines Großauftrags wieder gebraucht und bis zum Ablauf der ursprünglichen Nutzungsdauer eingesetzt werden. Die Stein-GmbH nimmt Ende des 8. Jahres eine Wertaufholung gemäß § 280 HGB in Höhe von 28 000,— vor.

Stellen Sie den Anlagenspiegel auf.

### Aufgabe 4.23   *Geringwertige Wirtschaftsgüter im Anlagenspiegel*

Welche Probleme stellen sich aufgrund der Logik des Anlagenspiegels hinsichtlich geringwertiger Wirtschaftsgüter im Sinne des § 6 Abs. 2 EStG?

### Aufgabe 4.24   *Festbewertung und Anlagenspiegel*

Die Industrietechnik GmbH hat Meß- und Prüfgeräte, die im Laufe des Geschäftsjahres angeschafft worden sind, als Aufwand verbucht, da deren Bestand als Festwert im Sinne des § 240 Abs. 3 HGB geführt wird.

Wie ist beim Anlagenspiegel diesbezüglich zu verfahren?

### Aufgabe 4.25   *Steuerliche Sonderabschreibungen im Anlagenspiegel*

Wovon ist der Ausweis von steuerlichen Sonderabschreibungen im Anlagenspiegel abhängig?

### Aufgabe 4.26   *Umbuchungen im Anlagenspiegel*

Eine Umzugsspedition hat für eine im Bau befindliche Lagerhalle 210 500,— in Form von Abschlagszahlungen auf Bauleistungen investiert. Zum Jahresende des Folgejahres wird die Lagerhalle fertiggestellt. Dabei fallen noch für 140 500,— berechnete Leistungen durch die Baufirma an sowie für 20 000,— bezogene Baumaterialien. Bei Endabrechnung des Baues stellt sich heraus, daß für 3 000,— Schnittholz nicht benötigt wurde. Es bleibt als Instandhaltungsmaterial im Betrieb und wird inventurmäßig bei den Roh-, Hilfs- und Betriebsstoffen erfaßt.

Der bisherige Grundstücksbestand weist vor Baubeginn den Anschaffungswert von 1 200 000,— aus sowie kumulierte Abschreibungen von 380 000,— bei einer Jahresabschreibung von 20 000,—. Die Lagerhalle wird künftig mit jährlich 7 360,— (2 % der Herstellungskosten) abgeschrieben.

Erstellen Sie den Anlagenspiegel.

### Aufgabe 4.27  *Wertaufhellung*

Der Kaufmann Karl Schnabl erstellt seine Handelsbilanz zum 28. Februar, zwei Monate nach dem Bilanzstichtag. Ein Schuldner hat auf wiederholte Mahnungen im vergangenen Geschäftsjahr nicht reagiert; nach dem Kenntnisstand am Bilanzstichtag ist mit keiner Zahlung mehr zu rechnen.

(1) Schnabl erfährt vor Bilanzerstellung, daß der Schuldner im Januar Konkurs angemeldet hat; das Verfahren wird mangels Masse abgelehnt.

(2) Der Schuldner bezahlt im Januar und erzählt dabei, er habe einen Lottogewinn
   a) im Dezember letzten Jahres,
   b) im Januar des neuen Geschäftsjahres
   gemacht.

Welche Auswirkungen ergeben sich auf die Forderungsbewertung?

### Aufgabe 4.28  *Umfang der Anschaffungskosten*

Im Zusammenhang mit der Anschaffung einer schweren Presse sind folgende Aufwendungen entstanden:

| | | |
|---|---:|---:|
| (1) Anschaffungspreis | 50 000,— | |
|    + Umsatzsteuer | 7 000,— | |
|    ∕. 2 % Skonto | 1 140,— | |
|    Überweisungsbetrag | | 55 860,— |
| (2) Verpackungskosten | | 500,— |
| (3) Fracht | | 1 500,— |
| (4) Transportversicherung | | 85,— |
| (5) Zinsen für einen zur Anschaffung notwendigen Kredit | | 1 400,— |
| (6) Fundamentierungskosten | | 600,— |
| (7) Aufwendungen für eine Sicherheitsprüfung | | 200,— |

Wie hoch sind die Anschaffungskosten?

### Aufgabe 4.29  *Nachträgliche Anschaffungskosten*

Der Buchwert eines Betriebsgrundstücks beträgt seit vielen Jahren 120 000,—. Nun wird ein Anliegerbetrag in Höhe von 5 000,— fällig, weil die Straße, an der das Grundstück liegt, erheblich verbreitert werden mußte.

Wie ist das Grundstück zu bewerten?

**Aufgabe 4.30** *Retrograde Ermittlung der Anschaffungskosten*

Eine Textilhändlerin zeichnet ihre Waren nur mit dem Verkaufspreis aus, am Jahresende sind die ursprünglichen Anschaffungskosten nur noch schwer feststellbar.

Wie ist zu verfahren?

**Aufgabe 4.31** *Anschaffungskosten bei Rentenzahlungen*

Die Kraft KG erwirbt ein Grundstück. Sie zahlt per Bank einen Teilbetrag in Höhe von 50 000,— sowie nach Jahren einen Betrag von 10 000,— jährlich nachschüssig. Die Grunderwerbsteuer sowie Notariats- und Grundbuchkosten in Höhe von 1 217,— zahlt sie per Bank.

Ermitteln Sie die Höhe der Anschaffungskosten. Woran wird sich der Zinssatz orientieren?

**Aufgabe 4.32** *Anschaffungskosten bei Zuschüssen*

Welche Argumente lassen sich für eine Absetzung öffentlicher Zuschüsse bei den Anschaffungs- oder Herstellungskosten anführen?

**Aufgabe 4.33** *Anschaffung eines Firmenfahrzeugs gegen Wechselzahlung*

Am 27. 3. 01 erwirbt ein Unternehmen einen neuen Pkw. Der Fahrzeughändler erstellt eine Rechnung mit folgenden Beträgen:

| | |
|---|---:|
| Fahrzeug | 20 588,— |
| Metallic-Lackierung | 400,— |
| Transportkosten | 580,— |
| Zulassung | 100,— |
| | 21 668,— |
| 14 % Umsatzsteuer | 3 033,52 |
| Rechnungsbetrag | 24 701,52 |

Nach Absprache mit dem Fahrzeughändler werden 4 701,52 sofort mit Bankscheck beglichen.

Über die verbleibenden 20 000,— werden zwei Wechsel über je 10 000,— ausgestellt, fällig zum 30. 4. 01 (Wechsel I) und 31. 5. 01 (Wechsel II). In jeden Wechsel sind gemäß Fälligkeit 8,25 % Diskont, die gesetzliche Wechselsteuer und 2,80 Spesen einzurechnen.

Der das Fahrzeug abholende Mitarbeiter tankt gegen Beleg für 70,— brutto. Der Betrag wird ihm aus der Kasse ersetzt.

(1) Über welchen Betrag lauten die beiden Wechsel unter Berücksichtigung der Umsatzsteuer?

(2) Mit welchem Wert ist das gekaufte Fahrzeug beim Käufer zu aktivieren?

(3) Nehmen Sie alle notwendigen Buchungen aus der Sicht des Käufers vor.

(4) Ermitteln Sie den Abschreibungsbetrag zum 31. 12. 01, wenn das Fahrzeug auf vier Jahre linear abgeschrieben wird.

**Aufgabe 4.34** *Umfang der Herstellungskosten*

Bei einer Firma, die Kochtöpfe herstellt, ist im Zusammenhang mit den Jahresabschlußarbeiten zu überprüfen, welche der folgenden Aufwendungen in die Herstellungskosten
einbezogen werden können bzw. müssen.

(1) Fertigungslöhne (einschließlich Überstunden, gesetzlicher und tariflicher Sozialauf-
wendungen)

(2) Materialkosten wie Kupfer, Stahlblech, Farben

(3) Entwicklungs- und Versuchskosten

(4) Kosten des Wareneinkaufs

(5) Kosten der Warenannahme

(6) Lagerkosten der Vorräte

(7) Materialverwaltung

(8) Prüfung des Fertigprodukts

(9) Innerbetriebliche Transportkosten

(10) Energiekosten für die Herstellung

(11) Abschreibungen auf Fertigungsanlagen und -gebäude

(12) Instandhaltungsaufwendungen

(13) Gewerbekapitalsteuer

(14) Weihnachtszuwendungen ⎫

(15) Wohnungsbeihilfen ⎪
       an Werkstattpersonal
(16) Essenszuschüsse ⎪

(17) Jubiläumsgeschenke ⎭

(18) Zuweisungen zu Pensionsrückstellungen für mit der Fertigung Beschäftigte

(19) Zinsen für Fremdkapital zur Finanzierung der Herstellung

(20) Löhne und Gehälter in der Verwaltung

(21) Abschreibungen des Verwaltungsgebäudes

(22) Porto, Telefon

(23) Rechnungswesen

(24) Feuerwehr

(25) Werkschutz

(26) Werbung

(27) Heizung für Versandräume

(28) Abschreibungen auf Firmenwagen der Reisenden

(29) Kosten der Vertriebslager

(30) Messekosten

Bei welchen Positionen verlangt das Steuerrecht eine andere Beurteilung?


**Aufgabe 4.35** *Einzelbewertung oder Bewertungsvereinfachungsverfahren*

Ein Unternehmen hat Aktien der Vulcan AG zu unterschiedlichen Kursen in folgender
Reihenfolge angeschafft:

| | | | | |
|---|---|---|---|---|
| 1. | 100 Stück à 140,— | = | 14 000,— |
| 2. | 40 Stück à 95,— | = | 3 800,— |
| 3. | 50 Stück à 120,— | = | 6 000,— |
| 4. | 100 Stück à 135,— | = | 13 500,— |
| | 290 Stück | = | 37 300,— |

Im Laufe des Geschäftsjahres werden 150 Stück verkauft.

Welche Probleme sind bei Einzelbewertung zu lösen? Wie ist der Endbestand in Handels- und Steuerbilanz zu bewerten?

## Aufgabe 4.36 *Gebäudeabschreibung*

Ein Verwaltungsgebäude (ursprüngliche Herstellungskosten 300 000,—, zur Hälfte abgeschrieben, 50 Jahre Nutzungsdauer) wird für 200 000,— erweitert.

(1) Wie ist nach der Erweiterung abzuschreiben, wenn die Restnutzungsdauer auf 40 Jahre geschätzt wird?

(2) Was würde sich ändern, wenn die ursprüngliche Nutzungsdauer nur 40 Jahre betragen hätte?

## Aufgabe 4.37 *Realisations- und Imparitätsprinzip*

Ein Kaufmann, der gerne spekuliert, hält gekaufte Wertpapiere im Umlaufvermögen. Er kauft am Anfang des Jahres 10 Aktien zu einem Kurs von 100,—.

(1) Am ersten Bilanzstichtag ist der Wert der Aktien um 50 % gestiegen.

(2) Ende des folgenden Geschäftsjahres sind die Aktien noch nicht wieder verkauft. Ihr Kurs ist gefallen und beträgt 70,— je Aktie.

Wie ist zu bewerten?

## Aufgabe 4.38 *Bewertung des Umlaufvermögens bei fallenden Preisen*

Eine Stoffgroßhandlung hat am Jahresende noch 10 Ballen (100 m x 140 cm) bunter Druckstoffe am Lager zu einem Buchwert von 5,—/lfd. m. Der Marktpreis am Bilanzstichtag (Wiederbeschaffungskosten) beträgt 4,50/lfd. m., bei Bilanzaufstellung 4,—/lfd. m. Bei einem Ausblick auf die Frühjahrsmode wird deutlich, daß ganz andere Farben modern werden. Der niedrigere Wert zur Vermeidung von Wertansatzänderungen auf Grund von Wertschwankungen in nächster Zukunft wird auf 2,50/lfd. m. geschätzt.

Welche Wertansätze sind in Handels- und Steuerbilanz möglich?

## Aufgabe 4.39 *6 b-Rücklage*

Ein Unternehmen beabsichtigt, seinen Firmensitz aus der Großstadt in eine Randgemeinde zu verlegen. Dazu wird u. a. am **15. 4. 01** ein unbebautes Grundstück inklusive Nebenkosten zum Preis von 150 000,— erworben.

Ein bisher genutztes Stadtgrundstück wird am **30. 6. 01** für 1 000 000,— verkauft. Die dadurch gewonnene Liquidität soll zur Bebauung des erworbenen Grundstücks verwendet werden. Der veräußerte Grund und Boden wurde vor 10 Jahren unbebaut erworben und das darauf errichtete Gebäude kurz darauf fertiggestellt. Von dem Verkaufspreis entfallen 200 000,— auf Grund und Boden und 800 000,— auf das Gebäude. Die Buchwerte zum Veräußerungszeitpunkt betragen für Grund und Boden 100 000,—, für das Gebäude 300 000,—.

Zum **31. 12. 01** befindet sich das auf dem neuen Grundstück zu errichtende Gebäude im Planungszustand. Wegen verschiedener Planungsänderungen kann erst Anfang 03 mit dem Bau des neuen Betriebsgebäudes begonnen werden. Fertigstellung am **15. 10. 03**, Herstellungskosten 400 000,— netto.

(1) Ermitteln Sie die aufgedeckten stillen Reserven der veräußerten Wirtschaftsgüter

(2) Welche Bilanzierungsmaßnahmen sind per 31. 12. 01 hinsichtlich der aufgedeckten stillen Reserven zu ergreifen, um deren Besteuerung möglichst zu verhindern?

(3) Kann zum 31. 12. 02 der Sonderposten gemäß § 6 b EStG noch in der Handels- und Steuerbilanz ausgewiesen werden?

(4) Mit welchem Wert ist der Grund und Boden am 31. 12. 03 anzusetzen?

(5) Wie ist der Neubau bei einer 25jährigen Nutzungsdauer und unter Berücksichtigung des vorhandenen Sonderpostens zum 31. 12. 03 zu bewerten?

(6) Welches Bild ergibt sich zum 31. 12. 03 im Anlagenspiegel gemäß § 268 Abs. 2 HGB für Grund und Boden und Gebäude?

(7) Was hätte per 31. 12. 05 mit dem nicht übertragbaren Rest der 6 b-Rücklage zu geschehen, wenn bis dahin keine weiteren Neuanschaffungen vorgenommen werden?

## Aufgabe 4.40 *Buchung von Pensionsrückstellungen*

Ein leitender Angestellter erhält in seinem 52. Lebensjahr eine Pensionszusage, daß er ab seinem 65. Lebensjahr jährlich 10 000,— zu Beginn des Jahres erhalten wird.

(1) Wie lautet die Buchung am Ende des Wirtschaftsjahres der vertraglichen Zusage, wenn der versicherungsmathematisch ermittelte Teilwert der Rentenverpflichtung 4 320,— beträgt?

(2) Wie hoch ist die Zuführung der Rückstellung am nächsten Bilanzstichtag, wenn der Teilwert der Rentenverpflichtung auf 8 930,— gestiegen ist?

(3) Zu Beginn des Wirtschaftsjahres nach der Pensionierung beträgt der Teilwert der Rentenverpflichtung 91 050,—, am Ende 88 070,—.

Wie lautet die Buchung der ersten Pensionszahlung über 10 000,— (ohne Beachtung eventueller lohnsteuerrechtlicher Vorschriften), und welche Buchung ist im Hinblick auf die Pensionsrückstellung zum 31. Dezember vorzunehmen?

## Aufgabe 4.41 *Ansatz von Rückstellungen*

Folgende Sachverhalte sind danach zu überprüfen, ob sie für eine Rückstellungsbildung hinreichen:

(1) Bei der Firma Gebr. Müller gab es Probleme in der Fertigung.

    a) Aus Garantieansprüchen auf Ersatzlieferungen sind Kosten in Höhe von 20 000,— zu erwarten.

    b) Aus Kulanzgründen wird man darüber hinaus noch zu kostenlosen Nacharbeiten gezwungen sein. Kosten: etwa 5 000,—.

    c) In einem Fall ist ungewiß, ob eine rechtliche Verpflichtung zur Gewährleistung besteht. Der Kunde hat Klage erhoben und verlangt 8 000,—.

(2) Eine Baufirma hat eine Kiesgrube unter der Auflage der Gemeinde ausgebeutet, das Gelände wieder zu rekultivieren.

(3) Eine Ladenbaufirma hat mit einem Einzelhändler die Anfertigung und Lieferung eines neuen Ladeneinbaus zum Preis von 99 000,— vereinbart. Mit der Anfertigung wurde noch nicht begonnen. Durch Kostensteigerungen bis zum Bilanzstichtag und einen Fehler bei der Erstellung des Aufmaßes steigen die Selbstkosten auf

    a) 97 000,—,

    b) 103 000,—.

(4) Im Zusammenhang mit abschließenden Buchführungsarbeiten wurden folgende Daten ermittelt bzw. geschätzt:

    a) Ansprüche wegen noch nicht genommenen Urlaubs          10 000,—

b) nachzuzahlende Gewerbesteuer für das
   abgelaufene Geschäftsjahr          15 000,—

c) geschätzte Kosten für das 25jährige Betriebsjubiläum      20 000,—

d) Kosten einer längst fälligen Dachabdeckung des
   Verwaltungsgebäudes        ca.   60 000,—

e) rechtsverbindliche Pensionszusagen       100 000,—

f) Reparaturkosten einer im letzten Monat des Geschäftsjahres
   nur notdürftig in Gang gehaltenen Anlage in den ersten
   Monaten des Folgejahres        ca.   10 000,—

g) ein falsch behandelter steuerlicher Sachverhalt, der zu einer Gewerbesteuernachzahlung in Höhe von 2 500,— führen dürfte, falls dieser von der bereits angesag-
   ten Betriebsprüfung entdeckt wird

**Aufgabe 4.42**    *Wertaufholung bei Finanzanlagen*

Ein Unternehmen hält Wertpapiere als Finanzanlage. Die Anschaffungskosten betragen
100 000,—. Am ersten Bilanzstichtag sind die Papiere auf 90 000,— gefallen, am zweiten
Bilanzstichtag beträgt ihr Wert 110 000,—.

Wie ist zu bewerten

(1) bei Kapitalgesellschaften,

(2) bei Einzelkaufleuten und Personenhandelsgesellschaften?

**Aufgabe 4.43**    *Wertaufholung und latente Steuern*

Eine Kapitalgesellschaft vermietet ein Gebäude an Gewerbetreibende, das 2 000 000,—
Herstellungskosten verursachte. Es wird auf eine Nutzungsdauer von 40 Jahren abgeschrieben.

Im 10. Jahr der Nutzung haben die städtischen Verkehrsplaner eine neue vierspurige
Trasse über einer Brücke über die Straße vorgesehen, an der das Geschäftshaus liegt. Über
die neue Trasse soll künftig zu Stoßzeiten der Hauptverkehr zur Entlastung der Innen-
stadt laufen. Da die vermieteten Geschäftsräume dadurch an Attraktivität verlieren, sind
die ersten Mieter bereits ausgezogen. Der Wert des Gebäudes wird von einem Sachverständigen auf 1 200 000,— beziffert. Im 12. Jahr scheitert der Bau der Umgehungsstraße
und des Brückenbauwerks am nachhaltigen Widerstand einer Bürgerinitiative.

(1) Ermitteln Sie den Buchwert am Ende des 9. Jahres in Handels- und Steuerbilanz.

(2) Am Ende des 10. Jahres soll der nachweislich niedrigere Wert bilanziert werden.

(3) Wie ist in Handels- und Steuerbilanz im 11. Jahr abzuschreiben?

(4) Wie lauten die Bilanzansätze in Handels- und Steuerbilanz am Ende des 12. Jahres,
    wenn die wertmindernde Baumaßnahme nicht durchgeführt wird?

(5) Prüfen Sie, ob am Ende des 12. Jahres die Bedingungen für die Bildung von Rückstel-
    lungen für latente Steuern gegeben sind.

(6) Ermitteln Sie die Höhe der Rückstellungen für latente Steuern.

(7) Sind die latenten Steuern auch in der Steuerbilanz zu berücksichtigen?

(8) Wie hoch schreiben Sie im 13. Jahr in Handels- und Steuerbilanz ab?

(9) Stellen Sie die Auflösung der Rückstellungen für latente Steuern im Zeitablauf dar.

(10) Ergeben sich Änderungen, wenn den Aufgabenteilen (1) — (9) zunächst EStG 1987
     und dann das EStG neuer Fassung vom 22. 12. 1989 zugrunde zu legen sind?

**Aufgabe 4.44** *Latente Steuern in Verlustsituationen*

Im Fallbeispiel der Aufgabe 4.43 wurden eine Wertaufholung und die damit zusammenhängende Steuerabgrenzung (im Jahr 12) isoliert betrachtet bzw. entsprechend hohe Gewinne unterstellt.

Welche Auswirkungen ergeben sich,

(1) wenn im Jahr der Entstehung der zeitlichen Differenz (Jahr 12) ein Verlust entsteht?

|  | Jahr 10 | Jahr 11 | Jahr 12 |
|---|---|---|---|
| Handelsbilanzergebnis | 900 000 | 800 000 | ∕. 465 000 |
| Steuerbilanzergebnis | 900 000 | 800 000 | ∕. 750 000 |

(2) wenn im Jahr der Entstehung der zeitlichen Differenz (Jahr 12) in der Handelsbilanz eine Rückstellung für latente Steuern gebildet wurde und im Jahr danach ein Verlust entsteht?

Ergänzen Sie die Daten der Handelsbilanzergebnisse im Jahr 12 und 13.

Wovon ist die Beurteilung für die Jahre 14 ff. abhängig?

|  | Jahr 11 | Jahr 12 | Jahr 13 |
|---|---|---|---|
| Handelsbilanzergebnis | 900 000 | ? | ? |
| Steuerbilanzergebnis | 900 000 | 800 000 | ∕. 750 000 |

**Aufgabe 4.45** *Differenzenspiegel*

Folgende Geschäftsvorfälle sind hinsichtlich der Bildung latenter Steuern zu überprüfen:

**1. Jahr**

— In der Handelsbilanz führt die Bewertung eines Warenpostens nach dem Fifoverfahren wegen gestiegener Preise zu einem um 30 000,— höheren Bilanzansatz als in der Steuerbilanz.

— In der Handelsbilanz wird eine Rückstellung für unterlassene Instandhaltung gebildet, die in der zweiten Hälfte des folgenden Geschäftsjahres nachgeholt wird, Ansatz 80 000,—.

**2. Jahr**

— Aufgrund einer nachhaltigen Umkehrung der Preisentwicklung wird in der Handelsbilanz bei einem Warenposten eine Abschreibung auf den niedrigeren Zukunftswert in Höhe von 15 000,— vorgenommen.

Stellen Sie die Ergebnisdifferenzen unter der Annahme, daß das Unternehmen Gewinne erwirtschaftet, im Differenzenspiegel dar.

**Aufgabe 4.46** *Zur buchhalterischen Methode der Ableitung der Steuer- aus der Handelsbilanz*

In einer OHG liegt folgende Saldenliste vor:[1]

---

[1] Kontengliederung nach IKR '86.

| | | Soll | Haben |
|---|---|---|---|
| 030 | Firmenwert | 37 500 | — |
| 050 | Unbebaute Grundstücke | 150 000 | — |
| 053 | Gebäude | 320 000 | — |
| 070 | Maschinen | 392 500 | — |
| 084 | Fuhrpark | 90 000 | — |
| 085 | Flaschen und Gebinde | 132 000 | — |
| 087 | Sonstige Betriebs- und Geschäftsausstattung | 40 000 | — |
| 200 | Roh-, Hilfs- und Betriebsstoffe | 150 000 | — |
| 210 | Unfertige Erzeugnisse | 130 000 | — |
| 240 | Forderungen aus Lieferungen und Leistungen | 311 000 | — |
| 260 | Vorsteuer | — | — |
| 280 | Bank | 218 000 | — |
| 288 | Kasse | 18 000 | — |
| 300 | Eigenkapital A | — | 550 000 |
| 3001 | Privat A | 89 000 | — |
| 301 | Eigenkapital B | — | 508 000 |
| 3011 | Privat B | 92 000 | — |
| 390 | Rückstellungen | — | 50 000 |
| 440 | Verbindlichkeiten aus Lieferungen und Leistungen | — | 388 000 |
| 480 | Umsatzsteuer | — | 10 000 |
| 489 | Darlehen | — | 300 000 |
| 500 | Umsatzerlöse | — | 2 695 500 |
| 5001 | Kundenskonti | 8 000 | — |
| 5201 | Bestandsveränderungen | 10 000 | — |
| 548 | Erträge aus Herabsetzung von Rückstellungen | — | — |
| 571 | Zinserträge | — | 6 500 |
| 600 | Materialaufwand | 1 207 000 | — |
| 6001 | Lieferantenskonti | — | 19 000 |
| 620 | Löhne, Gehälter | 512 000 | — |
| 640 | Soziale Abgaben | 94 000 | — |
| 650 | Abschreibungen | 110 000 | — |
| 685 | Reisekosten | 70 000 | — |
| 687 | Werbung | 120 000 | — |
| 689 | Sonstige Aufwendungen | 100 000 | — |
| 700 | Betriebssteuern | 22 000 | — |
| 751 | Zinsaufwand | 18 000 | — |
| 760 | Außerordentlicher Aufwand | 5 000 | — |
| 770 | Gewerbeertragsteuer | 81 000 | — |
| | | 4 527 000 | 4 527 000 |

Es ist noch folgendes zu berücksichtigen:

1. Die Herstellungskosten der halbfertigen Erzeugnisse wurden in der Handelsbilanz zulässigerweise ohne die Materialgemeinkosten von 10 000,— und ohne die Fertigungsgemeinkosten von 80 000,— bewertet.

2. Der bei Betriebsübernahme mit 50 000,— bezahlte Firmenwert wurde erstmals entsprechend § 255 Abs. 4 HGB in der Handelsbilanz mit 25 % (12 500,—) abgeschrieben, in der Steuerbilanz dürfen nur 6,67 % abgeschrieben werden (§ 7 Abs. 1 EStG).

3. Das Betriebsgebäude wurde in der Handelsbilanz mit 6 % abgeschrieben. Bei der letzten steuerlichen Außenprüfung wurden nur 3 % des Anschaffungswertes von 750 000,— zugelassen.

4. Die Rückstellung für ein Prozeßrisiko aus einer Patentverletzung wurde vor 4 Jahren mit 30 000,— gebildet. Da mehr als 3 Jahre lang vom Geschädigten keine Forderung

geltend gemacht wurde, ist die Rückstellung in der Steuerbilanz aufzulösen (§ 5 Abs. 3 EStG).

5. Für eine im Abschlußjahr unterlassene Dachrinnenreparatur wurden 20 000,— zurückgestellt; die Arbeiten werden erst im 6. Monat nach dem Bilanzstichtag ausgeführt.

6. Eine Vertragsstrafe von 5 000,— wegen verspäteter Auslieferung wurde handelsrechtlich als Aufwand behandelt.

7. Die Geschenke von jeweils mehr als 75,— je Kunden betrugen 2 500,— (einschl. Vorsteuer). Sie wurden handelsrechtlich als Aufwand gebucht.

8. Für Falschparken auf Geschäftsfahrten mußten 240,— bezahlt werden (handelsrechtlich als Aufwand gebucht).

(1) Welche Gewinnkorrekturen sind innerhalb, welche außerhalb der Bilanz vorzunehmen?

(2) Buchen Sie die Vorgänge in der Umbuchungsspalte, führen Sie die Abschlußtabelle zu Ende und erstellen Sie die Steuerbilanz (Inhaber A erhält 60 %, Inhaber B 40 % vom Jahresgewinn).

(3) Ermitteln Sie den steuerpflichtigen Gewinn.


**Aufgabe 4.47**  *Bilanzänderung*

Der Kaufmann Arthur Grellmann hat mit seiner Steuererklärung für das vergangene Jahr seine Bilanz zum 31. 12. eingereicht. Er stellt nachträglich folgendes fest:

— Eine mit Normal-AfA abgeschriebene Maschine mit einem Buchrestwert von 20 000,— will er mit dem niederen Teilwert von 10 000,— bewerten, den er glaubhaft macht.

— In der Geschäftsausstattung sind für 3 000,— geringwertige Wirtschaftsgüter enthalten, die er vor zwei Jahren anschaffte und mit 10 % abschrieb. Er will sie nachträglich voll abschreiben.

(1) Kann die Bilanz geändert werden?

(2) Wie wäre der Fall zu beurteilen, wenn Grellmann bereits rechtskräftig veranlagt wäre?


**Aufgabe 4.48**  *Bilanzänderung oder Bilanzberichtigung*

Nach der Einreichung der Bilanz beim Finanzamt stellt ein Kaufmann folgendes fest:

— Bei der Inventur wurde ein Vorrätebestand von 13 500,— versehentlich vergessen aufzunehmen, weil er an einer entlegenen Stelle aufbewahrt wurde.

— Bei den Kfz-Kosten von insgesamt 3 000,— wurde nicht berücksichtigt, daß der Pkw zu 30 % privat genutzt wird. — Die Entschädigungsforderung von 5 000,— an die Versicherung für einen Autounfall (Totalschaden) im Abschlußjahr wurde vergessen zu berücksichtigen. Auch das Fahrzeug ist noch mit 1 500,— bilanziert.

(1) Liegt eine Bilanzänderung oder eine Bilanzberichtigung vor?

(2) Ist die Genehmigung des Finanzamtes erforderlich?

(3) Muß die Gewerbesteuer korrigiert werden? Der Hebesatz beträgt 400 %.

(4) Führen Sie die Mehr- und Weniger-Rechnung durch und stellen Sie die berichtigten Bilanzposten zusammen.

(5) Können die Tatbestände nach vorläufiger Veranlagung (§ 165 AO) oder nach Steuerfestsetzung unter Vorbehalt der Nachprüfung (§ 164 AO) noch berücksichtigt werden?

(6) Ist die Berücksichtigung der Tatbestände nach erfolgter Betriebsprüfung und anschließender bestandskräftiger Veranlagung noch möglich?

## Aufgabe 4.49 *Bilanzberichtigung über 3 Jahre mit Mehr- und Weniger-Rechnung*

In der steuerlichen Außenprüfung für die drei letzten Jahre werden folgende Feststellungen getroffen:

### 1. Jahr:

— Eine Warenlieferung über 10 000,— wurde unter dem Rechnungsdatum des 2. Jahres gebucht. Das Material ging bereits im Abschlußjahr ein und wurde in die Inventur aufgenommen und bilanziert. Im 2. Jahr werden die Waren verkauft.

— Eine Kundenanzahlung über 2 400,— wurde versehentlich als Umsatz gebucht.

— Die Teilwertabschreibung von 7 000,— auf den Bestand der Fertigerzeugnisse wurde nicht anerkannt. Die abgeschriebenen Erzeugnisse werden im 2. Jahr verkauft.

— Die Kosten von 30 000,— für die Einräumung des Alleinvertriebsrechtes wurden als Lizenzaufwand gebucht.

— Für den Erwerb von Software wurde eine Investitionszulage von 12 000,— vereinnahmt und als sonstiger Ertrag verbucht. Sie ist zurückzuzahlen, weil sie zu Unrecht beansprucht wurde.

### 2. Jahr:

— Eine Maschine im Anschaffungswert von 58 000,— wurde statt mit 7 % mit 12 % abgeschrieben.

— Die Heizöllieferung über 8 600,— vom 30. 12. wurde sofort als Verbrauch gebucht.

### 3. Jahr:

— Das Unternehmen hat eine Rückstellung für unterbliebene Instandhaltung von 22 000,— bilanziert. Die Reparatur wird in den ersten drei Monaten des Folgejahres für 18 000,— ausgeführt.

— Eine Garantiearbeit kostet statt der veranschlagten und zurückgestellten 3 000,— insgesamt 6 600,—.

— Ein Gesellschafter hatte für eine Studienreise in die USA ein Darlehen des Unternehmens erhalten, das versehentlich über Reisekosten gebucht wurde.

(1) Führen Sie die Mehr- und Weniger-Rechnung für die drei Jahre durch. Passen Sie die Gewerbeertragsteuer an (Hebesatz 400 %).

(2) Stellen Sie die gegenüber der Steuerbilanz des Unternehmens geänderten Posten der Prüferbilanz zusammen.

(3) Wie ist der Mehr- oder Mindergewinn bei Kapitalgesellschaften zweckmäßigerweise zu erfassen?

## Aufgabe 4.50 *Abschluß einer GmbH*

Erstellen Sie aufgrund der Daten aus Aufgabe 1.25 (Buchungen nach dem IKR '86)

(1) die Bilanz nach dem Schema für große Kapitalgesellschaften,

(2) die GuV-Rechnung.

Berücksichtigen Sie dabei folgende Zusatzangaben: Die Forderungen und sonstigen Vermögensgegenstände haben eine Restlaufzeit von weniger als 1 Jahr. Bei den Verbindlichkeiten ist unter denjenigen gegenüber Kreditinstituten ein Betrag von 1 000 000,— mit einer Restlaufzeit von mehr als 5 Jahren enthalten, alle anderen Verbindlichkeiten sind als kurzfristig einzustufen. In den sonstigen Verbindlichkeiten sind 11 000,— aus Steuern und 15 000,— für soziale Sicherheit enthalten.

**Aufgabe 4.51**  *Zuordnungsfragen in der GuV-Rechnung*

Nennen Sie die Posten, in die folgende Aufwands- und Ertragskategorien unterzubringen sind:

(1) Sofortabschreibung geringwertiger Wirtschaftsgüter

(2) Einstellung in die Pauschalwertberichtigung zu Forderungen, soweit im üblichen Rahmen

(3) Instandhaltungen an Grundstücken und Gebäuden

(4) Pachterträge

(5) Abschreibungen auf Disagio

(6) Lohn- und Gehaltsnachzahlungen für frühere Jahre

(7) Erträge aus der Auflösung oder Herabsetzung von Einzelwertberichtigungen

(8) Erträge aus der Auflösung von Rückstellungen

(9) Steuerliche Sonderabschreibungen und erhöhte Abschreibungen auf Finanzanlagen

(10) Steuerliche Sonderabschreibungen und erhöhte Abschreibungen auf Roh-, Hilfs- und Betriebsstoffe sowie Waren

(11) Einstellungen in den Sonderposten mit Rücklageanteil

(12) Erträge aus Wertaufholungen des Anlagevermögens

(13) Diskontaufwendungen

(14) Kreditprovision

(15) Aushilfslöhne

(16) Vermögenswirksame Leistungen

(17) Heirats- und Geburtsbeihilfen

(18) Miet- und Leasingkosten für Betriebs- und Geschäftsausstattung

(19) Beiträge, Gebühren

(20) Anzeigenwerbung

(21) Bankspesen

(22) Postkosten

(23) Erlöse aus Lizenzen

(24) Nebenerlöse

(25) Eigenverbrauch von Waren

**Aufgabe 4.52**  *Aufstellung der GuV-Rechnung nach Gesamt- und Umsatzkostenverfahren*

Zur Erstellung der GuV-Rechnung einer GmbH liegt folgende Saldenliste vor:

| | | Soll | Haben |
|---|---|---|---|
| | **Endgültige Saldenliste** | | |
| 50 | Umsatzerlöse | | 2 829 000 |
| 52 | Bestandsveränderungen | | 34 000 |
| 53 | Andere aktivierte Eigenleistungen | | 15 000 |
| 54 | Sonstige betriebliche Erträge | | 19 000 |
| 600 | Aufwendungen für Fertigungsmaterial | 847 000 | |
| 601 | Aufwendungen für Vorprodukte | 255 000 | |
| 605 | Aufwendungen für Energie | 60 000 | |
| | (davon 10 000,— Heizung Verwaltungsbereich) | | |
| 620 | Löhne | 610 000 | |
| 630 | Gehälter | 210 000 | |
| 640 | Arbeitgeberanteil zur Sozialversicherung, Löhne | 137 000 | |
| 641 | Arbeitgeberanteil zur Sozialversicherung, Gehälter | 48 000 | |
| 644 | Aufwendungen für Altersversorgung | 55 000 | |
| 652 | Abschreibungen auf Sachanlagen | 127 000 | |
| | (davon 97 000,— Fertigungsbereich) | | |
| 654 | Abschreibungen auf geringwertige Wirtschaftsgüter | 5 000 | |
| | (Verwaltungsbereich) | | |
| 655 | Außerplanmäßige Abschreibungen auf Sachanlagen | 8 000 | |
| | (Fertigungsbereich) | | |
| 671 | Leasing | 60 000 | |
| | (betrifft Maschine im Fertigungsbereich) | | |
| 672 | Lizenzen | 49 000 | |
| 675 | Kosten des Geldverkehrs | 2 000 | |
| 677 | Rechts- und Beratungskosten | 15 000 | |
| 680 | Büromaterial | 11 000 | |
| 685 | Reisekosten | 9 000 | |
| | (Vertrieb) | | |
| 687 | Werbung | 32 000 | |
| 690 | Versicherungsbeiträge | 12 000 | |
| | (davon 8 000,— Haftpflichtversicherung, 4 000,— Betriebsunterbrechungsversicherung) | | |
| 696 | Verluste aus dem Abgang von Vermögensgegenständen | 22 000 | |
| 697 | Einstellungen in den Sonderposten mit Rücklageanteil | 14 000 | |
| 751 | Zinsaufwendungen | 31 000 | |
| | (davon 17 000,— Darlehen für Anschaffung einer Maschine) | | |
| 760 | Außerordentliche Aufwendungen | 19 000 | |
| 770 | Gewerbeertragsteuer | 15 000 | |
| 771 | Körperschaftsteuer | 83 000 | |

Der Personalaufwand verteilt sich wie folgt auf die verschiedenen Funktionsbereiche:

| | Summe | Herstellung | Vertrieb | Allgemeine Verwaltung |
|---|---|---|---|---|
| 620 Löhne | 610 000 | 566 000 | 22 000 | 22 000 |
| 630 Gehälter | 210 000 | 70 000 | 70 000 | 70 000 |
| 640 Arbeitgeberanteil zur Sozialversicherung (Lohn) | 137 000 | 127 000 | 5 000 | 5 000 |
| 641 Arbeitgeberanteil zur Sozialversicherung (Gehalt) | 48 000 | 16 000 | 16 000 | 16 000 |
| 644 Aufwendungen für Altersversorgung | 55 000 | 35 000 | 10 000 | 10 000 |

(1) Erstellen Sie die GuV nach dem Gesamtkostenverfahren.

(2) Warum können die Daten aus der innerbetrieblichen Kostenverrechnung (Betriebsabrechnungsbogen) nicht ohne Modifikationen für die Erstellung der GuV nach dem Umsatzkostenverfahren übernommen werden?

(3) Stellen Sie alle Aufwendungen nach folgender Zuordnungstabelle zusammen:

| Zuordnungstabelle (für Erstellung der GuV nach Umsatzkostenverfahren) | | | | | | | |
|---|---|---|---|---|---|---|---|
| Konto | Betrag | Herstellungs-kosten | Vertriebs-kosten | Allgemeine Verwaltungs-kosten | Sonstige betriebliche Auf-wendungen | Übrige Aufwands-posten der GuV | Anhang-angabe bzw. gesonderter Ausweis |
| | | (GuV-Pos. 2) | (GuV-Pos. 4) | (GuV-Pos. 5) | (GuV-Pos. 7) | | |
| | | | | | | | |

(4) Erstellen Sie die GuV nach dem Umsatzkostenverfahren.


**Aufgabe 4.53**  *Bestätigungsvermerk bei freiwilliger Prüfung*

Eine OHG läßt ihren Jahresabschluß von einem Wirtschaftsprüfer freiwillig prüfen und möchte den Bestätigungsvermerk haben, wie ihn Kapitalgesellschaften nach § 322 HGB erhalten.

Ist das möglich?

# LÖSUNGEN

## Lösungen zum 1. Hauptteil: Grundlagen der Buchführung

**Lösung zu Aufgabe 1.1:** *Zusammenhang zwischen Bilanz und Buchführung*

Schlußbilanz

| | | | |
|---|---:|---|---:|
| Fuhrpark | 160 000,— | Eigenkapital | 915 000,— |
| Betriebs- und Geschäfts- | | Darlehen | 160 000,— |
| ausstattung | 120 000,— | Verbindlichkeiten | 344 000,— |
| Waren | 347 000,— | Sonstige Verbindlichkeiten | 50 000,— |
| Forderungen | 537 000,— | | |
| Kasse | 10 000,— | | |
| Bank | 295 000,— | | |
| | 1 469 000,— | | 1 469 000,— |

**Lösung zu Aufgabe 1.2** *Unterschiedliche Möglichkeiten der Buchung des Warenverkehrs*

| | | | |
|---|---|---|---|
| WE | = Wareneinkauf | WEK | = Wareneinkaufskonto |
| WV | = Warenverkauf | WVK | = Warenverkaufskonto |
| AB | = Anfangsbestand | SBK | = Schlußbilanzkonto |
| WESK | = Wareneinsatzkonto | WBK | = Warenbestandskonto |

(1)

### a) Nettoabschluß

| | | Wareneinkaufskonto | | | | | Warenverkaufskonto | |
|---|---:|---|---:|---|---:|---|---:|
| AB | 100 000 | WVK | 847 000 | WEK | 1 420 000 | WV | 1 420 000 |
| WE | 840 000 | SBK | 93 000 | Rohgew. | 573 000 | | |

### b) Bruttoabschluß

| | | Wareneinkaufskonto | | | | Warenverkaufskonto | |
|---|---:|---|---:|---|---:|---|---:|
| AB | 100 000 | GuV | 847 000 | GuV | 1 420 000 | WV | 1 420 000 |
| WE | 840 000 | SBK | 93 000 | | | | |

GuV-Konto

| | | | | |
|---|---:|---|---:|
| WEK | 847 000 | WVK | 1 420 000 |
| Rohgew. | 573 000 | | |

### c) Zusätzliche Verwendung des Wareneinsatzkontos

| | | Wareneinkaufskonto | | | | Warenverkaufskonto | |
|---|---:|---|---:|---|---:|---|---:|
| AB | 100 000 | WESK | 847 000 | GuV | 1 420 000 | WV | 1 420 000 |
| WE | 840 000 | SBK | 93 000 | | | | |

|  | Wareneinsatzkonto | | | | GuV-Konto | | |
|---|---|---|---|---|---|---|---|
| WEK | 847 000 | GuV | 847 000 | WESK Rohgew. | 847 000 573 000 | WVK | 1 420 000 |

## d) In Handelsbetrieben vielfach geübte Praxis

|  | Warenbestandskonto | | | | Warenverkaufskonto | | |
|---|---|---|---|---|---|---|---|
| AB | 100 000 | WEK SBK | 7 000 93 000 | GuV | 1 420 000 | WV | 1 420 000 |

|  | Wareneinkaufskonto | | | | GuV-Konto | | |
|---|---|---|---|---|---|---|---|
| WE WBK | 840 000 7 000 | GuV | 847 000 | WEK Rohgew. | 847 000 573 000 | WVK | 1 420 000 |

(2) Den Nettoabschluß sollte man nicht durchführen. Die anderen Buchungsweisen sind aussagefähiger.

**Lösung zu Aufgabe 1.3**  *Darstellung der Konten Vorsteuer und Umsatzsteuer*

(1)

| | | | | |
|---|---|---|---|---|
| a) | Wareneinkauf | 110 000,— | — | — |
| | Vorsteuer | 15 400,— | | |
| | an Verbindlichkeiten | | 125 400,— | |
| b) | Verpackung | 300,— | | |
| | Vorsteuer | 42,— | | |
| | an Verbindlichkeiten | | 342,— | |
| c) | Kfz-Kosten | 100,— | | |
| | Vorsteuer | 14,— | | |
| | an Verbindlichkeiten | | 114,— | |
| d) | Verbindlichkeiten | | | |
| | an Bank | 96 000,— | | |
| e) | Strom und Gas | 200,— | | |
| | Vorsteuer | 28,— | | |
| | an Bank | | 228,— | |
| f) | Bürokosten | 50,— | | |
| | Vorsteuer | 7,— | | |
| | an Kasse | | 57,— | |
| g) | Forderungen | 187 872,— | | |
| | an Warenverkauf | | 164 800,— | |
| | an Umsatzsteuer | | 23 072,— | |
| h) | Kasse | 22,80 | | |
| | an Altmaterialerlöse | | 20,— | |
| | an Umsatzsteuer | | 2,80 | |
| i) | Bank | | | |
| | an Forderungen | 138 000,— | | |

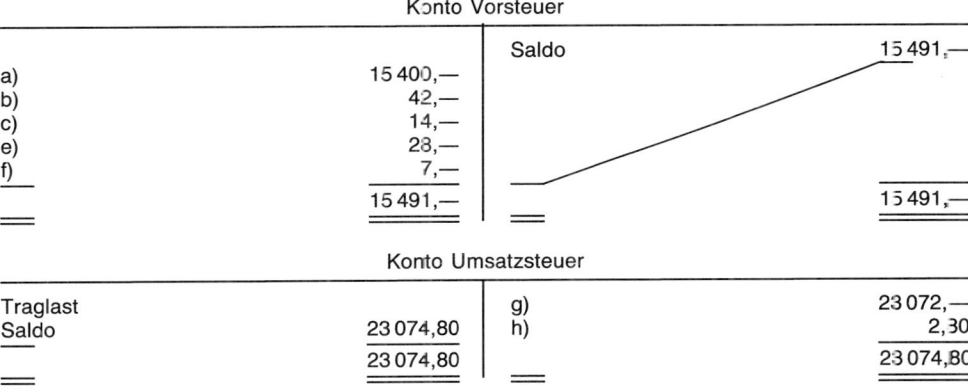

## Konto Vorsteuer

| | | Saldo | 15 491,— |
|---|---|---|---|
| a) | 15 400,— | | |
| b) | 42,— | | |
| c) | 14,— | | |
| e) | 28,— | | |
| f) | 7,— | | |
| | 15 491,— | | 15 491,— |

## Konto Umsatzsteuer

| | | g) | 23 072,— |
|---|---|---|---|
| Traglast | | h) | 2,30 |
| Saldo | 23 074,80 | | |
| | 23 074,80 | | 23 074,80 |

Zahllast = Traglast ·/· Vorsteuer = 23 074,80 ·/· 15 491,— = 7 583,80

(2) Es würde ein Steuerguthaben bestehen, denn die Vorsteuer wäre größer als die den Kunden berechnete Umsatzsteuer.

(3) Diese Lage ergibt sich vor allem, wenn man mehr Waren bezogen als abgesetzt hat. Sie zeigt sich auch bei Verkäufen, deren Preise unter den Bezugspreisen liegen. Möglich ist sie auch bei Anschaffung teuren Anlagevermögens.

(4) Grundsätzlich wird nach Soll versteuert, also aufgrund der Lieferungen und nicht aufgrund der Bezahlung (Ist).

(5) Private Warenentnahmen sind umsatzsteuerpflichtig.

## Lösung zu Aufgabe 1.4   *Von der Eröffnungs- zur Schlußbilanz*

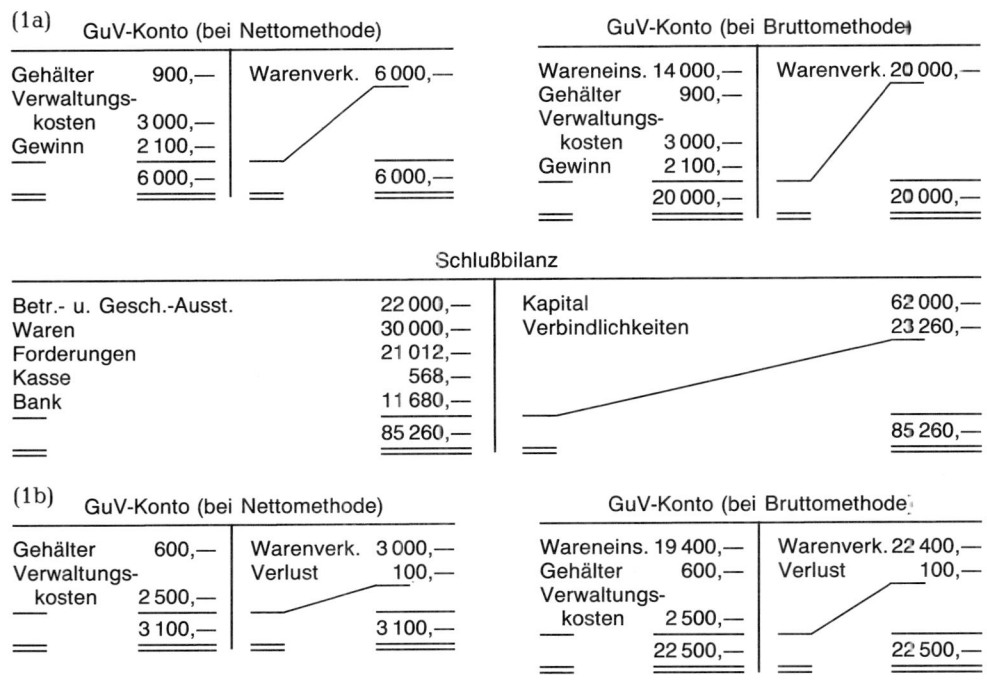

(1a)

### GuV-Konto (bei Nettomethode)

| Gehälter | 900,— | Warenverk. | 6 000,— |
|---|---|---|---|
| Verwaltungs- | | | |
| kosten | 3 000,— | | |
| Gewinn | 2 100,— | | |
| | 6 000,— | | 6 000,— |

### GuV-Konto (bei Bruttomethode)

| Wareneins. | 14 000,— | Warenverk. | 20 000,— |
|---|---|---|---|
| Gehälter | 900,— | | |
| Verwaltungs- | | | |
| kosten | 3 000,— | | |
| Gewinn | 2 100,— | | |
| | 20 000,— | | 20 000,— |

### Schlußbilanz

| Betr.- u. Gesch.-Ausst. | 22 000,— | Kapital | 62 000,— |
|---|---|---|---|
| Waren | 30 000,— | Verbindlichkeiten | 23 260,— |
| Forderungen | 21 012,— | | |
| Kasse | 568,— | | |
| Bank | 11 680,— | | |
| | 85 260,— | | 85 260,— |

(1b)

### GuV-Konto (bei Nettomethode)

| Gehälter | 600,— | Warenverk. | 3 000,— |
|---|---|---|---|
| Verwaltungs- | | Verlust | 100,— |
| kosten | 2 500,— | | |
| | 3 100,— | | 3 100,— |

### GuV-Konto (bei Bruttomethode)

| Wareneins. | 19 400,— | Warenverk. | 22 400,— |
|---|---|---|---|
| Gehälter | 600,— | Verlust | 100,— |
| Verwaltungs- | | | |
| kosten | 2 500,— | | |
| | 22 500,— | | 22 500,— |

| Betr.- u. Gesch.-Ausst. | 22 000,— | Kapital | 59 850,— |
| Waren | 25 800,— | Verbindlichkeiten | 25 628,— |
| Forderungen | 21 116,— | | |
| Kasse | 120,— | | |
| Bank | 16 442,— | | |
| | 85 478,— | | 85 478,— |

(2) Für den Abschluß des GuV-Kontos müssen die Erfolgskonten abgeschlossen sein. Das Kapitalkonto kann erst abgeschlossen werden, wenn der Reingewinn (bzw. Reinverlust) und die Privatentnahmen darauf übertragen worden sind.

(3) Der Schlußbestand des Kapitalkontos muß sich mit dem der Schlußbilanz decken.

(4) Erfolgskonten und Privatkonten muß man als Vorkonten des Kapitalkontos begreifen und damit erkennen, daß Entnahmen und Verluste Minderung von Kapital (also nach Buchungsregeln für Passivkonten), Neueinlagen und Gewinne aber Mehrung bedeuten, also Zugang im Kapital.

**Lösung zu Aufgabe 1.5**  *Einfache Buchungssätze*

**Buchungssätze:**

(1) Verbindlichkeiten an Bank

(2) Verbindlichkeiten an Besitzwechsel

(3) Verbindlichkeiten an Schuldwechsel

(4) Kasse an Besitzwechsel

(5) Schuldwechsel an Kasse

(6) Bank an Forderungen

(7) Kasse an Bank

(8) Bank an Postgiro

(9) Verbindlichkeiten an Bank

(10) Bank an Hypotheken

(11) Miete an Kasse

(12) Bank an Zinserträge

(13) Löhne an Kasse

(14) Privat an Kasse

(15) Energiekosten an Bank

(16) Heizungskosten an Kasse

(17) Provisionen an Bank

(18) Bürokosten an Kasse

(19) Kasse an Privat (oder Kapital)

**Lösung zu Aufgabe 1.6**  *Zusammengesetzte Buchungssätze im Zahlungsverkehr*

**Buchungssätze:**

(1) Kasse und Postgiro an Forderungen

(2) Verbindlichkeiten an Postgiro und Bank

(3) Bank und Besitzwechsel an Forderungen

(4) Verbindlichkeiten an Besitzwechsel und Schuldwechsel

(5) Kasse an Warenverkauf (oder Kasse und Skonto an Warenverkauf)

(6) Verbindlichkeiten an Kasse und Skonti

(7) Reisekosten und Privat an Kasse

(8) Gewerbesteuer und Privat an Postgiro

(9) Warenverkauf, Bank und Skonti an Forderungen

(10) Verbindlichkeiten an Kasse, Postgiro und Skonti

**Lösung zu Aufgabe 1.7** *Zusammengesetzte Buchungssätze im Warenverkehr*

**Buchungssätze:**

(1) Wareneinkauf und Vorsteuer an Kasse

(2) Kasse an Warenverkauf und Umsatzsteuer

(3) Forderungen an Warenverkauf und Umsatzsteuer

(4) Wareneinkauf und Vorsteuer an Verbindlichkeiten

(5) Warenverkauf und Umsatzsteuer an Forderungen

(6) Verbindlichkeiten an Wareneinkauf und Vorsteuer

(7) Verbindlichkeiten an Wareneinkauf und Vorsteuer

(8) Warenverkauf und Umsatzsteuer an Forderungen

(9) Maschinen und Vorsteuer an Verbindlichkeiten

(10) Kasse an Geschäftsausstattung und Umsatzsteuer

(11) Wareneinkauf und Vorsteuer an Kasse

(12) Privat an Warenverkauf und Umsatzsteuer

(13) Bank an Maschinen und Umsatzsteuer

**Lösung zu Aufgabe 1.8** *Deuten von Buchungssätzen*

(1) Barverkauf von Waren

(2) Bareinzahlung auf Bankkonto

(3) Wareneinkauf gegen Banküberweisung

(4) Überweisung vom Postgiro- auf das Bankkonto

(5) Zielverkauf von Waren

(6) Zielkauf von Waren

(7) Barzahlung an einen Lieferanten

(8) Banküberweisung eines Kunden

(9) Kundenzahlung durch Besitzwechsel

(10) Ziehung eines Schuldwechsels durch einen Lieferanten

(11) Zielkauf von Einrichtung

(12) Aufnahme einer Passivhypothek oder Rückzahlung einer Aktivhypothek durch Banküberweisung

(13) Zahlung an einen Lieferanten durch Besitzwechsel

(14) Warenrücksendung eines Kunden (oder Preisnachlaß)

(15) Warenrücksendung an einen Lieferanten (oder Preisnachlaß)

(16) Einkauf von Büromaterial, bar

(17) Privatentnahme durch Bankscheck

(18) Zinsgutschrift der Bank

(19) Lohnzahlung, bar

(20) Barverkauf eines Einrichtungsgegenstandes

(21) Barzahlung an einen Lieferanten unter Abzug von Skonto

(22) Banküberweisung eines Kunden abzüglich Skonto

(23) Barentnahme für private und geschäftliche Zwecke

(24) Geschäftliche und private Einzahlung auf Bankkonto

**Lösung zu Aufgabe 1.9** *Verständnisfragen zur Bilanzübersicht*

(1) Durch die Summenbilanz ist bewiesen, daß die Lastschriften in ihrer Summe mit den Gutschriften übereinstimmen.

(2) Die Saldenbilanz bestätigt die Richtigkeit des Saldenziehens.

(3) Es gibt in vielen Betrieben eine große Zahl von vorbereitenden Abschlußbuchungen. Sie werden durch die Saldenbilanz II auf richtige Fortführung der Doppik kontrolliert.

(4) Vermögens- und Erfolgsbilanz bilden Grundlage und Kontrolle der Abschlußbuchungen.

(5) Wenn zahlreiche vorbereitende Abschlußbuchungen notwendig sind.

**Lösung zu Aufgabe 1.10** *Aufstellung der Bilanzübersicht*

(1)

| Kto.-Nr. | Konto | Salden-bilanz I Soll TDM | Haben TDM | Salden-bilanz II Soll TDM | Haben TDM | Vermögens-bilanz Aktiva TDM | Passiva TDM | Erfolgs-bilanz Aufwand TDM | Ertrag TDM |
|---|---|---|---|---|---|---|---|---|---|
| 033 | Betriebs- und Geschäftsausstattung | 600 | — | 540 | — | 540 | — | — | — |
| 060 | Kapital | — | 920 | — | 700 | — | 700 | — | — |
| 100 | Forderungen | 600 | — | 600 | — | 600 | — | — | — |
| 130 | Bank | 49 | — | 49 | — | 49 | — | — | — |
| 140 | Vorsteuer | 481 | — | 481 | — | 481 | — | — | — |
| 151 | Kasse | 40 | — | 40 | — | 40 | — | — | — |
| 160 | Privat | 220 | — | — | — | — | — | — | — |
| 170 | Verbindlichkeiten | — | 710 | — | 710 | — | 710 | — | — |
| 180 | Umsatzsteuer | — | 610 | — | 610 | — | 610 | — | — |
| 190 | Sonstige Verbindlichkeiten | — | 110 | — | 110 | — | 110 | — | — |
| 300 | Wareneinkauf | 3 500 | — | 880 | — | 880 | — | — | — |
| 380 | Wareneinsatz | — | — | 2 620 | — | — | — | 2 620 | — |
| 400 | Personalkosten | 1 110 | — | 1 110 | — | — | — | 1 110 | — |
| 411 | Miete | 140 | — | 140 | — | — | — | 140 | — |
| 450 | Provisionsaufwendungen | 40 | — | 40 | — | — | — | 40 | — |
| 480 | Verwaltungskosten | 150 | — | 150 | — | — | — | 150 | — |
| 490 | Abschreibungen | — | — | 60 | — | — | — | 60 | — |
| 800 | Warenverkauf | — | 4 400 | — | 4 400 | — | — | — | 4 400 |
| 872 | Provisionserträge | — | 180 | — | 180 | — | — | — | 180 |
| | | 6 930 | 6 930 | 6 710 | 6 710 | 2 590 | 2 130 | 4 120 | 4 580 |
| | Gewinn | | | | | — | 460 | 460 | — |
| | | | | | | 2 590 | 2 590 | 4 580 | 4 580 |

(2) Vorbereitende Abschlußbuchungen:

    490 Abschreibungen
        an 033 Betriebs- und Geschäftsausstattung                60 000,—
    060 Kapital
        an 160 Privat                                            220 000,—
    380 Wareneinsatz
        an 300 Wareneinkauf                                    2 620 000,—

**Lösung zu Aufgabe 1.11** *Buchen nach dem Nettoverfahren*

| Wareneinkauf | | | |
|---|---|---|---|
| (1) | 150 000,— | | |

| Verbindlichkeiten | | | |
|---|---|---|---|
| (6) | 166 500,— | (1) | 171 000,— |
| | | (2) | 1 368,— |
| | | (3) | 342,— |

| Warenverkauf | | | |
|---|---|---|---|
| | | (4) | 210 000 — |

| Vorsteuer | | | |
|---|---|---|---|
| (1) | 21 000,— | | |
| (2) | 168,— | | |
| (3) | 42,— | | |

| Forderungen | | | |
|---|---|---|---|
| (4) | 239 400,— | (5) | 181 500.— |

| Umsatzsteuer | | | |
|---|---|---|---|
| | | (4) | 29 400,— |

| Reparaturkosten | | | |
|---|---|---|---|
| (3) | 300,— | | |

| Büromaterial | | | |
|---|---|---|---|
| (2) | 1 200,— | | |

| Bank | | | |
|---|---|---|---|
| (5) | 181 500,— | (6) | 166 500.— |
| | | (7) | 8 190.— |

| Umsatzsteuerzahlungen | | | |
|---|---|---|---|
| (7) | 8 190,— | | |

**Lösung zu Aufgabe 1.12** *Buchen nach Netto- und Bruttoverfahren*

(1)

| Betriebs- und Geschäftsausstattung | | | |
|---|---|---|---|
| (e) | 850,— | | |

| Warenverbindlichkeiten | | | |
|---|---|---|---|
| | | (a) | 28 956.— |
| | | (g) | 570.— |

| Kasse | | | |
|---|---|---|---|
| (b) | 37 164,— | (c) | 35 000,— |

| Umsatzsteuer | | | |
|---|---|---|---|
| | | (d) | 126 — |
| | | (h) | 4 564 — |

| Bank | | | |
|---|---|---|---|
| (c) | 35 000,— | | |
| (f) | 57,— | | |

| Wareneinkauf | | | |
|---|---|---|---|
| (a) | 25 400,— | | |
| (g) | 500,— | | |

| Warenforderungen | | | |
|---|---|---|---|
| (d) | 1 026,— | (e) | 969,— |
| | | (f) | 57,— |

| Warenverkäufe an Privat | | | |
|---|---|---|---|
| (h) | 4 564,— | (b) | 37 164 — |

| Vorsteuer | | | |
|---|---|---|---|
| (a) | 3 556,— | | |
| (e) | 119,— | | |
| (g) | 70,— | | |

| Warenverkäufe an Gewerbetreibende | | | |
|---|---|---|---|
| | | (d) | 900 — |

(2) Die Verkäufe an Private werden gewöhnlich brutto gebucht, weil die Umsatzsteuer bei Lieferungen an Nichtunternehmer zum Preisbestandteil wird und in der Rechnung meist nicht offen ausgewiesen ist. Eine Nettodarstellung ist aber auch im Einzelhandel möglich und statthaft.

Die in den Bruttoerlösen enthaltene nicht offen ausgewiesene Umsatzsteuer ist nachträglich zu ermitteln (Fall h). Wenn man die Umsatzsteuer dem Warenverkaufskonto belastet, zeigt dessen Saldo den Nettoerlös der Waren. Die Steuer wirkt somit dann als Erlöskorrektur.

## Lösung zu Aufgabe 1.13 *Entgeltänderungen und Umsatzsteuer*

**Kontierungen nach dem Kontenrahmen für den Groß- und Außenhandel:**

| | | | | |
|---|---|---|---|---|
| (1/2) | 300 Wareneinkauf | | 118 000,— | |
| | 140 Vorsteuer | | 16 520,— | |
| | an 170 Verbindlichkeiten | | | 134 520,— |
| (3/4) | 100 Forderungen | | 162 564,— | |
| | an 800 Warenverkauf | | | 142 600,— |
| | an 180 Umsatzsteuer | | | 19 964,— |
| (5) | 170 Verbindlichkeiten | | 111 000,— | |
| | an 130 Bank | | | 107 670,— |
| | an 308 Lieferantenskonti | | | 3 330,— |
| (6) | 308 Lieferantenskonti | | 408,95 | |
| | an 140 Vorsteuer | | | 408,95 |
| (7) | 130 Bank | | 129 204,— | |
| | 808 Kundenskonti | | 3 996,— | |
| | an 100 Forderungen | | | 133 200,— |
| (8) | 180 Umsatzsteuer | | 490,74 | |
| | an 808 Kundenskonti | | | 490,74 |

**Darstellung der Steuer- und Skontikonten:**

| | 140 Vorsteuer | | | | | 808 Kundenskonti | | |
|---|---|---|---|---|---|---|---|---|
| (1/2) | 16 520,— | (6) | 408,95 | | (7) | 3 996,— | (8) | 490,74 |

| | 180 Umsatzsteuer | | | | | 308 Lieferantenskonti | | |
|---|---|---|---|---|---|---|---|---|
| (8) | 490,74 | (3/4) | 19 964,— | | (6) | 408,95 | (5) | 3 330,— |

## Lösung zu Aufgabe 1.14 *Mehrere Umsatzsteuersätze*

(1)

**a) Bruttoverfahren**

Beim Bruttoverfahren werden die Steuerposten zunächst nicht sichtbar. Beim späteren Herausnehmen der Steuer ist zu beachten, daß eine Auf-Hundert-Rechnung nötig ist, da die Steuer vom Nettobetrag erhoben wird. Für Geschäftsfälle 1 bis 10 ergeben sich dann folgende Kontenbilder (Buchungen nach dem Groß- und Außenhandelskontenrahmen):

| | 300 Wareneinkauf Lebensmittel | | | | | 100 Forderungen | | |
|---|---|---|---|---|---|---|---|---|
| (1) 170 | 28 248,— | (5) 170 | 856,— | | (3) 800 | 31 886,— | (6) 810 | 524,40 |
| | | | | | (4) 810 | 23 256,— | | |

358

| 310 Wareneinkauf Haushaltswaren | | | |
|---|---|---|---|
| (2) 170 | 20 748,— | | |

| 130 Bank | | | |
|---|---|---|---|
| | | (7) 170 | 8 970,— |
| | | (8) 170 | 12 348,— |

| 800 Warenverkauf Lebensmittel | | | |
|---|---|---|---|
| | | (3) 100 | 31 886 — |

| 170 Verbindlichkeiten | | | |
|---|---|---|---|
| (5) 300 | 856,— | (1) 300 | 28 248,— |
| (7) 130, 318 | 9 250,— | (2) 310 | 20 748,— |
| (8) 130, 308 | 12 600,— | | |

| 810 Warenverkauf Haushaltswaren | | | |
|---|---|---|---|
| (6) 100 | 524,40 | (4) 100 | 23 256,— |

| 140 Vorsteuer | | | |
|---|---|---|---|
| | | (9) 318 | 34 39 |
| | | (10) 308 | 16 49 |

| 308 Lieferantenskonti Lebensmittel | | | |
|---|---|---|---|
| (10) 140 | 16,49 | (8) 170 | 252,— |

| 318 Lieferantenskonti Haushaltswaren | | | |
|---|---|---|---|
| (9) 140 | 34,39 | (7) 170 | 280,— |

**Beispiel für das Herausnehmen der Steuer:**

Wareneinkauf Lebensmittel:

$$
\begin{array}{r}
28\,248,— \\
\text{./.} \quad 856,— \\
\hline
27\,392,— \ = 107\ \%\ \text{der Nettorechnungsbeträge}
\end{array}
$$

$$\text{Vorsteuer:} \quad \frac{27\,392,— \ \times\ 7}{107} = 1\,792,—$$

Warenverkauf Haushaltswaren:

$$
\begin{array}{r}
23\,256,— \\
\text{./.} \quad 524,40 \\
\hline
22\,731,60\ =\ 114\ \%\ \text{der Nettorechnungsbeträge}
\end{array}
$$

$$\text{Umsatzsteuer:} \quad \frac{22\,731,60 \ \times\ 14}{114} = 2\,791,60$$

Die errechneten Steuerbeträge sind aus den Waren- auf die Steuerkonten zu übertragen (Vorsteuer an Wareneinkaufskonten, Warenverkaufskonten an Umsatzsteuer).

Die Steuerkonten zeigen folgendes Bild:

| 140 Vorsteuer | | | |
|---|---|---|---|
| 300 | 1 792,— | 318 | 34 39 |
| 310 | 2 548,— | 308 | 16 49 |
| | | Saldo | 4 289 12 |
| | 4 340,— | | 4 340,— |

| 180 Umsatzsteuer | | | |
|---|---|---|---|
| Saldo | 4 877,60 | 800 | 2 086,— |
| | | 810 | 2 791,60 |
| | 4 877,60 | | 4 877,60 |

**b) Nettoverfahren**

Das Nettoverfahren zwingt zwar nicht zu besonderer Kontenaufgliederung, weil gemischte Beträge nicht auftreten. Es sind aber die Aufzeichnungspflichten nach § 22 UStG zu beachten.

| 1. | 300 Wareneinkauf | 26 400,— | |
| | 140 Vorsteuer | 1 848,— | |
| | an 170 Verbindlichkeiten | | 28 248,— |
| 2. | 300 Wareneinkauf | 18 200,— | |
| | 140 Vorsteuer | 2 548,— | |
| | an 170 Verbindlichkeiten | | 20 748,— |
| 3. | 100 Forderungen | 31 886,— | |
| | an 800 Warenverkauf Lebensmittel | | 29 800,— |
| | an 180 Umsatzsteuer | | 2 086,— |
| 4. | 100 Forderungen | 23 256,— | |
| | an 810 Warenverkauf Haushaltswaren | | 20 400,— |
| | an 180 Umsatzsteuer | | 2 856,— |
| 5. | 170 Verbindlichkeiten | 856,— | |
| | an 300 Wareneinkauf | | 800,— |
| | an 140 Vorsteuer | | 56,— |
| 6. | 810 Warenverkauf Haushaltswaren | 460,— | |
| | 180 Umsatzsteuer | 64,40 | |
| | an 100 Forderungen | | 524,40 |
| 7./9. | 170 Verbindlichkeiten | 9 250,— | |
| | an 318 Lieferantenskonti | | 245,61 |
| | an 130 Bank | | 8 970,— |
| | an 140 Vorsteuer | | 34,39 |
| 8./10. | 170 Verbindlichkeiten | 12 600,— | |
| | an 308 Lieferantenskonti | | 235,51 |
| | an 130 Bank | | 12 348,— |
| | an 140 Vorsteuer | | 16,49 |
| 11. | 182 Umsatzsteuerzahlungen | 588,48 | |
| | an 130 Bank | | 588,48 |

(2) Die Aufgliederung der Erlöskonten nach Steuersätzen bzw. steuerpflichtigen und steuerfreien Beträgen ist unerläßlich, da eine getrennte Aufzeichnung vorgeschrieben ist. Die entsprechende Aufgliederung der Wareneinkaufskonten ist nicht verbindlich, aber aus Kontrollgründen und zum Zwecke der Analyse zu empfehlen.

(3) Die entsprechende Aufteilung der Steuerkonten wäre mit Rücksicht auf die Umsatzsteuervoranmeldung bzw. Umsatzsteuerjahreserklärung sinnvoll.

**Lösung zu Aufgabe 1.15**  *Umsatzsteuer bei Lieferungen und Eigenverbrauch*

(1) Es ergeben sich folgende Buchungen (nach EDV-Kontenrahmen KR 13):

| a) | 3000 Wareneinkauf | 50 300,— | |
| | 1530 Vorsteuer | 7 042,— | |
| | an 1601 Verbindlichkeiten | | 57 342,— |
| b) | 1401 Forderungen | 85 272,— | |
| | an 8000 Warenverkauf | | 74 800,— |
| | 1880 Umsatzsteuer | | 10 472,— |
| c) | 1601 Verbindlichkeiten | 49 950,— | |
| | an 1210 Bank | | 48 951,— |
| | 3600 Lieferantenskonti | | 999,— |
| | 3600 Lieferantenskonti | 122,68 | |
| | an 1530 Vorsteuer | | 122,68 |
| d) | 1210 Bank | 35 890,— | |
| | 8510 Kundenskonti | 1 110,— | |
| | an 1401 Forderungen | | 37 000,— |
| | 1880 Umsatzsteuer | 136,32 | |
| | an 8510 Kundenskonti | | 136,32 |

| e) | 1920 Private Sachentnahmen | 1 824,— | |
|---|---|---|---|
| | an 8700 Eigenverbrauch (Sachentnahmen) | | 1 600,— |
| | 1880 Umsatzsteuer | | 224,— |
| f) | 4400 Kfz-Kosten | 1 750,— | |
| | 1530 Vorsteuer | 245,— | |
| | an 1210 Bank | | 1 995,— |
| g) | 1928 Private Kfz-Nutzung | 399,— | |
| | an 8760 Eigenverbrauch (Leistungsentnahmen) | | 350,— |
| | 1880 Umsatzsteuer | | 49,— |
| h) | 4535 Steuerlich nichtabziehbare Geschenke an Geschäfts- | | |
| | freunde | 684,— | |
| | an 1000 Kasse | | 684,— |

(2) Korrekturbuchung:

| 4535 Steuerlich nichtabziehbare Geschenke an Geschäfts- | | |
|---|---|---|
| freunde | 684,— | |
| an 4530 Steuerlich abziehbare Geschenke an Geschäfts- | | |
| freunde | | 600,— |
| 1530 Vorsteuer | | 84,— |

(3) Bei Gewährung unentgeltlicher Leistungen an GmbH-Gesellschafter sind einkommensteuerliche und umsatzsteuerliche Aspekte zu beachten. Die umsatzsteuerlichen Korrekturen auf der Habenseite werden durch die Konten „Gesellschafterverbrauch" und „Umsatzsteuer" vollzogen, genauso wie bei einem Einzelkaufmann durch „Eigenverbrauch" und „Umsatzsteuer". Ein Konto „Privat" gibt es jedoch bei einer GmbH nicht, deshalb ist es zweckmäßig, unentgeltliche Leistungen an die Gesellschafter mit Gewinngutschriften zu verrechnen. Letztere werden als kurzfristige Verbindlichkeiten gegenüber Gesellschaftern gebucht.

Fall e:

| 1850 Kurzfristige Verbindlichkeiten gegenüber Gesell- | | |
|---|---|---|
| schaftern | 1 824,— | |
| an 8730 Gesellschafterverbrauch (unentgeltliche Liefe- | | |
| rungen) | | 1 600,— |
| 1880 Umsatzsteuer | | 224,— |

Fall g:

| 1850 Kurzfristige Verbindlichkeiten gegenüber Gesellschaftern | 399,— | |
|---|---|---|
| an 8790 Gesellschafterverbrauch (unentgeltliche Lei- | | |
| stungen) | | 350,— |
| 1880 Umsatzsteuer | | 49,— |

Fall h:

| 4535 Steuerlich nichtabziehbare Geschenke an Geschäftsfreunde | |
|---|---|
| an 1000 Kasse | 684,— |

Falls das Fahrzeug (Fall g) zur vollen Verfügung (auch privat) des Gesellschafters steht, ist hierin ein geldwerter Vorteil zu sehen, der bei ihm lohnsteuerpflichtig und beim Unternehmen als Personalaufwand voll abzugsfähig ist. Der geldwerte Vorteil wird in der Praxis monatlich meist als 1 % des abgerundeten Kaufpreises des Pkw angesetzt, was etwa 20 bis 25 % Privatnutzung entspricht (vgl. BMF-Schreiben über lohnsteuerliche Behandlung des geldwerten Vorteils aus der Gestellung von Kraftwagen, BStBl 1982 I S. 814 Nr. 7.4).

Buchung:

| 4143 Geldwerte Vorteile | |
|---|---|
| an 8790 Gesellschafterverbrauch (unentgeltliche Leistungen) | |
| 1880 Umsatzsteuer | |

**Lösung zu Aufgabe 1.16** *Lineare und degressive Abschreibung*

(1) p = 12,5

(2) Der Übergang auf die lineare Abschreibung sollte dann erfolgen, wenn hierbei die Abschreibungsbeträge größer als bei Beibehaltung der degressiven Abschreibung sind. Das ist im Beispiel im 6. Jahr der Fall.

| Abschreibungsverlauf bei Übergang von degressiver zu linearer Abschreibung | | |
|---|---|---|
| n | Abschreibung | Restbuchwert |
| 1 | 30 000,— | 70 000,— |
| 2 | 21 000,— | 49 000,— |
| 3 | 14 700,— | 34 300,— |
| 4 | 10 290,— | 24 010,— |
| 5 | 7 203,— | 16 807,— |
| 6 | 5 602,33 | 11 204,67 |
| 7 | 5 602,33 | 5 602,34 |
| 8 | 5 602,34 | — |

(3) Vom Jahr der Entstehung der nachträglichen Anschaffungs- oder Herstellungskosten an bemessen sich die Abschreibungen nach dem um die nachträglichen Anschaffungs- oder Herstellungskosten vermehrten letzten Buchwert oder Restwert und der Restnutzungsdauer. Die Restnutzungsdauer ist neu zu schätzen (Abschn. 43 Abs. 10 EStR).

| | degressiv | linear |
|---|---|---|
| Anschaffungskosten | 100 000,— | 100 000,— |
| Abschreibungen für 2 Jahre | 51 000,— | 25 000,— |
| Buchwert Ende des 2. Jahres | 49 000,— | 75 000,— |
| nachträgliche Herstellungskosten | + 12 000,— | + 12 000,— |
| Bemessungsgrundlage für AfA | 61 000,— | 87 000,— |

Bei degressiver Abschreibung betragen die Abschreibungen im 3. Jahr 18 300,— (= 30 % von 61 000,—), bei linearer Abschreibung 14 500,— (87 000 : 6).

**Lösung zu Aufgabe 1.17** *Digitale Abschreibung*

(1)

| Digitale Abschreibung | | |
|---|---|---|
| Jahr | a) ohne Berücksichtigung eines Schrottwertes | b) mit Berücksichtigung eines Schrottwertes |
| 1 | 60 000,— | 58 000,— |
| 2 | 50 000,— | 48 333,— |
| 3 | 40 000,— | 38 667,— |
| 4 | 30 000,— | 29 000,— |
| 5 | 20 000,— | 19 333,— |
| 6 | 10 000,— | 9 667,— |

(2) Die digitale Abschreibung ist handelsrechtlich zulässig, steuerrechtlich dagegen nicht (vgl. § 7 Abs. 2 EStG). Eine Berücksichtigung des Schrottwerts kommt handels- und steuerrechtlich nur dann in Betracht, wenn er erheblich und sicher zu erzielen ist. Nach Abschn. 43 Abs. 4 EStR wird ein steuerlich zu berücksichtigender Schrottwert im allgemeinen nur bei Seeschiffen vorliegen.

## Lösung zu Aufgabe 1.18 *Abschreibung nach Maßgabe der Leistung*

(1) Die Nutzungsdauer wird verkürzt

(2) 1. Jahr p = 12,5,
    2. Jahr p = 18,75,
    3. Jahr p = 37,5,
    4. Jahr p = 15.

## Lösung zu Aufgabe 1.19 *Abschluß bei direkter Abschreibung*

Vorbereitende Abschlußbuchungen:

| | |
|---|---:|
| 390 Warenbestand | |
|     an 300 Wareneinkauf | 20 500,— |
| 470 Abschreibungen auf Anlagen | |
|     an 030 Betriebs- und Geschäftsausstattung | 6 000,— |
| 080 Kapital | |
|     an 190 Privat | 59 777,— |

GuV-Konto

| | | | |
|---|---:|---|---:|
| 300 Wareneinkauf | 1 483 800,— | 800 Warenverkauf | 1 661 400,— |
| 440 Werbung | 26 800,— | | |
| 470 Abschreibungen auf Anlagen | 6 000,— | | |
| 480 Sonstige Geschäftsausgaben | 59 200,— | | |
| Gewinn | 85 600,— | | |
| | 1 661 400,— | | 1 661 400,— |

Anfangskapital 264 000,— + Gewinn 85 600,— ./. Privatentnahme 59 777,— = Endkapital 289 823,—

## Lösung zu Aufgabe 1.20 *Abschluß bei direkter und indirekter Abschreibung*

a) Vorbereitende Abschlußbuchungen:

| | | |
|---|---:|---:|
| 490 Abschreibungen auf Anlagen | 21 600,— | |
|     an 034 Fuhrpark | | 7 200,— |
|     033 Geschäftsausstattung | | 14 400,— |
| 380 Wareneinsatz | | |
|     an 300 Wareneinkauf | | 306 000,— |
| 060 Kapital | | |
|     an 160 Privat | | 25 950,— |

Die Umsatzsteuer-Verbindlichkeit wird als Saldo aus Vorsteuer- und Umsatzsteuerkonto ausgewiesen.

Schlußbilanz

| | | | |
|---|---|---|---|
| 033 Geschäftsausstattung | 81 600,— | 060 Eigenkapital | 250 794,— |
| 034 Fuhrpark | 28 800,— | 170 Verbindlichkeiten | 71 256,— |
| 300 Waren | 92 400,— | 180 Umsatzsteuer | 21 168,— |
| 100 Forderungen | 82 800,— | | |
| 153 Besitzwechsel | 6 000,— | | |
| 151 Kasse | 7 218,— | | |
| 131 Bank | 44 400,— | | |
| | 343 218,— | | 343 218,— |

GuV-Konto

| | | | |
|---|---|---|---|
| 380 Wareneinsatz | 306 000,— | 800 Warenverkauf | 549 600,— |
| 400 Personalkosten | 113 656,— | | |
| 480 Verwaltungskosten | 51 600,— | | |
| 490 Abschreibungen auf Anlagen | 21 600,— | | |
| Gewinn | 56 744,— | | |
| | 549 600,— | | 549 600,— |

Entwicklung des Kapitalkontos:

Anfangsstand 220 000,— + Gewinn 56 744,— ./. Privatentnahme 25 950,— = 250 794,—

b) Die indirekte Abschreibung wird gebucht:

490 Abschreibungen auf Anlagen
    an 051 Wertberichtigung bei Sachanlagen       21 600,—

Es ergibt sich eine Bilanzverlängerung, denn die Anlagekonten werden nicht um die Abschreibungen gemindert. Das GuV-Konto ändert sich gegenüber der Lösung a) nicht. Zu beachten ist, daß Kapitalgesellschaften allerdings die Wertberichtigungen in der Bilanz aktivisch abzusetzen haben (§ 266 Abs. 3 HGB), bei ihnen sich also keine Bilanzverlängerung ergibt.

**Lösung zu Aufgabe 1.21** *Bildung und Auflösung einer Einzelwertberichtigung auf Forderungen*

(1) Buchungen im Abschlußjahr:

Zweifelhafte Forderungen
    an Forderungen aus Lieferungen und Leistungen    5 700,—
Abschreibungen auf Forderungen
    an Einzelwertberichtigung auf Forderungen    1 500,—

(2) Buchungen im Folgejahr:

  a) Der Kunde zahlt 100 % des Forderungsbetrags

    Bank
        an Zweifelhafte Forderungen    5 700,—
    Einzelwertberichtigung auf Forderungen
        an Periodenfremden Ertrag    1 500,—

  b) Der Kunde zahlt 60 % des Forderungsbetrags

    Bank    3 420,—
    Forderungsverluste    2 000,—
    Umsatzsteuer    280,—
        an Zweifelhafte Forderungen    5 700,—
    Einzelwertberichtigung auf Forderungen
        an Periodenfremden Ertrag    1 500,—

c) Der Kunde zahlt 70 % des Forderungsbetrags

| | | |
|---|---|---|
| Bank | 3 990,— | |
| Forderungsverluste | 1 500,— | |
| Umsatzsteuer | 210,— | |
| an Zweifelhafte Forderungen | | 5 700,— |
| Einzelwertberichtigung auf Forderungen | | |
| an Periodenfremder Ertrag | | 1 500,— |

**Lösung zu Aufgabe 1.22**  *Einzel- und Pauschalwertberichtigung auf Forderungen*

(1)

| | | |
|---|---|---|
| Gesamte Kundenforderungen | 176 700,— | |
| ∴ uneinbringliche Forderung an GmbH Mau & Co. | 1 710,— | |
| | 174 990,— | |
| ∴ Umsatzsteuer | 21 490,— | |
| Forderungen (netto) | 153 500,— | |

Mit Ausfällen ist zu rechnen bei:

| | Nennwert | Geschätzter Ausfall |
|---|---|---|
| Emil Krach | 2 000,— | 1 400,— |
| Rudolf Schlenkrich | 800,— | 320,— |
| Ernst Ungewiß | 1 000,— | 500,— |
| | 3 800,— | 2 200,— |

| | |
|---|---|
| Zweifelhafte Forderungen (netto) | 3 800,— |
| Verbleiben gute Forderungen (netto) | 149 700,— |

3 % pauschale Wertberichtigung von 149 700,—   4 491,—

(2) a) Ausbuchen der uneinbringlichen Forderung an die GmbH Mau & Co.:

| | | |
|---|---|---|
| Forderungsverluste | 1 500,— | |
| Umsatzsteuer | 210,— | |
| an Forderungen aus Lieferungen und | | |
| Leistungen | | 1 710,— |

Auch das Personenkonto ist entsprechend zu berichtigen.

b) Umbuchen und Abschreiben der zweifelhaften Forderungen (3 800,— + 14 % Umsatzsteuer):

| | |
|---|---|
| Zweifelhafte Forderungen | |
| an Forderungen aus Lieferungen und | |
| Leistungen | 4 332,— |
| Abschreibungen auf Forderungen | |
| an Einzelwertberichtigung auf Forderungen | 2 220,— |

c) Bildung der Pauschalwertberichtigung:

| | |
|---|---|
| Abschreibungen auf Forderungen | |
| an Pauschalwertberichtigung auf Forderungen | 4 491,— |

**Lösung zu Aufgabe 1.23**  *Endgültig eintretende Zahlungsausfälle bei einzel- und pau-schalwertberichtigten Forderungen*

(1) a) Eingang der Konkursdividende von Firma Emil Krach

| | | |
|---|---|---|
| Bank | 798,— | |
| Forderungsverluste | 1 300,— | |
| Umsatzsteuer | 182,— | |
| an Zweifelhafte Forderungen | | 2 280,— |

b) Überweisung der Firma Rudolf Schlenkrich

| | | |
|---|---|---|
| Bank | 547,20 | |
| Forderungsverluste | 320,— | |
| Umsatzsteuer | 44,80 | |
| an Zweifelhafte Forderungen | | 912,— |

c) Ausbuchen der uneinbringlichen Forderung an die Firma Ernst Ungewiß

| | | |
|---|---|---|
| Forderungsverluste | 1 000,— | |
| Umsatzsteuer | 140,— | |
| an Zweifelhafte Forderungen | | 1 140,— |

Durch die Buchungen a) bis c) ist das Konto „Zweifelhafte Forderungen" ausgeglichen. Die im Vorjahr gebildete Einzelwertberichtigung ist noch aufzulösen. Buchungssatz:

| | |
|---|---|
| Einzelwertberichtigung | |
| an Periodenfremder Ertrag | 2 220,— |

(2) Bei Verrechnung von endgültigen Forderungsausfällen mit der im Vorjahr gebildeten Einzelwertberichtigung müßte man kontrollieren, ob der geschätzte Ausfall (d. h. die Wertberichtigung) und der tatsächliche Verlust übereinstimmen. Die erforderlichen Buchungen wären von der Abweichung abhängig. Bei zu geringer Wertberichtigung müßte eine zusätzliche Restabschreibung erfolgen, bei zu hoher Wertberichtigung wäre ein periodenfremder Ertrag zu erkennen.

Beim Buchen der wirklichen Ausfälle in ihrer jeweils anfallenden Höhe über das Forderungsverlustkonto entfällt eine solche Kontrolle. Die Auflösung des während des Jahres nicht bebuchten Einzelwertberichtigungskontos korrigiert als periodenfremder Ertrag automatisch die ansonsten zu hohen Abschreibungsbeträge auf Forderungen. Diese Buchungsweise ist weniger fehleranfällig und erlaubt im übrigen (im Gegensatz zur anderen Buchungsweise) die Umsatzsteuerverprobung.

(3) Buchung der Ausfälle, für die im Vorjahr eine Pauschalwertberichtigung gebildet worden war:

| | | |
|---|---|---|
| Forderungsverluste | 4 800,— | |
| Umsatzsteuer | 672,— | |
| an Forderungen aus Lieferungen und Leistungen | | 5 472,— |

Auflösung der vorjährigen und Bildung der neuen Pauschalwertberichtigung (Bruttobuchungstechnik):

| | |
|---|---|
| Pauschalwertberichtigung auf Forderungen | |
| an Periodenfremder Ertrag | 4 491,— |
| Abschreibungen auf Forderungen | |
| an Pauschalwertberichtigung auf Forderungen | 4 560,— |

oder diese beiden Buchungen zusammengefaßt (Nettobuchungstechnik):

| | |
|---|---|
| Abschreibungen auf Forderungen | |
| an Pauschalwertberichtigung auf Forderungen | 69,— |

## Lösung zu Aufgabe 1.24 *Zeitliche Abgrenzung*

(1)
| | | |
|---|---|---|
| a) | Kfz-Kosten | |
| | an Bank | 840,— |
| b) | Aktive Rechnungsabgrenzung | |
| | an Kfz-Kosten | 630,— |
| c) | Kfz-Kosten | |
| | an Aktive Rechnungsabgrenzung | 630,— |

(2) a) Privat
     an Bank                                                 3 120,—

Für b) und c) keine Buchungen, da diese nicht durch den Betrieb veranlaßt sind.

(3) a) —

    b) Fernsprechgebühren
       an Sonstige Verbindlichkeiten                       470,—

    c) Sonstige Verbindlichkeiten
       an Bank                                           470,—

(4) a) Reisekosten                               400,—
       Umsatzsteuer                        56,—
       an Postgiro                               456,—

    b) Aktive Rechnungsabgrenzung
       an Reisekosten                             400,—

    c) Reisekosten
       an Aktive Rechnungsabgrenzung           400,—

(5) a) Kauf der Wertpapiere:
       Wertpapiere
         an Bank                               30 000,—
       Zinstermin Juli:
       Bank
         an Zinserträge                           12 000,—

    b) Sonstige Forderungen
       an Zinserträge                           1 000,—

    c) Zinstermin Januar:
       Bank                               1 200,—
         an Sonstige Forderungen            1 000,—
            Zinserträge                      200,—

(6) a) —

    b) Sonstige Forderungen                     2 166,—
       an Lieferantenboni                   1 900,—
          Vorsteuer                        266,—

    c) Bank
       an Sonstige Forderungen              2 166,—

(7) a) Bank                                 456,—
       an Mieterträge                           400,—
         Umsatzsteuer                        56,—

    b) Mieterträge
       an Passive Rechnungsabgrenzung          200,—

    c) Passive Rechnungsabgrenzung
       an Mieterträge                           200,—

**(1) Zusammenstellung der Berichtigungs- und Umbuchungen per 31. Dezember 19..**

| Lfd. Nr. | | Soll | | Haben | |
|---|---|---|---|---|---|
| | | Kto.-Nr. | Betrag | Kto.-Nr. | Betrag |
| 1 | Abschreibungen | | | | |
| | a) Geschäfts- oder Firmenwert | 65 | 20 000 | 03 | 20 000 |
| | b) Firmengebäude | 65 | 48 000 | 05 | 48 000 |
| | c) Technische Anlagen und Maschinen | 65 | 194 000 | 07 | 194 000 |
| | d) Andere Anlagen, Betriebs- und Geschäftsausstattung | 65 | 230 000 | 08 | 230 000 |
| 2 | Inventurbestände | | | | |
| | a) Roh-, Hilfs- und Betriebsstoffe | 60 | 4 930 000 | 20 | 4 930 000 |
| | b) Unfertige Erzeugnisse | 21 | 40 000 | 52 | 40 000 |
| | c) Fertige Erzeugnisse | 52 | 130 000 | 22 | 130 000 |
| 3 | Pauschalwertberichtigung | 66 — 69 | 15 000 | 24 | 15 000 |
| 4 | Wertpapiere | | | | |
| | a) des Anlagevermögens | — | | | — |
| | b) des Umlaufvermögens | 74 | 10 000 | 27 | 10 000 |
| 5 | a) — | | | | |
| | b) Belegschaftsveranstaltung | 66 — 69 | 13 000 | 28 | 13 000 |
| 6 | Werbekampagne | 29 | 23 000 | 66 — 69 | 23 000 |
| 7 | Kfz-Versicherung | 29 | 1 000 | 66 — 69 | 1 000 |
| 8 | Steuerrückstellung | | | | |
| | a) vom Einkommen und vom Ertrag | 77 | 36 000 | 38 | 36 000 |
| | b) sonstige Steuern | 70 | 8 000 | 38 | 8 000 |
| 9 | Patentprozeß | 76 | 175 000 | 39 | 175 000 |
| 10 | (Nicht buchungs-, sondern nur vermerkpflichtig) | | — | | — |
| 11 | Januarmiete | 54 | 11 000 | 49 | 11 000 |
| 12 | Pensionsrückstellungen | 64 | 100 000 | 37 | 100 000 |
| | | | 5 984 000 | | 5 984 000 |

**(2) Verkürzte Bilanzübersicht vom 1. Januar bis 31. Dezember 19..**

Siehe Seite 369.

| Kto. Nr. | Sachkontenbezeichnung | 3 (1+2) Summenbilanz Soll | Haben | 4 Vorl. Saldenbilanz Soll | Haben | 5 Vorzunehmende Berichtigungen Erläuterungen | Belastung | Gutschrift | 6 Endg. Saldenbilanz Soll | Haben | 7 Vermögensbilanz Soll | Haben | 8 Erfolgsbilanz Aufwand | Ertrag |
|---|---|---|---|---|---|---|---|---|---|---|---|---|---|---|
| 03 | Geschäfts- oder Firmenwert | 280 000 | | 280 000 | | 1 a | | 20 000 | 260 000 | | 260 000 | | | |
| 05 | Grundstücke und Bauten | 2 310 000 | | 2 310 000 | | 1 b | | 48 000 | 2 262 000 | | 2 262 000 | | | |
| 07 | Technische Anlagen und Maschinen | 1 900 000 | 30 000 | 1 870 000 | | 1 c | | 194 000 | 1 676 000 | | 1 676 000 | | | |
| 08 | Andere Anlagen, Betriebs- und Geschäftsausstattung | 780 000 | 10 000 | 770 000 | | 1 d | | 230 000 | 540 000 | | 540 000 | | | |
| 15 | Wertpapiere des Anlagevermögens | 180 000 | | 180 000 | | | | | 180 000 | | 180 000 | | | |
| 20 | Roh-, Hilfs- und Betriebsstoffe | 5 740 000 | | 5 740 000 | | 2 a | | 4 930 000 | 810 000 | | 810 000 | | | |
| 21 | Unfertige Erzeugnisse | 710 000 | | 710 000 | | 2 b | 40 000 | | 750 000 | | 750 000 | | | |
| 22 | Fertige Erzeugnisse | 1 250 000 | | 1 250 000 | | 2 c | | 130 000 | 1 120 000 | | 1 120 000 | | | |
| 24 | Forderungen aus Lieferungen und Leistungen | 22 610 000 | 22 190 000 | 420 000 | | 3 | | 15 000 | 405 000 | | 405 000 | | | |
| 26 | Sonstige Vermögensgegenstände | 8 340 000 | 8 190 000 | 150 000 | | | | | 150 000 | | 150 000 | | | |
| 27 | Sonstige Wertpapiere | 130 000 | | 130 000 | | 4 b | | 10 000 | 120 000 | | 120 000 | | | |
| 28 | Schecks, Kassenbestand, Postgiroguthaben, Guthaben bei Kreditinstituten | 25 360 000 | 25 265 000 | 95 000 | | 5 b | | 13 000 | 82 000 | | 82 000 | | | |
| 29 | Rechnungsabgrenzungsposten | 10 000 | 10 000 | | | 6, 7 | 24 000 | | 24 000 | | 24 000 | | | |
| 30 | Gezeichnetes Kapital | | 1 750 000 | | 1 750 000 | | | | | 1 750 000 | | 1 750 000 | | |
| 31 | Kapitalrücklage | | 50 000 | | 50 000 | | | | | 50 000 | | 50 000 | | |
| 324 | Andere Gewinnrücklagen | | 100 000 | | 100 000 | | | | | 100 000 | | 100 000 | | |
| 339 | Gewinnvortrag | | 130 000 | | 130 000 | | | | | 130 000 | | 130 000 | | |
| 37 | Rückstellungen für Pensionen u. ä. Verpflichtungen | | 760 000 | | 760 000 | 12 | | 100 000 | | 660 000 | | 660 000 | | |
| 38 | Steuerrückstellungen | 40 000 | 240 000 | | 200 000 | 8 | | 44 000 | | 245 000 | | 245 000 | | |
| 39 | Sonstige Rückstellungen | 240 000 | 240 000 | | | 9 | | 175 000 | | 175 000 | | 175 000 | | |
| 42 | Verbindlichkeiten gegenüber Kreditinstituten | 2 660 000 | 5 669 000 | | 3 009 000 | | | | | 3 009 000 | | 3 009 000 | | |
| 44 | Verbindlichkeiten aus Lieferungen und Leistungen | 4 370 000 | 4 980 000 | | 610 000 | | | | | 610 000 | | 610 000 | | |
| 45 | Verbindlichkeiten aus der Annahme gezogener Wechsel und dem Ausstellen eigener Wechsel | | | | | | | | | | | | | |
| 48 | Sonstige Verbindlichkeiten | 1 320 000 | 1 500 000 | | 180 000 | | | | | 180 000 | | 180 000 | | |
| 49 | Rechnungsabgrenzungsposten | 1 200 000 | 1 860 000 | | 660 000 | | | | | 660 000 | | 660 000 | | |
| 50 | Umsatzerlöse | 20 000 | 24 240 000 | | 24 220 000 | 11 | | 11 000 | | 24 220 000 | | | | 24 220 000 |
| 52 | Erhöhung oder Verminderung des Bestands an fertigen und unfertigen Erzeugnissen | | | | | 11 | 90 000 | | 90 000 | | | | 90 000 | |
| 54 | Sonstige betriebliche Erträge | | 55 000 | | 55 000 | 2 b, 2 c | 11 000 | | | 44 000 | | | | 44 000 |
| 56 | Erträge aus anderen Wertpapieren | | 18 000 | | 18 000 | 11 | | | | 18 000 | | | | 18 000 |
| 57 | Sonstige Zinsen u. ä. Erträge | | 10 000 | | 10 000 | | | | | 10 000 | | | | 10 000 |
| 58 | Außerordentliche Erträge | | 14 000 | | 14 000 | | | | | 14 000 | | | | 14 000 |
| 60 | Aufwendungen für Roh-, Hilfs- und Betriebsstoffe | | | | | 2 a | 4 930 000 | | 4 930 000 | | | | 4 930 000 | |
| 62/63 | Löhne und Gehälter | 6 345 000 | | 6 345 000 | | | | | 6 345 000 | | | | 6 345 000 | |
| 64 | Soziale Abgaben und Aufwendungen für Unterstützung und für Altersversorgung | 1 270 000 | | 1 270 000 | | 12 | 100 000 | | 1 370 000 | | | | 1 370 000 | |
| 65 | Abschreibungen auf immaterielle Vermögensgegenstände des Anlagevermögens u. Sachanlagen | | | | | 1 | 492 000 | | 492 000 | | | | 492 000 | |
| 66-69 | Sonstige betriebliche Aufwendungen | 8 541 000 | | 8 541 000 | | 3, 5 b, 6, 7 | 4 000 | | 8 545 000 | | | | 8 545 000 | |
| 70 | Betriebliche Steuern | 15 000 | | 15 000 | | 8 b | 8 000 | | 23 000 | | | | 23 000 | |
| 74 | Abschreibungen auf Finanzanlagen und auf Wertpapiere des Umlaufvermögens | | | | | 4 | 10 000 | | 10 000 | | | | 10 000 | |
| 75 | Zinsen u. ä. Aufwendungen | 220 000 | | 220 000 | | | | | 220 000 | | | | 220 000 | |
| 76 | Außerordentliche Aufwendungen | 15 000 | | 15 000 | | 9 | 175 000 | | 190 000 | | | | 190 000 | |
| 77 | Steuern vom Einkommen und vom Ertrag | 1 245 000 | | 1 245 000 | | 8 a | 36 000 | | 1 281 000 | | | | 1 281 000 | |
| | | 97 101 000 | 97 101 000 | 31 556 000 | 31 556 000 | | 5 920 000 | 5 920 000 | 31 875 000 | 31 875 000 | 8 379 000 | 7 569 000 | 23 496 000 | 24 306 000 |
| | | | | | | | | | | | | 810 000 | | 810 000 |
| | | | | | | | | | | | 8 379 000 | 8 379 000 | 24 306 000 | 24 306 000 |

# Lösungen zum 2. Hauptteil: Allgemeine rechtliche Vorschriften und Grundsätze ordnungsmäßiger Buchführung

**Lösung zu Aufgabe 2.1** *Zur Buchführung nach Handels- und Steuerrecht*

(1) Während das Handelsrecht die Buchführungspflicht an die Kaufmannseigenschaft knüpft, ist die in § 141 AO geregelte originäre steuerliche Buchführungspflicht an das Erreichen bestimmter betrieblicher Leistungsmerkmale gekoppelt. Daher ist es z. B. möglich, daß ein Landwirt, der nicht im Handelsregister eingetragen ist, somit nicht die Kaufmannseigenschaft (Kannkaufmann) erworben hat und nach Handelsrecht keiner Buchführungspflicht unterliegt, steuerrechtlich buchführungspflichtig ist, weil sein land- und forstwirtschaftliches Vermögen die in § 141 AO genannten Grenzen übersteigt. Der andere Fall, daß die Verpflichtung, Bücher zu führen, nach Handels-, nicht aber nach Steuerrecht besteht, kann durch die Bestimmung des § 140 AO, die sogenannte abgeleitete Buchführungspflicht, nicht eintreten.

(2) Die Aufzeichnungen dienen der besonderen Kontrolle der Warenbewegung. Die Bedeutung der Vorschriften über den Warenein- und -ausgang liegt vor allem darin, daß sie — im Gegensatz zu § 141 AO — **alle** gewerblichen Unternehmer erfassen, also auch nicht buchführungspflichtige Kleinunternehmer. Dadurch wird die Nachprüfbarkeit von Angaben der nicht buchführungspflichtigen Gewerbetreibenden sichergestellt.

**Lösung zu Aufgabe 2.2** *Zeitgerechtes Buchen*

(1) Im Interesse der Rationalisierung werden häufig über Tage hinweg gleichartige Buchungen zusammengefaßt, ohne daß Einwendungen dagegen berechtigt wären (vgl. auch Abschn. 29 Abs. 2 Nr. 2 EStR).

(2) Kassenvorgänge bedürfen tagfertiger Aufzeichnungen, damit eine Kontrolle des Kassenbestandes jederzeit möglich ist (§ 146 Abs. 1 AO).

(3) Wer Provisionsabrechnungen nur in regelmäßigen Abständen bucht, verfährt zweifellos noch zeitgerecht, wenn auch unter Umständen nicht ganz zeitnah. Barvorgänge aber werden nur zeitgerecht behandelt, wenn sie täglich aufgezeichnet sind.

(4) Tagfertig heißt Verbuchung am Tage des Buchungsanfalls. Zeitnah wird gebucht, wenn zwar nicht täglich, aber kurzfristig übersehbar aufgezeichnet wird. Zeitgerecht ist der übergeordnete Begriff (vgl. § 239 Abs. 2 HGB).

**Lösung zu Aufgabe 2.3** *Frist für die Erstellung des Jahresabschlusses bei besonderen Umständen*

Eine ordnungsgemäße Erstellung des Jahresabschlusses bedeutet in diesem Fall, daß sie **unverzüglich** vorzunehmen ist. Dies gebietet der Gläubigerschutz. Die Interessen der Gläubiger könnten unmittelbar beeinträchtigt sein. Zudem muß eventuell geprüft werden, ob Konkurs oder Vergleich anzumelden ist. Bei tatsächlich eintretender Zahlungsunfähigkeit droht Freiheits- oder Geldstrafe, falls der Jahresabschluß nicht in der vorgeschriebenen Zeit aufgestellt wurde (§§ 283, 283 b StGB).

Wäre die Zahlungsfähigkeit der Firma Schmidt nicht beeinträchtigt, würde es genügen, den Jahresabschluß im Zeitraum bis spätestens ein Jahr nach dem Bilanzstichtag aufzustellen.

**Lösung zu Aufgabe 2.4** *Unterzeichnung*

Im Geschäftsverkehr hat Eugen Maier gemäß § 17 HGB mit dem Handelsnamen zu unterschreiben, also mit „Giuseppe Bandolini". Den Jahresabschluß dagegen hat er mit seinem bürgerlichen Namen zu unterzeichnen, also mit „Eugen Maier" (§ 245 HGB).

**Lösung zu Aufgabe 2.5** *Zur Aufbewahrung von Unterlagen*

(1) Ordnungsmäßige Aufbewahrung bedeutet Griffbereitschaft, d. h. Einhaltung eines Aufbewahrungssystems, das eine mühelose Vorlage der Unterlagen bzw. eine Einsicht in dieselben jederzeit ermöglicht.

(2) Von der 10jährigen Frist sind vor allem die Belege ausgenommen, und zwar deshalb, weil sie massenhaft anfallen.

(3) Originalunterlagen können durch Bild- oder andere Datenträger ersetzt werden. Das ist rationeller. Eine ordnungsmäßige Wiedergabe muß gesichert sein, vor allem bildliche/inhaltliche Übereinstimmung mit den Originalunterlagen (§ 257 Abs. 3 HGB, § 147 Abs. 2 AO).

(4) Die Aufbewahrungsfristen dürfen nicht kürzer sein als die Festsetzungsfristen für Steuern.

(5) Registrierkassenstreifen müssen nicht aufbewahrt werden, denn allabendlich muß eine Abstimmung der Kasse gemacht werden (vgl. Abschn. 29 Abs. 3 EStR).

(6) Rechnungen mit Buchfunktion sind 10 Jahre aufzubewahren, da sie die sonst zu führenden Bücher vertreten (vgl. Abschn. 29 Abs. 3 EStR).


**Lösung zu Aufgabe 2.6** *Aufbewahrungsfristen*

(1) — (7) 10 Jahre,
(8) — (10)  6 Jahre.


# Lösungen zum 3. Hauptteil: Organisation der Buchführung und EDV


**Lösung zu Aufgabe 3.1** *Zur Durchschreibebuchführung*

(1) Sämtliche Konten sind mit Nummer und Namen in einem Register festgehalten. Sämtliche Buchungen sind mit Kontonummer, -namen und Buchungsbetrag im Journal verankert. Die monatliche Saldenliste erfaßt jeden einzelnen Kontensaldo am Ende des Monats.

(2) Mit Hilfe des Journals ist Rekonstruktion möglich (Spalte „Kontonummer" durchsehen). Die Rekonstruktion erstreckt sich bis zur letzten Saldenliste.

(3) Die Durchschriften müssen stets den Urschriften gleich sein.


**Lösung zu Aufgabe 3.2** *Zur manuellen Offenen-Posten-Buchführung*

(1) Nur dann läßt sich aus den Namenskopien der Forderungsstand ersehen.

(2) Die Offene-Posten-Buchführung will in den getrennt registrierten noch nicht ausgeglichenen Rechnungskopien den Forderungsstand ermitteln.

(3) Die Restbeträge werden für die Abstimmung benötigt.

(4) Die Namenskopien entsprechen den Personenkonten. Die offenen Posten müssen abgestimmt werden.

(5) Die Abstimmung der offenen Posten ist eine wesentliche Voraussetzung dafür, daß die Offene-Posten-Buchführung als ordnungsmäßig anerkannt wird.

Die Abstimmung ist am Beispiel der Forderungen wie folgt vorzunehmen:

Summe der offenen Posten (gemäß noch nicht endgültig abgelegter Namenskopien)
./. etwaige Summe offener Habenposten
= Saldo des Kontos „Forderungen an Kunden"

## Lösung zu Aufgabe 3.3  *Abgrenzung von Aufwand und Kosten*

### (1) Neutraler Aufwand

— Spenden
— Pacht für Werksportplatz          } betriebsfremd
— Spekulationsverluste

— Maschinenbruch
— Hochwasserschäden                  } außergewönlich
— außerordentliche Abschreibungen und Forderungsverluste

— Gewerbesteuernachzahlung
— Nachzahlung für soziale Abgaben    } periodenfremd

— Haus- und Grundstücksaufwendungen
— Zinsaufwendungen für langfristige Verbindlichkeiten   } wertverschieden
— normale Abschreibungen auf Forderungen

— Erbschaft- und Schenkungsteuer     } nicht kalkulierbare Steuern

### (2) Zweckaufwand (Grundkosten)

— Fertigungslöhne
— Rohstoffverbrauch
— Postspesen
— allgemeine Verwaltungskosten
— Schleusenbeiträge
— Hilfslöhne für Transportarbeiter
— Kfz-Kosten
— kaufmännische Gehälter
— Aufwendungen für Werksverpflegung
— Vertriebskosten
— Miete für Geschäftsräume

### (3) Zusatzkosten

— kalkulatorische Abschreibungen für buchhalterisch bereits abgeschriebene Maschinen
— kalkulatorische Wagnisse
— kalkulatorischer Unternehmerlohn
— kalkulatorische Zinsen

## Lösung zu Aufgabe 3.4  *Abgrenzung von Ertrag und Leistung*

### Neutrale Erträge:

— Gewinne aus Devisenspekulationen   } betriebsfremd

— Ertrag aus Anlagenverkauf
— Erträge aus Wertaufholung des Anlagevermögens   } außergewönlich
— Versicherungsleistungen (Brandschaden)

— nachträglicher Forderungseingang
— Gewerbesteuerrückzahlung           } periodenfremd
— Erträge aus Auflösung von Rückstellungen

— verrechneter kalkulatorischer Unternehmerlohn  } Gegenposten der Kosten- und Leistungsrechnung

— Wertpapierzinsen  } sonstige
— Mieterträge  } neutrale Erträge

**Betriebserträge (Leistungen):**

— Umsatzerlöse
— Nebenerlöse aus Schrottverkäufen
— Erlöse aus Patenten

**Lösung zu Aufgabe 3.5** *Zusammenhänge zwischen Buchhaltung und Kalkulation in prozeßgegliederten Kontennetzen*

(1) Die Übereinstimmung wird dadurch herbeigeführt, daß in die Klasse der Kostenarten nur die Grundkosten und die Zusatzkosten aufgenommen werden. Die Zahlen dieser Klasse gehen in die Kalkulation ein. Außerordentlicher und betriebsfremder Aufwand wird in der Klasse 2 erfaßt.

(2) Kalkulatorischer Unternehmerlohn ist Kostenelement und gehört deshalb in die Kontenklasse der Kostenarten. Der Gegenposten gehört in die Kontenklasse 2 als neutraler Ertrag. Buchung: Klasse 4 Kostenart „Unternehmerlohn" an Klasse 2 „Verrechneter kalkulatorischer Unternehmerlohn". Das Gesamtergebnis bleibt durch diese Buchung unberührt.

(3) Buchhalterischer Reingewinn + neutraler Aufwand ∕ neutrale Erträge = Kalkulationsgewinn (Betriebsergebnis).

**Lösung zu Aufgabe 3.6** *Verbuchung von Wertdifferenzen aus Verrechnungspreisen bei prozeßgegliederten Kontennetzen*

**(1) Buchung des Verbrauchs von 8 Einheiten**

| | | |
|---|---|---|
| Materialaufwand | 9 600,— | |
| an Bestände an Rohstoffen | | 8 000,— |
| an Verrechnete kalkulatorische Posten | | 1 600,— |

**(2) Abschluß**

| | | |
|---|---|---|
| a) Betriebsergebnis | | |
| an Materialaufwand | | 9 600,— |
| b) Verrechnete kalkulatorische Posten | | |
| an Neutrales Ergebnis | | 1 600,— |
| c) GuV-Konto | | |
| an Betriebsergebnis | | 9 600,— |
| d) Neutrales Ergebnis | | |
| an GuV-Konto | | 1 600,— |

| Neutrales Ergebnis | | | | Betriebsergebnis | | | |
|---|---|---|---|---|---|---|---|
| d) | 1 600,— | b) | 1 600 | a) | 9 600,— | c) | 9 600,— |

| Gesamtergebnis (GuV-Konto) | | | |
|---|---|---|---|
| c) | 9 600,— | d) | 1 600,— |

Auf dem GuV-Konto kommen nur die effektiven Aufwendungen in Höhe von 8 000,—
zur Auswirkung. Der gleiche Effekt wäre auch erreicht worden, wenn man die Verrech-
nungsdifferenzen zwischen den tatsächlich entstandenen Istkosten (8 000,—) und den
auf den Kostenträgern verrechneten Kosten (9 600,—) über das Konto „Verrechnungser-
gebnis" statt über „Verrechnete kalkulatorische Posten" und „Neutrales Ergebnis" aufgefangen hätte.

**Lösung zu Aufgabe 3.7** *Ermittlung von neutralem und Betriebsergebnis*

(1) a) Wareneinkauf und Vorsteuer an Verbindlichkeiten

    b) Forderungen an Warenverkauf und Umsatzsteuer

    c) Bank an Forderungen

    d) Verbindlichkeiten an Bank

    e) Kasse an Bank

    f) Miete an Bank

    g) Betriebsfremde Aufwendungen an Kasse

    h) Außergewöhnliche Aufwendungen an Wareneinkauf

    i) Sonstige Personalaufwendungen an Kasse

    j) Bank an Zinserträge

    k) Bürokosten und Vorsteuer an Kasse

    l) Sonstige Personalaufwendungen an Kasse

    m) Kasse an betriebsfremde Erträge

    n) Gehälter an Bank

    o) Privat an Kasse

    p) Außergewöhnliche Abschreibungen auf Forderungen an Forderungen

    q) Betriebsfremde Aufwendungen an Bank

    r) Allgemeine Verwaltungskosten an Bank

    s) Kasse an periodenfremde Erträge und Umsatzsteuer

    t) Versandschädenversicherung an Bank

    u) Bilanzielle Abschreibungen an Betriebs- und Geschäftsausstattung

    v) Kalkulatorische Abschreibung an Verrechnete kalkulatorische Abschreibung

(2) a) Reingewinn lt. GuV-Konto 73 520,—

    b) Kosten (außer Waren) 190 000,—

    c) Wareneinsatz 637 300,—

    d) Neutraler Aufwand 23 330,—

    e) Neutraler Ertrag 24 150,—

    f) Betriebsgewinn (im Sinne der Kostenrechnung) 72 700,—

# Lösung zu Aufgabe 3.8 — Durchführung der Abgrenzungsrechnung bei abschlußgegliederten Kontennetzen am Beispiel des IKR '86

(1)

| Kto.-Nr. | Konto | GuV 1 Aufw. | GuV 2 Erträge | 90 betriebsfremd 3 Aufw. | 90 betriebsfremd 4 Erträge | 91 außerordentl. 5 Aufw. | 91 außerordentl. 6 Erträge | 91 wertversch. 7 Aufw. | 91 wertversch. 8 Erträge | 91 periodenfremd 9 Aufw. | 91 periodenfremd 10 Erträge | 92 11 Kosten | 92 12 Leistung |
|---|---|---|---|---|---|---|---|---|---|---|---|---|---|
| 5000 | Umsatzerlöse | | 1 000 000 | | | | | | | | | | 1 000 000 |
| 5202 | Bestandserhöhung | | 20 000 | | | | | | | | | | 20 000 |
| 5300 | Aktivierte Eigenleistungen | | 23 000 | | | | | | | | | | 23 000 |
| 5401 | Nebenerlöse a. Vermietung | | 11 000 | | 11 000 | | | | | | | | |
| 5460 | Erträge aus Abgang von Vermögensgegenständen | | 19 000 | | | | 19 000 | | | | | | |
| 5480 | Erträge aus Herabsetzung von Rückstellungen | | 2 000 | | | | | | | | 2 000 | | |
| 5490 | Periodenfremde Erträge | | 3 000 | | | | | | | | 3 000 | | |
| 5500 | Erträge aus Beteiligungen | | 5 000 | | 5 000 | | | | | | | | |
| 5710 | Zinserträge | | 10 800 | | 10 800 | | | | | | | | |
| 5800 | Außerordentliche Erträge | | 32 000 | | | | 32 000 | | | | | | |
| 6000 | Aufwendungen für Rohstoffe | 300 000 | | | | | | 300 000 | 310 000 | | | 310 000 | |
| 6010 | Aufw. f. Fremdbauteile | 14 000 | | | | | | | | | | 14 000 | |
| 6160 | Fremdinstandhaltung | 6 000 | | 2 000 | | | | | | | | 4 000 | |
| 6200 | Löhne | 210 000 | | | | | | 200 000 | 206 000 | 10 000 | | 206 000 | |
| 6300 | Gehälter | 170 000 | | | | | | 170 000 | 175 100 | | | 175 100 | |
| 6400 | Soziale Abgaben | 75 000 | | | | | | 75 000 | 77 200 | | | 77 200 | |
| 6440 | Aufw. f. Altersversorgung | 15 000 | | | | | | | | | | 15 000 | |
| 6520 | Abschreibg. auf Sachanlag. | 45 000 | | 5 000 | | | | 40 000 | | | | | |
| 6690 | Sonstige Personalaufwend. | 2 700 | | 300 | | | | | | | | 2 400 | |
| 6800 | Büromaterial | 4 000 | | | | | | | | | | 4 000 | |
| 6870 | Werbung | 8 000 | | | | | | | | | | 8 000 | |
| 6953 | Pauschalwertberichtigung | 3 000 | | | | | | 3 000 | | | | | |
| 6960 | Verluste aus Abgang von Vermögensgegenständen | 9 200 | | | | 9 200 | | | | | | | |
| 7000 | Betriebl. Steuern | 37 100 | | | | | | | | | | 37 100 | |
| 7400 | Abschr. auf Finanzanlagen | 3 100 | | 3 100 | | | | | | | | | |
| 7510 | Zinsaufwendungen | 52 000 | | | | | | 52 000 | | | | | |
| 7600 | Außerordentl. Aufwendung. | 13 000 | | | | 13 000 | | | | | | | |
| 7700 | Gewerbeertragsteuer | 15 500 | | | | | | | | | | 15 500 | |
| 7710 | Körperschaftsteuer | 45 700 | | 45 700 | | | | | | | | | |
| | **Kalkulatorische Kosten** | | | | | | | | | | | | |
| | Kalk. Abschreibungen | | | | | | | | 40 000 | | | 40 000 | |
| | Kalk. Zinsen | | | | | | | | 60 000 | | | 60 000 | |
| | Kalk. Wagnisse | | | | | | | | 4 000 | | | 4 000 | |
| | **Summen** | 1 028 300 | 1 125 800 | 56 100 | 26 800 | 22 200 | 51 000 | 840 000 | 872 300 | 10 000 | 5 000 | 972 300 | 1 043 000 |
| | **Salden** | 97 500 | | | 29 300 | 28 800 | | 32 300 | | | 5 000 | 70 700 | |
| | Ergebnisrechnung | Gesamtergebnis | | Betriebsfremdes Ergebnis | | Außerordentl. Ergebnis | | Verrechnungsergebnis | | Periodenfremdes Ergebnis | | Betriebsergebnis | |

Abgrenzungsergebnis (entspricht neutralem Ergebnis)

Die Abgrenzungsrechnung führt zu folgender Ergebnisaufteilung:

|  |  |
|---|---|
| Betriebsfremdes Ergebnis | ./. 29 300 |
| + Außerordentliches Ergebnis | + 28 800 |
| + Verrechnungsergebnis | + 32 300 |
| + Periodenfremdes Ergebnis | ./. 5 000 |
| = Abgrenzungsergebnis | 26 800 |
| + Betriebsergebnis | + 70 700 |
| = Gesamtergebnis | 97 500 |

(2) Wenn keine kalkulatorischen Kosten angesetzt werden, so sind die ihnen entsprechenden Aufwendungen in die Spalte der Kostenarten einzuordnen und nicht in die Spalten der Abgrenzungsrechnung. Es handelt sich hier um Pos. 18 „Abschreibungen auf Sachanlagen", Pos. 22 „Pauschalwertberichtigung" und Pos. 26 „Zinsaufwendungen".

**Lösung zu Aufgabe 3.9** *Abschluß unter Einbeziehung kalkulatorischer Kosten*

(1)
Zusammenstellung der Umbuchungen:

a) 2016 Abschreibungen auf Sachanlagen          28 800,—
       an 0050 Geschäfts- und Lagergebäude         18 000,—
       an 0060 Fabrikgebäude                             10 800,—

b) 2016 Abschreibungen auf Sachanlagen
       an 0200 Kraftfahrzeuge                          62 500,—
    4910 Kalkulatorische Abschreibungen
       an 2910 Verrechn. kalkulator. Abschreibungen      50 000,—

c) 2016 Abschreibungen auf Sachanlagen
       an 0300 Betriebs- und Geschäftsausstattung       60 000,—
    4910 Kalkulatorische Abschreibungen
       an 2910 Verrechn. kalkulator. Abschreibungen      60 000,—

d) 4920 Kalkulatorischer Unternehmerlohn
       an 2920 Verrechn. kalk. Unternehmerlohn        80 000,—

e) 4930 Kalkulatorische Zinsen
       an 2930 Verrechn. kalkulator. Zinsen          156 000,—

f) 4940 Kalkulatorische Miete
       an 2940 Verrechn. kalkulator. Mietwert         52 000,—

g) 3000 Wareneinkauf
       an 3950 Bestände an Handelswaren          375 000,—

h) 1430 Zweifelhafte Forderungen
       an 1401 Forderungen a. Lieferungen u. Leistungen    22 800,—
    2070 Abschreibungen auf Forderungen
       an 1440 Einzelwertberichtig. a. Kundenforderungen    10 000,—
    2070 Abschreibungen auf Forderungen
       an 1445 Pauschalwertberichtig. a. Kundenforder.      1 850,—

Das Neutrale Ergebnis von 164 750,— ergibt sich als Summe der Salden der Abgrenzungskonten, das Betriebsergebnis von 97 000,— ermittelt sich aus dem Wareneinsatz sowie den Klassen 4 und 8.

Neutrales Ergebnis

| | | | |
|---|---|---|---|
| 2016 | 151 300,— | 2170 | 19 000,— |
| 2070 | 11 550,— | 2290 | 112 000,— |
| 2076 | 23 000,— | 2551 | 9 000,— |
| 2140 | 37 400,— | 2910 | 110 000,— |
| 2200 | 150 000,— | 2920 | 80 000,— |
| Saldo | 164 750,— | 2930 | 156 000,— |
| | | 2940 | 52 000,— |
| | 538 000,— | | 538 000,— |

| | | | |
|---|---:|---|---:|
| 3000 | 5 975 000,— | 8000 | 8 000 000,— |
| 4100 | 977 000,— | | |
| 4150 | 215 000,— | | |
| 4300 | 39 200,— | | |
| 4330 | 32 800,— | | |
| 4400 | 80 000,— | | |
| 4650 | 76 000,— | | |
| 4700 | 110 000,— | | |
| 4910 | 110 000,— | | |
| 4920 | 80 000,— | | |
| 4930 | 156 000,— | | |
| 4940 | 52 000,— | | |
| Saldo | 97 000,— | | |
| | 8 000 000,— | | 8 000 00C,— |

| | |
|---|---:|
| Neutrales Ergebnis | + 164 750,— |
| Betriebsergebnis | +  97 000,— |
| Gesamtergebnis | + 261 750,— |

Anfangskapital 3 000 000,— + Gewinn 261 750,— ∕ Privatentnahmen 124 0C0,— = Endkapital 3 137 750,—

(2) Wenn, wie in diesem Beispiel, für die betriebseigenen Gebäude eine kalkulatorische Eigenmiete angesetzt wird, dann können nicht noch kalkulatorische Abschreibungen für die gleichen Wirtschaftsgüter geltend gemacht werden. Auch bei der Festlegung kalkulatorischer Zinsen ist auf Überschneidungen mit der Eigenmiete zu achten.

(3) Bilanz und GuV-Rechnung in Anlehnung an die Schemata der §§ 266, 275 HGB (die Bezifferung richtet sich nach den tatsächlich vorhandenen Positionen):

### Bilanz (nach § 266 HGB)

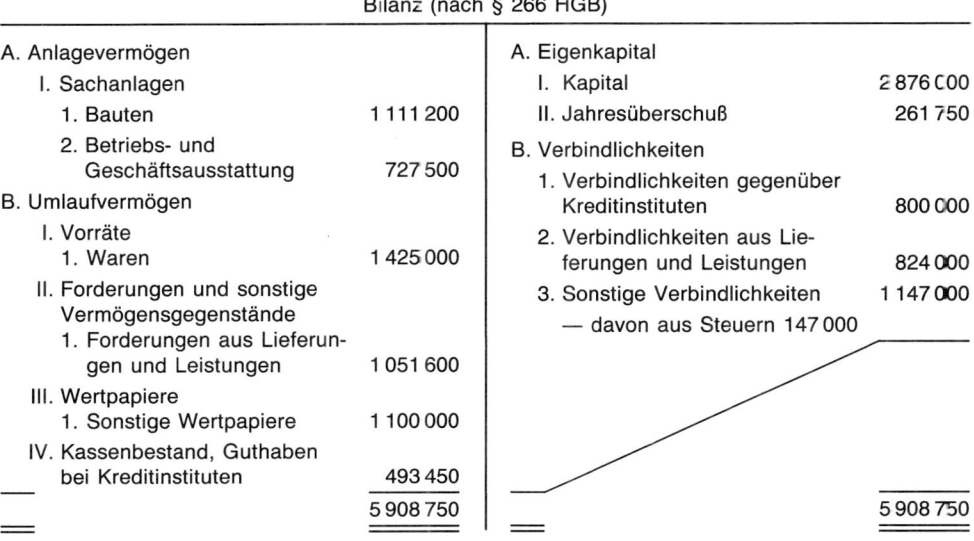

| A. Anlagevermögen | | A. Eigenkapital | |
|---|---:|---|---:|
| I. Sachanlagen | | I. Kapital | 2 876 C00 |
| 1. Bauten | 1 111 200 | II. Jahresüberschuß | 261 750 |
| 2. Betriebs- und Geschäftsausstattung | 727 500 | B. Verbindlichkeiten | |
| B. Umlaufvermögen | | 1. Verbindlichkeiten gegenüber Kreditinstituten | 800 000 |
| I. Vorräte | | | |
| 1. Waren | 1 425 000 | 2. Verbindlichkeiten aus Lieferungen und Leistungen | 824 000 |
| II. Forderungen und sonstige Vermögensgegenstände | | 3. Sonstige Verbindlichkeiten | 1 147 000 |
| 1. Forderungen aus Lieferungen und Leistungen | 1 051 600 | — davon aus Steuern 147 000 | |
| III. Wertpapiere | | | |
| 1. Sonstige Wertpapiere | 1 100 000 | | |
| IV. Kassenbestand, Guthaben bei Kreditinstituten | 493 450 | | |
| | 5 908 750 | | 5 908 750 |

Vorsteuer und Umsatzsteuer werden in der Praxis in der Bilanz saldiert ausgewiesen. Wegen der Umsatzsteuerverprobung müssen die Salden der Vorsteuer- und Umsatzsteuerkonten im einzelnen in der Buchführung ersichtlich sein.

| | | |
|---|---|---:|
| 1. | Umsatzerlöse | 8 000 000 |
| 2. | Sonstige betriebliche Erträge | 28 000 |
| 3. | Materialaufwand | |
| | a) Aufwend. f. bezogene Waren | ⁒ 5 975 000 |
| 4. | Personalaufwand | |
| | a) Löhne und Gehälter | ⁒ 977 000 |
| | b) Soziale Abgaben | ⁒ 215 000 |
| 5. | Abschreibungen | |
| | a) auf Sachanlagen | ⁒ 151 300 |
| 6. | Sonstige betriebl. Aufwendungen | ⁒ 337 950 |
| 7. | Sonst. Zinsen u. ähnliche Erträge | 112 000 |
| 8. | Zinsen u. ähnliche Aufwendungen | ⁒ 150 000 |
| 9. | Ergebnis der gewöhnlichen Geschäftstätigkeit | = 333 750 |
| 10. | Steuern vom Ertrag | ⁒ 39 200 |
| 11. | Sonstige Steuern | ⁒ 32 800 |
| 12. | Jahresüberschuß | = 261 750 |

(4)  Aus der GuV-Rechnung nach § 275 HGB ist nicht zu erkennen, daß der Jahresüberschuß zu einem Großteil, nämlich 164 750,—, auf sogenannte neutrale Posten zurückzuführen ist und nur 97 000,— auf das Betriebsergebnis entfallen. Kalkulatorische Überlegungen sind diesem Schema fremd. Das als Zwischenergebnis ausgewiesene „Ergebnis der gewöhnlichen Geschäftstätigkeit" bringt in diesem Beispiel keine neuen Erkenntnisse. Für unternehmensinterne Analysen ist daher die Zusammenstellung der Salden der Abgrenzungskonten, die das neutrale Ergebnis ausmachen, sehr hilfreich. Abschlußgegliederte Kontenrahmen bieten diese Möglichkeit allerdings nicht.


# Lösungen zum 4. Hauptteil: Abschlüsse nach Handels- und Steuerrecht

**Lösung zu Aufgabe 4.1**  *Vollständigkeitsgebot*

Liefert die Opitz KG erst nach dem Bilanzstichtag, so wirkt sich der Kauf nicht mehr im Jahresabschluß der beiden Firmen aus, obwohl sie gegenseitige Forderungen aneinander haben bzw. sich gegenseitig etwas schulden. Das Vollständigkeitsgebot bezieht sich also nicht auf beiderseitig unerfüllte Schuldverhältnisse (sogenannte schwebende Geschäfte). Man geht nämlich zunächst von der Annahme aus, daß Leistung und Gegenleistung sich entsprechen, übersieht dabei allerdings, daß die Liquiditätsverhältnisse doch stark beeinflußt werden können. Erst die einseitige Erfüllung des Vertrages wirkt sich in der Buchführung aus; es sei denn, ein Verlust droht. Dann sind Rückstellungen für drohende Verluste aus schwebenden Geschäften zu bilden.


**Lösung zu Aufgabe 4.2**  *Gründungsaufwendungen*

Die Aufwendungen für die Gründung des Unternehmens von insgesamt 6 250,— sind nicht aktivierbar (§ 248 Abs. 1 HGB). Selbstverständlich sind aber die Aufwendungen im Zusammenhang mit der Einbringung des Grundbesitzes, aufgeteilt nach Grundstücken und Gebäuden, zu aktivieren.

**Lösung zu Aufgabe 4.3**  *Immaterielle Anlagewerte*

Für selbst erstellte immaterielle Anlagewerte des Anlagevermögens besteht ein Aktivierungsverbot, weil ihr Wert schwer schätzbar und daher unsicher ist. Eine Aktivierung im Umlaufvermögen zu Herstellungskosten (80 000,—) kommt jedoch in Betracht, wenn das Patent nur zum Zweck der Veräußerung entwickelt worden ist. Dann hat es nämlich den Charakter von Vorratsvermögen und ist nicht als immaterieller Anlagewert auszuweisen.

Erfindervergütungen an Arbeitnehmer für im Unternehmen genutzte Erfindungen sind aber handels- wie steuerrechtlich aktivierungspflichtig.


**Lösung zu Aufgabe 4.4**  *Verrechnungsverbot*

Ende 01 sind auf beiden Konten Guthaben. Fischer kann die Beträge addieren und in seiner Bilanz wie folgt ausweisen:

Guthaben bei Kreditinstituten                                    22 000,—

Dies verstößt nicht gegen das Verrechnungsverbot, denn die Bilanz soll nicht alle Konten des Kontenplans einzeln aufnehmen, sondern sinnvoll verdichtet wiedergeben.

Am Ende des Folgejahres ist auf dem Konto der Landesgirokasse ein Minus von 2 000,—. Hier greift das Verrechnungsverbot. Die Verrechnung zwischen Posten der Aktivseite und Posten der Passivseite ist nicht zulässig (§ 246 Abs. 2 HGB).

Ausweis:

Guthaben bei Kreditinstituten (Aktivseite)                       8 000,—
Bankschulden (Passivseite)                                       2 000,—

Hätte Fischer beide Konten bei der gleichen Bank, so stünde einer Verrechnung nur dann nichts entgegen, wenn Guthaben und Verbindlichkeiten mit gleicher Fälligkeit ausgestattet sind.


**Lösung zu Aufgabe 4.5**  *Ingangsetzungsaufwendungen, Gründungskosten*

(1) — (6) Aktivierungsfähige Aufwendungen für die Ingangsetzung

(7) — (8) Nicht aktivierungsfähige Gründungskosten

(9) Keine Ingangsetzungsaufwendungen, sondern als Nebenkosten zu den Anschaffungskosten des Grundstücks gehörig


**Lösung zu Aufgabe 4.6**  *Anlage- oder Umlaufvermögen*

(1) Vorführwagen eines Kfz-Händlers sind auf Grund ihrer Funktion, das Verkaufsprogramm vorzuführen, dem Anlagevermögen zuzuordnen. Ihre Zweckbestimmung liegt in der wiederholten Verwendung als Vorführgegenstände. Dabei kommt es nicht darauf an, daß die Zweckbestimmung bis zum Ende der Nutzungsdauer beibehalten wird (BFH-Urteil, BStBl 1982 II S. 344).

Solange Musterhäuser dazu dienen, das Produktionsprogramm dem Publikum vorzuführen, bleiben sie dem Anlagevermögen zugehörig. Dem Umlaufvermögen können sie erst zugeordnet werden, wenn der Unternehmer eine entsprechende, nach außen hin erkennbare Änderung ihrer Zweckbestimmung vorgenommen hat, z. B. durch Herrichtung und Angebot der Häuser zum Verkauf (BFH-Urteil, BStBl 1977 II S. 686).

(2) Ausstellungsgegenstände auf Verkaufsausstellungen von kurzer Dauer dürften in der Regel dem Vorratsvermögen (Umlaufvermögen) zuzuordnen sein, da sie zwar das Programm dem Publikum vorführen sollen, jedoch bereits während der Ausstellung zum Verkauf bereitstehen mit der — durch den Messezweck bedingten — Besonder-

heit, daß ihre Lieferung an den Abnehmer erst nach Beendigung der Messe erfolgt (BFH-Urteil, BStBl 1977 II S. 686).

(3) Die Zuordnung eines Wirtschaftsgutes ist nicht nur hinsichtlich der Bilanzgliederung von Bedeutung, sondern vor allem hinsichtlich der Bewertung. Anlagevermögen unterliegt anderen Bewertungsregeln als Umlaufvermögen.

**Lösung zu Aufgabe 4.7** *Immaterielle Vermögensgegenstände*

(1) a)       Lizenz an gewerblichen Schutzrechten

    b)      Ähnliche Rechte

    c) — d) Nicht aktivierungsfähig

    e)      Gewerbliche Schutzrechte, ähnliche Rechte und Werte

    f)      Ähnliche Rechte

    g)      Geleistete Anzahlungen (auf Lizenzen an gewerblichen Schutzrechten)

(2) 50 000,— aktivierungsfähig als „Geschäfts- oder Firmenwert"

**Lösung zu Aufgabe 4.8** *Sachanlagen*

(1)      Es sind zwei Fälle denkbar:

     — Sind die Fässer, Flaschen, Bierkästen Pfandgut der Brauerei, gehören sie zur Betriebs- und Geschäftsausstattung.

     — Können die Abnehmer entscheiden, ob sie die Fässer, Flaschen, Bierkästen zurückgeben oder erwerben wollen, sind sie, soweit sie sich am Bilanzstichtag am Lager befinden, als Hilfsstoffe unter den Vorräten zu erfassen.

     Bei Berechnung solcher Materialien gibt es zwei Ausweismöglichkeiten:

     — einmal Forderungsausweis bei Ausgabe des Pfandgutes bei gleichzeitigem Ansatz einer Verbindlichkeit in Höhe des berechneten Pfandgeldes, wenn einzelne Pfandkonten geführt werden,

     — zum anderen Bildung einer „Sonstigen Rückstellung" auf Schätzungsbasis (vgl. ADS 1987, § 266 Tz 115).

(2)      Geleistete Anzahlungen und Anlagen im Bau

(3)      Grundstücke und Bauten

(4)      Nicht maschinengebundenes Werkzeug gehört zu „Andere Anlagen, Betriebs- und Geschäftsausstattung", ansonsten zu „Vorräten".

(5) — (6) Bauten (unselbständiger Gebäudeteil, Abschn. 42 a Abs. 5 EStR)

(7) — (10) Technische Anlagen und Maschinen

(11)    Bauten (Mietereinbauten, Abschn. 13 b EStR)

(12)    Andere Anlagen, Betriebs- und Geschäftsausstattung

(13)    Die Werksbahn gehört zu „Andere Anlagen, Betriebs- und Geschäftsausstattung", die Gleisanlage zu „Technische Anlagen und Maschinen".

**Lösung zu Aufgabe 4.9** *Finanzanlagen*

(1)      Ausleihung an Unternehmen, mit denen ein Beteiligungsverhältnis besteht

(2) — (5) Sonstige Ausleihungen

(6)      Anteile an verbundenen Unternehmen

**Lösung zu Aufgabe 4.10**  *Vorräte*

(1) Betriebsstoffe

(2) Rohstoffe

(3) Unfertige Erzeugnisse

(4) Rohstoffe (nicht geltend gemachter Eigentumsvorbehalt ist für die Bilanzierung ohne Bedeutung)

(5) a) Waren
    b) Hilfsstoffe

(6) Unfertige Erzeugnisse

(7) Waren (Gefahrübergang auf Käufer am 31. 12.)

(8) Fertige Erzeugnisse

(9) Fertige Erzeugnisse

(10) Geleistete Anzahlungen auf Vorräte


**Lösung zu Aufgabe 4.11**  *Forderungen und sonstige Vermögensgegenstände*

(1) Sonstige Vermögensgegenstände

(2) Forderungen aus Leistungen

(3) Forderungen aus Leistungen an Gesellschafter oder Forderungen aus Leistungen bei gleichzeitigem Vermerk „davon an Gesellschafter ..." bzw. Angabe im Anhang (§ 42 Abs. 3 GmbHG)

(4) Forderungen gegen verbundene Unternehmen (die Mitzugehörigkeit zu „Forderungen aus Lieferungen und Leistungen" ist entweder in der Bilanz oder im Anhang zu vermerken, § 265 Abs. 3 HGB)

(5) Forderungen aus Lieferungen (mit 2 480,—)

(6) Sonstige Vermögensgegenstände

(7) Keine echte Forderung (der Vorschuß ist auf den Abschlußstichtag abzurechnen und als Sonderkasse zu behandeln)


**Lösung zu Aufgabe 4.12**  *Wertpapiere*

Es handelt sich um „Anteile an verbundenen Unternehmen", die wegen ihrer Zwecksetzung dem Umlaufvermögen zuzuordnen sind.

Die Position B.III.1 „Anteile an verbundenen Unternehmen" steht unter der Gruppenüberschrift B.III „Wertpapiere". Da GmbH-Anteile nicht als Wertpapiere verbrieft sind, könnten sie genau genommen dort nicht ausgewiesen werden, sondern wären als B.II.4 „Sonstige Vermögensgegenstände" zu bilanzieren. Um Konzernverflechtungen deutlich zu machen und wegen der Einheitlichkeit des Vorgehens, sollte dennoch eine Eingliederung unter B.III.1 erfolgen, in wesentlichen Fällen mit einem entsprechenden Hinweis im Anhang (vgl. ADS 1987, § 266 Tz 139).


**Lösung zu Aufgabe 4.13**  *Flüssige Mittel*

(1) Bausparkassen werden in § 1 BausparkG als Kreditinstitute bezeichnet. ADS 1987 (§ 266 Tz 153) rechnen deshalb deren Guthaben zu den flüssigen Mitteln, d. h. zum Posten B.IV. Wegen der langfristigen Festlegung empfiehlt der Beck'sche Bilanzkommentar (München 1986, S. 777) jedoch den Ausweis unter B.I.4 „Sonstige Vermögensgegenstände", ebenso WP-Handbuch 1985/86 II, S. 165.

(2) Bestände an Barrengold oder Goldmünzen, die keine gesetzlichen Zahlungsmittel sind, gehören nicht zu den flüssigen Mitteln, sondern zu B.II.4 „Sonstige Vermögensgegenstände".

(3) Bestehen bei ein- und demselben Kreditinstiut laufende Guthaben und Verbindlichkeiten gleicher Fristigkeit und Kondition, so werden diese Posten gegeneinander aufgerechnet, nicht aber im Falle unterschiedlicher Konditionen. Guthaben und Verbindlichkeiten bei verschiedenen Kreditinstituten dürfen nicht gegeneinander aufgerechnet werden (§ 246 Abs. 2 HGB).

## Lösung zu Aufgabe 4.14 *Kapitalerhöhung*

1 000 000,— führen zur Erhöhung des gezeichneten Kapitals,
3 000 000,— Ausgabekursdifferenz sind der Kapitalrücklage zuzuführen.

## Lösung zu Aufgabe 4.15 *Eigenkapital*

(1) a) 1. Jahr: 0, 2. Jahr: 5 000,—, 3. Jahr: 12 500,—.

    b) Die Rücklage wird so lange jährlich aufgefüllt, bis sie zusammen mit den Kapitalrücklagen nach § 272 Abs. 2 Nr. 1 bis 3 HGB 10 % des gezeichneten Kapitals, also 300 000,— beträgt (§ 150 Abs. 2 AktG).

    c) Wenn Kapitalrücklagen nach § 272 Abs. 2 Nr. 1 bis 3 HGB und gesetzliche Rücklage zusammen 10 % des Grundkapitals übersteigen, darf der übersteigende Betrag zur Kapitalerhöhung verwendet werden (§ 150 Abs. 4 AktG).

(2) a) Aus vorhandenen frei verfügbaren Gewinnrücklagen oder dem Bilanzgewinn muß in Höhe von 900 000,— eine Rücklage für eigene Anteile gebildet werden (§ 272 Abs. 4 HGB).

    b) Die unter dem Umlaufvermögen ausgewiesenen eigenen Aktien müssen bei Kursverfall auf 750 000,— abgewertet werden. Im gleichen Zuge werden 150 000,— der „Rücklage für eigene Anteile" ertragserhöhend aufgelöst.

(3) Nach § 270 Abs. 2 HGB ist dies zulässig.

(4) Die Bezeichnung besagt, daß die Bilanz unter Berücksichtigung der teilweisen Verwendung des Jahresergebnisses aufgestellt ist (§ 268 Abs. 1 HGB).

## Lösung zu Aufgabe 4.16 *Ausstehende Einlagen und Jahresfehlbetrag*

(1)

| Aktiva | | Bilanz bei Bruttoausweis | Passiva |
|---|---|---|---|
| A. Ausstehende Einlagen, nicht eingefordert | 20 000,— | A. Eigenkapital Gezeichnetes Kapital | 50 000,— |
| B. Anlagevermögen | 180 000,— | B. Verbindlichkeiten | 220 000,— |
| C. Umlaufvermögen | 70 000,— | | |
| | 270 000,— | | 270 000,— |

**Aktiva** — Bilanz bei Nettoausweis — **Passiva**

| Aktiva | | Passiva | | |
|---|---|---|---|---|
| A. Anlagevermögen | 180 000,— | A. Eigenkapital | | |
| B. Umlaufvermögen | 70 000,— | Gezeichnetes Kapital | | 50 000,— |
| | | Nicht eingeforderte Einlagen | | ./. 20 000,— |
| | | Eingefordertes Kapital | | 30 000,— |
| | | B. Verbindlichkeiten | | 220 000,— |
| | 250 000,— | | | 250 000,— |

Ein Vergleich der beiden Darstellungsarten ergibt, daß beim Nettoausweis eine Bilanzverkürzung in Höhe der nicht eingeforderten ausstehenden Einlagen erfolgt. Dies kann für die Größenmerkmale nach § 267 HGB von Bedeutung sein.

(2)

**Aktiva** — Bilanz bei Bruttoausweis — **Passiva**

| Aktiva | | Passiva | | |
|---|---|---|---|---|
| A. Ausstehende Einlagen, nicht eingefordert | 20 000,— | A. Eigenkapital | | |
| B. Anlagevermögen | 180 000,— | I. Gezeichnetes Kapital | 50 000,— | |
| C. Umlaufvermögen | 10 000,— | II. Jahresfehlbetrag | ./. 60 000,— | —,— |
| D. Nicht durch Eigenkapital gedeckter Fehlbetrag | 10 000,— | | ./. 10 000,— | |
| | | B. Verbindlichkeiten | | 220 000,— |
| | 220 000,— | | | 220 000,— |

**Aktiva** — Bilanz bei Nettoausweis — **Passiva**

| Aktiva | | Passiva | | |
|---|---|---|---|---|
| A. Anlagevermögen | 180 000,— | A. Eigenkapital | | |
| B. Umlaufvermögen | 10 000,— | I. Gezeichnetes Kapital | 50 000,— | |
| C. Nicht durch Eigenkapital gedeckter Fehlbetrag | 30 000,— | Nicht eingeford. Einlagen | ./. 20 000,— | |
| | | Eingefordertes Kapital | 30 000,— | |
| | | II. Jahresfehlbetrag | ./. 60 000,— | |
| | | | ./. 30 000,— | |
| | | B. Verbindlichkeiten | | 220 000,— |
| | 220 000,— | | | 220 000,— |

Wie das Beispiel verdeutlicht, wird beim Nettoausweis der nicht durch Eigenkapital gedeckte Fehlbetrag um den Betrag der nicht eingeforderten ausstehenden Einlagen höher ausgewiesen als beim Bruttoausweis. Durch die Einforderung der Einlagen kann er aber auf den Betrag beim Bruttoausweis herabgemindert werden.

Anzufügen wäre noch, daß die hier ausgewiesene buchmäßige Überschuldung nicht notwendigerweise eine Überschuldung im Sinne des Insolvenzrechts darstellen muß. Hierbei wären in einer Überschuldungsbilanz Aktiva und Passiva mit den jeweiligen Zeitwerten anzusetzen.

**Lösung zu Aufgabe 4.17** *Sonderposten mit Rücklageanteil*

(1)

## a) Buchungen im Schadensjahr

| Wareneinkauf | | | | Sonstige Forderungen | | |
|---|---|---|---|---|---|---|
| AB | 30 000,— | (1) | 30 000,— | (1) | 50 000,— | |

| Rücklage für Ersatzbeschaffung | | |
|---|---|---|
| | (1) | 20 000,— |

AB = Anfangsbestand; (1) = Buchung des Diebstahls, der Rücklage und des Versicherungsanspruchs

## b) Buchungen im Folgejahr

| Wareneinkauf | | | | Sonstige Forderungen | | |
|---|---|---|---|---|---|---|
| (2) | 51 000,— | (3) | 20 000,— | AB | 50 000,— | (1) 50 000,— |

| Bank | | | | Rücklage für Ersatzbeschaffung | | |
|---|---|---|---|---|---|---|
| (1) | 50 000,— | (2) | 51 000,— | (3) | 20 000,— | AB 20 000,— |

(1) = Eingang der Entschädigung; (2) = Wareneinkauf; (3) = Auflösung der Rücklage für Ersatzbeschaffung

(2)

Nach § 281 Abs. 2 HGB sind Einstellungen in den „Sonderposten mit Rücklageanteil" in den „Sonstigen betrieblichen Aufwendungen" und Erträge aus der Auflösung in den „Sonstigen betrieblichen Erträgen" gesondert auszuweisen oder im Anhang anzugeben. Die Konten „Einstellungen" und „Auflösungen" des Sonderpostens sind deshalb beim Jahresabschluß den „Sonstigen betrieblichen Aufwendungen" bzw. entsprechenden Erträgen zuzuordnen.

Diese Bestimmung hat Einfluß auf die Buchungen im Schadensjahr, wenn also die Rücklage gebildet wird. Die Übertragungsbuchungen auf die neuen Wirtschaftsgüter unterscheiden sich jedoch nicht. Erträge aus der Auflösung eines Sonderpostens mit Rücklageanteil entstehen nur, wenn die Übertragung nicht stattfindet bzw. der Betrag nicht voll übertragen werden kann.

### Buchungen im Schadensjahr:

| Wareneinkauf | | | | A. o. Aufwendungen | | |
|---|---|---|---|---|---|---|
| AB | 30 000,— | (1) | 30 000,— | (1) | 30 000,— | |

| Rücklage für Ersatzbeschaffung | | | | Einstellungen in Sonderposten mit Rücklageanteil | | |
|---|---|---|---|---|---|---|
| | | (3) | 20 000,— | (3) | 20 000,— | |

| Sonstige Forderungen | | | | Sonstige betriebliche Erträge | | |
|---|---|---|---|---|---|---|
| (2) | 50 000,— | | | | (2) | 50 000,— |

(1) = Buchung des Diebstahls; (2) = Anspruch an Versicherung; (3) = Bildung der Rücklage für Ersatzbeschaffung

**Lösung zu Aufgabe 4.18** *Nach Abschlußstichtag entstehende Verbindlichkeiten*

Gemäß § 268 Abs. 5 HGB besteht eine Erläuterungspflicht für Verbindlichkeiten größeren Umfangs, die erst nach dem Abschlußstichtag rechtlich entstehen. Voraussetzung für die Passivierung einer Verbindlichkeit ist jedoch, daß sie hinreichend konkretisiert ist, z. B. durch Erbringen der vertraglich vereinbarten Leistungen (bei Kauf) oder Erfüllung gesetzlicher Tatbestände (bei Steuern), womit die Verbindlichkeit aber auch rechtlich entstanden ist. Rechtlich noch nicht feststehende, d. h. ungewisse Verbindlichkeiten sind nach § 249 Abs. 1 HGB als Rückstellungen bezeichnet.

Verbindlichkeiten in der nach § 268 Abs. 5 HGB bezeichneten Art gibt es also nicht, ausgenommen sogenannte faktische Verpflichtungen wie z. B. die Übernahme einer gesetzlich bereits verjährten Schuld. Der Beck'sche Bilanzkommentar (München 1986, S. 822) bezeichnet diese Vorschrift auch als mißglückte Transformation von Art. 21 der 4. EG-Richtlinie. Der dortige Wortlaut „Aufwendungen vor dem Abschlußstichtag, welche erst nach diesem Tag zu Ausgaben führen" zeigt, daß damit eigentlich antizipative Passiva (wie noch nicht belastete Schuldzinsen) gemeint sind.

**Lösung zu Aufgabe 4.19** *Verbindlichkeiten*

(1) „Sonstige Verbindlichkeiten", nicht „Anzahlungen auf Bestellungen"

(2) Bei der Baugesellschaft „Erhaltene Anzahlungen auf Bestellungen"

(3) Verbindlichkeiten aus Lieferungen und Leistungen

(4) Sonstige Verbindlichkeiten

(5) Verbindlichkeiten aus Lieferungen und Leistungen

(6) Verbindlichkeiten aus Lieferungen und Leistungen

(7) Sonstige Verbindlichkeiten

(8) Sonstige Verbindlichkeiten

(9) Anleihen (da Rückzahlung feststeht)

(10) Nicht zu passivierender Sicherungswechsel

(11) „Verbindlichkeiten gegenüber Unternehmen, mit denen ein Beteiligungsverhältnis besteht" mit dem Vermerk in Bilanz oder Anhang, daß es sich um Verbindlichkeiten aus Lieferungen und Leistungen handelt (§ 265 Abs. 3 HGB)

**Lösung zu Aufgabe 4.20** *Rechnungsabgrenzungsposten*

(1) Es sind 120 000,— passiv abzugrenzen. Nur 40 000,— sind sonstige betriebliche Erträge des Abschlußjahres.

(2) Der Gesamtposten gehört in die passive Rechnungsabgrenzung.

(3) Es sind 6 250,— passiv abzugrenzen.

(4) Die passive Abgrenzung lautet über 2 100,—.

(5) Der Posten gehört zu „Erhaltene Anzahlungen auf Bestellungen".

**Lösung zu Aufgabe 4.21** *Anlagenspiegel beim Verkauf eines Anlageguts*

Es zeigt sich, daß die Entwicklung in beiden Fällen gleich darzustellen ist. Buchgewinne oder -verluste aus der Veräußerung von Anlagegegenständen werden nur in der GuV-Rechnung ausgewiesen. Im Veräußerungsjahr werden die Abgänge zu Anschaffungskosten erfaßt (⅟ 75 000,—) und die kumulierten Abschreibungen (+ 40 000,—) herausge-

| Jahr | Bilanz-posten | Gesamte Anschaffungs-/Herstellungskosten + | Zugänge + | Abgänge − | Umbuchungen +/− | Abschreibungen kumuliert − | Zuschreibungen + | Buchwert 31. 12. Abschl.-jahr | Buchwert 31. 12. Vorjahr | Abschreibungen Abschlußjahr |
|---|---|---|---|---|---|---|---|---|---|---|
| | | 1 | 2 | 3 | 4 | 5 | 6 | 7 | 8 | 9 |
| 1. | A. II | — | +75 000 | | | −15 000 | | 60 000 | — | 15 000 |
| 2. | | 75 000 | | | | −30 000 | | 45 000 | 60 000 | 15 000 |
| 3a) | | 75 000 | | −75 000 | | −40 000 +40 000 | | — | 45 000 | 10 000 |
| 3b) | | 75 000 | | −75 000 | | −40 000 +40 000 | | — | 45 000 | 10 000 |

nommen. Die Differenz dieser beiden Beträge entspricht dem Buchrestwert im Zeitpunkt des Verkaufs. Buchungsmäßig könnte man die Zusammenhänge wie folgt verdeutlichen (ohne Berücksichtigung der Umsatzsteuer):

a) Bank ............................................................. 35 000,—
   kumulierte Abschreibungen ............................... 40 000,—
      an Betriebs- und Geschäftsausstattung ........................... 75 000,—

b) Bank ............................................................. 25 000,—
   kumulierte Abschreibungen ............................... 40 000,—
   Verluste aus dem Abgang von Anlagegütern ........ 10 000,—
      an Betriebs- und Geschäftsausstattung ........................... 75 000,—

**Lösung zu Aufgabe 4.22** *Anlagenspiegel bei Zuschreibung*

| Jahr | Bilanz-posten | Gesamte Anschaffungs-/Herstellungskosten + | Zugänge + | Abgänge − | Umbuchungen +/− | Abschreibungen kumuliert − | Zuschreibungen + | Buchwert 31. 12. Abschl.-jahr | Buchwert 31. 12. Vorjahr | Abschreibungen Abschlußjahr |
|---|---|---|---|---|---|---|---|---|---|---|
| | | 1 | 2 | 3 | 4 | 5 | 6 | 7 | 8 | 9 |
| 6. | A. II | 140 000 | | | | − 84 000 | | 56 000 | 70 000 | 14 000 |
| 7. | | 140 000 | | | | − 98 000 − 42 000 | | — | 56 000 | 14 000 42 000 |
| 8. | | 140 000 | | | | −140 000 | +28 000 | 28 000 | — | — |
| 9. | | 140 000 | | | | −154 000 + 28 000 | | 14 000 | 28 000 | 14 000 |
| 10. | | 140 000 | | | | −140 000 | | — | 14 000 | 14 000 |

Die Spalten „Abschreibungen Abschlußjahr" und „Abschreibungen kumuliert" nehmen planmäßige und außerplanmäßige Abschreibungen auf, was im Anlagenspiegel im 7. Jahr ersichtlich wird. Da die Spalte 6 nur die Zuschreibungen des jeweiligen Abschlußjahres zeigt, muß die im 8. Jahr erfolgte Zuschreibung im Folgejahr gleichsam als Korrekturbuchung mit den kumulierten Abschreibungen verrechnet werden. Deren Vorjahresstand von 140 000,— erhöht sich um die planmäßigen Abschreibungen auf 154 000,— und vermindert sich in Höhe der Zuschreibung des Vorjahres.

Die Verrechnung der Zuschreibungen mit den kumulierten Abschreibungen ist nicht als Verstoß gegen das Verrechnungsverbot von Aufwendungen und Erträgen des § 246 Abs. 2 HGB anzusehen, denn im Jahr der Zuschreibung wird diese in der GuV-Rechnung zutreffend als Ertrag behandelt. Die Verrechnung mit den kumulierten Abschreibungen im Anlagenspiegel im Jahr darauf ergibt sich aus der Logik eines Anlagenspiegels ohne eine Spalte mit kumulierten Zuschreibungen; eine Verrechnung hat hier den Charakter einer Stornierung zu hoch vorgenommener Abschreibungen. Werden kumulierte Zuschreibungen jedoch als zusätzliche Spalte in den Anlagenspiegel aufgenommen, so kann man anders verfahren als hier dargestellt.

**Lösung zu Aufgabe 4.23** *Geringwertige Wirtschaftsgüter im Anlagenspiegel*

Das durch das Bilanzrichtlinien-Gesetz eingeführte Bruttoverfahren beim Anlagenspiegel sieht grundsätzlich den Ausweis eines Anlagegutes auch dann vor, wenn es bereits vollständig abgeschrieben ist. Solange ein Anlagegegenstand betrieblich genutzt wird, muß er also im Anlagenspiegel erscheinen. Die strenge Anwendung dieses Verfahrens auch auf die geringwertigen Wirtschaftsgüter hätte zur Folge, daß z. B. bei Getränkeherstellern alle Abgänge an Mehrwegflaschen und -kästen durch Untergang, Veräußerung oder Entnahme lückenlos festzuhalten wären.

Aus dem Grundsatz der Wesentlichkeit folgt, hier eine Vereinfachungsregelung anzuwenden. Eine einfache, praktikable Lösung bedeutet der Vorschlag des Instituts der Wirtschaftsprüfer, geringwertige Wirtschaftsgüter im Fall der Sofortabschreibung im Jahr der Anschaffung als Abgang zu behandeln (WPg 1984, S. 129). Geringwertige Wirtschaftsgüter von insgesamt 6 000,— würden dann wie folgt im Anlagenspiegel ausgewiesen sein.

| Jahr | Bilanzposten | Gesamte Anschaffungs-/Herstellungskosten + | Zugänge + | Abgänge — | Umbuchungen +/— | Abschreibungen kumuliert — | Zuschreibungen + | Buchwert 31. 12. Abschl.-jahr | Buchwert 31. 12. Vorjahr | Abschreibungen Abschluß-jahr |
|------|------|------|------|------|------|------|------|------|------|------|
| | | 1 | 2 | 3 | 4 | 5 | 6 | 7 | 8 | 9 |
| | A. II | | +6 000 | —6 000 | | | | | | 6 000 |

Entsprechend den steuerlichen Aufzeichnungsvorschriften brauchen Anlagegüter mit Anschaffungskosten von bis zu 100,— im Anlagenspiegel nicht als Zu- und Abgang zu erscheinen (vgl. Abschn. 40 Abs. 4 EStR).

**Lösung zu Aufgabe 4.24** *Festbewertung im Anlagenspiegel*

Die Behandlung von Festwerten im Anlagenspiegel ist davon abhängig, ob der Festwert beibehalten werden darf oder nicht. Verändert sich der Bestand nur geringfügig und entsprechen sich in etwa Zugänge und Verbrauch, so sind die Zugänge in der GuV-Rechnung sofort als Aufwand zu erfassen, jedoch nicht im Anlagenspiegel. Ist der Festwert dagegen mengen- oder wertmäßig zu verändern, so ist die Veränderung im Anlagenspiegel auszuweisen. Je nach Charakter der Änderung ist der Vorgang als Zu- oder Abgang (Mengenänderung) bzw. als Zuschreibung oder kumulierte Abschreibung (Wertänderung) zu behandeln.

## Lösung zu Aufgabe 4.25  *Steuerliche Sonderabschreibungen im Anlagenspiegel*

Steuerliche Sonderabschreibungen nach § 254 HGB können entweder

1. direkt beim entsprechenden Anlagegut oder
2. indirekt als Wertberichtigung über den Sonderposten mit Rücklageanteil (§§ 273, 281 HGB)

vorgenommen werden.

Im Fall 1 sind die steuerlichen Sonderabschreibungen im Anlagenspiegel in der Spalte „Abschreibungen kumuliert" und — falls im Anlagenspiegel verwendet — in der Spalte „Abschreibungen Abschlußjahr" mit zu erfassen, im Fall 2 dagegen nicht. Die Erläuterungen zum Sonderposten mit Rücklageanteil im Anhang (§ 281 Abs. 2 HGB) sind dann besonders zu beachten.

## Lösung zu Aufgabe 4.26  *Umbuchungen im Anlagenspiegel*

| Jahr | Bilanzposten | Gesamte Anschaffungs-/Herstellungskosten | Zugänge + | Abgänge − | Umbuchungen +/− | Abschreibungen kumuliert − | Zuschreibungen + | Buchwert 31.12. Abschl.-jahr | Buchwert 31.12. Vorjahr | Abschreibungen Abschlußjahr |
|---|---|---|---|---|---|---|---|---|---|---|
|  |  | 1 | 2 | 3 | 4 | 5 | 6 | 7 | 8 | 9 |
| 1. | A.II.1 | 1 200 000 |  |  |  | −400 000 |  | 800 000 | 820 000 | 20 000 |
|  | A.II.4 | — | +210 500 |  |  |  |  | 210 500 | — |  |
| 2. | A.II.1 | 1 200 000 |  |  | +368 000 | −420 000 |  | 1 148 000 | 800 000 | 20 000 |
|  | A.II.4 | 210 500 | +160 500 | −3 000 | −368 000 |  |  | 210 500 |  |  |
| 3. | A.II.1 | 1 568 000 |  |  |  | −447 360 |  | 1 120 640 | 1 148 000 | 27 360 |
|  | A.II.4 | — |  |  |  |  |  | — | — |  |

Die Position „Geleistete Anzahlungen und Anlagen im Bau" sammelt die Anschaffungs- bzw. Herstellungskosten bis zur Fertigstellung der Anlage. Anschließend erfolgt eine Umbuchung auf das Grundstückskonto. Auf diesem Konto erhöhen sich im 3. Jahr die Anschaffungs- bzw. Herstellungskosten entsprechend. Die Umbuchungsspalte ist in sich ausgeglichen. Das in das Umlaufvermögen zu übernehmende Schnittholz wird meist als Abgang aus dem Anlagevermögen behandelt. Es stellt keine Umbuchung innerhalb des Sachanlagevermögens dar. Teilweise werden aber auch Umgliederungen ins Umlaufvermögen als Umbuchung dargestellt; dann ist aber die Umbuchungsspalte in sich nicht mehr ausgeglichen.

## Lösung zu Aufgabe 4.27  *Wertaufhellung*

Grundsätzlich gilt, daß am Bilanzstichtag eingetretene Umstände, die erst zwischen Bilanzstichtag und Bilanzaufstellung **bekannt werden**, zu berücksichtigen sind (Grundsatz der Wertaufhellung). Vorgänge, die sich erst im neuen Geschäftsjahr **ereignen**, sind dagegen nicht mehr zu berücksichtigen, da sie dieses betreffen.

Demnach ist im Fall (1) die Forderung als uneinbringlich abzuschreiben und im Fall (2a) in voller Höhe zu bilanzieren. Im Fall (2b) ist der Umstand, der die Zahlung ermöglicht, erst im Januar eingetreten und deshalb nicht mehr im alten Geschäftsjahr zu berücksichtigen. Maßgeblich für die Bewertung ist deshalb der Kenntnisstand am Bilanzstichtag; die Forderung ist abzuschreiben. Im Folgegeschäftsjahr ist der Zahlungseingang ertragserhöhend zu erfassen.

**Lösung zu Aufgabe 4.28**  *Umfang der Anschaffungskosten*

Nicht zu den Anschaffungskosten gehören:

— die Vorsteuer, denn sie ist nach § 15 UStG abziehbar, sowie

— die Fremdkapitalzinsen (5), weil zwischen Anschaffungs- und Finanzierungskosten streng zu trennen ist.

Zu den Anschaffungsnebenkosten zählen (2) — (4), (6) und (7). Diese Aufwendungen sollen nicht im Jahr der Anschaffung abgezogen, sondern — wie der Anschaffungspreis — auf die Nutzungsdauer der Maschine verteilt werden. Der Skonto ist eine Anschaffungskostenminderung; er ist um die darin enthaltene Vorsteuer zu korrigieren. Die Anschaffungskosten der Presse betragen somit 51 885,—.


**Lösung zu Aufgabe 4.29**  *Nachträgliche Anschaffungskosten*

Grundsätzlich gilt, daß Anliegerbeiträge wie Erschließungsbeiträge zu den Anschaffungskosten von Grund und Boden zählen, weil sie Aufwendungen sind, die den Vermögensgegenstand in den betriebsbereiten Zustand versetzen. An dieser Beurteilung ändert sich nichts, selbst wenn die Aufwendungen erst längere Zeit nach dem Erwerb des Vermögensgegenstandes anfallen; denn § 255 Abs. 1 HGB bezieht ausdrücklich Nebenkosten in die Aktivierungspflicht ein, ohne Rücksicht darauf, wann sie entstanden sind. Das Betriebsgrundstück muß somit zu 125 000,— angesetzt werden.


**Lösung zu Aufgabe 4.30**  *Retrograde Ermittlung der Anschaffungskosten*

In diesem Fall gelten als Anschaffungskosten die Verkaufspreise abzüglich der Handelsspanne. Zur Vereinfachung des Verfahrens können annähernd gleichwertige Vermögensgegenstände nach § 240 Abs. 4 HGB zu einer Gruppe zusammengefaßt werden.


**Lösung zu Aufgabe 4.31**  *Anschaffungskosten bei Rentenzahlungen*

Die Rentenverpflichtung ist zu ihrem Barwert anzusetzen (§ 253 Abs. 1 HGB). Bei der Ermittlung des Barwerts ist handelsrechtlich von einem Zinssatz auszugehen, der dem langfristigen Kapitals entspricht, für steuerliche Zwecke grundsätzlich von 5,5 %; es sei denn, es wurde vertraglich ein anderer Satz vereinbart (vgl. Abschn. 139 Abs. 12 EStR).

Es gilt die Formel:

$$R_o = r \cdot \frac{1 - \left(\dfrac{1}{1+i}\right)^n}{i}$$

mit $R_o$ = Rentenbarwert
   $r$   = einzelne Rentenzahlung
   $i$   = Zinsfuß
   $n$   = Anzahl der Jahre

Für $i$ = 5,5 % beträgt der Rentenbarwert 75 376,—.

Ermittlung der Anschaffungskosten des Grundstücks:

|   |   |   |
|---|---:|---|
|   | 50 000,— | Zahlung per Bank |
| + | 75 376,— | Rentenbarwert |
| = | 125 376,— | Grundstückskaufpreis |
| + | 2 507,— | Grunderwerbsteuer (2 %) |
| + | 1 217,— | Notariats- und Grundbuchkosten |
| = | 129 100,— | Anschaffungskosten des Grundstücks |

**Lösung zu Aufgabe 4.32** *Anschaffungskosten bei Zuschüssen*

Im Bilanzrecht ist eigentlich bereits vorgegeben, daß öffentliche Zuschüsse die Ausgaben für die Anschaffung oder Herstellung, also die Anschaffungs- oder Herstellungskosten, mindern. Wenn die Ausgaben für die Anschaffung oder Herstellung aktiviert werden müssen, bedeutet dies, daß der Anschaffungs- oder Herstellungsvorgang erfolgsneutral sein soll; dann dürfen auch Einnahmen, die mit diesem Vorgang in Zusammenhang stehen, nicht als Ertrag in Erscheinung treten. Dies bedeutet z. B., daß der Unternehmer Lohnkostenzuschüsse der öffentlichen Hand für Herstellungsarbeiten nicht als Ertrag vereinnahmen darf, sondern sie von den aktivierten Kosten absetzen muß. Der Gedanke hat in (§ 255 Abs. 1 Satz 3 HGB) der Anweisung Gestalt gewonnen, daß (nachträgliche) Minderungen des Anschaffungspreises die Anschaffungskosten mindern (vgl. Groh, Bilanzierung öffentlicher Zuschüsse, in: DB 1988, S. 2418 f.).

Zudem wird auch dem Grundsatz der Periodenabgrenzung eher Rechnung getragen als bei der sofortigen Ertragsverbuchung, weil sich aus der Absetzung von den Anschaffungs- oder Herstellungskosten zwangsläufig ergibt, daß die Abschreibungen auf das Anlagevermögen um die zeitanteiligen Beträge der Zuwendungen gemindert ausgewiesen werden.

**Lösung zu Aufgabe 4.33** *Anschaffung eines Firmenfahrzeugs gegen Wechselzahlung*

(1) Ausgehend von zwei Teilbeträgen zu je 10 000,— ist auf eine Wechselsumme hochzurechnen, die den jeweiligen Barwert zuzüglich Nebenkosten und Umsatzsteuer auf die Nebenkosten beinhaltet. Besonders zu beachten ist, daß weiterberechnete Wechselsteuer gemäß Abschn. 149 UStR umsatzsteuerpflichtig ist.

**Ermittlung des Wechselbetrags I:**

| | |
|---|---:|
| Ausgangsbetrag (Teilschuld I) | 10 000,— |
| + Spesen | 2,80 |
| + Wechselsteuer (§ 8 WStG) 0,15 % aus 10 200,— | 15,30 |
| + Umsatzsteuer (auf Spesen und Wechselsteuer) 14 % aus 18,10 | 2,53 |
| = Basiswert für Diskonterrechnung | 10 020,63 |
| + Diskont (einschließlich Umsatzsteuer) für 33 Tage | ? |
| = Wechselbetrag | ? |

Bei der Ermittlung des Wechselbetrages ist zunächst von einer **Schätzung der Wechselsteuer** auszugehen (wobei ein späterer Wechselbetrag zwischen 10 100,— und 10 200,— DM angenommen wird). Liegt nach Ausrechnung des Diskonts der endgültige Wechselbetrag nicht in der angenommenen Spannweite, so muß die Wechselsteuer entsprechend korrigiert werden.

Der **Diskont** ermittelt sich durch eine In-Hundert-Rechnung wie folgt:

a) Die unterjährige Verzinsung (p) in Abhängigkeit von der Laufzeit des Wechsels errechnet sich nach folgender Formel:

360 Tage = 8,25 %
33 Tage = p %

$$p = \frac{8,25 \times 33 \text{ Tage}}{360 \text{ Tage}} = 0,76 \text{ %}$$

b) Auf die unterjährige Verzinsung p ist noch die Umsatzsteuer zu ermitteln. Sie beträgt (als Prozentsatz ausgedrückt):

14 % x p = 0,11 %

c) Der Basiswert für die Diskonterrechnung (einschließlich Umsatzsteuer) entspricht:

100 % ∴ ( p + 0,14 p)
100 % ∴ (0,76 % + 0,11 %) = 99,13 %

d) Nun läßt sich der Wechselbetrag I und der Diskont ermitteln:

$$\frac{10\,020{,}63}{99{,}13\,\%} = 10\,108{,}57$$

Die In-Hundert-Rechnung erlaubt es, daß bei späterer Diskontierung (zu den gleichen Bedingungen) der volle Ausgangsbetrag (hier 10 000,—) gutgeschrieben wird.

Die Wechselsumme I teilt sich danach wie folgt auf:

| | |
|---|---:|
| Wechselsumme | 10 108,57 |
| ∴ Teilschuld | 10 000,— |
| weiterberechnete Kosten einschließlich Umsatzsteuer | 108,57 |
| ∴ Spesen | 2,80 |
| ∴ Wechselsteuer | 15,30 |
| ∴ Diskont | 77,14 |
| ∴ Umsatzsteuer | 13,33 |
| | —,— |

Für Wechsel I ergibt sich daher folgende **Beleggestaltung**:

| | | |
|---|---:|---:|
| Teilschuld I | | 10 000,— |
| Diskont 8,25 %/33 Tage | 77,14 | |
| Spesen | 2,80 | |
| Wechselsteuer | 15,30 | |
| | 95,24 | |
| + 14 % Umsatzsteuer | 13,33 | 108,57 |
| Wechselsumme I | | 10 108,57 |

Entsprechend ermitteln sich die Daten für **Wechsel II**:

| | | |
|---|---:|---:|
| Teilschuld II | | 10 000,— |
| Diskont 8,25 %/63 Tage | 146,56 | |
| Spesen | 2,80 | |
| Wechselsteuer | 15,30 | |
| | 164,66 | |
| + 14 % Umsatzsteuer | 23,05 | 187,71 |
| Wechselsumme II | | 10 187,71 |

(2) Nach § 255 HGB sind solche Aufwendungen zu aktivieren, die anfallen, um ein Wirtschaftsgut zu erwerben und in einen betriebsbereiten Zustand zu versetzen. Dazu rechnen auch die Aufwendungen für Zusatzausstattung, Überführung, Zulassung u. ä. Nicht zu den aktivierungspflichtigen Kosten rechnet die Erstbetankung.

Werden in Verbindung mit der Anschaffung eines Anlagegutes Fremdmittel in Anspruch genommen, z. B. Zinsen, Diskont, Gebühren, so sind diese nicht Teil der Anschaffungskosten des erworbenen Wirtschaftsguts, sondern Aufwand zu Lasten des laufenden Ergebnisses.

Die zu aktivierenden Anschaffungskosten betragen demnach 21 668,—.

(3) Es sind folgende Buchungen vorzunehmen:

| | | |
|---|---:|---:|
| — Fahrzeug | 21 668,— | |
| Vorsteuer | 3 033,52 | |
| an Verbindlichkeiten | | 24 701,52 |
| — Verbindlichkeiten | | |
| an Bank | | 4 701,52 |

| | | |
|---|---|---|
| — Wechsel I: | | |
| Verbindlichkeiten | 10 000,— | |
| Diskontaufwand | 77,14 | |
| Nebenkosten des Finanz- und Geldverkehrs | 18,10 | |
| Vorsteuer | 13,33 | |
| an Schuldwechsel | | 10 108,57 |
| — Wechsel II: | | |
| Verbindlichkeiten | 10 000,— | |
| Diskontaufwand | 146,56 | |
| Nebenkosten des Finanz- und Geldverkehrs | 18,10 | |
| Vorsteuer | 23,05 | |
| an Schuldwechsel | | 10 187,71 |
| — Kfz-Kosten | 61,40 | |
| Vorsteuer | 8,60 | |
| an Kasse | | 70,— |
| (4) Anschaffungskosten 27. 3. 01 | | 21 668,— |
| 25 % Abschreibung | | 5 417,— |
| Buchwert 31. 12. 01 | | 16 251,— |

Nach Abschn. 43 Abs. 8 EStR kann der volle Jahres-AfA-Betrag zum Ansatz kommen.

**Lösung zu Aufgabe 4.34** *Umfang der Herstellungskosten*

**Handelsrechtlich** gilt:

Aktivierungspflicht:

(1) — (3); Position (3) „Sonderkosten der Fertigung" aber nur dann, wenn es sich um auftragsgebundene Entwicklungs- und Versuchskosten handelt.

Aktivierungswahlrecht:

(4) — (25), dabei gehören zu

— Materialgemeinkosten (4) — (7),
— Fertigungsgemeinkosten (8) — (19),
— allgemeinen Verwaltungskosten (20) — (25).

Die Abgrenzung zwischen Fertigungsgemeinkosten und allgemeinen Verwaltungskosten ist bisweilen schwierig (z. B. Position (22) „Porto, Telefon"). Hier kommt es auf die Verhältnisse des Betriebes an.

Aktivierungsverbot:

(26) — (30) „Vertriebskosten".

**Steuerrechtlich** ist die Aktivierungspflicht auf die Positionen (4) — (13) auszudehnen (vgl. Abschn. 33 EStR). Für die restlichen Positionen entsprechen sich handels- und steuerrechtliche Vorschriften.

**Lösung zu Aufgabe 4.35** *Einzelbewertung oder Bewertungsvereinfachungsverfahren*

Um eine Einzelbewertung vornehmen zu können, müßte zunächst einmal festgestellt werden, welche der insgesamt 290 Aktien als verkauft gelten sollen und welche nicht. Eine Einzelbewertung der am Bilanzstichtag noch vorhandenen Aktien aber wäre nur durchführbar, wenn ein Identitätsnachweis (z. B. durch Numerierung der Aktien beim Ankauf) geführt werden könnte. Aus Vereinfachungsgründen wird deshalb bei der Bewertung gleichartiger Vermögensgegenstände nicht beanstandet, wenn für die Ermittlung des Verkaufsgewinns oder -verlusts sowie für die Bewertung des Endbestands der gewogene Durchschnitt aus allen Einstandspreisen des Jahres, hier 128,62, zugrunde gelegt wird, der auch in der Steuerbilanz heranzuziehen ist.

**Lösung zu Aufgabe 4.36** *Gebäudeabschreibung*

(1) Im Fall 1 (ursprüngliche Nutzungsdauer 50 Jahre) bemißt sich die AfA nach der Erweiterung nach Abschn. 42 a Abs. 1 Nr. 1 EStR wie folgt:

**Ermittlung der AfA-Bemessungsgrundlage:**

| | | |
|---|---|---:|
| Ursprüngliche Herstellungskosten | | 300 000,— |
| Erweiterungskosten | | 200 000,— |
| Bemessungsgrundlage nach Erweiterung | | 500 000,— |
| AfA nach Erweiterung | 2 % aus 500 000,— = | 10 000,— |

**Ermittlung des Restwerts:**

| | | |
|---|---|---:|
| Ursprüngliche Herstellungskosten | | 300 000 — |
| ./. bisherige AfA | 25 x 2 % = | 150 000 — |
| + Erweiterungskosten | | 200 000 — |
| Restwert | | 350 000 — |

Das Gebäude ist demnach nach 35 Jahren abgeschrieben.

(2) Die Änderung der ursprünglichen Nutzungsdauer auf 40 Jahre hätte eine andere Ermittlung der **Abschreibungsbasis** zur Folge. Die Abschreibung würde vom Restwert (hier 350 000,—) vorgenommen und sich an der geschätzten Restnutzungsdauer orientieren. Vgl. hierzu Abschn. 42 a Abs. 1 Nr. 2 EStR und die Fallbeispiele in diesem Abschnitt.

---

**Lösung zu Aufgabe 4.37** *Realisations- und Imparitätsprinzip*

(1) Der am Abschlußstichtag beizulegende Wert beträgt 1 000,—, obwohl man dafür bei einem Verkauf am Bilanzstichtag 1 500,— erhalten würde. Der Kaufmann hatte für die Aktien Anschaffungskosten in Höhe von insgesamt 1 000,—, über die er im Bilanzansatz nicht hinausgehen darf, weil nur solche Erträge berücksichtigt werden dürfen, die am Abschlußstichtag realisiert sind (Realisationsprinzip, § 252 Abs. 1 Nr. 4 HGB). Ein fiktiver Käufer dagegen müßte sie (entsprechend seinen Anschaffungskosten) zu 1 500,— bilanzieren.

(2) Im Gegensatz zur Behandlung unrealisierter Erträge sind vorhersehbare Verluste zu berücksichtigen (Imparitätsprinzip, § 252 Abs. 1 Nr. 4 HGB). Im Umlaufvermögen ist der niedrigere Börsenkurs zwingend zu übernehmen (strenges Niederstwertprinzip, § 253 Abs. 3 HGB). Der Wert der Aktien ist um 300,— herabzusetzen. Der Bilanzansatz der Aktien beträgt jetzt 700,—.

---

**Lösung zu Aufgabe 4.38** *Bewertung des Umlaufvermögens bei fallenden Preisen*

Die genannten Stoffe zählen zum Umlaufvermögen, für welches das strenge Niederstwertprinzip gilt. Dieses verlangt einen Ansatz von 4,50/lfd. m, denn das entspricht dem Wert zum Bilanzstichtag. Der niedrigere Zukunftswert beträgt 2,50/lfd. m. Für die Abschreibung auf diesen Wert besteht ein Wahlrecht. Der Ansatz eines unter 2,50/lfd. m liegenden Wertes ist wegen des Gebots der Willkürfreiheit nicht zulässig.

Die Abschreibung auf einen erst in Zukunft erwarteten Wert ist freilich eine Abkehr vom Stichtagsprinzip (§ 252 Abs. 1 Nr. 3 HGB), welches in der Steuerbilanz einen höheren Rang einnimmt. In der Steuerbilanz sind die Wiederbeschaffungskosten, hier 4,50/lfd. m., anzusetzen; ein niedrigerer Wert ist nur insoweit zulässig, als die voraussichtlich erzielbaren Verkaufserlöse die Selbstkosten und einen durchschnittlichen Unternehmergewinn nicht decken (Abschn. 36 Abs. 2 EStR).

(1) Gewinn ist gemäß § 6 b Abs. 2 EStG der Betrag, um den der Veräußerungspreis nach Abzug der Veräußerungskosten den Buchwert im Zeitpunkt der Veräußerung übersteigt.

**Grund und Boden (alt)**

| | |
|---|---:|
| Verkaufspreis | 200 000,— |
| Buchwert zum 30. 6. 01 | 100 000,— |
| Gewinn/aufgedeckte stille Reserve | 100 000,— |

**Gebäude (alt)**

| | |
|---|---:|
| Verkaufspreis | 800 000,— |
| Buchwert zeitanteilig zum 30. 6. 01 | 300 000,— |
| Gewinn/aufgedeckte stille Reserve | 500 000,— |

(2) Gemäß § 6 b EStG können Veräußerungsgewinne/aufgedeckte stille Reserven auf ein im gleichen Jahr bzw. später angeschafftes Reinvestitionsgut übertragen werden, wenn das ausgeschiedene Wirtschaftsgut mindestens 6 Jahre ununterbrochen zum Anlagevermögen einer inländischen Betriebsstätte gehört hat. Die im Beispiel aufgedeckten stillen Reserven dürfen übertragen werden

— vom Grund und Boden auf Grund und Boden, Gebäude, abnutzbare bewegliche Wirtschaftsgüter (neu),

— vom Gebäude auf Gebäude, abnutzbare bewegliche Wirtschaftsgüter (neu).

Zum 31. 12. 01 kann der Veräußerungsgewinn aus dem **Grund und Boden** des Stadtgrundstücks gemäß § 6 b Abs. 1 EStG in voller Höhe auf das im gleichen Jahr erworbene Grundstück übertragen werden:

| | |
|---|---:|
| Anschaffungskosten Grund und Boden (neu) | 150 000,— |
| ./. übertragungsfähiger Gewinn | 100 000,— |
| geminderte Anschaffungskosten (Bilanzansatz zum 31. 12. 01) | 50 000,— |

Der Gewinn aus dem verkauften **Gebäude** ist gemäß § 6 b Abs. 1 EStG voll übertragbar, jedoch fehlt für das Jahr 01 ein reinvestiertes Wirtschaftsgut. Um die Besteuerung des Veräußerungsgewinnes für das Jahr 01 zu vermeiden, kann gemäß § 6 b Abs. 3 EStG eine den Gewinn mindernde Rücklage gebildet werden. Der Gewinn aus dem Gebäudeverkauf wird neutralisiert durch Umbuchung und Ausweis unter der passiven Bilanzposition **„Sonderposten mit Rücklageanteil"**. Diese darf nach § 5 Abs. 1 Satz 2 EStG in der Steuerbilanz nur gebildet werden, wenn sie gemäß §§ 247 Abs. 3 und 273 HGB auch für die Handelsbilanz gebildet wird **(umgekehrtes Maßgeblichkeitsprinzip)**.

(3) Zum 31. 12. 02 kann die 6 b-Rücklage in Handels- und Steuerbilanz ausgewiesen werden. Eine gewinnerhöhende Auflösung ist nicht notwendig, da bei Reserven aus Gebäuden gemäß § 6 b Abs. 3 EStG eine Regelfrist von 4 Jahren besteht.

(4) Der Grund und Boden wird zum 31. 12. 03 in Handels- und Steuerbilanz mit jeweils 50 000,— Buchwert ausgewiesen.

(5) Die Herstellungskosten des Neubaus werden gemindert um den Sonderpostenbetrag. Es können demzufolge maximal 400 000,— anteilige Reserven übertragen werden. Die geminderten Herstellungskosten belaufen sich gemäß § 6 b Abs. 6 EStG auf 0 bzw. 1,—. Eine weitere planmäßige Abschreibung ist deshalb nicht mehr möglich, selbst wenn man eine Nutzungsdauer von 25 Jahren zugrunde legt. Diese Regelung gilt handels- und steuerrechtlich.

| | |
|---|---:|
| Herstellungskosten 15. 10. 03 | 400 000,— |
| ./. übertragener Sonderposten nach § 6 b EStG (aus 500 000,—) | 400 000,— |
| Herstellungskosten (Bilanzansatz Gebäude — neu — zum 31. 12. 03) | —,— |

## (6) Anlagenspiegel zum 31. 12. 03

| Bilanz-posten | Gesamte Anschaf-fungs-/Her-stellungs-kosten | Zugänge + | Abgänge – | Umbu-chungen +/– | Abschrei-bungen kumuliert – | Zu schrei-bungen + | Buch-wert 31. 12. 03 | Buch-wert 31. 12. 02 | Abschrei-bungen |
|---|---|---|---|---|---|---|---|---|---|
| | 1 | 2 | 3 | 4 | 5 | 6 | 7 | 8 | 9 |
| A.II.1 | 150 000 | 400 000 | | | 500 000 | | 50 000 | 50 000 | 400 000 |

In der ersten Spalte sind die ungekürzten ursprünglichen Anschaffungs- und Herstellungskosten des Grund und Bodens mit 150 000 zu erkennen, der infolge der Übertragung der stillen Reserven mit 50 000,— zu Buche steht. Die Übertragung der stillen Reserven auf das neue Gebäude wird handelsrechtlich bei Kapitalgesellschaften in Form einer Abschreibung vorgenommen (vgl. ADS 1987, § 268 Tz 49). Das Gebäude wird mit 400 000,— als Zugang und gleichzeitig als Abschreibung und kumulierte Abschreibung in gleicher Höhe erfaßt.

(7) Wenn bis zum Jahr 05 weder neue bewegliche Wirtschaftsgüter investiert wurden, noch mit der Planung eines weiteren Gebäudes begonnen wurde, muß zum 31. 12. 05 der verbleibende Rücklagebetrag von 100 000,— gewinnerhöhend in Handels- und Steuerbilanz aufgelöst werden.

Ein Beibehalten des Sonderpostenwertes auf insgesamt 5 Jahre für eventuelle weitere Neubauten ist nicht möglich, da dies voraussetzt, daß im Viertjahr mit einer weiteren Bauaktivität begonnen werden müßte. Daher ergeben sich folgende **Bilanzansätze zum 31. 12. 05:**

| | |
|---|---|
| Grund und Boden | 50 000,— |
| Gebäude (neu) | —,— |
| Sonderposten (6 b-Rücklage) | —,— |

Nach § 6 b Abs. 7 EStG ist der aufzulösende Sonderpostenbetrag von 100 000,— für jedes volle Wirtschaftsjahr, in dem er anteilig enthalten war, mit 6 % p. a. zu verzinsen. Das bedeutet für die Jahre 02 bis 05 jeweils 6 % von 100 000,—, also insgesamt 24 000,—. Dieser zinsähnliche Betrag ist außerhalb der Buchführung, also statistisch, dem Gewinn der Steuerbilanz hinzuzurechnen. Handelsrechtlich wirkt sich diese Regelung nicht aus.

## Lösung zu Aufgabe 4.40   *Buchung von Pensionsrückstellungen*

(1) Gemäß § 6 a EStG darf die Pensionsrückstellung erstmals im Wirtschaftsjahr der Zusage gebildet werden bis zur Höhe des Teilwertes von Anwartschaften, das sind hier 4 320,—.

Buchung:

| | |
|---|---|
| Zuführung zu Pensionsrückstellung | |
| an Pensionsrückstellung | 4 320,— |

Das Konto „Zuführung zu Pensionsrückstellung" ist ein Unterkonto der „Aufwendungen für Altersversorgung" (GuV-Posten 6 b).

(2) Gemäß § 6 a Abs. 4 EStG darf in den auf die erstmalige Bildung der Rückstellung folgenden Jahren höchstens der Unterschiedsbetrag zwischen dem Teilwert am Ende des Jahres (Bilanzstichtag) und dem Teilwert am Ende des vorangegangenen Jahres zugeführt werden.

| | |
|---|---|
| Teilwert Bilanzstichtag | 8 930,— |
| Teilwert letzter Bilanzstichtag | 4 320,— |
| maximaler Zuführungsbetrag | 4 610,— |

Buchung:

Zuführung zu Pensionsrückstellung
an Pensionsrückstellung 4 610,—

Der Saldo des Kontos „Pensionsrückstellung" beträgt demnach am Jahresende 8 930,—.

(3) Auch nach Beendigung des Dienstverhältnisses ist der Teilwert jeweils nach versicherungsmathematischen Grundsätzen weiter zu ermitteln, wobei als besonderes Kennzeichen ein Sinken des Teilwertes festzustellen ist. Buchungstechnisch führt dies zu einem auf die Jahre verteilten stufenweisen Auflösen der Rückstellung in Verbindung mit einer Gewinnerhöhung. Unabhängig davon sind gemäß Abschn. 41 EStR die laufenden Pensionszahlungen als gewinnmindernde Betriebsausgaben abzusetzen.

Buchung der Rentenzahlung:

Pensionszahlungen (soweit nicht zu Lasten
von Pensionsrückstellungen geleistet)
an Bank 10 000,—

Das Konto „Pensionszahlungen (soweit nicht zu Lasten von Pensionsrückstellungen geleistet)" ist ein Unterkonto der „Aufwendungen für Altersversorgung" (GuV-Posten 6 b).

Der Auflösungsbetrag der Pensionsrückstellung ermittelt sich wie folgt:

| | |
|---|---|
| Teilwert Bilanzstichtag | 88 070,— |
| Teilwert letzter Bilanzstichtag | 91 050,— |
| Auflösungsbetrag | 2 980,— |

Buchung des Auflösungsbetrags:

Pensionsrückstellung
an Erträge aus Auflösung von Rückstellungen 2 980,—

Der Vorteil der versicherungsmathematischen Auflösung besteht u. a. darin, daß dem Rentenaufwand ein Auflösungsertrag gegenübersteht und sich somit der Aufwand für den nicht mehr aktiven ehemaligen Mitarbeiter auf 7 020,— reduziert.

GuV-Konto

| Aufwendungen für Altersversorgung | 10 000,— | Sonstige betriebliche Erträge | 2 980,— |
|---|---|---|---|

## Lösung zu Aufgabe 4.41 *Ansatz von Rückstellungen*

(1) In allen drei Fällen sind handels- und steuerrechtlich Rückstellungen zu bilden, bei a) und c) für ungewisse Verbindlichkeiten, bei b) für Gewährleistungen, die ohne rechtliche Verpflichtung erbracht werden.

(2) Die Rekultivierungsverpflichtung verlangt handels- und steuerrechtlich die Bildung einer Rückstellung für ungewisse Verbindlichkeiten. Es spielt dabei keine Rolle, daß es sich um eine öffentlich-rechtliche und nicht um eine privatrechtliche Verpflichtung handelt.

(3) Nur im Fall b) ist handels- und steuerrechtlich eine Rückstellung für drohende Verluste aus schwebenden Geschäften in Höhe von 4 000,— zu bilden.

Dies resultiert aus dem Imparitätsprinzip (§ 252 Abs. 1 Nr. 4 HGB), nach welchem unrealisierte Verluste bereits dann zu erfassen sind, wenn mit ihrem Eintritt gerechnet werden muß.

(4) In den Fällen a), b) und g) müssen handels- und steuerrechtlich Rückstellungen für ungewisse Verbindlichkeiten gebildet werden; es handelt sich um Verpflichtungen,

die am Bilanzstichtag wirtschaftlich begründet sind und Ausgaben in der Zukunft erfordern.

In den Fällen c) und d) kann handelsrechtlich eine Aufwandsrückstellung gemäß § 249 Abs. 2 HGB gebildet werden. Steuerlich entfällt die Rückstellungsbildung.

Im Fall e) kommt es darauf an, ob die Pensionszusagen vor oder nach dem 1. Januar 1987 erteilt wurden. Für alte Zusagen besteht ein Passivierungswahlrecht, sonst die Verpflichtung zum Ausweis, und zwar in Handels- und Steuerbilanz.

Im Fall f) ist noch zu klären, ob eine Nachholung der Reparaturen innerhalb der ersten drei Monate möglich und geplant ist. Wenn ja, dann sind Rückstellungen für im Geschäftsjahr unterlassene Aufwendungen für Instandhaltung zu bilden. Bei einer längeren Frist innerhalb des folgenden Geschäftsjahres besteht handelsrechtlich ein Wahlrecht, steuerlich ist die Bildung verboten.

**Lösung zu Aufgabe 4.42** *Wertaufholung bei Finanzanlagen*

**(1) Werte in der Handels- und Steuerbilanz einer Kapitalgesellschaft**

| | Buchwert in Handelsbilanz | Buchwert in Steuerbilanz |
|---|---|---|
| a) Anschaffungskosten | 100 000,— | wie in Handelsbilanz |
| b) erster Bilanzstichtag | 100 000,— oder 90 000,— | wie in Handelsbilanz |
| c) zweiter Bilanzstichtag | 100 000,— oder 90 000,— | wie in Handelsbilanz |

Am ersten Bilanzstichtag besteht bei einer Wertminderung, die voraussichtlich nicht von Dauer ist, nach neuem Handelsrecht nur noch für Finanzanlagen ein Wahlrecht zwischen dem Ansatz zu den ursprünglichen Anschaffungskosten oder dem niedrigeren Wert am Bilanzstichtag (§ 279 Abs. 1 HGB). Auf Grund des Maßgeblichkeitsprinzips ist der gewählte Wert auch in die Steuerbilanz zu übernehmen. Wird abgeschrieben, so kommt im Beispiel am zweiten Bilanzstichtag das steuerrechtliche Wertaufholungs- bzw. Beibehaltungswahlrecht (§ 6 Abs. 1 Nr. 2 EStG) über die Bestimmung des § 280 Abs 2 HGB auch in der Handelsbilanz zum Zuge. Das Wahlrecht muß in beiden Bilanzen gleichermaßen ausgeübt werden. Bei einer Zuschreibung bilden die ursprünglichen Anschaffungskosten die Obergrenze.

**(2) Einzelkaufleute und Personenhandelsgesellschaften**

Bei Einzelkaufleuten und Personenhandelsgesellschaften besteht kein Wertaufholungsgebot, sondern ein Wahlrecht. Ein niedrigerer Wertansatz darf nach § 253 Abs. 5 HGB beibehalten werden, auch wenn die Gründe dafür nicht mehr bestehen. War auf 90 000,— abgeschrieben, so kann eine Zuschreibung auf 100 000,— erfolgen, aber wegen des Maßgeblichkeitsprinzips in Handels- und Steuerbilanz gleichermaßen. In diesem Beispiel ergibt sich also kein Unterschied gegenüber der Behandlung bei Kapitalgesellschaften.

**Lösung zu Aufgabe 4.43** *Wertaufholung und latente Steuern*

**(1) und (2) Ermittlung der Buchwerte am Ende des 9. und 10. Jahres**

Bei einer tatsächlichen Nutzungsdauer von 40 Jahren beträgt der Abschreibungssatz 2,5 % (§ 7 Abs. 4 Satz 2 EStG), der Abschreibungsbetrag demnach 50 000,— p. a.

| | |
|---|---|
| Anschaffungs-/Herstellungskosten | 2 000 000,— |
| 9 Jahre x 2,5 % Abschreibung | ∕. 450 000,— |
| Buchwert 9. Jahr | 1 550 000,— |
| Abschreibung 10. Jahr 2,5 % | ∕. 50 000,— |
| außerplanmäßige bzw. Teilwertabschreibung (§ 253 Abs. 2 HGB, § 6 Abs. 1 Satz 1 EStG) | ∕. 300 000,— |
| Buchwert 10. Jahr | 1 200 000,— |

### (3) Abschreibungen im 11. Jahr

Gemäß § 11 c Abs. 2 EStDV ist die Bemessungsgrundlage nach einer Teilwertabschreibung wie folgt zu ermitteln:

| | |
|---|---|
| Ursprüngliche Anschaffungs-/Herstellungskosten | 2 000 000,— |
| Teilwertabschreibung | ∕. 300 000,— |
| neue Bemessungsgrundlage | 1 700 000,— |

Die Abschreibung im 11. Jahr beträgt demnach 2,5 % von 1 700 000,— = 42 500,—. Der Buchwert im 11. Jahr lautet in Handels- wie in Steuerbilanz 1 157 000,—.

### (4) Ermittlung des Bilanzansatzes im 12. Jahr bei Wegfall der wertmindernden Voraussetzungen

Während für abnutzbares Anlagevermögen bei Wegfall der wertmindernden Voraussetzungen in der Handelsbilanz ein Wertaufholungsgebot besteht (§ 280 Abs. 1 HGB), gilt in der Steuerbilanz nach § 6 Abs. 1 Satz 1 EStG das Prinzip des uneingechränkten Wertzusammenhangs. Eine Wertaufholung darf in der Steuerbilanz deshalb nicht vorgenommen werden. Handels- und Steuerbilanz fallen auseinander.

In der Handelsbilanz ist die Werterhöhung unter Berücksichtigung der Abschreibungen, die inzwischen vorzunehmen gewesen wären, zuzuschreiben. Der Bilanzansatz im 12. Jahr errechnet sich damit unter Zugrundelegung der ursprünglichen Abschreibungsquote von 50 000,— p. a.

| | |
|---|---|
| Anschaffungs-/Herstellungskosten | 2 000 000,— |
| 12 Jahre x 50 000,— = | ∕. 600 000,— |
| Bilanzansatz (Planwert) 12. Jahr in der Handelsbilanz | 1 400 000,— |
| Bilanzansatz 11. Jahr in der Handelsbilanz | ∕. 1 157 500,— |
| Differenz bzw. Wertaufholung | 242 500,— |

In der Steuerbilanz gibt es, was die Abschreibungsquote betrifft, gegenüber dem Vorjahr keine Veränderung.

| | |
|---|---|
| Buchwert 11. Jahr in der Steuerbilanz | 1 157 500,— |
| Abschreibung 12. Jahr | 42 500,— |
| Buchwert 12. Jahr in der Steuerbilanz | 1 115 000,— |

### (5) Bedingungen einer Rückstellungsbildung für latente Steuern

Infolge der Zuschreibung ist der Jahresüberschuß laut Handelsbilanz um den Zuschreibungsbetrag zuzüglich der in der Steuerbilanz verrechneten AfA höher als der Gewinn laut Steuerbilanz (242 500,— + 42 500,— = 285 000,—).

**Kontrolle:**

| | |
|---|---|
| Buchwert in Handelsbilanz | 1 400 000,— |
| Buchwert in Steuerbilanz | ∕. 1 115 000,— |
| Differenz | 285 000,— |

Ist das Jahresergebnis der Handelsbilanz höher als der nach steuerrechtlichen Vorschriften zu ermittelnde Gewinn und damit der Steueraufwand aus der Steuerbilanz niedriger als derjenige, der sich aus der Handelsbilanz ergibt, und gleicht sich der zu niedrige Steueraufwand in späteren Geschäftsjahren voraussichtlich aus, so ist gemäß § 274 Abs. 1 HGB eine Rückstellung für latente Steuern zu bilden. Beide Voraussetzungen — unterschiedlicher Steueraufwand und sein Ausgleich in der Folgezeit — sind hier erfüllt. Der Erhöhung nur des Handelsbilanzgewinnes im Jahr der Zuschreibung stehen Minderungen der Handelsbilanzgewinne (50 000 Abschreibung) im Vergleich zu den Steuerbilanzgewinnen (42 500,— Abschreibung) der späteren Perioden gegenüber, weil die Zuschreibung in der Handelsbilanz zu einem größeren Abschreibungsvolumen als in der Steuerbilanz und damit zu einer Gewinnverlagerung führt.

### (6) Höhe der Rückstellungen für latente Steuern

Nach § 274 Abs. 1 HGB bemißt sich die Höhe der Rückstellung für latente Steuern nach der voraussichtlichen Steuer-(-mehr-)belastung (zwischen steuer- und handelsrechtlichem Ergebnis) der nachfolgenden Geschäftsjahre. Zu berücksichtigen sind dabei die Gewerbeertrag- und die Körperschaftsteuer.

Bei der Berechnung ist zu beachten, daß die Gewerbeertragsteuer bei ihrer eigenen Bemessungsgrundlage bei der Körperschaftsteuer abzugsfähig ist.

— Für die Berücksichtigung der Abzugsfähigkeit der Gewerbeertragsteuer bei sich selbst gilt folgende Formel:

$$s^{ge} = \frac{\text{Hebesatz}}{2\,000 + \text{Hebesatz}}$$

Bei einem Hebesatz von angenommen 400 und der Steuermeßzahl nach § 11 Abs 2 GewStG von 5 % beträgt der Gewerbeertragsteuersatz ($s^{ge}$) daher nicht 0,05 x 400 = 20 %, sondern

$$\frac{400}{2\,000 + 400} = 16,6\,\% \text{ (gerundet)}$$

— Die Abzugsfähigkeit der Gewerbeertragsteuer bei der Körperschaftsteuer (50 %) kann im Körperschaftsteuersatz wie folgt berücksichtigt werden:

$$0,50\,(100 - s^{ge})$$
$$= 0,50\,(100 - 16,6)$$
$$= 41,7\,\%$$

— Die Ertragsteuerbelastung aus Gewerbeertrag und Körperschaftsteuer unter Berücksichtigung der Abzugsfähigkeit der Gewerbeertragsteuer beträgt demnach

$$16,6 + 41,7\,\% = 58,3\,\%.$$

— Die Rückstellung für latente Steuern errechnet sich aus:

Ergebnisdifferenz x Steuersatz = Rückstellung für latente Steuern

285 000,—     x   58,3 %   =        166 155,—

Die erforderliche Buchung im 12. Jahr lautet:

Latente Steuern
    an Rückstellungen für latente Steuern                166 155,—

Das Aufwandkonto „Latente Steuern" wird über die GuV-Position „Steuern vom Einkommen und vom Ertrag" abgeschlossen. Gemäß § 274 Abs. 1 HGB ist die Rückstellungsbildung in der Bilanz oder im Anhang gesondert anzugeben.

### (7) Latente Steuern auch in der Steuerbilanz?

Die Rückstellung für latente Steuern bedeutet einen Ausnahmetatbestand zu dem grundsätzlichen steuerrechtlichen Passivierungsgebot. Bei einer Übernahme in die Steuerbilanz würde man bei der steuerlichen Gewinnermittlung gerade das Gegenteil dessen erzielen, was man eigentlich beabsichtigte, denn der in der Steuerbilanz schon niedrigere Gewinn würde durch die Übernahme der Rückstellung für latente Steuern nochmals gemindert. Demzufolge dienen die Steuerabgrenzungen lediglich der handelsrechtlichen Informations- und Ausschüttungssperrfunktion. Der Ermittlung des steuerlichen Gewinns widersprechen sie. Deshalb erfolgt kein Ansatz in der Steuerbilanz.

### (8) Abschreibungen in Handels- und Steuerbilanz im 13. Jahr

Ab dem 13. Jahr betragen die Abschreibungen in der Handelsbilanz 50 000,— p. a., in der Steuerbilanz 42 500,— p. a.

### (9) Auflösung der Rückstellungen für latente Steuern

Der Steuerbilanzgewinn ist im 13. Jahr um die Ergebnisdifferenz von 7 500,— höher (unterschiedliche Abschreibungsquote). Für die Auflösung der Rückstellung für latente Steuern gilt:

Ergebnisdifferenz x Steuersatz = Auflösung der Rückstellung latente Steuern

7 500,—    x   58,3 %   =                4 372,50

Die Buchung lautet:

Rückstellungen für latente Steuern
  an Steuern vom Einkommen und vom Ertrag                                  4 372,50

Die Rückstellungsauflösung als periodenfremder Posten ist gemäß § 277 Abs. 4 Satz 3 HGB hinsichtlich ihres Betrags und ihrer Art im Anhang zu erläutern, soweit der Betrag nicht von untergeordneter Bedeutung ist.

Zu beachten ist, daß gegen Ende der Nutzungsdauer höhere Auflösungsbeträge anfallen, denn die Restnutzungsdauer — vom 12. Jahr an gerechnet — beträgt in der Handelsbilanz noch 28 Jahre (1 400 000,— : 50 000,—), in der Steuerbilanz dagegen nur noch 26,23 Jahre (1 115 000,— : 42 500,—).

Das heißt, daß über 26 Jahre der Betrag von 4 372,50 aufgelöst wird. Der Buchwert des Gebäudes in der Steuerbilanz ist dann Ende des 38. Jahres 10 000,— [Buchwert 12. Jahr 1 115 000,— ∕. (26 x 42 500,—)], der Buchwert in der Handelsbilanz dagegen 100 000,—. Die Ergebnisdifferenzen betragen dann im 39. Jahr 40 000,— (50 000,— ∕. 10 000,—) und im 40. Jahr 50 000,—.

Die Auflösung der Rückstellungen für latente Steuern in den letzten beiden Jahren beläuft sich auf

40 000 x 58,3 % = 23 320,—
50 000 x 58,3 % = 29 150,—

Damit ist die Rückstellung vollständig aufgelöst.

#### Kontrolle:

| | |
|---|---:|
| Rückstellungsbildung | 166 155,— |
| 26 x 4 372,50 | ∕. 113 685,— |
| Auflösung im 39. Jahr | ∕. 23 320,— |
| Auflösung im 40. Jahr | ∕. 29 150,— |
| | —,— |

### (10) Unterschiede zwischen EStG 1987 und EStG neuer Fassung vom 22. 12. 89

Unter Zugrundelegung des EStG neuer Fassung ändert sich die Lösung der Aufgabenteile (1) — (3) nicht. Bei (4) besteht in Handels- und Steuerbilanz ein Wertaufholungswahlrecht, das einheitlich auszuüben ist. Latente Steuern fallen daher nicht mehr an.

## (1) Verlust im Jahr der Entstehung temporärer Differenzen

Der handelsrechtliche Verlust (vor Steuern) fällt um 285 000,— (Zuschreibungsbetrag zuzüglich der in der Steuerbilanz verrechneten AfA) geringer aus als der steuerliche. Der Verlust ist steuerlich voll rücktragsfähig in das Jahr 10 (§ 10 d EStG). Es entsteht ein Steuererstattungsanspruch in Höhe von

750 000,— x 58,3 % = 437 250,—

Buchung:

Sonstige Forderung an Steuererstattungen 437 250,—

Das Konto „Steuererstattungen" wird über GuV-Position „Steuern vom Einkommen und Ertrag" abgeschlossen. Zur Verdeutlichung sollte dann die Postenbezeichnung in „Erstattete Steuern vom Einkommen und Ertrag" geändert werden (ADS 1987, § 275 Tz 188).

Ob die Bildung einer latenten Steuerposition in Betracht kommt, ist nach den Voraussetzungen

— Vorliegen eines Steueraufwands im Geschäftsjahr oder in früheren Geschäftsjahren und

— Ausgleich in den Folgejahren

zu prüfen. In den Vorjahren wurden Gewinne erwirtschaftet, womit die erste Voraussetzung erfüllt ist. Ein Ausgleich der Steuerbelastungen zwischen Handels- und Steuerbilanz in den Folgeperioden ist nur bei positiver Unternehmensentwicklung möglich. Werden auf absehbare Zeit keine Gewinne erwirtschaftet, entfällt die Bildung einer Rückstellung für latente Steuern.

## (2) Verlust im Jahr nach der Bildung der latenten Steuerabgrenzung

Ermittlung der Handelsbilanzergebnisse im Jahr 12 und 13:

| | Jahr 12 | Jahr 13 |
|---|---|---|
| Steuerbilanzergebnis | + 800 000,— | ∕. 750 000,— |
| Ergebnisdifferenz | + 285 000,— | ∕. 7 500,— |
| Rückstellungsbildung/Auflösung für latente Steuern | ∕. 166 155,— | + 4 372,50 |
| Handelsbilanzergebnis | + 918 845,— | ∕. 753 127,50 |

Das Handelsbilanzergebnis im Jahr 12 ist um die erfolgte Wertaufholung (vermindert um die entsprechende Rückstellungsbildung für latente Steuern) höher als das Steuerbilanzergebnis. Im Jahr 13, das durch die Umkehr der Ergebnisdifferenz gekennzeichnet ist, ist das Handelsbilanzergebnis um die größere Gebäudeabschreibung (erhöht um die entsprechende Rückstellungsauflösung) niedriger als das Steuerbilanzergebnis.

Ob es lediglich bei der turnusmäßigen Rückstellungsauflösung bleibt (wie im Fall eines Gewinnes), oder ob die Rückstellung für latente Steuern eventuell gänzlich aufzulösen ist, hängt von der zukünftigen Gewinnerwartung ab. Bei einem nur vorübergehenden Gewinneinbruch wird man es bei der turnusmäßigen Rückstellungsauflösung belassen.

Ist auf längere Sicht jedoch nicht mit Gewinnen zu rechnen, so ist die Steuerabgrenzung aufzulösen, weil nicht mehr mit einer entsprechenden Belastung zu rechnen ist. Die Auflösungsbeträge dürfen aber nicht in den Steuerausweis mit einbezogen werden, sondern sind unter „Sonstigen betrieblichen Erträgen" auszuweisen.

# Lösung zu Aufgabe 4.45 *Differenzenspiegel*

| Jahr | Entstehungs-ursache | Datum | Betrag | Stand Vorjahr | Neu-bildung | Auflösung | | Stand 31. Dez. | | Ergebnis-unter-schied | Jahr der voraus-sichtl. Umkehr/ Auflösg. |
|---|---|---|---|---|---|---|---|---|---|---|---|
| | | | | | | nach Handels-recht | nach Steuer-recht | nach Handels-recht | nach Steuer-recht | | |
| | 1 | 2 | 3 | 4 | 5 | 6 | | 7 (=4+5+6) | | 8 (=5+6 +Vorjah-ressaldo) | 9 |
| 1 | Waren (Fifoverf.) | 31.12.1 | 30 000 | — | +30 000 | — | — | +30 000 | — | +30 000 | 2 |
| | Rückstell. f. unterl. Instand-haltung | 31.12.1 | 80 000 | — | —80 000 | — | — | —80 000 | — | —80 000 —50 000 | 2 |
| 2 | Vorjahres-saldo | | | | | | | | | —50 000 | |
| | Waren (Fifoverf.) | 31.12.1 | 30 000 | +30 000 | — | —30 000 | — | — | — | —30 000 | |
| | Rückstell. f. unterl. Instandh. | 31.12.1 | 80 000 | —80 000 | — | +80 000 | — | — | — | +80 000 | |
| | Waren (niedrig. Zukunfts-wert) | 31.12.2 | 15. 000 | — | —15 000 | — | — | —15 000 | — | —15 000 —15 000 | 3 |
| 3 | Vorjahres-saldo | | | | | | | | | —15 000 | |
| | Waren | 31.12.2 | 15 000 | —15 000 | — | +15 000 | — | — | — | +15 000 — | |

+ = handelsrechtliches Ergebnis höher als steuerrechtliches (= Rückstellung für latente Steuern)
— = handelsrechtliches Ergebnis niedriger als steuerrechtliches (= Bilanzierungshilfe für latente Steuern)

Sowohl im 1. als auch im 2. Jahr ist der Saldo der Ergebnisunterschiede negativ, d. h., das handelsrechtliche Ergebnis ist um den Saldo niedriger als das steuerliche. Es darf eine Bilanzierungshilfe für aktive latente Steuern angesetzt werden (§ 274 Abs. 2 HGB).

Bei einem unterstellten Steuersatz von z. B. 50 % kann die Bilanzierungshilfe bis zum Höchstbetrag von

50 000,— x 50 % = 25 000,—

nach Belieben angesetzt werden (ADS 1987, § 274 Tz 47). Dann ergibt sich folgende Buchung im 1. Jahr:

Aktiver Steuerabgrenzungsposten
  an Steuern vom Einkommen und Ertrag                    25 000,—

Im 2. Jahr ist die Bildung einer Bilanzierungshilfe bis zur Höhe von

15 000,— x 50 % = 7 500,—

möglich. Das heißt, die Differenz gegenüber dem Vorjahr muß aufgelöst werden (§ 274 Abs. 2 Satz 4 HGB). Buchung im 2. Jahr:

Steuern vom Einkommen und Ertrag
  an Aktiver Steuerabgrenzungsposten                    17 500,—

Im 3. Jahr lösen sich die Ergebnisunterschiede auf. Der Steuerabgrenzungsposten ist ganz aufzulösen. Buchung im 3. Jahr:

Steuern vom Einkommen und Ertrag
 an Aktiver Steuerabgrenzungsposten         7 500,—

Auch wenn auf den Ausweis der Bilanzierungshilfe in der Handelsbilanz verzichtet wird, müssen ein Differenzenspiegel oder ähnliche Aufzeichnungen angefertigt werden. Denn im Jahr 2 entstünde ohne den Saldo aus dem Vorjahr ein positiver Ergebnisunterschied (+ 80 000,— ∴ 30 000,— ∴ 15 000,—), wodurch eine Rückstellung für latente Steuern zu bilden wäre. Das Wissen um die Auswirkungen aus Vorjahren kann aber nur aus „Sonst erforderlichen Aufzeichnungen" (§ 239 HGB) gewonnen werden.

**Lösung zu Aufgabe 4.46**   *Zur buchhalterischen Methode der Ableitung der Steuer aus der Handelsbilanz*

(1) Die Geschäftsvorfälle 1 bis 5 sind Bilanzpostenabweichungen und betreffen das Steuerbilanzergebnis. Die Geschäftsvorfälle 6 bis 8 sind nichtabziehbare Betriebsausgaben bzw. Aufwendungen (§§ 4 Abs. 5, 12 EStG). Sie werden zweckmäßigerweise außerhalb der Bilanz zum Steuerbilanzergebnis hinzugerechnet.

| | | Saldenbilanz II | | Umbuchungen | | Saldenbilanz III | | Steuerbilanz | | GuV-Rechnung | |
|---|---|---|---|---|---|---|---|---|---|---|---|
| | | Soll | Haben | Soll | Haben | Soll | Haben | Aktiva | Passiva | Aufwand | Ertrag |
| 030 | Firmenwert | 37 500 | — | (2) 9 165 | — | 46 665 | — | 46 665 | — | — | — |
| 050 | Unbebaute Grundst. | 150 000 | — | — | — | 150 000 | — | 150 000 | — | — | — |
| 053 | Gebäude | 320 000 | — | (3) 22 500 | — | 342 500 | — | 342 500 | — | — | — |
| 070 | Maschinen | 392 500 | — | — | — | 392 500 | — | 392 500 | — | — | — |
| 084 | Fuhrpark | 90 000 | — | — | — | 90 000 | — | 90 000 | — | — | — |
| 085 | Flaschen u. Gebinde | 132 000 | — | — | — | 132 000 | — | 132 000 | — | — | — |
| 087 | Sonst. Betriebs- u. Geschäftsausstatt. | 40 000 | — | — | — | 40 000 | — | 40 000 | — | — | — |
| 200 | Roh-, Hilfs- u. Betriebsstoffe | 150 000 | — | — | — | 150 000 | — | 150 000 | — | — | — |
| 210 | Unfert. Erzeugnisse | 130 000 | — | (1) 90 000 | — | 220 000 | — | 220 000 | — | — | — |
| 240 | Ford. a. Lieferg. u. Leistungen | 311 000 | — | — | — | 311 000 | — | 311 000 | — | — | — |
| 260 | Vorsteuer | — | — | — | — | — | — | — | — | — | — |
| 280 | Bank | 218 000 | — | — | — | 218 000 | — | 218 000 | — | — | — |
| 288 | Kasse | 18 000 | — | — | — | 18 000 | — | 18 000 | — | — | — |
| 300 | Eigenkapital A | — | 550 000 | — | — | — | 550 000 | — | 550 000 | — | — |
| 3001 | Privat A | 89 000 | — | — | — | 89 000 | — | 89 000 | — | — | — |
| 301 | Eigenkapital B | — | 508 000 | — | — | — | 508 000 | — | 508 000 | — | — |
| 3011 | Privat B | 92 000 | — | — | — | 92 000 | — | 92 000 | — | — | — |
| 390 | Rückstellungen | — | 50 000 | (4) 30 000 (5) 20 000 | — | — | — | — | — | — | — |
| 440 | Verb. a. Lieferg. u. Leistungen | — | 388 000 | — | — | — | 388 000 | — | 388 000 | — | — |
| 480 | Umsatzsteuer | — | 10 000 | — | — | — | 10 000 | — | 10 000 | — | — |
| 489 | Darlehen | — | 300 000 | — | — | — | 300 000 | — | 300 000 | — | — |
| 500 | Umsatzerlöse | — | 2 695 500 | — | — | — | 2 695 500 | — | — | — | 2 695 500 |
| 5001 | Kundenskonti | 8 000 | — | — | — | 8 000 | — | — | — | 8 000 | — |
| 5201 | Bestandsveränderg. | 10 000 | — | — | (1) 90 000 | — | 80 000 | — | — | — | 80 000 |
| 548 | Ertr. a. Herabsetzung v. Rückstellg. | — | — | — | (4) 30 000 (5) 20 000 | — | 50 000 | — | — | — | 50 000 |
| 571 | Zinserträge | — | 6 500 | — | — | — | 6 500 | — | — | — | 6 500 |
| 600 | Materialaufwand | 1 207 000 | — | — | — | 1 207 000 | — | — | — | 1 207 000 | — |
| 6001 | Lieferantenskonti | — | 19 000 | — | — | — | 19 000 | — | — | — | 19 000 |
| 620 | Löhne, Gehälter | 512 000 | — | — | — | 512 000 | — | — | — | 512 000 | — |
| 640 | Soziale Abgaben | 94 000 | — | — | — | 94 000 | — | — | — | 94 000 | — |
| 650 | Abschreibungen | 110 000 | — | — | (2) 9 165 (3) 22 500 | 78 335 | — | — | — | 78 335 | — |
| 685 | Reisekosten | 70 000 | — | — | — | 70 000 | — | — | — | 70 000 | — |
| 687 | Werbung | 120 000 | — | — | — | 120 000 | — | — | — | 120 000 | — |
| 689 | Sonst. Aufwend. | 100 000 | — | — | — | 100 000 | — | — | — | 100 000 | — |
| 700 | Betriebssteuern | 22 000 | — | — | — | 22 000 | — | — | — | 22 000 | — |
| 751 | Zinsaufwand | 18 000 | — | — | — | 18 000 | — | — | — | 18 000 | — |
| 760 | A. o. Aufwand | 5 000 | — | — | — | 5 000 | — | — | — | 5 000 | — |
| 770 | Gewerbeertragst. | 81 000 | — | — | — | 81 000 | — | — | — | 81 000 | — |
| | | 4 527 000 | 4 527 000 | 171 665 | 171 665 | 4 607 000 | 4 607 000 | 2 291 665 | 1 756 000 | 2 315 335 | 2 851 000 |
| | Jahresüberschuß | | | | | | | | 535 665 | 535 665 | |
| | | | | | | | | 2 291 665 | 2 291 665 | 2 851 000 | 2 851 000 |

| | | | | |
|---|---|---|---|---|
| **A. Anlagevermögen** | | **A. Eigenkapital** | | |
| **I. Immaterielle Vermögens-** | | **I. Gesellschafter A** | | |
| **gegenstände** | 46 665 | Stand 1. 1. 19.. | 550 000 | |
| **II. Sachanlagen** | | ./. Privatentnahmen | 89 000 | |
| 1. Grundstücke und Gebäude | 492 500 | + Gewinnanteil 60 % | 321 399 | |
| 2. Technische Anlagen und | | Stand 31. 12. 19.. | | 782 399 |
| Maschinen | 392 500 | **II. Gesellschafter B** | | |
| 3. Betriebs- und Geschäfts- | | Stand 1. 1. 19.. | 508 000 | |
| ausstattung | 262 000 | ./. Privatentnahmen | 92 000 | |
| **B. Umlaufvermögen** | | + Gewinnanteil 40 % | 214 266 | |
| **I. Vorräte** | | Stand 31. 12. 19.. | | 630 266 |
| 1. Roh-, Hilfs- u. Betriebsstoffe | 150 000 | **B. Verbindlichkeiten** | | |
| 2. Unfertige Erzeugnisse | 220 000 | 1. Aus Lieferungen und Leistungen | | 388 000 |
| **II. Forderungen** | | 2. Sonstige Verbindlichkeiten | | 310 000 |
| aus Lieferungen u. Leistungen | 311 000 | — davon aus Steuern: 10 000 | | |
| **III. Kassenbestand/Guthaben** | | | | |
| **bei Kreditinstituten** | 236 000 | | | |
| | 2 110 665 | | | 2 110 665 |

Gewinn- und Verlustrechnung für die Zeit vom 1. 1. bis 31. 12. 19..

| | | |
|---|---|---|
| 1. Umsatzerlöse | 2 687 500 | |
| 2. Bestandserhöhung unfertige Erzeugnisse | 80 000 | |
| 3. Sonstige betriebliche Erträge | 50 000 | |
| 4. Materialaufwand | ./. 1 188 000 | |
| 5. Personalaufwand | | |
| a) Löhne und Gehälter | ./. 512 000 | |
| b) Soziale Abgaben | ./. 94 000 | |
| 6. Abschreibungen auf Anlage- | | |
| vermögen | ./. 78 335 | |
| 7. Sonstiger betrieblicher Aufwand | ./. 312 000 | |
| 8. Zinserträge | 6 500 | |
| 9. Zinsaufwendungen | ./. 18 000 | |
| 10. Ergebnis der gewöhnlichen Geschäftstätigkeit | | 621 665 |
| 11. Außerordentliche Aufwendungen | ./. 5 000 | |
| 12. Außerordentliches Ergebnis | | ./. 5 000 |
| 13. Gewerbeertragsteuer | | ./. 81 000 |
| 14. Jahresüberschuß | | 535 665 |

| | | |
|---|---|---|
| (3) Steuerbilanzgewinn | 535 665 | |
| + nichtabziehbare Aufwendungen | | |
| (Geschäftsvorfälle 6 bis 8) | 7 740 | |
| = steuerpflichtiger Gewinn | 543 405 | |

**Lösung zu Aufgabe 4.47** *Bilanzänderung*

(1) Die Teilwertabschreibung der Maschine ist als Bilanzänderung genehmigungsbedürftig.

Der nachträglichen Abschreibung der geringwertigen Wirtschaftsgüter steht der Wortlaut von § 6 Abs. 2 EStG entgegen, der die sofortige volle Abschreibung nur für das Jahr der Anschaffung, Herstellung oder Einlage vorsieht. Abschn. 40 Abs. 6 EStR sagt ausdrücklich: Hat der Steuerpflichtige von der Bewertungsfreiheit im Jahr der Anschaffung oder Herstellung keinen Gebrauch gemacht, so kann er sie in einem späteren Jahr nicht nachholen.

(2) Wäre Grellmann bereits rechtskräftig veranlagt, könnte er die Teilwertabschreibung der Maschine erst im laufenden Jahr durchführen. Das Finanzamt müßte die Bilanzänderung für das rechtskräftig veranlagte Jahr ablehnen (Abschn. 15 Abs. 2 EStR).

**Lösung zu Aufgabe 4.48** *Bilanzänderung oder Bilanzberichtigung*

(1) — (3) Es handelt sich um Bilanzberichtigungen, für die eine Genehmigung des Finanzamts nicht benötigt wird.

Die Berichtigung muß auch auf die Gewerbesteuer ausgedehnt werden.

(4) Mehr- und Weniger-Rechnung

| Bilanzposten | Erfolgsposten | Gewinnänderung + | Gewinnänderung ∕. |
|---|---|---|---|
| **Betriebsausstattung** | Abschreibung | | 1 500,— |
| **Vorräte** | Materialaufwand | 13 500,— | |
| **Sonstige Forderungen** | Sonstige Erträge | 5 000,— | |
| **Kapital** | | | |
| — Privatentnahme | Eigenverbrauch (Kfz-Kosten) | 900,— | |
| **Gewerbesteuerrück-** | Gewerbeertragsteuer | | 2 984,— |
| **stellung** | | | |
| | | 19 400,— | 4 484,— |
| Mehr oder Weniger | | + 14 916,— | |

| Berichtigte Bilanzposten | Aktiva | Passiva |
|---|---|---|
| Betriebausstattung | ∕. 1 500,— | |
| Vorräte | + 13 500,— | |
| Sonstige Forderungen | + 5 000,— | |
| Steuerrückstellungen | | + 2 984,— |
| Umsatzsteuerschuld | | + 126,— |
| Kapital | | |
| — Mehrgewinn | | + 14 916,— |
| — Entnahmen | | ∕. 1 026,— |
| | + 17 000,— | + 17 000,— |

Für den privaten Kfz-Kostenanteil (vgl. Abschn. 20 Abs. 18, 118 EStR) ist die Bestimmung des § 1 Abs. 1 Nr. 2 b UStG zu beachten. In seiner Höhe liegt umsatzsteuerpflichtiger Eigenverbrauch vor. Deshalb lautet die Berichtigungsbuchung

| | |
|---|---:|
| Private Kfz-Nutzung | 1 026,— |
| an Eigenverbrauch | 900,— |
| Umsatzsteuer | 126,— |

Hinsichtlich der Umsatzsteuerschuld von 126,— ergibt sich keine Gewinnauswirkung, das Betriebsvermögen mindert sich gleichzeitig durch die Privatentnahme.

(5) Nach vorläufiger Veranlagung (§ 165 AO) und Steuerfestsetzung unter Vorbehalt der Nachprüfung (§ 164 AO) ist Berichtigung noch möglich.

(6) Nach bestandskräftiger Veranlagung im Anschluß an die Betriebsprüfung ist die Berichtigung nicht mehr möglich, weil keine Steuerhinterziehung oder leichtfertige Steuerverkürzung vorliegt (§ 173 Abs. 2 AO).

## Lösung zu Aufgabe 4.49 *Bilanzberichtigung über 3 Jahre mit Mehr- und Weniger-Rechnung*

### (1) Mehr- und Weniger-Rechnung

| Bilanzposten | Erfolgsposten | \+ (1. Jahr) | ./. (1. Jahr) | \+ (2. Jahr) | ./. (2. Jahr) | \+ (3. Jahr) | ./. (3. Jahr) |
|---|---|---:|---:|---:|---:|---:|---:|
| **Immaterielle Wirtschaftsgüter** — Alleinvertriebsrecht | Aufwend. f. Inanspruchnahme von Rechten | 30 000 | | | | | |
| **Maschinen** | Abschreibungen | | | 2 900 | | | |
| **Roh-, Hilfs- und Betriebsstoffe** — Nicht erfaßter Bestand — Verbrauch Folgejahr | Materialaufwand Materialaufwand | | | 8 600 | | | 8 600 |
| **Fertigerzeugnisse** — Stornierte Teilwert-Abschreibung | Bestandserhöhung fertiger Erzeugnisse Bestandsmind. fertiger Erzeugnisse | 7 000 | | | 7 000 | | |
| **Forderungen an Gesellschafter** | Reisekosten | | | | | 5 000 | |
| **Gewerbesteuerrückstellungen** | Gewerbesteuer | | 2 100 | | 2 817 | 534 | |
| **Sonst. Rückstellungen** — Zu hohe Instandhaltungsrückstellung — Garantiearbeit | Erträge aus Auflösung von Rückstellungen Zuführung zu Rückst. f. Gewährleistung | | | | | 4 000 | 3 600 |
| **Kundenanzahlungen** — Zu hoch ausgewiesener Umsatz — Auswirkung Folgejahr | Umsatzerlöse Umsatzerlöse | | 2 400 | 2 400 | | | |
| **Verbindlichk. aus Lieferungen u. Leistungen** — Nicht bilanzierte Warenschuld — Auswirkung Folgejahr | Wareneinsatz Wareneinsatz | | 10 000 | 10 000 | | | |
| **Sonstige Verbindlichk.** | Sonstige Erträge | 12 000 | | | | | |
| | | 37 000 | 26 500 | 23 900 | 9 817 | 9 534 | 12 200 |
| Mehr oder Weniger | | + 10 500 | | + 14 083 | | ./. 2 666 | |

(2)

| | | Aktiva | Passiva |
|---|---|---|---|
| **1. Jahr:** | Immaterielle Vermögensgegenstände | + 30 000,— | |
| | Fertige Erzeugnisse | + 7 000,— | |
| | Steuerrückstellungen | | + 2 100,— |
| | Erhaltene Anzahlungen auf Bestellungen | | + 2 400,— |
| | Verbindlichkeiten aus Lieferungen und Leistungen | | + 10 000,— |
| | Sonstige Verbindlichkeiten | | + 12 000,— |
| | Eigenkapital | | + 10 500,— |
| | | + 37 000,— | + 37 000,— |

| | | Aktiva | Passiva |
|---|---|---|---|
| **2. Jahr:** | Maschinen, technische Anlagen | + 2 900,— | |
| | Roh-, Hilfs- und Betriebsstoffe | + 8 600,— | |
| | Fertige Erzeugnisse | ·/. 7 000,— | |
| | Steuerrückstellungen | | + 2 317,— |
| | Kundenanzahlungen | | ·/. 2 400,— |
| | Verbindlichkeiten aus Lieferungen und Leistungen | | ·/. 10 000,— |
| | Eigenkapital | | + 14 083,— |
| | | + 4 500,— | + 4 500,— |

| | | Aktiva | Passiva |
|---|---|---|---|
| **3. Jahr:** | Forderungen an Gesellschafter | + 5 000,— | |
| | Roh-, Hilfs- und Betriebsstoffe | ·/. 8 600,— | |
| | Steuerrückstellungen | | ·/. 534,— |
| | Sonstige Rückstellungen | | ·/. 4 000,— |
| | | | + 3 600,— |
| | Eigenkapital | | ·/. 2 666,— |
| | | ·/. 3 600,— | ·/. 3 600,— |

(3) Bei Kapitalgesellschaften ist die Behandlung nicht grundsätzlich anders, denn der Mehr- oder Mindergewinn ist Eigenkapital. Falls in Gesellschaftsvertrag oder Satzung die Behandlung von Ergebnisunterschieden auf Grund von Betriebsprüfungen geregelt ist (z. B. Zuführung zu Gewinnrücklagen), ist entsprechend zu verfahren. Ansonsten ist es zweckmäßig, die Ergebnisunterschiede

— entweder auf einem Sonderkonto etwa unter der Bezeichnung „Ausgleichsposten infolge Betriebsprüfung" zu sammeln, im Beispiel

    + 10 500,—
    + 14 083,—
    ·/. 2 666,—
    = 21 917,—

welches über „Vortrag auf neue Rechnung" abzuschließen ist, oder

— von vornherein auf „Vortrag auf neue Rechnung" zu erfassen.

Damit ist sichergestellt, daß der Mehr- oder Mindergewinn bei der nächsten Gewinnverwendungsentscheidung miterfaßt wird.

(1)

| Aktiva | | Bilanz zum 31. 12. 19... | | Passiva |
|---|---|---|---|---|

| Aktiva | | | Passiva | |
|---|---|---|---|---|
| A. Anlagevermögen | | | A. Eigenkapital | |
|   I. Immaterielle Vermögens-gegenstände | | |   I. Gezeichnetes Kapital | 1 750 000 |
|     Geschäfts- oder Firmenwert | 260 000 | |   II. Kapitalrücklage | 50 000 |
|   II. Sachanlagen | | |   III. Andere Gewinnrücklagen | 100 000 |
|     1. Grundstücke und Bauten | 2 262 000 | |   IV. Gewinnvortrag | 130 000 |
|     2. Technische Anlagen und Maschinen | 1 676 000 | |   V. Jahresüberschuß | 810 000 |
|     3. Andere Anlage, Betriebs- und Geschäftsausstattung | 540 000 | | B. Rückstellungen | |
|   III. Finanzanlagen | | |   1. Rückstellungen für Pensionen und ähnliche Verpflichtungen | 850 000 |
|     Wertpapiere des Anlage-vermögens | 180 000 | |   2. Steuerrückstellungen | 44 000 |
| B. Umlaufvermögen | | |   3. Sonstige Rückstellungen | 175 000 |
|   I. Vorräte | | | C. Verbindlichkeiten | |
|     1. Roh-, Hilfs- und Betriebsstoffe | 810 000 | |   1. Verbindlichkeiten gegenüber Kreditinstituten | 3 009 000 |
|     2. Unfertige Erzeugnisse | 750 000 | |     — davon mit Restlaufzeit bis 1 Jahr 2 009 000 | |
|     3. Fertige Erzeugnisse | 1 120 000 | |   2. Verbindlichkeiten aus Lieferungen und Leistungen | 610 000 |
|   II. Forderungen und sonstige Vermögensgegenstände | | |     — davon mit Restlaufzeit bis 1 Jahr 610 000 | |
|     1. Forderungen aus Lieferungen und Leistungen | 405 000 | |   3. Verbindlichkeiten aus der Annahme gezogener und der Ausstellung eigener Wechsel | 180 000 |
|     — davon mit Restlaufzeit von mehr als 1 Jahr —,— | | |     — davon mit Restlaufzeit bis 1 Jahr 180 000 | |
|     2. Sonstige Vermögens-gegenstände | 150 000 | |   4. Sonstige Verbindlichkeiten | 660 000 |
|     — davon mit Restlaufzeit von mehr als 1 Jahr —,— | | |     — davon aus Steuern 11 000 | |
|   III. Wertpapiere | | |     — davon im Rahmen der sozialen Sicherheit 15 000 | |
|     Sonstige Wertpapiere | 120 000 | |     — davon mit Restlaufzeit bis 1 Jahr 660 000 | |
|   IV. Schecks, Kassenbestand, Postgiroguthaben, Guthaben bei Kreditinstituten | 82 000 | | D. Rechnungsabgrenzungsposten | 11 000 |
| C. Rechnungsabgrenzungsposten | 24 000 | | | |
| | 8 379 000 | | | 8 379 000 |

(2)

**GuV-Rechnung zum 31. 12. 19..**

| | |
|---|---|
| 1. Umsatzerlöse | 24 220 000,— |
| 2. Verminderung des Bestands an fertigen und unfertigen Erzeugnissen | ∕. 90 000,— |
| 3. Sonstige betriebliche Erträge | 44 000,— |
| 4. Materialaufwand Aufwendungen für Roh-, Hilfs- und Betriebsstoffe | ∕. 4 930 000,— |
| Übertrag | 19 244 000,— |

| Übertrag | 19 244 000,— |
|---|---|

5. Personalaufwand
   a) Löhne und Gehälter ./. 6 345 000,—
   b) Soziale Abgaben und Aufwendungen für
      Altersversorgung und Unterstützung ./. 1 370 000,—
6. Abschreibungen auf immaterielle Vermögensgegenstände des Anlagevermögens
   und Sachanlagen ./. 492 000,—
7. Sonstige betriebliche Aufwendungen ./. 8 568 000,—
   — davon aus sonstigen Steuern 23 000,—
8. Erträge aus anderen Wertpapieren 18 000,—
9. Sonstige Zinsen und ähnliche Erträge 10 000,—
10. Abschreibungen auf Wertpapiere des Umlaufvermögens 10 000,—
11. Zinsen und ähnliche Aufwendungen ./. 220 000,—
12. Ergebnis der gewöhnlichen Geschäftstätigkeit 2 267 000,—
13. Außerordentliche Erträge 14 000,—
14. Außerordentliche Aufwendungen ./. 190 000,—
15. Außerordentliches Ergebnis ./. 176 000,—
16. Steuern vom Einkommen und vom Ertrag ./. 1 281 000,—
17. Jahresüberschuß 810 000,—

**Lösung zu Aufgabe 4.51** *Zuordnungsfragen in der GuV-Rechnung*

| (1) | Pos. 7 a | (11) | Pos. 8 |
|---|---|---|---|
| (2) — (3) | Pos. 8 | (12) | Pos. 4 |
| (4) | Pos. 4 | (13) — (14) | Pos. 13 |
| (5) | Pos. 13 | (15) — (16) | Pos. 6 a |
| (6) | Pos. 6 a | (17) | Pos. 6 b |
| (7) — (8) | Pos. 4 | (18) — (22) | Pos. 8 |
| (9) | Pos. 12 | (23) — (24) | Pos. 4 |
| (10) | Pos. 5 a | (25) | Pos. 1 |

**Lösung zu Aufgabe 4.52** *Aufstellung der GuV-Rechnung nach Gesamt- und Umsatz-*
*kostenverfahren*

**(1) GuV nach dem Gesamtkostenverfahren**

1. Umsatzerlöse 2 829 000
2. Erhöhung des Bestands an unfertigen und fertigen
   Erzeugnissen 34 000
3. Andere aktivierte Eigenleistungen 15 000
4. Sonstige betriebliche Erträge 19 000

| Übertrag | 2 897 000 |
|---|---|

| Übertrag | | 2 897 000 |
|---|---|---|
| 5. Materialaufwand Aufwendungen für Roh-, Hilfs- und Betriebsstoffe | ./. 1 162 000 | |
| 6. Personalaufwand | | |
| a) Löhne und Gehälter | ./. 820 000 | |
| b) Soziale Abgaben und Aufwendungen für Altersversorung und Unterstützung | ./. 240 000 | |
| — davon für Altersversorgung 55 000 | | |
| 7. Abschreibungen auf immaterielle Vermögensgegenstände des Anlagevermögens und Sachanlagen | ./. 140 000 | |
| — davon außerplanmäßig (§ 253 Abs. 2 Satz 3 HGB) 8 000 | | |
| 8. Sonstige betriebliche Aufwendungen | ./. 226 000 | |
| — davon Einstellungen in den Sonderposten mit Rücklageanteil 14 000 | | |
| 9. Zinsen und ähnliche Aufwendungen | ./. 31 000 | |
| 10. Ergebnis der gewöhnlichen Geschäftätigkeit | | 278 000 |
| 11. Außerordentliche Aufwendungen | ./. 19 000 | |
| 12. Außerordentliches Ergebnis | | ./. 19 000 |
| 13. Steuern vom Einkommen und vom Ertrag | | ./. 98 000 |
| 14. Jahresüberschuß | | 161 000 |

(2) Bei Erstellung der GuV nach dem Umsatzkostenverfahren hat die Zuordnung der Aufwendungen zu den Bereichen Herstellung, Vertrieb und allgemeine Verwaltung im allgemeinen zwar nach den Regeln der Kostenstellenrechnung (Betriebsabrechnungsbogen) zu erfolgen. **Abweichungen** gegenüber dem Betriebsabrechnungsbogen sowohl **betragsmäßig** als auch der **Zuordnung** nach ergeben sich aber, weil

— sich aus dem GuV-Schema zwingende Abweichungen ergeben (z. B. hinsichtlich der Gewerbeertragsteuer, die unter der GuV-Position 17 und nicht unter den Herstellungs-, Vertriebs- oder Verwaltungskosten auszuweisen ist),

— der primäre Ausweis von Betriebssteuern und Zinsen unter den GuV-Posten 18 und 12 erfolgen sollte (vgl. Stellungnahme SABI 1/1987: Probleme des Umsatzkostenverfahrens, in: WPg 1987, S. 142),

— bei der innerbetrieblichen Kostenverrechnung nicht nur Ist-Kosten, sondern auch kalkulatorische Kosten (z. B. für Abschreibungen, Zinsen) angesetzt werden,

— dem Betriebsabrechnungsbogen die Abgrenzungsrechnung (bzw. neutrale Ergebnisrechnung) vorgelagert ist, so daß er ausschließlich Kosten, aber keine neutralen Aufwendungen umfaßt (z. B. **periodenfremde Herstellungs-, Vertriebs-, Verwaltungsaufwendungen**); eine solch strikte Trennung erfolgt in der GuV-Rechnung nicht (vgl. S. 105 f.), denn sie verfolgt ja andere Zwecke als die innerbetriebliche Kostenverrechnung.

(3)

Die Zuordnungstabelle ist ein wichtiges **Hilfsmittel** zur Erstellung der GuV nach dem Umsatzkostenverfahren und zweckmäßig, um die Einhaltung des **Grundsatzes der Dar-**

| Zuordnungstabelle (für Erstellung der GuV nach Umsatzkostenverfahren) | | | | | | | |
|---|---|---|---|---|---|---|---|
| Konto | Betrag | Herst.-Kosten (GuV-Pos. 2) | Vertr.-Kosten (GuV-Pos. 4) | Allg. Verw.-Kosten (GuV-Pos. 5) | Sonst. betr. Aufw. (GuV-Pos. 7) | Übrige Aufw.-Posten der GuV | Anhangangabe bzw. gesonderter Ausweis |
| 600 Aufwendungen für Fertigungsmaterial | 847 000 | 847 000 | | | | | § 285 Nr. 8a HGB |
| 601 Aufwendungen für Vorprodukte | 255 000 | 255 000 | | | | | § 285 Nr. 8a HGB |
| 605 Aufwendungen Energie | 60 000 | 50 000 | | 10 000 | | | § 285 Nr. 8a HGB |
| 620 Löhne | 610 000 | 566 000 | 22 000 | 22 000 | | | § 285 Nr. 8b HGB |
| 630 Gehälter | 210 000 | 70 000 | 70 000 | 70 000 | | | § 285 Nr. 8b HGB |
| 640 Arbeitgeberanteil Sozialvers., Löhne | 137 000 | 127 000 | 5 000 | 5 000 | | | § 285 Nr. 8b HGB |
| 641 Arbeitgeberanteil Sozialvers., Gehälter | 48 000 | 16 000 | 16 000 | 16 000 | | | § 285 Nr. 8b HGB |
| 644 Aufwendungen für Altersversorgung | 55 000 | 35 000 | 10 000 | 10 000 | | | § 285 Nr. 8b HGB |
| 652 Abschreibungen auf Sachanlagen | 127 000 | 97 000 | | 30 000 | | | |
| 654 Abschreib. a. geringw. Wirtschaftsgüter | 5 000 | | | 5 000 | | | |
| 655 Außerplanm. Abschr. a. Sachanlagen | 8 000 | 8 000 | | | | | §§ 277 Abs. 3, 253 Abs. 2 HGB |
| 671 Leasing | 60 000 | 60 000 | | | | | |
| 672 Lizenzen | 49 000 | 49 000 | | | | | |
| 675 Kosten d. Geldverk. | 2 000 | | | 2 000 | | | |
| 677 Rechts-u. Beratungsk. | 15 000 | | | 15 000 | | | |
| 680 Büromaterial | 11 000 | | | 11 000 | | | |
| 685 Reisekosten | 9 000 | | 9 000 | | | | |
| 687 Werbung | 32 000 | | 32 000 | | | | |
| 690 Versicherungsbeitr. | 12 000 | 4 000 | | 8 000 | | | |
| 696 Verluste aus Abgang v. Vermögensgegenst. | 22 000 | | | | 22 000 | | |
| 697 Einstell. in Sonderp. m. Rücklageanteil | 14 000 | | | | 14 000 | | § 281 Abs. 2 HGB |
| 751 Zinsaufwendungen | 31 000 | | | | | 31 000 | |
| 760 Außerordentliche Aufwendungen | 19 000 | | | | | 19 000 | |
| 770 Gewerbeertragsteuer | 15 000 | | | | | 15 000 | |
| 771 Körperschaftsteuer | 83 000 | | | | | 83 000 | |
| Summe | 2 736 000 | 2 184 000 | 164 000 | 204 000 | 36 000 | 148 000 | |

**Korrekturen:**

| | | | | | | | |
|---|---|---|---|---|---|---|---|
| 52 Bestandsveränderungen | | ./. 34 000 | | | | | |
| 53 Andere aktivierte Eigenleistungen | | ./. 15 000 | | | | | |
| Berichtigte Herstell.-Kost. (GuV-Pos. 2) | | 2 135 000 | | | | | |

stellungsstetigkeit nach § 265 Abs. 1 HGB beim Umsatzkostenverfahren zu gewährleisten. Sie basiert auf

— der endgültigen Saldenliste (nach Berichtigungen und Umbuchungen) und
— den wichtigsten Zuordnungskriterien aus der innerbetrieblichen Kostenstellenrechnung.

Bei der Zuordnungstabelle ist zu beachten, daß

— positive Bestandsveränderungen und
— andere aktivierte Eigenleistungen

zu **Korrekturen** (Abzügen) bei den „Herstellungskosten der zur Erzielung der Umsatzerlöse erbrachten Leistungen" führen müssen. Denn ihnen stehen noch keine Umsatzerlöse gegenüber.

### (4) GuV nach dem Umsatzkostenverfahren

| | | |
|---|---:|---:|
| 1. Umsatzerlöse | 2 829 000 | |
| 2. Herstellungskosten der zur Erzielung der Umsatzerlöse erbrachten Leistungen | ./. 2 135 000 | |
| 3. Bruttoergebnis vom Umsatz | 694 000 | |
| 4. Vertriebskosten | ./. 164 000 | |
| 5. Allgemeine Verwaltungskosten | ./. 204 000 | |
| 6. Sonstige betriebliche Erträge | 19 000 | |
| 7. Sonstige betriebliche Aufwendungen | ./. 36 000 | |
| 8. Zinsen und ähnliche Aufwendungen | ./. 31 000 | |
| 9. Ergebnis der gewöhnlichen Geschäftstätigkeit | | 278 000 |
| 10. Außerordentliche Aufwendungen | ./. 19 000 | |
| 11. Außerordentliches Ergebnis | | ./. 19 000 |
| 12. Steuern vom Einkommen und vom Ertrag | | ./. 98 000 |
| 13. Jahresüberschuß | | 161 000 |

### Anhangangaben zur GuV:

— Angabe nach § 277 Abs. 3 HGB:

In den „Herstellungskosten der zur Erzielung der Umsatzerlöse erbrachten Leistungen" sind außerplanmäßige Abschreibungen im Sinne des § 253 Abs. 2 Satz 3 HGB in Höhe von 8 000,— enthalten.

— Angabe nach § 281 Abs. 2 Satz 2 HGB:

Von den „Sonstigen betrieblichen Aufwendungen" entfallen 14 000,— auf „Einstellungen in den Sonderposten mit Rücklageanteil".

— Angabe von mittelgroßen und großen Kapitalgesellschaften nach § 285 Nr. 8 a HGB:

Der Materialaufwand beträgt:
Aufwendungen für Roh-, Hilfs- und Betriebsstoffe     1 162 000,—.

— Angabe von allen Kapitalgesellschaften nach § 285 Nr. 8 b HGB:

Der Personalaufwand beträgt:
a) Löhne und Gehälter     820 000,—,
b) Soziale Abgaben und Aufwendungen für Altersversorgung und Unterstützung     240 000,—,
   — davon für Altersversorgung 55 000,—.

Dieser Vermerk bestätigt neben der Ordnungsmäßigkeit der Buchführung, daß der Jahresabschluß ein den tatsächlichen Verhältnissen entsprechendes Bild der Vermögens-, Finanz- und Ertragslage der Unternehmung vermittelt. Ein solcher Bestätigungsvermerk kann deshalb für den Jahresabschluß nur dann erteilt werden,

— wenn bezüglich der Rechnungslegung die entsprechend strengeren Vorschriften, die für Kapitalgesellschaften gelten (§§ 264 ff. HGB), angewandt werden und

— wenn die Prüfung nach Art und Umfang der Pflichtprüfung gemäß den Vorschriften des HGB entspricht.

Ansonsten kann der Wirtschaftsprüfer nur die Ordnungsmäßigkeit von Buchführung und Abschluß bestätigen.

# ANHANG

## 1. Kontenrahmen für den Einzelhandel

### Klasse 0: Anlage- und Kapitalkonten

00 Bebaute Grundstücke (Gebäude)
01 Unbebaute Grundstücke
02 Maschinen, maschinelle Anlagen, Werkzeuge und Transporteinrichtungen
03 Betriebs- und Geschäftsausstattung
04 Rechtswerte und Sicherheiten (Konzessionen, Patente, Lizenzen u. a.)
05 Beteiligungen
06 Langfristige Forderungen
07 Langfristige Verbindlichkeiten
08 Kapital und Rücklagen
09 Wertberichtigungen, Rückstellungen, Posten der Jahresabgrenzung

### Klasse 1: Finanzkonten

10 Kasse
11 Postgiro und Landeszentralbank
12 Banken und Sparkassen
13 Besitzwechsel, Schecks und sonstige Wertpapiere
14 Forderungen aus Warenlieferungen und Leistungen
15 Sonstige kurzfristige Forderungen
16 Verbindlichkeiten aus Warenlieferungen und Leistungen
17 Schuldwechsel
18 Sonstige kurzfristige Verbindlichkeiten
19 Privatkonten

### Klasse 2: Abgrenzungskonten

20 Außerordentliche und betriebsfremde Aufwendungen
21 Außerordentliche und betriebsfremde Erträge
22 Haus- und Grundstücksaufwendungen und -erträge (Reparaturen, Abschreibungen auf Gebäude u. a.)
23 — 29 frei

### Klasse 3: Wareneinkaufskonten

30 — 36 Wareneinkäufe (Warengruppen I — VII)
37 Warenbezugs- und Nebenkosten (Fracht, Verpackung, Zölle u. a.)
38 Nachlässe (Skonti, Boni u. a.)
39 Konsignations- und Kommissionsware

### Klasse 4: Konten der Kostenarten

40 Personalkosten
41 Miete oder Mietwert
42 Sachkosten für Geschäftsräume (Heizung, Beleuchtung, Reinigung, Schönheitsreparaturen u. a.)
43 Steuern, Abgaben und Pflichtbeiträge des Betriebes
44 Sachkosten für Werbung
45 Sachkosten für Warenabgabe und -zustellung
46 Zinsen
47 Abschreibungen (außer auf Gebäude, die zu Gruppe 22 gehören)
48 Sonstige Geschäftsausgaben (Porto, Telefonspesen, Büromaterial u. a.)
49 frei für sonstige Einzelkosten

### Klasse 5: Verrechnete Kosten

**Klasse 6: Kosten für Nebenbetriebe**

**Klasse 7: frei**

**Klasse 8: Erlöskonten**

80 — 86 Warenverkäufe (Warengruppen I — VII)
87 — 88 frei
89 Erlösschmälerungen

**Klasse 9: Abschlußkonten**

90 Abgrenzungssammelkonto
91 Monats-GuV-Konto
92 Monatsbilanzkonto
93 Jahres-GuV-Konto
94 Jahresbilanzkonto

## 2. Kontenrahmen für den Groß- und Außenhandel 1988[1]

**Klasse 0: Anlage- und Kapitalkonten**

00 Ausstehende Einlagen und Aufwendungen für die Ingangsetzung und Erweiterung
  des Geschäftsbetriebs
  001 Ausstehende Einlagen
      — davon eingefordert
  002 Aufwendungen für die Ingangsetzung des Geschäftsbetriebs
  003 Aufwendungen für die Erweiterung des Geschäftsbetriebs

01 Immaterielle Vermögensgegenstände
  011 Konzessionen, gewerbliche Schutzrechte und ähnliche Rechte und Werte
      sowie Lizenzen an solchen Rechten und Werten
  012 Geschäfts- oder Firmenwert
  013 Geleistete Anzahlungen

02 Grundstücke
  021 Grundstücke
  022 Grundstücksgleiche Rechte und Bauten
  023 Bauten auf eigenen Grundstücken
  024 Bauten auf fremden Grundstücken

03 Anlagen, Maschinen, Betriebs- und Geschäftsausstattung
  031 Technische Anlagen und Maschinen
  032 Andere Anlagen
  033 Betriebs- und Geschäftsausstattung
  034 Fuhrpark
  035 Geleistete Anzahlungen
  036 Anlagen im Bau

04 Finanzanalgen
  041 Anteile an verbundenen Unternehmen
  042 Ausleihungen an verbundene Unternehmen
  043 Beteiligungen
  044 Ausleihungen an Unternehmen, mit denen ein Beteiligungsverhältnis besteht
  045 Wertpapiere des Anlagevermögens
  046 Sonstige Ausleihungen (Darlehen)

05 Wertberichtigungen
  051 Wertberichtigungen bei Sachanlagen

---

[1] BGA (Hrsg.): Kontenrahmen für den Groß- und Außenhandel, Bundesverband des Deutschen Groß- und Außenhandels e.V. (BGA), Bonn 1988.

052 Wertberichtigungen bei Forderungen
    0521 Einzelwertberichtigungen
    0522 Pauschalwertberichtigungen
053 Wertberichtigungen bei Vorräten

## 06 Eigenkapital
061 Gezeichnetes Kapital (Kapitalgesellschaft) oder
    Eigenkapital (bei Einzelkaufmann oder Personengesellschaft)
062 Kapitalrücklage
063 Gewinnrücklage
    0631 Gesetzliche Rücklagen
    0632 Rücklagen für eigene Anteile
    0633 Satzungsmäßige Rücklagen
    0634 Andere Gewinnrücklagen
064 Gewinnvortrag, Verlustvortrag
065 Jahresüberschuß/Jahresfehlbetrag

## 07 Sonderposten mit Rücklageanteil und Rückstellungen
071 Sonderposten mit Rücklageanteil
072 Rückstellungen
    0721 Rückstellungen für Pensionen und ähnliche Verpflichtungen
    0722 Steuerrückstellungen
    0723 Rückstellungen für latente Steuern
    0724 Sonstige Rückstellungen

## 08 Verbindlichkeiten
081 Anleihen
    — davon konvertibel
082 Verbindlichkeiten gegenüber Kreditinstituten
083 Verbindlichkeiten gegenüber verbundenen Unternehmen
084 Verbindlichkeiten gegenüber Unternehmen, mit denen ein Beteiligungs-
    verhältnis besteht
085 Verbindlichkeiten gegenüber Gesellschaftern (§ 42 Abs. 3 GmbHG)
086 Verbindlichkeiten gegenüber sonstigen Gläubigern

## 09 Rechnungsabgrenzungsposten
091 Aktive Rechnungsabgrenzungsposten
092 Disagio
093 Passive Rechnungsabgrenzungsposten
094 Latente Steueransprüche

## Klasse 1: Finanzkonten

## 10 Forderungen
101 Forderungen aus Lieferungen und Leistungen
108 Forderungen gegenüber verbundenen Unternehmen
109 Forderungen gegenüber Unternehmen, mit denen ein Beteiligungsverhältnis
    besteht

## 11 Sonstige Vermögensgegenstände
111 Sonstige Steuerforderungen
112 Schadenersatzforderungen
113 Sonstige Forderungen
114 Geleistete Anzahlungen
115 Forderungen gegenüber Gesellschaftern

## 12 Wertpapiere
121 Anteile an verbundenen Unternehmen
122 Eigene Anteile
123 Sonstige Wertpapiere

13  Banken
    131  Kreditinstitute
    132  Postgiroamt

14  Vorsteuer
    141  Vorsteuer Normalsteuersatz
    142  Vorsteuer ermäßigter Steuersatz
    143  Einfuhrumsatzsteuer
    144  Vergütungen Berlinförderung

15  Zahlungsmittel
    151  Kasse
    152  Schecks
    153  Wechselforderungen
    159  Geldtransit

16  Privatkonten (für Einzelkaufmann und Gesellschafter einer Personengesellschaft)
    161  Privatentnahmen
    162  Privateinlagen

17  Verbindlichkeiten
    171  Verbindlichkeiten aus Lieferungen und Leistungen
    175  Erhaltene Anzahlungen auf Bestellungen
    176  Wechselverbindlichkeiten
    178  Verbindlichkeiten gegenüber verbundenen Unternehmen
    179  Verbindlichkeiten gegenüber Unternehmen, mit denen ein Beteiligungsverhältnis besteht

18  Umsatzsteuer
    181  Umsatzsteuer-Verbindlichkeiten
        1811  Umsatzsteuer Normalsteuersatz
        1812  Umsatzsteuer ermäßigter Steuersatz
    182  Geleistete/empfangene Umsatzsteuerzahlungen
        1821  Umsatzsteuerzahlungen laufendes Jahr
        1822  Umsatzsteuerzahlungen für frühere Jahre

19  Sonstige Verbindlichkeiten
    191  Verbindlichkeiten aus Steuern
    192  Verbindlichkeiten im Rahmen der sozialen Sicherheit
    193  Verbindlichkeiten gegenüber Gesellschaftern
    194  Sonstige Verbindlichkeiten


**Klasse 2: Abgrenzungskonten**

20  Außerordentliche und sonstige Aufwendungen
    201  Außerordentliche Aufwendungen i. S. § 277 HGB
    202  Betriebsfremde Aufwendungen
    203  Periodenfremde Aufwendungen für frühere Jahre
    204  Verluste aus dem Abgang von Anlagevermögen
    205  Verluste aus dem Abgang von Umlaufvermögen (außer Vorräte)
    207  Spenden
        2071  abzugsfähige
        2072  nicht abzugsfähige
    208  Nicht abzugsfähige Aufwendungen

21  Zinsen und ähnliche Aufwendungen
    211  Zinsaufwendungen für kurzfristige Verbindlichkeiten
    212  Zinsaufwendungen für langfristige Verbindlichkeiten
    213  Diskontaufwendungen
    214  Zinsähnliche Aufwendungen
    215  Aufwendungen aus Kursdifferenzen

22 Steuern vom Einkommen und Vermögensteuer
   221 Körperschaftsteuer
   222 Anrechenbare Körperschaftsteuer
   223 Kapitalertragsteuer
   224 Vermögensteuer
   225 Steuernachzahlungen für frühere Jahre
23 Forderungsverluste
   231 Übliche Abschreibungen
     2311 steuerfrei
     2312 Umsatzsteuer Normalsteuersatz
     2313 Umsatzsteuer ermäßigter Steuersatz
   232 Über das übliche Maß hinausgehende Abschreibungen
     2321 steuerfrei
     2322 Umsatzsteuer Normalsteuersatz
     2323 Umsatzsteuer ermäßigter Steuersatz
   233 Zuführungen zu Einzelwertberichtigungen
   234 Zuführungen zu Pauschalwertberichtigungen
24 Außerordentliche und sonstige Erträge
   241 Außerordentliche Erträge i. S. § 277 HGB
   242 Betriebsfremde Erträge
   243 Periodenfremde Erträge aus früheren Jahren
25 Erträge aus Beteiligungen, Wertpapieren und Ausleihungen des Finanzanlagevermögens
   251 Erträge aus Beteiligungen
   252 Erträge aus Wertpapieren
   253 Erträge aus Ausleihungen des Finanzanlagevermögens
26 Sonstige Zinsen und ähnliche Erträge
   261 Zinserträge aus kurzfristigen Forderungen
   262 Zinserträge aus langfristigen Forderungen
   263 Diskonterträge
   264 Zinsähnliche Erträge
   265 Erträge aus Kursdifferenzen
27 Sonstige betriebliche Erträge
   271 Erträge aus dem Abgang von Anlagevermögen
   272 Erträge aus dem Abgang von Umlaufvermögen (außer Vorräte)
   273 Erträge aus Zuschreibungen
   274 Erträge aus abgeschriebenen Forderungen
     2741 steuerfrei
     2742 Umsatzsteuer Normalsteuersatz
     2743 Umsatzsteuer ermäßigter Steuersatz
   275 Erträge aus der Auflösung von Wertberichtigungen zu Forderungen
     2751 Auflösung von Einzelwertberichtigungen
     2752 Auflösung von Pauschalwertberichtigungen
   276 Erträge aus der Auflösung von Rückstellungen
   277 Erträge aus der Auflösung von Sonderposten mit Rücklageanteil
   278 Eigenverbrauch von Leistungen
   279 Verrechnete Sachbezüge
28 Verrechnete kalkulatorische Kosten (Verrechnung erfolgt bei entsprechender Kostenart 40, 41, 49)
   281 Kalkulatorischer Unternehmerlohn
   282 Kalkulatorische Raumkosten
   283 Kalkulatorische Zinsen
   284 Kalkulatorische Abschreibungen
   285 Kalkulatorische Wagnisse
29 Abgrenzung innerhalb des Geschäftsjahres
   291 Im Laufe des Jahres abgerechnete Aufwendungen
   292 Im Laufe des Jahres abgerechnete Erträge

**Klasse 3: Wareneinkaufskonten, Warenbestandskonten**

30 Warengruppe I
    301 Wareneingang
    302 Warenbezugskosten
    305 Rücksendungen
    306 Nachlässe
    307 Boni
    308 Lieferantenskonti
31 — 35 Warengruppen II bis VI

36 Sonstige Minerungen der Wareneinstandskosten (soweit die Minerungen nicht einzelnen Warengruppen zuzuordnen sind)
    361 Gesetzliche Fördermaßnahmen

37 Sonstige Anschaffungsnebenkosten sowie anschaffungsbezogene Leistungen Dritter

38 Warenbestandsveränderungen
    381 — 386 Warengruppen I bis VI

39 Warenbestände
    391 — 396 Warengruppen I bis VI

**Klasse 4: Konten der Kostenarten**

40 Personalkosten
    401 Löhne
    402 Gehälter
    403 Aushilfslöhne
    404 Gesetzliche soziale Aufwendungen
    405 Freiwillige soziale Aufwendungen
    406 Aufwendungen für Altersversorgung
    407 Vermögenswirksame Leistungen

41 Mieten, Pachten, Leasing
    411 Miete
        4111 Gebäude
        4112 Pkw
        4113 Lkw
        4114 Geschäftsausstattung
    412 Pacht
    413 Leasing
    414 Lizenzen

42 Steuern, Beiträge, Versicherungen
    421 Gewerbesteuer
        4211 Gewerbeertragsteuer
        4212 Gewerbekapitalsteuer
    422 Kfz-Steuer
    423 Grundsteuer
    424 Sonstige Betriebsteuern
    425 Nichtanrechenbare Vorsteuer
    426 Versicherungen
    427 Beiträge
    428 Gebühren und sonstige Abgaben

43 Energie, Betriebsstoffe
    431 Heizung
    432 Gas, Strom, Wasser
    433 Treib-, Schmierstoffe
    434 Kraftstoffe

44 Werbe- und Reisekosten
   441 Werbung
   442 Geschenke
   443 Repräsentation
   444 Bewirtung
   445 Reisekosten Arbeitnehmer
   446 Reisekosten Unternehmer

45 Provisionen
   451 Provision I
   452 Provision II

46 Kosten der Warenabgabe
   461 Verpackungsmaterial
   462 Ausgangsfrachten
   463 Gewährleistungen

47 Betriebskosten, Instandhaltung
   471 Instandhaltung
      4711 Gebäude
      4712 Betriebs- und Geschäftsausstattung
      4713 Technische Anlagen
      4714 Pkw
      4715 Lkw
   472 Werkzeuge, Kleingeräte
   473 Sonstige Betriebskosten

48 Allgemeine Verwaltung
   481 Bürobedarf
   482 Porto, Telefon, Telefax
   483 Kosten der Datenverarbeitung
   484 Rechts- und Beratungskosten
   485 Personalbeschaffungskosten
   486 Kosten des Geldverkehrs

49 Abschreibungen
   491 Abschreibungen auf Sachanlagen
   492 Abschreibungen auf immaterielle Vermögensgegenstände
   493 Abschreibungen auf Finanzanlagen des Anlagevermögens
   494 Abschreibungen auf Wertpapiere des Umlaufvermögens

## Klasse 5: Konten der Kostenstellen

(z. B. Einkauf, Lager, Vertrieb, Verwaltung, Fuhrpark, Be-/Verarbeitung)

## Klasse 6: Konten für Umsatzkostenverfahren

## Klasse 7: frei

## Klasse 8: Warenverkaufskonten (Umsatzerlöse)

80 Warengruppe I
   801 Warenverkauf
   805 Rücksendungen
   806 Nachlässe
   807 Boni
   808 Kundenskonti

81 — 85 Warengruppen II — VI

86 Sonstige Erlösminderungen (soweit die Erlösminderungen nicht einzelnen Warengruppen zuzuordnen sind)
   861 Rücksendungen
   862 Nachlässe

863 Boni
864 Kundenskonti
865 Andere Erlösminderungen

87 Sonstige Erlöse aus Warenverkäufen
871 Eigenverbrauch von Waren
872 Provisionserträge

### Klasse 9: Abschlußkonten

91 Eröffnungsbilanz

92 Warenabschluß

93 GuV-Rechnung

94 Schlußbilanz

## 3. Einheitskontenrahmen für das deutsche Handwerk 1988[1]

### Klasse 0: Anlage- und Kapitalkonten

01 Grundstücke, Gebäude und grundstücksgleiche Rechte
02 Maschinen, technische Anlagen, Werkzeuge
03 Fahrzeuge
04 Betriebs- und Geschäftsausstattung
05 Immaterielle Vermögensgegenstände
06 Finanzanlagen, langfristige Forderungen
07 Langfristige Verbindlichkeiten
08 Eigenkapital
09 Rückstellungen, Rechnungsabgrenzungsposten und aktivierte Ingangsetzungsaufwendungen

### Klasse 1: Finanzkonten

10 Kasse
11 Postscheck, Banken, Schecks
12 Wechselforderungen, Umlaufwertpapiere
13 Interimskonten
14 Kurzfristige Forderungen
15 Geleistete Anzahlungen
16 Kurzfristige Verbindlichkeiten
17 Vorauszahlungen und sonstige Guthaben der Kunden, noch zu erbringende
Leistungen
18 Schuldwechsel
19 Privatkonten

### Klasse 2: entfällt

### Klasse 3: Konten der Bestände an Verbrauchsstoffen und Erzeugnissen

30 Rohstoffe (Grundstoffe)
31 Bezogene einbaufertige Teile
32 Hilfs- und Betriebsstoffe
33 Kleinmaterial
34 Handelswaren
35 frei
36 Unfertige Erzeugnisse bzw. Leistungen
37 Selbsthergestellte Fertigerzeugnisse
38 Noch in Rechnung zu stellende Leistungen
39 Frei für nicht direkt zuordnungsbare Skonti und Rabatte

---

[1] Vgl. Laub: Einheitskontenrahmen für das deutsche Handwerk, Deutsches Handwerksinstitut, Institut für Handwerkswirtschaft München, München 1988.

**Klasse 4: Konten der Kostenarten**

40 Einsatz an Rohstoffen und bezogenen Teilen (Einzelkostenmaterial)
41 Personalkosten
42 Kleinmaterial, Hilfs- und Betriebsstoffe (Gemeinkosten)
43 Fremdstrom, -gas, -wasser
44 Steuern, Gebühren, Beiträge, Versicherungen u. ä.
45 Verschiedene Gemeinkosten
46 frei für kalkulatorische Kosten
47 Handelswareneinsatz
48 Sondereinzelkosten der Fertigung einschließlich bezogene Leistungen
49 Sondereinzelkosten des Vertriebs und sonstige Sondereinzelkosten einschließlich bezogene Leistungen

**Klasse 5:** entfällt

**Klasse 6:** entfällt

**Klasse 7:** entfällt

**Klasse 8: Erlöskonten**

80 Erlöse aus selbsthergestellten Erzeugnissen
81 Erlöse aus Lohnaufträgen
82 Erlöse aus Reparaturaufträgen
83 Erlöse aus Dienstleistungen
84 Erlöse aus Handelswaren
85 Sonstige Erlöse
86 Erlösschmälerungen
87 Bestandsveränderungen unfertiger Erzeugnisse und Leistungen, selbsthergestellte Fremderzeugnisse, noch in Rechnung zu stellende Leistungen
88 frei
89 Eigenverbrauch an Reparaturleistungen und sonstigen betrieblichen Leistungen

**Klasse 9: Abgrenzungs- und Abschlußkonten**

90 Außerordentliche und betriebsfremde Aufwendungen
91 Außerordentliche und betriebsfremde Erträge
92 Haus- und Grundstücksaufwendungen und -erträge
93 Zinsen u. ä. Aufwendungen
94 Zinsen und Erträge
95 Bilanzielle Abschreibungen
96 Frei für Verrechnungskonten
97 Frei für kurzfristige Rechnungen
98 Jahres-Gewinn- und -Verlustkonto
99 Jahresbilanzkonto und buchungstechnische Verrechnungskonten

# 4. Gemeinschafts-Kontenrahmen der Industrie (GKR)

**Klasse 0: Anlagevermögen und langfristiges Kapital**

00 Grundstücke und Gebäude
01 Maschinen und Anlagen der Hauptbetriebe
02 Maschinen und Anlagen der Neben- und Hilfsbetriebe
03 Fahrzeuge, Werkzeuge, Betriebs- und Geschäftsausstattung
05 Sonstiges Anlagevermögen (Urheber- und sonstige bewertbare Rechte)
06 Langfristiges Fremdkapital
07 Eigenkapital
08 Wertberichtigungen, Rückstellungen und dgl.
09 Rechnungsabgrenzung

**Klasse 1: Finanz-Umlaufvermögen und kurzfristige Verbindlichkeiten**
10 Kasse
11 Postgiro, Banken
12 Schecks, Besitzwechsel
13 Wertpapiere des Umlaufvermögens
14/15 Forderungen
16/17 Verbindlichkeiten
18 Schuldwechsel, Bankschulden
19 Durchgangs-, Übergangs- und Privatkonten

**Klasse 2: Neutrale Aufwendungen und Erträge**

20 Betriebsfremde Aufwendungen und Erträge
21 Aufwendungen und Erträge für Grundstücke und Gebäude
23 Bilanzmäßige Abschreibungen
24 Zinsaufwendungen und -erträge
25/26 Betriebliche außerordentliche Aufwendungen und Erträge, aufgeteilt in:
    25   Betriebliche außergewöhnliche Aufwendungen und Erträge
    26   Betriebliche periodenfremde Aufwendungen und Erträge
27/28 Gegenposten der Kosten- und Leistungsrechnung, aufgeteilt in:
    27   Verrechnete Anteile betrieblicher periodenfremder Aufwendungen
    28   Verrechnete kalkulatorische Kosten
29 Das Gesamtergebnis betreffende Aufwendungen und Erträge

**Klasse 3: Stoffebestände**

30 Rohstoffe
31 Hilfsstoffe
32 Betriebsstoffe
39 Handelswaren und fremdbezogene Fertigerzeugnisse (Fertigwaren)

**Klasse 4: Kostenarten**

40/42 Stoffkosten und dgl.
42 Brennstoffe, Energie und dgl.
43/44 Personalkosten und dgl.
45 Instandhaltung, verschiedene Leistungen und dgl.
46 Steuern, Gebühren, Beiträge, Versicherungsprämien und dgl.
47 Mieten, Verkehrs-, Büro-, Werbekosten und dgl.
48 Kalkulatorische Kosten
49 Sondereinzelkosten

**Klassen 5 und 6: Kostenstellen**

(Frei für Kostenstellenkontierungen der Betriebsabrechnung)

**Klasse 7: Bestände an halbfertigen und fertigen Erzeugnissen**

78 Bestände an halbfertigen Erzeugnissen
79 Bestände an fertigen Erzeugnissen

**Klasse 8: Erträge**

83/84 Erlöse für Erzeugnisse und andere Leistungen
85 Erlöse für Handelswaren
86 Erlöse aus Nebengeschäften
87 Eigenleistungen
88 Erlösberichtigungen
89 Bestandsveränderungen an halbfertigen und fertigen Erzeugnissen und dgl.

**Klasse 9: Abschluß**

98 GuV-Konten (Ergebniskonten)
    980 Betriebsergebnis
    987 Neutrales Ergebnis
    988 Das Gesamtergebnis betreffende Aufwendungen und Erträge
    989 GuV-Konto

99 Bilanzkonto
    998 Eröffnungsbilanzkonto
    999 Schlußbilanzkonto

## 5. Industriekontenrahmen IKR '86[1]

### Klasse 0: Immaterielle Vermögensgegenstände und Sachanlagen

00 Ausstehende Einlagen
    000 Ausstehende Einlagen

01 frei

### Immaterielle Vermögensgegenstände

02 Konzessionen, gewerbliche Schutzrechte und ähnliche Rechte und Werte
    sowie Lizenzen an solchen Rechten und Werten
    020 Konzessionen, gewerbliche Schutzrechte und ähnliche Rechte und Werte
        sowie Lizenzen an solchen Rechten und Werten

03 Geschäfts- oder Firmenwert
    030 Geschäfts- oder Firmenwert

04 frei

### Sachanlagen

05 Grundstücke, grundstücksgleiche Rechte und Bauten einschließlich der Bauten auf
    fremden Grundstücken
    050 Unbebaute Grundstücke
    051 Bebaute Grundstücke
    053 Betriebsgebäude
    054 Verwaltungsgebäude
    055 Andere Bauten
    056 Grundstückseinrichtungen
    057 Gebäudeeinrichtungen
    059 Wohngebäude

06 frei

07 Technische Anlagen und Maschinen
    070 Anlagen und Maschinen der Energieversorgung
    071 Anlagen der Materiallagerung und -bereitstellung
    072 Anlagen und Maschinen der mechanischen Materialbearbeitung,
        -verarbeitung und -umwandlung
    073 Anlagen für Wärme-, Kälte- und chemische Prozesse sowie ähnliche Anlagen
    074 Anlagen für Arbeitssicherheit und Umweltschutz
    075 Transportanlagen und ähnliche Betriebsvorrichtungen
    076 Verpackungsanlagen und -maschinen
    077 Sonstige Anlagen und Maschinen
    078 Reservemaschinen und -anlageteile
    079 Geringwertige Anlagen und Maschinen

---

[1] Bundesverband der Deutschen Industrie e.V. (Hrsg.): Industriekontenrahmen (IKR '86), gekürzte
Fassung für Aus- und Fortbildung, Heider-Verlag, Bergisch Gladbach 1987.

08 Andere Anlagen, Betriebs- und Geschäftsausstattung
   080 Andere Anlagen
   081 Werkstätteneinrichtung
   082 Werkzeuge, Werksgeräte und Modelle, Prüf- und Meßmittel
   083 Lager- und Transporteinrichtungen
   084 Fuhrpark
   085 Sonstige Betriebsausstattung
   086 Büromaschinen, Organisationsmittel und Kommunikationsanlagen
   087 Büromöbel und sonstige Geschäftsausstattung
   088 Reserveteile für Betriebs- und Geschäftsausstattung
   089 Geringwertige Vermögensgegenstände der Betriebs- und Geschäfts-
       ausstattung

09 Geleistete Anzahlungen und Anlagen im Bau
   090 Geleistete Anzahlungen auf Sachanlagen
   095 Anlagen im Bau


## Klasse 1: Finanzanlagen

10 — 12 frei

13 Beteiligungen
   130 Beteiligungen

14 frei

15 Wertpapiere des Anlagevermögens
   150 Wertpapiere des Anlagevermögens

16 Sonstige Finanzanlagen
   160 Sonstige Finanzanlagen

17 — 19 frei


## Klasse 2: Umlaufvermögen und aktive Rechnungsabgrenzung

### Vorräte

20 Roh-, Hilfs- und Betriebsstoffe
   200 Rohstoffe/Fertigungsmaterial
      2001 Bezugskosten
      2002 Nachlässe
   201 Vorprodukte/Fremdbauteile
      2011 Bezugskosten
      2012 Nachlässe
   202 Hilfsstoffe
      2021 Bezugskosten
      2022 Nachlässe
   203 Betriebsstoffe
      2031 Bezugskosten
      2032 Nachlässe
   207 Sonstiges Material
      2071 Bezugsksoten
      2072 Nachlässe

21 Unfertige Erzeugnisse, unfertige Leistungen
   210 Unfertige Erzeugnisse
   219 Unfertige Leistungen

22 Fertige Erzeugnisse und Waren
   220 Fertige Erzeugnisse
   228 Waren (Handelswaren)
      2281 Bezugskosten
      2282 Nachlässe

23 Geleistete Anzahlungen auf Vorräte
    230 Geleistete Anzahlungen auf Vorräte

**Forderungen und sonstige Vermögensgegenstände (24 — 26)**

24 Forderungen aus Lieferungen und Leistungen
    240 Forderungen aus Lieferungen und Leistungen
    245 Wechselforderungen aus Lieferungen und Leistungen (Besitzwechsel)
    247 Zweifelhafte Forderungen
    248 Protestwechsel

25 frei

26 Sonstige Vermögensgegenstände
    260 Vorsteuer
    263 Sonstige Forderungen an Finanzbehörden (ausgezahlte Arbeitnehmer-
        sparzulage)
    265 Forderungen an Mitarbeiter
    269 Übrige sonstige Forderungen

27 Wertpapiere des Umlaufvermögens
    270 Wertpapiere des Umlaufvermögens

28 Flüssige Mittel
    280 — 284 Guthaben bei Kreditinstituten
    285 Postgiro
    286 Schecks
    287 Bundesbank
    288 Kasse
    289 Nebenkassen

29 Aktive Rechnungsabgrenzung (und Bilanzfehlbetrag)
    290 Aktive Jahresabgrenzung
    292 Umsatzsteuer auf erhaltene Anzahlungen
    299 Nicht durch Eigenkapital gedeckter Fehlbetrag

**Klasse 3: Eigenkapital und Rückstellungen**

**Eigenkapital**

30 Eigenkapital/Gezeichnetes Kapital
    — bei Einzelkaufleuten
    300 Eigenkapital
        3001 Privatkonto
    — bei Personengesellschaften
    300 Kapital Gesellschafter A
        3001 Privatkonto A
    301 Kapital Gesellschafter B
        3011 Privatkonto B
    307 Kommanditkapital Gesellschafter C
    308 Kommanditkapital Gesellschafter D
    — bei Kapitalgesellschaften
    300 Gezeichnetes Kapital (Grundkapital/Stammkapital)

31 Kapitalrücklage
    310 Kapitalrücklage

32 Gewinnrücklagen
    321 Gesetzliche Rücklagen
    323 Satzungsmäßige Rücklagen
    324 Andere Gewinnrücklagen

33 Ergebnisverwendung
    331 Jahresergebnis des Vorjahres

332 Ergebnisvortrag aus früheren Perioden
334 Veränderungen der Rücklagen
335 Bilanzergebnis (Bilanzgewinn/Bilanzverlust)
336 Ergebnisausschüttung
339 Ergebnisvortrag auf neue Rechnung

34 Jahresüberschuß/Jahresfehlbetrag
340 Jahresüberschuß/Jahresfehlbetrag

35 Sonderposten mit Rücklageanteil
350 Sonderposten mit Rücklageanteil

36 Wertberichtigungen (bei Kapitalgesellschaften als Passivposten der Bilanz nicht mehr zulässig)
361 Wertberichtigung zu Sachanlagen
365 Wertberichtigung zu Finanzanlagen
367 Einzelwertberichtigung zu Forderungen
368 Pauschalwertberichtigung zu Forderungen

## Rückstellungen

37 Rückstellungen für Pensionen und ähnliche Verpflichtungen
370 Rückstellungen für Pensionen und ähnliche Verpflichtungen

38 Steuerrückstellungen
380 Steuerrückstellungen

39 Sonstige Rückstellungen
391 Rückstellungen für Gewährleistung
393 Rückstellungen für andere ungewisse Verbindlichkeiten
397 Rückstellungen für drohende Verluste aus schwebenden Geschäften
399 Rückstellungen für Aufwendungen

## Klasse 4: Verbindlichkeiten und passive Rechnungsabgrenzung

40 frei

41 Anleihen
410 Anleihen

42 Verbindlichkeiten gegenüber Kreditinstituten
420 Kurzfristige Bankverbindlichkeiten
425 Langfristige Bankverbindlichkeiten

43 Erhaltene Anzahlungen auf Bestellungen
430 Erhaltene Anzahlungen auf Bestellungen

44 Verbindlichkeiten aus Lieferungen und Leistungen
440 Verbindlichkeiten aus Lieferungen und Leistungen

45 Wechselverbindlichkeiten
450 Schuldwechsel

46 — 47 frei

48 Sonstige Verbindlichkeiten
480 Umsatzsteuer
483 Sonstige Verbindlichkeiten gegenüber Finanzbehörden
484 Verbindlichkeiten gegenüber Sozialversicherungsträgern
485 Verbindlichkeiten gegenüber Mitarbeitern
486 Verbindlichkeiten aus vermögenswirksamen Leistungen
487 Verbindlichkeiten gegenüber Gesellschaftern
489 Übrige sonstige Verbindlichkeiten

49 Passive Rechnungsabgrenzung
490 Passive Jahresabgrenzung
492 Vorsteuer auf geleistete Anzahlungen

**Klasse 5: Erträge**

50 Umsatzerlöse für eigene Erzeugnisse und andere eigene Leistungen
   500 Umsatzerlöse für eigene Erzeugnisse
      5001 Erlösberichtigungen
   505 Umsatzerlöse für andere eigene Leistungen
      5051 Erlösberichtigungen

51 Umsatzerlöse für Waren und sonstige Umsatzerlöse
   510 Umsatzerlöse für Waren
      5101 Erlösberichtigungen
   519 Sonstige Umsatzerlöse
      5191 Erlösberichtigungen

52 Erhöhung oder Verminderung des Bestandes an unfertigen und fertigen Erzeugnissen
   520 Bestandsveränderungen
      5201 Bestandsveränderungen an unfertigen Erzeugnissen und nicht abgerechneten Leistungen
      5202 Bestandsveränderungen an fertigen Erzeugnissen

53 Andere aktivierte Eigenleistungen
   530 Aktivierte Eigenleistungen

54 Sonstige betriebliche Erträge
   540 Nebenerlöse
      5401 Erlöse aus Vermietung und Verpachtung
      5403 Erlöse aus Werksküche und Kantine
      5409 Sonstige Nebenerlöse
   541 Sonstige Erlöse (z. B. aus Provisionen, Lizenzen oder aus dem Abgang von Gegenständen des Anlagevermögens)
   542 Eigenverbrauch
   543 Andere sonstige betriebliche Erträge (z. B. Schadensersatzleistungen)
   544 Erträge aus Werterhöhungen von Gegenständen des Anlagevermögens (Zuschreibungen)
   545 Erträge aus der Auflösung oder Herabsetzung von Wertberichtigungen auf Forderungen
   546 Erträge aus dem Abgang von Vermögensgegenständen (Nettoerträge: Erlös ./. Buchwert)
   547 Erträge aus der Auflösung von Sonderposten mit Rücklageanteil
   548 Erträge aus der Herabsetzung von Rückstellungen
   549 Periodenfremde Erträge (soweit nicht bei den betroffenen Ertragsarten zu erfassen)

55 Erträge aus Beteiligungen
   550 Erträge aus Beteiligungen

56 Erträge aus anderen Wertpapieren und Ausleihungen des Finanzanlagevermögens
   560 Erträge aus anderen Finanzanlagen

57 Sonstige Zinsen und ähnliche Erträge
   571 Zinserträge
   573 Diskonterträge
   578 Erträge aus Wertpapieren des Umlaufvermögens
   579 Sonstige zinsähnliche Erträge

58 Außerordentliche Erträge
   580 Außerordentliche Erträge

59 frei

**Klasse 6: Betriebliche Aufwendungen**

**Materialaufwand**

60 Aufwendungen für Roh-, Hilfs- und Betriebsstoffe (gegebenenfalls Erfassung der „Bezugskosten" und „Nachlässe" hier statt in Gruppe 20)

600 Aufwendungen für Rohstoffe/Fertigungsmaterial
601 Aufwendungen für Vorprodukte/Fremdbauteile
602 Aufwendungen für Hilfsstoffe
603 Aufwendungen für Betriebsstoffe/Verbrauchswerkzeuge
604 Aufwendungen für Verpackungsmaterial
605 Aufwendungen für Energie
606 Aufwendungen für Reparaturmaterial
607 Aufwendungen für sonstiges Material
608 Aufwendungen für Waren

61 Aufwendungen für bezogene Leistungen
610 Fremdleistungen für Erzeugnisse und andere Umsatzleistungen
614 Frachten und Fremdlager (einschließlich Versicherungen und anderer Nebenkosten)
615 Vertriebsprovisionen
616 Fremdinstandhaltung
617 Sonstige Aufwendungen für bezogene Leistungen

**Personalaufwand**

62 Löhne
620 Löhne für geleistete Arbeitszeit einschließlich tariflicher, vertraglicher oder arbeitsbedingter Zulagen
621 Löhne für andere Zeiten (Urlaub, Feiertag, Krankheit)
622 Sonstige tarifliche oder vertragliche Aufwendungen für Lohnempfänger
623 Freiwillige Zuwendungen
625 Sachbezüge
626 Vergütungen an gewerbliche Auszubildende

63 Gehälter
630 Gehälter einschließlich tariflicher, vertraglicher oder arbeitsbedingter Zulagen
631 Urlaubs- und Weihnachtsgeld
632 Sonstige tarifliche oder vertragliche Aufwendungen
633 Freiwillige Zuwendungen
635 Sachbezüge
636 Vergütung an technische/kaufmännische Auszubildende

64 Soziale Abgaben und Aufwendungen für Altersversorgung und Unterstützung
640 Arbeitgeberanteil zur Sozialversicherung (Lohnbereich)
641 Arbeitgeberanteil zur Sozialversicherung (Gehaltsbereich)
642 Beiträge zur Berufsgenossenschaft
644 Aufwendungen für Altersversorgung
649 Aufwendungen für Unterstützung

65 Abschreibungen
651 Abschreibungen auf immaterielle Vermögensgegenstände des Anlagevermögens
652 Abschreibungen auf Sachanlagen
654 Abschreibungen auf geringwertige Wirtschaftsgüter
655 Außerplanmäßige Abschreibungen auf Sachanlagen
657 Unüblich hohe Abschreibungen auf Umlaufvermögen

**Sonstige betriebliche Aufwendungen (66 — 70)**

66 Sonstige Personalaufwendungen
660 Aufwendungen für Personaleinstellung
661 Aufwendungen für übernommene Fahrtkosten
662 Aufwendungen für Werkarzt und Arbeitssicherheit
663 Personenbezogene Versicherungen
664 Aufwendungen für Fort- und Weiterbildung
665 Aufwendungen für Dienstjubiläen

666 Aufwendungen für Belegschaftsveranstaltungen
667 Aufwendungen für Werksküche und Sozialeinrichtungen
668 Ausgleichsabgabe nach dem Schwerbehindertengesetz
669 Übrige sonstige Personalaufwendungen

67 Aufwendungen für die Inanspruchnahme von Rechten und Diensten
670 Mieten, Pachten
671 Leasing
672 Lizenzen und Konzessionen
673 Gebühren
675 Kosten des Geldverkehrs
676 Provisionsaufwendungen (außer Vertriebsprovisionen)
677 Rechts- und Beratungskosten

68 Aufwendungen für Kommunikation (Dokumentation, Information, Reisen, Werbung)
680 Büromaterial
681 Zeitungen und Fachliteratur
682 Postgebühren
685 Reisekosten
686 Bewirtung und Präsentation
687 Werbung
688 Spenden

69 Aufwendungen für Beiträge und Sonstiges sowie Wertkorrekturen und periodenfremde Aufwendungen
690 Versicherungsbeiträge
692 Beiträge zu Wirtschaftsverbänden und Berufsvertretungen
693 Verluste aus Schadensfällen
695 Abschreibungen auf Forderungen
  6951 Abschreibungen auf Forderungen wegen Uneinbringlichkeit
  6952 Einzelwertberichtigungen
  6953 Pauschalwertberichtigungen
696 Verluste aus dem Abgang von Vermögensgegenständen
697 Einstellungen in den Sonderposten mit Rücklageanteil
698 Zuführungen zu Rückstellungen für Gewährleistung
699 Periodenfremde Aufwendungen (soweit nicht bei den betreffenden Aufwandsarten zu erfassen)


**Klasse 7: Weitere Aufwendungen**

70 Betriebliche Steuern
700 Gewerbekapitalsteuer
701 Vermögensteuer
702 Grundsteuer
703 Kraftfahrzeugsteuer
705 Wechselsteuer
707 Ausfuhrzölle
708 Verbrauchsteuern
709 Sonstige betriebliche Steuern

71 — 73 frei

74 Abschreibungen auf Finanzanlagen und auf Wertpapiere des Umlaufvermögens und Verluste aus entsprechenden Abgängen
740 Abschreibungen auf Finanzanlagen
742 Abschreibungen auf Wertpapiere des Umlaufvermögens
745 Verluste aus dem Abgang von Finanzanlagen
746 Verluste aus dem Abgang von Wertpapieren des Umlaufvermögens

75 Zinsen und ähnliche Aufwendungen
751 Zinsaufwendungen
753 Diskontaufwendungen
759 Sonstige zinsähnliche Aufwendungen

76 Außerordentliche Aufwendungen
    760 Außerordentliche Aufwendungen

77 Steuern vom Einkommen und Ertrag
    770 Gewerbeertragsteuer
    771 Körperschaftsteuer
    772 Kapitalertragsteuer

78 — 79 frei

## Klasse 8: Ergebnisrechnungen

80 Eröffnung/Abschluß
    800 Eröffnungsbilanzkonto
    801 Schlußbilanzkonto
    802 GuV-Konto Gesamtkostenverfahren
    803 GuV-Konto Umsatzkostenverfahren

## Konten der Kostenbereiche für die GuV im Umsatzkostenverfahren

81 Herstellungskosten

82 Vertriebskosten

83 Allgemeine Verwaltungskosten

84 Sonstige betriebliche Aufwendungen

## Konten der kurzfristigen Erfolgsrechnung (KER) für innerjährige Rechnungsperioden (Monat, Quartal oder Halbjahr)

85 Korrekturkonten zu den Erträgen der Kontenklasse 5

86 Korrekturkonten zu den Aufwendungen der Kontenklasse 6

87 Korrekturkonten zu den Aufwendungen der Kontenklasse 7

88 Kurzfristige Erfolgsrechnung (KER)
    880 Gesamtkostenverfahren
    881 Umsatzkostenverfahren

89 Innerjährige Rechnungsabgrenzung
    890 Aktive Rechnungsabgrenzung
    895 Passive Rechnungsabgrenzung

## Klasse 9: Kosten- und Leistungsrechnung (KLR)

90 Unternehmensbezogene Abgrenzungen (betriebsfremde Aufwendungen und Erträge)

91 Kostenrechnerische Korrekturen

92 Kostenarten und Leistungsarten

93 Kostenstellen

94 Kostenträger

95 Fertige Erzeugnisse

96 Interne Lieferungen und Leistungen sowie deren Kosten

97 Umsatzkosten

98 Umsatzleistungen

99 Ergebnisausweise

# 6. Prozeßgegliederter Taylorix-EDV-Kontenrahmen KR 13[1]

Zuordnung zu
den Bilanz- bzw.
GuV-Positionen

## Klasse 0: Konten für Anlagen, langfristige Verbindlichkeiten, Eigenkapital, Rückstellungen, Rechnungsabgrenzungen

| | |
|---|---|
| **00 Grundstücke und Gebäude** | |
| 0000 Unbebaute Grundstücke | Aktiva A.II.1 |
| 0010 Bebaute Grundstücke | " |
| 0020 Grundstücksgleiche Rechte | " |
| 0030 Grundstückseinrichtungen | " |
| 0040 Hof- und Wegebefestigung, Außenanlagen | " |
| 0050 Geschäfts- und Lagergebäude | " |
| 0060 Fabrikgebäude | " |
| 0070 Wohngebäude | " |
| 0080 Bauten auf fremdem Grund und Boden | " |
| 0090 Gebäudeeinrichtungen | " |
| **01 Technische Anlagen und Maschinen** | |
| 0100 Technische Anlagen und Maschinen | Aktiva A.II.2 |
| 0110 Maschinen | " |
| 0150 Technische Anlagen | " |
| 0160 Maschinengebundene Werkzeuge | " |
| 0170 Betriebsvorrichtungen | " |
| 0180 Geringwertige Maschinen und technische Anlagen | " |
| **02 Kraftfahrzeuge und sonstige Transportmittel** | |
| 0200 Kraftfahrzeuge und sonstige Transportmittel | Aktiva A.II.3 |
| 0280 Geringwertige Fahrzeuge und sonstige Transportmittel | " |
| **03 Betriebs- und Geschäftsausstattung, Werkzeuge** | |
| 0300 Betriebs- und Geschäftsausstattung, Werkzeuge | Aktiva A.II.3 |
| 0310 Betriebsausstattung | " |
| 0320 Geschäftsausstattung | " |
| 0330 Werkzeuge | " |
| 0380 Geringwertige Werkzeuge, Betriebs- und Geschäftsausstattung | " |
| **04 Geleistete Anzahlungen und Anlagen im Bau** | |
| 0400 Im Bau befindliche Anlagen | Aktiva A.II.4 |
| 0499 Anzahlungen auf Sachanlagen | " |
| **05 Immaterielle Vermögensgegenstände** | |
| 0500 Konzessionen | Aktiva A.I.1 |
| 0510 Gewerbliche Schutzrechte und ähnliche Rechte und Werte | " |
| 0520 Lizenzen an gewerblichen Schutzrechten und Werten | " |
| 0550 Geschäfts- und Firmenwert | Aktiva A.I.2 |
| 0599 Geleistete Anzahlungen auf immaterielle Vermögensgegenstände | Aktiva A.I.3 |
| **06 Finanzanlagen** | |
| 0620 Beteiligungen | Aktiva A.III.3 |
| 0640 Wertpapiere des Anlagevermögens | Aktiva A.III.5 |

---

[1]  Taylorix Fachverlag (Hrsg.), entnommen aus Kotsch-Faßhauer/Leuz: Praxis der Umstellung von Buchführung und Abschluß auf das neue Bilanzrecht, 2. Auflage, Taylorix Fachverlag, Stuttgart 1988, S. 120 ff.

| | |
|---|---|
| 0650 Ausleihungen an Gesellschafter | Aktiva A.III.6 |
| 0660 Ausleihungen an dem Unternehmen nahestehende<br>Personen (§ 285 Nr. 9 HGB) | " |
| 0690 Sonstige Finanzanlagen | " |

07 Langfristige Verbindlichkeiten

| | |
|---|---|
| 0700 Anleihen | Passiva C.1 |
| 0720 Langfristige Verbindlichkeiten gegenüber Kreditinstituten | Passiva C.2 |
| 0730 Darlehensverbindlichkeiten | Passiva C.8 |
| 0740 Langfristige Verbindlichkeiten gegenüber Arbeitnehmern | " |
| 0750 Langfristige Verbindlichkeiten gegenüber Gesellschaftern | " |
| 0790 Andere langfristige Verbindlichkeiten | " |

08 Eigenkapital

— bei Kapitalgesellschaften

| | |
|---|---|
| 0800 Gezeichnetes Kapital | Passiva A.I |
| 0810 Kapitalrücklage | Passiva A.II |
| 0820 Gesetzliche Rücklage | Passiva A.III.1 |
| 0830 Rücklage für eigene Anteile | Passiva A.III.2 |
| 0840 Satzungsmäßige Rücklagen | Passiva A.III.3 |
| 0850 Andere Gewinnrücklagen | Passiva A.III.4 |
| 0880 Gewinnvortrag | Passiva A.IV |
| 0890 Verlustvortrag | " |

— bei Einzelunternehmen/Personengesellschaften

0800 Kapital (Einzelunternehmer, Vollhafter)
0850 Kommanditkapital

09 Sonderposten mit Rücklageanteil, Rückstellungen, nicht
   eingeforderte Einlagen, Rechnungsabgrenzungsposten

| | |
|---|---|
| 0900 Sonderposten mit Rücklageanteil | Passiva,<br>Zusatzposten |
| 0910 Rückstellungen für Pensionen und ähnliche<br>Verpflichtungen | Passiva B.1 |
| 0920 Steuerrückstellungen | Passiva B.2 |
| 0930 Sonstige Rückstellungen | Passiva B.3 |
|    0931 Rückstellungen für drohende Verluste aus<br>      schwebenden Geschäften | " |
|    0933 Rückstellungen für Vertragsgarantie | " |
|    0934 Rückstellungen für Kulanzgarantie | " |
|    0935 Rückstellungen für Rechts- und Beratungskosten | " |
|    0936 Rückstellungen für unterlassene Instandhaltung | " |
|    0938 Rückstellungen für Abraumbeseitigung | " |
|    0939 Aufwandsrückstellungen gemäß § 249 Abs. 2 HGB | " |
| 0950 Ausstehende Einlagen, nicht eingefordert (eingeforderte<br>Einlagen siehe 1555) | Aktiva,<br>Zusatzposten |
| 0970 Aufwendungen für die Ingangsetzung und Erweiterung<br>des Geschäftsbetriebes | Aktiva,<br>Zusatzposten |
| 0980 Aktive Rechnungsabgrenzungsposten, allgemein | Aktiva C |
| 0985 Aktive Abgrenzung, Disagio | " |
| 0989 Aktive Abgrenzung latenter Steuern | " |
| 0990 Passive Rechnungsabgrenzungsposten | Passiva D |

## Klasse 1: Finanz- und Privatkonten

10 Kasse

| | |
|---|---|
| 1000 Kasse | Aktiva B.IV |

11 Postgiro

| | |
|---|---|
| 1100 Postgiro | Aktiva B.IV /<br>Passiva C.2 |

12 Bank/Sparkasse/Besitzschecks
  1210 Bank/Sparkasse                                      Aktiva B.IV/
                                                           Passiva C.2

  1250 Bundesbank                                          "
  1260 Besitzschecks                                       Aktiva B.IV
  1290 Interner Geldverkehr                                Aktiva B.IV/
                                                           Passiva C.2

13 Wertpapiere des Umlaufvermögens (einschl. Besitzwechsel)
  1310 Eigene Anteile                                      Aktiva B.III.2
  1340 Warenwechsel (Besitzwechsel)                        Aktiva B.II.1
  1380 Finanzwechsel (Besitzwechsel)                       Aktiva B.III.3
  1390 Sonstige Wertpapiere des Umlaufvermögens            "

14 Forderungen aus Lieferungen und Leistungen
  1401 Forderungen aus Lieferungen und Leistungen          Aktiva B.II.1
  1430 Zweifelhafte Forderungen                            "
  1440 Einzelwertberichtigungen auf Kundenforderungen      "
  1445 Pauschalwertberichtigung auf Kundenforderungen      "
  1450 Forderungen aus Lieferungen und Leistungen gegenüber
       Gesellschaftern                                     "
  1455 Wertberichtigungen auf Forderungen gegenüber Gesell-
       schaftern                                           "

15 Andere kurzfristige Forderungen, sonstige Vermögensgegenstände u. a.
  1500 Andere kurzfristige Forderungen und sonstige Vermö-
       gensgegenstände                                     Aktiva B.II.4
  1505 Wertberichtigungen auf andere kurzfristige Forderungen
       und sonstige Vermögensgegenstände                   "
  1508 Ungeklärte Posten                                   "
  1509 Durchlaufende Posten                                "
  1510 Forderungen gegenüber dem Finanzamt                 "
       1511 Forderungen aus Umsatzsteuer                   "
       1512 Forderungen aus Körperschaftsteuer             "
       1515 Forderungen aus anderen Steuern                "
  1520 Forderungen an Arbeitnehmer                         "
  1530 Vorsteuer allgemein                                 "
       1532 Einfuhrumsatzsteuer                            "
       1533 Berlinförderunganspruch (Gegenktn. 3691, 8591) "
       1540 Nicht abziehbare Vorsteuer (Verrechnungskonto) "
  1550 Forderungen gegenüber Gesellschaftern (soweit nicht
       1555)                                               "
  1555 Ausstehende Einlagen, eingefordert (nicht eingeforderte   Aktiva,
       siehe 0950)                                         Zusatzposten

16 Verbindlichkeiten aus Lieferungen und Leistungen
  1601 Verbindlichkeiten aus Lieferungen und Leistungen    Passiva C.4
  1650 Verbindlichkeiten aus Lieferungen und Leistungen
       gegenüber Gesellschaftern                           "

17 Schuldwechsel
  1700 Schuldwechsel aus Lieferungen und Leistungen        Passiva C.5
  1705 Finanzwechsel (Schuldwechsel)                       "

18 Sonstige kurzfristige Verbindlichkeiten, ungeklärte und
   durchlaufende Posten
  1800 Sonstige kurzfristige Verbindlichkeiten             Passiva C.8
  1808 Ungeklärte Posten                                   "
  1809 Durchlaufende Posten                                "
  1810 Erhaltene Anzahlungen auf Bestellungen              Passiva C.3
  1820 Verbindlichkeiten aus Lohn und Gehalt               Passiva C.8

1830 Verbindlichkeiten aus Steuern — Passiva C.8
  1831 Verbindlichkeiten aus Lohn- und Kirchensteuer — "
  1839 Verbindlichkeiten aus sonstigen Steuern — "
1840 Verbindlichkeiten aus Sozialversicherung — "
1850 Kurzfristige Verbindlichkeiten gegenüber Gesellschaftern — "
1880 Umsatzsteuer — "
  1882 Kfz-Altteileumsatzsteuer — "
  1889 Unberechtigt ausgewiesene Umsatzsteuer — "
  1895 Umsatzsteuerzahlung Vorjahre betreffend — "
  1896 Abschlagszahlung Umsatzsteuer — "
  1897 Umsatzsteuerzahlungen an das Finanzamt (lfd. Jahr) — "
  1898 Fällige Umsatzsteuer (Ist-Versteuerer) — "

19 Privatkonten — Für Einzelkaufleute und Personengesellschaften (unterteilt in Gesellschafter A, B, ...)
1900 Privat-Sammelkonto
  1910 Private Geldentnahmen
  1920 Private Sachentnahmen
  1928 Private Kfz-Nutzung
  1930 Private Steuern, soweit nicht Sonderausgaben
  1990 Einlagen

## Klasse 2: Abgrenzungskonten

20 Bilanzmäßige Abschreibungen (soweit nicht 2700, 2710)
  2012 Planmäßige Abschreibungen auf immaterielle Vermögensgegenstände des Anlagevermögens — 7 a
  2016 Planmäßige Abschreibungen auf Sachanlagen — "
  2020 Sofortabschreibung geringwertiger Wirtschaftsgüter — "
  2030 Abschreibungen auf Finanzanlagen und auf Wertpapiere des Umlaufvermögens — 12
  2070 Abschreibungen auf Forderungen — 8
  2076 Forderungsverluste (uneinbringlich) — "

21 Haus- und Grundstücksaufwendungen und -erträge
  — Aufwendungen
  2100 Grundsteuer — 19
  2110 Grundstücksabgaben und -gebühren — 8
  2120 Grundstücks- und Gebäudeversicherungen — "
  2130 Instandhaltungen an Grundstücken und Gebäuden — "
  2140 Sonstige Haus- und Grundstücksaufwendungen — "
  — Erträge
  2150 Mieterträge — 4
  2160 Pachterträge — "
  2170 Sonstige Haus- und Grundstückserträge — "

22 Zinsaufwendungen und -erträge und ähnliche Aufwendungen und Erträge
  — Aufwendungen
  2200 Zinsaufwendungen — 13
  2210 Diskontaufwendungen — "
  2230 Sonstige Zinsen und ähnliche Aufwendungen — "
  — Erträge
  2250 Laufende Erträge aus Beteiligungen — 9
  2260 Erträge aus anderen Wertpapieren des Finanzanlagevermögens — 10
  2265 Erträge aus Ausleihungen des Finanzanlagevermögens — "
  2280 Diskonterträge — 11
  2285 Zinserträge auf Kundenforderungen — "
  2290 Sonstige Zinsen und ähnliche Erträge — "

2770 Erträge aus Anlagenabgängen | 4
2778 Gegenkonto zu 2779 (Neutralisierung) | "
2779 Umsatzsteuerpflichtiger Erlös aus Anlagenverkauf (nur für Umsatzsteuervoranmeldung) | "
2780 Erträge aus Verkauf von Wertpapieren des Umlauf- vermögens | "
2790 Sonstige andere a.o. Erträge | "
    2792 Schadenersatzleistungen | "
    2794 Erträge aus Schuldnachlässen (soweit nicht periodenfremd) | "

28 Betriebsfremde Aufwendungen und Erträge
  2800 Betriebsfremde Aufwendungen | 8
    2810 Spenden (soweit keine Sonderausgaben) | "
  2850 Betriebsfremde Erträge | 4

29 Verrechnete kalkulatorische Posten
  2900 Verrechnete kalkulatorische Posten | —
    2910 Verrechnete kalkulatorische Abschreibungen | —
    2920 Verrechneter kalkulatorischer Unternehmerlohn | —
    2930 Verrechnete kalkulatorische Zinsen | —
    2940 Verrechneter kalkulatorischer Mietwert | —
    2950 Verrechnete kalkulatorische Wagnisse | —
    2990 Sonstige verrechnete kalkulatorische Posten | —

## Klasse 3: Konten für Einkäufe und Bestände an Waren und Stoffen

30 Einkauf Warengruppe I/Rohstoffgruppe I
  3000 Einkauf Warengruppe I/Rohstoffgruppe I | 5 a
  3010 Bezugsnebenkosten Gruppe I | "
  3020 Rücksendungen Gruppe I | "
  3030 Lieferantenrabatt Gruppe I | "
  3031 Lieferantenboni Gruppe I | "
  3032 Lieferantenskonti Gruppe I | "
  3033 Sonstige Lieferernachlässe Gruppe I | "

3050 — 3450 Waren-/Rohstoffgruppen II bis X | 5 a

35 Hilfs- und Betriebsstoffe
  3510 Hilfsstoffe | 5 a
  3550 Betriebsstoffe | "

36 Lieferernachlässe, sonstige Anschaffungskostenminderungen
  3600 Lieferernachlässe allgemein | 5a
  3610 Lieferrabatt allgemein | "
  3620 Lieferboni allgemein | "
  3630 Lieferskonti allgemein | "
  3640 Sonstige Lieferernachlässe allgemein | "
  3690 Sonstige Anschaffungskostenminderungen | "
    3691 Berlinförderungsvergütung (§ 2 BerlinFG) | "

37 Bezogene Leistungen
  3700 Bezogene Leistungen | 5 b

38 Geleistete Anzahlungen auf Vorräte
  3800 Geleistete Anzahlungen auf Vorräte | Aktiva B.I.4

39 Bestände
  3900 Bestände an Rohstoffen (entsprechend den Rohstoffgruppen) | Aktiva B.I.1
  3930 Bestände an Hilfsstoffen | "
  3940 Bestände an Betriebsstoffen | "
  3950 Bestände an Handelswaren (entsprechend den Warengruppen) | Aktiva B I.3

**Klasse 4: Konten der Kostenarten**

40 Stoffkosten, Verbrauch an bezogenen Leistungen
    4000 Stoffkosten                                              5 a
    4070 Verbrauch an bezogenen Leistungen           5 b

41 Personalkosten
    4100 Löhne und Gehälter                                 6 a
        4110 Löhne                                            "
        4120 Gehälter                                    "
        4130 Aushilfslöhne                             "
        4131 Bedienungsgelder                         "
        4132 Verkaufsprämien                       "
        4133 Urlaubslöhne/Urlaubsgeld             "
        4140 Krankengeldzuschüsse               "
        4141 Vermögenswirksame Leistungen   "
        4143 Geldwerte Vorteile                    "
        4144 Sachbezüge                             "
        4149 Sonstige Aufwendungen mit Lohn- und
                Gehaltscharakter                    "
    4150 Soziale Abgaben                           6 b
        4151 Arbeitgeberanteile zur Sozialversicherung   "
        4152 Beiträge Berufsgenossenschaft     "
    4160 Aufwendungen für Altersversorgung     "
    4170 Aufwendungen für Unterstützung       "
    4180 Andere Personalkosten                   8
        4181 Betriebsveranstaltungen            "
        4182 Arbeitskleidung                      "
        4183 Erstattung von Vorstellungskosten   "
        4184 Schwerbehindertenabgabe        "
        4185 Fahrtkostenerstattung (Wohnung — Betrieb)   "
        4186 Aufwendungen für Werksverpflegung   "
        4189 Sonstige andere Personalkosten     "

42 Raumkosten, Kosten der Betriebs- und Geschäftsausstattung
   und dgl. (ohne Abschreibungen)
    4200 Raumkosten                                  8
        4210 Mieten                                      "
        4220 Pachten                                   "
        4230 Energiekosten Verwaltung (Strom, Gas, Wasser)   "
        4235 Heizkosten für gemietete Räume     "
        4240 Sonstige Raumkosten             "
        4242 Instandhaltung von gemieteten Räumen   "
    4250 Miet- und Leasingkosten für Betriebs- und Geschäfts-
          ausstattung                             "
    4260 Kleinwerkzeuge und Kleinmaterial     "
    4270 Instandhaltung und Wartung von Betriebs- und Geschäft-
          sausstattung sowie Werkzeugen         "

43 Betriebliche Steuern, Beiträge, Gebühren, öffentliche Abgaben,
   Versicherungsprämien u. a.
    4300 Gewerbeertragsteuer                        18
    4310 Gewerbekapitalsteuer                      19
    4320 Vermögensteuer                              "
    4330 Sonstige betriebliche Steuern (außer Kfz-, Grundsteuer,
          Ausgangszölle und Steuern in Klasse 2)       "
    4340 Beiträge (IHK, Fachverbände)            8
    4360 Gebühren und Abgaben (außer für Grundstücke, Kfz)   "
    4370 Versicherungen (außer Grundstücks-, Gebäude- und Kfz-
          Versicherungen)                            "

**Klasse 5: Frei für Kosten**

**Klasse 6: Nicht belegt**

**Klasse 7: Bestände an eigenen Erzeugnissen und Leistungen**

70 Unfertige Erzeugnisse, unfertige Leistungen
    7000 Unfertige Erzeugnisse                                   Aktiva B.I.2
    7050 Unfertige Leistungen                                    "

71 Fertige Erzeugnisse
    7100 Fertige Erzeugnisse                                    Aktiva B.I.3

79 Noch nicht abgerechnete fertige Leistungen
    7900 Noch nicht abgerechnete fertige Leistungen (noch keine
            Gewinnrealisation)                           Aktiva B.I.2

**Klasse 8: Konten für Erlöse und andere betriebliche Erträge**

80 Erlöse Gruppe I
    8000 Erlöse Gruppe I                                        1
    8010 Weiterberechnete Versandspesen Gruppe I         "
    8020 Rücksendungen Gruppe I                             "
    8030 Kundenrabatt Gruppe I                              "
    8031 Kundenboni Gruppe I                               "
    8032 Kundenskonti Gruppe I                              "
    8033 Sonstige Erlösschmälerungen Gruppe I           "

8050 — 8450 Gruppen II bis X                       1

85 Erlösschmälerungen, sonstige Umsatzerlöse
    8500 Erlösschmälerungen allgemein                    1
    8510 Kundenskonti                                   "
    8550 Kundenboni                                      "
    8590 Sonstige Umsatzerlöse                             "
            8591 Berlinförderungsvergütung (§ 1 BerlinFG)    "

86 Sonstige Erlöse (soweit nicht Umsatzerlöse)
    8600 Nebenerlöse                                    4
            8605 Nebenerlöse aus Vermietung und Verpachtung
                 (außer Grundstücken und Gebäuden)         "
            8610 Nebenerlöse aus Sozialeinrichtungen        "
            8615 Nebenerlöse aus Schrottverkäufen          "
            8620 Nebenerlöse aus anderen Abfällen           "
            8625 Nebenerlöse aus Leergut                   "
            8630 Sonstige Nebenerlöse                       "
    8650 Andere sonstige Erlöse                           "
            8660 Erlöse aus Provisionen                    "
            8670 Erlöse aus Lizenzen                      "
            8680 Erlöse aus Patenten                      "
            8690 Übrige sonstige Erlöse                    "

87 Eigenverbrauch bzw. unentgeltliche Lieferungen/Leistungen
    an Gesellschafter

    — Betriebstypischer Eigenverbrauch u. dgl.
    8700 Sachentnahmen gem. § 1 Abs. 1 Nr. 2 a UStG     1
    8710 Leistungsentnahmen gem. § 1 Abs. 1 Nr. 2 b UStG   "
    8730 Unentgeltliche Lieferungen an Gesellschafter gem. § 1
            Abs. 1 Nr. 3 UStG                           "
    8740 Unentgeltliche Leistungen an Gesellschafter gem. § 1
            Abs. 1 Nr. 3 UStG                           "

    — Sonstiger Eigenverbrauch u. dgl.
    8750 Sachentnahmen gem. § 1 Abs. 1 Nr. 2 a UStG     4

# Literaturverzeichnis

## Bücher, Kommentare

Adler/Düring/Schmaltz: Rechnungslegung und Prüfung der Unternehmen, 5. Auflage, C. E. Poeschel Verlag, Stuttgart 1987

Alt: Was Lohnbuchhalter wissen müssen, 11. Auflage, Taylorix Fachverlag, Stuttgart 1988

Alt/Kotsch-Faßhauer/Leuz (Hrsg.): Jahrbuch für Führungskräfte des Rechnungswesens 1989. Aktuelles aus Buchführung, Jahresabschluß, Kostenrechnung, EDV, Steuer und Recht, Taylorix Fachverlag, Stuttgart 1989

BDI (Hrsg.): Empfehlungen zur Kosten- und Leistungsrechnung, Band 1: Kosten- und Leistungsrechnung als Istrechnung, 2. Auflage, Verlag Industrie-Förderung, Köln, Heider-Verlag, Bergisch Gladbach 1988

BDI (Hrsg.): Industrie-Kontenrahmen IKR, Neufassung '86 nach BiRiLiG, Verlag Industrie-Förderung, Köln, Heider-Verlag, Bergisch Gladbach 1986

Beck'scher Bilanz-Kommentar: Der Jahresabschluß nach Handels- und Steuerrecht, Verlag C. H. Beck, München 1986

BGA (Hrsg.): Kontenrahmen für den Groß- und Außenhandel, Bundesverband des Deutschen Groß- und Außenhandels e.V. (BGA), Bonn 1988

Biener/Fasold/Lätsch: Bilanzrichtlinien-Gesetz. Grundlagen, Verlag des wissenschaftlichen Instituts der Steuerberater und Steuerbevollmächtigten, Bonn 1986

Coenenberg: Jahresabschluß und Jahresabschlußanalyse — Betriebswirtschaftliche, handels- und steuerrechtliche Grundlagen, 10. Auflage, Verlag Moderne Industrie, Landsberg/Lech 1988

Eisele: Technik des betrieblichen Rechnungswesens, 3. Auflage, Verlag Franz Vahlen, München 1988

Falterbaum/Beckmann: Buchführung und Bilanz, 13. Auflage, Erich Fleischer Verlag, Achim 1989

Gervais: Tabellenbuch für den Kaufmann (Loseblattwerk), Taylorix Fachverlag, Stuttgart

Glade: Rechnungslegung und Prüfung nach dem Bilanzrichtlinien-Gesetz, Verlag Neue Wirtschafts-Briefe, Herne 1986

Horschitz/Groß/Weidner: Bilanzsteuerrecht und Buchführung, Schäffer Verlag, Stuttgart 1987

IDW (Hrsg.): Wirtschaftsprüfer-Handbuch 1985/86, 9. Auflage, IDW-Verlag, Düsseldorf 1986

Knobbe-Keuk: Bilanz- und Unternehmenssteuerrecht, 6. Auflage, Verlag Dr. Otto Schmidt, Köln 1987

Kotsch-Faßhauer/Leuz: Praxis der Umstellung von Buchführung und Abschluß auf das neue Bilanzrecht, 2. Auflage, Taylorix Fachverlag, Stuttgart 1988

Krause: Leitfaden für Durchschreibebuchhalter, 34. Auflage, Taylorix Fachverlag, Stuttgart 1986

Kresse/Kotsch-Faßhauer/Leuz: Neues Bilanzieren, Prüfen und Buchen nach dem Bilanzrichtlinien-Gesetz, 2. Auflage, Hans Holzmann Verlag, Bad Wörishofen, Taylorix Fachverlag, Stuttgart 1988

Küting/Weber: Der Übergang auf die neue Rechnungslegung, 4. Auflage, Verlagsgruppe Handelsblatt, Düsseldorf, Frankfurt 1986

Lätsch: Bilanzrichtlinien-Gesetz, Fallbeispiele, Verlag des wissenschaftlichen Instituts der Steuerberater und Steuerbevollmächtigten, Bonn 1986

Laub: Einheitskontenrahmen für das deutsche Handwerk, Deutsches Handwerksinstitut, Institut für Handwerkswirtschaft München, München 1988

Leffson: Die Grundsätze ordnungsmäßiger Buchführung, 7. Auflage, IDW-Verlag, Düsseldorf 1987

Moxter: Bilanzlehre. Band I: Einführung in die Bilanztheorie, 3. Auflage, Th. Gabler, Wiesbaden 1984

Moxter: Bilanzlehre. Band II: Einführung in das neue Bilanzrecht, 3. Auflage, Th. Gabler, Wiesbaden 1986

Taube: So lernt man bilanzieren nach dem Bilanzrichtlinien-Gesetz, 4. Auflage, Taylorix Fachverlag, Stuttgart 1987

Taube: So lernt man Durchschreibebuchführung, 12. Auflage, Taylorix Fachverlag, Stuttgart 1981

Wolf: Handels- und Steuerbilanz nach neuem Bilanzrecht, 2. Auflage, Expert Verlag, Ehningen, Taylorix Fachverlag, Stuttgart 1988

## Verlautbarungen des Instituts der Wirtschaftsprüfer (IdW)

Fachausschuß für moderne Abrechnungssysteme, Stellungnahme FAMA 1/1987: Grundsätze ordnungsmäßiger Buchführung bei computergestützten Verfahren und deren Prüfung, in: WPg 1988, S. 1 ff.

Hauptfachausschuß, Fachgutachten 1/1988: Grundsätze ordnungsmäßiger Durchführung von Abschlußprüfungen, in: WPg 1989, S. 9 ff.

Hauptfachausschuß, Fachgutachten 2/1988: Grundsätze ordnungsmäßiger Berichterstattung bei Abschlußprüfungen, in: WPg 1989, S. 20 ff.

Hauptfachausschuß, Fachgutachten 3/1988: Grundsätze für die Erteilung von Bestätigungsvermerken bei Abschlußprüfungen, in: WPg 1989, S. 27 ff.

Hauptfachausschuß: Geänderter Entwurf einer Verlautbarung zur Währungsumrechnung im Jahres- und Konzernabschluß, in: WPg 1986, S. 664 ff.

Hauptfachausschuß, Stellungnahme HFA 1/1976: Zur Bilanzierung bei Personenhandelsgesellschaften, in: WPg 1976, S. 114 ff.

Hauptfachausschuß, Stellungnahme HFA 1/1981: Stichprobenverfahren für die Vorratsinventur zum Jahresabschluß, in: WPg 1981, S. 479 ff.

Hauptfachausschuß, Stellungnahme HFA 1/1984: Bilanzierungsfragen bei Zuwendungen, dargestellt am Beispiel finanzieller Zuwendungen der öffentlichen Hand, in: WPg 1984, S. 612 ff.

Hauptfachausschuß, Stellungnahme HFA 1/1985: Zur Behandlung der Umsatzsteuer im Jahresabschluß, in: WPg 1985, S. 257 f.

Hauptfachausschuß, Stellungnahme HFA 1/1986: Zur Bilanzierung von Zero-Bonds, in: WPg 1986, S. 248 f.

Hauptfachausschuß, Stellungnahme HFA 2/1988: Pensionsverpflichtungen im Jahresabschluß, in: WPg 1988, S. 403 ff.

Hauptfachausschuß, Stellungnahme HFA 5/1988: Vergleichszahlen im Jahresabschluß und im Konzernabschluß sowie ihre Prüfung, in: WPg 1989, S. 42

Hauptfachausschuß, Stellungnahme HFA 1/1989: Zur Bilanzierung beim Leasinggeber, in: WPg 1989, S. 625 f.

Sonderausschuß Bilanzrichtlinien-Gesetz, Stellungnahme SABI 1/1986: Zur erstmaligen Anwendung der Vorschriften über die Pflichtprüfung nach dem Bilanzrichtlinien-Gesetz und zum Wortlaut des Bestätigungsvermerks bei freiwilligen Abschlußprüfungen, in: WPg 1986, S. 166 ff.

Sonderausschuß Bilanzrichtlinien-Gesetz, Stellungnahme SABI 2/1986: Zum Übergang der Rechnungslegung auf das neue Recht, in: WPg 1986, S. 667 ff.

Sonderausschuß Bilanzrichtlinien-Gesetz, Stellungnahme SABI 3/1986: Zur Darstellung der Finanzlage i. S. v. § 264 Abs. 2 HGB, in: WPg 1986, S. 670 f.

Sonderausschuß Bilanzrichtlinien-Gesetz, Stellungnahme SABI 1/1987: Probleme des Umsatzkostenverfahrens, in: WPg 1987, S. 141 ff.

Sonderausschuß Bilanzrichtlinien-Gesetz, Stellungnahme SABI 2/1987: Zum Grundsatz der Bewertungsstetigkeit (§ 252 Abs. 1 Nr. 6 HGB) und zu den Angaben bei Abweichungen von Bilanzierungs- und Bewertungsmethoden (§ 284 Abs. 2 Nr. 3 HGB), in: WPg 1988, S. 48 ff.

Sonderausschuß Bilanzrichtlinien-Gesetz, Stellungnahme SABI 3/1988: Zur Steuerabgrenzung im Einzelabschluß, in: WPg 1988, S. 683 f.

# Abkürzungsverzeichnis

| | |
|---|---|
| Abs. | Absatz |
| Abschn. | Abschnitt |
| ADS 1987 | Adler/Düring/Schmaltz, Rechnungslegung und Prüfung der Unternehmen, 5. Auflage, Stuttgart 1987 |
| AfA | Absetzung für Abnutzung |
| AfaA | Absetzung für außergewöhnliche technische und wirtschaftliche Abnutzung |
| AfS | Absetzung für Substanzverringerung |
| AG | Aktiengesellschaft |
| AktG | Aktiengsetz |
| AO | Abgabenordnung |
| a.o. | außerordentlich |
| BAB | Betriebsabrechnungsbogen |
| BB | Betriebs-Berater (Zeitschrift) |
| BdF | Bundesminister der Finanzen |
| BDI | Bundesverband der Deutschen Industrie e.V. |
| BerlinFG | Gesetz zur Förderung der Berliner Wirtschaft (Berlinförderungsgesetz) |
| BewG | Bewertungsgesetz |
| BFH | Bundesfinanzhof |
| BGA | Bundesverband des Deutschen Groß- und Außenhandels e.V. |
| BGB | Bürgerliches Gesetzbuch |
| BGBl | Bundesgesetzblatt |
| BiRiLiG | Gesetz zur Durchführung der Vierten, Siebenten und Achten Richtlinie des Rates der Europäischen Gemeinschaften zur Koordinierung des Gesellschaftsrechts (Bilanzrichtlinien-Gesetz) |
| BStBl | Bundessteuerblatt |
| BT-Drucksache | Bundestags-Drucksache |
| DB | Der Betrieb (Zeitschrift) |
| DIHT | Deutscher Industrie- und Handelstag |
| EDV | Elektronische Datenverarbeitung |
| eG | eingetragene Genossenschaft |
| EGHGB | Einführungsgesetz zum Handelsgesetzbuch |
| EStDV | Einkommensteuer-Durchführungsverordnung |
| EStG | Einkommensteuergesetz |
| EStR | Einkommensteuer-Richtlinien |
| FAMA | Fachausschuß für moderne Abrechnungssysteme des Instituts der Wirtschaftsprüfer in Deutschland e.V. |
| GenG | Gesetz betreffend die Erwerbs- und Wirtschaftsgenossenschaften (Genossenschaftsgesetz) |
| GewStDV | Gewerbesteuer-Durchführungsverordnung |
| GewStG | Gewerbesteuergesetz |
| GewStR | Gewerbesteuer-Richtlinien |

| | |
|---|---|
| GKR | Gemeinschaftskontenrahmen der Industrie |
| GmbH | Gesellschaft mit beschränkter Haftung |
| GmbHG | Gesetz betreffend die Gesellschaften mit beschränkter Haftung |
| GoB | Grundsätze ordnungsmäßiger Buchführung |
| GoS | Grundsätze ordnungsmäßiger Speicherbuchführung |
| GuV | Gewinn- und Verlustrechnung |
| HB | Handelsbilanz |
| HFA | Hauptfachausschuß des Instituts der Wirtschaftsprüfer in Deutschland e. V. |
| HGB | Handelsgesetzbuch |
| HR | Handelsregister |
| Hrsg. | Herausgeber |
| IDW | Institut der Wirtschaftsprüfer in Deutschland e.V. |
| IHK | Industrie- und Handelskammer |
| IKR | Industriekontenrahmen |
| JA | Jahresabschluß |
| KER | Kurzfristige Erfolgsrechnung |
| KG | Kommanditgesellschaft |
| KGaA | Kommanditgesellschaft auf Aktien |
| KLR | Kosten- und Leistungsrechnung |
| KStG | Körperschaftsteuergesetz |
| KStR | Körperschaftsteuer-Richtlinien |
| OFD | Oberfinanzdirektion |
| OHG | Offene Handelsgesellschaft |
| PublG | Gesetz über die Rechnungslegung von bestimmten Unternehmen und Konzernen (Publizitätsgesetz) |
| SABI | Sonderausschuß Bilanzrichtlinien-Gesetz des Instituts der Wirtschaftsprüfer in Deutschland e.V. |
| StB | Der Steuerberater (Zeitschrift), Steuerbilanz |
| StGB | Strafgesetzbuch |
| StPO | Strafprozeßordnung |
| Tz | Textziffer |
| UStDV | Verordnung zur Durchführung des Umsatzsteuergesetzes (Mehrwertsteuer) |
| UStG | Umsatzsteuergesetz |
| UStR | Umsatzsteuer-Richtlinien |
| VAG | Gesetz über die Beaufsichtigung der privaten Versicherungsunternehmen (Versicherungsaufsichtsgesetz) |
| VO | Verordnung |
| VStG | Vermögensteuergesetz |
| VStR | Vermögensteuer-Richtlinien |
| WPg | Die Wirtschaftsprüfung (Zeitschrift) |
| Ziff. | Ziffer |
| ZPO | Zivilprozeßordnung |

# Stichwortverzeichnis

454